高等学校
测绘工程专业核心课程规划教材

工程测量学

（第三版）

主编　张正禄
编委　张正禄　黄声享　刘成龙　徐万鹏
　　　岳建平　周京春　田永瑞　周　吕

图书在版编目(CIP)数据

工程测量学/张正禄主编 .—3 版.—武汉:武汉大学出版社,2020.10(2025.1 重印)
高等学校测绘工程专业核心课程规划教材
ISBN 978-7-307-21624-2

Ⅰ.工… Ⅱ.张… Ⅲ. 工程测量—高等学校—教材 Ⅳ.TB22

中国版本图书馆 CIP 数据核字(2020)第 118637 号

责任编辑:鲍 玲　　责任校对:李孟潇　　版式设计:马 佳

出版发行:**武汉大学出版社** (430072 武昌 珞珈山)
(电子邮箱:cbs22@ whu.edu.cn 网址:www.wdp.com.cn)
印刷:武汉科源印刷设计有限公司
开本:787×1092 1/16 印张:26.5 字数:645 千字 插页:1
版次:2005 年 10 月第 1 版 2013 年 11 月第 2 版
2020 年 10 月第 3 版 2025 年 1 月第 3 版第 6 次印刷
ISBN 978-7-307-21624-2 定价:59. 00 元

序

根据《教育部财政部关于实施“高等学校本科教学质量与教学改革工程”的意见》中“专业结构调整与专业认证”项目的安排，教育部高教司委托有关科类教学指导委员会开展各专业参考规范的研制工作。我们测绘学科教学指导委员会受委托研制测绘工程专业参考规范。

专业规范是国家教学质量标准的一种表现形式，并是国家对本科教学质量的最低要求，它规定了本科学生应该学习的基本理论、基本知识、基本技能。为此，测绘学科教学指导委员会从2007年开始，组织12所有测绘工程专业的高校建立了专门的课题组开展“测绘工程专业规范及基础课程教学基本要求”的研制工作。课题组根据教育部开展专业规范研制工作的基本要求和当代测绘学科正向信息化测绘与地理空间信息学跨越发展的趋势以及经济社会的需求，综合各高校测绘工程专业的办学特点，确定专业规范的基本内容，并落实由武汉大学测绘学院组织教师对专业规范进行细化，形成初稿。然后多次提交给教指委全体委员会、各高校测绘学院院长论坛以及相关行业代表广泛征求意见，最后定稿。测绘工程专业规范对专业的培养目标和规格、专业教育内容和课程体系设置、专业的教学条件进行了详尽的论述，提出了基本要求。与此同时，测绘学科教学指导委员会以专业规范研制工作作为推动教学内容和课程体系改革的切入点，在测绘工程专业规范定稿的基础上，对测绘工程专业9门核心专业基础课程和8门专业课程的教材进行规划，并确定为“教育部高等学校测绘学科教学指导委员会规划教材”。目的是科学统一规划，整合优秀教学资源，避免重复建设。

2009年，教指委成立“测绘学科专业规范核心课程规划教材编审委员会”，制订“测绘学科专业规范核心课程规划教材建设实施办法”，组织遴选“高等学校测绘工程专业核心课程规划教材”主编单位和人员，审定规划教材的编写大纲和编写计划。教材的编写过程实行主编负责制。对主编要求至少讲授该课程5年以上，并具备一定的科研能力和教材编写经验，原则上要具有教授职称。教材的内容除要求符合“测绘工程专业规范”对人才培养的基本要求外，还要充分体现测绘学科的新发展、新技术、新要求，要考虑学科之间的交叉与融合，减少陈旧的内容。根据课程的教学需要，适当增加实践教学内容。经过一年的认真研讨和交流，最终确定了这17门教材的基本教学内容和编写大纲。

为保证教材的顺利出版和出版质量，测绘学科教学指导委员会委托武汉大学出版社全权负责本次规划教材的出版和发行，使用统一的丛书名、封面和版式设计。武汉大学出版社对教材编写与评审工作提供必要的经费资助，对本次规划教材实行选题优先的原则，并根据教学需要在出版周期及出版质量上予以保证。广州中海达卫星导航技术股份有限公司对教材的出版给予了一定的支持。

目前，“高等学校测绘工程专业核心课程规划教材”编写工作已经陆续完成，经审查合格将由武汉大学出版社相继出版。相信这批教材的出版应用必将提升我国测绘工程专业的整体教学质量，极大地满足测绘本科专业人才培养的实际要求，为各高校培养测绘领域创新性基础理论研究和专业化工程技术人才奠定坚实的基础。

宁津生

二〇一二年五月十八日

前　言

《工程测量学》属于高等学校测绘工程专业核心课程规划教材编审委员会确定的17门教材之一。2005年10月作为高等学校测绘工程专业核心教材、普通高等教育“十五”国家级规划教材出版，在全国诸多高校广为使用；2013年11月进行了第一次修订，为《工程测量学》第二版，本书为第二次修订的《工程测量学》第三版。现将三版编写情况说明如下：

《工程测量学》初版共15章，2005年10月出版发行，编写人员包括：主编：张正禄；编委：张正禄、李广云、潘国荣、靳奉祥、张献州、刘庆元、岳建平、郑文华。第1章绪论，第2章到第8章为基础知识，第9章到第14章为典型工程案例，可选学，第15章为展望，各章给出了习题和思考题。2008年出版了配套教材《工程程测量学习题、课程设计和实习指导书》。

《工程测量学》第二版共14章，2013年11月出版发行，编写人员包括：主编：张正禄；编委：张正禄、黄声享、岳建平、徐万鹏、刘成龙、田永瑞。第二版较原版更新达60%以上。删除了第15章，原“工程测量学的仪器与方法”一章，代之以“工程测量学的理论技术和方法”，另外还增加了“高速铁路工程测量”和“城市地下管线探测”两章，删除了“线路工程测量”和“大型粒子加速器的精密工程测量”两章。对章名相同或相近的章，如“工程建设各阶段的测量及信息管理”“地形图测绘及应用”“工程建筑物的施工放样”“工程建筑物的变形监测”“设备安装检校和工业测量”“桥梁工程测量”“工业与民用建筑测量”和“隧道与地下工程测量”等，也做了较大的改动。主编张正禄所编写的比例超过60%。全书充分反映了当时工程测量学科的全貌和最新发展，并涵盖了作者在教学、科研开发和生产实践中的成果和经验。各章给出了重难点和思考题，2014年还出版了配套教材《工程测量学习题集、课程设计和实习指导书》。

本书是《工程测量学》第三版，共13章，编写人员包括：主编：张正禄；编委：张正禄、黄声享、徐万鹏、刘成龙、岳建平、周京春、田永瑞、周吕。第三版较第二版更新约40%，主要进行了以下内容的改动：删除了第2章“工程建设各阶段的测量及信息管理”和第14章“城市地下管线探测”，有关内容合并到第1章和第13章，增加了“矿山测量和其他工程测量”一章，增加了高新技术的应用实例，增加了“附录一　工程测量学习题”和“附录二　工程测量学课程设计”，去除了配套教材《工程测量学习题、课程设计和实习指导书》。《工程测量学》第一版到第三版的逻辑架构没有大的变化，前面几章为共性内容，后面几章为个性内容。

第1章到第6章是工程测量学的共性部分，是必学的基础性内容。第7章到第13章，属于典型工程的测量和实践，可以选择性地学习。各章之间有独立性和相关性，如工程测量学的理论技术和方法在工程建筑物的变形监测中有广泛应用，而工业与民用建筑测量中的深基坑变形监测，高速铁路、桥梁和水利工程中有许多典型的变形监测，则是对第6章内容的补充，相得益彰。对于工程测量控制网，其他许多章节也有涉及。新增的第13章“矿山测量和其他工程测量”一章，使教材更加丰满、完备。

附录一按章给出了名词解释、填空题、选择题、判断题、计算题和编程题及答案，附录二内容包括工程测量控制网的设计、计算和成果分析。对该课程的规范化教学有很好的参考作用。

参加编写的作者及分工情况如下：

主编张正禄教授、博士生导师（武汉大学），负责全书的组织、统稿和检校，编写了第1、2、3、4、5、6、7、8、13章，并参与其余各章和附录部分内容的编写；

黄声享教授、博士生导师（武汉大学），编写第6章部分内容；

徐万鹏教授级高工（中铁十五局），编写第8章部分内容、第10章；

刘成龙教授、博士生导师（西南交通大学），编写第11章；

岳建平教授、博士生导师（河海大学），编写第9章部分内容；

周京春教授，硕士生导师（云南师范大学），负责附录编修和答案编写，全书的检校；

田永瑞副教授、硕士生导师（长安大学），编写第12章部分内容。

周吕副教授、硕士生导师（桂林理工大学），编写第2、8、11章部分内容。

北京力特公司白洪林高工和上海力信公司张晓日高工为本书有关章节提供了技术资料和帮助，再次表示衷心感谢。

读书可以怡情，可以博采，可以长才；读书时既不可存心诘难作者，也不可尽信书中所言。读史使人明志，读诗使人灵秀，数学使人深刻，测绘学使人严谨，伦理学使人庄重，逻辑学使人善辩，凡有所学皆成性格。

著书多，没有穷尽；读书多，身体疲倦。谨以此书献给我的硕士导师李青岳教授、刘大杰教授，我的两位德国导师汉斯·佩尔策、沃尔夫冈·托格教授。

由于作者的水平和精力有限，书中必有谬误之处，敬请读者批评指正。

张正禄

2020年4月8日 于上海

目　录

第1章　绪　　论

工程测量学是一门实用性很强的测绘学二级学科，其中的理论方法和技术涉及测绘学的许多知识。本章主要讲述工程测量学的定义、特点、发展历史、应用领域和学科地位，提出了对工程测量人员的专业要求并说明如何学好工程测量学这门课程。

1.1　工程测量学的定义和地位

1.1.1　工程测量学的定义

工程测量学（Engineering Surveying 或 Engineering Geodesy）是测绘学的二级学科，归纳起来，有以下三种定义：

（1）工程测量学是研究各种工程建设在勘测设计、施工建设和运营管理阶段所进行的各种测量工作的学科。

工程建设是指投资兴建（建造、购置和安装）固定资产的经济活动以及与之相联系的工作。如：工业与民用建筑工程，道路工程，桥梁与隧道工程，水利水电工程，地下工程，管线工程，矿山工程，军事工程，海洋工程和机场、港口、核电厂、粒子加速器、科学实验工程等。

（2）工程测量学主要研究在工程建设各阶段环境保护及资源开发中所进行的地形和其他有关信息的采集及处理，施工放样、设备安装和变形监测的理论、方法与技术，研究测量资料及与工程有关的各种信息的管理和使用。它是测绘学在国家经济建设和国防建设中的一门应用性学科。

地形信息采集主要表现为各种大比例尺地形图测绘；施工放样是将工程的室内设计放样到实地；变形监测贯穿于工程建设的三个阶段，还包括变形分析与预报。

（3）工程测量学是研究地球空间中（包括地面、空中、地下和水下）具体几何实体测量和抽象几何实体测设理论、方法和技术的一门应用性学科。它主要以建筑工程和机器设备为研究服务对象。

具体几何实体是指一切被测对象，包括存在的地形、地物，已建的各种工程及附属物；抽象几何实体指一切设计的但尚未实现的各项工程。

按定义（1），工程测量学可翻译成英文 Engineering Surveying，按定义（2）和（3），工程测量学当翻译成 Engineering Geodesy。

1.1.2　工程测量学的地位

工程测量学属于测绘学的二级学科。测绘学又称为测绘科学与技术，它是一门具有悠久发展历史和现代科技含量的一级学科。测绘学的二级学科可作如下划分：

（1）大地测量学，包括天文大地测量学、几何大地测量学（或称大地测量学基础）、物理大地测量学、地球物理大地测量学、卫星大地测量学、空间大地测量学和海洋大地测量学等。

（2）工程测量学，可包括矿山测量学、精密工程测量学、工程的变形监测分析与预报。国际上，许多矿山测量工作者认为他们所从事的工作与工程测量不同，应从工程测量中分离出来，并成立了矿山测量协会。但把矿山测量看作是工程测量的分支更恰当一些。

（3）摄影测量学与遥感，可分为摄影测量学、遥感学。摄影测量与遥感有许多相同之处，也有本质上的不同之处。摄影测量学包括航空摄影测量学和地面摄影测量学（也称近景摄影测量学或工程摄影测量学）；遥感学分航空遥感学和航天遥感学。

（4）地图制图学，亦称地图学，包括地图投影、地图综合、地图编制和地图制印等。

（5）地理信息系统，既是测绘学，又是大气科学、地理学和资源科学等一级学科的二级学科。

（6）不动产测绘（或称地籍测绘），国外许多国家将其作为测绘学的二级学科，因为在经济、法律上有特殊意义。在测量技术方面，地籍测绘与工程测量的技术方法基本相同，且更简单，因此，国内一般将地籍测量纳入工程测量的范畴。

目前，国内测绘教育将测绘学划分为大地测量学与测绘工程、摄影测量与遥感、地图制图学与地理信息工程三个二级学科。即将上文（1）、（2）、（6）划在一起称为大地测量学与测绘工程，（4）、（5）划在一起称地图制图学与地理信息工程，摄影测量学与遥感没有变。

1.2　大型工程建设各阶段的测量工作

大型工程建设包括规划设计（亦称勘测设计）、施工建设和运营管理三个阶段，各阶段的测量工作有较大差别。工程测量在工程建设中起尖兵和卫士的作用，其主要作用是为工程建设提供测绘保障，满足工程建设各阶段的不同需求。下面予以简单介绍。

1.2.1　规划设计阶段

规划设计阶段的测量工作视工程不同而有所不同，但又有许多相同之处。下面以工业企业、线路和桥梁工程为例，分别代表面状、线状和典型工程说明。

1. 工业企业

一般来说，1：5 000 地形图可用于工业企业的厂址选择、总体规划和方案比较等方面的规划设计；1：2 000 地形图可用于初步设计；1：1 000 地形图可用于技施设计；对于地形复杂、建筑物密集、精度要求高的技施设计，需要 1：500 的地形图。现在，设计人员都是在数字地形图上进行总图运输设计（general drawing），绘制建筑总平面图、管线总平面图等。总图运输设计要综合考虑、利用各种条件，合理确定工业企业区域内主要建筑物、构筑物及交通运输设施的平面关系、竖向关系、空间关系及与生产活动的有机联系，根据生产特点，进行主辅车间、动力运输设施、仓库、管网以及办公、生活设施等的平面及竖向布置。平面布置包括建筑主轴线和辅助轴线的确定和建筑物的布设等，对地形图平面位置精度要求一般为图上不大于1mm；竖向布置要对厂区的自然地形进行平整改造，使建设中填挖方基本平衡，确定场地平整高程，设计建筑物的地坪高程、铁道轨顶高程、道路中心线高程以及管网高程等。高程设计要考虑地形条件和排水问题，如室内地坪要高出室外地面0.15~0.5m，地下管道最小埋设深度为0.6m等。所提供地形图的高程精度应不低于0.15m。

2. 线路工程

铁路、公路、架空送电线路以及输油管道等称线路工程，它们的中线称为线路。一条线路工程的规划设计，主要是根据国家计划与自然地理条件等，确定线路最经济合理的位置。

线路在规划设计阶段的测量工作称为线路测量，为线路设计提供一切必要的地形资料。线路设计涉及社会、政治、经济、自然、地形、地质和水文等方面，一般要分阶段进行，勘测工作也要分阶段进行。各种线路工程的勘测工作大体相似，现以铁路工程为例进行说明。

我国铁路规划设计的程序，设计部分包括方案设计、初步设计和施工设计三个阶段，勘测部分主要分初测和定测两个阶段。

方案设计是设计人员为满足国家需求，根据已有的地形图资料，设计几个可能的线路方案，经过全面的分析比较后，提出主要方案。初测就是根据方案设计下达的规划设计任务书，为满足初步设计需要，对一条或多条主要线路所进行的各种测量。初测包括线路的分级平面测量、高程控制测量，沿线路实地选点、插旗、标出线路方向，和补充方案设计中没有考虑的局部方案。沿线路方向进行的初测控制测量和地形测量，就是测绘1∶5 000~1∶2 000的带状地形图（也称初测地形图）。

设计人员在初测地形图上进行初步设计，报送审批，确定出其中的一个初步设计方案。定测是对批准的初步设计方案，将选定的线路测设到实地上和所进行的有关测量。线路测设时，结合地形、水文和地质等情况，可能对初步设计方案有小的局部改善，使线路更经济合理。

定测包括中线测量、曲线测设、纵横断面测量、局部的地形图测绘和专项调查测量，为施工设计收集资料。有关曲线测设内容在本书第5章讲述。

由于测绘技术的进步，特别是摄影测量数字化成图技术的发展，不仅减轻了测量人员的劳动强度，提高了效率，线路勘测成果更加丰富，也为设计人员提供了数字化设计平台，可在逼真的数字地面高程模型（Digital Elevation Model，DEM）上进行设计。

3. 桥梁工程

桥梁规划设计阶段主要有以下测量工作：

（1）桥位平面和高程控制测量。建立平面和高程控制网，要求与国家或地方高等级已知三角点和水准点联测。

（2）桥址定线测量。在控制测量基础上按Ⅰ级导线测量精度于实地测设中线控制点（包括交点等）。

（3）桥址中线和断面测量。在桥址定线范围内，按有关规范要求施测全桥中线纵断面，编制纵断面资料，绘制1∶500的断面图。根据设计需要测绘若干桥墩（台）1∶200的横断面图。

（4）桥位地形测绘。测绘1：500比例尺的桥位陆地地形，准确反映地形、地物现状，测量与桥址中线交叉的道路及管线的平面位置、高程及净空高度等；同时测绘桥址中线上、下游一定范围内的河床地形图。

（5）桥址水文测量。包括洪水位调查、水面坡度测量和流速流向测量。施测桥址中线上、下游一定范围内主河道上水流的流速和流向，按1：500比例尺绘制流向图。要求有效浮标测线至少8条，施测时要测记水位、风向和风速。可采用前方交会法定位浮标，或在浮标上安置GNSS接收机测量浮标位置。

（6）船筏走行线测量。施测桥址中线上、下游一定范围内的航迹线，按1：500比例尺绘制桥址航迹线图。要求上、下行的船舶航迹线各测4条左右，测记水位、船名、船型等。

（7）钻孔定位。按照地质勘探提供的坐标资料于实地测设钻孔的位置并测量地面高程，提交钻孔定位资料表。

1.2.2　施工建设阶段

工程施工建设阶段的主要测量工作是施工放样（简称放样或测设），就是将设计图上的建（构）筑物，根据其位置、形状、大小及高程按要求在实地标定出来的测量工作，是为工程施工服务的；另外还包括工程监理测量。为此，需要建立、维护施工平面和高程控制网，还要进行土石方测量、局部地形图测绘、施工期的变形监测以及施工结束后的竣工测量。

放样与测量的原理一样，但工作程序恰好相反。测量是获取客观世界中被测物体或对象的位置信息（坐标和高程）；放样是根据设计物体或对象的位置信息确定其在客观世界中的位置。施工放样前，要根据总图运输设计或工程设计平面图以及地形等条件建立施工控制网，并根据需要加密施工测量控制点。施工放样根据控制点坐标、高程和放样点设计位置进行，包括线（中线、轴线）、点和高程放样，这部分内容详见本书第6章。

工程监理测量在工程施工阶段特别重要，测量监理起审查、检核和监督作用，以保证工程的质量和进度。国际咨询工程师协会（FIDIC）条例中规定监理具有一票否决、分割工程和终止合同的权力。业主、施工方和监理方的关系如下：施工方的测量单位受测量监理方的主管监督，监理方是代表业主执行测量监督。没有测量监理工程师的签字，业主方可以不支付任何费用给施工方。测量监理工作的侧重点与施工单位的测量有很大的区别，下面以公路、桥梁工程测量监理的测量工作为例进行说明。

（1）在施工开始前，要对施工控制网进行复测、检查。按原规范、原网形进行复测和成果计算比对，检查施工加密控制点。

（2）验收施工定线。在施工前，检查验收施工方提供的基准点和数据，检查所做的施工定线。

（3）检查验收作为断面施工图和土石方计算依据的原始地面高程。

（4）检测桥梁上、下部结构的施工放样，如T梁、板梁、现浇普通箱梁、现浇预应力箱梁等顶面高程的放样检测，桩基础、承台、立柱、墩帽等的放样检测等。

（5）抽查每层路基的厚度、平整度、宽度和纵横坡度。

（6）检查施工方的内业资料。

(7) 审批施工方提交的施工图，必要时进行补测，保证资料的准确和完整。

施工控制网是整个工程施工的基准，需要建立和维护，可参见本书第 4 章；局部地形图测绘和竣工测量也是施工阶段的重要内容，可参见本书第 5 章；施工期的变形监测可参见本书第 7 章和第 9 章、第 10 章、第 11 章等有关章节，在此不再赘述。

1.2.3 运营管理阶段

工程运营管理阶段的测量工作主要是工程建筑物的变形监测，变形监测又称变形观测、变形测量，有时亦称健康监测、安全监测，本书统称为变形监测。所谓变形，是指监测点位置的变化，被监测对象的位移、沉降、倾斜、摆动、振动等变化；所谓监测，就是用测量的手段，定期地、动态地或持续地描述出来。变形监测包括建立变形监测网，进行水平位移、沉降、倾斜、裂缝、挠度、摆动和振动等监测。变形监测在工程规划设计阶段、施工建设阶段也可能是必需的，例如为了确定某大型水电站的坝址，对坝址下游附近的一个滑坡进行了长期的监测，以确定是否会对大坝和电站发电造成危害；高层建筑从基础开挖到建成的整个施工期间，都要进行变形监测。《工程测量规范》(GB 50026—2007)(以下简称《规范》) 规定，所有大中型电站在运营的全过程中都要进行大坝变形监测，分为大坝内部变形观测（内观）和大坝外部变形观测（外观)，参见本书 12.3 节。许多变形监测项目，除了要监测位移、沉降、倾斜等几何量外，还要测量应力、应变、渗流、渗压、风力、风速、水位、水压以及各种温度等物理量，供变形分析之用。有时，变形监测需要的精度要求是当时测量技术方法所能达到的最高精度，要花费大量的人力、物力和财力。对于大型特种精密工程来说，变形监测也是非常必要的，是人类永恒的测量工作，也是工程测量中最精彩的部分。变形分析是涉及许多学科和知识的交叉领域，其目的是进行变形预报，以便采取必要的防治措施，保证工程的安全运营；并验证设计是否正确，为工程设计提供依据。变形监测是基础，变形分析是手段，变形预报是目的。有关变形监测的内容详见本书第 6 章，其他有关章节也讲到变形监测。

1.3 工程测量学的内容、特点和服务领域

1.3.1 工程测量学的内容

工程测量学的主要内容可以概括为：地形资料的获取与表达；工程控制测量及数据处理；建筑物的施工放样；设备安装检核测量；工程及与工程有关的变形监测分析与预报；工程测量专用仪器的研制与应用；工程信息系统的建立与应用等。

1) 工程测量学的理论、技术和方法

工程测量学综合了误差、精度、可靠性、灵敏度、误差分配、精度匹配、优化设计、坐标系及其转换等理论。我们知道，经纬仪、水准仪、全站仪是工程测量的通用仪器，可测角度、距离、高差、坐标差和坐标等几何量。目前，光学经纬仪、水准仪已逐渐被电子经纬仪、电子全站仪、电子水准仪取代；GPS 接收机也已成为通用仪器而被广泛使用；陀螺经纬仪可直接测定方位角，主要用于联系测量和地下工程测量。为了保持内容的完备性，对于在测量学、大地测量学基础中已经介绍的测量技术和方法，本书只作简要归纳，

对一些现代空间测量技术和方法则作系统性介绍，重点放在特殊的测量技术和方法上，如应用在精密工程测量领域的各种专用仪器技术和方法：包括确定待测点相对于基准线（或基准面）的偏距的基准线测量（或准直测量）、微距离及其变化量的精密距离测量、液体静力水准测量、倾斜测量和挠度测量等。此外，车载、机载和地面三维激光扫瞄仪已成为数据采集的重要手段，多传感器的高速铁路轨道测量系统，由 GNSS 接收机、惯导仪、激光扫瞄仪、智能全站仪、CCD 相机以及其他传感器等集成的地面移动式测量系统，由 GNSS OEM 板、通信模块、自动寻标激光测距仪等集成的变形遥控监测预警系统等，都代表了工程测量技术的现代发展。这些内容将在第 2 章中进行介绍。

2）地形资料的获取与表达

在测量学中已经学习了大比例尺地形图的数字测绘方法。工程测量学中，主要是大、中、小比例尺地形图的应用，水下地形图、竣工图和各种纵横断面图测绘等，将在第 4 章进行介绍。

3）工程控制测量及数据处理

工程控制测量及数据处理包括工程控制网的分类、设计、建立和应用。涉及坐标系、基准、仪器和方法选取，建网、观测和网平差数据处理等问题，本书将在第 3 章详细讲述。

4）建筑物的施工放样

放样可归纳为点、线、面、体的放样。点放样是基础，放样点应满足一定的条件，如在一条给定的直线或曲线上，或在空间形状符合设计要求的曲面上。线路工程中的曲线放样是最基础的放样。放样分高程放样、直线放样、二维和三维坐标放样。放样的方法很多，可分一般的放样方法、特殊的放样方法。施工放样的工作量很大，放样一体化、自动化显得特别重要。这些内容将在本书第 5 章详细介绍。

5）工程的变形监测分析和预报

工程及与工程有关的变形监测、分析和预报是工程测量学的重要研究内容。该内容将在本书第 6 章重点讲述。

变形监测除了针对工程本身和所在范围外，还要对与工程有关的对象、范围进行监测，例如水利枢纽工程的库区滑坡、修建道路引发的滑坡、岩崩等。变形分析和预报需要对变形观测数据进行处理，还涉及工程、地质、水文、应用数学、系统论和控制论等学科，属于多学科交叉领域。

变形监测主要包括水平位移、垂直位移、沉陷、倾斜、挠度、摆动、振动和裂缝等的监测，分为周期性监测和持续性监测。变形分析和预报又称变形观测数据处理，有许多方法，一般分为统计分析法和确定函数法：统计分析法以大量的监测数据为基础，侧重于变形的几何分析；确定函数法基于外力和变形之间的函数关系，是变形的物理解释方法。

变形监测是基础，变形分析是手段，变形预报是目的。变形监测分析与预报是工程和设备正常、安全运营的基础保障。

6）设备安装检核测量

在第 7 章作为共性知识讲述了设备安装检校测量的特点和方法，包括控制测量、短边测角、方位传递、工业测量和应用实例，归纳综述了几种工业测量系统，即电子经纬仪/电子全站仪测量系统、激光跟踪测量系统、工业摄影测量系统和室内 GNSS 测量系统。

7）其他典型工程

典型工程如大型厂区、高层及高耸建筑、高速铁路工程、桥梁工程、隧道工程、水利工程、港口工程、城市地下管网工程等，其中有许多测量内容具有特殊性，故本教材进行分章讲述，但其主要内容都包含在上述6个方面。还有一些工程如矿山工程、海洋工程、军事工程、核电站、粒子加速器工程、输油输电管线工程等，不再单独讲解，但只要掌握了本书的工程测量学知识，并通过进一步的学习，一定能胜任上述其他工程的测量工作。

1.3.2 工程测量学的特点和服务领域

工程测量学的特点可以归纳为：服务对象众多，应用非常广泛，涉及的知识面广，工程的要求不尽相同，实施的条件千变万化，每个测量工程都需要制定最优化的测量方案，既能满足各项要求，又便捷可行，还需降低成本。一些特种精密工程测量项目，常常没有现成的模式可以照搬，需要在多种测绘规范和工程标准的基础上进行创新。现代工程建设的大型、特种、精密工程越来越多，工程规模越来越大，工程结构越来越复杂，造型越来越别致，建设速度越来越快，测量条件越来越恶劣，对测量的精度、速度、可靠性、自动化、智能化等方面的要求越来越高。如超长隧道、超大桥梁、超高建筑物，有在高山、地下、水下的建（构）筑物，有带高压、高热、高辐射的建（构）筑物，有曲线型的异型异构建筑物，有在太空、星体的设备安装测验，还有在海洋的深海作业和人造岛屿工程，等等。工程测量学作为一门应用学科，在大型特种精密工程建设中发挥的作用越来越大。

工程测量学除了要把实地的地形地物以一定的精度和形式描绘出来之外，更重要的是还须将室内设计图及相关数据和实地上的空间位置有机地联系起来。

工程测量学是一门应用性很强的工程学科，按所服务的对象可分为建筑工程测量、水利工程测量、线路工程测量、桥隧工程测量、地下工程测量、海洋工程测量、军事工程测量、三维工业测量，以及矿山测量、城市测量等。各项服务对象的测量工作，各有其特点与要求，称为个性或特殊，但从其测量的基本理论、技术与方法来看，又有很多共同之处，称为共性或一般。共性知识，重点在本书第2章到第7章讲述；按个性或服务对象讲述的内容则在第8章到第13章进行介绍。工程测量学的应用可扩展到工业、农业、林业和国土、资源、地矿、海洋等国民经济部门的各行各业。现代工程测量已经远远突破了为工程建设服务的概念，而向“广义工程测量学”的方向发展，有人认为“一切不属于地球测量、不属于国家地图集范畴的地形测量和不属于官方的测量，都属于工程测量”。可以这样说：哪里有人类，哪里就有工程测量，哪里有建设，哪里就离不开工程测量。

1.3.3 与工程测量有关的学术团体

国际测量师联合会（International Federation of Surveyors，法文缩写FIG）是世界各国测绘学术团体联合组成的综合性学术组织。它在1878年7月18日成立于法国巴黎，下设9个技术委员会，包括：专业组织与管理，摄影测量和地图制图，河海测量、测量仪器和方法，工程测量，土地规划和土地经济，地籍测量和农村土地管理，城市不动产体系，城镇规划和发展以及不动产估价和经营。目前有40个会员国，16个通讯会员国，每4年召开一次全体会员国大会。

工程测量为第六委员会，下设高精度测量技术与方法、线路工程测量与优化、变形监测、工程测量信息系统、激光技术应用、电子科技文献和网络6个工作组，以及工程和工业中的特殊测量仪器、工程测量标准两个专题组。

德国、瑞士、奥地利三个德语语系国家在1956年组织了一个每隔3~4年举行一次的“工程测量国际学术讨论会”，到2019年已举办18届。每一届都有几个与当时发展有关的专题，如2004年的专题是大型工程测量项目、测量和数据处理技术、监测和风险管理、瑞士阿尔卑斯山特长隧道。

中国测绘学会下设有工程测量分会，每年举办一次全国性的学术会议。各省的测绘学会也设有工程测量专业委员会。

1.4 工程测量学的发展历史和展望

1.4.1 工程测量学的发展历史

工程测量学是一门历史悠久的学科，是从人类生产实践中逐渐发展起来的。在古代，它与测量学并没有严格的界限。到当代，随着工程建设的大规模发展，才逐渐形成了工程测量学这门学科。

约公元前27世纪，古埃及建造的大金字塔，其形状、方向和位置之精准，都令人称奇，这说明当时就有测量的工具和方法。公元前14世纪，在幼发拉底河与尼罗河流域曾进行过土地边界测量。意大利都灵博物馆保存有公元前15世纪的金矿巷道图。公元前13世纪古埃及也有按比例缩小的巷道图。公元前1世纪，古希腊学者格罗·亚里山德里斯基对地下测量和定向进行了叙述。德国在矿山测量方面有很大贡献，1556年，格·阿格里柯拉出版的《采矿与冶金》一书，专门论述了开采中用罗盘测量井下巷道的一些问题。

我国在公元前2070年的夏朝时代，就开始了水利工程测量工作。司马迁在《史记》中对夏禹治水时的勘测情景作了如下描述：“陆行乘车，水行乘船，泥行乘毳，山行乘檋(jú)，左准绳，右规矩，载四时，以开九州，通九道，陂九泽，度九山。”“准绳”和“规矩”是当时的测量工具，准是简单的水准器，绳可量距，规可画圆，矩是一种可测长度、高度、深度和画矩形的测量工具。早期的水利工程以防洪、灌溉为主，测量工作是确定水位和堤坝高度。秦代李冰父子领导修建都江堰，用一个石头人来标定水位，当水位超过石头人的肩时，将受到洪水的威胁，水位低于石头人的脚背时，下游将干旱。这与现代水位测量的原理完全一样。1973年从长沙马王堆汉墓出土的地图，包括地形图和城邑图，表示的内容相当丰富，绘制技术非常熟练，在颜色使用、符号设计、分类和简化等方面都达到了很高水平，是目前世界上发现的最早的地图，这与当时测绘术的发达分不开，表明汉代已有了地形测量和城市测量。北宋时沈括为了治理汴渠，测得“京师之地比泗州凡高十九丈四尺八寸六分”，是水准测量在水利工程中的应用实例。我国的地籍测量最早出现在殷周时期，秦、汉过渡到私田制，隋唐实行均田制，建立户籍册。宋朝按乡登记和清丈土地，出现地块图，到了明朝洪武四年，全国进行土地大清查和勘丈，编制的鱼鳞图册，是世界上最早的地籍图册。我国的采矿业是世界上发展最早的国家之一，在周朝已建立有专门的采矿部门，开采时很重视矿体形状，并使用矿产地质图来辨别矿产的分布。

工程测量学的发展也受到了战争的促进。战国时期修筑的午道，公元前210年，秦始皇修建的“堑山堙谷，千八百里（700余千米）”直道，古罗马构筑的兵道，以及公元前218年欧洲修建的通向意大利的“汉尼拨通道”等，都是著名的军用道路。修建中需要进行地形勘测、定线和隧道开挖测量。唐代李筌指出“以水佐攻者强……先设水平测其高下，可以漂城，灌军，浸营，败将也”，说明了测量地势高低对军事成败的作用。万里长城始建于公元前770—前476春秋战国时期，秦朝、汉朝和明朝这三个朝代修建长城都超过5 000千米，这一项规模巨大的工程，从整体布局到修筑，都要进行详细的勘测和放样。

工程测量学的发展在很长一段时间内是非常缓慢的，直到20世纪初，由于西方的第一次和第二次技术革命和以核子、电子和空间技术为标志的第三次技术革命，使工程测量学获得了迅速发展，成为测绘学的一个重要分支。20世纪50年代，世界各国在建设大型水工建筑物、长隧道和城市地铁中，对工程测量提出了一系列要求；20世纪60年代，空间技术的发展和导弹发射场建设促使工程测量得到进一步发展；20世纪70年代以来，由于高能物理、天体物理、人造卫星、宇宙飞行和远程武器发射等的需要，各种巨型实验室得以成立，从而测量精度和仪器自动化方面都对工程测量提出了更高要求。以长江三峡大型水利枢纽工程为代表，还有白鹤滩、溪洛渡、向家坝、锦屏、乌东德和小浪底、刘家峡水电站等，其规模都堪称世界之最；我国的杭州湾大桥、东海大桥和港珠澳大桥，长达30到50多千米；瑞士阿尔卑斯山的哥特哈德特长双线铁路隧道长达57千米，整个工程投资相当于我国长江三峡水利枢纽工程；跨越英吉利海峡的欧洲隧道是闻名于世的特长隧道；我国已建成时速400多千米/小时的磁悬浮铁路，已建和正在修建的时速300多千米/小时的高速客运专线已高达3万千米；位于瑞士的欧洲原子核研究中心，其环形正负电子对撞机，周长达27千米；高耸建筑物方面，摩天大楼越来越多、越来越高，建筑师梦想在21世纪将建造2 000米的摩天大厦；此外，还有大型核电厂、大型天线、各种异形异构建筑等各种不甚枚举的大型特种精密工程。

21世纪以来，人类科技和工程建设进入高速发展期，近20年来的发展超过以往数百年，向宏观宇宙和微观粒子世界延伸。测量对象从陆地发展到深海、太空，工程测量的领域日益扩大。从工程测量学的发展历史可以看出，它的发展经历了一条从简单到复杂、从手工操作到测量自动化、从常规测量到精密测量的发展道路，它的发展始终与当时的生产力水平同步，并且能够满足大型特种精密工程对测量所提出的愈来愈高的需求。

可见，工程测量学的发展也是一个长期的历史过程，特别是随着改革开放和社会主义现代化建设深入推进，国家基础设施建设成就斐然，取得了 系列标志性成果，大国工程不仅惊艳世界，而且彰显了我国工程测量学的技术创新与发展水平。

1.4.2 工程测量学的发展展望

1. 工程测量学的现代发展

（1）测量大数据的精细处理和管理。对于测量的偶然误差、系统误差和粗差进行精细处理，在削弱偶然误差、消除系统误差、发现和剔除粗差方面，以及在粗差、系统误差和变形的可区分性方面，取得了进展，提出了偶然误差的系统性影响和系统误差的偶然化问题；在精度、可靠性、灵敏度基础上，扩展到了广义可靠性，上升到哲学高度；发展了工程控制网的优化设计理论，扩展了工程控制网的通用平差模型；将时序分析、频谱分析、小波理论、系统理论、人工神经网路以及有限元法等引入变形分析和预报，丰富了变形的几何分析和物理解释；测量大数据的快速获取、智能化与数据库管理等技术正在飞速发展。

（2）卫星导航定位技术的发展和应用。全球导航卫星系统GNSS这一最重要的对地观测技术不断发展完善。GNSS控制网可以代替绝大部分地面三角形边角网、导线网；RTK和单点定位技术可用来布设加密控制点；车载GNSS与多传感器集成的测量系统改变了既有测量和测图的模式；GNSS还可用于许多变形监测项目，特别适合实时和动态变形测量；与地面水准测量相结合，GNSS技术还可以解决许多地区的高程测量问题。

（3）激光技术的发展和应用。随着激光技术的飞速发展，出现了许多激光类测量仪器，如激光经纬仪、激光水准仪、激光陀螺仪、激光扫平仪、激光铅直仪、激光导向仪、激光准直系统、激光干涉仪、激光跟踪仪、各种机载、车载和地面激光扫描仪等，可进行定向、准直、测角、测距、测高以及快速扫描等测量，在工程测量的测量、测设、控制、变形监测和工业测量等方面都有广泛应用。

（4）遥感雷达干涉测量技术的发展和应用。地基雷达干涉测量运用于工程形变监测，具有不接触、实时和亚毫米级高精度的优点，合成孔径雷达干涉测量可以在大范围内获取地表数字高程和毫米级的地表形变信息，在地面沉降监测、山体滑坡监测以及地震、火山、冰川活动方面有很好的应用前景。

（5）数字摄影测量技术的发展和应用。航空摄影测量、近景摄影测量和工业摄影测量都从模拟测量、解析测量发展到了数字测量。摄影机平台发展到低空轻型无人机、飞艇和气球等，摄影机从量测相机发展到非量测相机，加上各种数字测量软件的发展以及与其他传感器结合，在大、中比例尺数字测图、变形监测和工业测量等方面有非常广泛的应用和应用前景。

（6）其他技术的发展和应用。电磁波测距技术、全站仪技术、光电传感器技术、计算机技术、通信技术以及地理信息系统技术对工程测量学的发展有极大的影响和促进。

2. 工程测量学的发展趋势和特点

工程测量学的发展趋势和特点可概括为“六化”和“十六字”。“六化”是：

（1）测量内外业作业一体化。测量内业和外业工作已无明确的界限，过去只能在内业处理和完成的工作，许多可在外业完成。

（2）数据获取及处理自动化。借着现代测绘仪器和附加软件，可自动获取并处理数据，如武汉大学测绘学院在20世纪90年代研制的科傻系统。到现在出现了各种测量数据获取和处理的自动化系统，在工程测量领域得到广泛应用。

（3）测量过程控制和系统行为智能化。通过程序实现对观测仪器的智能化控制，能模拟人脑思维判断和处理测量过程中遇到的各种问题，实现遥控、遥测和数据遥传。

（4）测量成果和产品数字化。数字化是数据交换、计算机处理和管理、多样化产品输出的基础，数字化也是一种信息化。

（5）测量信息管理可视化，包括图形、图像可视化和三维可视化表达以及虚拟现实等。

（6）信息共享和传播的网络化。是数字化的锦上添花，在局域网和广域网上实现信息共享、传播和增值服务。

"十六字"是：精确、可靠、快速、简便、实时、持续、动态、遥测。这是从另一角度概括工程测量学发展的特点，精确可靠很重要，简便遥测要做到，实时动态乃相似，快速持续有必要。

3. 工程测量学的未来展望

展望工程测量学的发展，一方面，随着人类文明的进步，工程测量学的服务领域会不断扩大；另一方面，现代科技新成就，为工程测量学提供了新的手段和方法，将推动工程测量学的不断发展。工程测量学的发展本质在于：直接为改善人类的生活环境并提高生活质量服务。这也是深入贯彻落实党的二十大精神的具体体现，把"实现人民对美好生活的向往"作为我们的奋斗目标，保障并服务好各种大型工程建设和运维安全管理的高质量需要，工程测量学应不断进行理论创新、技术创新、装备创新、流程创新。

工程测量学将进一步向宏观和微观方向发展：宏观方面，将从陆地延伸到海洋，从地球到太空和其他星球，工程的规模更大、结构更复杂，对精度、可靠性、速度等方面的要求更高；微观方面，将向计量和粒子世界方向发展，向显微摄影测量和显微图像处理方向发展，测量的尺寸更小，精度更高，例如要求到计量级。工程测量学的发展趋势主要表现为：从一维、二维到三维乃至四维，从点信息到面信息获取，从静态观测到动态观测，从周期观测到持续测量，从后处理到实时处理，从人工量测到无接触遥测，从人工观测到机器自动观测，从大型特种精密工程测量发展到与人体健康和生命有关工程的测量。

1.5 对工程测量人员的要求

1.5.1 对工程测量人员的素质要求

工程测量人员应具备以下品质和素质：有信仰、有理想、有梦想，爱国、爱家、爱人，献身、敬岗、爱业，喜欢内、外业工作，能吃大苦耐大劳，有坚强心理素质，有团队合作精神，有组织管理能力，有扎实的基础理论和专业知识，熟悉一些实用软件的功能和操作，有自学能力和独立思考能力，有写作表达能力，有动手应变能力，有方向尺度感，有读图辨向能力，有广泛的个人兴趣爱好，等等。

1.5.2 对工程测量人员的知识要求

工程测量所属的工程测量学与测绘学和其他学科的课程之间有着密切的关系（参见图 1-1)。其中"大地测量学"主要讲述地球测量和国家测量方面的知识；工程规划设计阶段常用的中、小比例尺的地形图，需要一些"地图制图学"的知识；"摄影测量与遥感"是测绘各种比例尺数字地图的主要技术；工程的竣工测量与"地籍测量"和城市基本图测绘有密切关系；误差理论与测量平差是工程测量数据处理的基础；"高等数学"中的级数和微分内容，"物理学"中的电磁波传播和光学等是工程测量中常涉及的基础知识；工程测量数据处理和建立工程信息系统等须要有一定的程序设计和编程能力，掌握计算机网络方面的知识。

工程测量的服务对象是各种工程，因此，工程测量人员还应当具备有关土建工程、工程地质与水文方面的知识。随着空间技术、通信技术、信息技术和计算机技术的飞速发展，随着数字地球、智慧地球的建立和应用，人类进入了信息时代，“地球村”上的人们交流往来增多，故还应当具有一定的人文知识、写作能力和掌握某种外语。

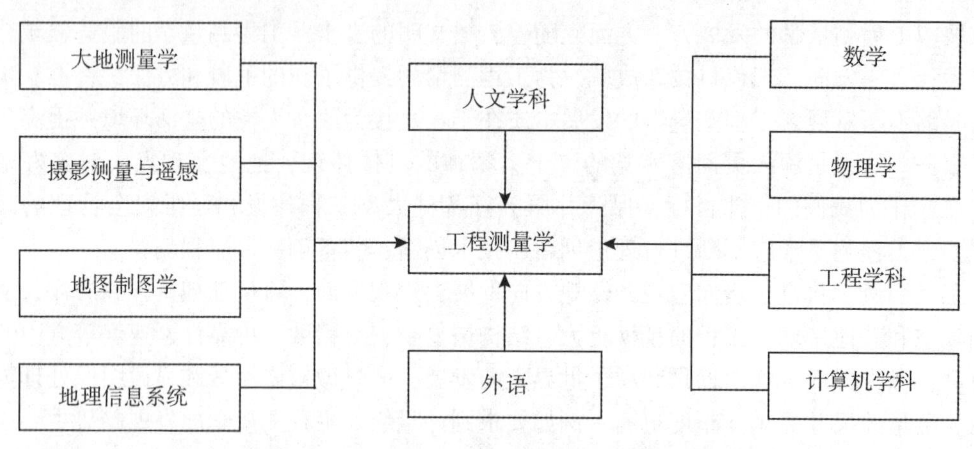

图 1-1　工程测量学与其他学科和课程的关系

1.5.3　如何学好工程测量学

本书采用了“一般与特殊”、“纵向与横向”相结合的结构体系。所谓“一般”，指各种工程的共性，“特殊”则指各种工程的特殊性。对于共性，进行统一讲解，而对于特殊性，则针对某一类工程进行具体描述。“纵向”是指按工程建设的三个阶段阐述测量工作的理论、方法和技术，而“横向”是指按典型工程分别进行讲述。

学习时，要熟悉全书的结构体系，重点掌握共性方面的知识，可根据情况选择性地学习特殊性的知识。注意根据每章给出的重点、难点和思考题进行针对性的学习。工程测量方向的学生要学好这门必修课，其他方向的学生也要具备必需的一些工程测量知识。对于所有的已经工作的测绘人员，本书也是一本重要的工具型参考书。

◎ 本章的重点和难点

重点：工程测量学的定义、作用和学科地位。大型工程建设三阶段的测量工作。工程测量学的特点、发展历史和发展展望。如何学好工程测量学，对工程测量人员的要求。

难点：工程测量学的特点，大型工程建设三阶段的测量工作，工程测量学的发展历史和发展展望。

◎ 思考题

（1）什么是工程测量学？

（2）为什么要学习工程测量学？工程测量的作用是什么？

（3）工程测量学的内容和对象主要有哪些？

(4) 大型工程包括哪几个阶段，与工程测量的关系如何?
(5) 请用一些历史记叙或事实简要说明工程测量的发展历史。
(6) 试列举中外历史记载中的与测量有关的工程案例。
(7) 为什么说大型特种精密工程是工程测量学发展的动力?
(8) 工程测量学有哪些现代发展?
(9) 工程测量学发展趋势的“六化”是什么?
(10) 工程测量学发展的“十六字”是什么?
(11) 现代社会对工程测量人员有何要求，如何学好这门课程?
(12) 工程测量学与其他课程之间有着什么样的密切关系?

第2章　工程测量学的理论技术和方法

本章阐述了工程测量学的理论技术和方法。工程测量学的理论主要有测量误差和精度理论、可靠性理论、灵敏度理论、工程控制网优化设计理论和测量基准理论；工程测量学的技术和方法是密不可分的，按角度、方向、距离、高差、坐标等观测量进行归纳，按地面测量、空间测量和特殊测量进行分类，深入浅出，有详有略。本章最后，还给出了工程测量中已过时的理论技术和方法。

2.1　工程测量学的理论

2.1.1　测量误差和精度理论

1. 测量误差理论

1）测量误差种类及其发展

测量中观测值的误差包括偶然误差、系统误差和粗差三种，其特点及其现代发展如下：

偶然误差：又称随机误差，是一种必然存在的误差。当一个观测值（或称测量值、量测值）受许多因素的影响，而每一因素的影响都很小且量级相当时，则该观测值所带有的是偶然误差，该观测值为随机变量。偶然误差服从正态分布。观测值可以是直接观测值，如钢尺读数、角度或距离观测值；也可以是导出值，如测段水准高差、角度或距离的测回均值；也可以是组合值。基于最小二乘法的经典测量平差是建立在观测值只含偶然误差之上的。应注意，有的偶然误差有时会产生系统性影响。

粗差：可定义为大的偶然误差，随机出现，其大小与精度有关，粗差的影响服从狭义可靠性理论。一个网中各观测值的粗差能否被发现，与多余观测数有关，可进行粗差探测和定值定位。

系统误差：是指大小和符号有一定规律的误差，可检测发现、减弱或消除。有时全部观测值都含有，有时部分观测值含有这种误差。仪器的系统误差，如加、乘常数误差，与仪器鉴定有关；有时单个观测值所含的系统误差（如大气折光差）可视为粗差。抵抗和减弱系统误差的方法有：

（1）重复观测。多次读数，多测回、多时段观测，对向观测，异午观测，往返观测等，可减小偶然误差，使系统误差偶然化。

（2）仪器检测。减小系统误差。

（3）进行基准点稳定性分析。

（4）完善平差的函数模型。

（5）测站稳定、通视好。可减小系统误差。

限差也是一种误差，如建筑限差是一种设计的总允许误差，一般取中误差的 2 倍为极限误差或容许误差。

2）测量误差分配理论

测量误差分配理论是测量设计的基础。例如要确定控制网的精度或施工放样的精度，需要按误差分配理论对误差进行合理分配。误差分配主要依据三个原则："等影响原则"、"忽略不计原则"和"按比例分配原则"。

（1）等影响原则。设总的限差为 Δ，主要由三种误差 Δ_1、Δ_2、Δ_3 引起，等影响原则认为三种误差相等，即

$$\Delta_1 = \Delta_2 = \Delta_3 = \frac{\Delta}{\sqrt{3}} \tag{2-1}$$

按误差传播定律，有：

$$\Delta^2 = \Delta_1^2 + \Delta_2^2 + \Delta_3^2 = 3\left(\frac{\Delta}{\sqrt{3}}\right)^2 = \Delta^2 \tag{2-2}$$

（2）忽略不计原则。设总限差 Δ由 Δ_1、Δ_2 两种误差引起，等影响原则认为三种误差相等，当一种误差等于或小于另一种误差的 1/3 时，这一误差对总限差的影响可忽略不计，如假设

$$\Delta_2 = \frac{\Delta_1}{3} \tag{2-3}$$

$$\Delta^2 = \Delta_1^2 + \Delta_2^2 = \Delta_1^2 + \left(\frac{\Delta_1}{3}\right)^2 = 1.11\Delta_1^2 \tag{2-4}$$

则有

$$\Delta = 1.05\Delta_1 \approx \Delta_1 \tag{2-5}$$

（3）按比例分配原则。设总的限差为Δ，主要由三种误差 Δ_1、Δ_2、Δ_3 引起，根据实际情况，它们之间的比例为：$\Delta_1 : \Delta_2 : \Delta_3 = 1 : 2 : 1.5$，则有

$$\Delta^2 = \Delta_1^2 + \Delta_2^2 + \Delta_3^2 = 7.25\Delta_1^2 \tag{2-6}$$

由上式可得三种误差与总的限差关系为：

$$\Delta_1 = 0.37\Delta, \quad \Delta_2 = 0.74\Delta, \quad \Delta_3 = 0.56\Delta$$

Δ_2 是主要的误差来源，Δ_3 次之，Δ_1 最小。

例如，隧道横向贯通误差由洞外控制测量误差、洞内导线测量误差和施工放样误差引起，施工放样误差的影响可以忽略不计；进出口两个方向的洞内导线测量误差影响可视为相等，因为洞外测量条件好，用 GNSS 技术建网的精度很高，洞内导线测量误差影响可按是洞外控制测量误差影响的 2 倍进行分配，由此可得到洞外控制测量误差的影响值和洞内导线测量误差影响值，为洞内外控制测量设计提供依据。

2. 测量精度理论

测量精度是测量精确度和准确度的总称。在测量中，精度主要包括仪器的精度和数值的精度，我们讨论最多的是数值的精度。仪器的精度用标称精度描述，如：全站仪的测角、测边精度，GNSS 接收机的精度，激光扫描仪的精度和陀螺仪的精度等。与仪器的分辨率、制造技术和工艺等有关。数值的精度又分相对精度和绝对精度。相对精度有两种：

一种是指观测量的精度与该观测量的比值，比值越小，相对精度越高，如边长的相对精度。另一种是指一点相对于另一点特别是邻近点的精度。相对精度是与基准无关的。绝对精度指一个观测量相对于其真值的精度，或相对于基准点的精度。绝对精度与基准有关，只能在相同基准下进行比较。在统计学的质量控制术语中，精度被称作“设计质量”。

1）测量精度理论及其发展

与测量精度理论有关的是海森堡于1926年提出的测量不确定性原理（uncertainty principle of measurement），该原理源于量子力学，其实质是：如果要预言一个基本粒子未来的位置和运动速度，就必须准确地测量出它现在的位置和速度。但是，若对一基本粒子的位置测量得越准确，则对其速度的测量就越不准确，反过来也一样，若对基本粒子的速度测量得越准确，则对其位置的测量就越不准确。所以又称为测不准原理。从定义看，海森堡的测量不确定性原理与测量精度理论关系似乎不大，但从测不准这一点来说，却是非常一致的，即测量有误差，精度不会等于零，一个被测量是测不准的，其真值是无法得到的。

测量精度理论的发展是测量不确定度理论（uncertainty of measurement）的出现。测量不确定度理论是由美国国家标准局（NBS）的埃森哈特（Eisenhart）于1963年首先提出，现已成为国际上表示测量结果及其不确定度的通行做法。测量不确定度的定义是：与测量结果相联系的，表示被测量值分散性的参数。例如，测量结果 $D=2\ 123.579\text{m}$，$U=3\text{mm}$（$k=2$），表示被测的距离在（2123.579±0.003）m之间，落在该区间的概率为95%（因 $k=2$）。我国于1998年前后开始推行这一规范，其标志性技术法规文件是《通用计量术语与定义》（JJF1001—1998）和《测量不确定度评定与表示》（JJF1059—1999）。在《测量不确定度评定与表示》的开篇就指出：“在我国实施GUM，不仅是不同学科之间交往的需要，也是全球市场经济发展的需要”。

目前，不确定度理论和评价方法已经推广应用，但在测绘学科并没有引起足够的重视，仍然使用传统的精度评定方法。这一测量不确定度理论，在国际测绘界也没成为讨论的热点。究其原因，主要是测绘学中的误差理论和精度理论已经比较成熟，测量不确定度可以视为测量学中的中误差。测量不确定度理论中的测量概念要广泛得多，除对几何量外，还包括对电流、电压、质量、温度等物理量的测量，甚至包括医学中与生物活动有关的量的测量等。

2）测量精度与测量误差的关系

测量精度与误差是密不可分的，误差小则精度高，误差大则精度低。测量精度常常用中误差（又称标准差）来表示。但是，测量精度和测量误差又是两个不同的概念，精度是精确度和准确度的总称。精确度与偶然误差有关，准确度不仅与偶然误差有关，而且与系统误差有关，表现为与真值的接近程度。但是，在测量学科中，精度最常用的是精确度的概念，认为在测量数据处理中，系统误差和粗差都已经消除了，只含有偶然误差，这是测量平差中最小二乘法的先决条件。中误差是在不含粗差和系统误差的假设下导出的。

3）测量精度匹配理论

在工程测量地面边角控制网设计中，边角的精度匹配问题是一个重要问题。随着全站仪的普遍应用，纯测角网已消亡，测边网也极少，广泛应用的是边角网。我们知道，测边（或控制）引起纵向误差，测角（或测方向，或控制）引起横向误差，它们都与边长密切相关。设方向中误差为 m''_r，测边的固定误差和比例误差分别为 a 和 b，边长为 S，则方向中误差引起的横向误差和边长中误差引起的纵向误差分别为：

$$m_q = \frac{m''_r}{\rho''}S \tag{2-7}$$

$$m_L = \sqrt{a^2 + (bS)^2} \tag{2-8}$$

所谓边角精度完全匹配，是指应满足 $m_q = m_L$，由于网的边长变化和仪器的限制，边角精度匹配是相对的，不匹配是绝对的，一般认为应当满足下述关系：

$$\frac{1}{k}m_L \leqslant m_q \leqslant km_L$$

其中 $k \leqslant 2$ 或 $k \leqslant 3$ 时，都可认为边角精度是基本匹配的。如果使用全站仪 TCA2003 来建立一个高精度的边角网，若取 $k \leqslant 2$，当边长大于 1 460m 时，边角精度已不匹配了，测角引起的误差大于测边引起的误差的两倍，可以不作长边上的方向观测了（见图 2-1）。

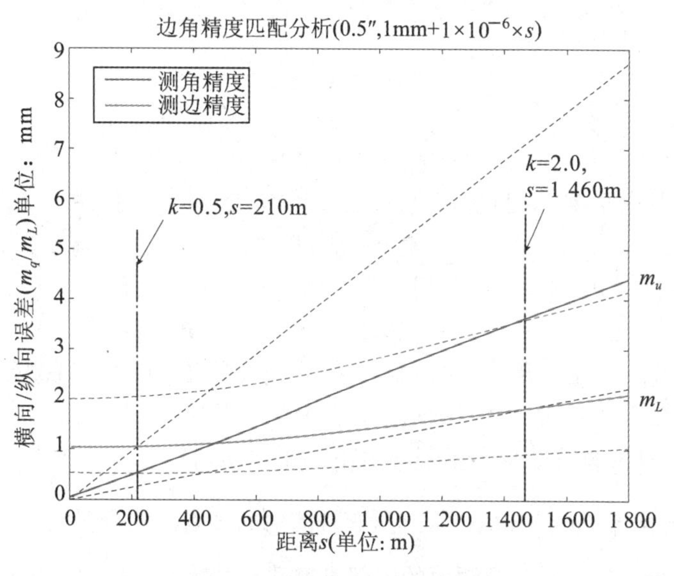

图 2-1 边角精度匹配示意图

2.1.2 测量可靠性理论

对于一个测量系统如测量控制网，若网的平差模型是正确的，那么平差结果的精度能正确地反映网的质量。平差模型正确是指观测值和未知数之间的几何关系和物理关系是正确的，观测值是相互独立的随机变量。然而，在实际中常常存在模型误差，如观测值中存在系统误差或粗差，观测值的先验精度与实际精度相差较大等。在统计学的质量控制中，精度被称作“设计质量”，还引入了一个量叫“实现质量”。为了得到一个好的实现质量，测量控制网平差需要建立一个测量可靠性准则。例如，增加一些附加观测值来改善网的结构，为检验平差模型提供足够信息。可靠性准则能提供控制网观测值之间相互控制、检核的量化数值，还能给出可能发生但不能被探测出的粗差限值。

测量可靠性理论最早由荷兰的巴尔达于 1967 年提出，主要针对控制网的单个粗差，提出了数据探测法及内部可靠性与外部可靠性。1985 年，在德国留学的李德仁将巴尔达的可靠性理论进行了扩展，提出了摄影测量平差系统的可靠性理论，从一维备选假设发展到多维备选假设，提出了粗差和系统误差、粗差和变形的可区分性。结合工程测量实践，本书将巴尔达的内部和外部可靠性扩展到广义可靠性。具体说明如下：

1. 内部可靠性

内部可靠性定义为系统发现观测值粗差能力的量度。假设控制网中只有观测值 l_i 含粗差 ∇_{li}，带粗差的观测值向量 $\boldsymbol{l}'$ 为

$$\boldsymbol{l}' = \boldsymbol{l} + \nabla_l \tag{2-9}$$

由间接平差可得改正数向量

$$\boldsymbol{V} = \boldsymbol{A}\bar{\boldsymbol{x}} - \boldsymbol{l} = (\boldsymbol{A}(\boldsymbol{A}^{\mathrm{T}}\boldsymbol{PA})^{-1}\boldsymbol{A}^{\mathrm{T}}\boldsymbol{P} - \boldsymbol{I})\boldsymbol{l} \tag{2-10}$$

及其协因数阵

$$\boldsymbol{Q}_{VV} = \boldsymbol{Q}_{ll} - \boldsymbol{A}(\boldsymbol{A}^{\mathrm{T}}\boldsymbol{PA})^{-1}\boldsymbol{A}^{\mathrm{T}} \tag{2-11}$$

由

$$\boldsymbol{V} = -\boldsymbol{Q}_{VV}\boldsymbol{Pl}$$

可得

$$\boldsymbol{V}' = -\boldsymbol{Q}_{VV}\boldsymbol{P}(\boldsymbol{l} + \nabla_l) = \boldsymbol{V} + \nabla_V \tag{2-12}$$

式中，$\boldsymbol{\nabla}_V$ 为改正数向量 $\boldsymbol{V}$ 的变化量，可以看成粗差 $\boldsymbol{\nabla}_{li}$ 对 $\boldsymbol{V}$ 的作用

$$\boldsymbol{\nabla}_V = -\boldsymbol{Q}_{VV}\boldsymbol{P}\ \boldsymbol{\nabla}_l \tag{2-13}$$

粗差 $\boldsymbol{\nabla}_{li}$ 会影响到所有观测值，而对相应改正数 V_i 的影响可写成

$$\boldsymbol{\nabla}_{vi} = -(\boldsymbol{Q}_{VV}\boldsymbol{P})_{ii}\ \boldsymbol{\nabla}_{li} = -r_i\ \boldsymbol{\nabla}_{li} \tag{2-14}$$

式中，r_i 为矩阵（$\boldsymbol{Q}_{VV}\boldsymbol{P}$）主对角线上的元素，称 r_i 为观测值 l_i 的多余观测分量，被定义为观测值的内部可靠性。r_i 小，表示可靠性低，r_i 具有以下性质：

（1）$0 \leqslant r_i \leqslant 1$，即多余观测分量 r_i 在 0 和 1 之间。

（2）$r = \sum_{i=1}^{n} r_i = n - u = \mathrm{tr}(Q_{VV}P)$。所有观测值的多余观测分量之和等于多余观测数。

（3）观测值相互独立时，观测值的内部可靠性与其精度成反比。因有

$$r_i = (Q_{VV}P)_{li} = 1 - \frac{\hat{\sigma}_i^2}{\sigma_i^2} \tag{2-15}$$

式中，σ_i 为 l_i 观测值的中误差，$\hat{\sigma}_i$ 为 l_i 平差值的中误差。若观测值 l_i 的精度很高，则平差前后的精度变化不大，$\hat{\sigma}_i \approx \sigma_i$，则 $r_i \approx 0$，说明该观测值的内部可靠性很低；观测值 l_i 的精度很低，平差后的精度会显著提高，有 $r_i \approx 1$，即该观测值的可靠性很高。

（4）r_i 是与基准的位置无关的不变量。

观测值相互独立时，观测值 l_i 中能被检验发现的最小粗差 $\nabla_o l_i$（亦即可能存在的粗差界值）可以表达为

$$\nabla_0 l_i = \sigma_i \cdot \omega_0 / \sqrt{r_i} \tag{2-16}$$

式中，ω_0 为非中心参数，取值与显著水平 α 和检验功效 γ 有关，一般取 2.79（$\alpha=0.05$，$\gamma=0.80$）或 4.13（$\alpha=0.001$，$\gamma=0.80$）。由上式可见，$\nabla_o l_i$ 与 r_i 有关，r_i 越大，$\nabla_o l_i$ 越

小，即通过统计检验，能发现 l_i 中粗差的下界值 $\nabla_0 l_i$ 越小，该观测值的内部可靠性越高，或对同一个粗差，检验功率越大。

（5）对于一个网，将所有观测值 r_i 的均值定义为网的平均多余观测分量，有

$$\overline{r_i} = \frac{r}{n} \tag{2-17}$$

一个网的平均多余观测分量越大，该网的内部可靠性越高。

2. 外部可靠性

设控制网只有一个观测值含粗差，粗差界值 $\nabla_o l_i$ 对坐标未知数向量的影响可表示为

$$\boldsymbol{\nabla}_{x_i} = \boldsymbol{Q}_{xx}\boldsymbol{A}^{\mathrm{T}}\boldsymbol{P}\begin{bmatrix} 0 \\ \vdots \\ \nabla_0 l_i \\ \vdots \\ 0 \end{bmatrix} \tag{2-18}$$

或

$$\boldsymbol{\nabla}_{x_i} = \boldsymbol{Q}_{xx}\boldsymbol{a}_i^{\mathrm{T}} p_i \nabla_0 l_i \tag{2-19}$$

式中，$\boldsymbol{a}_i$ 为图形矩阵 $\boldsymbol{A}$ 第 i 行行向量，p_i 为 l_i 的权，$\nabla_o l_i$ 将作用于全部坐标未知数，且 ∇_{xi} 与基准有关。为此，求 $\nabla_o l_i$ 对坐标未知数的平均影响

$$\delta^2_{oi} = \nabla_{xi}^{\mathrm{T}} \Sigma_{xx}^{-1} \nabla_{xi} = \frac{1 - r_i}{r_i}\omega_o \tag{2-20}$$

称 δ_{0i} 为网的影响因子，定义为网的外部可靠性的量度，描述抵抗观测值粗差对平差结果影响的能力，δ_{0i} 越小，表示外部可靠性越好。由上式可见，r_i 越大，则 δ_{0i} 越小，内部可靠性和外部可靠性具有一致性。

一般来说，一个控制网的平均多余观测分量宜大于 0.3，粗差界值宜小于 7 倍观测值中误差，影响因子宜小于 9。

3. 测量可靠性准则

测量可靠性准则包括内部可靠性准则和外部可靠性准则。内部可靠性准则是指测量系统发现（或探测）观测值粗差的能力，称为内部可靠性，通过多余观测分量（或多余观测数）来描述；外部可靠性准则指测量系统抵抗观测值粗差对平差结果影响的能力，称外部可靠性，用系统的影响因子量度。测量可靠性准则对于控制网设计有意义，对于特种精密工程更为重要。内部可靠性和外部可靠性可称为狭义可靠性。上述公式虽然是在系统只含有一个粗差的前提下推导出来的，但仍具有很好的指导意义。因为粗差不可能太多，可以进行模拟计算。含粗差的观测值可视为方差不变而期望平移，也可视为期望不变而方差扩大。

4. 测量的广义可靠性理论

可靠性理论对测量设计、数据处理和成果质量评定有重要指导意义。但狭义可靠性理论也存在一些问题，例如一条附合导线的多余观测分量很小，内部、外部可靠性都很差，难道说，附合导线及其成果就不可靠，附合导线就不能使用了吗？另外，在许多情况下，仅靠平差模型的改进，是不能发现粗差和系统误差的，更不能区分粗差和系统误差、粗差和变形。但在测量实践中应该如何做呢？因此，需要将狭义可靠性理论扩展到广义可靠性理论，并用来指导测量、数据处理及管理等工作。

测量的广义可靠性可定义为：测量系统发现和抵抗粗差与系统误差以及减小偶然误差的能力。可通过重复观测、多余观测和计量检测来描述。广义可靠性不仅是对狭义可靠性

的扩展，将粗差扩展到粗差、系统误差和偶然误差，还涉及测量管理、设计、实施和表达等多方面。当只讨论粗差时，二者是一致的。

由广义可靠性的定义可知，偶然误差、粗差与系统误差是广义可靠性讨论的重要内容，是必须进行重复观测、多余观测和计量检测的理论基础。测量观测值一定含有偶然误差，有极少数的观测值可能含粗差，在许多情况下，观测值还含有系统误差。测量的广义可靠性理论不仅是对测量系统中的观测值而言，还涉及以下方面：

（1）测量项目组织中的可靠性。对于一个大型测量项目，包括项目管理的可靠性：招投标管理、监理制度、质量保障体系等；人员的可靠性：人员的专业素质、技术力量搭配和管理水平；设备的可靠性：拥有的仪器、设备和软件；设计的可靠性：对测量提出的各项要求是否合理。

（2）测量方案的可靠性。所制定的测量方案是否合理、可靠？

（3）测量仪器的可靠性。选用的仪器是否合理、可靠？仪器检校是否按规范要求进行，仪器检定结果是否可靠？

（4）观测值的可靠性。观测时间、时段是否恰当？观测方法是否合理？观测值的各项限差是否合理？检查是否完全？

（5）平差系统的可靠性。平差软件是否正确可靠？平差系统的功能是否完备等？

（6）测量成果的可靠性。测量成果及其精度、可靠性指标的表达是否正确完全？

测量的广义可靠性理论的研究内容主要包括：广义可靠性与偶然误差、系统误差和粗差的关系，与基准的关系，与重复观测的关系，与多余观测的关系，与计量检测的关系。

例如，在减小偶然误差方面，应合理地选择测量仪器、仪器精度和类型，确定观测方法，读数次数、测回数、观测时间、观测时段长度等。

在系统误差方面，应分析系统误差的来源，如大气折光误差、GNSS 测量中接收机相位中心误差、对流层电离层延迟误差、基准点变动引起的误差等。要特别注意仪器的系统误差，如测距仪加、乘常数的测定及其误差，水准尺每米真长改正及其误差。按规定进行仪器检测，对减小系统误差非常重要。多次读数、多测回、多时段、对向观测、异午观测、往返观测等，既可减小偶然误差，也可使一些系统误差偶然化。测站选址时，要求点位稳定，通视好，避开高压电磁场等，可减小折光、多路径影响等系统误差。在控制网重复观测时，必须统一基准，才能进行比较，必须对基准点作稳定性分析。

网平差时，首先要探测、定位和剔除粗差，并根据需要，进行方差分量估计，以完善平差的函数模型和随机模型。

广义可靠性的应用范围很广，包括测量方案设计、平差数据处理、基准点稳定性分析、仪器鉴定以及测量规范的制定与解释中的应用等。下面仅就测量成果表达说明如下：基于精度和广义可靠性理论，应包括测量的最或是值、精度区间、概率范围、重复测量次数（测回数）、基准（参考）点、基准面等信息，如 $D=2\ 123.5791\text{m}$，$m_d=3.00\text{mm}$（$k=2$），$n=4$，$H_0=300.0\text{m}$，表示被测的距离在（2 123.5791±0.003 00）m 之间，落在该区间的概率为 95%（因 $k=2$），测回数为 4，为投影面 300.0m 上的平距。对于坐标成果的描述需要给出更多信息，如 $x=31\ 251\ 209.425\ 4\text{m}$，$m_x=1.27\text{mm}$（$k=2$），$n_l=6$，$n_s=2$，1954 北京坐标系，已知点为国家二等点。表示该坐标值在（31 251 209.425 4±0.001 27）m之间，落在该区间的概率为 95%，方向测回数为 6，边长测回数为 2，为

1954 北京坐标系下的纵坐标，已知点为国家二等点，精度是相对于二等点的。其中测回数、精度区间、概率范围、基准等信息都与广义可靠性有关系。由上可见，基于精度和广义可靠性的成果表达比基于测量不确定度的成果表达更为完备。

2.1.3 测量灵敏度理论

测量灵敏度定义为：在给定显著水平 α_0 和检验功效 β_0 下，通过对周期观测的平差结果进行统计检验，所能发现的变形向量的下界值。对变形监测网而言，在变形监测网设计中，除考虑精度和可靠性外，还要求所布设的网对需要监测的变形向量具有尽可能高的灵敏度。灵敏度只与变形监测网有关，且是一个相对概念，即与变形向量有关，对于不同的变形向量具有不同的下界值，即对于不同的变形向量，具有不同的灵敏度。设变形向量为

$$\boldsymbol{d} = \| d \| \cdot \boldsymbol{g} = a\boldsymbol{g} \tag{2-21}$$

即变形向量的模（表示大小）和单位向量（又称形式向量，表示变形向量方向）的乘积，灵敏度可用变形向量的大小即标量 a 来度量，它与形式向量 $\boldsymbol{g}$ 有关，a 越小，灵敏度越高。

对某一给定的形式向量 $\boldsymbol{g}$，能被监测出的变形向量的下界值为

$$d_0 = a_0\boldsymbol{g} = \frac{\delta_0\ \omega_0\boldsymbol{g}}{\sqrt{\boldsymbol{g}^{\mathrm{T}}\ Q_{dd} + \boldsymbol{g}}} \tag{2-22}$$

式中，$\boldsymbol{Q}_{dd}$ 是位移向量 $\boldsymbol{d} = \boldsymbol{X}_2 - \boldsymbol{X}_1$ 的协因数阵。ω_0 为与显著水平 α_0 和检验功效 β_0 相对应的非中心参数，a_0 则是变形监测网对于所要监测变形的灵敏度。

灵敏度实质上是特殊方向上的网点精度，可以通过网点的误差椭圆直观地反映出来。网的灵敏度愈高，则所要求的精度也愈高，即精度与灵敏度是成正比的。

2.1.4 工程控制网优化设计理论

过去，将工程控制网的优化设计分为四类，即零类设计（ZOD，基准设计），一类设计（FOD，图形设计），二类设计（SOD，观测精度设计）和三类设计（THOD，已有网改进）。网的优化设计方法又分为解析法和模拟法两种。随着测量技术和计算机技术的发展，网的优化设计理论有了很大改变，再也不谈 4 类优化设计和解析法优化设计了。网的布设更加方便灵活，网的优化设计也变得更加简单易行。下面介绍我们提出的一种工程控制网优化设计的模拟计算法。

1. 基于可靠性的工程控制网优化设计方法

前面讲到，观测值的内部可靠性与观测值的精度和灵敏度（变形监测网）存在密切关系。根据网的用途、精度要求和使用仪器，先作图上设计和实地踏勘，确定一个初始观测方案，观测精度应选取仪器所能达到的最高精度。初始观测方案应对所有可能观测的边和方向进行观测，故一个有最大的多余观测数的“肥网”或“密网”。然后模拟初始观测方案，进行平差计算，对精度、可靠性乃至灵敏度等结果进行分析，看是否达到精度要求。一般来说，初始观测方案的平差结果精度会偏高，可作适当降低调整，在精度基本合理的基础上，基于观测值内部可靠性指标，按从“肥”到“瘦”，从“密”到“疏”的策略进行网的优化设计。优化时，提出了平均多余观测分量设计值（r_i^0）的概念，对于

不同用途不同要求的网，可取平均多余观测分量设计值如 0.3～0.6。根据 r_i^0，按下式计算设计的观测值个数：

$$n^0 = \frac{t}{1 - r_i^0} \tag{2-23}$$

式中，t 为必要观测值个数。具体地说，对计算的观测值多余观测分量，按从大到小的顺序排列，并计算 r_i^0，比较 r_i^0，删去多余观测分量较大的观测值，然后重新作网的模拟计算。一般，只需做一两次计算即可得到网的优化设计方案。该方法的特点是：初始方案总是一个观测精度和观测值个数都有富余的全边角网，如果该方案还达不到设计要求的话，则说明设计要求太高，或所采用的仪器精度还不够高。整个优化设计过程是如何调整观测精度和删除哪些观测值。按此法删除的多余观测具有确定性，且不致引起形亏，优化结果具有一致性，且符合实际。因为，GNSS 网也可看作是全边角网，故该法同样可以用于 GNSS 网。

基于可靠性的工程控制网优化设计方法可使用我们开发的“现代测量控制网数据处理通用软件包”科达普施（CODAPS）进行，该软件具有观测值多余观测分量计算和观测方案模拟的功能，具有任意网的严密平差和优化设计功能。例如：可生成正态随机数，并对这些正态随机数进行各种检验（如正态性、周期误差、偏度、峰度、方差和均值检验等）。根据人工生成的一个观测方案文件（网名・FA2），文件中的观测值是根据网点近似坐标反算的，加上模拟的精度生成不含粗差和系统误差的模拟观测值，从而生成平差所需要模拟观测值文件（网名・IN2），通过平差可计算网的各种精度和可靠性指标，按前述的步骤进行网的优化设计，最后输出各种结果、网图和报表等。科达普施软件已被广泛应用 20 多年，受到用户好评。在课程设计中，可结合工程实际，通过软件操作实习，进一步掌握基于可靠性的工程控制网优化设计方法。

2. 算例分析

模拟一个 8 个点的桥梁边角网，北岸 4 个点，南岸 3 个点，江中岛上 1 个点。其中 1、2 位于桥轴线上，以 1 为已知点，1 至 2 的方位角为已知方位角，按独立网进行设计。优化设计要求：平均多余观测分量设计值不小于 0.4，最弱点精度不大于 4.5mm，最弱边精度优于 1/12 万。初始方案为观测 50 个方向值，25 条对向边的全边角网（见图 2-2（a）），方向观测值精度为 1.8″，边长观测值精度为 3mm+2ppm。初始方案的计算结果：最弱点点位精度为 2.3mm，最弱边精度为 1/17.5 万，精度偏高了。按前述优化设计过程进行如下优化设计与计算：平均多余观测分量设计值为 0.5，计算得观测值设计数为 42，即应删去 75−42＝33 个观测值，按观测值的多余观测分量从大到小排序，确定删除多余观测分量大于 0.80 的方向观测值 22 个，删除多余观测分量大于 0.66 的边长观测值 11 个，重新作平差计算，得平均多余观测分量为 0.53，最弱点点位精度为 3.6mm，最弱边精度为 1/14.2 万，网的精度仍然偏高。

取平均多余观测分量设计值为 0.42 再进行计算，计算得观测值设计数为 36，再删去 3 个方向和 3 个边长观测值，计算最弱点点位精度为 3.7mm，最弱边精度为 1/13.9 万，网的精度仍然偏高（见图 2-2（b））。

由于平均多余观测分量已达到设计的极限值，为此，根据测量作业习惯，适当改变观测值精度，例如，让测边的精度保持不变，方向观测值精度降为 2.5″，按前面优化计算得：平均多余观测分量为 0.5，最弱点点位精度为 4.3mm，最弱边精度为 1/12.1 万。该结果满足设计的要求，相对于初始方案，共减少了 39 个观测值，方向观测精度也从 1.8″降低到 2.5″，在精度、可靠性和经费等方面都达到了最优（见图 2-2（c））。

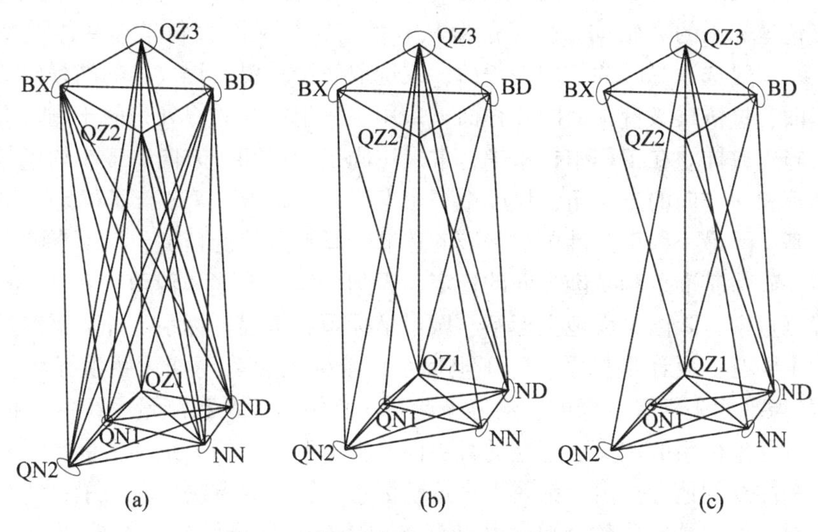

图 2-2　桥梁边角网的模拟法优化设计

2.1.5　测量基准理论

在测量学科中，测量基准是非常重要的。简明地说，测量基准是由测量坐标系和参考点（称基准点或已知点）组成。如地球的地心坐标系和参心坐标系、国家大地坐标系、城市坐标系、工程坐标系，正常高高程系统和重力参考系统等；基准点组成参考框架。确定坐标系之后，重要的是维护参考框架。参考框架由高精度的控制测量得到，或直接选取高一级的网点组成。

国家大地坐标系是一个涉及面广且十分复杂的系统，既要立足本国又要考虑全球，要与国外重要的坐标系统相协调，能获取和更新国内外一些点的坐标，还涉及与地理信息有关的地图资料的偏差和更新问题。我国现采用的三维地心大地测量坐标系为 CGCS2000，该坐标系的定义与国际地球参考框架（International Terrestrial Reference Frame）一致，坐标原点为地球的质心，尺度为在引力相对论意义下局部地球框架的尺度，坐标系定向的初始值由 1984.0 时国际时间局定向给定，定向的时间演化不会产生残余的全球旋转，采用的参考椭球与正常椭球一致。

工程测量中，常涉及基准的设计、建立和维护。对于一些大型工程，需要与国家大地坐标系或城市坐标系相联系，最常采用挂靠坐标系（related independent coordinate system）的方法进行联系，即利用一点的国家坐标系（或城市坐标系）的坐标及该点至另一点的国家坐标系或城市坐标系方位角，并选择测区或建筑物的平均高程面（或指定高程面）作为边长投影面建立的坐标系统。也可采用与多个在国家大地坐标系或城市坐标系里的点进行联测的方法建立一点一方向的挂靠坐标系。例如，大型水利水电工程、线路工程、工业企业和矿山工程都需要与国家大地坐标系或城市坐标系相联系。但是，工程坐标系是工程测量常常用到和必须掌握的坐标系。工程坐标系属于独立坐标系，采用平面直角坐标系和空间直角坐标系：坐标轴与工程的轴线平行，如 X 轴与大坝轴线、大桥轴线、隧道轴线或主要厂房轴线平行。平面直角坐标系与数学上的笛卡儿坐标系不一样，服从左手定则，空间直角坐标系的 Z 轴向上，一般服从右手定则。平面直角坐标系还需要定义在一个高程面上，一般选取测区的平均高程面，或选取便于重要工程放样的高程面，如过隧道地面的高程面、过桥梁墩台顶面的高程面。采用工程坐标系的好处是便于测量、便于工程设计和便于施工放样。在工程坐标系中，常采用固定一点和一方向的最小约束基准，即固定一点的坐标和一方向的方位角，尺度由精密电磁波测距或 GNSS 技术确定，这种基准称为最小约束基准。最小约束基准中，基准的选取会影响点位的精度，但不影响点之间的相对精度。需要确保基准点和基准方向的稳定，否则会引起平移和转动。

在工程测量中，除国家大地坐标系、城市坐标系和工程坐标系之外，还涉及许多其他的坐标系，主要有：设计坐标系、施工坐标系、结构坐标系（如天线坐标系、星体坐标系）、摄影的像平面坐标系及像方、物方坐标系、测站坐标系和测量系统的坐标系等。要理解和掌握各种坐标系的定义、建立的必要性、坐标系之间的关系和坐标系间的坐标转换方法、步骤和注意的地方。由于都属于直角坐标系，转换的方法比较简单，涉及平移、旋转和尺度参数，如果转换参数已知，可以直接利用公式进行转换；如果知道几个点（公共点）在两个坐标系的坐标，可以根据转换关系式按最小二乘法求解转换参数。需注意公共点的位置、精度和可靠性；需熟悉各种坐标转换软件及其使用。

由基准点组成的参考框架，需要经常检查维护。在多个已知点组成基准框架的情况，需要检验基准点的稳定性，详见本书第 7 章。无基准点的设计现已极少采用。

2.2　地面测量技术和方法

2.2.1　角度测量

确定相交于一点的任意两条方向线之间角度的测量称角度测量。角度是测量中最基本的几何元素，包括水平角、垂直角和方位角。水平角是一点到两目标点的方向线垂直投影在水平面上所构成的角度；垂直角是一点到目标点的视线与水平面的夹角，若视线在水平面之上，垂直角为正，为仰角；否则垂直角为负，为俯角。垂直角也称竖直角、俯仰角或高度角，而视线与铅垂线的夹角称为天顶距。方位角是一点到目标点的视线与真北方向的夹角，是一种特殊的角度。

测量水平角和垂直角的仪器主要是经纬仪，分为光学经纬仪和电子经纬仪两大类。在测量学中已有较详细的讲述和实验实习操作，下面只作简单归纳：光学经纬仪是纯测角仪器，已有 100 多年的历史，经历了从游标读数到测微读数的发展阶段，我国第一台光学经纬仪于 1956 年生产，按精度分为 DJ07、DJ1、DJ2、DJ6 和 DJ15 几个等级。目前，光学经纬仪不再生产了，已被电子经纬仪取代。电子经纬仪采用编码读盘和电子读数，实现了数据采集的自动化，电子经纬仪的最高测角精度与光学经纬仪相当，约为 0.5″。电子经纬仪只有约 50 年的历史，现在也极少生产纯测角的电子经纬仪，而是生产能同时测角测距的电子全站仪，即电子经纬仪已基本被电子全站仪所取代。以后只要学习电子全站仪即可。电子全站仪的发展趋势：速度更快、操作更简单、自动化、智能化程度更高、数据获取、通信和处理功能更强大；最高测角精度可能不会有显著提高，测距精度还会提高，但最大测程不会太长，如超过 4 千米。

2.2.2 方向测量

确定地面任一方向与真北方向间夹角的测量称为方向测量。方向测量是一种特殊的角度测量。用罗盘可测量地面任一方向与磁北方向间的夹角，但精度很低；用 GNSS 也可以得到任一条边在某一坐标系下的方向。但要确定地面或地下任一方向与真北方向的夹角，只有采用陀螺仪测量，用陀螺仪进行方向测量的原理和技术方法与一般的角度测量完全不同，且主要用在地下工程的定向，故本书放在第 12 章讲述。

2.2.3 距离测量

确定任意两点间距离的测量称为距离测量。距离也是测量中最基本的几何量。距离测量的方法主要有三种：直接丈量法、间接视距测量法和电磁波测距法。

1. 直接丈量法

直接丈量就是用尺子（测绳、皮尺、钢尺）直接在地面上测定两点间的距离，一般多用钢尺量距，精度要求高的用因瓦线尺。钢尺长度有 20m、30m、50m 三种，因瓦线尺一般长 24m。钢尺量距需要测钎、花杆（标杆）、垂球、温度计、拉力器等，过去常用于工程的施工放样。因瓦线尺则更复杂，现在都很少使用。

钢尺的尺长方程式是在一定拉力下（如对 30m 钢尺，拉力为 10kg），钢尺长度与温度的函数关系，其形式为：

$$L = L_0 + \Delta L + \alpha(t - t_0) L_0 \tag{2-24}$$

其中，L 为钢尺在温度 t 时的实际长度，L_0 为钢尺的名义长，t 为钢尺量距时的温度，t_0 为钢尺检定时的温度，ΔL 为尺长改正数，即钢尺在 t_0 时实际长度与名义长度之差，α 为钢尺膨胀系数，即温度每变化 1℃时单位长度的变化率，其值一般为 $(1.15 \sim 1.25) \times 10^{-5}/1℃$。因瓦线尺的膨胀系数小，一般为 $0.5 \times 10^{-6}/1℃$。尺长方程式在已知长度上比对得到，称为尺长检定，一般由测绘计量检定部门实施。

钢尺量距一般包括定线、量距、测高差和进行尺长、温度和倾斜改正等工作，在此不作详述。

2. 间接视距测量法

间接视距测量法是利用装有视距丝装置的测量仪器，如光学经纬仪、水准仪或平板仪配合标尺按三角原理测出距离。最简单的视距装置是由下丝和上丝构成的视距丝，与视距法测量配套的尺子称为视距尺。视距法测量距离的精度低，主要用于水准测量中测量前后视距，过去用光学经纬仪、平板仪作大比例尺地形图的模拟法测绘。与视距法原理相似的 2m 横基尺视差法距离测量，在 20 世纪 50—70 年代曾广泛用于导线测量，随着电磁波测距法的兴起，视距法和视差法测距已基本淘汰。

3. 电磁波测距法

利用电磁波来测定两点间距离的物理法测距是目前最流行也是最现代化的方法。20

世纪 40 年代，电磁波测距技术开始用于测量。电磁波（又称电磁辐射）是由同相振荡且互相垂直的电场与磁场在空间移动的波。按波长（或频率）可将电磁波分为无线电波、微波、红外线、可见光、紫外线、X 射线、γ 射线和宇宙射线，波长如下：

无线电波：3 000 米~0. 3 毫米；

微波：0. 1~100 厘米；

红外线：0. 3 毫米~0. 75 微米；

可见光：0. 7 微米~0. 4 微米；

紫外线：0. 4 微米~10 纳米；

X 射线：10 纳米~0. 1 纳米；

γ 射线：0. 1 纳米~ 1 皮米；

高能射线：小于 1 皮米。

测量上常用的电磁波测量技术包括无线电波测距、微波测距、光电测距和激光测距等。

电磁波测距按测量方式可分为基于脉冲和基于相位差两种，利用下列基本公式来计算待测距离 D：

$$D = \frac{1}{2}c \cdot t_{2D} \tag{2-25}$$

式中，c 是电磁波在大气中的传播速度，取决于电磁波的波长和观测时测线上的气象条件，一般视为已知值，电磁波在真空中的传播速度为 $c_0 = 299\,792\,458 \pm 1.2\text{m/s}$，$t_{2D}$ 是电磁波在测线上往返传播时间，可以直接测定，也可以间接测定。直接测定即基于脉冲的方法，是通过测定电磁波在测线上往返传播过程中的脉冲数来测定 t_{2D}，间接测定即基于相位差的方法，是通过调制光在测线上往返传播所产生的相位差来测定 t_{2D} 的，精密测距一般采用相位差式测量方法，其原理如下：

由光源发出的电磁波通过调制器调制后，变成光强随高频信号变化的调制波，射向测线另一端的反射镜，经反射后被接收器接收，然后发射信号（又称参考信号）与接收信号（又称测距信号）在相位计进行比较，得调制波在被测距离上往返传播所产生的相位移（或称相位延迟）Φ，则 t_{2D} 为

$$t_{2D} = \frac{\Phi}{\omega} = \frac{\Phi}{2\pi f} \tag{2-26}$$

式中，ω 和 f 分别为调制波的角频率和线频率。Φ 包括 N 个整周和不足一周的相位 $\Delta\Phi = \Delta N \cdot 2\pi$，可写为

$$\Phi = N \cdot 2\pi + \Delta\Phi = 2\pi(N + \Delta N) \tag{2-27}$$

将式（2-26）代入式（2-25），进而由式（2-27），并顾及波长 λ 与频率 f 和波速 c 的关系，可得：

$$D = \frac{c}{2f}(N + \Delta N) \tag{2-28}$$

或

$$D = \frac{\lambda}{2}(N + \Delta N) \tag{2-29}$$

上面二式为相位式测距的基本公式。由式可以看出，相位式测距法犹如用一根半波长的“测尺”进行量距，N 为丈量的整尺段数。

相位计只能测出相位差 $\Delta\Phi$，无法直接测出整尺段数，确定主要用两种方法：直接测尺频率法和间接测尺频率法。

由式（2-29）可知，如果被测距离小于半波长，则 $N=0$，则可确定距离 D。因此，为了扩大测程，须选用较长的测尺，即用较低的调制频率（或称测尺频率），但是测相精度是一定的，这样将导致测距精度随测尺长度的增大而降低。为了保证测距精度，又必须选用较短的测尺，即用较高的测尺频率。为解决这一矛盾，选用一组测尺，以短测尺（又称精测尺）保证精度，用长测尺（又称粗测尺）保证测程，以精确获取整尺段数 N，这就是直接测尺频率法。

对于远程测距来说，直接测尺频率法的精测尺和粗测尺频率差会随测程增大而增加，将使电路放大器的增益和稳定性难以一致。因此，采用一组数值比较接近的测尺频率，用其差频作为粗测频率，间接确定 N 值，得到与直接测尺频率法相同的效果。

设用两个测尺频率 f_1 和 f_2 分别测量同一距离 D，则由式（2-28）有

$$\frac{2f_1}{c}D = N_1 + \Delta N_1$$

$$\frac{2f_2}{c}D = N_2 + \Delta N_2$$

将上两式联立求解，可得

$$D = \frac{c}{2f_{12}}(N_{12} + \Delta N_{12}) \tag{2-30}$$

式中，$f_{12}=f_1-f_2$ 称为差频，$N_{12}=N_1-N_2$，$\Delta N_{12}=\Delta N_1-\Delta N_2$。上式表明，用差频 f_{12} 测取尾数 ΔN_1 或 ΔN_2 的效果是相同的。因此，可以选择一组相近的测尺频率 $f_1, f_2, \cdots, f_n$ 进行测量，测得各尾数为 $\Delta N_1, \Delta N_2, \cdots, \Delta N_n$。将 f_1 作为精测频率，取差频 $f_{12}, f_{13}, \cdots, f_{1n}$ 为粗测频率，即得满足要求的测尺系统。

电磁波测距的仪器主要是电磁波测距仪（也称光电测距仪），按载波可分为光波测距仪和载波测距仪。其中光波测距仪是用白炽灯或高压水银灯为光源的光速测距仪，以激光作为载波的为激光测距仪，以红外发光管为光源的为红外测距仪；按测程可分为短程测距仪（2km 以内）、中程测距仪（2~7km）、远程测距仪（7~15km）和超远程测距仪（大于 15km）；按精度可分为超高精度测距仪、高精度测距仪和一般精度测距仪；按测距方式可分为脉冲式测距仪、相位式测距仪和混合式测距仪，脉冲式测距仪的测程远而精度较低，相位式测距仪的测程较短而精度高。精密测距仪均采用相位式或混合式的测距方式。

单纯的地面测距仪已基本淘汰，取而代之的是电子全站仪。电子全站仪包括电子测角和光电测距两大部分，测距的电磁波多为红外光，精度有显著提高，最高可达 0.5mm+1ppm，以中、短程测距为主，远程和超远程测距已被 GNSS 测量取代。电磁波测距时需要同时测量垂直角、仪器高、温度、气压等，要进行仪器的加常数、乘常数改正、温度气压方面的气象改正、倾斜改正和投影改正等，在此从略。

GNSS 中的测距也是电磁波测距，除了测卫星到接收机之间的距离外，还可得到接收机之间的距离，以及这条距离所在边的方向，称为基线向量，所以 GNSS 包括方向和距离

测量。

4. 双频激光干涉测量

双频激光干涉测量系统由激光器、迈克尔逊干涉系统、偏振器、光电检测器和计算机组成，测量的原理如下：由 He-Ne 激光器产生纵向频率为 f_1、f_2 的左、右旋圆偏振光，频差约为 1.3MHz，经 1/4 玻片转换为两束正交偏振光。由分光器分出的一小部分光，经过偏振器 P_2 拍频后，经光电检测器 1 得到频率为 $f=f_1-f_2$ 的参考信号；由分光器分出的其余的光从光头中射出，进入迈克尔逊干涉系统，该系统由偏振分光镜 PBS、固定角锥棱镜 M_1 和可移动角锥棱镜 M_2 组成，射出光在 PBS 上分成两束，频率为 f_1 的光经固定角锥棱镜 M_1 返回；频率为 f_2 的光由可动角锥棱镜 M_2 返回，两束光汇合，经过偏振器 P_2 实现拍频，然后进入光电检测器 2，当可移动角锥棱镜 M_2 静止时，光电检测器 2 得到拍频信号为 $f=f_1-f_2$，当可移动角锥棱镜 M_2 移动时，则得到的拍频频率为 $f=f_2-(f_2\pm\Delta f)$，其中 Δf 为可移动角锥棱镜运动所引起的多普勒频移（参见图 2-3）。Δf 按下式计算：

$$\Delta f = f_2 2V/C \tag{2-31}$$

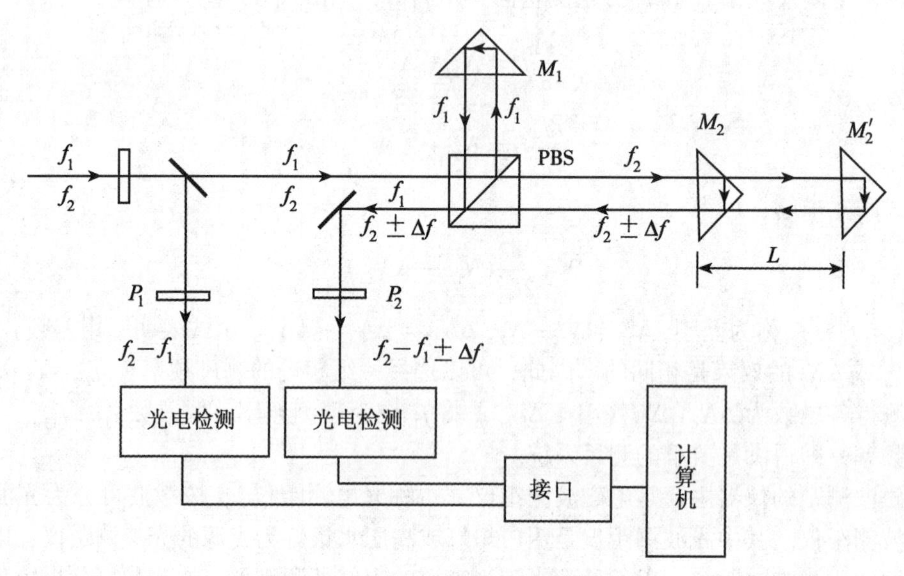

图 2-3　双频激光干涉仪的测量原理

式中，V 为可移动角锥棱镜的运动速度，符号由棱镜的运动方向而定。设可移动角锥棱镜的运动速度为 $\mathrm{d}L/\mathrm{d}t$，则位移为 $\mathrm{d}L=V\mathrm{d}t$，由于 $\lambda=c/f_2$，代入上式，并经过积分可得位移

$$L = \int_0^t V\mathrm{d}t = \int_0^t (\lambda\Delta f/2)\,\mathrm{d}t = \frac{\lambda}{2}N \tag{2-32}$$

式中，N 为在 t 时间内记录的脉冲数

$$N = \int_0^t \Delta f\mathrm{d}t \tag{2-33}$$

上面就是双频激光干涉仪精密测量长度的原理。按此研制的双频激光干涉仪可实现测距仪、因瓦水准尺、米纹尺和其他线尺等的自动化检测。

2.2.4 高程测量

确定地面或物体上任一点的海拔高程或相对高度的测量称为高程测量。高程测量的主要方法有几何水准测量、三角高程测量、液体静力水准测量和 GNSS 高程测量等。高程测量中最基本的观测量是高差，即两点正常高程（俗称海拔高程）之差，实质上是在特定方向上的距离。

1. 几何水准测量

几何水准测量的原理十分简单，它是利用水准仪提供的水平视线测定两点之间的高差。如图 2-4 所示，A、B 两点的高差为

$$h_{AB} = a - b \tag{2-34}$$

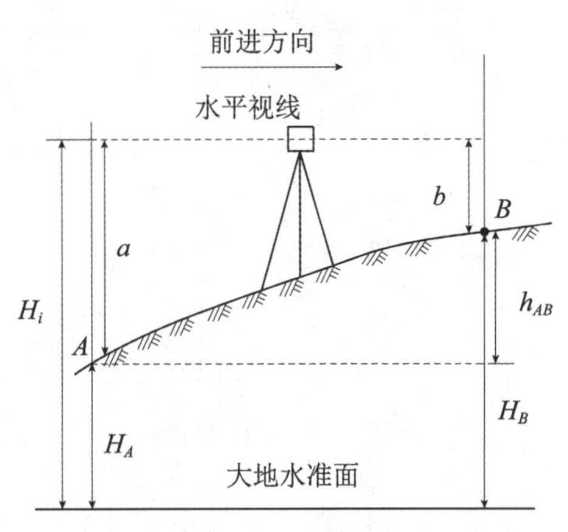

图 2-4 几何水准测量图

式中，a 和 b 分别为水准尺的读数，若 A 点的高程已知，则 B 点的高程为

$$H_B = H_A + h_{AB} \tag{2-35}$$

光学水准仪是几何水准测量的主要仪器，电子水准仪可实现数字化和自动化测量，而且精度与光学水准仪相当，基本可以替代光学水准仪。电子水准仪操作简单、自动化智能化程度高、数据存储通信和处理功能强。但缺点是视距不能太长（如不宜超过 120m），不能用于长的跨河水准测量，要求有一定的视场，不能通过一个较窄的狭缝进行照准读数。

精密水准测量在工程测量中非常重要，一、二等水准测量属于大地测量中的精密水准测量，在工程测量中也有许多应用。工程测量中的精密水准测量主要指短视线微水准测量，视线长度为 5m 左右，采用专用的微型水准尺和激光水准仪，可自动照准和读数，显著减小照准误差和读数误差，也减小了其他误差的影响，每公里的高差中误差小于 0.2mm，测站高差中误差可达 0.01mm。

2. 三角高程测量

三角高程测量是根据两点间的水平距离和观测的垂直角，应用三角公式计算出两点间的高差，如图 2-5 所示，A、B 两点的高差为

$$h_{AB} = h_{1,2} = S_0 \tan \alpha_{12} + CS_0^2 + i_1 - v_2 \tag{2-36}$$

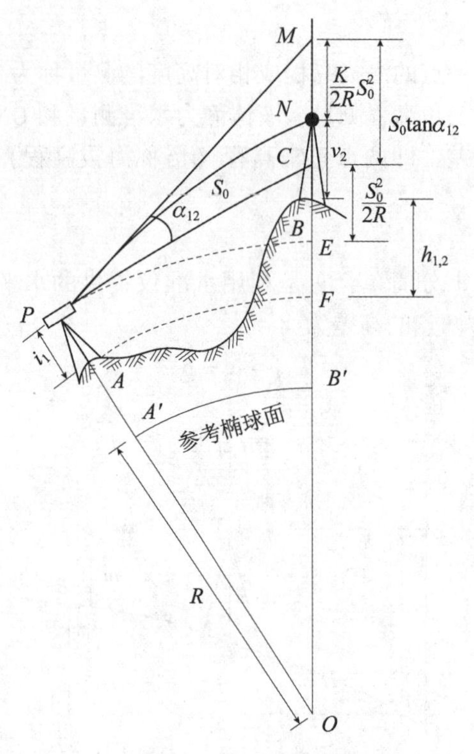

图 2-5　三角高程测量

式中，S_0 为 A、B 两点间的水平距离，α_{12} 为 P、N 两点间的垂直角，i_1、v_2 分别为仪器高和觇标高，C 为球气差系数，有：

$$C = \frac{1 - k}{2R} \tag{2-37}$$

C 为大气垂直折射系数，R 为参考椭球面上弧 $A'B'$ 的曲率半径。
也可将 S_0 化算为高斯投影平面上的长度 d 进行计算。对于对向观测，可以进一步化算为下式：

$$\bar{h}_{AB} = h' + \frac{1}{2}(i_1 + v_1) - \frac{1}{2}(i_2 - v_2) + \Delta h_{AB} \tag{2-38}$$

式中，

$$\Delta h_{AB} = \left(\frac{H_m}{R} - \frac{y_m}{2R^2}\right) h' \tag{2-39}$$

$$h' = d \cdot \tan \frac{1}{2}(\alpha_{AB} - \alpha_{BA}) \tag{2-40}$$

上式中，H_m 为 A 、B 两点的平均大地高，y_m 为 A 、B 两点到中央子午线的平均横坐标。

若采用电磁波法进行距离测量，则称为电磁波测距三角高程测量，使用精密的测角测距全站仪，进行一定的技术设计，电磁波测距三角高程测量可达到四等、三等甚至二等几何水准测量的精度。

3. 液体静力水准测量

直接依据静止的液体表面（水平面）来测定两点（或多点）之间的高差，则称为液体静力水准测量。这是一种古老的测量方法，埃及金字塔建造以及我国商朝平整城堡地基，就采用这种方法。该方法是基于贝努利方程，即对于连通管中处于静止状态的液体压力满足

$$P+\rho gH=C \tag{2-41}$$

$$P_1+\rho_1 g_1 H_1=P_2+\rho_2 g_2 H_2 \tag{2-42}$$

式中，P 为作用在液面上的大气压，ρ 为液体的密度，g 为重力加速度，H 为液面高度，C 为常数。如图 2-6 所示，将容器安置于 A、B 两点之上，并在水管连通的容器间再用气管连接，当容器处于封闭状态时，P 不变；若采用同一种液体，则 ρ 相等，容器液面处于平衡状态时，有

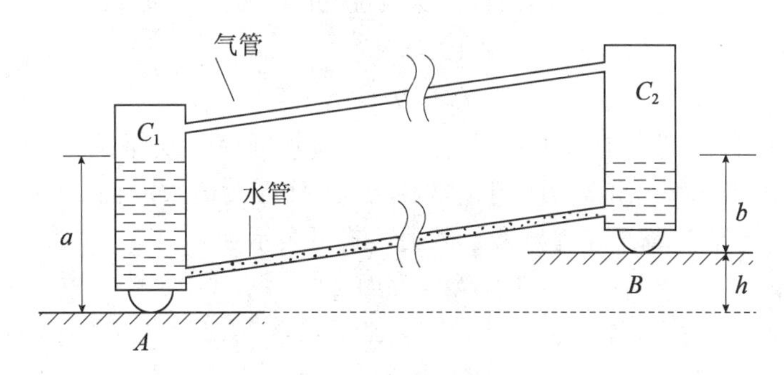

图 2-6　液体静力水准测量原理图

$$\rho g a=\rho g(b+h) \tag{2-43}$$

式中，a、b 为两容器中的液面读数；h 为两容器零点间的高差，显然有

$$h=a-b \tag{2-44}$$

即可通过液面读数实现高差测量。按上述原理制成的液体静力水准测量或系统可以测出两点或多点之间的高差。若其中的一个观测头安置在基准点上，其他观测头安置在目标点上，进行多期观测，则可得各目标点的垂直位移。这种方法特别适合建筑物内部（如大坝）的沉降观测，尤其是用常规的光学水准法观测较困难且高差又不太大的情况。目前，液体静力水准测量系统采用自动读数装置，可实现持续监测，监测点可达上百个。同时也发展了移动式系统，观测的高差可达数米，因此也用于桥梁的沉降变形监测。

测定液面高度的方法主要有目视接触法和电子传感器法，后者不仅可提高，而且可实现测量的自动化。

影响液体静力水准测量精度的因素主要有：连通管中液体有残存气泡，容器的零点差，量测误差，仪器搁置误差，测点的温度差和气压差影响，液体蒸发，液体弄脏影响，仪器倾斜及仪器结构变化影响等。

液体静力水准测量系统有固定式和移动式两种，容器可以平放也可悬挂。

4. GNSS 高程测量

采用 GNSS 测量，可得地面上任一点 P 的 GNSS 大地高 H_G，它是地面 P 点到过 P 点

的WGS-84椭球法线与椭球面交点的距离（参见图 2-7），大地高 H_G 与正高 H^g 和大地水准面高 N 的关系如下：

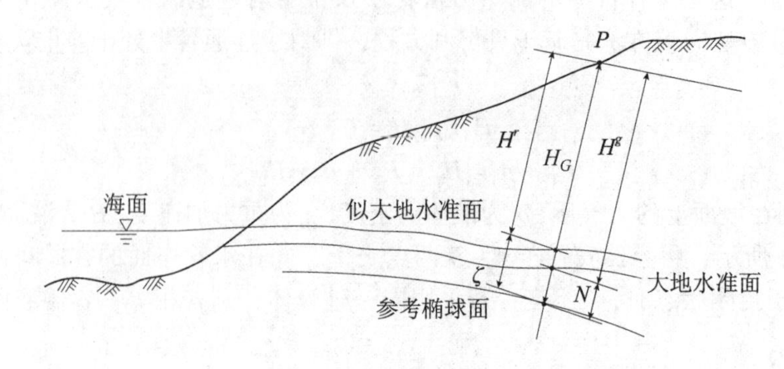

图 2-7　大地高和正高

$$H_G = H^g + N \tag{2-45}$$

正高是 P 点沿垂线方向到大地水准面的距离，大地水准面无法精确得到，用过平均海水面的似大地水准面来代替，正高 H^g 用正常高 H^r 代替，大地水准面高 N 用高程异常 ζ 代替，GNSS 大地高与正常高、高程异常 ζ 的关系式可表示为：

$$H_G = H^r + \zeta \tag{2-46}$$

地面任意两点之间的正高高差为：

$$\Delta H^g = \Delta H_G - \Delta N \tag{2-47}$$

这两点之间的正常高高差为：

$$\Delta H^r = \Delta H_G - \Delta\zeta \tag{2-48}$$

由于似大地水准面与大地水准面的差异很小，在小范围内，ΔN 与 $\Delta\zeta$ 的差异更小，$\Delta H^g \approx \Delta H^r$，所以，在实际应用中一般不区分正高和正常高。可见，要将 GNSS 大地高转换为工程应用中所需要的正高，须求出相应的大地水准面高 N。

大地水准面高由三部分组成，即

$$N = N_{GM} + N_{\Delta G} + N_H \tag{2-49}$$

式中，N_{GM} 为长波分量，按地球重力场模型计算，构成平滑的大地水准面，$N_{\Delta G}$ 为中波分量，由重力异常引起，N_H 为短波分量，是地形起伏造成的。N_{GM} 在全球范围内的精度为 2～6m，在局部区域可达 0.5m。采用斯托克斯积分公式或莫洛金斯基积分公式及地球重力场模型，加上测区 1°～2°范围的重力资料，计算大地水准面高的精度可达到 3～4cm，但一般还满足不了工程上的要求。因此，如何利用 GNSS 大地高确定大地水准面高是关键问题。

在工程测量应用中，确定小区域大地水准面高的方法主要是 GNSS 水准拟合法，该法的实质是：在 GNSS 网中，选择若干个点（称公共点），用几何水准测出这些点的水准高程（即正高），可得到各点的大地水准面高，设点的大地水准面高 N 与二维平面坐标存在函数关系：

$$N = f(x,\ y) + \varepsilon \tag{2-50}$$

式中，$f(x,\ y)$ 为 N 的趋势值，ε 为其误差，一般采用多项式拟合趋势值，如

$$N_i = a_0 + a_1x_i + a_2y_i + a_3x_i^2 + a_4xy + a_5y_i^2 + \varepsilon \tag{2-51}$$

若有 n 个公共点，则可组成 n 个误差方程，按 $[p_{\varepsilon\varepsilon}]=\min$ 的原则，可以解算出 $m(m\leqslant n)$ 个未知系数，上式 $m=6$，即至少需要 6 个公共点。在拟合区内，只要知道任一点 k 的平面坐标，即可代入上式，计算出该点的大地水准面高 N_k，进而得到其水准高程 H_k。公共点分布要比较均匀，且在有代表性的高程上，若测区内大地水准面变化较平缓，则拟合得到的水准高程可达到四等水准测量的精度。此外，还有基于大地水准面精化模型的 GNSS 水准拟合法和 GNSS 跨河水准法，其精度要高于单纯的 GNSS 水准拟合法。

由于大地水准面高的短波特性是由地形起伏所引起的，若从大地水准面高中去掉地形起伏的影响，即公共点上的大地水准面高只考虑式（2-49）中的前两项，按上述方法估计未知系数，求出各非公共点的大地水准面高后，再加上相应的地形起伏影响，则可提高拟合精度，对于山区和丘陵区更加适宜。除多项式拟合外，也可采用多面函数拟合和最小二乘配置法确定大地水准面高。

2.2.5 坐标测量

能直接测得物体上目标点或离散点在某一坐标系下坐标的测量称为坐标测量。坐标测量主要的技术方法有：自由设站法、极坐标法、GNSS 单点定位法、GNSS RTK 法、激光跟踪法、激光扫描法。主要仪器设备有电子全站仪、GNSS 接收机、激光跟踪仪、激光扫描仪和工业三维测量中的一些测量系统等。自由设站法是用全站仪进行边角后方交会，将全站仪自由地架设在地面任一点，只要能对两个或两个以上已知点作边角测量，即可得到设站点的坐标。此法在大比例尺数字测图和施工放样中经常被使用。极坐标法也是用全站仪进行，仪器架设在一已知点上，后视另一已知点，测量到待测点的角度和距离，即可得到待测点的坐标。一切激光跟踪仪和激光扫描仪测量点的坐标都是源于极坐标法。下面介绍用激光跟踪仪测量坐标的原理。

激光跟踪仪是一种基于极坐标法的坐标测量仪器，具有实时、快速、动态、便于移动和精度高等优点，在大尺寸设备定位、安装与检测中有广泛应用。这里以徕卡 LTD500 激光跟踪仪为例予以说明（见图 2-8）。LTD500 的最大测程为 35m，坐标精度可达 10ppm，即 35m 为 0.7mm，10m 为 0.1mm。仪器由角度测量、距离测量、跟踪、控制和支撑共五部分组成。测角系统与光栅增量式测角的电子经纬仪测角原理类似，距离测量采用激光干涉原理，以干涉条纹作为测距分辨率，可达亚微米级。

激光跟踪仪测量的三维坐标是在仪器坐标系下得到的，该坐标系的定义为：以跟踪头中心为原点，以度盘上的 0 读数方向为 X 轴，以度盘平面的法线向上的方向为 Z 轴，以右手规则确定 Y 轴。仪器只能测量出棱镜移动的距离（即相对距离），因此，首先要把移动棱镜放置在一个已知距离（基准距离）的点上（称跟踪仪的鸟巢），然后再移动，将干涉测量出的相对距离加上基准距离，即可得到绝对距离。操作员从跟踪仪的鸟巢放置反射器 P（鸟巢距仪器中心的距离已知）并在空间移动时，仪器会自动跟踪反射器，同时记录干涉测距值 D 及水平度盘和垂直度盘上的角度值 Hz、V，按极坐标测量原理就可得到点的空间三维直角坐标（x、y、z）（见图 2-9）。

2.2.6 三维激光扫描测量

激光又称“镭射”或“莱塞”，是英文 Light Amplification by Stimulated Emission of

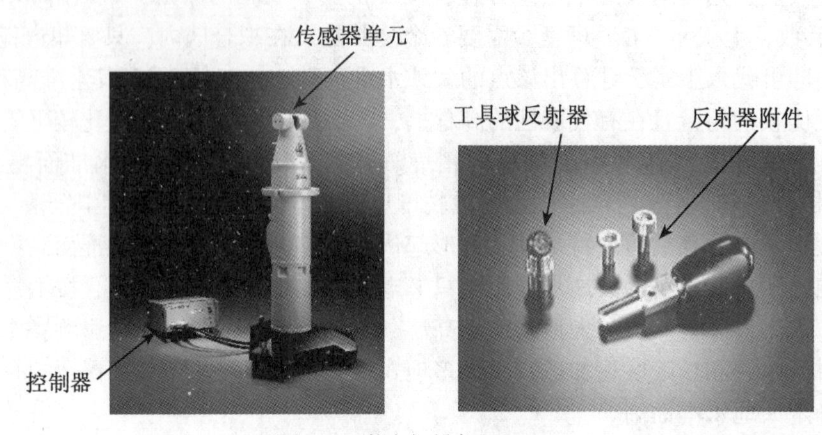

图 2-8　激光扫描仪 LTD500

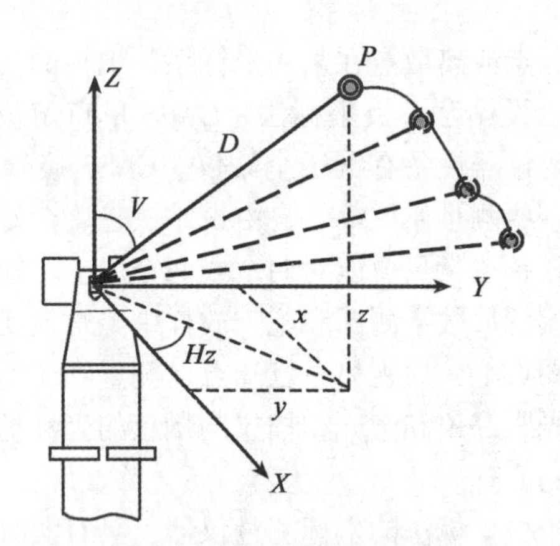

图 2-9　激光跟踪仪的坐标系和测距原理

Radiation 缩写 LASER 的音译，激光技术是测绘学科中最重要的技术之一。激光是由受激发射的光放大产生的辐射，具有定向极好、亮度极高、颜色极纯、能量密度极大四大特点，称为“最准的尺”“最亮、最奇异的光”，其应用非常广泛，如激光加工、激光通信、激光照排、激光武器、激光治疗、激光传感器、激光唱片和激光测量等。

在测绘常用的激光测量中，有双频激光干涉测量、激光准直测量、激光跟踪测量、激光扫描测量、机载激光雷达测量、激光测月、激光测卫和激光测高等，有关的测量产品主要有：双频激光干涉仪、激光跟踪仪、激光全站仪/经纬仪、三维激光扫描仪、激光铅直仪、激光准直仪、机载激光雷达、激光扫平仪和手持激光测距仪等。使用的激光波长有：氦氖激光 543nm（绿）、633nm（红），红宝石激光 694nm，二氧化碳激光10 600nm。

随着工程测量服务的领域不断拓宽和三维设计制造对测量要求的日益提高，全站仪、激光跟踪仪等仪器已不能满足高密度三维坐标采集和“逆向工程”的需要，这些仪器在不同程度上需要采用接触式测量方式，测量速度不可能很快。三维激光扫描仪可以进行大量点的快速坐标测量。对被测物体测量时，三维激光扫描仪也提供三个观测值，即水平角、垂直角和距离，测角系统类似激光跟踪仪的测量模式，但测距采用精密比对的相位差测量方式，即向被测物体发射一束红外调制光，经物体表面反射后被仪器接收，同时也向仪器内部一段已知长度的光纤发射调制光，发向被测物体的调制光往返传播时，另一部分光也在固定长度光纤内反复传播。当发向被测物体的光返回激光扫描仪接收器时，只需计算出另一部分光在光纤内传播的相位即可测出仪器到被测物体的距离。同时，扫描控制模块控制并测量出每个激光脉冲的水平角和垂直角，提供物体表面的三维点云数据。点云（pointcloud）意即许多点像云一样以测量的规则显示在计算机上呈现物体的形状。利用这些点云数据，可建立物体的三维可视化模型。还有一种测量时间的脉冲式激光扫描仪，这种仪器的测程可达数公里。基于相位差测量方式的扫描仪测程较短，一般在百米以内。故三维激光扫描仪按扫描距离一般分为短距离、中距离和长距离激光扫描仪三类：短距离激光扫描仪扫描距离不超过 3m，适合小型模具或文物的测量，速度快、精度高，点的精度可达 0.02mm；中距离激光扫描仪扫描距离约 60m，长距离激光扫描仪的扫描距离可达数千米。

三维激光扫描测量基于几何建模，具有精度高、速度快、不接触、实时、主动、数字化和自动化等优点，是继 GNSS 技术之后测绘领域的又一次技术革命。该技术在工业测量、土木工程、数字城市、地形可视化、城乡规划、自然灾害调查等领域都有广泛的应用。如大型工业设备和结构外形测量，机械制造安装测量，各种地下工程结构测量，各种面积体积计算测量，桥梁结构测量，管道、线路测量，大坝、桥梁、隧道和建筑物的变形监测，各种灾害估计和监控监测，文物挖掘、复制与保护；各种现场的快速重建、虚拟现实以及动画、电影制作等。

生产三维激光扫描仪的国家主要有德国、美国、澳大利亚、奥地利、瑞士、加拿大和日本，由于科技发展进步极快，仪器厂家的变化亦很快。下面简要介绍奥地利 Riegl 公司的激光扫描仪系列。Riegl 激光扫描仪系列始于 20 世纪 80 年代，包括二维和三维激光扫描仪。2008 年数字化全波形技术被应用到 3D 激光扫描仪上，扫描仪能接收到无穷次回波，再使用2 400万像素以上相机，可同步拼接激光点云和高分辨率的影像，快速生成三维模型、正射影像和 CAD 图，射程有 400 到6 000m 的系列产品。代表产品为 VZ-400，见图 2-10，能水平全景 360 度扫描，5″可获得 520 万个点云数据，单点测量精度可达 2mm，重约 9.5kg，可在-20℃到 55℃环境使用。同时，还带有功能强大、易学易用的随机软件，可在几分钟内就完成多站激光扫描数据和数码影像数据的同步拼接；能对 3D 激光点云进行快速着色，生成 3D 彩色激光实景；能快速生成三角形模型（TIN）、数字高程模型（DEM）和正射影像图（DOM）；能进行长度、面积和体积计算；能自动去除植被，显示被植被遮挡的建筑物；能通过无线遥控、网络和有线等多种方式进行扫描仪的操作和数据处理等。

近年来，三维激光扫描技术开始从固定式向移动式方向发展。最具代表性的是车载三维激光扫描仪和机载三维激光雷达，可用于公路勘测和维护、交通流量分析、滑坡监测和危害评估等。

2.2.7 地基雷达干涉测量

雷达是利用电磁波探测目标的电子设备，它发射电磁波对目标进行照射并接受其回波，由此获得目标至电磁波发射点的距离、方位和高度等信息。雷达干涉测量是一种主动

图 2-10　三维激光扫描仪 Riegl VZ-400

式微波遥感技术，根据雷达单元向监测目标发射微波信号，并接收监测目标反射的回波信号，通过一系列处理获取监测目标的干涉相位信息，进而计算目标物的形变信息。雷达干涉测量不受天气变化、昼夜等因素影响，可实现全天时、全天候测量，还具有覆盖区域广、高时空分辨率、非接触式及高精度等特点。按搭载雷达单元的载体可分地基雷达干涉测量和星载雷达干涉测量，它们的基本原理相同，但是地基雷达干涉测量方便灵活，可实现零基线监测，可调整雷达的位置和监测方向。依据地基雷达成像原理与体制的不同，将地基雷达分为两种类型：地基真实孔径雷达（Ground-based Real Aperture Radar，GB-RAR）和地基合成孔径雷达（Ground-based Synthetic Aperture Radar，GB-SAR）。GB-RAR 与 GB-SAR 获取的影像维数不同，均采用干涉测量原理获取监测目标的形变信息，分别用于线状结构与小区域性目标的监测。通过集成步进频率连续波（Stepped-Frequency Continuous Wave，SFCW）技术、SAR 技术、聚焦技术与干涉测量技术等，实现监测区域雷达影像的生成与形变信号的提取。这些将在以后的有关课程进一步学习，在此从略。

下面简单介绍武汉大学测绘学院购置的一套意大利 IDS 公司生产的地基雷达系统 IBIS。该系统有 IBIS-S、IBIS-L 和 IBIS-M 三种配置，见图 2-11、图 2-12 和图 2-13。IBIS-S 主要应用于建筑物（如桥梁）等项目的监测，能探测建筑物 50Hz 的振动频率，测量精度高达 0. 01mm（参见本书 11. 4. 2）；IBIS-L 主要应用于大坝和山体滑坡等项目的监测，测量精度可达 0. 1mm；IBIS-M 主要应用于矿山边坡、矿区山体以及矿区建筑等项目的监测，具有监测距离远、范围大和精度高等特点，精度亦可达 0. 1mm。

2. 2. 8　近景摄影测量

摄影机至被摄物体的距离不超过 300m 的摄影测量称为近景摄影测量，可确定被摄物体的大小、位置和几何形状。摄影机分量测和非量测相机，用量测相机的摄影方式有：正直摄影、等偏摄影和交向摄影，其原理见有关课程，在此从略，下面简述非量测相机原理

图 2-11　IBIS-S 配置

图 2-12　IBIS-L 配置

图 2-13　IBIS-M 配置

如下：

非量测相机不是专为测量目的而设计制造的，缺点是光学性能稍差一些，内方位元素不稳定，没有框标及定向设备。但使用方便灵活，价格低廉，可任意调焦，可在室内外应用，可安装在无人机上摄影，甚至可以手持摄影，摄影方向可根据需要选择。非量测相机摄影的直接线性变换的基本公式为：

$$\begin{cases} x_i + \dfrac{L_1X_i + L_2Y_i + L_3Z_i + L_4}{L_9X_i + L_{10}Y_i + L_{11}Z_i + 1} = 0 \\ y_i + \dfrac{L_5X_i + L_6Y_i + L_7Z_i + L_8}{L_9X_i + L_{10}Y_i + L_{11}Z_i + 1} = 0 \end{cases} \tag{2-52}$$

式中：$L_1 \sim L_{11}$ 是 11 个系数，它们分别是像片的 6 个外方位元素：X_S、Y_S、Z_S、ϕ、ω、κ，3 个内方位元素：主点的坐标仪坐标 x_0、y_0，所摄像片的 x 向主距 f_x；y 方向相对于 x 方向的比例变化率 ds，以及 x、y 轴间的不垂直性角度 dβ 等共 11 个参数的函数，其函数关系式在此从略。X_i、Y_i、Z_i 为点的地面空间坐标，x_i、y_i 为相应点在像片上量测的像点坐标。

用非量测相机拍摄的像片，如果要在像片上求出任何一个像点的地面坐标，需要在所摄物体的左右、上下和前后布设几个控制点，然后用摄影机在两个不同的位置对所要测量的物体拍摄两张像片，分别放在坐标量测仪上量测出几个已知控制点的像点坐标（x_i，y_i）后，代入式（2-52），求解出 11 个转换参数，再利用转换参数和被测点的量测坐标，分别求出被测点的地面坐标。

由于摄影物镜光学畸变差的影响，使得像点、摄站和相应地面点间的共线关系受到了破坏，光学畸变差主要以辐射方向影响为主，有

$$\begin{cases} \Delta x_i = (x_i - x_0) \cdot k \cdot r_i^2 \\ \Delta y_i = (y_i - y_0) \cdot k \cdot r_i^2 \end{cases} \tag{2-53}$$

其中：$r_i^2 = (x_i - x_0)^2 + (y_i - y_0)^2$

在直接线性变换的共线条件方程式中，对像点坐标加入改正项 Δx_i，Δy_i，则方程式可写成如下形式：

$$\begin{cases} (x_i - x_0) + \Delta x_i + \dfrac{L_1X_i + L_2Y_i + L_3Z_i + L_4}{L_9X_i + L_{10}Y_i + L_{11}Z_i + 1} = 0 \\ (y_i - y_0) + \Delta y_i + \dfrac{L_5X_i + L_6Y_i + L_7Z_i + L_8}{L_9X_i + L_{10}Y_i + L_{11}Z_i + 1} = 0 \end{cases} \tag{2-54}$$

由式（2-52）可知，对称物镜畸变参数为 k，此时共有 12 个未知参数。要求出一张像片的 12 个参数，在被摄物体周围至少要有 6 个已知控制点。一般应多于 6 个点，用最小二乘法求解 12 个参数。当分别求出在两个不同位置对同一物体所拍摄像片的两组参数后，并量测出两张像片上待定点的像点坐标（x，y），就可求出待定点的地面坐标。

数字摄影测量技术的发展为近景摄影测量的应用开拓了前景，与模拟摄影测量有关的一些误差已不需再考虑。数字近景摄影测量系统一般分为单台像机的脱机测量系统、多台像机的联机测量系统。该系统具有其他系统无法比拟的优势，如测量现场工作量小、快速、高效；不易受温度变化、振动等外界因素的干扰等。数字近景摄影测量系统主要有：

美国GSI公司的V-STARS系统、挪威Metronor公司的Metronor系统，德国AICON 3D公司的DPA-Pro系统等，国内则有武汉大学的近景摄影测量系统及普达迪泰的IDPMS智能数字摄影测量系统等。

与其他测量方法相比，近景摄影测量方法的显著优点有：不需要接触被测物体；外业工作量小，观测时间短；信息量大，利用率高，利用种类多。在文物保护、灾害监测与评估、应急处理、城市三维实景制作、虚拟现实等许多方面有广泛应用前景。

2.3 对地观测技术和方法

2.3.1 GNSS技术和方法

全球导航卫星系统GNSS（Global Navigation Satellite System）是利用导航卫星建立的覆盖全球的全天候无线电导航系统，是最重要的对地观测技术。它包括美国的全球定位系统（GPS），俄罗斯的全球导航卫星系统（GLONASS）、欧盟的伽利略系统（Galileo）和我国的北斗系统（BDS，也称COMPASS）。各系统之间有许多相同之处，下面主要介绍美国的GPS系统，对GLONASS、Galileo和BDS系统只作简单介绍。

1. 全球定位系统的组成部分

全球定位系统包括空间、地面控制和用户三大部分。空间部分有24颗卫星，均匀分布在倾角为55°的6个近似圆形的轨道上。卫星高度约20 200km，运行周期为12h。卫星发送的信号由一个基本频率$f_0=10.23$MHz的震荡器产生，发射信号的两个载波（L1、L2）频率分别为$f_1=1\ 575.42$MHz和$f_2=1\ 227.60$MHz，相应的波长为19.04cm和24.44cm。两个载波上都调制有频率为f_0的P码$P(t)$（也称为精码）和导航电文$D(t)$，在L1上还调制有频率为$0.1f_0$的C/A码$G(t)$（也称为粗码）。GPS卫星所发出的信号可表示成：

$$P(t)D(t)\{A_p\cos(2\pi f_1 t+\Phi_{p1})+A_p\cos(2\pi f_2 t+\Phi_{p2})+A_c\cos(2\pi f_1 t+\Phi_c)\} \quad (2\text{-}55)$$

地面控制部分由1个主控站、12个注入站和16个监测站组成。主控站接收由监测站跟踪的数据，计算并预报卫星的广播星历，校正卫星的轨道；注入站的作用是把导航数据注入卫星；监测站是对卫星进行连续跟踪监测，计算每颗卫星每15min的平滑数据，每隔8h传送注入卫星导航信息和其他控制参数；用户部分主要是指各种型号的接收机。

2. 全球定位系统的定位原理

卫星按星钟发射伪随机噪声码（称测距码）经过时间Δt后到达接收机，接收机在本身时钟控制下也产生一组结构完全相同的码（称复制码），通过可调延时器对两组码进行相关处理，可得到卫星信号的传播时间Δt，乘以电磁波在真空中的速度c，可得卫星至接收机的距离（称为伪距），经过电离层和对流层的折射改正、星钟改正，得卫星至接收机的空间距离。若在接收机站同时观测4颗以上卫星，由卫星坐标、卫星至接收机的空间距离可解算出接收机站的坐标，这就是伪距法绝对定位原理。在GPS中，主要采用载波相位测量，其原理如下：将载波作为测距信号，进行相位测量，可以达到更高的精度。假设接收机在时刻t_0跟踪卫星信号，开始进行载波相位测量，接收机本机震荡器产生一个频率和初相位与卫星载波信号完全一致的基准信号，如果t_0时刻接收机基准信号的相位为

$\Phi^0(R)$，接收到的卫星载波信号的相位为 $\Phi^0(S)$，并假设这两个相位之间相差 N_0 个整周信号和不足一周的 $F_r^0(\Phi)$，则可求得 t_0 时刻接收机到卫星的距离：

$$\rho = \lambda [\Phi^0(R) - \Phi^0(S)] = \lambda [N_0 + F_r^0(\Phi)] \tag{2-56}$$

载波相位测量的基本观测方程如下：

$$\rho=\rho'+\delta\rho_{\text{ion}}+\delta\rho_{\text{tron}}-c\cdot v_{t^b}+c\cdot v_{t^a}+\lambda\cdot N_0 \tag{2-57}$$

式中，包括卫星至接收机的空间距离，电离层和对流层的折射改正项，星钟和接收机钟改正项。根据上述方程，既可进行单点绝对定位，也可进行相对定位，但多采用差分法载波相位相对定位测量。通过在接收机间求一次差，可消除星钟误差，削弱电离层、对流层折射误差和卫星星历误差，求一次差后的虚拟观测方程为：

$$\Delta\phi_{ij}^{p}=\frac{f}{c}\rho_j^p-\frac{f}{c}\rho_i^p-\frac{f}{c}(\delta\rho_{\text{ion}})_{ij}^{p}-(v_{t^b})_{ij}-(N_0)_{ij}^{p} \tag{2-58}$$

在接收机与卫星间求二次差，可消除测站间的相对钟差改正，求二次差后的虚拟观测方程为：

$$\Delta\phi_{ij}^{pq}=\frac{f}{c}\Delta\rho_j^{pq}-\frac{f}{c}\Delta\rho_i^{pq}-\frac{f}{c}(\delta\rho_{\text{ion}})_{ij}^{pq}-(N_0)_{ij}^{pq} \tag{2-59}$$

一般，多采用求二次差进行相对定位。

在接收机、卫星和观测历元间求三次差，可消去整周未知数。

3. 全球定位系统的定位模式

GPS 测量分单点绝对定位和相对定位两种基本模式。对于伪距单点定位，由于大气层延迟、轨道误差和钟差等误差影响，定位精度较低，只能用于普通的导航及一些低精度作业。精密单点定位采用精密星历和卫星钟差产品，利用双频观测值组合及对流层延迟模型改正等方法，大大提高了单点定位精度，为单台双频 GPS 接收机作业提供了可能，可用于低等级控制点布设，水上定位测量、地形图测量和一些施工放样；相对定位的静态、快速静态定位测量，可用于各种工程控制网的布设，可代替大部分地面边角网，如测图控制网、施工控制网和许多变形监测网；GPS RTK（实时动态定位）及 GPS 网络 RTK 在低等级控制测量、大比例尺图数字测图和施工放样中得到普遍应用。

4. 全球定位系统的数据处理

GPS 数据处理主要包括数据粗加工、预处理、平差、坐标转换等。GPS 数据的粗加工包括数据传输和分流，即将数据从接收机传输至计算机的同时分流成观测值文件、星历文件、测站控制信息文件等；GPS 数据预处理包括卫星轨道方程的标准化、时钟多项式拟合、整周模糊度的估算、整周跳变修复、观测值的标准化和基线向量解算等；平差即组成相位观测值的误差方程、法方程并进行网平差计算及精度评定等。坐标转换包括 GPS 点的 WGS-84 坐标转换到用户坐标系。

5. 全球定位系统的误差和近期发展

GPS 定位误差主要包括与卫星有关的误差、与信号传播有关的误差和与接收机有关的误差三大误差来源，如卫星星历误差，卫星钟误差；对流层、电离层折射误差，多路径误差；接收机钟差，天线相位中心与几何中心不一致的误差，以及接收机的固定误差和比例误差。

GPS 第三代导航卫星，形成 L1，L2，L3 共三个 GPS 信号新格局；第四代卫星（Block

Ⅲ）于2014年开始，改变六轨道24颗星的局面，用32颗卫星（3A 8颗，3B 8颗，3C 16颗）构建高椭圆轨道（HEO）及地球静止轨道（GEO）相结合的GPS混合星座。在BLOCK 2R-M卫星的L2上增加C/A码，以利于接收机获取双频伪距和双频载波相位观测值，减少L2上的周跳，缩短求解整周模糊度的时间，有助于减弱多路径效应及电离层延迟影响。在接收机方面也有不少改进，包括：Trimble GPS R7、R8型机上的R-Track系统，可在L1和L2上能进行低噪声载波相位测量，精度达1mm；增强了L2上C码的信噪比，进一步减小多路径误差，可进行低高度角跟踪。Leica公司的GPS1200型采用了Smart Track技术，可支持升级后的GPS卫星信号。

6. GLONASS系统

GLONASS（格洛纳斯）是俄语中全球卫星导航系统的缩写，是苏联1976年启动的项目，由俄罗斯继续该计划，其作用类似于美国的GPS和欧洲的伽利略系统。1993年开始建立，2007年开始在俄罗斯境内做卫星定位及导航服务。到2009年，服务范围拓展到全球，包括确定陆地、海上及空中目标的坐标及运动速度等。到2012年，有24颗卫星正常工作、3颗维修、3颗备用和1颗测试。GLONASS星座由中轨道的24颗卫星组成，分布于3个圆形轨道面上，轨道高度19 100km，倾角64.8°。与GPS不同，GLONASS使用频分多址方式，每颗卫星广播L1、L2两种信号，频率为L1＝1 602+0.562 5・k（MHz）和L2＝1 246+0.437 5・k（MHz），其中k取1～24，为每颗卫星的频率编号，同一颗卫星满足L1/L2＝9/7。GLONASS在2015年完全建成，其定位和导航误差从5～6m缩小为1m左右，其精度处于全球领先地位。

7. 伽利略系统（Galileo）

伽利略系统是按伽利略计划（欧洲的全球导航服务计划）建设的第一个民用的全球卫星导航定位系统，与GPS相比，它更先进、更有效、更可靠。伽利略系统具有自成体系、能与其他的全球卫星导航系统兼容互动、具备先进性和竞争性、公开进行国际合作等四大特点。Galileo由30颗卫星组成，其中27颗卫星为工作卫星，3颗为候补卫星，卫星高度为24 126km，位于3个倾角为56°的轨道平面内。Galileo的民用设计目的更适合各种不同用户如公用事业、商业服务、营救抢险等。用户可同时接收GPS和Galileo信号，二者互补，提供更高的精度和可靠性。伽俐略计划的总经费仅为33亿欧元，相当于里昂到都灵的高速铁路主隧道的费用。Galileo提供的信息还是位置、速度和时间，但是服务种类远比GPS多，有公开服务（OS）、生命安全服务（SoLS）、商业服务（CS）、公共特许服务（PRS），以及搜救（SAR）服务。公开服务提供定位、导航和授时服务，是免费的，供大批量导航市场用；商业服务是对公开服务的一种增值服务，以获取商业回报，它具备加密导航数据的鉴别功能，为测距和授时专业应用提供有保证的服务承诺；生命安全服务，它可以与国际民航组织（ICAO）标准和推荐条款（SARs）中的“垂直制导方法”相比拟，并提供完好性信息；公共特许服务是为欧洲/国家安全应用专门设置的，是特许的或关键的应用，具有战略意义。伽利略提供的公开服务定位精度通常为15～20m（单频）和0～5m（双频）两种档次，公开特许服务有局域增强时能达到1m，商用服务有局域增强时为10cm～1m。伽利略的推动力来源于用户和市场需求，对于各种各样应用的认知和开拓，以及可能的经济和社会效益分析，伽利略的特色及其与GPS兼容是其成功的关键。市场研究和预测表明，至2020年伽利略的用户数量可达25亿。其中90%的用户是在批量市场，是与GNSS接收机集成的移动电话用户，以及车辆应用系统（telematics）用户。伽利略系统对于欧盟具有关键意义，它不仅能使人们的生活更加方便，还将为欧盟的工业和商业带来可观的经济效益。更重要的是，欧盟将从此拥有自己的全球导航卫星系统，有助于打破美国的垄断地位，在全球高科技竞争中获得有利位置，为将来建设欧洲的独立防务创造条件。

8. 北斗系统（BDS，BeiDou Navigation Satellite System）

北斗卫星导航系统是我国正在实施的自主研发、独立运行的全球卫星导航系统。与美国的GPS、俄罗斯的GLONASS、欧盟的Galileo，并称全球四大卫星导航系统。北斗系统按照“三步走”的发展战略稳步推进：第一步，2000年建成了北斗卫星导航试验系统；第二步，2012年左右，形成覆盖亚太大部分地区的服务能力；第三步，2020年左右，北斗卫星导航系统形成全球覆盖能力。

北斗卫星导航系统空间段由5颗静止轨道卫星和30颗非静止轨道卫星组成，提供开放服务和授权服务。开放服务是在服务区免费提供定位、测速和授时服务，定位精度为10米，军事定位达到厘米级，授时精度为50纳秒，测速精度为0.2米/秒；授权服务是向授权用户提供安全可靠的定位、测速、授时、短报文通信服务以及系统完好性信息。与GPS、伽利略和格洛纳斯相比，北斗系统的优势在于短报文通信服务和导航结合，增加了通信功能，北斗系统用户可一次传送120个汉字的短报文信息，在远洋航行中有重要的应用价值。另外，北斗系统具有全天候快速定位和极少的通信盲区，精度与GPS相当，在增强区域即亚太地区，性能会超过GPS。北斗系统向全世界提供的服务都是免费的，在提供无源定位导航和授时等服务时，用户数量没有限制，且与GPS兼容，特别适合集团用户大范围监控与管理，无依托的地区数据采集，用户的数据传输与应用。其独特的中心节点式定位处理和指挥型用户机设计，可同时解决“我在哪?”和“你在哪?”的问题；自主系统和高强度加密设计具有安全、可靠、稳定的特点。目前北斗卫星的设计已经达到国外导航卫星水平，未来发展中将争取处于国际导航卫星研制领域的领先地位。

2014年11月，联合国负责制定国际海运标准的国际海事组织——海上安全委员会，正式将中国的北斗系统纳入全球无线电导航系统。2018年11月我国的“长征”三号运载火箭以“一箭双星”的方式成功发射了第42、43颗北斗卫星，北斗三号系统组网卫星达到19颗。2020年6月23日，我国成功发射北斗系统第55颗导航卫星，暨北斗三号最后一颗全球组网卫星。

2.3.2 InSAR技术和方法

InSAR（Interferometric Synthetic Aperture Radar）即合成孔径雷达干涉测量，简称干涉雷达测量。它是20世纪90年代末在SAR的基础上发展起来的一种新型的空间对地观测技术。合成孔径雷达（SAR）是利用雷达与目标的相对运动把尺寸较小的真实天线孔径雷达用数据处理的方法合成一个较大的等效天线孔径雷达。合成孔径雷达是一种主动式微波传感器，雷达微波遥感对地表有一定的穿透能力，可以提供可见光、红外遥感所得不到的一些新信息。它的分辨率高，能全天候、全天时工作，能识别伪装、穿透掩盖物，所得到的高方位分辨率相当于一个大孔径天线所能提供的方位分辨率。

干涉雷达测量主要用于航空和星载测量，如航空遥感、卫星观测，它能识别云雾笼罩地区的地面目标，识别伪装的导弹地下发射井，还可探测月球、金星的地质结构。在导弹图像匹配制导中采用合成孔径雷达摄图，能使导弹击中隐蔽和伪装的目标。在农业、林业、地质、环境、水文、海洋、灾害、测绘与军事领域的应用具有独特的优势，特别是在传统光学传感器成像困难的地区有着更重要的地位。

星载合成孔径雷达系统有：美国的 Seasat-1、Sir-A/B/C、LACROSSE SAR、LightSAR 和 Medsat SAR；欧洲的 ERS-1/2、XSAR、ASAR 和 Sentinel-1；加拿大的 Radarsat-1/2；俄罗斯的 Almaz-1；日本的 JERS-1、ALOS/PALSAR；德国的 TerraSAR-X；意大利的 Cosmo-SkyMed 以及我国高分辨率 SAR 卫星高分三号（GF-3）等。

InSAR 是以同一地区的两张 SAR 图像为基础，通过求取相位差获得干涉图像，经过一系列处理，从干涉条纹中获取大区域的地形高程数据和地表微量形变信息。InSAR 技术主要有：InSAR 高程测量、DInSAR 形变监测和时序 InSAR 等，下面只作简要介绍。

1. InSAR 高程测量

对地面目标高程信息的获取，星载雷达系统需要在不同空间位置至少获取该目标的两景雷达影像，通过提取目标点两次回波信号的相位差来获得该点的高程信息，其几何关系如图 2-14 所示。图中 S_1 与 S_2 为卫星雷达天线不同时刻经过目标点 P 的空间位置，R_1 和 R_2 分别为天线 S_1 与 S_2 到目标点 P 的斜距，Z 为高度方向，X 为地面距离方向，H 为卫星的轨道高度，B 为基线，α 为基线 B 与高度方向 Z 的夹角，θ 为雷达侧视角，x 为地面目标点在距离向的坐标，$h(x)$ 为随地面距离 x 而变化的目标点的高程，h 为目标点 P 的高程，R_0 为天线 S_1 到水平地面点的斜距，B_x 表示基线 B 在水平地面 X 方向的投影，$B_\perp$ 表示基线 B 在斜距 R_1 垂直方向上的投影，B_h 表示基线 B 在垂直高度 H 方向的投影。

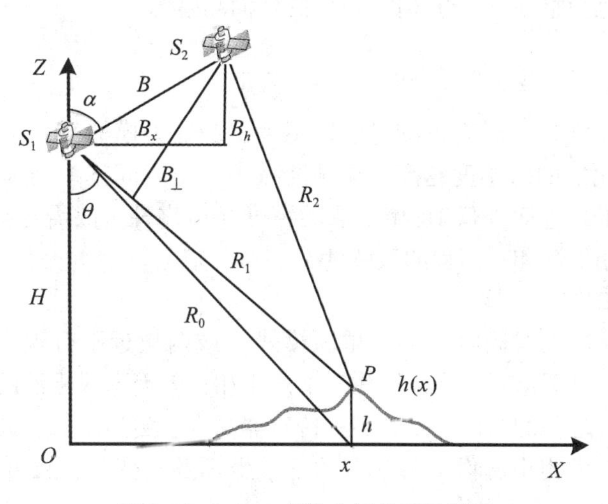

图 2-14 InSAR 成像几何关系示意图

若 H、B、α 及雷达信号波长 λ 已知，通过干涉处理可得两时刻雷达成像的相位差

$$\phi_s = \frac{4\pi}{\lambda}(R_2 - R_1) \tag{2-60}$$

由图中的三角形关系可知：

$$R_2 = \sqrt{(H + B_h - h)^2 + (x - B_x)^2} \tag{2-61}$$

$$R_1 = \sqrt{(H - h) + x^2} \tag{2-62}$$

进而得：

$$\phi_s = \frac{4\pi}{\lambda}\left[\sqrt{(H + B_h - h)^2 + (x - B_x)^2} - \sqrt{(H - h)^2 + x^2}\right] \tag{2-63}$$

假设上式中 $h=0$ 时的 ϕ_s 为 ϕ_0，则 ϕ_0 表示地表为水平时的相位差，即

$$\phi_0 = \frac{4\pi}{\lambda}\left[\sqrt{(H + B_h)^2 + (x - B_x)^2} - \sqrt{H^2 + x^2}\right] \tag{2-64}$$

令 $\phi_h = \phi_s - \phi_0$，ϕ_h 表示地表高程为 h 时和地面水平时的相位差之差值，并采用泰勒级数公式 $\sqrt{1+u} = 1 + \frac{u}{2} - \frac{u^2}{8} + O(u^3)\ (u < 1)$ 对 ϕ_h 的表达式进行整理，考虑 R_0 远大于 B 与 h，则可得：

$$\phi_h = -\frac{4\pi}{\lambda} \cdot \frac{B_\perp h(x)}{R_1 \sin\theta} \tag{2-65}$$

即可求得目标点的高程：

$$h(x) = -\frac{\lambda}{4\pi} \cdot \frac{R_1 \sin\theta}{B_\perp}\phi_h \tag{2-66}$$

由上式可导出相位与高程之间的关系：

$$\frac{\Delta\phi_h}{\Delta h} = -\frac{4\pi}{\lambda} \cdot \frac{B_\perp}{R_1 \sin\theta} \tag{2-67}$$

当干涉相位变化为整周（2π）时，对应的地面高差为：

$$\Delta h_{2\pi} = \frac{\lambda}{2} \cdot \frac{R_1 \sin\theta}{B_\perp} \tag{2-68}$$

上式为 InSAR 干涉相位对高程测量的敏感度，$\Delta h_{2\pi}$ 为模糊高，模糊高越小，干涉相位对高程（地形变化）的敏感度越高。模糊高减小需要空间基线增大，而空间基线过大会导致空间相位相干，进而降低 DEM 获取的精度与可靠性，故需选择合适的空间基线，要兼顾干涉相位的相干性和对高程的敏感度。

2. DInSAR 形变监测

InSAR 是通过两幅天线同时观测（单轨模式）或两次近平行观测（重复轨道模式）获取地面同一区域的复图像对，在复图像对上产生相位差而形成干涉图，图中包含斜距方向上点与两天线位置之差的精确信息，利用传感器高度、雷达波长、波束视向及天线基线距之间的几何关系，可测出图像上每一点的三维坐标及其变化，故可用于形变监测，称 DInSAR。其原理如下：

根据距离-多普勒原理，多普勒频率 f_{dop} 可以表示为：

$$f_{dop} = -\frac{2}{\lambda}\frac{\partial\rho}{\partial t} \tag{2-69}$$

式中，ρ 为斜距，t 为时间，λ 为波长。由于 $2\pi f_{dop} = \partial\phi/\partial t$，$\phi$ 为观测相位，故有

$$\partial\phi(t) = -\frac{4\pi}{\lambda}\partial\rho(t) \tag{2-70}$$

对上式积分，顾及地面散射影响，可得

$$\phi = -\frac{4\pi\rho}{\lambda} + \phi_{scat} \tag{2-71}$$

其中，ϕ_{scat} 为散射相位。如图 2-15 所示，H 表示平台的高度，S_1 和 S_2 为两幅天线的位置，它们之间的距离称基线距，用 B 表示，基线与水平方向夹角为 α。地面点 P 在 t_1 时刻到天线 S_1 的路径用 ρ_1 表示，其方向矢量为 $\boldsymbol{l}_1$，P' 在 t_2 时刻到天线 S_2 的路径用 ρ_2 表示，其方向矢量为 $\boldsymbol{l}_2$， 点 P 到 P'的距离为 D，点 P 在参考椭面上的投影为 P_0，P 和 P_0 之间的距离为 h_e，θ 为第一幅天线的参考视向角，地面点 P 的正高高程用 h 表示。天线 S_1 和天线 S_2 接收到的 SAR 信号 s_1 和 s_2 为

$$s_1 = |s_1| e^{j\phi_1} \tag{2-72}$$

$$s_2 = |s_2| e^{j\phi_2} \tag{2-73}$$

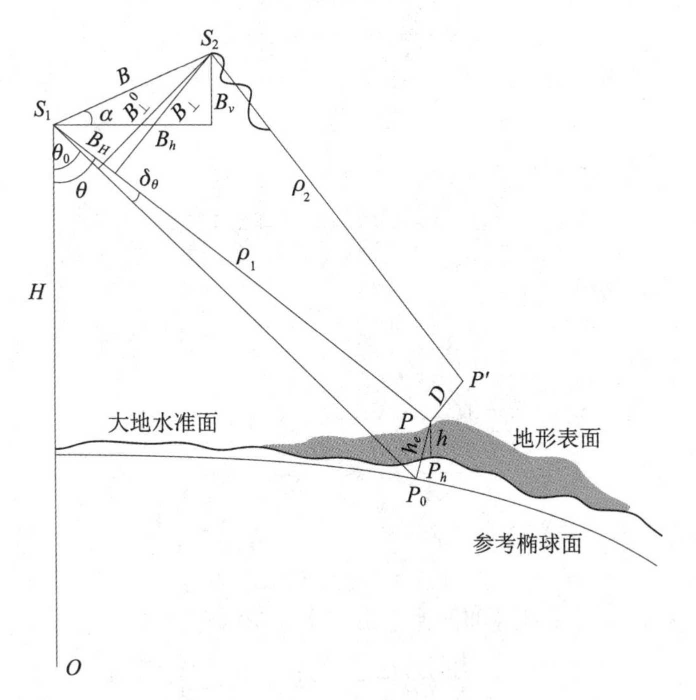

图 2-15　SAR 干涉测量示意图

由于入射角的细微差异，两幅 SAR 复影像不完全重合，需先进行配准，对配准后的图像进行复共轭相乘得到复干涉图

$$s_1 s_2^* = |s_1||s_2| e^{j(\phi_1 - \phi_2)} \tag{2-74}$$

干涉相位 ϕ 可表示为：

$$\phi = \phi_1 - \phi_2 = \frac{4\pi}{\lambda}(\rho_2 - \rho_1) + (\phi_{\text{scat},\,1} - \phi_{\text{scat},\,2}) \tag{2-75}$$

设 t_1 和 t_2 时刻地面散射特性相同，$\phi_{\text{scat},\,1} = \phi_{\text{scat},\,2}$， 式（2-75）可简化为：

$$\phi = \frac{4\pi}{\lambda}(\rho_2 - \rho_1) \tag{2-76}$$

由图 2-15 可以得到：

$$\rho_2 \boldsymbol{l}_2 = \rho_1 \boldsymbol{l}_1 - \boldsymbol{B} - \boldsymbol{D} \tag{2-77}$$

上式两边乘以 $\boldsymbol{l}_1$，可得：

$$\rho_2 \boldsymbol{l}_2 \cdot \boldsymbol{l}_1 = \rho_1 \boldsymbol{l}_1^2 - \boldsymbol{B} \cdot \boldsymbol{l}_1 - \boldsymbol{D} \cdot \boldsymbol{l}_1 \tag{2-78}$$

由于 $B \ll \rho_1$，$D \ll \rho_2$，有 $\boldsymbol{l}_2 \cdot \boldsymbol{l}_1 \approx 1$，上式可表示为：

$$\rho_2 \approx \rho_1 - \boldsymbol{B} \cdot \boldsymbol{l}_1 - \boldsymbol{D} \cdot \boldsymbol{l}_1 \tag{2-79}$$

将上式代入式（2-76），可得

$$\phi \approx -\frac{4\pi}{\lambda}(\boldsymbol{B} \cdot \boldsymbol{l}_1 - \boldsymbol{D} \cdot \boldsymbol{l}_1) = -\frac{4\pi}{\lambda}[B\sin(\theta - \alpha) - \Delta\rho] \tag{2-80}$$

将基线沿雷达视线方向进行分解，得到平行于视线方向的分量 $B_{\parallel}$ 和垂直于视线向的分量 $B_{\perp}$，于是有

$$B_{\parallel} = B\sin(\theta - \alpha) \tag{2-81}$$

$$B_{\perp} = B\cos(\theta - \alpha) \tag{2-82}$$

假设点 P_0 的视向角为 θ_0，令 $\beta = \theta_0 - \alpha$，$\delta_\theta = \theta - \theta_0$，有

$$\sin(\theta - \alpha) \equiv \sin(\beta - \delta_\theta) \approx \sin\beta + \cos\beta\, \delta_\theta \tag{2-83}$$

将上面三式代入（2-80），有：

$$\varphi \approx -\frac{4\pi}{\lambda}(B_{\parallel}^0 + B_{\perp}^0 \delta_\theta - \Delta\rho) \tag{2-84}$$

因

$$\delta_\theta = \frac{h_e}{\rho_1} \approx \frac{h}{\rho_1 \sin\theta_0} \tag{2-85}$$

代入式（2-84），可得 InSAR 的一般表达式：

$$\varphi = -\frac{4\pi}{\lambda}\left(B_{\parallel}^0 + \frac{B_{\perp}^0}{\rho_1 \sin\theta_0}h - \Delta\rho\right) \tag{2-86}$$

基于上式，可以将干涉相位分解成三部分

$$\varphi = \varphi_{\text{ref}} + \varphi_{\text{topo}} + \varphi_{\text{defo}} \tag{2-87}$$

其中，φ_{ref} 称参考相位，是由地球曲面所产生的干涉相位：

$$\varphi_{\text{ref}} = -\frac{4\pi}{\lambda} B_{\parallel}^0 \tag{2-88}$$

φ_{topo} 称地形相位，是参考面之上的地形所产生的干涉相位：

$$\varphi_{\text{topo}} = -\frac{4\pi}{\lambda} \frac{B_{\perp}^0}{\rho_1 \sin\theta_0} h \tag{2-89}$$

φ_{defo} 称变形相位，是地表形变产生的干涉相位：

$$\varphi_{\text{defo}} = \frac{4\pi}{\lambda}\Delta\rho \tag{2-90}$$

去除参考相位，剩余相位称平地相位 φ_{flat}，有

$$\varphi_{\text{flat}} = \varphi_{\text{topo}} + \varphi_{\text{defo}} = -\frac{4\pi}{\lambda}\left(\frac{B_{\perp}^0}{\rho_1 \sin\theta_0}h - \Delta\rho\right) \tag{2-91}$$

若有测区的数字高程模型（DEM），可获取到该区域的高程相位 φ_{topo}，则可计算该地

区的地表形变：

$$\Delta\rho = \frac{\lambda}{4\pi}\varphi_{\text{depo}} \tag{2-92}$$

图 2-16 是利用两景 Envisat ASAR 影像采用 DInSAR 技术对 2003 年某地震地区进行形变监测获取的结果。图 2-16（a）为原始干涉图，图 2-16（b）为去除其他相位（如地形相位、平地相位等）后的形变干涉图。由上式可知，当差分干涉相位变化为整周时，对应的形变量为 $\frac{\lambda}{2}$，故 DInSAR 技术对形变监测的敏感度是雷达发射信号的半波长。Envisat 卫星采用的雷达波长为 5.6 cm，故图 2-16（b）中一个干涉条纹对应的形变为 2.8 cm。

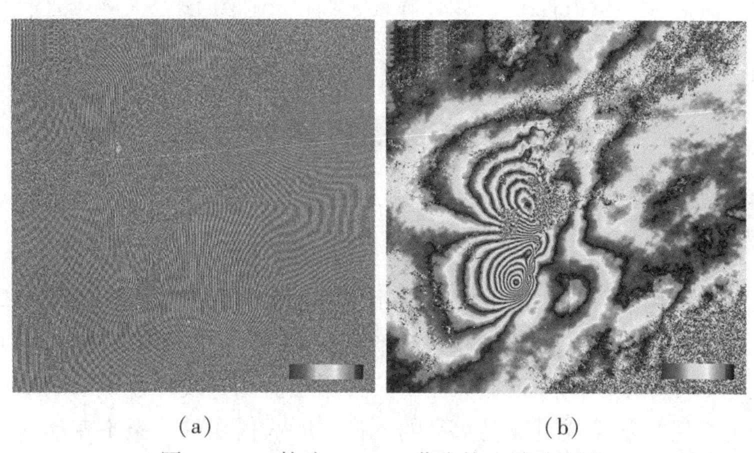

（a）　（b）

图 2-16　二轨法 DInSAR 获取的地震干涉图

3. 时序 InSAR

在雷达干涉测量中，传统的 DInSAR 技术可以实现区域性、高时空分辨率的变形监测。但在长时间段的形变监测中，由于受时间与空间去相干及大气效应等多种因素的影响，DInSAR 技术较难获取高精度的形变信息，有时会出现干涉像对完全失相干现象。为此，提出了各种时序 InSAR 技术，如 Stacking、PSInSAR、SBASInSAR、StaMPS、TCPInSAR 及 QPS 技术等，在此略去。

2.3.3 机载 LiDAR 技术和方法

LiDAR 是光探测与测距（Light Detection and Ranging）的英文缩写，称为激光雷达测量。雷达是一种发射电磁波寻找目标并接收其回波，由此获取发射点到目标的距离、径向速度、方位和高差等信息的一种电子设备。激光雷达则是用激光器作为辐射源的雷达。激光雷达由发射机、天线、接收机、跟踪架及信息处理器等部分组成。发射机是由各种形式的激光器，如二氧化碳激光器、石榴石激光器、半导体激光器及波长可调谐的固体激光器等；天线主要指光学望远镜；接收机是由各种形式的光电探测器，如光电倍增管、半导体光电二极管、雪崩光电二极管、红外和可见光多元探测器件等组成。激光雷达采用脉冲或连续波两种工作方式，探测方法分直接探测与外差探测。将激光雷达测量系统安装在飞机

（含直升机）上，称机载激光雷达测量系统，它属于主动式直接测量系统，其飞行高度一般在 200m 到 6 000m，使用脉冲激光测距、动态 GNSS 定位和惯导姿态测量。激光脉冲能部分地穿过植被，基本不需要地面控制点，能在危险地区（如沼泽、大型垃圾场）安全作业，速度快、周期短、时效性强，这也是该技术的优点和显著特点。

机载激光雷达测量的学习内容主要包括机载 LiDAR 系统的组成、工作原理及测高原理，测量几何模型，测量误差的来源及影响规律，削弱系统误差方法，测量精度评定方法，测量数据的滤波和分类方法，建筑物数据提取及三维重建方法，图像处理方法等，需要结合实际应用进行专门学习，在此不作叙述。

机载激光雷达测量可广泛应用于大区域三维地形数据的快速获取，尤其在森林地区，它具有直接获取真实地面的高精度三维信息的能力，是传统航空摄影测量方法无法做到的。在数字地形图测绘、资源勘查、森林调查、城市三维建模、灾害调查、环境监测与评估以及军事等方面有极大的发展应用前景。

2.4　特殊测量技术和方法

2.4.1　基准线法测量

基准线法测量是构成一条基准线（或一个基准面），通过测量获取沿基准线所布设的测量点到基准线（或基准面）的偏离值（称偏距或垂距），以确定测量点相对于基准线的距离的测量，是工程测量学的一种特殊测量，常用于监测直线型建筑物的水平位移和大型线性设备的安装检校。基准线可以是水平的、铅直的或任意的一条不变动的直线，通常平行于被测物体的轴线，如大坝、机器设备的轴线。基准线可用光学法、光电法和机械法产生。基准线法又称准直法，测量偏距的过程也称准直测量。

1. 光学法

光学法可用电子全站仪（包含原光学经纬仪或电子经纬仪）的视准线构成基准线，称视准线法。采用测小角法或活动觇牌法测量偏距，也可用准直法和自准直法进行，前者基准线达 1 000 米，后者在数百米或数十米内。若在望远镜目镜端加一个激光发生器，则基准线是一条可见的激光束。视准线法又包括整条基准线法、分段基准线法和逐次递推基准线法，可根据情况选用和设计。

测小角法是精密测量基准线与置镜点到测点视线间的小角 α_i，按下式计算偏距

$$l_i = \frac{\alpha_i}{\rho} \cdot S_i \tag{2-93}$$

式中，S_i 为置镜点到测点的距离。偏距的精度主要与小角 α_i 的测量精度有关，且与距离成正比，距离误差的影响可忽略不计。故有

$$m_{l_i} = \frac{m_{\alpha_i}}{\rho} \cdot S_i \tag{2-94}$$

由误差传播律可得，当采用测回法观测时，设一测回所测小角的误差等于照准误差 m_v，而照准误差 m_v 通常与肉眼的视力临界角（60″）和经纬仪的望远镜的放大倍数 v 有关，即

$$m_v = \frac{60''}{v} \tag{2-95}$$

我们可以根据偏距的精度要求值、置镜点到测点的距离计算小角的测量精度，再由望远镜的放大倍数计算小角观测的测回数。

在活动觇牌法中，偏距是直接利用安置在测点上的活动觇牌测定的，活动觇牌读数尺上的最小分划为1mm，用游标可读到0.1mm。测小角法和活动觇牌法的主要误差来源都是仪器照准觇牌时的照准误差，它们测量偏距的精度基本相当。觇牌的图案形状、尺寸和颜色的设计与制作很重要，例如要求图案的反差大（白底黑图），采用没有相位差的平面觇牌，图案应对称，觇牌应有适当的参考面积等。

由于视准线法的精度与置镜点到测点的距离有关，为了获得更高的精度，常采用分段视准线法，即将基准线分成几段，先测分段点相对于基准线的偏距，再测各测点相对于分段基准线的偏距，最后归算到两端点的基准线上。还有一种递推基准线法，是对分段视准线法的一种改进，其观测方案较复杂，多余观测数较多，但精度较高，在此不作细述。

2. 光电法

光电法是通过光电转换原理测量偏距，波带板激光准直和激光准直系统都属于光电法。波带板激光准直中最典型的三点法波带板激光准直系统，如图2-17所示，在基准线两端点 A、B 分别安置激光器点光源和光电探测器，在需要测量偏距的测点上安置波带板，激光器点光源发射的激光照满波带板，通过光的干涉原理，将会在光源与波带板连线的延长线的某点形成一个亮点或十字线，对需要测量偏距的测点可设计专用的波带板，使干涉成像恰好落在安置有光电探测器的 B 点上。波带板激光准直法属于一种光干涉法。利用光电探测器，可以测出 AC 连线在 B 点处相对于基准面的偏离值 BC'，则可得到测点 C 对于基准面的偏距（图2-18），有

$$l_c = \frac{S_c}{L} \cdot BC' \tag{2-96}$$

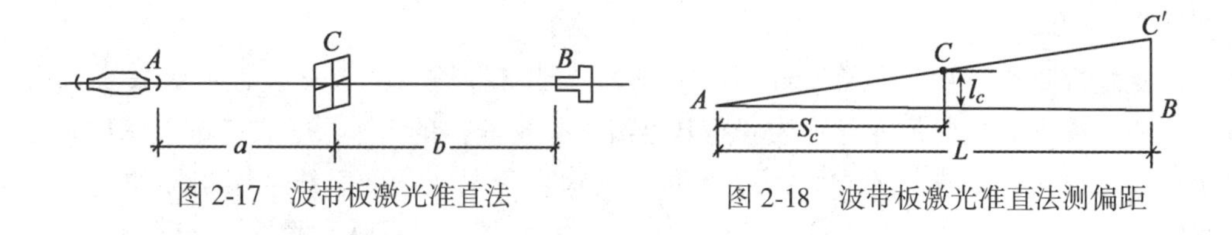

图2-17　波带板激光准直法　　图2-18　波带板激光准直法测偏距

激光准直系统由带有专门光学系统的激光源及一台光电管接收机组成。基准线由一束激光束标定。由氦氖激光器发出功率为1mW的激光束，经过专门的光学系统后，将激光束的发散度降低到十分之一，且保证光强按高斯分布，这样光电管接收机能够按激光束的发散度和光强准确地探测出激光光束的中心位置。光电接收机放置在滑座上，在滑座螺丝杆的驱动下沿螺丝杆移动，位置的测量、计数及激光束中心位置的探测等与尼龙丝准直系统相似，所不同的是探测激光束中心位置的光电管按激光束垂直设置，且是借助光电管后面的两个小光电管来保证，它们被激光束的中央条带光照明，这个条带光是由将主光电管分为两半的0.5mm宽的缝隙透射过来的。根据差信号电检流计指示，当转动检流计使指针为零时，便达到了垂直的目的。该激光准直系统在长100m的基准线上，可测的最大偏

距为 600mm，偏距精度可达 0.09mm。

3. 机械法

机械法是在已知基准点上吊挂钢丝或尼龙丝构成基准线，用测尺游标、投影仪或传感器测量中间的目标点相对于基准线的偏距。引张线法是一种典型的机械法，它实质上也是一种偏距测量。直线型重力大坝一般设有浮托引张线。引张线由端点装置、测点装置和测线装置三部分组成：端点装置包括墩座、夹线、滑轮和重锤；测点装置包括水箱、浮船、标尺和保护箱等；测线装置包括一根直径为 0.6~1.2mm 的不锈钢丝和直径大于 10cm 的塑料保护管。钢丝在两端重锤作用下引张成一直线，构成固定的基准线，由于测点上的标尺是与建筑物（如大坝）固定在一起的，利用读数显微镜可读出标尺刻划中心偏离钢丝中心的偏距值，通过周期观测，可测量大坝的水平位移。一次观测（三测回的均值）的精度可达 0.03mm。与分段视准线法类似，也可以采用分段引张线法进行偏距测量。

机械法准直原理也可用于直伸三角形测高，对于拱坝或环形粒子加速器，常布设如图 2-19 所示的直伸重叠三角形网，每个直伸三角形长边上的高可视为偏距，精密测量这些偏距值，可提高导线点的精度。

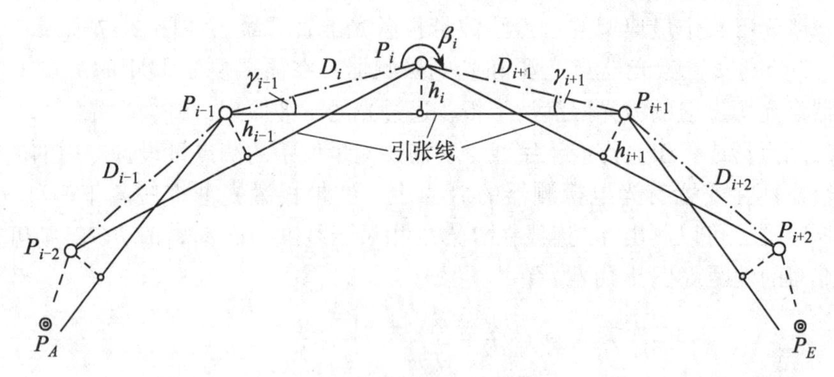

图 2-19　直伸重叠三角形网

尼龙丝准直系统由直径 0.25mm 的尼龙丝、带有探测器的尺子及控制装置三部分组成。在两基准点间拉紧尼龙丝形成一条基准线，带探测器的水平尺子在基准点的插座强制对中，并与尼龙丝垂直，建立一条过基准点且垂直于尼龙丝的垂线，探测器的分辨率为 0.001mm。控制装置由逻辑线路、滤波器、前置放大器、功率放大器及伺服回路组成。探测器在精密螺丝杆上移动的距离（即偏距）可由计算器显示出来。该准直系统曾在瑞士粒子加速器工程 CERN 中被应用，测量的最大偏距达 520mm，在 100m 长基准线上的精度为 0.05mm。缺点是尼龙丝很细，受气流影响较大，要求观测条件稳定。当空气有湍流时，将引起尼龙丝振动，测量误差较大。

最常用的机械法准直测量还有正、倒垂线法，乃是以过基准点的铅垂线为基准线，沿铅垂基准线的目标点相对于铅垂线的水平距离（偏距）可通过垂线坐标仪、测尺或传感器得到。正垂线法的设备包括悬线装置、固定与活动夹线装置、观测墩、垂线、重锤和油箱等。固定夹线装置是悬挂垂线的支点，应安装在坝上人能到达之处，以便调节垂线的长度或更换垂线。该点在使用期间应保持不变，若垂线受损而折断，支点应能保证所换垂线位置不变。当采用较重的重锤时，在固定夹线装置上方1m处应设悬线装置。活动夹线装置为多点夹线法观测时的支点，其构造需考虑不使垂线有突折变化，以免损伤垂线，同时还需考虑到在每次观测时都不改变原点位置。垂线是一种高强度且不生锈的金属丝，垂线的粗细由本身的强度和重锤质量来决定，一般直径为1~2.5mm。重锤是使垂线保持铅垂状态的重物，可用金属或混凝土制成砝码的形式。垂线直径为1mm时，重锤质量为20kg；垂线直径为2.5mm时，重锤的质量为150~200kg。重锤上设有止动叶片，以加速垂线的静止。油箱的作用是不使重锤旋转或摆动，保持重锤稳定。倒垂线法的倒垂装置是利用钻孔将垂线（直径0.8~1.0mm的不锈钢丝）一端的连接锚块深埋到基岩之中，从而提供了在基岩下一定深度的基准点，垂线另一端与一浮体箱连接，垂线在浮力的作用下被拉紧，始终可以恢复到铅直的位置上并静止于该位置，形成一条铅直基准线。倒垂装置的关键是钻孔须铅直，能保证垂线在钻孔内自由活动。倒垂线的位置应与工作基点相对应，利用安置在有强制对中装置的观测墩上的垂线坐标仪，可测定工作基点相对于倒垂线的x、y坐标。比较不同观测周期的坐标，即可求得工作基点的位移值。垂线观测可采用自动读数设备，如遥测垂线坐标仪，分辨率为0.01mm，还有“自动视觉系统”，它采用CCD照相机，自动拍摄垂线的影像，确定垂线位置的变化，分辨率可达到3μm。

根据正、倒垂线法所获得的不同高程上的偏距可以绘制挠度曲线展示其随时间的变化。所谓挠度曲线为相对于水平线或铅垂线基准线的弯曲线，曲线上某点到基准线的距离，如建筑物的垂直面内各不同点相对于底点的水平位移就称为挠度。大坝在水压作用下产生弯曲，是相对于铅垂基准线在水平方向上的挠度，桥梁塔柱的弯曲也是如此，大桥水平梁的弯曲则是相对于水平基准线在铅垂方向上的挠度。

2.4.2 微距及其变化的测量

对于小于50m的距离，由于电磁波测距仪的固定误差所限，不宜采用光电法，根据实际条件可采用机械法。如GERICK研制的金属丝测长仪，是将很细的金属丝在固定拉力下绕在因瓦测鼓上，其优点是受温度影响小，在上述测程下可达到优于1mm的精度。

两点在i和$i+1$周期之间的距离变化Δl可表示为（见图2-20）：

$$\Delta l = L_{i+1} - L_i = l_{i+1} - l_i \tag{2-97}$$

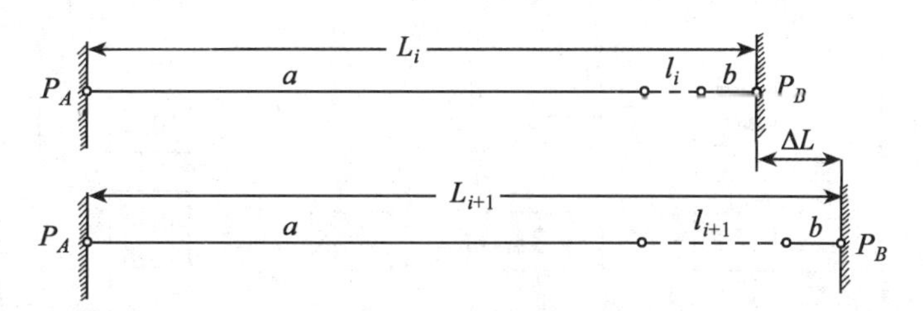

图2-20 伸缩测微仪原理

如果传递元素（因瓦线、石英棒等）的长度a、b保持不变，则只需测微小量l_i和l_{i+1}即可，这样不仅花费小，而且精度很高。瑞士苏黎士高等工业学校道路研究所研制的伸缩测微因瓦线尺由伸缩测量和拉力测量两部分组成，其测微分辨率为0.01mm，Δl的精度可达0.02mm。

图 2-21 是用伸缩测微仪测量岩体移动，仪器有滑轮、因瓦线、重锤和记录器构成，安装在岩体的两个断层上，可测量断层的相对移动。

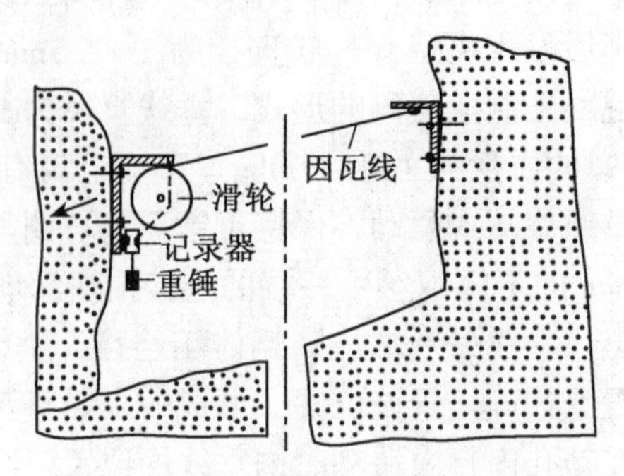

图 2-21　用伸缩测微仪监测岩体移动

2.4.3　倾斜测量

确定地面或建筑物倾斜值的测量称为倾斜测量。地面上两点之间的倾斜值可通过测量两点间的高差和距离经计算获得。测量两点之间高差的变化，可得到倾斜值的变化，称为间接法，系采用水准测量或静力水准测量方法，在本章 2.2.4 节中进行了介绍。若在一个测点上直接测量偏离基准面（或基准线）的夹角，则称为直接法倾斜测量，所采用的仪器称为倾斜仪。倾斜仪的种类很多，可分为两类：一类是以液体水平面为测量基准面，如气泡倾斜仪；另一类是以铅垂线为测量基准线，如垂直摆倾斜仪和伺服加速度计式倾斜仪。

气泡倾斜仪中具有代表性的是用于测量地基倾斜的 JQY-2 型钻孔式气泡倾斜仪，一般安置在钻孔井中，由探头、控制电路和记录系统三大部分组成。探头部分包括标定、调平、定向、防水、固井电平、放大电路、电缆和传感器等部分；控制电路用来调平、定向控制、标定高压稳压电源、低通滤波放大和电平迁移；记录系统用来测量和控制数据的采集（见图 2-22）。探头下井固定定向后，用调平装置把传感器调到水平位置，采用新型的结构小巧的双轴电解液气泡倾斜传感器，传感器处于水平位置时，气泡居中，当传感器倾斜时，桥路输出电压 ΔV_0 与倾斜角 $\Delta\alpha$ 有下述关系式：

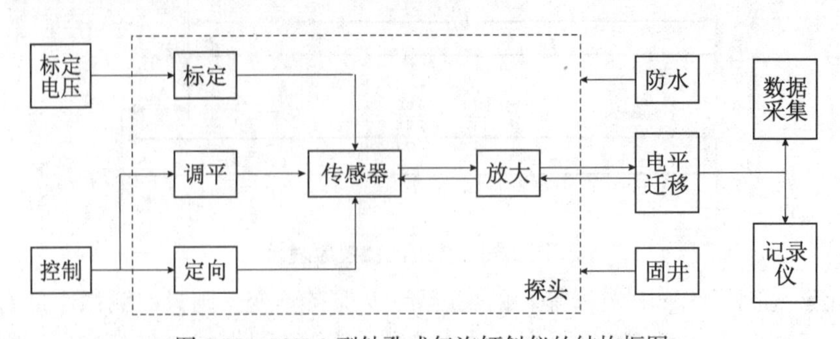

图 2-22　JQY-2 型钻孔式气泡倾斜仪的结构框图

$$\Delta V_0 = K \times \Delta\alpha \tag{2-98}$$

式中，K 为传感器的电压灵敏度。JQY-2 型钻孔式气泡倾斜仪的钻孔深度为 15~50m，调平范围为±3°，分辨率为 10^{-9}。双轴电解液气泡倾斜传感器的分辨率很高，在工程安装测量和变形监测中很灵敏，多采用原理相似的单轴气泡电子倾斜仪，如六线电子倾角仪 DQY-6A，在此不作细述。

伺服加速度计式倾斜仪是以垂线为基准进行倾斜测量的仪器，如图 2-23 所示，OA 为重力加速度矢量，与垂线方向一致，OB 为与重力加速度矢量的夹角等于 φ 的测量轴线，OC 与重力加速度矢量 OA 正交，则重力加速度矢量 OA 在 OB、OC 上的分量为

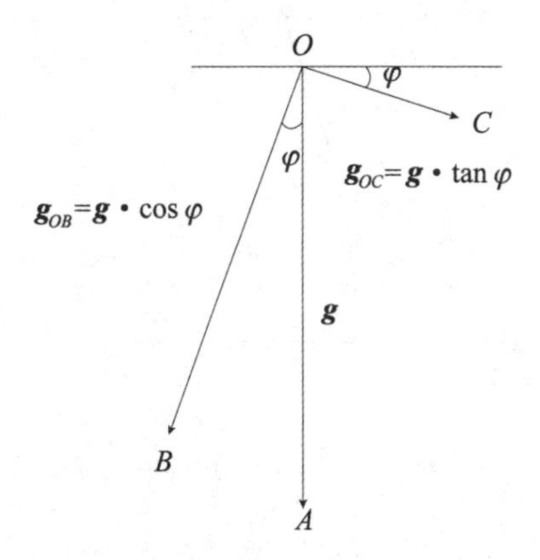

图 2-23　伺服加速度计式倾斜仪原理图

$$\begin{cases} \boldsymbol{g}_{OB} = \boldsymbol{g} \times \cos\varphi \\ \boldsymbol{g}_{OC} = \boldsymbol{g} \times \sin\varphi \end{cases} \tag{2-99}$$

式中，$\boldsymbol{g}$ 为重力加速度，伺服加速度计是测量加速度的仪器，不难看出，通过 OA、OB 和 OC 的数值可以得到倾斜角 φ。这种仪器的代表产品有 CX-01 型测斜仪，其测量范围为 0~53°，精度达 4mm/15m，工作深度为 80~100m。

2.4.4 挠度测量

挠度是一种特殊的变形位移值，相对于水平或铅垂基准线的弯曲线称挠度曲线，曲线上某点到基准线的垂距称为该点的挠度。例如，混凝土重力坝在水压力作用下会发生弯曲，在坝体与坝轴线平行的垂直面内，某一垂线在不同高程的测点相对于垂线底点在垂直坝轴线方向的水平位移即为该点的挠度，如图 2-24 所示，大桥钢梁的弯曲线也是一种挠度曲线（见图 2-25）。混凝土重力坝的挠度曲线，可以通过正、倒垂线方法或倾斜测量方法获得。对于高层建筑物在风力作用下也会发生挠曲，但与倾斜和日照所引起的变形相比，可以忽略不计，主要作倾斜、扭转和振动观测。

用倾斜测量方法获取挠度的原理如下：由测斜仪测得倾角 α_i、α_{i+1} 和两点间的距离 D，可按下式计算挠度曲线各点的倾角 α 和坐标差，如图 2-26 所示：

$$\alpha = \frac{1}{2}(\alpha_i + \alpha_{i+1}) \tag{2-100}$$

$$\Delta y = y_{i+1} - y_i = D \cdot \sin\alpha \tag{2-101}$$

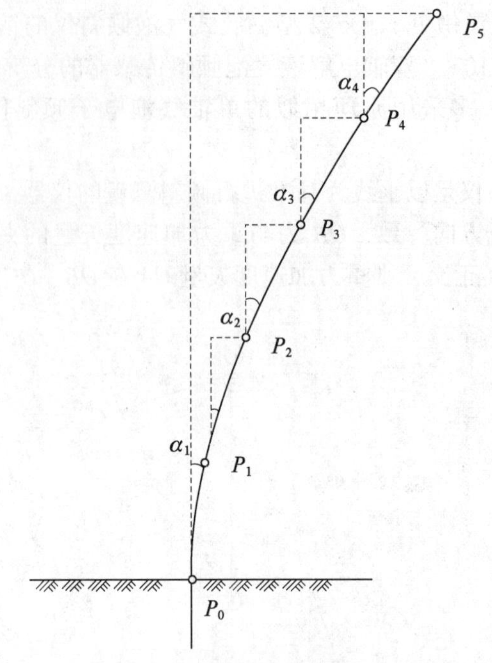

图 2-24　大坝的挠度曲线

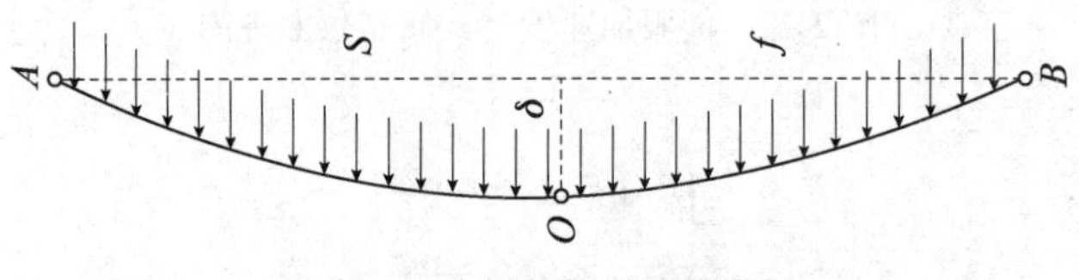

图 2-25　大桥钢梁的挠度曲线

得到挠度曲线上的各点，将挠度曲线端点与基准点联测，可得挠度曲线。通过周期观测，可得挠度曲线的变化。

2.4.5　投点测量

投点就是将点从一个高程面上垂直投放到另一个高程面上，主要用于高层建筑物几何中心的放样，可参见本书第 8 章的内容。过底部基准点向上投点一般多采用天顶仪或底向垂准仪，如高耸建筑物常根据底层控制点来放样和安装上部各层的结构；过顶部基准点向下投点则采用天底仪或顶向垂准仪，如矿山和隧道工程要将地面点通过竖井垂直投影到地下。投点测量方法分机械法、光学法和光电法，机械法实质是改进的正、倒垂线法，如垂线遥测仪；光学法有光学对点仪、激光铅直仪和激光垂准仪；光电法是在光学法的基础上，采用光电探测系统，实现传感器读数，提高效率和精度。投点误差可通过仪器严格置平、盘左盘右观测或采用 4 个位置投点等方法予以削弱。

在工程测量中还有与精密定位有关的直线度、曲线度、水平度、平面度、平行度、铅直度、圆度和曲面等测量，其方法可根据本书前述一些方法改进或改造，在此不作叙述。

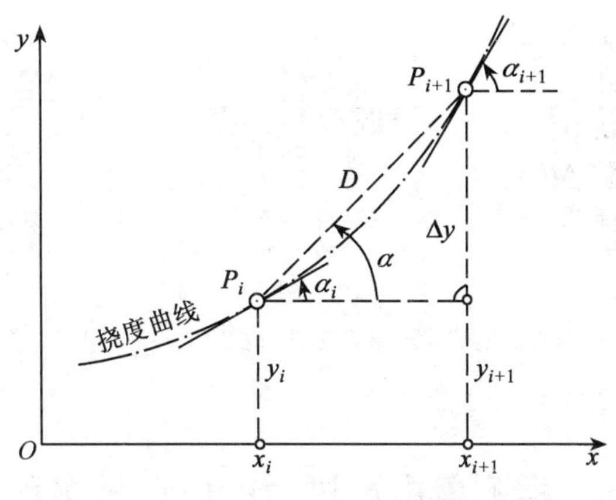

图 2-26 用测斜仪获取挠度

2.4.6 传感器测量

我们这里所指的测量中的传感器技术是一种基于光电信号转换的技术。电子全站仪和电子水准仪中就有获取角度、距离和高差读数的各种传感器，可以把需要确定的距离、角度和高差等几何量及其微小变化转化为电信号。按转换原理可分电感式、电容式、光电式、电阻式、压电式和压抗式等信号转换。由上述原理所制造的各种传感器有电感式传感器中的差动变压器、直线式感应同步器、电容式传感器、光栅式传感器、硅光电池、电荷耦合器（CCD，又称固态图像传感器）、数模转换器等。图 2-27 为几种具有代表性的将微小位移量转换为电压或电容的传感器的作用原理和特征曲线。图 2-28 表示对同一种垂直位移，可采用不同的传感方法进行获取。将这些用于测量和变形监测的传感器安装在电子全站仪、电子水准仪、伸缩仪、应变仪、准直仪、铅直仪、测斜仪以及静力水准测量系统中，通过数据获取、信号处理、数据转换与通信，可实现测量和变形监测数据获取、传输与处理的自动化和智能化。

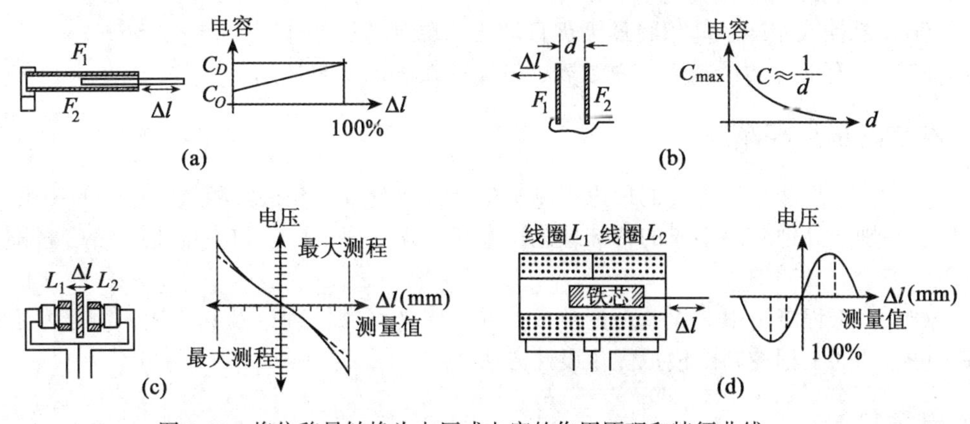

图 2-27 将位移量转换为电压或电容的作用原理和特征曲线

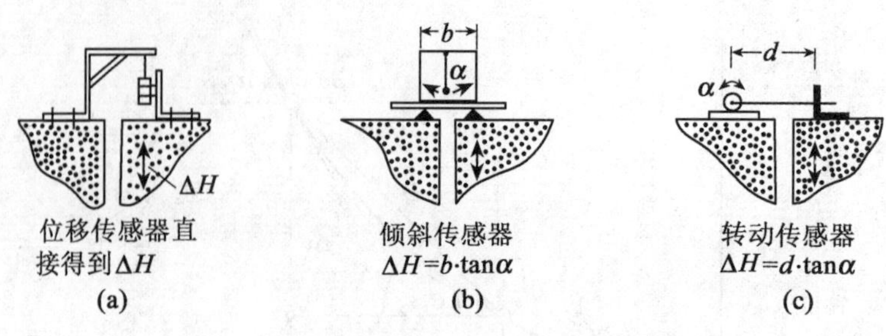

图 2-28　用不同传感方法进行获取同一种垂直位移

2.5　工程测量中已过时的理论技术和方法

随着近半个世纪以来现代科技的飞速发展，测绘理论技术和方法更新极快。工程测量学中，下列的一些理论技术和方法已经过时，不再应用，也不需再学习了。

（1）零类到三类的控制网优化设计理论已不再用。无论是地面控制网还是 GNSS 网，都不需要按零类到三类的优化设计理论进行网的优化设计，解析法优化设计不再采用。

（2）测量控制网布设越来越容易，逐级布设理论受到挑战，地面导线网极少使用，地面测角网已经消亡，如：建筑方格网已不宜采用，隧道地面控制网只采用 GNSS 网了，测图控制网可只布设首级全面网和图根加密网两级。可取消布网时最小夹角限制，不需再讨论图形强度，纯前方交会法、后方交会法以及侧方交会法都将被淘汰。

（3）模拟法测图为数字化测绘取代。

（4）光学经纬仪已不再生产和使用，即使用于工业测量和设备安装测量的精密电子经纬仪也不会再批量生产。

（5）24 米因瓦线尺量距、两米横基尺视差法测距已不再使用，也很少使用钢尺量距，单纯的电磁波测距仪也极少生产，长程和中程电磁波测距仪也已不再生产了。与钢尺量距有关的一些测量和放样方法如直角坐标法、偏角法、切线支距法、角度交会法、距离交会法、轴线交会法以及归化法等都将逐渐被淘汰。

（6）悬挂式陀螺经纬仪将逐渐被自动化陀螺全站仪替代。

（7）所有的三角函数表、对数表、铁路曲线表已不再使用。

◎ 本章的重点和难点

重点：工程测量学主要的理论与测量学、大地测量学和摄影测量学理论的关系。工程测量学有别于其他测绘学科的特殊理论技术和方法。现代科学和测绘技术在工程测量中的应用。

难点：工程测量中的误差理论及其扩展，广义可靠性理论及其应用，测量基准理论，基于可靠性的工程控制网模拟优化设计方法。

◎ 思考题

（1）工程测量学有哪些理论？为什么说工程测量学的理论是测量学、大地测量学和摄影测量学理论在工程测量中的体现？

(2) 工程测量学有哪些技术和方法？

(3) 什么是狭义可靠性？什么是广义可靠性？

(4) 什么是偶然误差的系统性影响？什么是系统误差的偶然化？

(5) 什么是误差分配的三原则？

(6) 什么是边角精度的匹配？设全站仪的方向中误差 m''_r 为 1 秒，测边的固定误差为 1mm，比例误差为 1，请绘制如图 2-1 的边角精度匹配示意图。

(7) 距离、高程和坐标测量各有哪些方法？

(8) 什么是激光？激光有哪些特点？目前市面上有哪些激光测量仪器？

(9) 地基雷达干涉测量系统集成了哪些先进技术，具有什么重要应用前景？

(10) 我国北斗卫星导航系统的“三步走”的发展战略是什么？

(11) 什么是合成孔径干涉雷达？它有哪些优点？

(12) 机载激光雷达测量技术有哪些优点和特点？具体应用在哪些方面？

(13) 什么是基准线法测量？基准线有何特点？可用哪些方法产生？

(14) 什么是倾斜测量？倾斜测量有哪些方法？用什么仪器？

(15) 什么是挠度和挠度曲线？测量扰度用哪些仪器和方法？

(16) 什么是投点测量？投点测量用哪些仪器和方法？

(17) 什么是传感器测量？传感器测量用哪些传感器？用在哪些方面？

第3章　工程测量控制网

工程测量控制网是应用最广泛的测量控制网，本章将讲述工程测量控制网的定义、分类特点和布设方法，对工程测量控制网的质量准则进行较详细的讲述，讨论工程测量控制网数据处理和实用软件，并给出工程测量实践中几种典型的工程测量控制网，进而提出地面边角网布设的一种简便的新方法，最后简述网点的埋设布标知识。

3.1　概　　述

测量控制网由地面上一系列点（称测量控制点）构成，控制点之间由边长、方向、高差或GNSS基线等观测量连接并构成网型，点的空间位置可通过已知点的坐标及点之间的连接按一定方法计算得到。按其范围和用途，测量控制网可分为四大类：全球测量控制网、国家测量控制网、城市测量控制网和工程测量控制网。

全球测量控制网是由国际组织在全球范围建立的大地测量参考框架。主要用于确定、研究地球的形状、大小及变化，确定和研究地球的极移、章动和板块运动等。

国家测量控制网是由各国测绘部门建立的全国范围内统一地理坐标系统下的大地测量参考框架，如以地球参考椭球面为基准面的大地坐标或高斯平面坐标系统，以大地水准面为基准面的高程系统，提供点在国家坐标系下的坐标。为大型工程建设，保证国家基本图的测绘更新，满足大比例尺图测图的精度要求，提供平面和高程基准。国家控制网采用逐级加密的方式布设，其特点是控制面积大，控制点间距离较长，点位的选择主要考虑点的密度、稳定性和网的图形。

城市测量控制网是由城市测绘主管单位建立的城市坐标系统，一般来说，大多数大、中、小城市的城市坐标系统都与国家坐标系相同，其城市控制网与国家控制网相连接。对于像北京、上海、天津、重庆和武汉等特大城市，一般要建立独自的城市平面坐标系，采用与国家坐标系相同的地球参考椭球（或称地球参考框架），也与国家坐标系连接，但其中央子午线、投影高程面与国家坐标系不尽相同，其目的在于减小或控制投影改正。城市高程坐标系统在国家高程基准下建立。

工程测量控制网是工程项目的空间位置参考框架，是针对某项具体工程建设测图、施工或管理的需要，在一定区域内布设的平面和高程控制网。由工程建设单位建立或委托其他测绘单位建立。对于大型工程建设，如京沪、武广高速铁路，其工程控制网要与国家测量控制网连接，采用与国家坐标系相同的地球参考椭球，但中央子午线、投影高程面与国家坐标系的不尽相同。对于一些具体工程如隧道、桥梁、大型厂区和核电站等，可采用独立坐标系，不要求与国家或城市测量控制网连接。

3.2 工程测量控制网的种类

工程测量控制网是为工程建设提供工程范围内统一的参考框架，为工程中的各项测量工作提供位置基准和测绘保障，以满足工程建设不同阶段对测绘质量（精度、可靠性）、进度（速度）和费用等方面的要求。工程测量控制网具有提供基准、控制全局、加强局部和减小测量误差累积的作用。

工程测量控制网可按以下标准进行划分：

按网点性质：一维网（或称为水准网、高程网）、二维网（或称平面网）、三维网；

按网形：导线网、三角形边角网；

按施测方法：边角网、GNSS 网；

按基准：约束网、自由网；

按坐标系：附合网、独立网；

按其他标准：首级网、加密网、特殊网、专用网。

按用途：测图控制网、施工测量控制网、变形监测网和安装测量控制网，下面按用途分类进行介绍。

3.2.1 测图控制网

测图控制网是为测图服务的测量控制网。为工程建设建立的测图控制网大多是为地面大比例尺数字地形图测绘服务的，其作用主要在于保证图上内容精度均匀、相邻图幅正确拼接和控制测量误差的累积。随着测绘技术的发展，过去的三角网、小三角网、导线网或一、二级导线大多不再采用，一般采用两级布设方案，首级采用 GNSS 技术布网，然后用导线（网）或 GNSS RTK 作图根加密。

测图平面控制网的精度应能满足 1∶500 比例尺测图精度要求；网的控制范围应比测区大一些，网点应尽量均匀，密度视测图比例尺而定。大型工程的测图控制网应与国家控制网联测，可采用挂靠的方法，即联测确定一点和一个方向与国家控制网一致。对于小型或局部工程，可布设为与国家控制网无关的独立平面控制网。

测图高程控制网通常采用水准测量或电磁波测距三角高程的方法建立，应尽可能地与国家高程系统连接。

3.2.2 施工测量控制网

为工程施工建设服务的测量控制网称为施工测量控制网。它提供统一的坐标系和基准，用于施工放样、施工期的变形测量、施工监理测量和竣工测量等工作，施工测量平面控制网具有以下特点：

（1）控制点的精度较测图控制网高。如工业厂房主轴线的定位精度为 1cm，4km 以下的山岭隧道，相向开挖时隧道中线的横向贯通中误差须小于 5cm。

（2）施工测量平面控制网按两级或多级布设，有些工程的次级网可能比首级网的精度高。例如含建筑物和道路管线等的工业厂区，轴线间的几何联系比细部相对于轴线的精度要求低，宜先建立首级网，放样各建筑物主轴线，再根据各工程项目要求建立次级网，放样建筑物细部，有的次级网比首级网的精度还高。

(3) 控制点的密度较大，使用频繁，受施工干扰大，需要作定期复测。应在施工设计总平面图上精心布置点位，考虑施工场地、施工程序和施工方法，考虑控制点的稳定性、长期保存性和使用方便性等。

(4) 施工测量控制网的坐标系须与施工坐标系一致。设计总平面图是在施工坐标系下绘制的，施工坐标系一般是以建筑物的主要轴线为坐标轴而建立的局部直角坐标系统，如水利枢纽工程用大坝轴线为坐标轴，桥梁工程用桥轴线为坐标轴，隧道工程用隧道中线为坐标轴，工业厂区用主要厂房或主要生产设备的轴线为坐标轴。有的控制点宜尽可能布设在主轴线上。

(5) 施工测量控制网的投影面应与工程的平均高程面一致，以便放样数据可不作投影改正。如工业厂区采用厂区平均高程面，桥梁工程采用桥墩顶的高程面，隧道控制网采用隧道平均高程面，有的工程要求采用精度要求最高的平面。

施工高程控制网通常按两级布设，首级为基本高程控制网，须布满整个施工场地；次级为加密网，根据各施工阶段放样的需要布设。通常，首级网采用三等水准测量，加密网采用四等水准测量。

施工平面控制网和高程控制网通常单独布设。对于位于平坦地区的工程，平面控制点亦常兼作高程控制点。

3.2.3　变形监测网

为工程安全建设和运营而布设的控制网称为变形监测网。其作用是保证施工期的安全和保证工程运营管理期的安全。施工期的变形监测可采用施工测量控制点进行，有时施工期的变形监测可为施工放样服务（参见11.3.2）。对于变形监测平面控制网来说，其特点主要有：

(1) 变形监测网由参考点、工作基点和目标点组成。参考点位于变形体外，是网的基准，应保持稳定不变；工作基点离变形体较近，用于对目标点的观测；目标点位于变形体上，变形体的变形由目标点的运动描述。

(2) 变形监测网必须进行周期性观测。各周期应采用相同的观测方案，包括相同的网形、网点，相同的观测仪器和方法，相同的数据处理软件和方法。如果中间要改变观测方案（如仪器、网形、精度等），则该周期须采用两种方案进行观测，以确定两种方案间的差别，便于进行其后周期观测数据的处理。

(3) 变形监测网的精度要求很高，最好选用当时技术条件所能达到的最高精度。

(4) 除精度、可靠性外，还要顾及变形监测网的灵敏度。

(5) 变形监测网一般采用基于监测体的坐标系统，该坐标系统的坐标轴与监测体的主轴线平行（或垂直），变形可通过目标点的坐标变化来反映。

变形监测网还有其他一些特别的地方，例如：一个网可以由任意个网点组成，但至少应由一个参考点、一个目标点（确定绝对变形）或两个目标点（确定相对变形）组成。对一个高塔作变形监测，甚至可以只通过一个参考点进行；对一条堤坝的变形监测，可布置成一条平行于堤坝的导线作为参考网，通过观测左、右角和重复测量提高自身的可靠性，目标点设在堤上，其位置由多参考点进行前方交会得到。

对于高程的变形监测，有许多特点是相似的。高程基准点需要采用一、二等水准作周期观测。高程的变形监测大多采用水准测量方法进行。

3.2.4 安装测量控制网

为大型设备构件的安装定位而布设的控制网称为安装测量控制网，又称微型大地控制网或大型计量控制网，主要是平面网。安装测量控制网一般在土建工程施工后期布设，多在室内，也是工程竣工后设备变形监测及调整的依据；安装测量控制网的范围小，精度可以达到很高；点位的选择要考虑设备的位置、数量、建筑物的形状、特定方向的精度要求等；点的密度和位置能满足设备构件的安装定位。一般是先在总平面图上设计一个理论图形，然后将其测设到实地上去。通常是一种微型边角网，边长较短，从几米至一百多米，整个网由形状相同、大小相等的基本图形组成。对于直线型的建筑物，可布设成直伸形网；对于环形地下建筑物如环形加速器或对撞机工程，可布设成由大地四边形或测高三角形构成的环型网；对于大型无线电天线，可布设成辐射状网。

设备安装的高程定位由高程控制点确定，大多采用水准测量方法进行，比较简单，在此不作赘述。

3.3 工程测量控制网的基准

工程测量控制网的基准就是网平差求解未知点坐标时，所给出的已知点数据，对网的位置、大小和方向进行约束，使平差有唯一解。如果网的基准不足，网平差时法方程系数矩阵将会出现秩亏，这时需要求某一特解；如果网的基准过多，则存在基准间是否相容的问题。工程测量控制网的基准分三种类型：

（1）约束网。具有多余的已知数据。

（2）最小约束网（或称经典自由网）。只有必要的已知数据。

（3）自由网（无约束网）。没有已知数据，全部网点都是未知点。

对于水准网或高程网（一维网），网中只有一个点的高程已知，为最小约束网；网中有两个以上点（含两个）的高程已知，则为约束网；网中没有已知点的，为自由网。

对于二、三维网，假设都测有边长（这是最常见的，纯测角网已消亡，不需讨论）。

平面网（二维网）中只有一个点的坐标和一条边的方位角已知，为最小约束网；若含两个或两个以上已知点的为约束网；没有已知点的为自由网。

三维网的最小约束条件可以是：网中有两个点的三维坐标已知，另一条边的方位角已知（为了控制整个网绕两个已知点的连线旋转）；也可以是：网中有一个点的三维坐标已知，已知一条边的方位角和两条边的高度角。凡多于最小约束条件，如有三个（含三个）以上点的坐标已知，则称为约束网；少于最小约束条件的为秩亏网；无已知坐标、方位角和高度角的网为自由网，自由网的图形矩阵 $\boldsymbol{A}$ 有列亏，法方程矩阵 $\boldsymbol{N}$ 将出现基准秩亏 d：

$$d = u - r \tag{3-1}$$

式中，u 为坐标未知数个数，r 为矩阵 $\boldsymbol{N}$ 的秩，基准秩亏与网的维数和观测值类型有关。表 3-1 列出了一、二、三维网的观测值类型、基准秩亏和基准参数之间的关系。基准参数表示一个网在保持内部几何形状不变条件下的变换，包括平移、缩放和旋转变换，通过这些变换可消除基准秩亏。

自由网在变形监测网布设中可能用到，如果所有网点都在变形区内，有人认为可按自由网处理。但也是在“各点的变动都是随机的”，“网点的重心”不变的假设条件下才成立，否则，其结果也是偏的。随着测绘技术的发展，可以在变形区外布设参考点，所以不宜采用自由网。对于测图控制网，可采用约束网；对于变形监测网，约束点（基准点）可以在两个以上；对于其他大多数工程测量控制网，用最小约束网则较好。工程控制网观测值、基准秩亏和基准参数关系见表 3-1。

表 3-1　　**工程控制网观测值、基准秩亏和基准参数关系**

维数	网形	观测值类型	基准秩亏	基准参数
1	高程网	高差	1	1 个平移
2	平面网	边长和方位角	2	X 和 Y 方向的 2 个平移
		边长或边长和水平方向	3	2 个平移，1 个绕 Z 轴的旋转
		水平方向	4	2 个平移，1 个旋转，1 个缩放
3	三维网	边长和天顶角或边长和水平方向或边长、天顶角以及水平方向	4	3 个在 X、Y、Z 方向的平移，1 个绕 Z 轴的旋转
		水平方向和天顶角	5	3 个平移，1 个旋转，1 个缩放
		边长	6	3 个平移，3 个绕 X、Y、Z 轴的旋转
		在 $d=6$ 时再加一个比例尺未知数	7	3 个平移，3 个旋转，1 个缩放

3.4　工程测量控制网的布设

工程测量控制网布设应遵循大地测量学的基本原理，应确定坐标系和基准，应根据精度要求，采用构网方式，通过在点之间进行边长、角度（方向）、基线和高差等观测，获取网点的坐标和高程。网的布设和建立步骤是：

(1) 根据精度要求确定控制网的等级。

(2) 确定布网图形和测量仪器。高程网采用几何水准或电磁波测距三角高程技术布网，平面网主要布设成 GNSS 网、边角网或导线（网）。

(3) 图上选点、实地踏勘、构网和作方案设计，进行网的模拟计算。

(4) 埋石造标。达到稳定后方可开始观测。

(5) 外业观测。严格遵循有关规范，包括检查验收和质量控制。

（6）内业数据处理和提交成果。数据预处理、网平差、质量评定和技术资料与成果汇总。

3.4.1　导线的布设

测量控制网中的导线是指将控制点用直线连接起来形成的折线。控制点称为导线点，分已知点和未知点，相邻两点之间的折线称为导线边，相邻两导线边之间的夹角称转折角。导线测量的实质是通过观测导线边和转折角，根据已知点的坐标计算未知点的平面坐标。按图形可分为闭合导线、附合导线和支导线，由导线构成的网称导线网。

根据《规范》，导线按等级可分为三、四等导线，一、二、三级导线及图根导线。随着测量仪器和技术的飞速发展，导线的等级应减少，逐级布设的方式应改变。

导线中主要是附合导线的布设。附合导线是指两端各有一个已知点，中间是未知点的导线。附合导线有简单、灵活、方便和应用广泛等优点，非常适合矿山巷道、地铁、隧道等地下工程和道路、水利、管线等线状工程的控制测量，也适合在城市和森林等通视较困难地区的应用。在 GNSS 技术广泛用于首级控制网的情况下，可用附合导线作加密控制。

附合导线应尽量布设成直伸形状，两相邻边长不宜相差过大，未知点点数不宜过多。改进的附合导线布设方案：沿附合导线在未知点附近增设新点（辅助点），这些点可埋设也可不埋设标石。施测时，只在辅助点上安置棱镜，与导线一起观测而不需要设站；也可沿附合导线一侧或两侧布设辅助点，构成较坚强的网形。

附合导线的最大缺点是可靠性较差，不论有多少个未知导线点，其多余观测数都等于3。当未知点个数等于 3 时，平均多余观测值数为 0.214；未知点个数等于 10 时，平均多余观测值数仅为 0.086。附合导线中的粗差不易被发现，粗差对平差结果的影响较大。严密平差的后验单位权中误差不能用来评定平差结果的精度。

附合导线平差的后验单位权中误差若显著大于先验值，需要查找原因并对症处理。原因可能是：观测值中可能存在粗差，已知点可能有问题。处理方法：可以将附合导线当成支导线从两端分别计算，查找可疑的导线点或观测值。

3.4.2　边角网的布设

边角网是用地面测角测边仪器施测的、由三角形或多边形构成的三角形网和导线网，三角形网包括有重叠三角形的网。单纯测角的三角形网已不再采用，单纯测边的三角形网也极少采用，一般都是布设成边角全测的三角形网。但是，按边角精度匹配和优化设计理论布设为边可全测、方向不全测的或边角不全测的边角网最好。三角形网没有图形的限制，长短边可以相差很大，夹角也可以很小或接近 180°。但在方向观测时，要注意长短边的调焦问题。导线网要有足够的闭合环和附合线路，一个多边形环的边不宜太多，一般不宜超过 6 条。由于 GNSS 技术的应用，地面边角网的最长边将大大减小，平均边长大于 2~3 千米的边角网现已极少，多见用于平均边长为几百米或更短的特高精度专用网，如三峡工程升船机施工控制网，最宜布设为边角网；许多大型水利工程施工控制网和大部分变形监测网，也宜布设为边角网；安装测量控制网基本上都是边角网。

3.4.3 GNSS 网的布设

GNSS 网是最常用的测量控制网，是地面上优先考虑的布网方案，特别是范围大、距离远、地面通视差的工程，如隧道、桥梁工程、各种线路工程的首级控制网，都应首选 GNSS 网。GNSS 网无图形的限制，长短边可以相差很大，点的布设主要是考虑工程需要、便于到达、易于保存、顶空条件好、多路径影响小以及电磁干扰小等。在工程中，还需要考虑以后要用全站仪设站的网点上，应至少有一个相邻点可通视，以解决定向问题。GNSS 网的施测除了应依据有关规范外，对于特高精度的 GNSS 网，只要符合工程特点，满足工程需要，宜在规范的基础上提高要求，如增加时段长和时段数，可以对某些边作长时段精密测量，可以用很多台接收机同时观测，不用点连式，少用边连式布网，宜采用网连式布网。

3.4.4 水准网的布设

工程测量中的水准网采用一、二、三、四等水准测量方法布设和施测，应统一到国家高程系，遵照相应的规范执行，在此不作讲述。

3.5 工程测量控制网的质量准则

3.5.1 精度准则

1. 网的总体精度

对工程测量控制网进行间接平差，网的总体精度可由 $\hat{\boldsymbol{x}}$ 的置信超椭球概率公式

$$P\{(\tilde{\boldsymbol{x}}-\hat{\boldsymbol{x}})^{\mathrm{T}}\boldsymbol{\Sigma}_{xx}(\tilde{\boldsymbol{x}}-\hat{\boldsymbol{x}})\leqslant\chi^2_{u,\ 1-\alpha}\}=1-a \tag{3-2}$$

导出。上式中，$\boldsymbol{\Sigma}_{xx}$ 为坐标未知数向量 $\hat{\boldsymbol{x}}$ 的协方差阵（图 3-1），对其作谱分解

$$\boldsymbol{\Sigma}_{xx}=[s_1 s_2\cdots s_u]\begin{bmatrix}\lambda_1 & & & \\ & \lambda_2 & & \\ & & \ddots & \\ & & & \lambda_u\end{bmatrix}\begin{bmatrix}s_1^{\mathrm{T}}\\ s_2^{\mathrm{T}}\\ \vdots\\ s_u^{\mathrm{T}}\end{bmatrix} \tag{3-3}$$

式中，λ_i 为 $\boldsymbol{\Sigma}_{xx}$ 的特征值，按由大到小的顺序排列；s_i 为属于 λ_i 的特征向量。置信超椭球的半径 A_i 为：

$$A_i=\sqrt{\lambda_i\chi^2_{u,\ 1-a}} \tag{3-4}$$

协方差阵 $\boldsymbol{\Sigma}_{xx}$ 包含了网的各种精度的丰富信息，其中，网的总体精度可通过置信超椭球的以下准则描述：

（1）E 准则。置信超椭球的最大半轴最小

$$\lambda_{\max}=\min \tag{3-5}$$

（2）体积最小准则。置信超椭球的体积最小

$$\det(\boldsymbol{\Sigma}_{xx})=\prod_{i=1}^{u}\lambda_i\Rightarrow\min \tag{3-6}$$

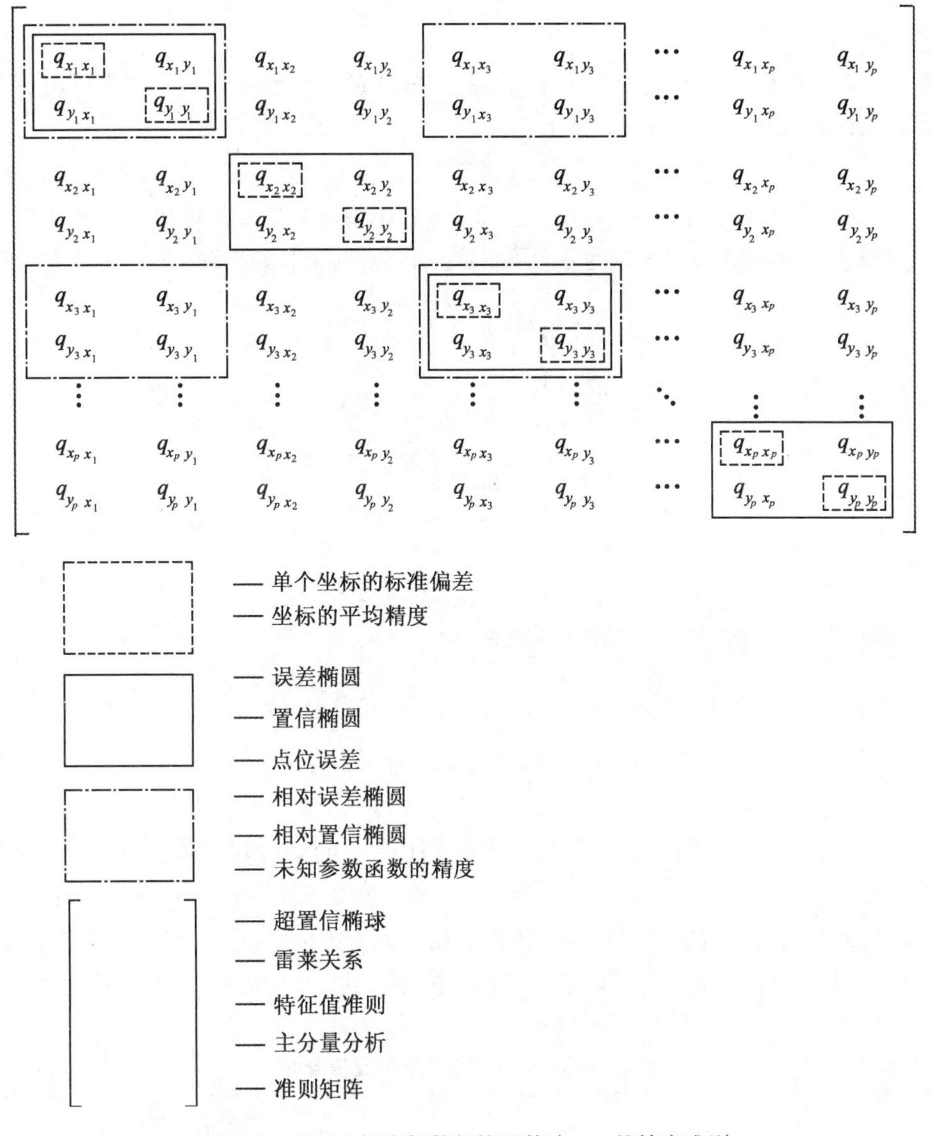

图 3-1　基于坐标未知数的协因数阵 $\boldsymbol{Q}_{xx}$ 的精度准则

(3) 方差最小准则。$\boldsymbol{\Sigma}_{xx}$ 的迹（置信超椭球的半轴平方和）最小

$$\mathrm{tr}(\boldsymbol{\Sigma}_{xx}) = \sum_{i=1}^{u} \lambda_{ii} \Rightarrow \min \tag{3-7}$$

(4) 平均精度最小准则。

$$\sigma_x = \frac{1}{u}\mathrm{tr}(\boldsymbol{\Sigma}_{xx}) \Rightarrow \min \tag{3-8}$$

(5) 均匀性和各向同性准则。用以下两个公式近似描述：

$$\lambda_{\max} - \lambda_{\min} \Rightarrow \min \tag{3-9}$$

$$\frac{\lambda_{\max}}{\lambda_{\min}} \Rightarrow 1 \tag{3-10}$$

2. 点位精度

点位精度与网的基准有关，是可变量，随已知点的位置而变。点位精度可用下面的赫尔默特点位误差表示：

$$s_{p_j}^H = \sqrt{s_{x_j}^2 + s_{y_j}^2} = s_0\sqrt{\lambda_1 + \lambda_2} = s_0\sqrt{\mathrm{tr}(Q_{jj})} \tag{3-11}$$

式中，s_0 为验后单位权中误差，s_{x_j}、s_{y_j} 为 j 点的中误差。点位精度也可用点的误差椭圆或置信椭圆的长、短半轴及长半轴的方向角表示，误差椭圆的长短半轴及长半轴的方向角为

$$\left.\begin{aligned} A_F^2 &= \frac{1}{2}s_0^2(q_{xx} + q_{yy} + \omega) \\ B_F^2 &= \frac{1}{2}s_0^2(q_{xx} + q_{yy} - \omega) \\ \theta_F &= \frac{1}{2}\arctan\left(\frac{2q_{xy}}{q_{xx} - q_{yy}}\right) \end{aligned}\right\} \tag{3-12}$$

其中，

$$\omega = \sqrt{(q_{xx} - q_{yy})^2 + 4q_{xy}^2} \tag{3-13}$$

置信椭圆的长、短半轴和长半轴的方向角为

$$\left.\begin{aligned} \overline{A}_k^2 &= 2 \cdot s_0^2 \cdot \lambda_1 \cdot F_{2,\ f,\ 1-\alpha} = 2 \cdot F_{2,\ f,\ 1-\alpha} \cdot \overline{A}_F^2 \\ \overline{B}_k^2 &= 2 \cdot s_0^2 \cdot \lambda_1 \cdot F_{2,\ f,\ 1-\alpha} = 2 \cdot F_{2,\ f,\ 1-\alpha} \cdot \overline{B}_F^2 \\ \theta_K &= \theta_F \end{aligned}\right\} \tag{3-14}$$

式中，$F_{2,\ f,\ 1-\alpha}$ 为 F 分布的分位值，自由度 f 是计算 s_0^2 的多余观测数。由式（3-14）知，误差椭圆是在 $F_{2,\ f,\ 1-\alpha} = 0.5$ 时置信概率为 $1-\alpha$ 的椭圆，置信概率与 f 有关，表 3-2 列出了在几种自由度下的置信概率。从表中可见，用理论方差 σ_0^2 计算，误差椭圆的置信概率为 39.4%，由 s_0^2 计算，则误差椭圆的置信概率要小一些，在 29.3%和 39.4%之间。

表 3-2　**误差椭圆在不同自由度下的置信概率**

自由度（f）	置信概率（$1-\alpha$）
1	0.293
2	0.333
5	0.366
∞	0.394

3. 相对点位精度

可用相对误差椭圆描述，任意两点 i、k 坐标差 Δx_{ik} 的协因数阵 $\boldsymbol{Q}_{\Delta\Delta}^{ik}$ 可表示为

$$\boldsymbol{Q}_{\Delta\Delta}^{ik} = \begin{bmatrix} \boldsymbol{q}_{\Delta x\Delta x}\boldsymbol{q}_{\Delta x\Delta y} \\ \boldsymbol{q}_{\Delta y\Delta y}\boldsymbol{q}_{\Delta y\Delta y} \end{bmatrix}_{ik} = \boldsymbol{Q}_{ii} + \boldsymbol{Q}_{kk} - \boldsymbol{Q}_{ik} - \boldsymbol{Q}_{ki} \tag{3-15}$$

相对误差椭圆的长、短半轴和长半轴的方向角为

$$\left.\begin{aligned}A_{RF}^2 &= \frac{1}{2}s_0^2(q_{\Delta x\Delta x} + q_{\Delta y\Delta y} + \omega_R) \\ B_{RF}^2 &= \frac{1}{2}s_0^2(q_{\Delta x\Delta x} + q_{\Delta y\Delta y} - \omega_R) \\ \theta_{RF}^2 &= \frac{1}{2}\arctan\left(\frac{2p_{\Delta x\Delta y}}{q_{\Delta x\Delta y} - q_{\Delta y\Delta y}}\right)\end{aligned}\right\} \tag{3-16}$$

其中，

$$\omega_R = \sqrt{(q_{\Delta x\Delta x} - q_{\Delta y\Delta y})^2 + 4q_{\Delta x\Delta y}^2} \tag{3-17}$$

对于经典自由网来说，相对点位精度是与基准位置无关的不变量。

4. 坐标未知数函数的精度

设有坐标未知数的线性函数 φ 为

$$\varphi = \boldsymbol{F}^{\mathrm{T}}\boldsymbol{x} \tag{3-18}$$

其方差可表示为

$$\sigma_\varphi^2 = \boldsymbol{F}^{\mathrm{T}}\boldsymbol{\Sigma}_{xx}\boldsymbol{F} \tag{3-19}$$

网中任意两点（有直接连接或没有连接）间的边长和方位角是坐标未知数的函数，常常要计算其平差值的精度，其中最重要的是最弱边的精度。对于经典自由网来说，边长、方位角和角度是与基准位置无关的不变量。

坐标未知数的线性函数 φ 的上、下界值满足雷莱（Rayleigh-Relation）关系式

$$\lambda_{\min}\boldsymbol{F}^{\mathrm{T}}\boldsymbol{F} \leqslant \sigma_\varphi^2 \leqslant \lambda_{\max}\boldsymbol{F}^{\mathrm{T}}\boldsymbol{F} \tag{3-20}$$

3.5.2 可靠性准则

控制网的可靠性准则，包括网的内部可靠性，即发现观测值粗差的能力的量度，也包括网的外部可靠性，即抵抗观测值粗差对平差结果影响的能力的量度，还包括网广义可靠性，即发现和抵抗粗差与系统误差以及减小偶然误差的能力，可参见本书 2.1.2 测量可靠性理论。

3.5.3 灵敏度准则

灵敏度准则是针对平面变形监测网，在给定显著水平 α_0 和检验功效 β_0 下，通过对变形监测网的周期观测和平差，进行统计检验所能发现的位移向量的下界值 d_0 定义为网的灵敏度。灵敏度是一个相对概念，即对于不同的变形向量具有不同的下界值。可参见本书 2.1.3 测量灵敏度理论。

3.5.4 费用准则

控制网的费用一般包括用于设计、埋石、造标、交通运输、仪器设备、观测、计算、检查等各项费用。由于建网的费用涉及诸多因素，一般难以用一个准确的函数来描述，通常采用观测值权的总和为最小作为费用准则，即

$$\sum_{i=1}^{n} p_i \Rightarrow \min \tag{3-21}$$

由于网的测量费用与网的设计计算费用相比，一般来说，后者不到百分之五，所以进行网的优化设计很有必要，只增加微不足道的费用，但可显著降低测量费用。

3.6　工程测量控制网的优化设计

工程测量控制网的优化设计包括：提出设计任务、制定设计方案、实施方案优化、进行方案评价。设计任务通常是业主提出要求，测量单位将这些要求具体化，表示为数值上的要求，例如点的分布需满足某些条件，最弱点、最弱边精度要求，对变形监测网还有灵敏度的要求。设计方案包括布网方案和观测方案，也包括仪器的选择，观测时间的确定等。实施方案优化就是优化设计过程，优化设计方法有解析法和模拟法两种，现在很少有人研究解析法优化设计了。本书在第2章介绍了一种基于可靠性的工程控制网的模拟优化设计方法，详见本书2.1.4工程控制网优化设计理论。

3.7　工程测量控制网的数据处理

工程测量控制网数据处理应建立在测量内外业一体化和数据自动化流的基础上。测量内外业一体化是指控制测量的内外业工作是连续一体地完成的。内业工作包括：图上选点布网、模拟优化设计计算、观测数据预处理和网平差（含观测值粗差剔出、方差分量估计、精度评定、网图显绘和成果输出）等；外业工作包括：实地踏勘定点、埋设标石标志、网的外业观测（包括数据检查、质量控制）。内外业一体化可大大节省时间，降低劳动强度，减少建网费用，提高成果质量。实现的关键是研制合适的软件和硬件系统。厂商在生产仪器时，也配套了相应的软件，如GNSS接收机、电子全站仪和电子水准仪都有丰富的随机软件，具有自动采集数据的功能。由于工程测量控制网内外业一体化的全过程比较复杂，要适合不同的测量规范，满足不同的用户需求，要配套不同的仪器，要适应计算机技术发展，需要研制专门用于工程测量控制网内外业一体化系统。下面简要介绍由武汉大学测绘学院科傻课题组所研制的有关软件系统。

（1）测量机器人工程测量控制网观测自动化系统（Geo_Net）：实现了用测量机器人（如徕卡TCA2003）进行工程测量控制网观测的自动化，符合我国现行有关规范的要求，可按要求输入限差，采集的数据完全符合限差要求。外业采集数据直接进入配套的数据预处理软件，生成外业观测记录，并输出可供后续网平差软件（如COSA-CODAPA）使用的观测值数据文件，实现内、外业一体化和数据处理自动化。该软件有直接加载到徕卡TCA2003（或TCA1800）上的机载软件，也有装在掌上型电脑和笔记本电脑上的版本。

（2）“基于掌上型电脑的测量数据采集和处理系统”（COSA_EREPS）：在专用的掌上型电脑上运行，可进行一、二、三、四等线路水准测量的数据采集以及工程测量控制网观测的数据采集，还具有许多其他功能，可实现水准网、工程测量控制网从数据采集、质量检核、预处理到网平差的一体化和自动化数据流。

（3）“地面测量工程控制测量数据处理通用软件包”（COSA_CODAPS：如图3-2所示，在便携式或台式微机上运行，既可独立使用，也可直接使用前面两个软件生成的观测

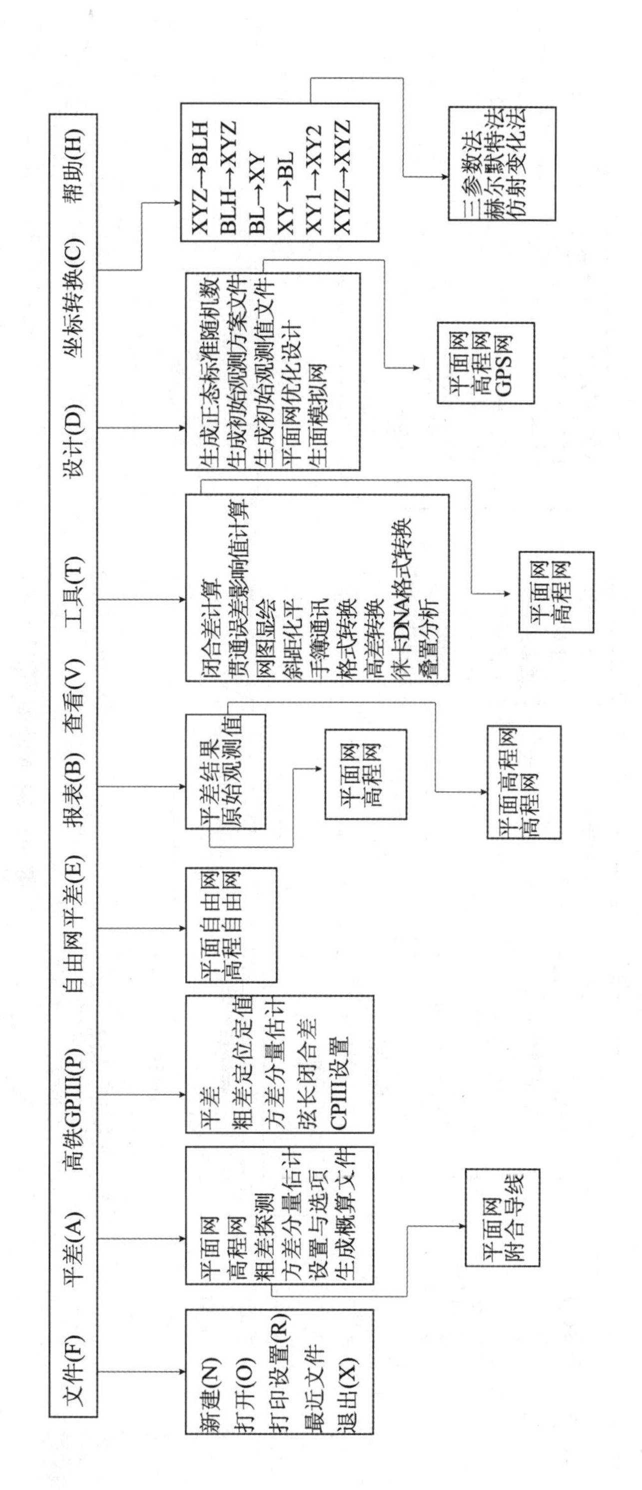

图3-2 COSA_CODAPS功能菜单框图

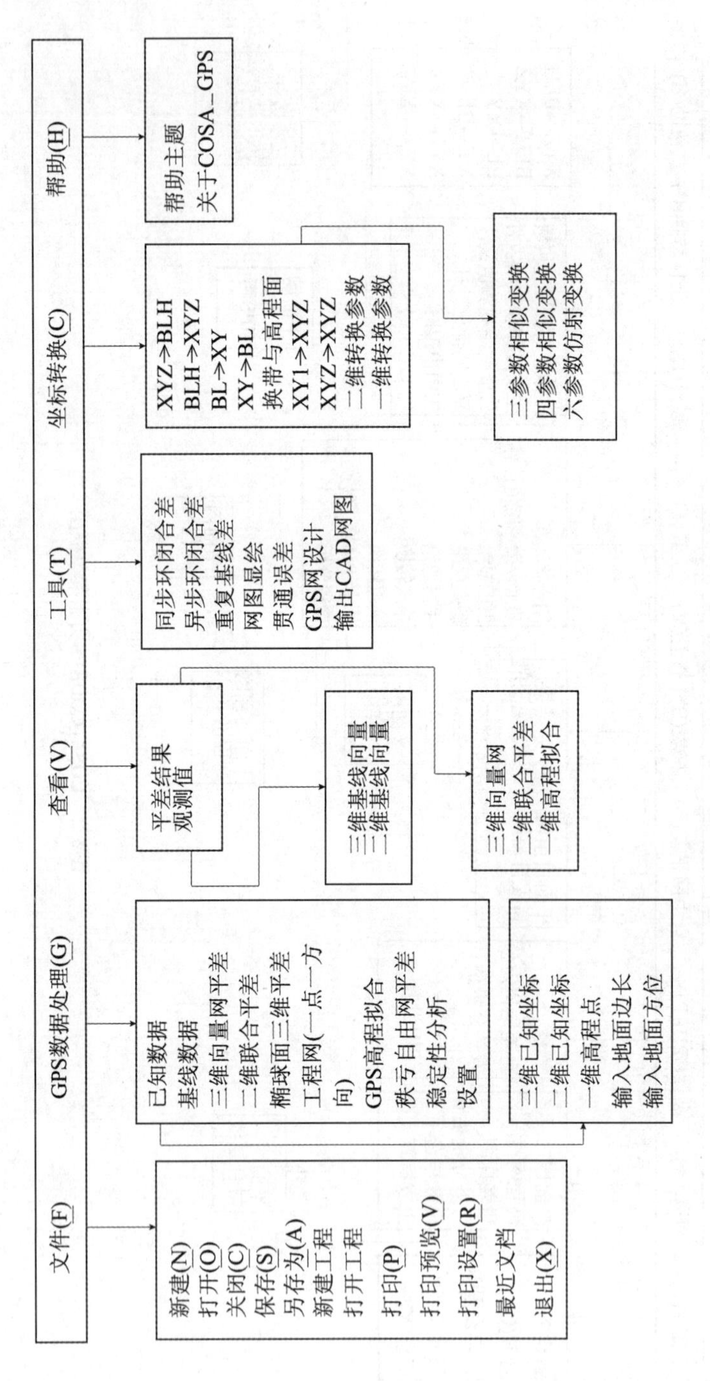

图3-3　COSA_GPS功能菜单框图

值数据文件。具有工程测量控制网模拟优化设计计算、自由网平差、任意平面网平差、水准网平差、高铁 CPIII 网平差、粗差探测与剔除、方差分量估计、闭合差计算、隧道贯通误差影响值估算、网图显绘、报表打印、坐标转换、周期观测叠置分析和数据通信等功能。

(4)"GNSS 工程测量控制网平差通用软件包"(COSA_GPS):具有在世界空间直角坐标系(WGS-84)进行三维向量网无约束平差和约束平差、在椭球面上进行国家 GNSS 网与工程测量控制网的三维平差、在高斯平面坐标系下进行 GNSS 网约束平差、与地面边的联合平差和一点一方向的最小约束平差以及 GNSS 高程拟合等功能,并带有常用的工程测量计算工具(见前文图 3-3)。一点一方向的最小约束平差是该软件的特色。许多工程测量控制网如桥梁、隧道、水利枢纽工程等,只需要固定一点、一个方向,选取工程投影面,建立独立坐标系。软件设计了对话框,需输入固定点的点名、平面坐标和某一特定方向的方位角,输入大地坐标、正常高投影面和正常高的概略值,平面坐标可以是独立坐标,固定方位角为工程有关,如桥轴线、隧道轴线、大坝的坝轴线方向等。

COSA 称为科傻系统,为高科技集成的傻瓜式工程测量数据处理系统。科傻系统的特点是:正确可靠,通用性强,整体性和稳定性好,操作简便,自动化程度高,处理速度快,解算容量大。系统早在 20 世纪 90 年代就面世了,使用时间长、用户多,并不断升级,使用效果好,深受行内好评。软件采用 VC++语言编写,编辑器、文档、图形、数据处理模块均是自主编写;采用了多文档和工程管理模式,可同时处理多项任务;可用表格方式或文本方式进行数据录入,大部分操作采用"傻瓜"式选项;采用了多种严密算法,可做设计计算,如多种网的严密平差和模拟计算、网的模拟法优化设计、多个粗差探测和定值定位、可靠性计算、多期网的叠置分析、隧道网设计和贯通误差影响值计算;还具有大型矩阵节省内存的快速算法、坐标转换工具等,可整体解算数千个未知点的网。

3.8 几种典型的工程测量控制网

3.8.1 特大桥梁的施工测量平面控制网

桥梁施工测量平面控制网是桥梁施工放样的基准,有时也兼作施工期乃至运营期的变形监测,对点的精度、位置和稳定性要求较高。对于最长边长超过 2km 的网,一般宜采用 GNSS 网方案。例如,图 3-4 为某大桥(全长 36 km)的 GNSS 首级平面控制网,要求网的精度满足两个指标:一是最弱点点位中误差 ≤ 20mm,二是最弱边(按 2 公里计)边长相对中误差 ≤ 1 : 410 000。一般应在桥轴线上布点,以控制桥长和进行桥轴线放样;亦应在桥轴线两侧布点,用于桥梁的墩台放样。该网在桥轴线($H_{21}-H_{22}$)方向上有 8 个点,联测了 3 个国家控制点,在桥轴线两侧和大桥两端的一定范围内布设了一定数量的点。考虑作 GNSS 水准拟合,还将 N_1、N_2、N_3、N_4 和 S_1、S_2、S_3 几个水准点纳入到网中,一共布设了 29 个点,控制面积达到 1 800 多平方千米。无论是首测网还是复测网,实测网的精度都远高于设计要求。

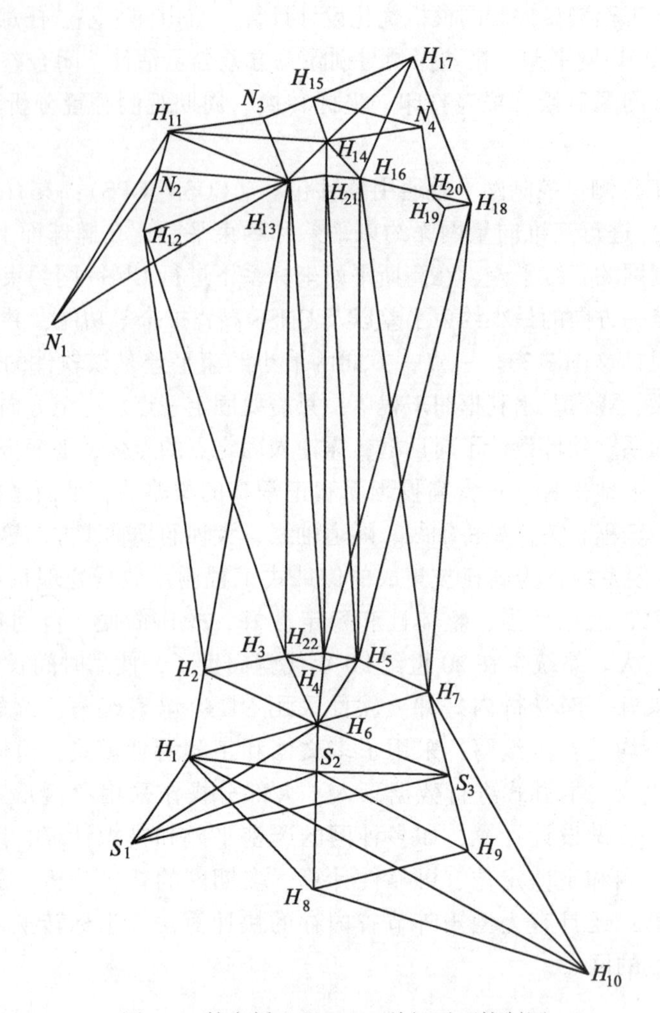

图 3-4　某大桥工程 GNSS 首级平面控制网

3.8.2　大型水利枢纽工程的施工控制网

某大型水利枢纽工程的施工控制网要求最弱点点位精度 ≤ 5mm，采用了地面网、GNSS 网和 GNSS 网加地面测边联合网三种布设方案，用四等精度与国家控制网点联测，得到一点的坐标和该点上的一条边的方位角。通过模拟设计计算，得三种网的精度如下：

地面网：X 坐标为 1.0~3.4mm；Y 坐标为 1.0~2.3 mm；点位精度为 1.2~3.1 mm。

GNSS 网：X 坐标为 1.6~4.1mm；Y 坐标为 1.6~4.4 mm；点位精度为 2.3~5.7 mm。

联合网：X 坐标为 0.8~2.4mm；Y 坐标为 0.8~1.7 mm；点位精度为 1.1~2.9 mm。

最后采用联合网方案，如图 3-5 所示。全网由 19 个点构成，主网为大地四边形，增加了 6 个施工放样点，用天宝双频接收机（3mm+1ppm）观测；用 TCA2003 全站仪测 30 条边，边长进行了加乘常数、周期误差、气象和大气折光改正，用二等水准高差进行倾斜改正，再投影至施工高程面上。

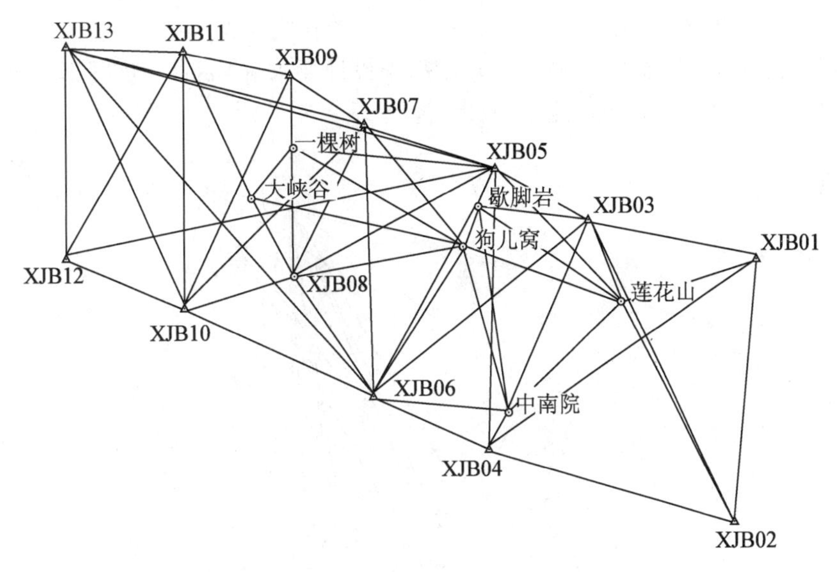

图 3-5 某大型水利枢纽工程的施工控制网

3.8.3 大型粒子加速器的安装测量控制网

图 3-6 为高能粒子加速器的安装测量控制网，布设在地下环形隧道内，整个网由形状相同、大小相等的基本图形（大地四边形、三角形）组成，基本图形的边长和形状与隧道的宽度和平均半径有关。

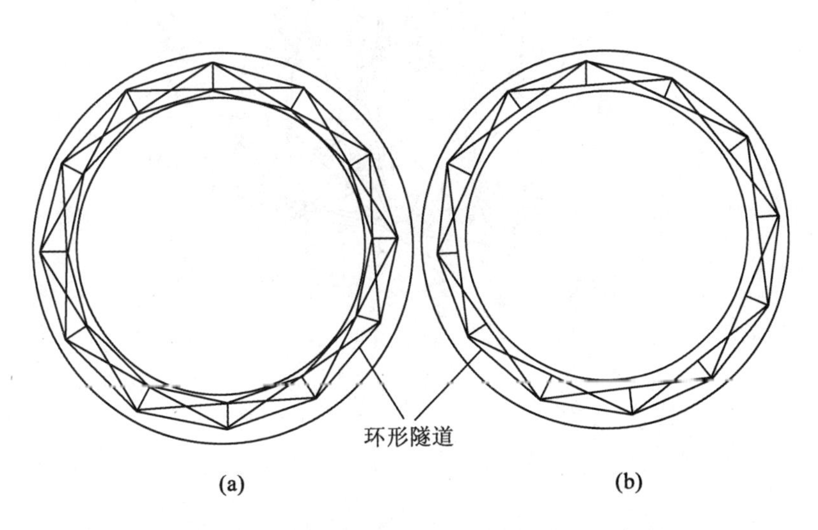

图 3-6 大型粒子加速器的安装测量控制网示意图

3.8.4 大型升船机工程的施工与安装测量控制网

图 3-7 为某大型水利枢纽工程升船机的施工与安装控制网图，共有 34 个点，最长边为 402.2 m，最短边为 18.4m，平均边长约为 150m，测站最大方向数达 15，网的图形稳

定，结构非常坚固，采用高精度智能全站仪进行全边角全测，测角精度为 0.5″，测距精度为 1.0mm+1ppm。共观测 312 个方向，155 条边，多余观测值达 379，平均多余观测值数 0.812，最弱点点位中误差达 0.76mm，精度高于设计要求（1mm）。该网不仅用于升船机工程的土建施工，也作安装检校测量的首级控制。

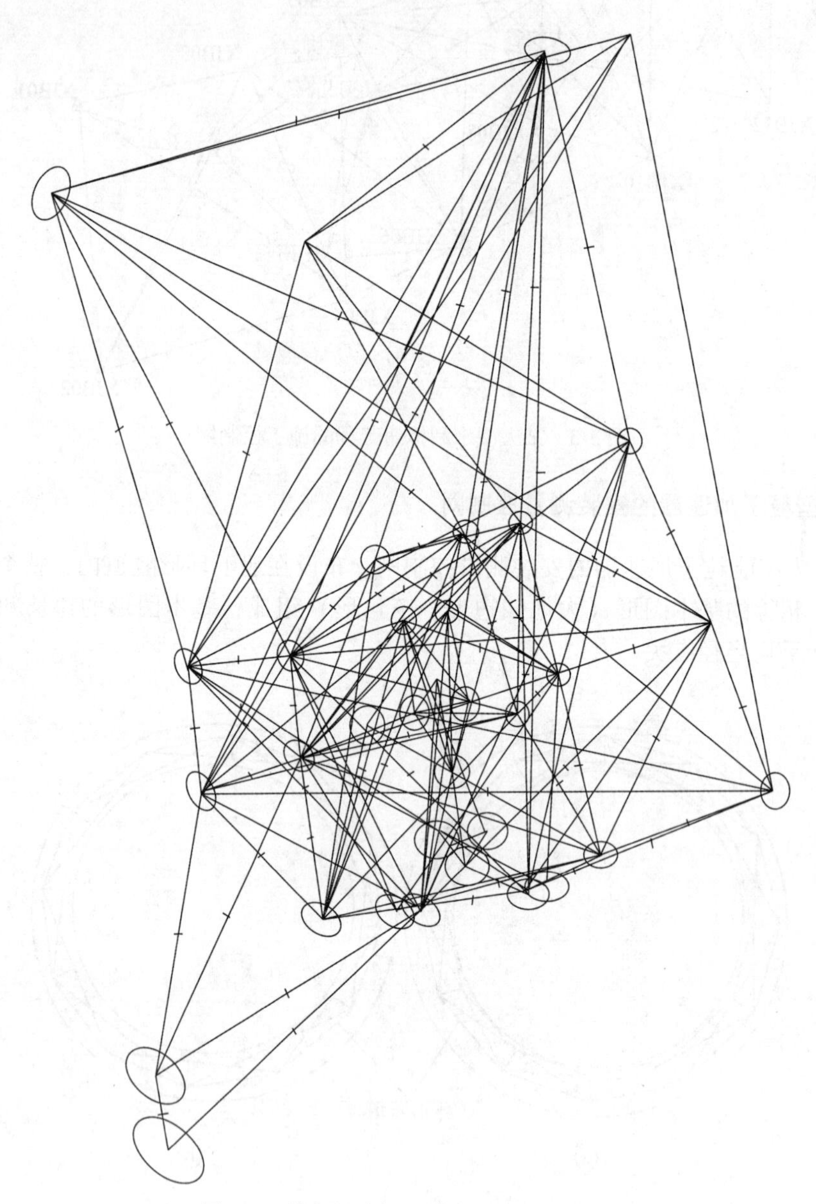

图 3-7　某大型升船机的施工测量控制网

3.8.5　一种布设地面边角网的新方法

本节提出一种边角网布设的新方法——多点强制自由设站边角交会法。该法所构成的网由固定点和测站点组成，固定点的坐标可以是已知的，也可以是未知的。固定点需稳定性好，不易被破坏，其上能设置便于测量的标志，如反射棱镜、方向照准标志等。测站点可以是顶部有强制对中装置的埋设观测墩，也可以是没设任何标志的自由设站点。一般来说，固定点宜多于四个，且越多越好，测站点也宜多于四个，且越多越好，埋设有观测墩的测站点宜不少于两个，自由设站的测站点可以在两个以上。这些需要根据建网目的、性质、要求和场景的实际情况确定，设计的好坏与知识和经验积累有关。在测站点上用测量机器人按测量设计方案对能观测的固定点和其他测站点进行多测回、多时段地自动化观测，在某一独立坐标系下（固定一点的坐标和一个方向），采用科傻软件进行严密平差，可得各固定点和测站点的初始坐标。为保证首期坐标的精度和可靠性，可进行两次独立观测，取两次坐标的均值为固定点和测站点的坐标。其坐标是其后各种测量，如测图、放样、检测或变形监测等应用的基准数据。固定点和埋设有观测墩的测站点属于强制点，不埋设观测墩的测站点属于自由设站点，例如高速铁路工程中的 CPⅢ网就属于这样的布网法（见本书 10.3.2 CPⅢ网布设）。该法可用于建立测图控制网、施工测量平面控制网、安装测量控制网和工程变形监测网。对于变形监测网，固定点称基点，埋设有观测墩的测站点称工作基点，该法又称为多点强制自由设站边角交会基点网法。在建网时还可测量碎部点、放样点和目标点。图 3-8 为按多点强制自由设站边角交会法建立的某大型基坑变形监测网。图中，JZ01 到 JZ06 为基准点，GZ01 到 GZ06 为工作基点，埋设有强制对中装置，基坑四周的小圆点为监测点。实践证明，这种网布设灵活方便，能满足大型基坑变形监测的要求。

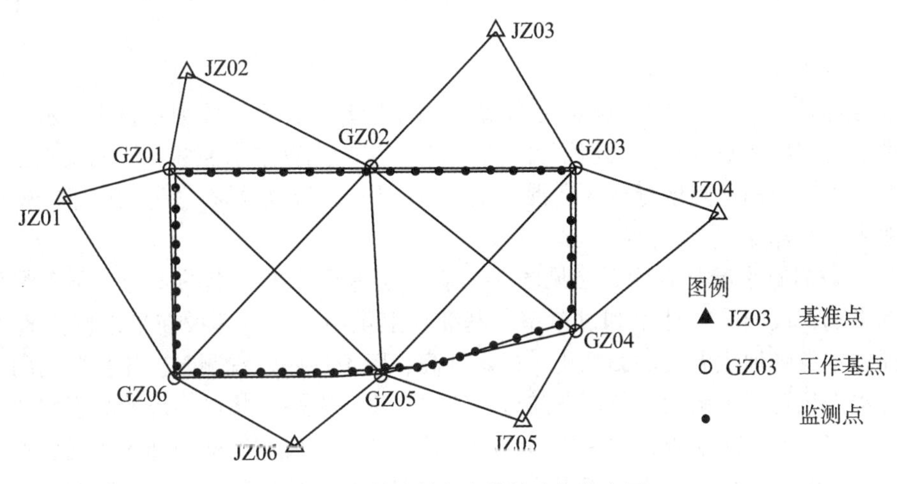

图 3-8 多点强制自由设站边角交会网

3.9 工程测量控制网点的埋设

工程测量控制点要长期、经常使用，需要按规范要求埋设永久性标石和标志。标石是指采用挖坑埋设预制截头锥体混凝土标，或通过钻深孔就地浇筑钢筋混凝土标，或通过钻孔深埋与基岩相连的钢管标等方法固定和设置控制点的设施。标志则是在标石或其他稳固载体上精确表示控制点位置的设施。标石上一定有标志，但标志不一定设在标石上。标石和标志应保证稳定、安全和长期保存，埋设时应尽可能避开外界的影响，避开活动断裂带和人工土层，尽可能埋设在稳定的基岩上。无法与基岩相连时，深度应在地下水位变化层和冻土层以下。在埋设标石和标志时，常常采取某些措施来削弱或消除外界的影响。国内外有专门从事生产测量标石、标志的厂家。工程测量人员也要根据情况购买或自行设计特殊的标石、标志，如在我国的高速客运专线建设中，对埋设在道路两边水泥电杆上的 CPIII 点和桥栏上的 CPII 点，测量人员就设计了多种不同的标志（参见本书第 9 章）。

3.9.1　标石

1. 平面控制点标石

（1）标石类型：主要有普通标石、深埋式标石和带强制对中装置的观测墩。

（2）普通标石：通常挖坑埋设截头锥体混凝土标，为防止自重引起的沉降，需加大标石底部面积。

（3）深埋式标石：通过钻深孔就地浇筑的钢筋混凝土标，用于施工控制网和变形监测网。

（4）带强制对中装置的观测墩：多用于大坝、水电站、隧洞、桥梁、滑坡体整治等大型工程施工控制网、变形观测监测网以及安装测量控制网。观测墩为钢筋混凝土墩，现场浇灌，基础应深埋在冻土层以下 0.3m，顶部安装强制对中基座，观测墩的基础平台和观测平台上可埋设水准标志。强制对中基座采用全不锈钢制造，不易锈蚀，易于保护，通用性强，可安置各种类型的全站仪和 GNSS 接收机等仪器和照准标志，对中精度可达 0.05mm。

2. 水准点标石

水准点标石有基岩水准基点标石、平硐岩石水准基点标石、深埋双金属管水准基点标石、深埋钢管水准基点标石、浅埋钢管水准标石、混凝土基本水准标石、混凝土普通水准标石、混凝土三角高程点墩标标石、混凝土三角高程点建筑顶标石、铸铁或不锈钢墙水准标志和地表岩石标等。

（1）平硐岩石水准基点标石（见图 3-9）：为了保证水准基点的安全，避免观测过程中的温度影响，设内室、外室和过渡室，基准点上设内标志，埋设在平硐内完整的岩体上，内标志本身受地表温度的影响小，稳定性高，隐蔽性好。观测时，先打开内门，关上外门，将水准仪置于平硐内，待内室与过渡室的温度一致后，将内标志的高程传递至外标志。然后，将仪器置于硐外，关上内门，开启外门，待过渡室温度与外界温度一致后，进行水准线路观测，这样可消除由于视线通过不同温度空气层所产生的折光影响。

（2）深埋双金属管水准基点标石：适合于覆盖层较厚的平坦地区，钻孔穿过土层，达到砂卵石层，深埋双金属钢管标（见图 3-10）。其原理是利用膨胀系数不同的钢管和铝管，通过测量两根金属管的高差并进行改正来消除由于温度变化对标志高程产生的影响。设两根金属管原有长度均为 L_0，钢管的线膨胀系数为 α_S，铝管的线膨胀系数为 α_A，则有：

$$L_S = L_0 + L_0 \times \alpha_S \times t = L_0 + \Delta L_S \tag{3-22}$$

$$L_A = L_0 + L_0 \times \alpha_A \times t = L_0 + \Delta L_A \tag{3-23}$$

式中，ΔL_S、ΔL_A 分别为钢管和铝管因温度变化所引起的改正数，t 为标志各层温度变化的

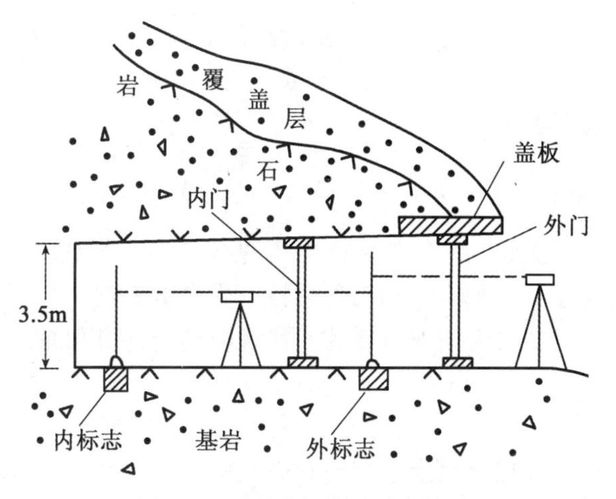

图 3-9 平硐岩石水准基点标石

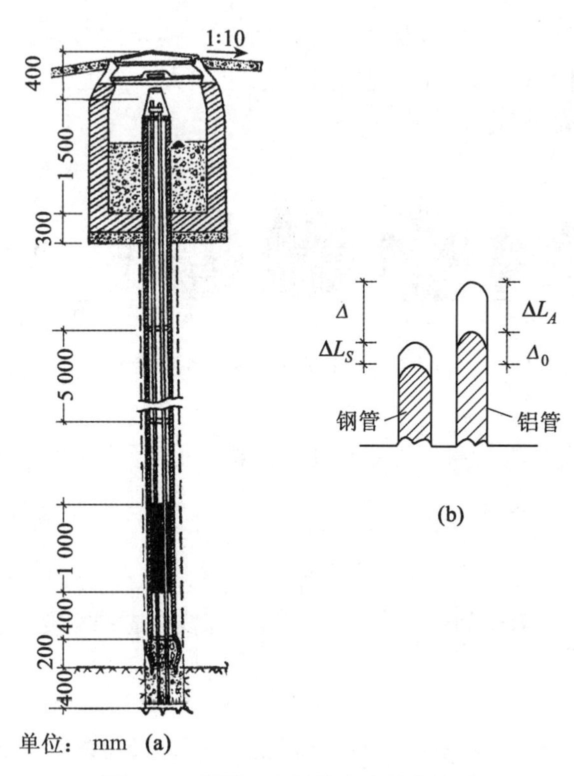

图 3-10 深埋双金属管水准基点标石

平均值。若 $\alpha_A = 2\alpha_S$，则有 $\Delta L_A = 2\Delta L_S$，两根金属管长度的差值（两标志头的高差）Δ 为：

$$\Delta = L_A - L_S = \Delta L_A - \Delta L_S = \Delta L_S = \frac{1}{2}\Delta L_A \tag{3-24}$$

Δ 可以根据设在两标志头上的读数设备或用水准仪测定，故可由上式得到钢管和铝管的改正数 ΔL_S、ΔL_A。在实际作业中，首次观测时两管的高度不一定正好相等，设用水准仪首次观测时，两标志头的高差为 Δ_0，某次测得的两标志头的差为 Δ，有：

$$\Delta + \Delta L_S = \Delta_0 + \Delta L_A \tag{3-25}$$

则钢管标的温度改正数为：

$$\Delta L_S == \frac{1}{2}\Delta L_A = \Delta - \Delta_0 \tag{3-26}$$

即根据本次观测和首次观测求得的两标志头的高差，可求得钢管标和铝管标的温度改正数，从而得到标的高程。如果钢管和铝管过长，受自重影响，容易产生挠曲，会使求得的改正数误差增大。这时，可采用双金属弦丝代替金属管（其原理与双金属管标相同）。

3.9.2　标志

平面控制点的标志一般将金属十字型刻画嵌入标石，十字中心作为点的精确位置。水准点标志多以圆形标志头顶作为点的精确高程位置，标志头以强度较硬、能防腐蚀的金属或玛瑙制成。

平面控制点上通常还要设照准标志，除如图 3-11 所示的照准标志外，还有杆式、塔形杆式和觇牌等照准标志。对照准标志要求有：反差大、亮度强（带照明）、无相位差，形状、大小有利于精确照准。

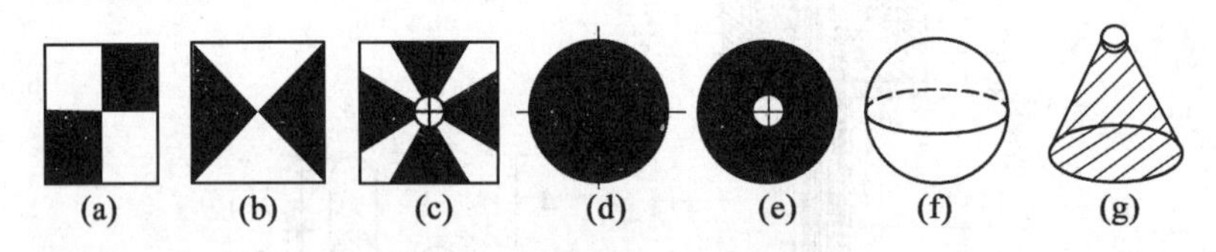

图 3-11　平面控制点的照准标志

杆的直径或标志的线宽应根据视线长度 S 计算，用双丝瞄准时，杆的直径或单线标志的线宽 d 为

$$d = \frac{\mu''}{2\rho''} \times S \tag{3-27}$$

式中，μ 为望远镜十字丝双丝间的夹角（约 35″），双线标志的宽度 l 可按下式计算

$$l = \frac{3b}{f} \times S \tag{3-28}$$

式中，b 为望远镜十字丝单丝的宽度（约 6μm），f 为望远镜物镜焦距（约 300mm）。

觇牌图案有多种，常用的有：塔形标志（见图 3-12），几何中心明显，标心宽度不同，可供不同视距应用；条状标志，中心轴明显，易于准确照准，是按视距 S 计算的，适用于特定长度；楔形标志，照准精度较高，宜用于较短的视距。

除上述平面控制点的标志外，还有精密工程测量、工程变形监测和地籍测量中采用的基础上标志、墙上标志和隐蔽式标志等，如坝顶上的嵌心标、基础廊道底板上的嵌心标、基础廊道的侧墙上或建筑物墙（柱）上的标志、各种沉降观测标志：砖块式、燕尾式、铆钉头式、垫板式、弯钩式、U 形式等（见图 3-13）；螺旋式隐蔽标志是用铜和铝合金加工成带丝口的活动标志，将螺母嵌入墙内，同时将标心旋进，测量后再旋下标心，拧上保

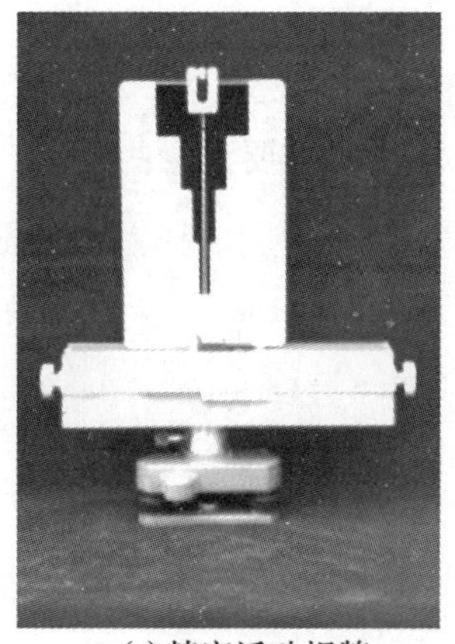
(a) 精密活动觇牌

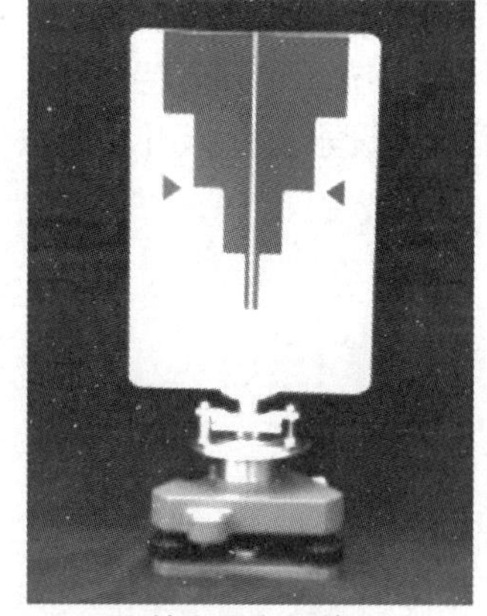
(b) 精密固定觇牌

图 3-12　精密照准觇牌

护盖。

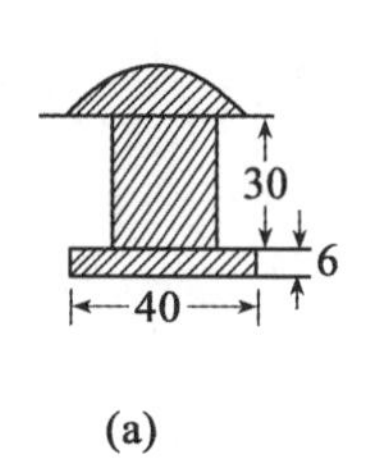

(a)

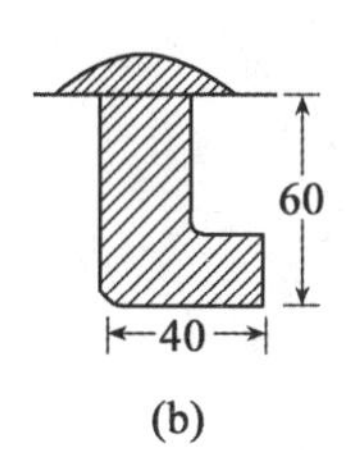

(b)

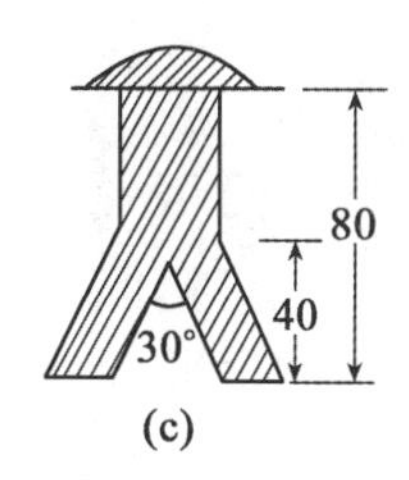

(c)

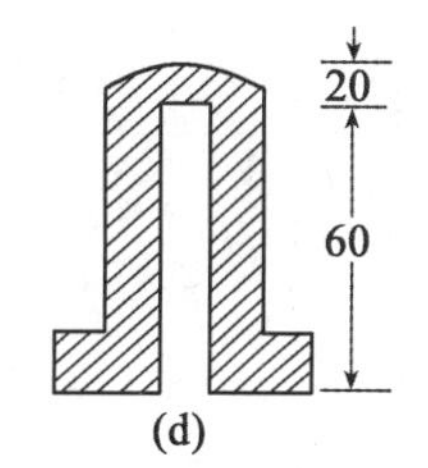

(d)

图 3-13　沉降观测标志

3.9.3　有关的其他标石标志

本书中有关的其他标石标志，可参见本书第 7 章 7.3.2 小节和 7.5.1 小节以及第 10 章中 10.7 节的相关内容。

◎ 思考题

(1) 什么是工程测量控制网？

(2) 什么是测量控制网？其主要作用是什么？

(3) 什么是施工测量控制网？它有何特点？

(4) 什么是变形监测网？它有何特点？

(5) 什么是安装测量控制网？它有何特点？

(6) 什么是工程控制网的基准？

(7) 什么是附合导线？它有何优缺点？

(8) 什么是边角网？三角形边角网有哪些特点？

(9) 如何布设 GNSS 网？

(10) 工程测量控制网包括哪些精度准则？

(11) 什么是网的内部可靠性、外部可靠性和广义可靠性？

(12) 什么是变形监测网的灵敏度？

(13) 什么是科傻系统？它有何特点？

(14) 为什么要求埋设永久性标石和标志？埋设时需要注意些什么？

第 4 章　地形图测绘及应用

本章将在介绍地形图及其比例尺系列的基础上，对地形图测绘技术和方法进行简要叙述，着重讲述水下地形图测绘、工程建设各阶段对地形图的要求、地形图的应用以及工程竣工总图的编绘等内容。

4.1　地形图及其比例尺系列

4.1.1　地形图的定义和特点

地形图是指将地球表面的起伏形态和地物的位置、形状采用水平投影的方法并按一定的比例尺缩绘到图纸上，或以数字形式存放在计算机里，这种图称为地形图，后者又称数字（或电子）地形图。

地形图的特点主要有：

（1）可视性强、易读性好、信息量大。地形图是按一定的数学法则，采用一定的符号系统和制图方法绘制的，综合反映地形地物，可纵观全局，经过简单培训，就可以读懂图上的内容，正射影像图、三维图的可视性、易读性更好。地形图的信息量很大，包括的地物、地貌称为地形要素，地物以比例符号、半比例符号和非比例符号表示，如居民地、道路线、境界线、水系、植被以及各种注记等诸多地理和属性信息，地貌主要以等高线表示。一幅地形图可以称为一个小的地理信息系统。

（2）具有可量测性。在地形图上可以定向、定位，可以量测距离、方向和面积。

（3）具有时间性、保密性、现势性。地形图需要实测、修测和更新，有强烈的时间性。许多地形图还属于保密资料。凡能公开的地形图要做一定的技术处理。

基于上述特点，地形图可用于区域概况研究，可作为填绘地理考察内容的工作底图，可作野外工作用图，可作编制专题地图的底图，可在图上进行各种设计计算，还是基础地理信息系统和各种专题地理信息系统的信息来源。

4.1.2　地形图的比例尺

通常把比例尺大于等于 1∶5 000 的地形图称为大比例尺地形图，主要有 1∶500、1∶1 000、1∶2 000 和 1∶5 000，这些是工程测量中最常用的地形图，某些时候，还需用到 1∶100~1∶300 等更大比例尺的地形图。一般把 1∶1 万、1∶2.5 万、1∶5 万、1∶10 万的地形图称为中比例尺地形图；小于 1∶10 万的地形图如 1∶20 万、1∶25 万、1∶50 万、1∶100 万，称为小比例尺地形图。我国规定 1∶5 000、1∶1 万、1∶2.5 万、1∶5 万、1∶10 万、1∶25 万、1∶50 万和 1∶100 万 8 种比例尺为国家基本比例尺地形图，其中，1∶1 万到 1∶5 万的地形图是测绘的，1∶10 万到 1∶100 万的地形图是编绘的。例如，德国有全国覆盖的 1∶5 000 的基本地形图，每 3~4 年要更新一次。我国大部分地区测绘有 1∶1 万到 1∶5 万的地形图，但 1∶1 万的地形图都还没有做到全国覆盖。实测的基本地形图比例尺大小和更新周期是一个国家测绘水平发达与否的重要标志。

4.2　地形图测绘简述

长沙马王堆汉墓出土的文物就包括地形图，图中用统一的图例表示居民地、道路、河流、山脉，比例尺大约为 1∶170 000，不仅内容丰富、准确性高，绘制手法也非常熟练，在颜色使用、符号设计、分类和简化等方面都达到了很高的水平。据考证为西汉时期公元前 170 年左右所绘制，是目前世界上发现最早的地形图。清朝康熙年间（公元 1662—1722 年），康熙皇帝在外国传教士的帮助下，亲自领导在全国进行大地测量和地形图测绘，1717 年，全国测绘工作结束，按统一的比例绘制了《皇舆全览图》，成为了清代后期编制全国地图的蓝本。

德国堪称测绘技术最发达的国家，最早的地图为 1523 年巴伐利亚的 1∶800 000 的地形图。德国有全国覆盖的 1∶5 000 的基本地形地籍图，在上面能显示出个人的房屋，且基本上是动态修测的，每 3~4 年更新一次。各种比例尺的地形图非常丰富，且能在市场上买到，如非常详细的交通图集、骑自行车的线路图等。

近几十年来，地形图的测绘技术和方法发展很快，地形图的测绘已从人工测绘模拟图发展到自动化测绘数字图。测绘学科有许多课程都涉及地形图的测绘、生产与制作。下面分陆地与水下地形图测绘进行简要介绍。

4.2.1　陆地地形图测绘

《测量学》或《数字测图原理和方法》主要讲述用地面测绘方法，特别是用电子全站仪进行大比例尺地形图测绘；《航空摄影测量学》的主要内容是中、小比例尺地形图测绘，生产 4D 产品：数字栅格地图（DRG）、数字线划地图（DLG）、数字高程模型（DEM）和数字正射影像图（DOM），最常测绘的是 1∶2 000、1∶5 000、1∶10 000 和 1∶25 000比例尺的地形图，低空摄影测量也可测绘和生产 1∶500 和 1∶1 000 比例尺的地形图；地面摄影测量适合测绘山地 1∶500 到 1∶2 000 比例尺地形图；航天遥感可生产 1∶1万到 1∶5 万比例尺的专题遥感解译地形图；地面遥感则可生产 1∶10 000 到 1∶1 000比例尺的专题遥感解译地形图。《地图制图学》则主要介绍小比例尺地形图如 1∶10 万、1∶25 万、1∶50 万、1∶100 万的编绘与制作。

随着测绘新技术的发展，地形图测绘的方法更多，例如采用遥感技术可以测绘制作各种中小比例尺地形图和专题图；用机载激光雷达（LiDAR）测量可以测绘大、中比例尺地形图和专题图，制作数字地面模型；机载和地面激光扫描技术可测绘大比例尺地形图；用合成孔径雷达测量也可测绘制作各种比例尺地形图；无人小飞机摄影测量可灵活地用于许多情况下的大比例尺地形图测绘；带相机的全站仪（如徕卡的新型全站仪 TS11/15）能更快更方便地测绘困难地区的大比例尺地形图；GNSS 定位技术中的单点定位（PP）、差分定位（DGPS）和实时动态定位（GNSS RTK）技术都可以用于地形图测绘。

4.2.2 水下地形图测绘

水下地形测绘包括测点的平面位置和水深测量。平面位置主要采用 GNSS 定位技术确定，水深主要通过各种类型的测深仪得到，由水面高程（水位）减去水深可得测点的水底高程。其他定位方法如断面索法、测量机器人（智能全站仪）极坐标法、无线电定位方法以及人工测深方法，因已很少采用，在此从略。

在工程建设中，对于近海、江河、湖泊的水下大比例尺地形图测绘，主要采用 GNSS 技术和水深测量技术，即用 GNSS 技术进行平面定位，用水深测量技术同步测量水深。定位精度可达到 1~5m，水深测量的精度与测深仪和水的深度有关，如 0.01m+0.1% Depth，都能满足各种规范的要求。

1. 平面定位测量

采用 GNSS 技术进行平面定位主要包括单点定位、单基准站或多基准站的差分定位和实时动态载波相位差分定位（GNSS RTK）。对于湖泊、水库和江河的水下地形测量，差分定位用单基准站即可；对于沿海近岸约 400km 范围内海域的海底地形测绘，常采用无线电指向标差分全球定位系统（RBN-DGPS Radio Beacon-Differential Global Position System）或广域差分 GNSS 定位系统。上述技术在有关课程有详细讲述，在此从略。

2. 回声测深仪基本原理

水深测量主要采用回声测深仪、多波束测深系统和机载激光雷达测深系统等仪器技术。测深仪的种类有很多，主要是向高精度、高效率、高水深、自动化和数字化方向发展。下面简要介绍用于湖泊、水库和江河水下地形测量的回声测深原理。如图 4-1 所示，设测量声波从某一水面至水底往返的时间为 Δt，可按下式计算水深

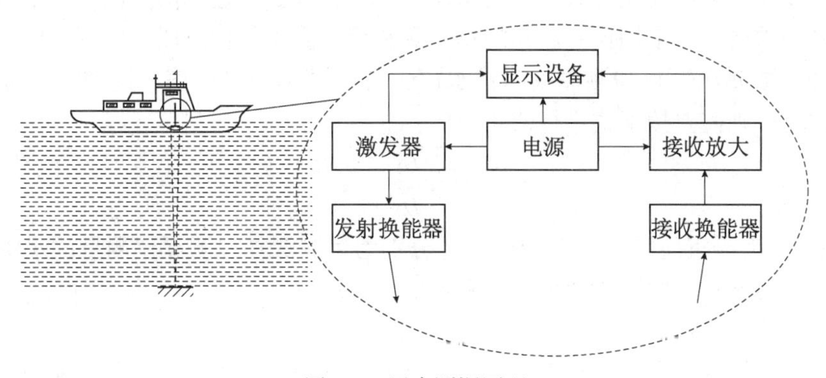

图 4-1 回声测深原理

$$S = \frac{1}{2}v \cdot \Delta t \tag{4-1}$$

式中，v 为超声波在水中的传播速度，约为 1 500m/s。

回声测深仪由换能器和控制器两部分组成。在控制器指挥下换能器按预定的时间间隔发出电脉冲，并转换成超声波向水下发射，自水底反射后垂直向上传播，一部分被接收换能器接收并转换为电脉冲，经放大后输入控制器。发射脉冲与接收脉冲的时间间隔即

Δt。有的测深仪把发射脉冲在纸上或记录器上记录为基线，回声波脉冲因延迟而与基线有一段距离，把两记录线的间隔换算为水深。

3. 双波束回声测深仪

双波束回声测深仪采用宽窄两种波束相结合进行水深测量，窄波束的精度高，宽波束的作业深度大，可避免在水流湍急的峡谷河段作业时窄波束丢失水深数据而造成空白。通过控制窄波束宽度可提高测深精度。宽窄波束发射机在同一换能器上同时发射声波信号，机器记录的两种测深扫描显示在同一记录面上，两种回波记录在模拟记录面的灰度有明显差异，亮度也不同。如双波束回声测深仪采用 200 kHz、7.5°窄波束与 24 kHz、25°宽波束，宽波束记录呈深色轨迹、窄波束记录呈浅灰色，在河床平坦段两种轨迹线几乎重叠在一起。

回声测深仪的工作频率是仪器测深能力的重要指标，因频率与波长互成反比，声波的辐射能力与波长密切相关。DF-3200 MKII 回声测深仪的窄波束工作频率为 200 kHz，波长约为 5×10^{-6} m，窄波束换能器向水下发射声波时，当其波长比河床泥沙粒径小很多时，泥沙颗粒表面为反射体，使声波返回，而仪器的宽波束工作频率较低，其波长比河床泥沙粒径大得多，大部分入射波可以绕过泥沙颗粒向前传播，直到大于宽波波长的界面，才反射至换能器。因此，两种波束在有泥沙淤积的河床中测深时，其测深值不会相同，窄波束的测深值代表水深，宽波束测深值为水深加上泥沙厚度，所以双波束回声测深仪还可测泥沙和淤积的厚度。

4. 回声测深仪的安装和校准

测深前，要先安装和校准回声测深仪。安装时，将换能器头与空心钢管连接并固定在船中部的舷侧，电缆通过空心钢管接到换能器，以减小船起伏对测深的影响，根据所测水域水深、流速和船的航速及吃水深度，换能器的入水深度约为 0.3～1m。声速与水的温度、含盐量以及压力的变化有关，不同水体和季节，仪器声速有所不同，测定声波在水中的传播速度很重要。可采用比对法在现场检测和校准测深仪：测船行驶到一定水深处，同时用测深杆（或测深锤）和测深仪测量水深，若相差不超过限值，说明测深仪声波的声速是适当的，否则需要按下式进行改正

$$S_n=\frac{D_r}{D_e}S_{\text{pre}} \tag{4-2}$$

式中，S_{pre}、S_n 为改正前后的声速，D_r、D_e 分别为用测深杆、测深仪测量的水深。需要在不同水深处进行比较，取改正后声速的平均值。

5. 水位观测

水位是指水体的自由水面高出固定基面以上的高程。水位观测是通过观测水尺读数来确定水位的一项作业。在河流和海洋测绘水下地形图时，必须考虑水面高程随时间的变化。要通过水位观测将测深数据与地面高程系统联系起来的，进而获得水底高程。一个简单的水位观测站，在岸边水中设立一根标尺，标尺起点高程 H_0 可通过与陆地水准点联测得到。水下地形测绘期间，按一定时间间隔（如 10min 或 30min）对标尺进行读数，并绘制水位-时间曲线图，即可得测深时水面的瞬间高程（$H_0+\Delta Z(t_i)$），水底的高程则为（$H_0+\Delta Z(t_i)-S(t_i)$）。

在水下地形图测绘中，有时需用水深描述水下地形点，如用等深线表示的水深图或海图，为此，还要引入深度基准面的概念。海图及各种水深资料所载深度的起算面称为深度

基准面（datum for sounding reduction）。水深测量通常是在变化的水面上进行，不同时刻测量同一点的水深也是不相同的，随潮差大小而不同，在有些海域十分明显。为了测得水深中的潮高，必须确定一个起算面，把不同时刻测得的某点水深归算到这个面上，这个面就是深度基准面。深度基准面通常取在当地多年平均海面下深度为 L 的位置。确定深度基准面的原则，是既要保证舰船航行安全，又要考虑航道利用率。由于各国求 L 值的方法有别，因此采用的深度基准面也不相同。我国在 1956 年以后采用理论深度基准面即理论最低潮面，在内河及湖泊用最低水位（lowest water level）、平均低水位（mean-low water level）或设计水位（projected water level）作为深度基准面。水下某地形点 A 的水深值 S_A 等于深度基准面的高程 H_0 与 A 点高程 H_A 之差：

$$S_A = H_0 - H_A \tag{4-3}$$

水下地形外业测量时，要将 GNSS 定位系统与测深仪器组合，用前者定位，用后者同时进行水深测量。目前，水下地形图测绘的自动化程度很高，都是采用数字化测图方法，配备有相应的控制和数据采集与处理软件，组成水下地形自动测量系统。如美国 IMC 公司生产的 Hydro I 型水下地形自动测量系统，野外只需两人便可完成岸台和船上的全部操作，一天所测的数据用 1~2h 就可处理完毕。

为了保证成图质量，一般要在室内的图上设计测深断面线，测深断面线和测深点的间距与测图比例尺有关，可参见有关规范。因为水下地形点的平面位置和高程（水位和水深）是分别进行的，应特别注意同步性，采用 GNSS-RTK 定位时，同步性是易于实现的。内业工作主要有：定位、测深数据汇总与检核；根据水位观测计算测点高程；绘制各种比例尺的水下数字地形图、纵横断面图和水下数字地形模型。

4.3 工程建设对地形图的要求

4.3.1 工程建设对地形图的比例尺要求

工程建设根据工程的规模和阶段的不同，对所需地形图比例尺的要求也不同。一般来说，在规划设计阶段，主要用到 1：1 万 到 1：5 万的中小比例尺地形图，极少用小于 1：5万的地形图；为施工建设服务的初步设计阶段，要用到 1：5 000 和 1：2 000 的局部地区或带状地区的地形图；施工建设阶段，则要用到 1：500 到 1：2 000 的大比例尺地形图，工程细部还可能需要比例尺大于 1：500 的地形图。表 4-1 列出了工程建设中常用比例尺地形图的典型用途。

表 4-1 **工程建设中常用比例尺地形图的典型用途**

比例尺	典 型 用 途
1：1 万到 1：5 万	区域总体规划、线路工程设计、水利水电工程设计、地质调查等
1：5 000	工程总体设计、工业企业选址、工程方案比较、可行性研究等
1：2 000	工程的初步设计、工业企业和矿山总平面图设计、城镇详细规划等
1：1 000 或 1：500	工程施工图设计、地下建（构）筑物与管线设计、竣工总图编绘等

4.3.2 工程建设对地形图的精度要求

对于中小比例尺地形图来说，其精度都能满足工程建设的用图要求。对于大比例尺地形图的精度，《规范》有明确规定，例如：工业企业和矿山，有主要建（构）筑物的细部点点位中误差不超过5cm、高程中误差不超过2cm的要求。本节我们根据《规范》制定的工程最高精度要求，讨论全站仪数字测图方法所能够达到的精度，能否满足这一规定。

使用全站仪进行数字法测图，与常规白纸测图误差的影响有所不同。目标点的点位中误差公式可表示为：

$$m_P = \sqrt{m_{Di}^2 + m_{Ct}^2 + m_{Me}^2 + m_{Ob}^2} \tag{4-4}$$

式中，m_{Di} 为定向点误差所引起的点位中误差；m_{Ct} 为对中误差所引起的点位中误差；m_{Me} 为极坐标法观测误差所引起的点位中误差；m_{Ob} 为目标点棱镜中心与待测目标点不重合误差所引起的点位中误差。其中 m_{Me} 是主要误差，它与仪器精度和仪器到目标点的距离有关，假设使用最低精度的仪器，如测角精度为10″，测距精度为5mm+10ppm · D，在距离不超过500m时，m_{Me} 都小于4.0cm，而其他三项误差都远小于 m_{Me}，所以，使用全站仪进行数字法测图，完全能满足5cm的平面精度要求。

使用全站仪进行的数字法测图中，点的高程精度主要由测角误差引起，还有测距误差、仪器高和目标高的量测误差以及球气差影响。测距误差、球气差影响可忽略不计；仪器高和目标高的量测误差一般不超过0.5cm；测角误差的影响与仪器到目标点的距离有关，使用6″级仪器，距离超过300m时，测角误差引起的高程中误差将大于2cm，若将距离控制在250m以内，可满足2cm的要求。因此在测主要建（构）筑物时，应缩短距离。

4.4 地形图的应用

作为野外工作用图，地形图可用于实地定位、定向、导航和量测。在室内，基于地形图，可以进行距离、高差、方向、角度、面积、体积（库容、土石方）、坡度计算等。基于地形图制作的各种专题图，如交通图、旅游图、规划图等，都十分贴近百姓，属于地形图的一般应用，在此不作赘述。从工程测量的角度看，本节主要说明大比例尺地形图在断面图绘制、图上选线和施工图制作上的普通应用，在场地平整和典型工程中的应用。

4.4.1 地形图的普通应用

1. 断面图绘制

许多工程设计中，需要了解两点之间的地面起伏情况，就需要绘制断面图。有根据地形图绘制断面图和实测断面图两种方法，下面介绍前一种方法。如图4-2（a）所示，在地形图上作所需方向上 A、B 两点的连线，由与各等高线交点的高程和平距可制作断面图（图4-2（b））。对于数字地形图如数字高程模型，可通过程序自动绘制。

2. 图上选线

在有些工程设计中，为了节省费用，需要按一定坡度选一条最短路线，如图4-3所示，从 A 点开始向上到 B 点选一条坡度 $i=5\%$ 公路线，已知等高距 $h=2\text{m}$，则通过两相邻等高线的最短路线长度为：

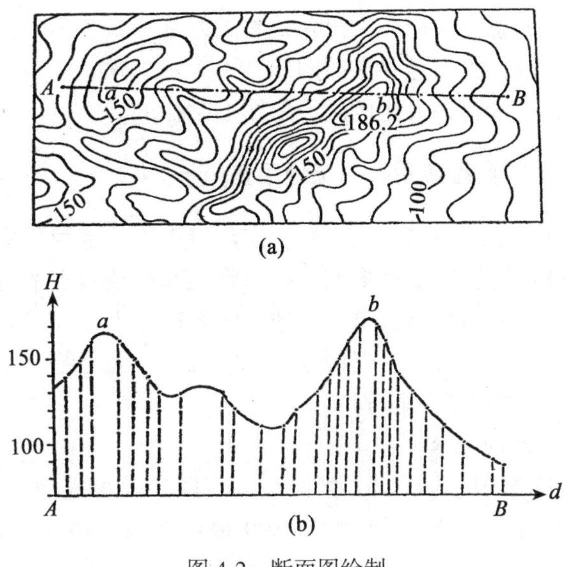

图 4-2 断面图绘制

$$S = \frac{h}{i} = \frac{2}{5\%} = 40\text{m} \tag{4-5}$$

以 A 为圆心，根据地形图比例尺，将 40m 化为图上距离并以此为半径作圆弧，与 48m 等高线相交于 1 或 1′点，又以 1 或 1′为圆心，以同样长度为半径作弧，与 50m 等高线交于 2 或 2′，依次类推，可得到两条坡度为 5%的路线，通过实地踏勘，可定出路线。对于数字地形图如数字高程模型，可通过程序自动选出最短路线。

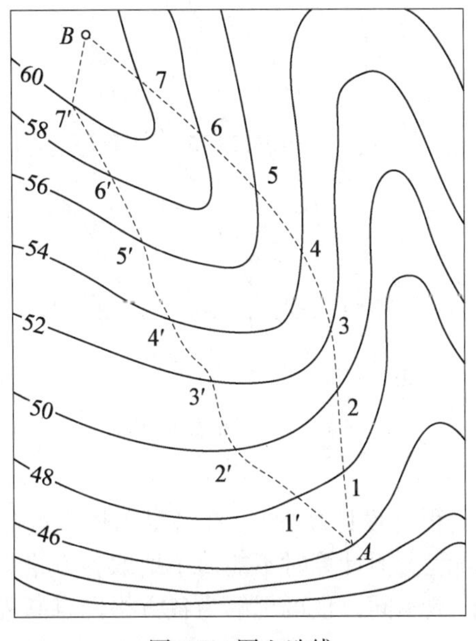

图 4-3 图上选线

3. 制作施工总平面图

施工图是表示工程的总体布局，给出建筑物的外部形状、内部布置、结构构造、内外装修、材料作法以及设备、施工等要求的图。其中表示工程总体布局的图又称施工总平面图，是设计人员根据设计资料在大比例尺地形图上制作的。

4.4.2 大比例尺地形图的典型应用——场地平整

场地平整是大比例尺地形图的典型应用。在建筑工程、水利工程、道路建设以及工矿企业等许多工程中，往往要进行场地平整，要求将地面平整为水平面或斜面，在其上布置建筑物，并满足排水和交通运输等需要。场地平整要遵循土石方工程量小，挖填方基本平衡的原则。利用地形图计算土石方工程量方便、经济，下面介绍一种在地形图上内插方格网的方法，说明场地平整的做法和步骤。

1. 设计面为水平面时的场地平整

（1）在地形图上拟建场地内绘制方格网。方格网边长根据地形复杂程度、地形图的比例尺以及估算的精度不同而异。使用 1∶500 地形图时，根据地形复杂情况，一般以 10m 或 20m 为宜。当采用机械施工时，可取 40m 或 100m。绘完方格后，进行排序编号，如图 4-4 所示。并内插求出每个方格点的地面高程，写在每个方格的右上方。

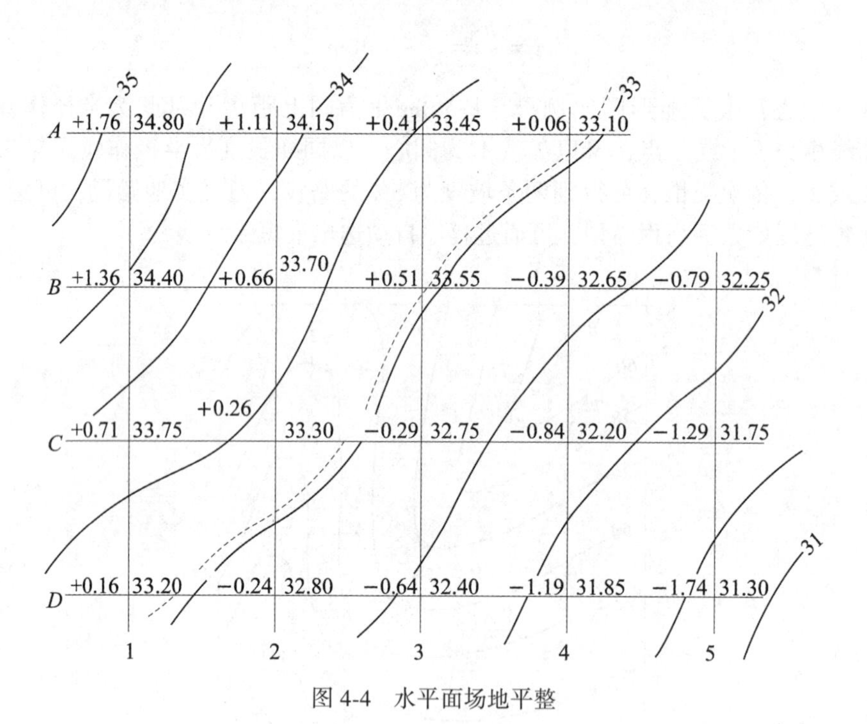

图 4-4　水平面场地平整

（2）计算场地的平均高程（设计高程）。在满足填挖方量基本平衡的前提下，设计高程可以认为是场地的平均高程。但计算时不能简单地取各方格点高程的算术平均值。因为与各格网点高程相关的方格数不同，也可理解为各方格网点高程的权不一样。如果假设与一个方格相关的方格点（角点），其高程的权为 1；与两个方格相关的方格点（边点），其高程的权为 2；与三个方格相关的方格点（拐点），其高程的权为 3；与四个方格相关的方格点（中点），其高程的权为4，则可利用求加权平均值的方法计算设计高程，其一般公式为：

$$H_S = \frac{\sum P_i \cdot H_i}{\sum P_i} \tag{4-6}$$

式中，H_S 为水平场地的设计高程；H_i 为方格点的地面高程；P_i 为方格点 i 的权，可根据方格点的位置在1、2、3、4中取值。

现将图4-4中各方格点的高程及权代入式（4-6）得设计高程：

$$H_S = [1\times(34.80+33.10+32.25+31.30+33.20)+2\times(34.15+33.45+31.75+31.85+32.40+32.80+33.75+34.40)+3\times32.65+4\times(33.70+33.55+33.30+32.75+32.20)]\div(1\times5+2\times8+3\times1+4\times5)=33.04\text{m}$$

（3）绘出填挖边界线。在地形图上根据等高线内插出高程为设计高程33.04m的曲线，这条曲线即为填挖边界线（图中带有短线的曲线）。

（4）计算填挖高度。各方格点的填挖高度 h_i 为该点的地面高程及设计高程之差，即

$$h_i = H_i - H_S \tag{4-7}$$

式中，h_i 为正表示挖方，h_i 为负表示填方，标注在方格点的左上方。

（5）分别按下式计算挖、填土石方量。

角点：挖（填）高×$\left(\frac{1}{4}\right)$ 方格面积；

边点：挖（填）高×$\left(\frac{2}{4}\right)$ 方格面积；

拐点：挖（填）高×$\left(\frac{3}{4}\right)$ 方格面积；

中点：挖（填）高×$\left(\frac{4}{4}\right)$ 方格面积；

按填挖方量分别求和，即得总的填挖土石方量。

（6）放样填挖边界线及填挖高度。在拟建场地内，按适当间隔分别放样出设计高程点，用明显标志将这些设计高程点连成曲线，该曲线即为填、挖边界线。

填挖高度的放样，应首先将地形图上设计的方格点放样于实地，并钉木桩表示。然后在木桩上注记相应各方格点的填挖高度，作为平整场地的依据。

2. 设计面为倾斜面时的场地平整

若将图4-4表示的地面，根据地貌的自然坡降，平整为从北到南，坡度为8%的倾斜场地，每个方格网长度为10m，且要保证填挖方量基本平衡的原则，作业步骤如下：

（1）绘制方格网。同水平场地绘制方法相同，如图4-5所示；

（2）计算重心点的设计高程。若使填挖方量总平衡，对于倾斜场地，应首先确定重心点，以重心点高程为设计高程（即平均高程），再求出其他方格点的设计高程作为设计依据。对于对称图形，重心点在重心线上，重心线一般为图形中心线，此例就是南北对称方向，重心线在图形中心（红色虚线）。所以，仍可按水平场地计算设计高程的方法，求出场地重心线处的设计高程，本例为51.8m。

（3）确定倾斜面最高格网线和最低格网线的设计高程。如图4-6所示，按设计要求，

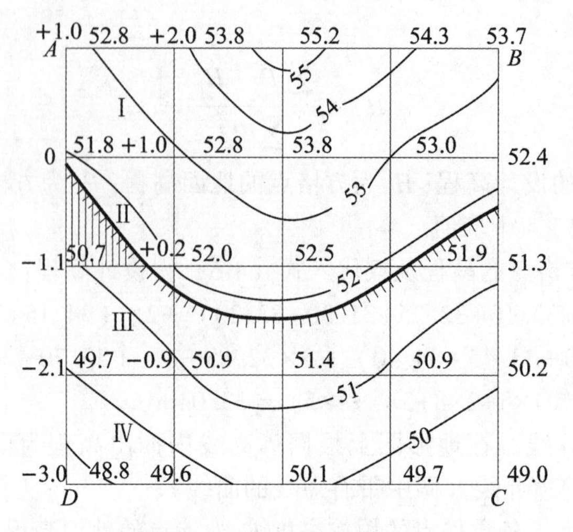

图 4-5　倾斜面的场地平整

AB 为场地的最高边线，*CD* 为场地的最低边线。已知 *AD* 边长为 40m，则最高边线与最低边线的设计高差为：

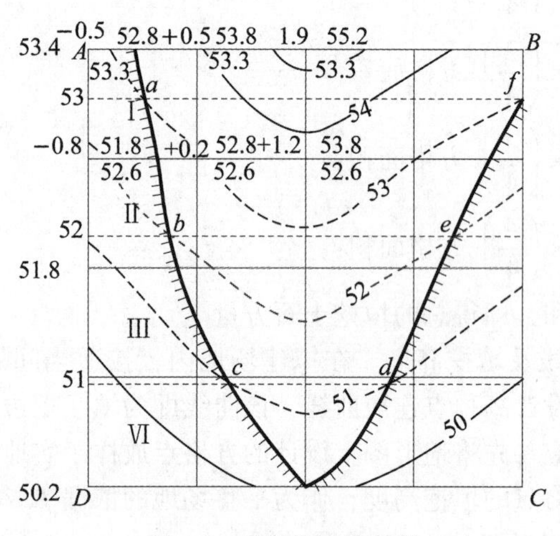

图 4-6　确定格网线高程

$$h = 40 \times 8/100 = 3.2\text{ (m)}$$

由于场地重心线（图形中心轴线）的设计高程为 51.8m，所以，倾斜场地最高边线和最低边线的设计高程分别为：

$$H_A = H_B = 51.8 + 3.2/2 = 53.4\text{ (m)}$$

$$H_C = H_D = 51.8 - 3.2/2 = 50.2\text{ (m)}$$

（4）确定填挖边界线。沿 *AD* 及 *BC* 边线，根据最高边线和最低边线的设计高程内插出 51、52、53m 平行等高线（图中虚线），这些虚线为 8%倾斜场地上的设计等高线，设计等高线与实际等高线交点（*a*、*b*、*c*、*d*、*e*、*f*）的连线即为填挖边界（绘有短线的曲线）。

（5）确定方格点的填挖高度。根据实际等高线内插出各方格点的地面高程，注在方格的右上方。再根据设计等高线内插出各方格点的设计高程，注在方格点的右下方。最后按式（4-7）计算出各方格点的填挖高度，注在方格点的左上方。

（6）计算填挖方量。同水平场地计算方法相同。

（7）放样填挖边界线及填挖高度。同水平场地部分相同。

在数字地形图上，利用数字地面模型，计算平整场地的挖、填方工程量，则更为方便。先在场地范围内按比例尺设计一定长度的方格网，提取各方格顶点的坐标和内插计算顶点的高程，同时，给出（按设计单位要求的高程）或算出设计高程，求算各方格点的挖、填高度，按照挖、填范围分别求出挖、填土（石）方量。这种方法比在地形图上计算更为便捷。

4.4.3 地形图在工程建设中的应用

此部分主要介绍地形图在水利水电工程、线状工程和工业企业建设各阶段中的应用，也可作为地形图在其他各种工程中应用的参考。

1. 地形图在水利水电工程中的应用

为了开发与利用水资源需要兴建水利枢纽工程和其他工程，如拦河坝、水电站、船闸、水库、引/调水渠、港口、码头等。对于一个水系或河流而言，首先要进行规划设计，合理布设梯级开发，选择水利枢纽位置，使其在发电、航运、防洪及灌溉等方面能发挥最大的效益。这时需要全流域 1∶5 万的地形图，以便研究河谷地貌特点，绘制水面与河底纵断面图，初步确定各梯级水利枢纽的流域面积、水头、库容、发电量、回水淹没情况以及各枢纽工程的建造顺序等。对于水库设计，主要采用 1∶1 万至 1∶5 万比例尺的地形图，确定淹没范围、量算淹没面积、计算库容、设计库岸的防护工程、调查淹没的房屋、人口和耕地、设计航道和码头，制定库底清理、搬迁及交通线改建规划等。

初步设计阶段，除了库区 1∶1 万或 1∶2.5 万的地形图外，在枢纽工程地区，应有 1∶1万或 1∶2.5 万地形图，以便确定坝轴线。坝轴线选定后，应测绘枢纽地区 1∶2 000 或 1∶5 000 的地形图，供布设各类建筑物使用。

施工设计阶段，对于整个枢纽工程地区，特别是大坝、厂房、船闸、引水渠渠首、引水隧洞进口处，以及后勤、管理和生活区，需测绘 1∶1 000 和/或 1∶500 的陆上与水下地形图，以便为确定建筑物的位置和尺寸的技施设计服务，如布置枢纽工程、道路、仓库、码头、船坞、防洪堤以及其他附属建筑物等。

2. 地形图在线状工程中的应用

线状工程即按线状分布的各种工程，如铁路、公路、输电线、输油输气管道以及引水、调水工程等。这里主要简介铁路、公路工程中地形图的应用，其他工程可作为参考。

铁路、公路在线路方案研究的规划设计阶段，需要 1∶1 万到 1∶5 万的地形图。由于铁路、公路工程中一般都包括有桥梁与隧道工程，在线路方案研究中举足轻重。特大型桥梁和特长隧道工程都属于造价很高的关键性工程，要根据政治、经济需要并结合地形、地质及水文等条件先确定其位置，然后再确定路线走向、位置及其与桥隧工程的连接。对于中、小型的桥隧工程，则是先决定路线的走向、位置，再确定桥、隧的位置。确定出几个线路方案后，进入勘测设计阶段，需要沿线1∶2 000的带状地形图（一般采用摄影测量方法测绘）供初步设计用。

对于特大型桥梁，先是在1∶1万或1∶2.5万地形图上布设，再到实地踏勘，提出几个方案。经过研究和审批，确定出比较方案，然后作初步设计。初步设计时，要求测绘各比较方案地区1∶1 000到1∶5 000和/或1∶10 000的桥址地形图、河流水下地形图及桥渡总平面图，用以确定桥位和桥头引线，设计主体及附属工程，以及布设施工场地等。

3. 地形图在工业企业建设中的应用

工业企业是指从事工业性生产、经营或工业性劳务活动，且具有法人资格的经济组织。在工业企业的建筑设计中，需要测绘1∶500、1∶1 000、1∶2 000和1∶5 000的大比例尺地形图，设计人员要在这些地形图上进行建筑物平面位置和高程设计，地形图是建筑设计定点、定位、定向、定坡以及计算工程量的主要依据。

初步设计阶段，设计人员要设计绘制建筑总平面图（以下简称总平面图)。所谓总平面图，就是在地形图上，用水平投影法和相应的图例，绘出新建、拟建和要拆除的建筑物和构筑物（如厂房、车间、仓库、动力设施和道路线等）轮廓和坐标的图。总平面图包括的内容有：保留的地形和地物、测量坐标格网、场地范围的坐标或定位尺寸、道路红线、用地红线；原有及规划的道路，建筑物及构筑物的位置；主要建（构）筑物应标注坐标，与相邻建筑物间的距离及建筑物总尺寸、名称、层数；广场、停车场、消防车道及高层建筑消防扑救场地；绿化、景观及休闲设施的布置示意，并表示出护坡、挡土墙、排水沟等；要绘出指北针或风玫瑰图；说明栏内注明尺寸单位、比例、地形图的测绘单位、日期，坐标及高程系统；还有补充图例及其他说明等。设计人员还要绘制主要建（构）筑物的竖向布置图，图上描绘了竖向布置系统设计：地面连接方式、场地平土标高、排水坡向、建筑物地坪高程及运输道路高程等。

在施工设计阶段，设计人员要设计绘制施工总平面图，重点解决大宗材料进入工地的运输方式。如铁路运输需将铁轨引入工地，水路运输需考虑增设码头、仓储和转运问题，公路运输需考虑运输路线的布置问题等。总图的其他内容与总平面图相同，只是还要详细一些，要正确反映所有建筑物的形状、平面位置和高程，道路和管线的走向与坡度，作为施工放样的依据。施工设计需要基于局部测绘的大比例尺地形图。

工程竣工后，要测绘和编绘竣工总图，下面进行详细介绍。建筑总平面图、施工总平面图和竣工总图可以看作是在一般地形图的基础上绘制的特殊地形图。

4.5　竣工总图实测与编绘

4.5.1　竣工总图及其特点

竣工总图是工程竣工后按实际和工程需要所绘制的图，与一般的地形图不同，与建筑总平面图、施工总平面图也不完全相同，它能真实反映工程设计与施工的情况。与施工总平面图比较，增加了在工程施工阶段新增和变更的工程内容。

竣工总图是以竣工测量为主，以设计和施工资料为辅进行编绘的。编绘竣工总图的目的是为了满足管理上的需要，便于设计、施工和生产管理人员掌握工程的地形情况和所有建（构）筑物的平面位置和高程等关系。竣工总图不仅是进行生产管理的重要技术资料，而且也是将来改、扩建的技术档案资料。工程若是分阶段设计、施工，则每一期工程竣工后，都应绘制该期的竣工总图，作为下期工程设计的依据。竣工总图的特点如下：

竣工总图中建（构）筑物（包括地下和架空的各种管线）细部点的点位和高程中误差应满足有关规范规定，是以解析数据的测量误差来确定，不取决于测图比例尺。就目前数字化成图的精度均可达到竣工总图的要求，较难掌握的是地形、地物的取舍问题。

竣工总图宜采用数字竣工总图，宜选用 1∶500 的大比例尺，坐标系统、高程基准、图幅大小、图例符号、图上注记、线条规格等，应与建筑总平面图和施工总平面图一致，使原有已积累的测量、设计与施工的大量图纸资料能前后衔接地使用，使生产管理和改建、扩建工程形成统一体。

4.5.2　竣工总图分类

根据工程情况，竣工总图可能是一张竣工总平面图，也可能除总平面图外，还有各种专业图（如各种管线竣工图、综合管线竣工图等）、辅助图、剖面图以及细部点成果资料等。下面以大型工业厂区为例进行说明：

（1）厂区现状总平面图：反映全厂区现状的竣工总图。图上的内容包括工业用地上原有和新建的厂房、车间、仓库和办公楼等建（构）筑物，各种运输线路，工业及生产管线等的平面和高程位置，并标明细部点坐标、高程，及各种设备的元素和特征，还要表示出一般的地形、地物情况。该图要从实用出发，取舍得当。

（2）辅助图：厂区现状总平面图的附件。在厂区局部图面负荷较重，线条、注记、符号、数据等较多之处，为清晰起见，用 1∶100 或 1∶200 比例尺的辅助图表示。

（3）剖面图：为了表示地下管线和一些建（构）筑物地下埋设部分的情况，绘制剖面图作为现状总平面图的附件。

（4）专业图：在大型、复杂的厂区，为适应设计和施工管理的需要，还要求绘制专业分图，例如：给排水管网图、工业管网图、输电及通信管线图（包括地下电缆）和运输线路图等。分图上只标出厂区主要厂房、道路、明显的建（构）筑物等的位置轮廓，但要按专业需要作详细的表示，与该专业无关的线路、地形地物可舍去，突出专业的需要，使图面简化。

（5）技术总结报告和成果表：分类编绘厂区细部点施测一览表，编绘控制点、细部点坐标和高程成果表，表示出各种所需要的数据及元素，并绘制草图。厂区现状总平面图编绘完毕后，还要提供总结报告，说明施测和编绘的技术、方法，达到的精度及分类情况等。

4.5.3　竣工总图实测

如前所述，竣工总图是以竣工测量为主，以设计和施工资料为辅进行编绘的。编绘时要充分搜集已有的测量资料，特别是设计和施工资料，竣工总图编绘需收集的资料主要有：已有数字或模拟的大比例尺地形图、建筑总平面图、施工总平面图、设计变更文件、施工检测记录、竣工测量资料以及其他相关资料。要对已收集的资料进行实地对照检核，满足要求时应充分利用，否则应重新测量。当资料不全、达不到要求时，要在施工过程中作实测补充。竣工实测要根据已有的施工控制点，对主要建（构）筑物（包括地下和架空的各种管线）细部点的点位和高程，按要求的精度采用全站仪通过解析法进行竣工测量；地下管道及隐蔽工程，应在覆土前进行实测；有些专业图的主要内容要作竣工详测。

4.5.4　竣工总图编绘

竣工总图的内容非常丰富和繁杂，根据不同用途应采取不同的技术措施，比如，竣工总图上的数据有不同的注记要求，如果不能满足各专业对竣工图表示内容的要求，还需要编绘专业图、辅助图和剖面图等。下面仍以大型工业厂区竣工总图的编绘为例进行说明。

(1) 交通运输和现状总平面图。应绘出地面的建（构）筑物、公路和铁路，并绘出地面排水沟以及树木、绿化等设施；对于矩形建（构）筑物，在对角线两端外墙轴线交点，注记两点以上坐标；对于圆形建（构）筑物，注记中心点坐标及外半径；所有建筑物都应注记室内地坪标高；对公路中心线起终点、交叉点，应注记坐标及标高，弯道应注记交点坐标、交角和半径，应注明路面材料及宽度；铁路中心线起终点、曲线交点，应注记坐标，曲线上应注明曲线半径、切线长、曲线长、外矢矩、偏角等信息；应注记铁路的起终点，变坡点及曲线内轨轨面标高。

(2) 给水和排水管道竣工图。对于给水管道，应绘出地面给水建（构）筑物及各种水处理设施；在管道节点处，当图上按比例绘制有困难时，可用放大详图表示；应标注管道起终点、交叉点、分支点的坐标；在变坡处应注记标高，在变径处应标注管径及材料；对不同型号的检查井，应绘出详图；对于排水管道，应绘出排水管道污水处理构筑物、水泵站、检查井、跌水井、水封井等，绘出各种排水管道的雨水口、排水口、化粪池以及明渠、暗渠等；应标注检查井的中心坐标、出入口管底标高、井底和井台标高，标注管径、材料、坡度；还应绘出有关建筑物及铁路、公路等。

(3) 动力、工艺管道竣工图。对于动力、工艺管道应绘出管道及有关的建（构）筑物，管道交叉点、起终点，标注坐标、标高、管径及材料；对于埋设在地沟中的管道，应在适当地方绘出地沟断面，表示出沟的尺寸及沟内各种管道的位置；还应绘出有关建筑物及铁路、公路等。

(4) 输电及通信线路竣工图。对于输电线路，应绘出总变电所、配电站、车间降压变电所、室外变电装置、柱上变压器、铁塔、电杆、地下电缆检查井等；对于通信线路，应绘出中继站、交接箱、分线盒（箱）、电杆、地下通信电缆入孔等。对各种线路起终点、分支点、交叉点处的电杆，应标注坐标；线路与道路交叉处，应注明净空高；应注明地下电缆深度或电缆沟沟底标高；标注各种线路的线径、线数和电压等，注明各种输变电设备的型号、容量；还应绘出有关的建筑物及铁路、公路等。

(5) 综合管线竣工图。应绘出所有的地上、地下管道；主要建（构）筑物及铁路、道路；在管道密集处及交叉处，应用剖面图表示其相互关系。

编绘的原则是：地面建（构）筑物应按实际竣工位置和形状进行编绘，凡有实测的，应根据实测的竣工测量资料编绘。对于模拟图，可采用扫描矢量化技术制作底图，进一步取舍、增补、修改后，编绘到相应的图层，若与设计图坐标不一致时，还需要进行坐标转换。对于实测的竣工资料，可直接装入竣工总图的底图中。如果原设计图及其修改是在白纸图或聚脂薄膜图上进行的，则需要采用转绘技术将有关的地形、地物、设计的建（构）筑物转绘至总图上。

下面根据数字图的特点说明竣工总图编绘的具体做法。对于数字化的图和资料，采用分层、分色技术进行复制、重叠、剪切、删除等处理，根据需要进行取舍、增补、修改，作为编绘竣工总图的底图。总图底图是基本图件，以它为基础逐步编绘出竣工总图和各专业分图。如按坐标绘出所有控制点的位置，按前面的规定标注出各种设计元素，如标注管线坐标、标高、管径及材料；标注道路中心线起终点、交叉点坐标及标高，道路的曲线元素等，以不同颜色及符号表示。根据施工计划，将设计内容放样到实地。通过复测、检查及竣工测量等，提供施工放样检查和竣工资料，依此资料将各细部点的坐标、高程，以及各种必要元素，用实测数据代替设计数据，绘于施工总图底图上，修改变化后的地形、地物（例如平整场地前的地形，拆除旧有和临时建筑物等）。由此逐步形成现状总平面图，最后经图面整饰，编辑成多色竣工总图。

采用数字竣工总图，前面所说的辅助图、专业图以及细部点成果资料等均可从厂区现状总平面图中分离出来，进一步进行编绘，最后生成各种专业图。全部竣工总图编绘完成后，可以分幅输出、局部输出、多幅合并输出。竣工总图可作为地理信息系统（GIS）和各种专题信息系统的基础资料，可转换到不同的信息系统中，为建立工程管理信息系统提供基础数据。

竣工总图应经原设计及施工单位技术负责人审核、会签。图 4-7 是某厂区竣工总图的一部分。

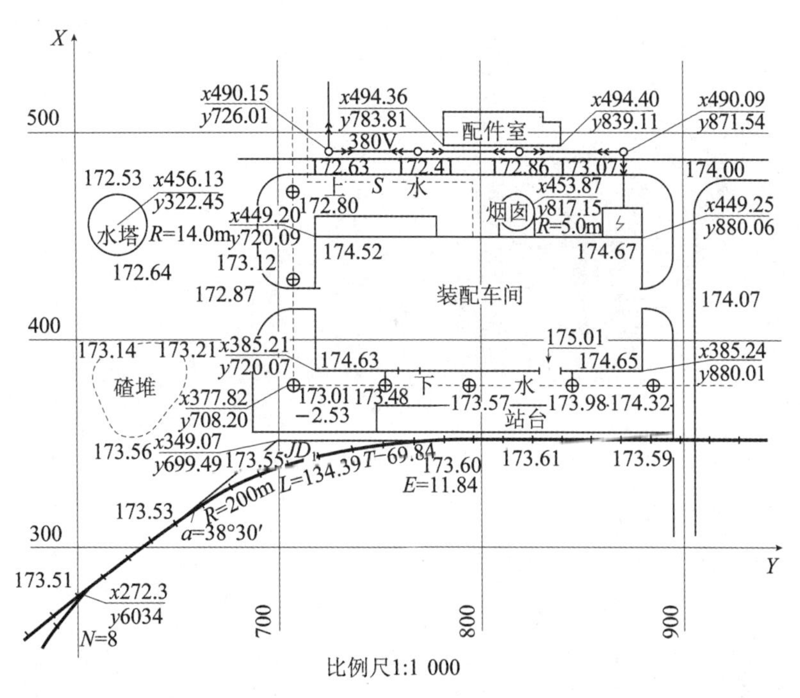

图 4-7 某厂区竣工总图一部分

◎ 思考题

（1）什么是地形图？地形图有哪些特点？

（2）地形图有哪些应用？

（3）我国的国家基本比例尺地形图有哪些？

（4）为什么说实测基本地形图比例尺和更新周期是一个国家测绘水平发达与否的重要标志？

（5）数字法测图中，平面点位精度和高程精度主要是由哪些误差引起的？

（6）与陆地地形测量相比，水下地形测量有哪些特点？

（7）什么是场地平整，哪些工程需要进行场地平整？为什么要进行场地平整？

（8）什么是深度基准面？

（9）水下地形测量中为什么要进行水位观测？

（10）什么是竣工总图？它有何特点？编绘竣工总图时还要编绘哪些图？

第5章　工程建（构）筑物的施工放样

工程建（构）筑物是工程建筑物和工程构筑物的总称。一般来说，能提供人类居住功能的人工建造物称为工程建筑物，不能提供人类居住功能的人工建造物称为工程构筑物，比如水塔、水池和过滤池等。所谓工程建（构）筑物的施工放样，就是将图上设计的工程建（构）筑物的平面位置和高程按设计和施工的要求，以一定的精度在实地标定出来，作为工程施工的依据。放样又称测设，其目的和顺序与测量恰好相反，测量是将地面上的地形、地物描绘到图上，而放样是将图上设计的工程建（构）筑物标定到地面上。

本章主要讲述建筑限差和放样精度，施工放样的种类和方法，曲线放样及其数据准备，几种特殊的放样方法，最后以典型工程为例进行说明。

5.1　建筑限差和放样精度

5.1.1　建筑限差

建筑限差是指建筑物竣工后实际位置相对于设计位置的极限偏差，又称设计或施工允许的总误差。建筑限差与建筑结构、用途、建筑材料和施工方法有关，如按建筑结构和材料分为钢结构、钢筋混凝土结构、毛石混凝土和土石结构的建筑，其建筑限差由小到大；按施工方法分为预制件装配式和现场浇筑式的建筑，前者的建筑限差较后者的小。高层建筑物轴线倾斜度的建筑限差要求高于1/1 000～1/2 000；钢结构的建筑限差为1～8mm；一般工程如混凝土柱、梁、墙的建筑限差约为10～30mm；土石结构的建筑限差可达10cm。一般建筑物的建筑限差，应遵循我国现行标准执行；有特殊要求的工程项目，其设计图纸上都标有建筑限差要求。

5.1.2　放样精度的确定方法

测量精度可按下述方法确定：若建筑限差（设计允许的总误差）为Δ，允许的测量误差为Δ_1，允许的施工误差为Δ_2，允许的加工制造误差为Δ_3（如果还有其他显著的影响因素，可再增加），假定各误差相互独立，则有

$$\Delta^2 = \Delta_1^2 + \Delta_2^2 + \Delta_3^2 \tag{5-1}$$

式中，建筑限差Δ是已知的，Δ_1、Δ_2、Δ_3是需要确定的量。一般采用“等影响原则”、“按比例分配原则”和“忽略不计原则”进行误差分配。把分配结果与实际能达到的值进行对照，必要时作一些调整，直到比较合理为止。例如，按“等影响原则”，即$\Delta_1 = \Delta_2 = \Delta_3$，则

$$\Delta_1 = \Delta_2 = \Delta_3 = \frac{\Delta}{\sqrt{3}} \tag{5-2}$$

若设总误差由 Δ_1 和 Δ_2 两部分组成，即 $\Delta^2 = \Delta_1{}^2 + \Delta_2{}^2$，令 $\Delta_2 = \frac{\Delta_1}{k}$，当 $k = 3$ 时，则有

$$\Delta = \Delta_1 \sqrt{1 + \frac{1}{k^2}} = 1.05\Delta_1 \approx \Delta_1 \tag{5-3}$$

即当 Δ_2 是 Δ_1 的三分之一时，它对建筑限差的影响可以忽略不计。

以工程建筑物的轴线位置放样为例，设工程建筑物轴线建筑限差为Δ，则中误差 M 为

$$M = \pm \frac{\Delta}{2}$$

轴线位置中误差 M 包括测量中误差 $m_{测}$ 和施工中误差 $m_{施}$，而测量中误差 $m_{测}$ 又由施工控制点中误差 $m_{控}$ 和放样中误差 $m_{放}$ 两部分组成，即

$$M^2 = m_{测}{}^2 + m_{施}{}^2 = m_{控}{}^2 + m_{放}{}^2 + m_{施}{}^2 \tag{5-4}$$

《建筑施工测量技术规程》（DB11/T 446—2015）规定：测量允许误差宜为工程允许偏差的 1/3~1/2，按“等影响原则”即取 1/2 计算，则有

$$m_{测} = \sqrt{m_{控}{}^2 + m_{放}{}^2} = m_{施} = \frac{M}{\sqrt{2}} = \frac{\Delta}{2\sqrt{2}} \tag{5-5}$$

建立施工控制网时，测量条件较好，且有足够时间用多余观测来提高测量精度；而在施工放样时，测量条件较差，受施工干扰大，为紧密配合施工，难以用多余观测来提高放样精度，所以，按忽略不计原则，控制点中误差取

$$m_{控} = \frac{1}{3} m_{放} = \frac{\Delta}{4\sqrt{5}} = 0.112\Delta \tag{5-6}$$

这样，由建筑限差便可计算出放样中误差和施工中误差

$$m_{放} = 0.335\Delta,\quad m_{施} = 0.354\Delta \tag{5-7}$$

5.2　施工放样的种类和常用方法

5.2.1　施工放样的种类

施工放样的种类分为角度放样、距离放样、点位放样、直线放样、铅垂线放样和高程放样。

（1）角度放样。角度放样的实质是：以某一已知方向为基准，放样出另一方向，使两方向间的夹角等于预定的角度。

（2）距离放样。是将设计图上的已知距离按给定的起点和方向标定出来。

（3）点位放样。是根据图上的被放样点的设计坐标将其标定到实地的测量工作。

（4）直线放样。将设计图上的直线，如建筑物的轴线在实地标定出来。

（5）铅垂线放样。为保证高层建筑物的垂直度，需要标定出铅垂线的测量工作。

（6）高程放样。把设计图上的高程在实地标定出来。

上述放样都可归结为点的放样，其放样方法见后。

5.2.2 点和平面直线放样方法

放样点位的常用方法有交会法、归化法、极坐标法、自由设站法和 GNSS-RTK 法等，交会法中的角度交会法和轴线交会法已基本不用，在此仅作简单介绍。

1. 交会法

交会法包括距离交会法、角度交会法和轴线交会法等，这些方法已极少采用或基本不用，下面只作简介。

（1）距离交会法。特别适用于待放样点到已知点的距离不超过测尺长度并便于量距的情况。如图 5-1 所示，需要先根据放样点和已知点的坐标计算放样距离 S_A、S_B，然后在现场分别以两已知点为圆心，用钢尺以相应的距离为半径作圆弧，两弧线的交点即为待放样点的位置。

（2）角度交会法。如图 5-2 所示，放样元素 β_1、β_2 根据放样点和已知点的坐标计算得到，在已知点上架设仪器通过放样相应角度得放样点的位置。该法已基本不用。

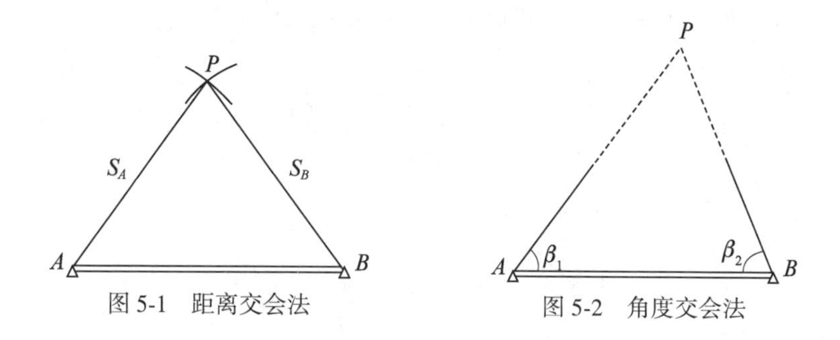

图 5-1　距离交会法　　图 5-2　角度交会法

（3）轴线交会法。如图 5-3 所示，A、B、C、D 为已知点，P_0 为待放样点。先建立如图的施工坐标系，在 AB 轴线上 P_0 附近放样任意一点 P 点；将仪器安置于 P 点，并测夹角 α_1、α_2，可分别由 C、D 两点按一定公式计算 P 点的坐标，取均值，比较 P、P_0 的坐标，将 P 移动到 P_0 点，即完成放样。

2. 归化法

归化法是将放样和测量相结合的一种放样方法。先初步放样出一点，再通过多测回观测获取该点的精确位置，与待放样量比较，获得改正量（归化量），通过（归化）改正，得到待放样点。归化法又分用归化法放样角度、放样点位和放样直线，由于现在很少采用，在此从略。

3. 极坐标法

极坐标法是按极坐标原理进行的一种常用而简便的放样方法，如图 5-4 所示，A、B 为已知点，P 为待放样点，放样元素 β 和 S 可由 A、B、P 三点的坐标按下式得到

$$\begin{cases}\beta = \alpha_{AP} - \alpha_{AB} = \arctan\left(\dfrac{y_P - y_A}{x_P - x_A}\right) - \arctan\left(\dfrac{y_B - y_A}{x_B - x_A}\right) \\ S = \sqrt{(x_P - x_A)^2 + (y_P - y_A)^2}\end{cases} \tag{5-8}$$

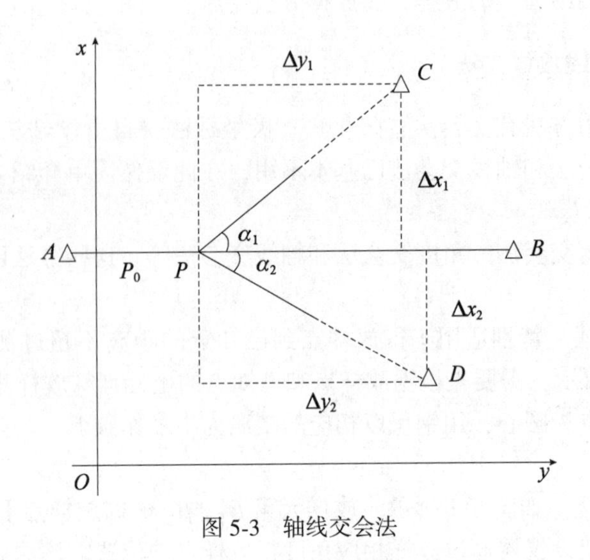

图 5-3　轴线交会法

在 A 上架设仪器，通过放样角度 β 和距离 S，即得 P 的位置。

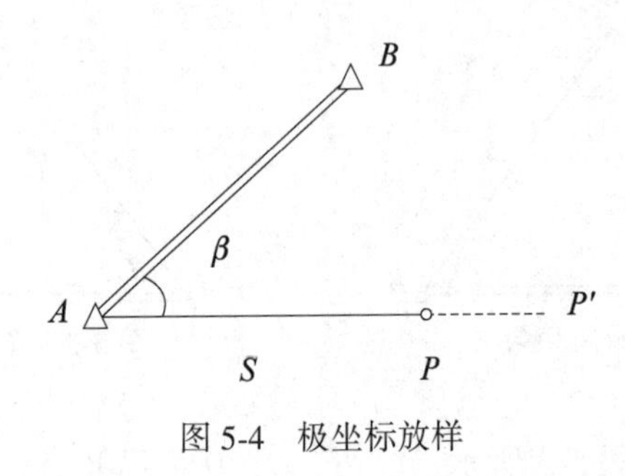

图 5-4　极坐标放样

4. 自由设站法

自由设站法是建立测量控制点网和进行测量放样的一种常用方法，比极坐标法更灵活方便。其做法如下：若有两个（或两个以上）已知点，全站仪可架设在任一个合适的地方，通过测量到已知点的边长和角度，可按最小二乘平差得到测站点的坐标，同时完成测站定向，即可进行控制网点、碎部点、变形监测点测量和工程放样。自由设站法放样是根据测站点和待放样点的坐标，计算出放样元素，采用极坐标法放样出各点，特别适用于已知点上不便于安置仪器的情况。在大部分情况下，自由设站法都可以代替交会法、归化法和其他放样方法。

自由设站法的原理：如图 5-5 所示，xoy 为施工坐标系，N 为控制点，P 为自由设站点，$x'Py'$ 是以 P 为坐标原点，以仪器度盘零方向为 x' 轴的局部坐标，α_0 为 x 和 x' 方向间的夹角，当在 P 点观测 P 点到 N 点的水平距离 S_N 和水平方向 α_N 后，即可在 $x'Py'$ 坐标系中求出 N 点的局部坐标：

$$\begin{cases} X'_N = S_N\cos\alpha_N \\ Y'_N = S_N\sin\alpha_N \end{cases} \tag{5-9}$$

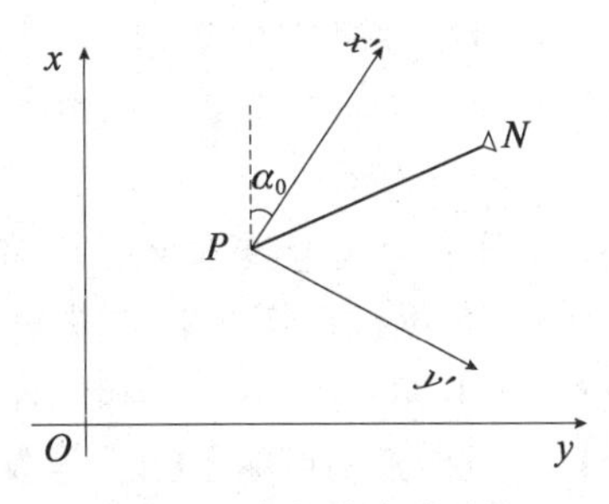

图 5-5　自由设站法原理

由坐标转换原理可得，

$$\begin{cases} X_N = X_P + K\cos\alpha_0 X'_N - K\sin\alpha_0 Y'_N \\ Y_N = Y_P + K\sin\alpha_0 X'_N - K\cos\alpha_0 Y'_N \end{cases} \tag{5-10}$$

式中，K 为局部坐标系与施工坐标系长度比例系数。

令

$$c = K\cos\alpha_0,\quad d = K\sin\alpha_0 \tag{5-11}$$

则有

$$\begin{cases} X_N = X_P + cX'_N - dY'_N \\ Y_N = Y_P + dX'_N - cY'_N \end{cases} \tag{5-12}$$

若观测了 n 个已知点，当 $n \geqslant 2$ 时，则可按间接平差原理求得 4 个未知参数，

$$\begin{cases} c = \dfrac{[YY'] + [XX'] - \dfrac{1}{n}([X][X'] + [Y][Y'])}{[Y'Y'] + [X'X'] - \dfrac{1}{n}([X'][X'] + [Y'][Y'])} \\ d = \dfrac{[YX'] + [XY'] - \dfrac{1}{n}([Y][X'] + [X][Y']}{[Y'Y'] + [X'X'] - \dfrac{1}{n}([X'][X'] + [Y'][Y'])} \end{cases}$$

$$\begin{cases} X_P = \dfrac{[X]}{n} - c\dfrac{[X']}{n} + d\dfrac{[Y']}{n} \\ Y_P = \dfrac{[Y]}{n} - c\dfrac{Y}{n} - d\dfrac{[X']}{n} \end{cases} \tag{5-13}$$

得到测站点的坐标，进而得 α_0，相当于完成了测站定向。

放样步骤：在任意点设站，对各已知点进行边角观测，求出点 P 的 X、Y 坐标，并完成测站定向，根据 P 点和放样点坐标，计算放样元素，采用极坐标法放样放样点。

按以上原理和公式可以设计自由设站法的程序，电子全站仪中大多设有自由设站功能，使用十分方便。

5. GNSS-RTK 法

全球卫星导航系统实时动态定位技术 GNSS-RTK（Real Time Kinematic）是一种全天

候、全方位的新型测量技术，是实时、准确地获取待测点位置的最佳方式。该技术是将基准站的相位观测数据及坐标等信息通过数据链方式实时传送给动态用户，用户将收到的数据链与自身采集的数据进行差分处理，从而获得动态用户的坐标，与设计坐标相比较，可以进行放样。

GNSS-RTK 又分两种：一种是通过无线电技术接受单基准站广播改正数的常规 RTK（单基站 RTK）；一种是基于 Internet 数据通讯链获取虚拟参考站（VRS 技术）播发改正数的网络 RTK。下面说明单基站 GNSS-RTK 的作业方法和流程如下：

（1）收集测区的控制点资料。包括控制点的坐标、等级、中央子午线、坐标系等。

（2）求测区的坐标转换参数。GNSS-RTK 测量是在 WGS-84 坐标系中进行的，而测区的测量资料是在施工坐标系或国家坐标系（如北京 54 坐标系）下的，存在坐标转换的问题。GNSS-RTK 用于实时测量和放样，要求给出施工坐标系（或国家坐标系）的坐标，因此，坐标转换很重要。

坐标转换的必要条件是：至少有 3 个或 3 个以上的大地点有 WGS-84 坐标和施工坐标系或国家坐标系的坐标，利用布尔莎（Bursa）模型解求 7 个转换参数，即 X_0，Y_0，Z_0（两个坐标系的平移参数）和 ε_X，ε_Y，ε_Z（两个坐标系的旋转参数）以及 δ_U（两个坐标系的尺度参数）：

$$\begin{bmatrix} X_i \\ Y_i \\ Z_i \end{bmatrix}_{地方} = \begin{bmatrix} X_0 \\ Y_0 \\ Z_0 \end{bmatrix} + (1+\delta_\mu)\begin{bmatrix} X_i \\ Y_i \\ Z_i \end{bmatrix}_{\text{WGS-84}} + \begin{pmatrix} 0 & \varepsilon_Z & -\varepsilon_Y \\ -\varepsilon_Z & 0 & \varepsilon_X \\ \varepsilon_Y & -\varepsilon_X & 0 \end{pmatrix}\begin{bmatrix} X_i \\ Y_i \\ Z_i \end{bmatrix}_{\text{WGS-84}} \tag{5-14}$$

在计算转换参数时，已知的大地点最好选在四周及中央，分布较均匀，能有效控制测区。若已知的大地点较多，可以选几个点计算转换参数，用另一些点作检验，经过检验满足要求的转换参数则认为是可靠的。

（3）工程项目参数设置。根据 GNSS 实时动态差分软件的要求，输入下列参数：施工坐标系或国家坐标系的椭球参数（长轴和偏心率）、中央子午线、测区西南角和东北角的经纬度、坐标转换参数以及放样点的设计坐标。

（4）野外作业。将基准站 GNSS 接收机安置在参考点上，打开接收机，将设置的参数读入 GNSS 接收机，输入参考点施工坐标系（或国家坐标系）的坐标和天线高，基准站接收机通过转换参数将参考点的施工坐标系坐标转化为 WGS-84 坐标，同时连续接收所有可视 GNSS 卫星信号，并通过数据发射电台将其测站坐标、观测值、卫星跟踪状态及接收机工作状态发送出去。流动站接收机在跟踪 GNSS 卫星信号的同时，接收来自基准站的数据，进行处理后获得流动站的三维 WGS-84 坐标，再通过与基准站相同的坐标转换参数将 WGS-84 坐标转换为施工坐标系坐标，并在流动站的控制器上实时显示。接收机将实时位置与设计值相比较，得到改正（归化）值以指导放样。

据试验，用一台流动站进行公路中线放样，一天可完成 3km，包括主点放样和曲线细部点测设，用 2 台流动站交叉前进放样，一天放样 6~7km。

GNSS-RTK 特别适合顶空障碍较小地区的放样，并且不会产生误差累积。

5.2.3　铅垂线放样方法

沿重力方向的直线称为铅垂线。下端系一重物的悬吊细绳，静止时细绳所在直线就是铅垂线。为了保证高层建筑物的垂直度，需要放样铅垂线。目前主要采用下面两种方法放样铅垂线。

（1）全站仪+弯管目镜投点法。将全站仪架设在需要放样铅垂线的点上，卸下仪器望远镜上的目镜，装上弯管目镜，使望远镜的视线指向天顶，在需要放样的高程上，设置投点面，照准部每旋转90°向上投一点，可得到4个对称点，取中点（可提高精度）作为最终投点，即完成铅垂线放样。这种方法在高层建筑的施工中用得较多。

（2）铅垂仪法。光学铅垂仪是专门用于放样铅垂线的仪器，它有两个相互垂直的水准管用于整平仪器，仪器可以向上或向下作垂直投影，因此有上下两个目镜和两个物镜。垂直精度为1/30 000~1/200 000。

5.2.4 高程放样方法

高程放样是把设计图上的高程在实地标定出来。如开挖基坑时要求放样坑底高程，平整场地时需要按设计要求放样一系列点的高程，建筑施工中要放样房屋基础面的标高、各层楼板的高度等。高程放样有几何水准法和全站仪法。

1. 几何水准法

设地面水准点 A 的高程为 H_A，待定点 B 的设计高程为 H_B，需要在实地定出与设计高程相应的水平线或待定点顶面。如图5-6所示，将水准仪架设在 A、B 中间，a 为水准点上水准尺的读数，待放样点上水准尺的读数 b 可由下式计算得到：

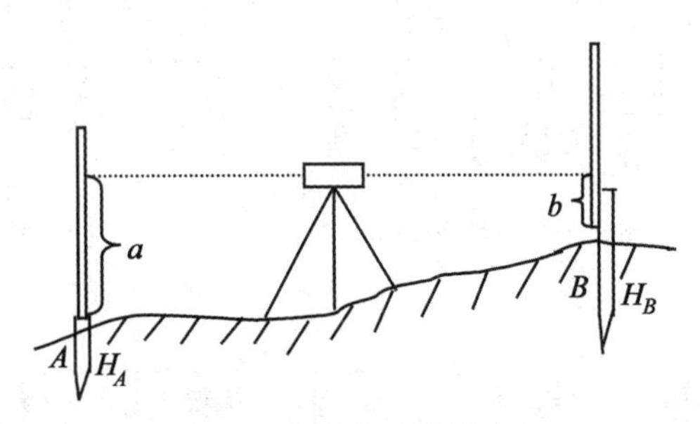

图5-6　水准仪法放样高程

$$b=(H_A+a)-H_B \tag{5-15}$$

当待放样的高程 H_B 高于仪器视线时（如放样地铁隧道管顶标高），可用“倒尺”法放样，如图5-7所示，这时，$b=H_B-(H_A+a)$。当放样的高程点 B 与水准点之间的高差很大时（如向深基坑或高楼传递高程时），可以用悬挂钢尺代替水准尺放样设计高程。悬挂钢尺时，零刻划端朝下，并在下端挂一个重量相当于钢尺鉴定时拉力的重锤，在地面上和坑内各放一次水准仪，如图5-8所示。设地面放仪器时对 A 点尺上的读数为 a_1，对钢尺的读数为 b_1，在坑内放仪器时对钢尺读数为 a_2，则对 B 点尺上的应有读数为 b_2，有

$$H_B-H_A=h_{AB}=(a_1-b_1)+(a_2-b_2) \tag{5-16}$$

$$b_2=a_2+(a_1-b_1)-h_{AB} \tag{5-17}$$

用逐渐打入木桩或在木桩上画线的方法，使立在 B 点水准尺上的读数为 b_2，这样，就可以使 B 点的高程符合设计要求。

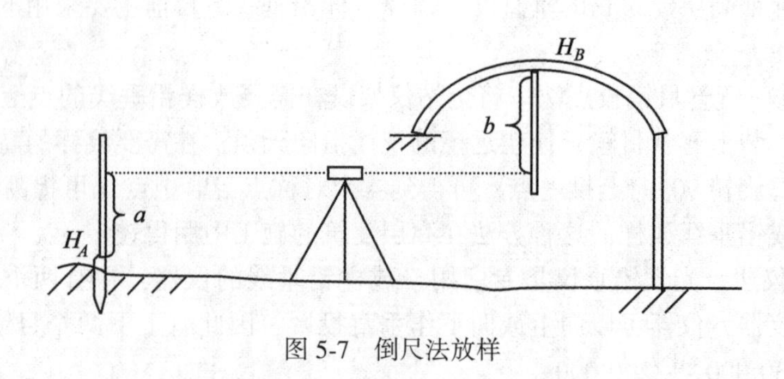

图 5-7　倒尺法放样

当对高程放样精度要求较高时，宜在待放样高程处埋设如图 5-9 所示高度可调整的标志。放样时调节螺杆可使标志顶端精确地升降，一直到标志顶面高程达到设计标高时为止，然后旋紧螺母，亦可采用点焊的方法使螺杆不能再升降。

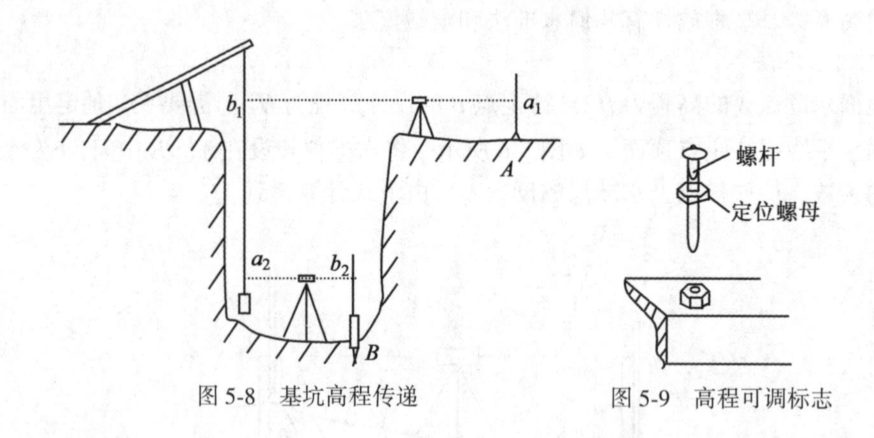

图 5-8　基坑高程传递　　　　图 5-9　高程可调标志

2. 全站仪法

对一些高低起伏较大的高程放样，如大型体育馆的网架、桥梁构件、厂房及机场屋架等，用水准仪放样比较困难，可用此法放样高程。

如图 5-10 所示，为了放样 B 点的高程，在 O 处架设全站仪，后视已知点 A，设目标高为 l（当目标采用反射片时，$l=0$），测出 OA 的斜距 S_1 和垂直角 α_1，可计算得 O 点全站仪中心的高程为

$$H_O = H_A + l - \Delta h_1 \tag{5-18}$$

然后，测 OB 的斜距离 S_2 和垂直角 α_2，并顾及上式，可得 B 点的高程为

$$H_B = H_O + \Delta h_2 - l = H_A - \Delta h_1 + \Delta h_2 \tag{5-19}$$

将测得的 H_B 与设计值比较，指挥并放样出 B 点。注意：此法不需要量测仪器高。

当测站与目标点之间的距离超过 150m 时，应该考虑大气折光和地球曲率的影响，即

$$\Delta h = D \cdot \tan\alpha + (1 - k)\frac{D^2}{2R} \tag{5-20}$$

式中，D 为水平距离，α 为垂直角，k 为大气垂直折光系数，一般取 0.14，R 为地球曲率半径，取 6 370km。

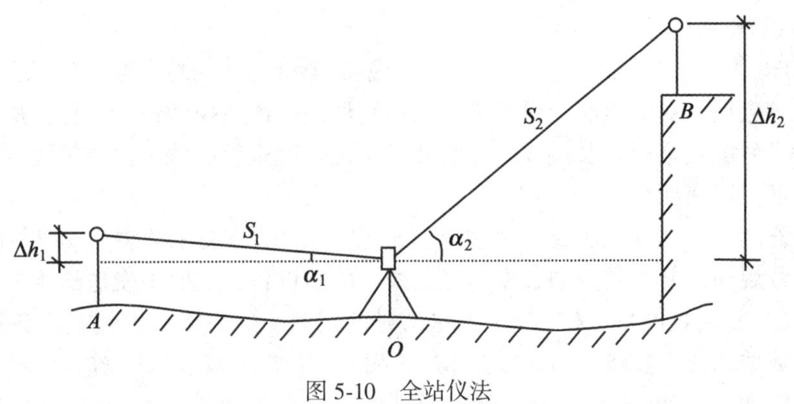

图 5-10　全站仪法

5.3　特殊的施工放样方法

对于特殊的工程，需要采取特殊的放样方法，如对超长型大桥工程，须采用网络 RTK 法放样；而对不规则建筑，常采用三维坐标法放样。下面结合实例简要讲述。

5.3.1　大跨度桥梁放样的网络 RTK 法

某跨海大桥工程连接岸上深水港航运中心与 30km 外的近海小岛，为满足航运的要求，中部主跨宽 430m，设大型双塔双索斜拉桥。为确保施工速度与施工质量，采用变水上施工为陆上施工的方案，在两个主桥墩位置各沉放一个预制钢施工平台，每个预制钢施工平台由 12 个导管架组成，如图 5-11 所示，导管架为 ϕ1 000 钢管桁架。通过测量指挥导管架沉放到位后，在导管中打入钢管固定导管架，拼装作业平台。导管架沉放位置与主桥墩设计灌注桩位空间纵横交错，其沉放位置直接影响到灌注桩的施工。设计方对导管架沉放定位提出了平面及高程小于 10cm 的精度要求。

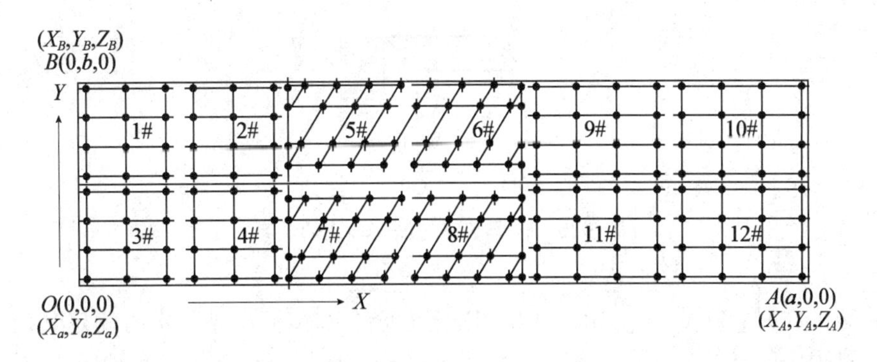

图 5-11　导管架定位示意图

该工程在岸上与小岛上已设施工控制点各 3 个，并已提供 WGS-84 坐标、北京 54 坐标及其转换七参数，工程位置离控制点距离分别约 14km 及 16km。常规测量手段无法进行坐标定位，网络RTK实时动态定位技术成了导管架沉放定位的唯一手段。

1. 网络RTK法的原理

网络RTK，又称多基准RTK，一般用2个或2个以上基准站来覆盖整个测区，利用多个基准站观测数据，对电离层、对流层以及观测误差的误差模型进行优化，从而降低载波相位测量改正后的残余误差及接收机钟差和卫星钟差改正后的残余误差等因素的影响，使流动站的精度控制在厘米级。

实时动态测量的基本思想是：在多个基准站上安置GNSS接收机，对所有可见GNSS卫星进行连续观测，并将其观测数据通过无线电传输设备，实时地发送给用户观测站。在流动站上，GNSS接收机在接收GNSS卫星信号的同时，通过无线电接收设备接收基准站传输的观测数据和转换参数，然后根据GNSS相对定位的原理，即时解算出相对基准站的基线向量和流动站的WGS-84坐标。然后通过预设的WGS-84坐标系与地方坐标系的转换参数，实时地计算并显示用户需要的三维坐标及精度。该工程使用了多台双频GNSS接收机，其标称精度为10mm+1×1ppm。

随着CORS的建立和应用，网络RTK将广泛应用于控制、碎部测量和施工放样。

2. 导管架定位

由12个导管架组成的海上施工平台，提供有设计坐标（1954年北京坐标系、1985国家高程基准），利用RTK随机软件可方便求出WGS-84坐标系与设计坐标系的转换参数，从而设置GNSS接收机，实测出沉放过程中所需要的设计坐标。

因排水需要，施工平台面有一定倾角，且平台轴线与设计坐标间存在夹角。为了方便操作，如图5-12所示建立施工平台坐标系，平台面内 X 轴、Y 轴分别平行、垂直于平台轴线，定义垂直于 OXY 平面向上为 Z 轴正向。这样，每个导管架的空间位置在平台坐标系中被唯一确定。

每个导管架在制造厂加工完成后，均用全站仪进行公差检测，公差符合要求方可沉放。加工时在如图5-12所示的CR1、CR2、CR3三个位置处设置仪器基座，作为沉放时安置GNSS天线用。加工完后用全站仪标定出3个仪器基座与加工轴线的关系，换算出其在施工平台坐标系中的空间坐标，作为沉放的理论坐标。

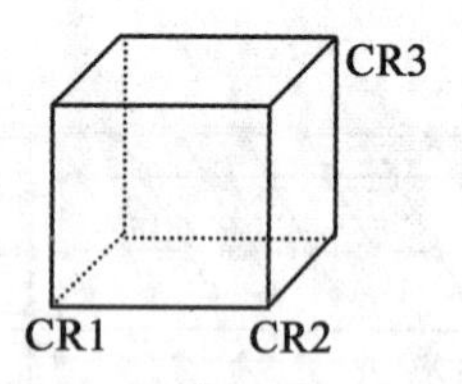

图5-12　仪器基座与加工轴线的关系

导管架沉放时，在CR1、CR2、CR3各安置1台RTK流动站，实时测定其设计坐标。由于沉放过程中的导管架倾斜、旋转，海上又无法实地标定出施工平台轴线的位置，因此很难直观地计算沉放过程中的调整量。将测得的1954年北京坐标系转换到平台坐标系后，可方便计算导管架纵向（CR1-CR2向）、横向（CR2-CR3向）方位的旋转量及整个导管架与设计位置的较差，指挥沉放作业，直至符合精度要求。操作中，编程进行坐标转换和偏差计算，采用 PDA 现场指挥作业。

3. 放样精度检测

为了验证 RTK 作业精度，在作业过程中，可采取两种检测方法：

（1）由 CR1、CR2、CR3 三点实测坐标来计算其空间距离，与全站仪标定的空间距离进行比较。通过对 200 多组实测数据的统计，空间距离较差超过 10cm 的仅有两组，具体较差分布见表 5-1。

表 5-1 较差统计情况

较差范围/cm	<5	5～7	7～10	>10
百分比/%	58.4	33.0	7.9	0.7

（2）用 GNSS 静态相对定位方法对沉放的导管架进行三点检测，其平面坐标较差为 4cm，高程坐标较差不超过 7cm。

操作中，为了避免流动站受到接收信号强弱的影响，对空间距离较差超过 7cm 的观测数据进行重测。实践证明：对跨海大桥这样的特殊工程采用网络 RTK 技术进行施工平台定位，可满足定位要求。

5.3.2 异形建筑放样的三维坐标法

异形建筑是指造型新颖、结构复杂，由圆形、球状和不规则曲面构成的大型建筑工程，如鸟巢、水立方、国家歌剧院、国内外奥林匹克场馆等。异形建筑的施工放样，难度要远高于一般建筑物。下面以上海国际会议中心为例进行说明。

上海国际会议中心造型新颖别致，如图 5-13 所示，球体与主建筑不规则相交，球体网架下部支撑于 3 层平台，上部支撑于 6 层平台，设置有水平支座，球体内部有 4 层，3～6 层间约有 3/4 个球面镶嵌在建筑物上，6 层以上为完整球面。球体边部与剪力墙相交处设置有垂直支座，在 4、5、6 层钢筋混凝土楼板上设有与球体相连接的水平梁。球体为双向正交肋环单层网壳，由 9 根主经杆和 63 根次经杆，以及 22 圈纬杆构成，钢结构呈穹隆型，并镶嵌玻璃幕墙。

设计要求为：所有杆件节点位置极限误差不超过 5mm，即中误差控制在 2.5mm。采用以三维坐标法为主的施工放样，由袖珍计算机配合全站仪组成实时三维放样测量系统。

1. 施工控制网的布设

平面控制网建立在球体内部。考虑到本工程是网架安装与建筑土建同时施工，建筑楼板又是分期浇筑，因此，控制网只能分期布设。当土建施工到 17.3m 平台，根据土建平台与球体网架基座的关系，测设十字控制线和圆心点。在 17.3m 平台上的十字控制线从圆心向两边各量 9.5m（因为最上面一层平台半径仅有 11.5m），定出 1～4 号 4 个基准控制点，如图 5-14 所示。通过传递，这 4 个控制点也是上面 4、5、6 层控制网的基准控制点。

高程传递采用悬挂钢尺法，由精密水准仪将高程传递到各层，以形成各层的高程控制。

图5-13 上海国际会议中心

在17.3m平台以上的三层平台土建施工时，要求土建施工单位配合，在1~4号4个控制点的正上方预留0.3m×0.3m的矩形孔，在1~4号基准控制点上用铅垂投点仪将平面点位传递到上层。为了保证各期控制网坐标系的统一，将向上传递后的4个点作为上一层施工控制网的基本控制点，并与上一层9个主经杆方向上的安装控制点构成边角网。经平差后，最终算得各控制点的实测值，通过采用归化法将其精确归化到各自的轴线上。

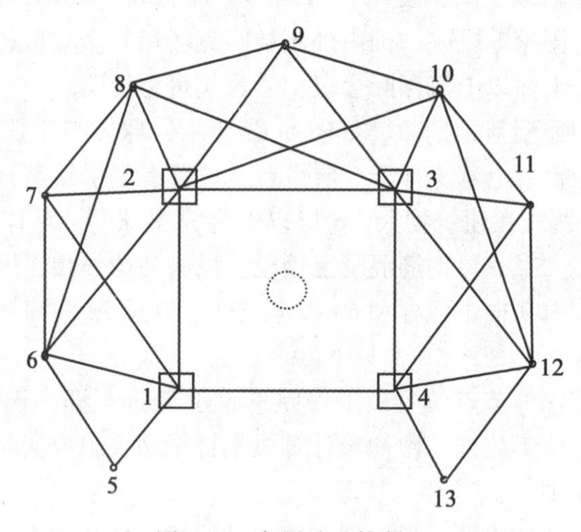

图5-14 各层施工控制网

为保证各期控制网点位的相对精度，使各期控制网实现最佳吻合，在17.3m平台以上的各期控制网采用了拟稳平差模型。在各期控制网的平差中将各控制点的设计坐标作为近似坐标输入，平差后得各点坐标的改正数，各点的归化量即为各点改正数的反号。

2. 三维坐标法放样

1）点位放样精度分析

如图5-15所示，O为测站点，P为放样点，S为斜距，Z为天顶距，α为水平方位角，则

P 点相对测站点的三维坐标为：

$$\begin{cases} X = S\sin Z\cos\alpha \\ Y = S\sin Z\sin\alpha \\ H = S\cos Z \end{cases} \tag{5-21}$$

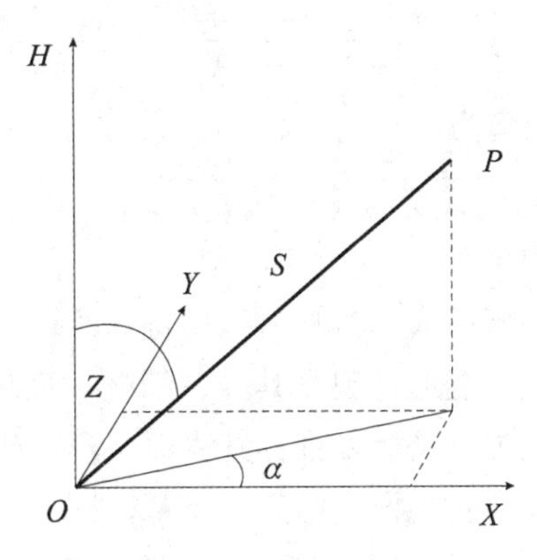

图 5-15　坐标测量原理示意图

按照测量误差理论，由上式可求得三维坐标法放样的精度为

$$\begin{cases} m_X^2 = m_S^2 \sin^2 Z \cos^2\alpha + S^2 \cos^2 Z \cos^2\alpha \cdot m_Z^2/\rho^2 + S^2 \sin^2 Z \sin^2\alpha \cdot m_\alpha^2/\rho^2 \\ m_Y^2 = m_S^2 \sin^2 Z \sin^2\alpha + S^2 \cos^2 Z \sin^2\alpha \cdot m_Z^2/\rho^2 + S^2 \sin^2 Z \cos^2\alpha \cdot m_\alpha^2/\rho^2 \\ m_H^2 = m_S^2 \cos^2 Z + S^2 \sin^2 Z \cdot m_Z^2/\rho^2;\ \rho = 206\ 265 \end{cases}$$

采用精度为 $m_Z = m_\alpha = 2''$、$m_S = \pm 1\text{mm} + 2\times 10^{-6}S$ 的全站仪，当测站至放样点的距离为 10~30m 时，m_X、m_Y、m_H 的精度均高于±1mm。

为验证上述的理论分析，对实际放样点的精度进行检测。采用经检验后的钢尺丈量放样点间的相对距离，与理论值比较，其放样点的平面位置精度 $m_P \leqslant \pm 2\text{mm}$；同样，对放样点的高程与等级水准测量的结果进行比较，均小于 ±2mm。

2）临时控制点的放样

以上建立的用于放样 9 根主经杆的控制点，可方便用于控制 9 根主经杆沿球的切线方向和法线方向安装就位。然而对于 63 根次经杆的安装，同样需要控制点来指挥安装就位。为了方便作业，采用一种简便方法来建立相应的 63 个临时控制点。其方法是利用已建立的 9 个主经杆方向上的控制点，如图 5-16 所示，每两个主经杆控制点（A，B）之间有 7 个次经杆控制点，并且各点之间与球心间隔角度为 5°。在两个主经杆控制点之间连接一长条钢板，并用膨胀螺丝将其固定在楼板上，然后计算出各临时控制点沿 AB 方向与 A 点的距离，从而在钢板上对临时控制点进行标记。其临时控制点坐标及距离的计算如下：

AB 的直线方程为

$$\frac{Y_i - Y_A}{X_i - X_A} = \frac{Y_B - Y_A}{X_B - X_A},\ i = 1,\ 2,\ \cdots,\ 7 \tag{5-22}$$

过球心 O、方向为 α_i 的第 i 个临时控制点直线方程为

$$Y_i - Y_O = \tan\alpha_i(X_i - X_O) \tag{5-23}$$

上面二式联立求得第 i 个临时控制点的坐标为

$$\begin{cases} X_i = \dfrac{(Y_O - Y_A - X_O\tan\alpha_i)(X_B - X_A) + (Y_B - Y_A)X_A}{(Y_B - Y_A) - (X_B - X_A)\tan\alpha_i} \\ Y_i = \dfrac{(Y_B - Y_A)(Y_O + X_A - X_O) - Y_A(X_B - X_A)\tan\alpha_i}{(Y_B - Y_A) - (X_B - X_A)\tan\alpha_i} \end{cases} \tag{5-24}$$

第 i 个临时控制点到 A 点的距离为

$$S_{Ai} = \sqrt{(X_A - X_i)^2 + (Y_A - Y_i)^2},\ i = 1,\ 2,\ \cdots,\ 7 \tag{5-25}$$

3）经、纬杆节点坐标的计算

球钢结构主要由经杆和纬杆组成，其材料采用特殊的矩形钢管，测量时无法直接观测到矩形钢管节点的中心，因此只能通过观测其经、纬杆表面位置来计算其中心点的坐标，或以设计图纸上经、纬杆中心位置坐标来推算其表面位置的放样坐标。安装放样时，将平面反射片标志粘贴在钢管表面位置。设（X'_i，Y'_i，H'_i）为钢管几何中心的坐标；（X_i，Y_i，H_i）为钢管表面放样点的坐标；b 为钢管的厚度；由图 5-17 得

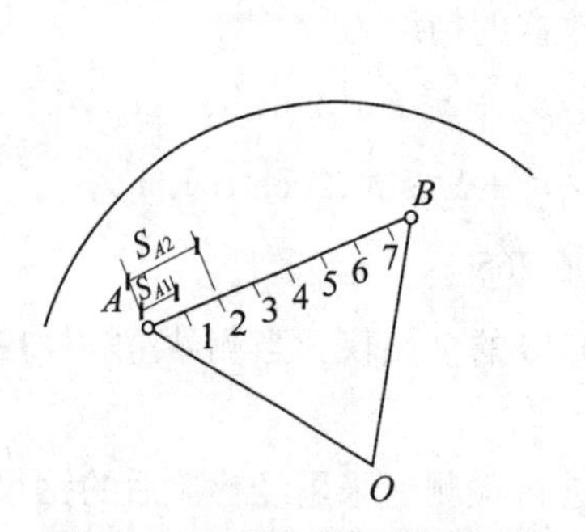

图 5-16 临时控制点内插放样

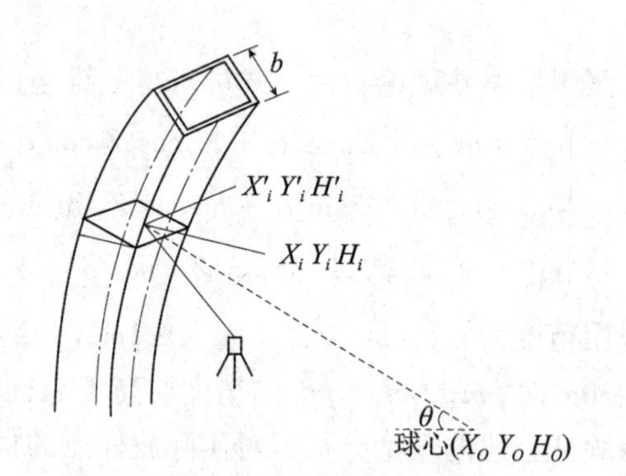

图 5-17 经杆位置放样示意图

$$\sin\theta = \frac{H'_i - H_O}{\sqrt{(X'_i - X_O)^2 + (Y'_i - Y_O)^2 + (H'_i - H_O)^2}} \tag{5-26}$$

$$\cos\theta = \sqrt{1 - \sin^2\theta} \tag{5-27}$$

$$\begin{cases} X_i = (R - \dfrac{b}{2})\cos\theta\cos\alpha + X_O \\ Y_i = (R - \dfrac{b}{2})\cos\theta\sin\alpha + Y_O \\ H_i = (R - \dfrac{b}{2})\sin\theta + H_O \end{cases} \tag{5-28}$$

4）球与钢筋混凝土墙面不规则相交放样坐标计算

如图 5-18 所示，钢球与土建垂直墙面在 3~6 层有两处相交，并在该两处墙面各设置 11 只垂直支座，从而与各纬圈相连接。

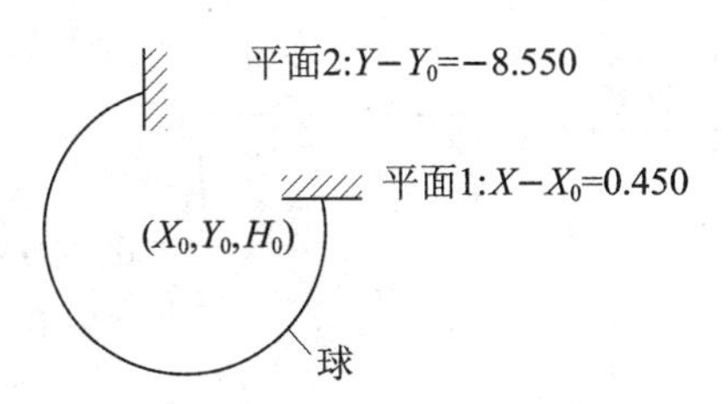

图 5-18 球与竖直墙面相交示意图

在竖直平面 1 处相交，得交线方程如下：

$$\begin{cases}(X-X_0)^2+(Y-Y_0)^2+(H-H_0)^2=R^2\\ X-X_0=0.45\end{cases} \tag{5-29}$$

式中，$X_0=Y_0=0$，$H_0=22.600\text{m}$，R 为球半径。

由于上式为 $Y-H$ 平面曲线，故只要设定 H 就可求出相应的 Y 值。

同样，在竖直平面 2 处相交，得交线方程如下：

$$\begin{cases}(X-X_0)^2+(Y-Y_0)^2+(H-H_0)^2=R^2\\ Y-Y_0=-8.55\end{cases} \tag{5-30}$$

式中，(X_0, Y_0, H_0) 为球心坐标，R 为球半径。

由于式（5-30）为 $X-H$ 平面曲线，放样分两步：第一步在混凝土墙面浇筑前，放样 22 只预埋件；第二步是混凝土浇筑后，在预埋件上精确放样出 22 只垂直支座，以使其能与各纬圈精密连接。

3. 钢结构球体网架安装步骤

（1）先在地面将径向杆件在胎模上预拼装成大约 6.5m 长的构件。球体径向构件分成 5 至 6 段。自支座起向上逐条安装。安装时，在 6 层以下部位以外脚手架为主要支撑，用手拉葫芦将预拼的径向杆件吊起、就位。

（2）安装第一根径向杆时，须待 4 层（+23.90m）砼浇筑完成，在该层砼板侧向设置预埋铁，以便经杆安装时作固定支撑点。用脚手管、扣件组成空间桁架固定经杆上部，如图 5-19 所示。

（3）通过测量仪器及样棒确定系统经杆端点的空间位置后，固定经杆，依次烧焊端顶的纬杆。端顶纬杆焊完围成圈后，复测第一层经杆及端顶纬杆的空间位置，检查合格后可进行端顶至支座的纬杆并开始安装第二根经杆，以此逐层向上安装。

（4）球体构架安装至 6 层时，需搭设满堂脚手架来临时固定经杆及焊接安装。因 6 层至球体构架距离较远，且脚手管固定经杆强度及稳定性不够，故采用 10#~20#槽钢双拼组成临时支撑杆进行经杆固定。

（5）第三段经杆用槽钢固定在 5 层钢筋混凝土楼板外沿，第四、五段用槽钢固定在 6 层钢筋混凝土楼板及外沿处。

（6）球体顶部第一节的经杆在地面进行预拼成形。第六段经杆安装时，与第五段经杆连接采用点焊固定，然后利用塔吊将预拼的球体顶部第一节吊装就位，以球体顶部构件

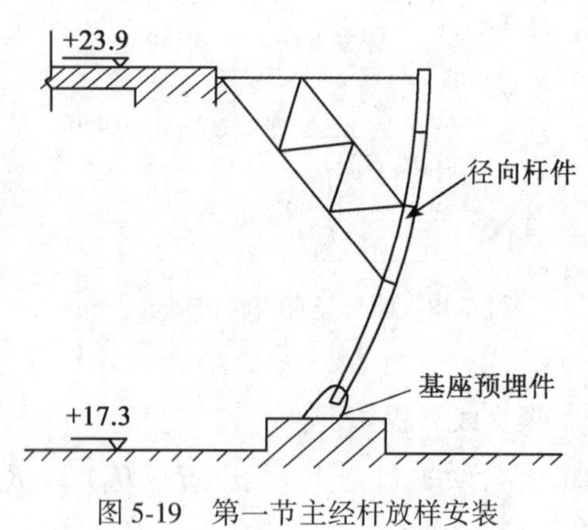

图 5-19　第一节主经杆放样安装

及第五段经杆对第六段经杆进行校正，校正完毕后满焊固定。

（7）每段经向组装构件安装时采用专用夹具初步就位，在测量、复查合格后，用刚性连接零件点焊固定构件。

（8）网壳由下而上逐段安装，内、外钢管脚手架、顶撑及斜撑、拉杆等配合工作同步跟上施工进度。

4. 袖珍计算机配合全站仪放样

（1）实现全站仪与袖珍计算机的连接通信，实测数据可直接传输给计算机，从而避免数据抄记、输入错误。

（2）所有计算及平差全由袖珍计算机程序完成，大大减轻了人工计算的复杂性。

（3）本项目每层所有的控制点（每层 72 点，共 4 层）成果均存入袖珍计算机，使用时只要输入点号就能调出三维坐标。

（4）所有经、纬杆节点的放样坐标均存入袖珍计算机中。放样时，只要输入测站号、后视方向号及放样点号，就能调出相应的放样坐标及放样元素，以供直接放样，大大简化了外业步骤。

5.4　道路曲线及放样数据计算

道路的走向和线形受地形、地物、水文和地质等因素的影响，线路在平面上不可能是一条直线，而是由许多直线段和曲线段组成，这种曲线称为平曲线。在铁路、公路常用的平曲线有圆曲线、缓和曲线、回头曲线和复曲线（由两个不同半径的圆曲线组成）等。另外，受地形起伏的影响，线路上的坡度也要发生变化。两相邻坡度的代数差超过一定数值时，变坡处要用曲线连接，这种曲线称为竖曲线。道路曲线的典型形式如图 5-20 所示。将铁路、公路的曲线按设计坐标标定在实地上的测量工作称为曲线测设（也称曲线放样）。曲线测设涉及曲线类型、曲线参数和曲线方程等知识，须进行曲线坐标及放样数据计算。本节将详细讲述。

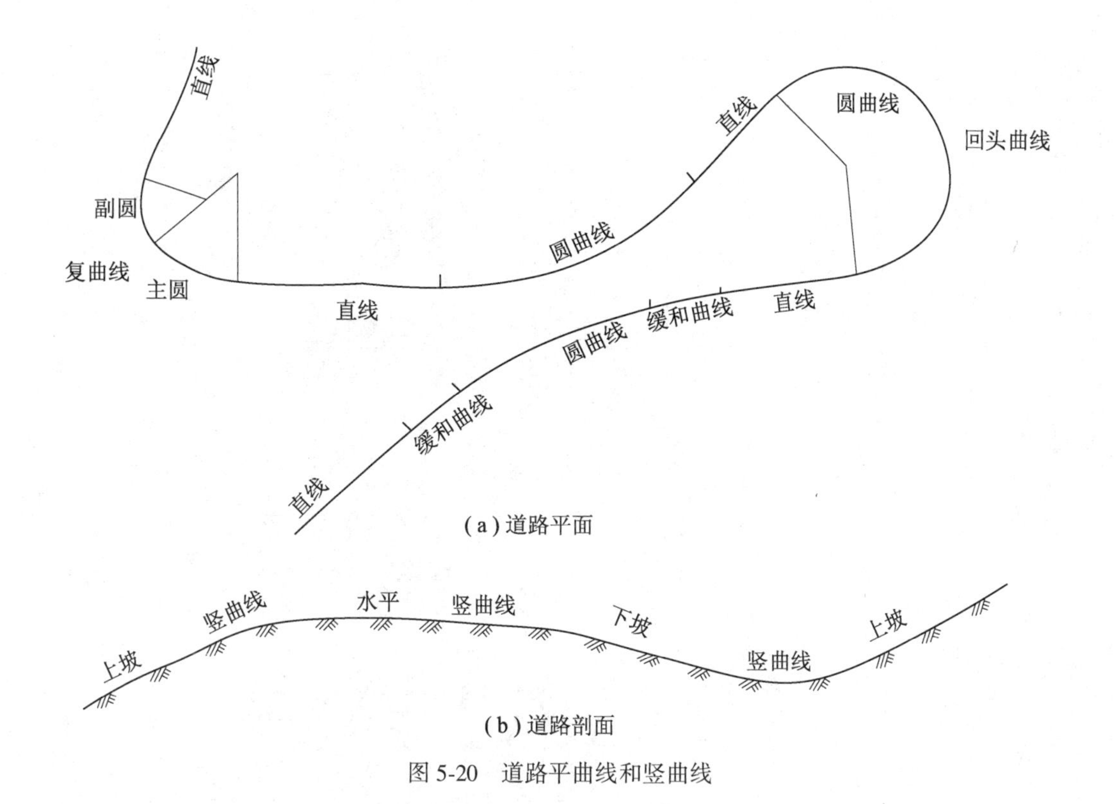

图 5-20 道路平曲线和竖曲线

5.4.1 圆曲线

圆曲线分为单圆曲线和复曲线两种。具有单一半径的曲线称为单圆曲线，具有两个或两个以上不同半径的曲线称为复曲线。因此，复曲线是由两个或两个以上的单圆曲线构成，可以分段进行分析。

1. 圆曲线及其构成

如图 5-21 所示，线路在交点 JD 处改变方向，线路方向（线路转向角 α ）确定后，圆曲线半径 R 的大小由设计人员根据地形及地物分布状况按设计规范加以选择。这样，圆曲线和两直线段的切点位置 ZY 点、YZ 点便被确定下来，对圆曲线相对位置起控制作用的直圆点 ZY、圆直点 YZ 和曲中点 QZ 称为圆曲线的主点。

线路转向角 α、圆曲线半径 R、切线长 T (交点至直圆点或圆直点的长度)、曲线长 L (由直圆点经曲中点至圆直点的弧长)、外矢距 E (交点至圆曲线中点 QZ 的距离) 和切曲差 q (切线长和曲线之差) 称为圆曲线的曲线要素。所谓曲线要素，是指确定曲线形状、计算曲线坐标必需的元素，只要知道了圆曲线上述的 6 个曲线要素，便可进行曲线计算和实地放样了。

复曲线由主圆和副圆构成，如图 5-22 所示。

2. 曲线要素及主点里程计算

曲线偏角 α 是在线路详测时测放出的，圆曲线半径 R 是在设计中根据线路的等级以

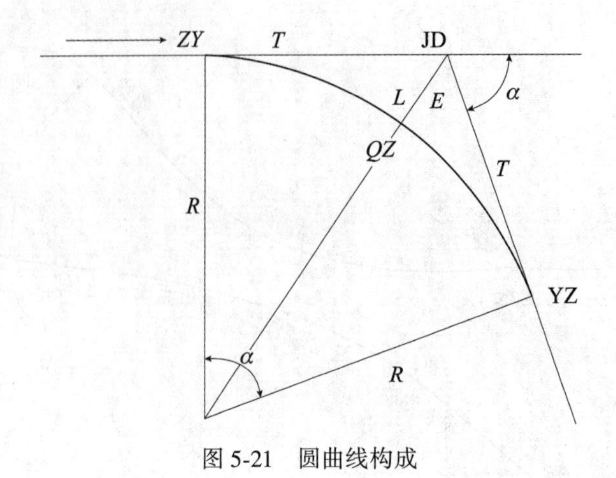

图 5-21　圆曲线构成

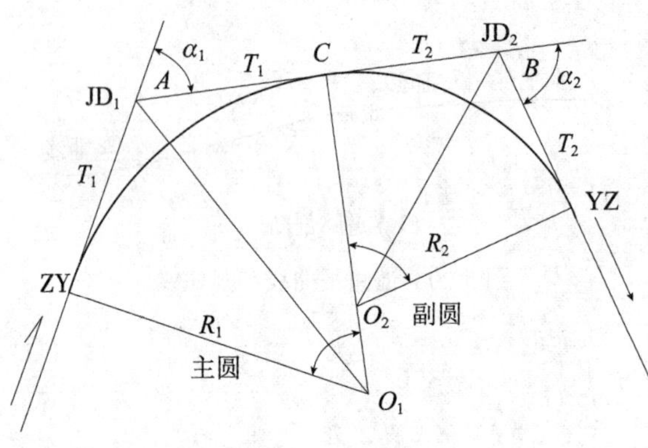

图 5-22　复曲线构成

及现场地形条件等因素选定的，其余要素可根据以下公式计算：

$$\begin{cases} T = R\tan\dfrac{\alpha}{2} \\ L = R\alpha\dfrac{\pi}{180^\circ} \\ E = R\left(\sec\dfrac{\alpha}{2} - 1\right) \\ q = 2T - L \end{cases} \tag{5-31}$$

圆曲线的主点应标注里程。计算方法如下：

$$\begin{cases} K_{ZY} = K_{JD} - T \\ K_{QZ} = K_{ZY} + L/2 \\ K_{YZ} = K_{ZY} + L \\ \text{检核：} K_{JD} = K_{QZ} + q/2 = K_{ZY} + T \end{cases} \tag{5-32}$$

3. 圆曲线中线点独立坐标计算

以 ZY 点（或 YZ 点）为坐标原点 o'（或 o''），通过 ZY 点（或 YZ 点）并指向交点 JD

的切线方向为 x' 轴（或 x'' 轴）正向，过 ZY 点（或 YZ 点）且指向圆心方向为 y' 轴（或 y'' 轴）正向，分别建立两个独立的直角坐标系 $x'o'y'$（或 $x''o''y''$），如图 5-23 所示。其中坐标系 $x'o'y'$ 对应于圆曲线 ZY ~ QZ 段；坐标系 $x''o''y''$ 对应于圆曲线 YZ ~ QZ 段。对于 ZY ~ QZ 段上任意一点 i，若要计算其在 $x'o'y'$ 中的坐标，设其在线路中的里程桩号为 K_i，则 ZY 点至 i 点的弧长 L_i 为：

$$L_i = K_i - K_{ZY} \tag{5-33}$$

其对应的圆心角为 ϕ_i。

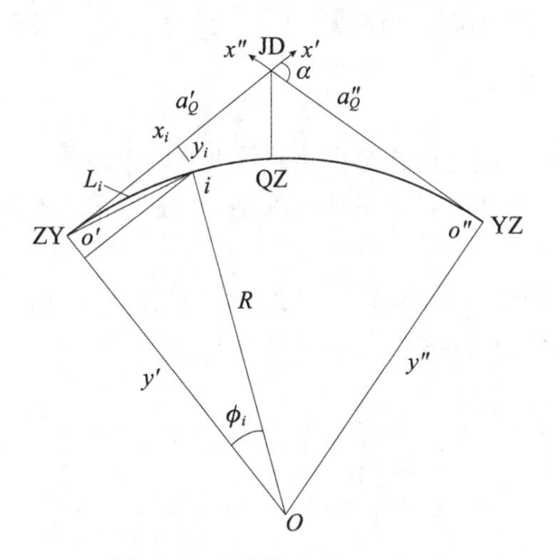

图 5-23 圆曲线的独立坐标系

由圆曲线性质，可得测设元素：

$$\begin{cases} \phi_i = \dfrac{L_i 180°}{\pi R} \\ x_i = R\sin\phi_i \\ y_i = R(1 - \cos\phi_i) \end{cases} \tag{5-34}$$

$x''o''y''$ 坐标系中，圆曲线 YZ ~ QZ 段上任意一点的独立坐标计算公式与式（5-34）相同，但弧长 L_i 的计算公式不能用式（5-33），而是用下式计算

$$L_i = K_{YZ} - K_i \tag{5-35}$$

4. 圆曲线中线点线路坐标计算

设 JD 的线路坐标为（X_{JD}，Y_{JD}），ZY 点到 JD 点的线路坐标方位角为 α'_Q，YZ 点到 JD 点的线路坐标方位角为 α''_Q。则可以分别求得 ZY 点、YZ 点的线路坐标为：

$$\begin{cases} X_{ZY} = X_{JD} - T \cdot \cos\alpha'_Q \\ Y_{ZY} = Y_{JD} - T \cdot \sin\alpha'_Q \\ X_{YZ} = X_{JD} - T \cdot \cos\alpha''_Q \\ Y_{YZ} = Y_{JD} - T \cdot \sin\alpha''_Q \end{cases} \tag{5-36}$$

利用坐标换算公式，即可把 ZY ~ QZ 段线路上 $x'o'y'$ 坐标系中任意一点 i 的独立坐标（x_i，y_i）转换为线路坐标（X_i，Y_i），即

$$\begin{cases} X_i = X_{ZY} + x_i \cdot \cos\alpha'_Q - y_i \cdot \sin\alpha'_Q \\ Y_i = Y_{ZY} + x_i \cdot \sin\alpha'_Q + y_i \cdot \cos\alpha'_Q \end{cases} \tag{5-37}$$

同样，利用坐标换算公式，也可把 YZ～QZ 段线路上 $x''o''y''$ 坐标系中任意一点 j 的独立坐标（x_j，y_j）转换为线路坐标（X_j，Y_j），即

$$\begin{cases} X_j = X_{YZ} + x_j \cdot \cos\alpha''_Q + y_j \cdot \sin\alpha''_Q \\ Y_j = Y_{YZ} + x_j \cdot \sin\alpha''_Q - y_j \cdot \cos\alpha''_Q \end{cases} \tag{5-38}$$

需要说明的是，式（5-37）和式（5-38）均是以线路偏角 α 为右折角的情况推导出来的。当线路偏角 α 为左折角时，只需要用“$-y_i$ 或 $-y_j$”代替“y_i 或 y_j”即可。

5.4.2　带缓和曲线的圆曲线

缓和曲线是直线与圆曲线之间或半径相差较大的两个转向相同的圆曲线之间介入的一段曲率半径由∞渐变至圆曲线半径 R 的一种线型，它起缓和及过渡的作用。

1. 缓和曲线常数的确定

如图 5-24 所示，在圆曲线两端加设等长的缓和曲线 L_S 以后，曲线主点包括：直缓点 ZH、缓圆点 HY、曲中点 QZ、圆缓点 YH、缓直点 HZ。

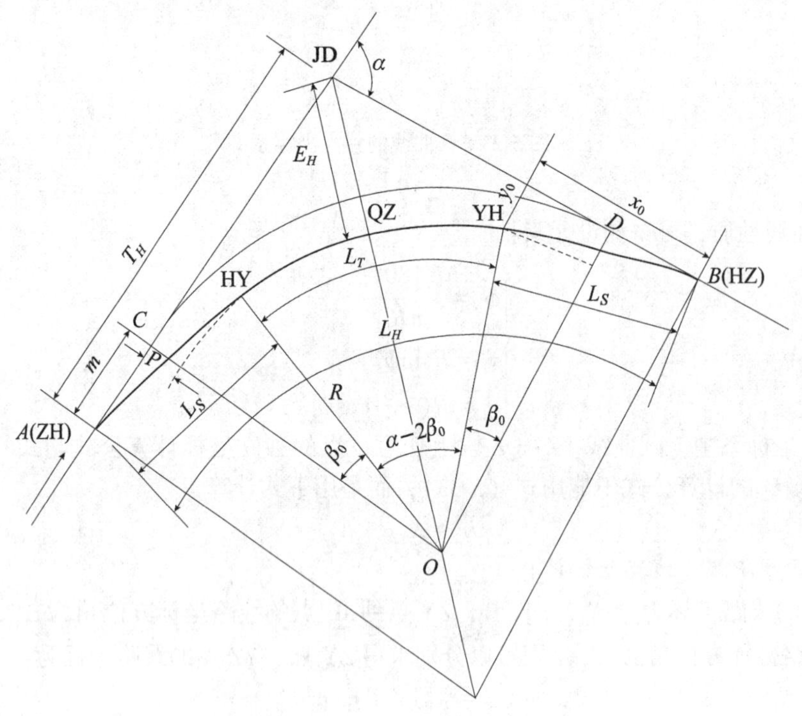

图 5-24　缓和曲线构成及曲线要素

β_0 为缓和曲线的切线角，即缓和曲线所对的中心角。自圆心向直缓点 ZH 或缓直点 HZ 的切线作垂线 OC 和 OD，并将圆曲线两端延长至垂线，则 m 为直缓点 ZH（或缓直点 HZ）至垂足的距离，称为切垂距（也称切线增量）；P 为垂线长 OC 或 OD 与圆曲线半径 R

之差，称为圆曲线内移量。

m、P 和 β_0 称为缓和曲线参数，可分别由下式求得

$$\begin{cases} m = \dfrac{L_S}{2} - \dfrac{L_S^3}{240R^2} \\ P = \dfrac{L_S^2}{24R} \\ \beta_0 = \dfrac{L_S}{2R} \cdot \dfrac{180°}{\pi} \end{cases} \tag{5-39}$$

2. 曲线综合要素的计算

带缓和曲线的圆曲线的综合曲线要素是：线路转向角 α、圆曲线半径 R、缓和曲线长 L_S、切线长 T_H、曲线长 L_H、外矢距 E_H 和切曲差 q。即在圆曲线的曲线要素基础上加缓和曲线长 L_S。

当确定线路转角 α、圆曲线半径 R 和缓和曲线长 L_S 之后，先由式（5-39）计算缓和曲线常数，然后计算下述各综合要素：

$$\begin{cases} T_H = m + (R + P)\tan\dfrac{\alpha}{2} \\ L_H = \dfrac{\pi R}{180}(\alpha - 2\beta_0) + 2L_S \\ E_H = (R + P)\sec\dfrac{\alpha}{2} - R \\ q = 2T_H - L_H \end{cases} \tag{5-40}$$

3. 曲线主点里程的计算

带缓和曲线的圆曲线主点由原来的 3 个增加到 5 个，分别为：ZH（直缓点）、HY（缓圆点）、QZ（曲中点）、YH（圆缓点）、HZ（缓直点）。

交点 JD 的里程是由设计提供的，为设计值。若用 K_{JD} 来表示交点 JD 的里程，则曲线主点里程计算如下：

$$\begin{cases} K_{\mathrm{ZH}} = K_{\mathrm{JD}} - T_H \\ K_{\mathrm{HY}} = K_{\mathrm{ZH}} + L_S \\ K_{\mathrm{QZ}} = H_{\mathrm{ZH}} + L_H/2 \\ K_{\mathrm{YH}} = K_{\mathrm{HY}} + L_T \\ K_{\mathrm{HZ}} = K_{\mathrm{YH}} + L_S \\ \text{检核：} K_{\mathrm{JD}} = K_{\mathrm{QZ}} + q/2 \end{cases} \tag{5-41}$$

4. 曲线独立坐标计算

以 ZH 点（或 HZ 点）为坐标原点 o'（或 o''），通过 ZH 点（或 HZ 点）并指向交点 JD 的切线方向为 x' 轴（或 x'' 轴）正向，过 ZH 点（或 HZ 点）且指向曲线弯曲方向为 y' 轴（或 y'' 轴）正向，分别建立两个独立的直角坐标系 $x'o'y'$（或 $x''o''y''$），如图 5-25 所示。其中，坐标系 $x'o'y'$ 对应于缓和曲线 ZH～HY 段；坐标系 $x''o''y''$ 对应于缓和曲线 HZ～YH 段。而圆曲线部分即可以在 $x'o'y'$ 坐标系中计算，也可以在 $x''o''y''$ 坐标系中计算。

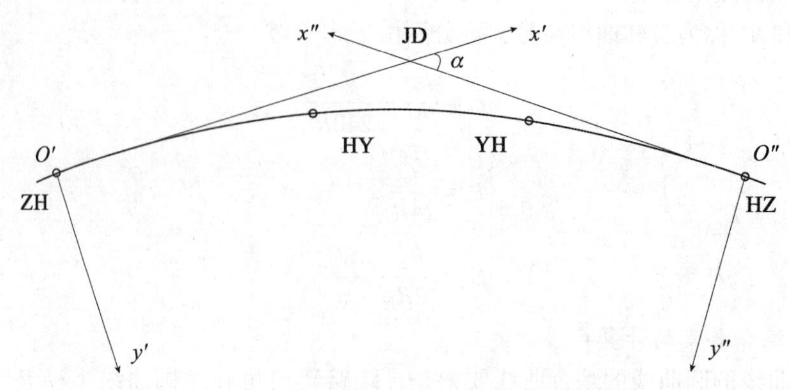

图 5-25　带缓和曲线的圆曲线的独立坐标系

1）缓和曲线段独立坐标计算

在 $x'o'y'$ 中，若要计算 ZH～HY 段上任意一点 i 的坐标，设其在线路中的里程桩号为 K_i，则 ZH 点至 i 点的弧长 l_i 为

$$l_i = K_i - K_{ZH} \tag{5-42}$$

这里不加推导地直接给出缓和曲线段独立坐标的简化计算公式为

$$\begin{cases} x_i = l_i - \dfrac{l_i^5}{40R^2L_S^2} \\ y_i = \dfrac{l_i^3}{6RL_S} \end{cases} \tag{5-43}$$

式中，l_i 为自 ZH 点起的曲线长，L_S 为缓和曲线长，R 为曲线半径。

$x''o''y''$ 坐标系中，缓和曲线 HZ～YH 段上任意一点的独立坐标计算公式同式（5-43），但 HZ 点至 i 点的弧长 l_i 的计算公式为

$$l_i = K_{HZ} - K_i \tag{5-44}$$

2）圆曲线段独立坐标计算

在 $x'o'y'$ 中，若要计算圆曲线段（HY～YH 段）上任意一点 i 的坐标，由图 5-26 可以看出

$$\begin{cases} x_i = m + R\sin\phi_i \\ y_i = p + R(1 - \cos\phi_i) \end{cases} \tag{5-45}$$

其中，

$$\begin{cases} \phi_i = \beta_0 + \dfrac{l_i - L_S}{R} \cdot \dfrac{180}{\pi} = \dfrac{l_i - 0.5L_S}{R} \cdot \dfrac{180}{\pi} \\ l_i = K_i - K_{ZH} \end{cases} \tag{5-46}$$

若要在 $x''o''y''$ 坐标系中来计算圆曲线段上任意一点 i 的坐标，仍可以用公式（5-45）和式（5-46），但弧长 l_i 应采用式（5-44）计算。

5. 曲线线路坐标计算

设 JD 的线路坐标为（X_{JD}，Y_{JD}），ZH 点到 JD 点的线路坐标方位角为 α_{ZH}，HZ 点到

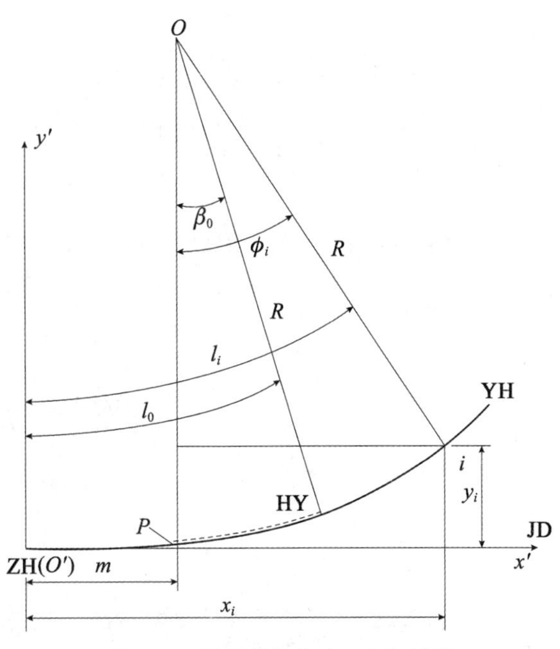

图 5-26 缓和曲线点独立坐标计算

JD 点的线路坐标方位角为 α_{HZ}，则可以分别求得 ZH 点、HZ 点的线路坐标为：

$$\begin{cases} X_{ZH} = X_{JD} - T \cdot \cos\alpha_{ZH} \\ Y_{ZH} = Y_{JD} - T \cdot \sin\alpha_{ZH} \\ X_{HZ} = X_{JD} - T \cdot \cos\alpha_{HZ} \\ Y_{HZ} = Y_{JD} - T \cdot \sin\alpha_{HZ} \end{cases} \tag{5-47}$$

利用坐标换算公式，即可把 ZH～YH 曲线段上 $x'o'y'$ 坐标系中任意一点 i 的独立坐标（x_i，y_i）转换为线路坐标（X_i，Y_i），即

$$\begin{cases} X_i = X_{ZH} + x_i \cdot \cos\alpha_{ZH} - y_i \cdot \sin\alpha_{ZH} \\ Y_i = Y_{ZH} + x_i \cdot \sin\alpha_{ZH} + y_i \cdot \cos\alpha_{ZH} \end{cases} \tag{5-48}$$

同样，利用坐标换算公式，也可把 HY～HZ 曲线段上 $x''o''y''$ 坐标系中任意一点 j 的独立坐标（x_j，y_j）转换为线路坐标（X_j，Y_j），即

$$\begin{cases} X_j = X_{HZ} + x_j \cdot \cos\alpha_{HZ} + y_j \cdot \sin\alpha_{HZ} \\ Y_j = Y_{HZ} + x_j \cdot \sin\alpha_{HZ} - y_j \cdot \cos\alpha_{HZ} \end{cases} \tag{5-49}$$

需要说明的是，式（5-48）和式（5-49）均是以线路偏角 α 为右折角的情况推导出来的。当线路偏角 α 为左折角时，只需要用“$-y_i$ 或 $-y_j$”代替“y_i 或 y_j”即可。

5.4.3 回头曲线

为克服地形障碍，线路一次改变方向 180°以上，所设置的由直线、缓和曲线和圆

曲线组成的曲线称回头曲线（亦称套线），如图 5-27 所示。回头曲线的曲线要素计算公式如下：

$$\begin{cases}\alpha = 360° - (\theta_1 + \theta_2) \\ T = (R + P)\tan\left(\dfrac{\theta_1 + \theta_2}{2}\right) - m \\ L = \dfrac{\pi \cdot R}{180°} \cdot (\alpha - 2\beta_0) + 2l_0\end{cases} \tag{5-50}$$

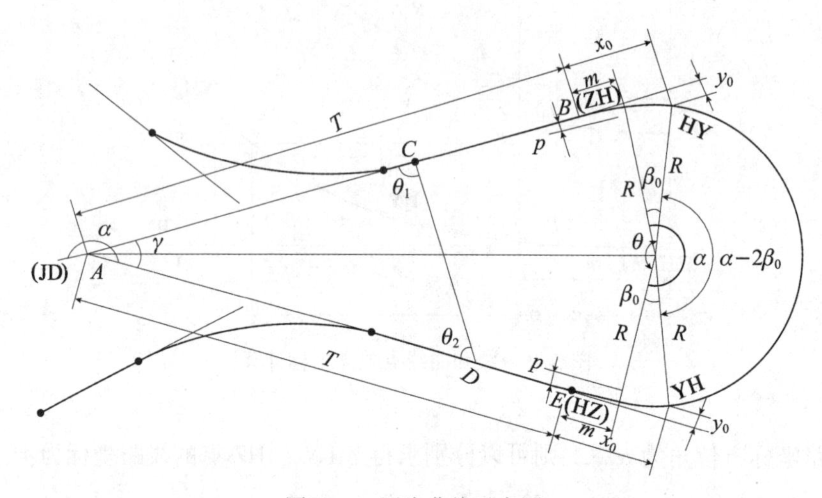

图 5-27　回头曲线示意图

5.4.4　竖曲线

纵断面上相邻两条纵坡线相交的转折处，为了行车平顺用一段曲线来缓和，这条连接两纵坡线的曲线叫竖曲线。竖曲线的形状，一般采用二次抛物线形式。

纵断面上相邻两条纵坡线相交形成转坡点，其相交角用转坡角表示。如图 5-28 所示，设相邻两纵坡坡度分别为 i_1 和 i_2，则相邻两坡度的代数差即转坡角为 $\omega = i_1 - i_2$，其中 i_1、i_2 为本身之值，当上坡时取正值，下坡时取负值。当 $i_1 - i_2$ 为正值时，竖曲线转坡点在曲线上方，则为凸形竖曲线；当 $i_1 - i_2$ 为负值时，为凹形竖曲线。

1. 竖曲线基本方程和曲线要素计算

采用二次抛物线作为竖曲线的基本方程为 $x^2 = 2Py$，若取抛物线参数 P 为竖曲线的半径 R，则有

$$x^2 = 2Ry,\quad y = \frac{x^2}{2R} \tag{5-51}$$

（1）切线上任意点与竖曲线间的竖距 h 通过推导可得：$h = PQ = y_p - y_q = \dfrac{l^2}{2R}$；

（2）竖曲线曲线长：$L = R\omega$；

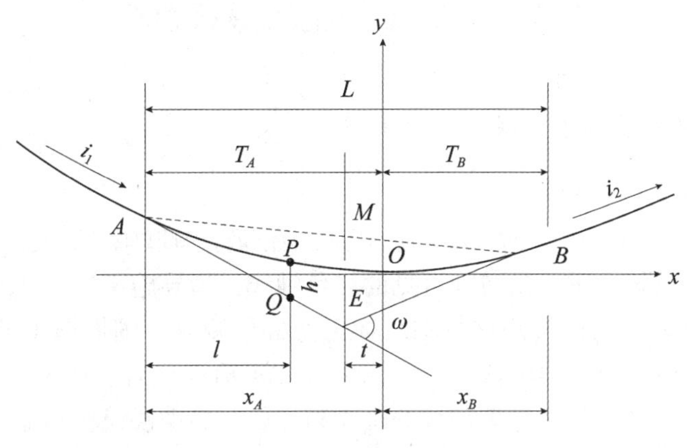

图 5-28 竖曲线示意图

(3) 竖曲线切线长：$T=T_A=T_B\approx\frac{L}{2}=\frac{R\omega}{2}$；

(4) 竖曲线的外距：$E=\frac{T^2}{2R}$；

(5) 竖曲线上任意点至相应切线的距离：$y=\frac{x^2}{2R}$.

式中，x 为竖曲任意点至竖曲线起点（终点）的距离；R 为竖曲线的半径。

2. 竖曲线计算

竖曲线计算的目的是确定设计纵坡上指定桩号的路基设计标高，其计算步骤如下：

(1) 计算竖曲线的基本要素：竖曲线长 L，切线长 T，外距 E。

(2) 计算竖曲线起终点的桩号：竖曲线起点的桩号 = 变坡点的桩号 $-T$；竖曲线终点的桩号 = 变坡点的桩号 $+T$；

(3) 计算竖曲线上任意点切线标高及改正值：

切线标高 = 变坡点的标高 $\pm(T-x)\times i$，

改正值：$y=\frac{x^2}{2R}$

(4) 计算竖曲线上任意点设计标高：

某桩号在凸形竖曲线的设计标高 = 该桩号在切线上的设计标高 $-y$；某桩号在凹形竖曲线的设计标高 = 该桩号在切线上的设计标高 $+y$。

5.4.5 曲线测设方法

曲线测设（或曲线放样）包括曲线主点测设和曲线点放样、平面和高程放样、曲线中线和边线放样。曲线放样的方法较多，过去的偏角法和切线支距法，现在已基本不用了。极坐标法、自由设站法和 GNSS-RTK 法是曲线测设的常用方法（参见本章 5.2.2），可根据情况选用。

5.5　典型工程施工放样举例

5.5.1　三峡工程的特殊施工放样

1. 截流与围堰工程放样

（1）采用激光指向仪用于围堰的填筑施工。在位于围堰轴线的延长线上安置激光指向仪，为夜间施工填筑提供一条清晰可见的红色轴线，指导施工。

（2）采用全站仪自由设站法进行轴线标定及桩号测量。围堰施工的轴线标定包括戗堤轴线、同堰体轴线、石渣堤轴线等，为标出某结构轴线，只须在该轴线附近置放棱镜，测定该镜点坐标，计算该镜点偏离轴线的距离和方位，移动棱镜精确标定出轴线点并测定该轴线点坐标；根据测定的轴线点坐标计算该点的桩号（里程），为正确反映施工进度提供依据；特别是在围堰戗堤龙口段即将合拢的施工过程中，迅速、高频率、可靠地测定出龙口两端的进占桩号（里程），对现场施工、指挥、决策、确保截流成功起着重要作用。

2. 深基坑与高边坡开挖放样

三峡工程各建筑物基础均为深基坑和高边坡开挖形成，如永久船闸、临时船闸、导流明渠、二期工程、三期工程的基础均属于深基坑开挖，茅坪溪防护土石坝、三期工程右岸的边坡开挖属于高边坡开挖。

三峡工程的深基坑和高边坡开挖的形体一般为直线或曲线形，并且其开挖结构边线均有或可以找出其数学模型，因此采用全站仪自由设站法放样较为简便。

如图 5-29 所示，A、B 为直线型开挖结构边线上的任意两点，其三维坐标分别为 $A(X_A, Y_A, H_A)$、$B(X_B, Y_B, H_B)$，相应桩号为 S_A、S_B，现用自由测点法测得 P 点坐标为 $P(X_P, Y_P, H_P)$，则 P 点到的开挖结构边线距离为

$$L = D_{AP} \times \sin(\alpha_{AP} - \alpha_{AB}) \tag{5-52}$$

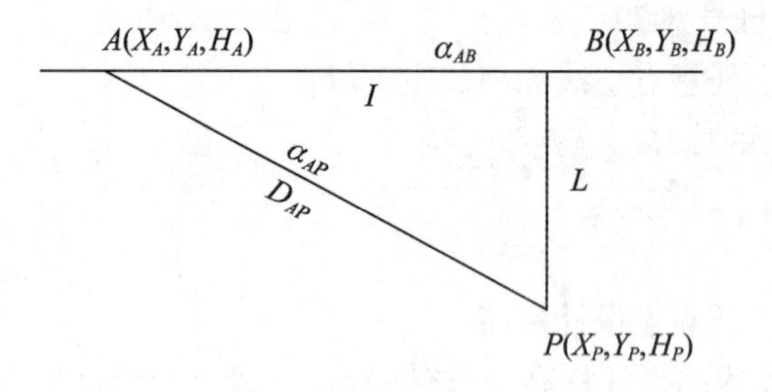

图 5-29　直线型开挖示意图

如图 5-30 为一曲线型开挖结构边线，$A(X_A, Y_A, H_A)$ 为其上任意一点，其平面曲线的圆心坐标为 $O(X_O, Y_O)$。现用自由设站法测得一点 $P(X_P, Y_P, H_P)$，则 P 点到开挖结构边线的距离：

$$L = D_{OA} - D_{OP} \tag{5-53}$$

式中，D_{OA}，D_{OP} 可由两点间距离公式计算。然后根据 L 值将放样的点移至结构边线上。

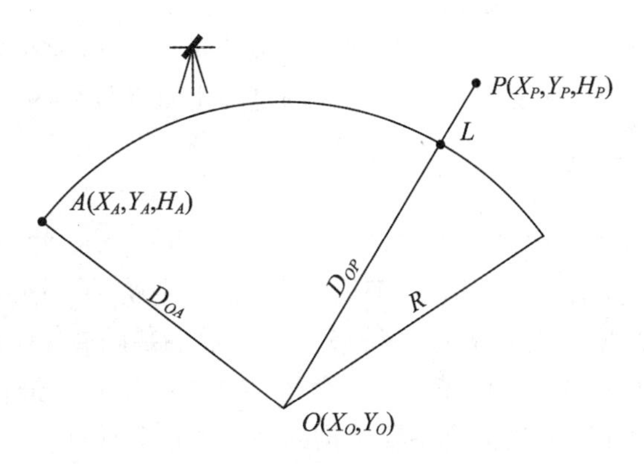

图 5-30　曲线形开挖示意图

3. 混凝土坝块的立模放样

三峡工程挡水建筑物为直线型混凝土坝，其坝块均为矩形，每层浇筑混凝土的厚度为 1.5m~2.0m，该放样属日常性工作。由于大坝的每层坝块均由矩形构成，因此放样方法比较简单，一般先采用全站仪边角后方交会法测设测站点，然后用极坐标法或直角坐标法放样出细部立模轮廓点。

随着坝体的升高，在仓面上的测站会与上、下游围堰上的控制点通视困难，且高差很大。为此，必须视坝体周围情况，在高坝块上建造混凝土标墩或钢架标，或根据坝块上升情况在高坝块的墙面建造墙面标点，作为后续放样的控制点。

4. 特殊形体的放样

三峡工程混凝土纵向围堰上，纵堰外椭圆段平面布置由两条椭圆曲线，即 $E1$、$E2$ 及与 $E1$ 偏离 8m 的平行曲线组成，如图 5-31 所示。其中 $E1$ 曲线为混凝土纵堰轴线，$E2$ 曲线为混凝土纵堰明渠侧边线。该特殊形体的放样关键是曲线细部放样点坐标的计算，涉及以下三项内容：

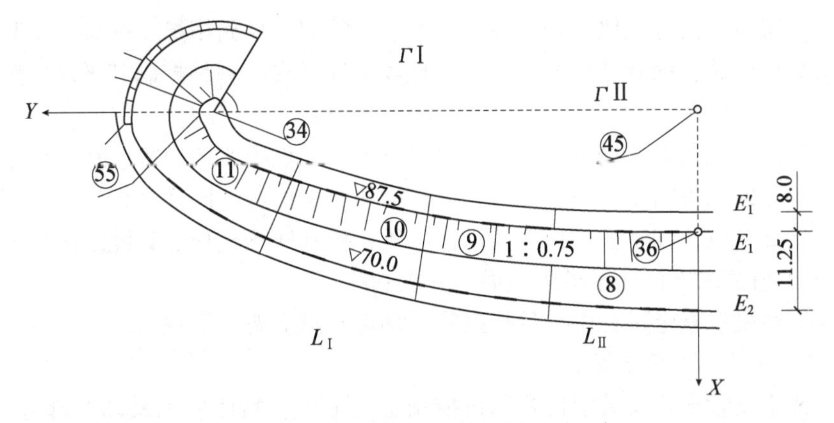

图 5-31　纵向围堰上纵堰外椭圆段平面布置

（1）与 $E1$ 椭圆曲线偏离 8m 的平行曲线的细部放样点坐标计算；

（2）$E2$ 椭圆曲线的细部放样点坐标计算；

（3）高程 ∇70. 0m～∇85. 0m 的堰坡部分（坡比 1∶0. 75）细部放样点坐标计算。

以上计算均在椭圆中心坐标系中进行，为满足施工测量放样的需要，须作坐标变换。

5.5.2　苏通大桥的施工放样

苏通大桥位于长江河口地区，连接苏州、南通两市，全长 32. 4km，由南、北接线、跨江大桥三部分组成。苏通大桥创造了四项世界之最，主跨为 1 088m 的斜拉桥，为世界最大跨径；桥塔高 300. 4m，为世界最高桥塔；每个桥塔基础有 131 根桩，每根桩直径为 2. 85m，长约 120m，为世界最大桥塔基础；全桥共 272 根拉索，最长拉索长达 577m，为世界最长斜拉索。下面介绍苏通大桥主要结构的施工测量和放样。

1. 主塔施工放样

主塔施工测量的重点是：保证塔柱、下横梁、钢锚箱、索导管等各部分结构的倾斜度、外形几何尺寸、平面位置、高程满足规范及设计要求。主塔施工测量的难点在于：在有风振、温差、日照等情况下，确保高塔柱测量控制的精度。其主要控制定位有：劲性骨架定位、钢筋定位、塔柱模板定位、下横梁定位、钢锚箱定位、索导管安装定位校核、预埋件安装定位等。

（1）主塔施工放样的主要限差、偏差要求：

塔柱倾斜度误差不大于塔高的 1/3 000，且不大于 30mm；钢锚箱安装倾斜度误差不大于塔高的 1/5 000；钢锚箱安装预埋底座顶面、底面高程相对偏差±（1～2）mm；塔柱轴线偏差±10mm，断面尺寸偏差±20mm；塔顶高程偏差±10mm；斜拉索锚固点高程偏差±10mm，斜拉索锚具轴线偏差±5mm；下横梁高程偏差±10mm。

（2）塔柱施工放样：

各种放样以 TCA2003 全站仪三维坐标法为主，辅以 GNSS 卫星定位测量方法校核。根据仰角选择测站，测站仰角大，则配弯管目镜。测站布设在南北主墩、辅助墩和过渡墩上。

（3）下横梁施工测量：

下横梁支架体系由分配梁、钢立柱、横梁、贝雷架、柱间横撑、扶墙横撑和预埋件等组成。钢管立柱安装：钢管分段加工制作，现场逐根吊安，测量控制其平面位置、倾斜度和顶高程。

根据设计及施工要求，设置下横梁施工预拱度，铺设横梁底模板，在底模板上放样出横梁特征点，并标示桥轴线与塔中心线。待横梁侧模支立后，同样进行横梁顶面特征点及轴线点模板检查定位，调整横梁模板至设计位置，控制横梁模板竖直度或倾斜度。采用蔡司 DiNi12 电子精密水准仪标示横梁顶面高程控制线。

在浇筑下横梁混凝土过程中，进行横梁位移观测及支架变形观测。

（4）钢锚箱安装及索导管定位校核：

主塔钢锚箱及索导管安装定位是测量控制难度最大、精度要求最高的部分。钢锚箱、索导管安装定位采取以 TCA2003 全站仪三维坐标法为主，以 GNSS 卫星定位校核；钢锚箱及预埋钢锚箱底座底面高程、顶面高程、平整度测量采用蔡司 DiNi12 电子精密水准仪测量，以 TCA2003 全站仪三角高程测量校核。主塔钢锚箱安装主要控制的测点平面示意图如图 5-32 所示。预埋底座安装直接影响第一节钢锚箱的安装精度，索导管安装定位精度取决于钢锚箱安装定位精度，因此预埋底座的精确安装是第一节钢锚箱精确安装的前提。按设计数据控制，进行主塔锚固点与主梁锚固点中心线的投线复算与几何点的归算检验。

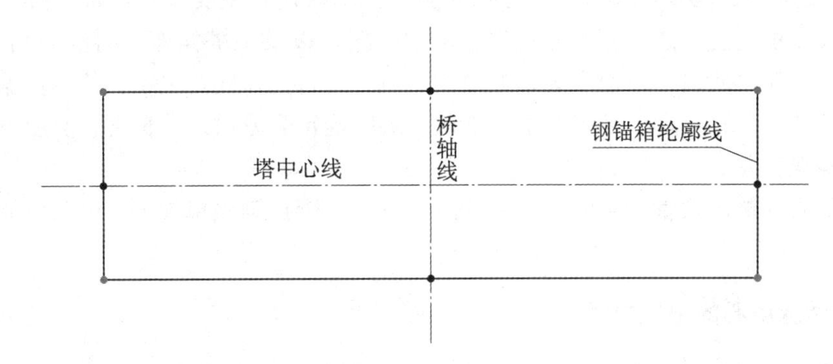

说明：•为桥轴线、塔中心线控制测点，•为四角高差控制测点及角点控制测点。

图 5-32 主塔钢锚箱安装主要控制的测点示意图

（5）主塔及钢锚箱倾斜度控制测量：

主塔及钢锚箱倾斜度控制采用 TCA2003 全站仪三维坐标截面中心法，以激光经纬仪和传统线坠测量法校核。主塔中心偏离，表现于主塔混凝土浇筑定型模板中心偏离，主塔倾斜度测量通过测量混凝土浇筑定型模板截面中心来实现，调整定型模板就是调整主塔倾斜度。主塔为节段施工，通过定型模板顶截面与底截面的中心坐标调整，就可得出主塔倾斜率，从而将主塔倾斜度控制在设计及规范要求的范围内。

2. 钢箱梁安装测量

（1）标准节段钢箱梁安装测量：

待 0#块钢箱梁固定后，测设墩中心加密控制点，以便进行标准节段钢箱梁安装桥轴线控制。在均匀温度下，精确测量拉索锚固点与桥面参考点的相对位置和梁段参考点间的距离，即拉索锚固点的位置，误差要求在±10mm 以内。

因采用架桥机安装钢箱梁，其标准节段钢箱梁安装与 0#块钢箱梁安装测量方法基本相同。

（2）大块件钢箱梁安装测量：

大块件钢箱梁安装测量采用 TCA2003 全站仪三维坐标法，以 GNSS-RTK 定位技术校核。高程控制采用精密水准仪，控制大块件钢箱梁四角高差，保证大块件钢箱梁平面位置、高程满足设计及规范要求。在大块件基准钢箱梁安装前，首先在过渡墩及临时墩上放样标示桥轴线、墩中心线及大块件基准钢箱梁边线，以便于大块件基准钢箱梁安装初步定位。

为便于观测，采用两台 TCA2003 全站仪，测站布设于过渡墩、辅助墩及引桥墩的施工加密控制点。

3. 边跨、中跨合龙及桥面施工测量

为保证钢箱梁合龙段安装精度，应贯通测量桥轴线及各墩的高程。

边跨、中跨合龙之前，采用GNSS动态监测技术对梁端位移进行观测，同时，采用TCA2003全站仪三维坐标法进行检校，并采用三维激光扫描技术进行建模分析。边跨、中跨合龙段钢箱梁安装，应根据制造精度、施工、风力、温度影响等实际情况，对梁端位移进行48小时或监理工程师要求的更长时间的测量，测量内容主要包括：合龙段尺寸、线形、顶、底板高程、上下游外腹板处高程、桥轴线偏移以及主塔偏移。测量合龙口间距，绘制温度和风力间距曲线，以便准确掌握温度、风力与合龙口间距关系，然后根据测量资料分析研究，经设计、监理以及控制部门确认，最终确定合龙段最佳长度、驳船就位以及连接时间，实现合龙。

钢箱梁顶面及桥面设置的竖曲线采用分段计算，精密控制钢箱梁顶面以及桥面纵、横坡度。

5.5.3 国家游泳中心的施工放样

国家游泳中心又称“水立方”（Water Cube），是2008年北京奥运会标志性建筑物之一，长、宽、高分别为177m × 177m × 30m。“水立方”从水分子和水泡的微观结构演绎出一种新型的刚性结构体系，建筑形体“方”，体现了我国文化传统的空间观和宇宙观。

下面简要介绍该工程的施工测量和放样特点。

1. 施工测量特点

国家游泳中心结构杆件围合形状很不规则，杆件长度变化较多；且中间杆件的球节点都是三维立体结构，空间位置多样，内表面和外表面结构分别由箱型截面构件纵横交错而成，内表面和外表面之间是三维钢管杆件与中间层球节点以及外侧节点的连接，安装工序交叉多，控制点使用频率高，必须建立长期稳定、统一的测量控制体系；结构空间变化多，组合形式极不规则，精度要求高（见表5-2）；安装时间紧，层间标高变化多，跳跃大，没有规律，9 803个球形节点、20 870根钢质杆件要求高质、高效，安装测量难度大。

表5-2 钢结构安装精度要求

	项　目	允许偏差
建筑物定位轴线、基础上柱的定位轴线和标高的允许偏差（mm）	建筑物定位轴线	$L/20\ 000$，且不应大于3.0
	基础上柱的定位轴线	1.0
	基础上柱底标高	±2.0
柱子安装的允许偏差（mm）	底层柱柱底轴线对定位轴线偏移	3.0
	柱子定位轴线	1.0
整体垂直度和整体平面弯曲的允许偏差（mm）	主体结构的整体垂直度	（$H/2\ 500+10.0$），且不应大于50.0
	主体结构的整体平面弯曲	$L/1\ 500$，且不应大于25.0
小拼单元的允许偏差（mm）	节点中心偏移	2.0
	焊接球节点与钢管中心的偏移	1.0
	杆件轴线的弯曲矢高	$L_1/1\ 000$，且不应大于5.0

注：L_1为杆件长度。

2. 钢结构吊装测量

钢结构吊装测量分初放和检核定测两个步骤，即首先精确放样球节点，且依据球节点来定位杆件，然后进行检核测量，并采用全站仪三维坐标跟踪测量、极坐标、三角高程、交会等多种方法进行放样和检核，确保工程施工精度。

（1）数据计算。本工程结构形式复杂，计算工作量非常大，为更好地解决这个问题，复杂部位测量放样数据的计算采用计算机自动处理的方法：首先依照设计图纸及设计说明的要求，把施工图纸按 1∶1 的比例，直接画在 AutoCAD 成图软件上，并可得到相应的数据尺寸，此方法精度高，提高了工作效率。

（2）墙体钢结构吊装测量放样步骤。初放包括地面放线、定位、竖向垂直度控制、检核和定测。

①地面放线：首先在地面上放样出墙体结构相关球节点的控制线（即实体结构的正投影线），当标高过高无法在地面上放样时，在球节点标高相对应的下方固定的标高面上，搭设临时放样平台，把正投影线放样在操作平台上，或在固定的标高面上，绷十字交叉的钢丝，并在钢丝上刻画球的半径，控制球体位置。

②定位：利用解析计算出各球节点和轴线的平面尺寸关系，架设经纬仪标示出球节点控制线在放样平台上的方向，指导水平位置安装。安装时沿球节点外轮廓吊线坠，和放样平台上的控制线进行比较或平面解析出各球节点和十字交叉的钢丝的平面尺寸关系。沿球节点外轮廓吊线坠和钢丝控制线进行比较，确保线坠吊的线和控制线完全重合，同时用小钢卷尺丈量球节点到钢丝或放样平台的垂直距离，确定其高程位置。

③竖向垂直度控制：利用垂直角测量方法，把经纬仪架设在墙体控制线上，后视同方向控制点，观测球节点的标志，算出倾斜值，指导工人安装。上述测量环节反复操作直至满足要求为止。

④检核和定测：采用全站仪三维坐标跟踪法进行，做法如下：精确测定仪器高：将全站仪架设在控制点 KZl 上，后视控制点 KZ2，首先把全站仪竖盘调成 90°00′00″，精确读出 KZ2 水准标尺读数，用 KZ2 的标高减去 KZl 的标高加上水准标尺读数，便精确得到仪器高。计算放样点三维坐标，经过立体三维解析得到球节点剖面中心交点三维坐标，也可在 CAD 图上直接点击量取。利用仪器功能，输入 KZl 的三维坐标、仪器高和输入放样点（通过数据推算得到表面点）的三维坐标，按仪器相关步骤操作，进行检核和定测。

（3）屋盖钢框架吊装测量。屋盖钢框架吊装工艺顺序为：下表面—中间层—表面，施工测量中结合工程的实际情况，选用多种方法，相互穿插进行放样，确保工程施工精度。进行屋盖钢框架下表面安装测量放样：利用平面控制点，将屋盖下表面实体结构投影在满堂脚手架安装平台上，并标示清楚，作为钢结构平面就位依据。也可在已焊接好的钢结构墙体内表面，用红油漆标示出每条轴线，架设全站仪将球节点控制线投测在脚手架安装平台上，然后解析出各球节点和轴线的平面尺寸关系。安装时，沿球节点外轮廓吊线坠，按其关系确定各球节点位置，接着抄测脚手架安装平台的标高，并依据球节点半径计算出球心到脚手架安装平台的高差，作为钢结构竖向就位的依据。测量检核和定测方法同前。

屋盖钢框架中间层和上表面安装测量放样方法基本同上，在此从略。

3. 连接杆件放样数据计算与放样测量

由于国家游泳中心结构杆件围合的形状不规则、连接球节点的杆件长度变化多、构件纵横交错，杆件连接位置很难确定，经过摸索与实践，依据立体几何及三角函数原理，根据球节点与连接杆件位置的不同，将网状结构进行立体分解，形成两种计算、放样和安装模式，大大简化了计算与放样程序，提高了工作效率，保证了工程进度。

（1）两球一杆放样数据计算和放样测量。

两球一杆拼装测量数据计算（参见图 5-33）：

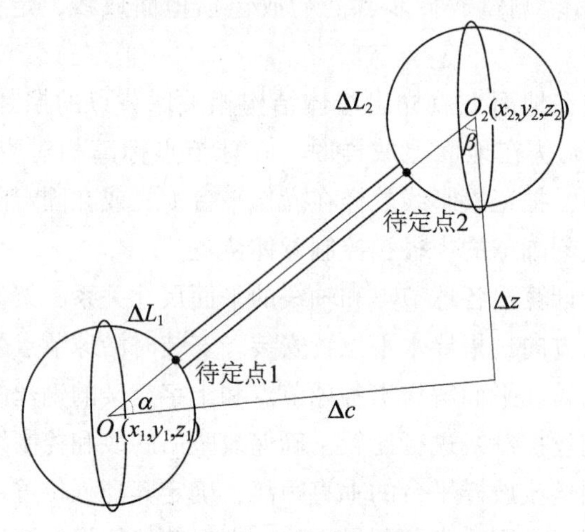

图 5-33　两球一杆拼装测量解析示意图

①球顶点到待定点 1 的距离 ΔL_1 及相关放样数据计算：

$$\begin{cases} \Delta L_1 = \dfrac{2\pi r}{360^\circ} \cdot (90^\circ - \alpha) \\ \tan\alpha = \dfrac{\Delta z}{\Delta c} \\ \Delta c = \sqrt{\Delta x^2 + \Delta y^2} \\ \Delta z = z_2 - z_1,\ \Delta x = x_2 - x_1,\ \Delta y = y_2 - y_1 \end{cases} \tag{5-54}$$

②球顶点到待定点 2 的距离 ΔL_2 及相关放样数据计算：

$$\begin{cases} \Delta L_2 = \dfrac{2\pi r}{360^\circ} \cdot (180^\circ - \beta) \\ \tan\beta = \dfrac{\Delta c}{\Delta z} \\ \Delta c = \sqrt{\Delta x^2 + \Delta y^2} \\ \Delta z = z_2 - z_1,\ \Delta x = x_2 - x_1,\ \Delta y = y_2 - y_1 \end{cases} \tag{5-55}$$

（2）三球两杆放样数据计算和放样测量。

三球两杆拼装测量数据计算（参见图 5-34）：

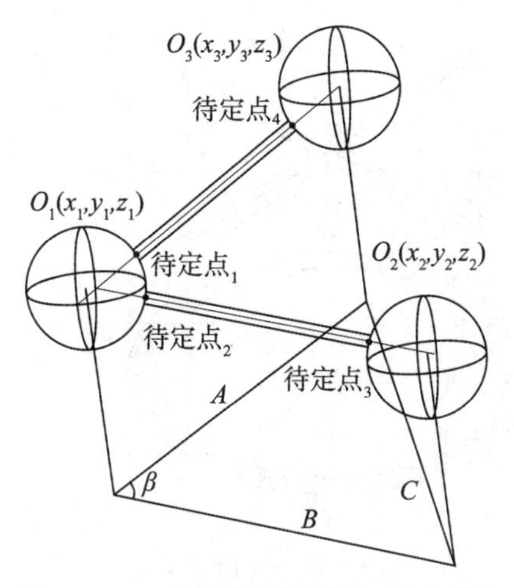

图 5-34　三球两杆拼装测量解析示意图

①球顶点到待定点 1 的距离 ΔL_1 及相关放样数据计算：

$$\begin{cases} \Delta L_1 = \dfrac{2\pi r}{360^\circ} \cdot (90^\circ - \alpha) \\ \tan\alpha = \dfrac{\Delta z}{\Delta c} \\ \Delta c = \sqrt{\Delta x^2 + \Delta y^2} \\ \Delta z = z_3 - z_1,\ \Delta x = x_3 - x_1,\ \Delta y = y_3 - y_1 \end{cases} \tag{5-56}$$

②球顶点到待定点 2 的距离 ΔL_2 及相关放样数据计算：

$$\begin{cases} \Delta L_2 = \dfrac{2\pi r}{360^\circ} \cdot (90^\circ - \alpha) \\ \tan\alpha = \dfrac{\Delta z}{\Delta c} \\ \Delta c = \sqrt{\Delta x^2 + \Delta y^2} \\ \Delta z = z_2 - z_1,\ \Delta x = x_2 - x_1,\ \Delta y = y_2 - y_1 \\ \cos\beta = \dfrac{A^2 + B^2 - C^2}{2AB} \\ A = \sqrt{(x_1 - x_3)^2 + (y_1 - y_3)^2} \\ B = \sqrt{(x_2 - x_1)^2 + (y_2 - y_1)^2} \\ C = \sqrt{(x_2 - x_3)^2 + (y_2 - y_3)^2} \end{cases} \tag{5-57}$$

其他待定点放样数据同样按以上方法得到。

有了上述数据，利用自制的“分规夹角器”，如图 5-35 所示，并参照出厂前钢球上刻画的经线和纬线位置，即可在球体上确定杆件与球体的连接位置。

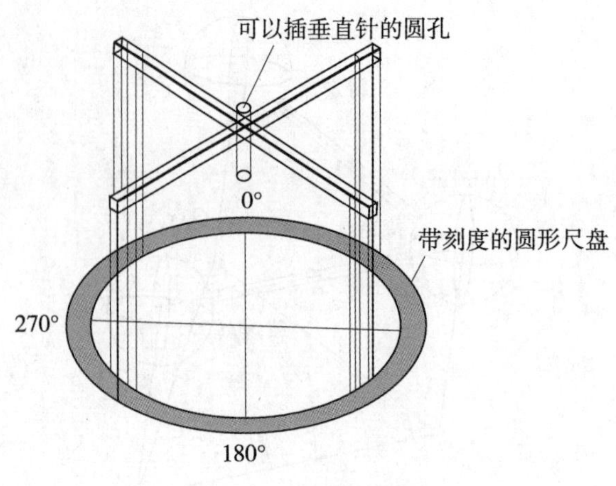

图 5-35　分规夹角器

◎ 本章的重点和难点

重点：工程建筑物施工放样的种类和方法，铁路的曲线计算和测设，自由设站法、极坐标法和 GNSS RTK 放样法。

难点：特殊的施工放样方法，复杂和异构建筑物的放样。

◎ 思考题

(1) 工程测量中的测量、测设和放样有哪些相同和不同之处？
(2) 什么是建筑限差，它的大小与什么有关？
(3) 什么是“等影响原则”？什么是“忽略不计原则”？它们各适用于什么场合？
(4) 工程施工放样中，有哪些放样方法？各适用于什么场合？
(5) 施工放样中点的平面位置放样有哪些方法？
(6) 自由设站法的原理是什么？为什么叫自由设站？
(7) 如何用单基站 GNSS-RTK 进行放样，其作业流程如何？
(8) 简述网络 RTK 的原理。
(9) 什么是铅垂线？如何放样铅垂线？
(10) 什么是高程放样？有哪些放样方法？
(11) 什么是异形建筑？其放样有何特点？
(12) 什么是平曲线？什么是竖曲线？什么是回头曲线？
(13) 什么是圆曲线？什么是缓和曲线？为什么要设计缓和曲线？
(14) 什么是曲线要素？圆曲线和带缓和曲线的圆曲线有哪些曲线要素？
(15) 什么是曲线测设？有哪些方法？
(16) 有哪些特殊的放样方法？

第6章　工程建筑物的变形监测

工程建筑物的变形监测是工程测量学的重要内容之一。本章主要讲述变形监测的基本知识，变形监测方案设计，常用的和新的变形监测技术与方法，变形监测数据处理，变形监测的资料整理和成果表达等内容。

6.1　变形监测的基础知识

6.1.1　变形监测的定义和分类

1. 变形监测的定义

变形监测是对监视对象或物体（简称变形体）进行定期测量以确定其空间位置随时间的变化特征。变形监测又称变形测量或变形观测。它包括全球性的变形监测、区域性的变形监测和工程建筑物的变形监测。全球性的变形监测是对地球自身的动态变化，如自转速率变化、极移、潮汐、全球板块运动和地壳形变的监测；区域性的变形监测是对区域性地壳形变和地面沉降的监测；工程建筑物的变形监测是对工程建筑物、构筑物（简称工程建筑物）、机器设备以及其他与工程建设有关的自然或人工对象进行定期测量以确定其空间位置随时间的变化特征。工程建筑物有大坝、厂房、船闸、桥梁、隧道、高层建筑物、地下建筑物和古建筑等；机器设备有大型科学实验设备、飞机、船舶、运载工具、火箭、天线和油罐等；与工程建设有关的自然或人工对象有滑坡、岩崩、高边坡和开采沉降区等，都是被监测的变形体。定期测量则是时间上的离散观测，分静态变形和动态变形监测，静态变形通过周期测量得到，而动态变形需通过持续监测得到，持续监测也按周期时段性设计，几乎没有长期的、永久性的持续监测。变形体用有代表性的位于变形体空间上离散的监测点来表示，监测点的空间位置随时间的变化可以描述变形体的变形。

对于工程的安全来说，变形监测为变形分析提供基础数据，变形分析又是为变形预报服务的。根据变形预报来修改监测方案，指导工程管理、整治和灾害预防。因此，变形监测是基础，变形分析是手段，变形预报是目的。

工程建筑物的变形监测分析与预报是20世纪70年代发展起来的新兴学科方向，工程建筑物以及与工程建设有关的对象发生灾害，关系到人民生命和财产的安全，受到国际社会的广泛关注。许多国际学术组织，如国际测量师联合会（FIG）、国际大地测量协会（IAG）、国际岩石力学协会（ISRM）、国际大坝委员会（ICOLD）和国际矿山测量协会（ISM）等，都非常重视该领域的研究，定期举行学术会议，交流研究对策。

2. 变形监测的分类

工程建筑物的变形可分为两类：变形体的刚体位移和变形体的自身形变。刚体位移包括变形体的整体平移、转动、升降和倾斜四种变形；自身形变包括变形体的伸缩、错动、弯曲和扭转四种形变。

工程建筑物的变形监测（简称变形监测）主要分水平位移监测、垂直位移监测两大类，还包括倾斜、挠度、偏距、振动、裂缝和伸缩、错动、弯曲、扭转等的监测。水平位移是监测点在平面上的变动，它可分解到某一特定方向；垂直位移是监测点在铅直面或大地水准面法线方向上的变动。水平位移和垂直位移监测既可描述变形体的刚体位移，也可描述变形体自身的形变。倾斜可用测倾仪测得，可用水准测量得到，也可以通过水平位移（或垂直位移）测量和距离测量得到；偏距可视为某一特定方向的水平位移；挠度可视为在不同高度的水平位移或不同跨度上的垂直位移；扭转可通过对监测点的持续观测得到；振动也需要对监测点作持续观测；弯曲可通过多点的水平位移、垂直位移监测得到；伸缩、错动、裂缝测量则可视为特殊的位移监测。

除了上述变形监测，在变形监测中还要对与变形有关的物理量进行监测，如温度、气压测量，应力、应变测量，水位、水压测量，渗流、渗压、扬压测量，静荷载、动荷载以及时间的测量等。本章主要讲述工程建筑物的变形监测。

6.1.2 变形监测的意义和特点

1. 变形监测的意义

变形监测的意义（作用或目的）主要表现在以下两个方面：

（1）实用上的意义。保障工程安全，监测各种工程建筑物、机器设备以及与工程建设有关的地质构造的变形，及时发现异常变化，对其稳定性、安全性做出判断，以便采取措施处理，防止事故发生。对于大型特种精密工程，如大型水利枢纽工程、核电站、粒子加速器和火箭导弹发射场等更具有特殊意义。

（2）科学上的意义。积累监测资料，能更好地解释变形的机理，验证变形的假说，为研究灾害预报理论和方法服务，检验工程设计的理论是否正确，设计是否合理，为以后修改设计、制定设计规范提供依据。如改善建筑的物理参数、地基强度参数，以防止工程破坏事故，提高抗灾能力等。

通过对工程建筑物的变形监测，可以检验设计的尺寸、断面、坡度是否合理；隧道开挖时是否会造成垮塌和地面建筑的破坏；对于机器设备，则可保证设备安全、可靠、高效地运行，为改善产品质量和新产品的设计提供技术数据；对于滑坡，通过监测其随时间的变化过程，可进一步研究引起滑坡的成因，改进预报模型，同时也可以检验滑坡治理的效果；对于矿山，通过监测由于矿藏开挖所引起的实际变形，可以采用控制开挖量和加固等方法避免危险性变形的发生。

2. 变形监测的特点

变形监测的特点可以归纳为以下三大特点：

（1）变形监测贯穿于工程建设和运营的始终，需要进行长期的重复观测。在变形监测中称周期观测或按时段的持续观测。所谓周期观测就是许多次的重复观测，每次称一个周期，第一次称初始周期或零周期。每一周期的观测方案，如变形监测网的图形、使用仪器、作业方法乃至观测人员都应尽可能一致。许多变形监测项目，如偏距、倾斜和挠度等几何量，以及与变形有关的物理量，可按设计采用传感器技术自动化地获取监测数据。持续观测又称为动态观测，对扭转、振动等变形需要进行长时段的动态观测；对于急剧变化期（如大坝洪水期、滑坡邻滑期等）也应作持续动态监测。

（2）精度差别很大，有极高的精度要求。不同工程建筑物、不同阶段、不同的变形监测项目，要求的精度不同，相差非常大。对于一般工程进行的常规监测，为积累资料而进行的变形观测，精度可以低一些；而对大型特种精密工程，与人民生命和财产相关的变形监测项目，则要求精度很高。但具体要多高的精度，是很难确定的，设计人员也很难回答各种不同的监视对象能承受多大的允许变形值，总希望把精度提得更高一些，甚至能得到真值最好。由于变形监测的重要性和测量技术的快速发展，监测费用在整个工程费和运营费用中所占的比例较小，故对变形监测常采用一种极高精度要求，即“以当时能达到的最高精度为标准进行变形观测”。

（3）对遥控、遥测和自动化要求更高。现代工程建筑物的规模大、建造快、结构复杂、造型丰富，变形信息的空间分辨率和时间分辨率要求提高，许多变形监测仪器都实现了自动化，要求能在恶劣环境下长期稳定地工作，遥控、遥测和自动化成为现代工程建筑物变形监测的又一特色。

6.1.3　变形影响因子和变形模型

1. 变形影响因子

引起工程建筑物变形的原因多种多样，如地壳运动、基础形变、地下开采、地下水位变化、作用在工程建筑物上的各种荷载（包括风、日光、雪、冰、暴雨、水压、地震、滑坡、泥石流、自重、桥上的车辆等）以及机械设备安装偏离设计值等。变形原因的时间特征又表现为急剧变化、随机变化、近似线性变化、周期变化等多种情况。我们将引起变形的原因称为变形影响因子。变形影响因子中，有的是可测量的，有的是难以定量描述的，应对引起工程建筑物变形的影响因子进行定期测量或与变形监测同步同时测量，如前所述，对与变形有关的物理量，如温度、气压、应力、应变、水位、水压、渗流、渗压、扬压、静荷载、动荷载以及时间等进行测量。在后面变形监测数据处理中，回归分析就要用到各种有关的物理量。

2. 变形体的几何模型

变形监测是通过对变形体进行空间上的离散化和数据获取在时间上的离散化实施的。空间上的离散化表现为将变形体用一定数量的有代表性的位于变形体上离散的监测点（亦称目标点））来代表；数据获取在时间上的离散化表现为对这些离散的点进行周期性或分时段连续性的监测。为了得到变形体的刚体位移（即绝对变形）和自身的形变（相对变形），除了在变形体上布设目标点外，应在变形体之外布设作为变形监测基准的点，即基准点（或称参考点），另外，为了便于对目标点进行观测，在变形体附近或变形体上布设的测站点称工作基点。参考点、工作基点和目标点之间可通过距离、角度、高差或GNSS基线（称为连接元素）等几何量相互连接。由3.2.3节可知，变形监测网是由参考点、工作基点和目标点构成。不过，需要指出的是：不是所有的目标点都能构成到变形监测网中去，监测网点都在地表，相互需通视或通过GNSS基线连接。但目标点可以而且有时需要布设在地下，如大坝的坝体内、厂房内、船闸内或边坡内。变形体的相对运动即自身的形变可通过对目标点之间的连接元素进行周期性或连续性测量（称相对定位）得到；

变形体的绝对运动则是通过对位于变形体之外的参考点、工作基点与位于变形体之上的目标点之间的连接元素进行周期性或连续性的测量（称绝对定位）得到。参考点的坐标可看成是不变的（不变量），目标点坐标是变化的（可变量），根据目标点坐标随时间的变化可导出变形体的变形。变形监测的目的就是确定目标点之间的相对运动以及目标点相对于变形体周围的绝对运动。

参考点、工作基点和目标点定义在一个统一的坐标系中，我们将参考点、工作基点和目标点及其它们之间的连接称为变形体的几何模型（见图 6-1），变形体及其随时间的变化可根据它的几何模型得到和描述。本章 6. 2 节变形监测方案设计就包括变形体几何模型的设计。

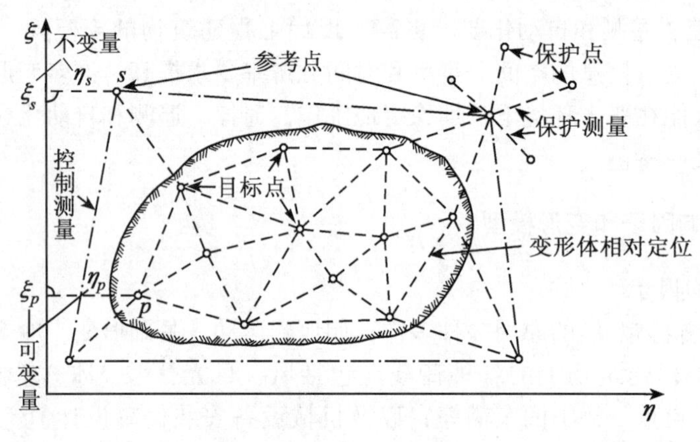

图 6-1　变形体的几何模型

3. 变形模型的一般表达式

一个变形影响因子（或简称影响因子）引起变形体在 t 时刻的变形量 $y(t)$，不仅与该时刻的变形影响因子大小有关，而且与该时刻以前各时刻的变形影响因子大小有关。变形模型的一般表达式可以表示如下：

$$y(t) = \int_0^{\infty} g(\tau)x(t-\tau)\mathrm{d}\tau \tag{6-1}$$

式中，$x(t-\tau)$ 为 $(t-\tau)$ 时刻变形影响因子的大小，为观测量；$g(\tau)$ 为它的权函数，相当于对变形量 $y(t)$ 的贡献；τ 为回返时间间隔。

$g(\tau)$ 与变形影响因子，也与变形体有关，难于建模，要根据实际情况进行估计。如矿山开挖引起地表沉陷，建筑自重荷载增加引起基础沉陷，温度变化引起混凝土变形等，这些变形观测量的权函数可根据传递常数和时间常数进行估计。

4. 几种典型的变形模型

变形模型与变形影响因子有关。最典型的变形模型当数周期型变形模型，非周期型变形模型中典型的变形模型是突变模型和渐变模型。对于变形影响因子呈跳跃变化（突变）、线性变化（渐变）和周期变化（周变）所引起变形体的三种典型变形模型可用图 6-2（a）、（b）、（c）表示。图中 x_0、x_E 为始末时刻变形因子的值，y_0、y_E 为始末时刻的变形量，H_∞、T 为传递常数和时间常数，T_p 为周期，T_v 为时间延迟。变形影响因子呈随机变化时，一般用运动型变形模型来描述，现分述于后。

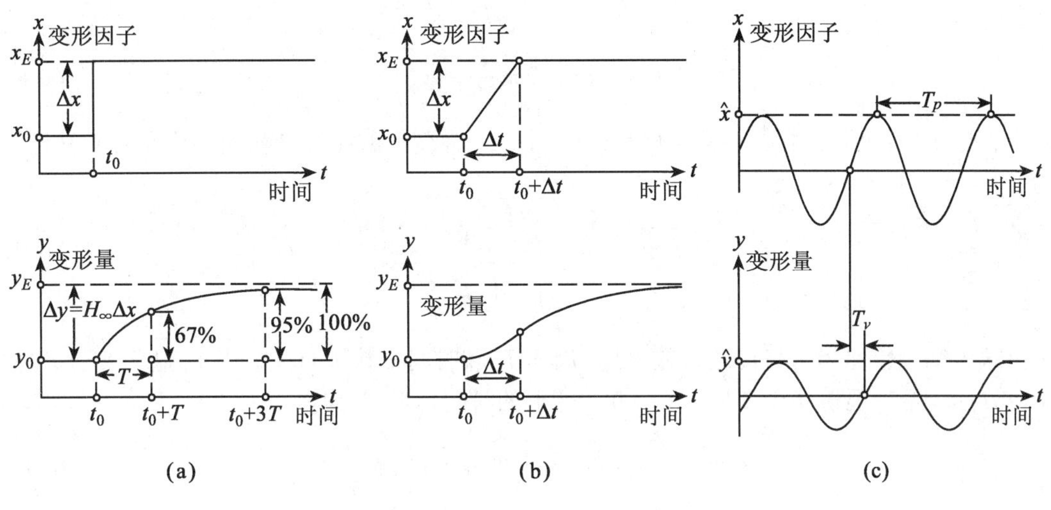

图 6-2 三种典型的变形模型

（1）突变模型。变形体受一突加荷载作用，发生如图 6-2（a）所示的变形，模型可表达为

$$y(t)=H_{\infty}\left[1-\exp\left(-\frac{t-t_0}{T}\right)\right] \tag{6-2}$$

最大变形速度在 t_0 时刻，有

$$\left(\frac{\mathrm{d}y}{\mathrm{d}t}\right)_{t_0}=\frac{H_{\infty}}{T}\Delta x \tag{6-3}$$

最大变形量为：

$$y_E=y_0+H_{\infty}(x_E-x_0)=y_0+H_{\infty}\cdot\Delta x \tag{6-4}$$

（2）渐变模型。变形体在一渐变荷载作用下，发生如图 6-2（b）所示的变形，模型可表达为

$$y(t)=y_0+H_{\infty}\frac{\Delta x}{\Delta t}\left\{(t-t_0)-T\left[1-\exp\left(-\frac{t-t_0}{T}\right)\right]\right\}$$

$$t_0\leqslant t\leqslant(t_0+\Delta t)$$

或

$$y(t)=y_0+H_{\infty}\frac{\Delta x}{\Delta t}\left\{\left(1-\exp\frac{\Delta t}{T}\right)\left[\Delta t+T\cdot\exp\left(-\frac{t-t_0}{T}\right)\right]\right\} \tag{6-5}$$

$$t>(t_0+\Delta t)$$

变形在 t_0 时刻有延迟，在 $t_0+\Delta t$ 时刻的变形速度达到最大：

$$\left(\frac{\mathrm{d}y}{\mathrm{d}t}\right)_{t_0+\Delta t}=H_{\infty}\frac{\Delta x}{\Delta t}\left[1-\exp\left(-\frac{\Delta t}{T}\right)\right] \tag{6-6}$$

（3）周期变形模型。在呈周期变化的变形影响因子作用下，发生如图 6-2（c）所示的变形，随时间变化的变形影响因子 $x(t)$ 及相应变形 $y(t)$ 可表示为：

$$x(t)=\hat{x}\sin\left(2\pi\frac{t}{T_p}+\varphi_x\right) \tag{6-7}$$

$$y(t)=\hat{y}\sin\left(2\pi\frac{t}{T_p}+\varphi_y\right) \tag{6-8}$$

式中，$\hat{x}$、φ_x 为变形影响因子的振幅和初相，$\hat{y}$、φ_y 为变形的振幅和初相。传递因子 H 定义为：

$$H=\frac{\hat{y}}{\hat{x}}=\frac{H_\infty}{\sqrt{1+\left(2\pi\frac{T}{T_p}\right)^2}} \tag{6-9}$$

由上式可知，传递因子与传递常数 H_∞、周期 T_p 和时间常数 T 有关，当 T_p 显著大于 T 时，$H\to H_\infty$；当 T_p 显著小于 T 时，$H\to 0$。变形的时间延迟 T_v 为：

$$T_v=T_p\frac{\varphi_y-\varphi_x}{2\pi}=\frac{1}{2\pi}T_p\arctan\left(2\pi\frac{t}{T_p}\right) \tag{6-10}$$

传递因子 H、变形的时间延迟 T_v 与 $\frac{t}{T_p}$ 的关系如图 6-3 所示。

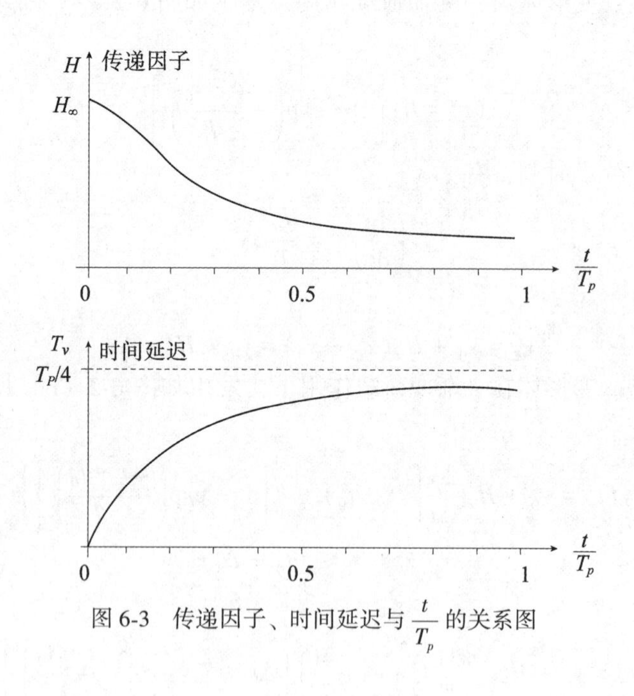

图 6-3　传递因子、时间延迟与 $\frac{t}{T_p}$ 的关系图

（4）运动型变形模型。在许多情况下，变形影响因子的大小是随机变化的，且不可量测，有时虽然可以量测，但是难以建立影响因子与变形量的函数模型。例如滑坡，外部变形影响因子是间接且长时间地作用，使稳定性参数发生变化。如果不能采用一般的动态变形模型来描述变形体的变形，或者只是为了证实有无变形发生，则可采用运动变形模型来描述，把变形视为时间的函数：

$$y(t)=y(t_0)+\dot{y}(t_0)(t-t_0)+\ddot{y}(t_0)\frac{(t-t_0)^2}{2} \tag{6-11}$$

上述模型如图6-4所示，在任一起始时刻t_0附近的变形与变形的速度$\dot{y}(t_0)$和加速度$\ddot{y}(t_0)$有关，特别是在$\ddot{y}>0$的情况下，滑坡不稳定；只有当$\ddot{y}<0$时，才趋近于稳定和安全。

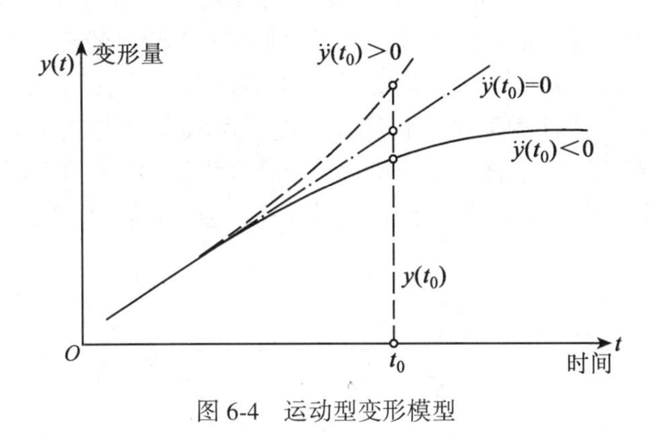

图6-4 运动型变形模型

6.1.4 变形监测的技术和方法

1）常规的大地测量方法

常规的大地测量方法就是用常规大地测量仪器测量方向、角度、边长、基线和高差等量所采用的方法，有布设成地面网或GNSS监测网通过周期观测确定点位变动的网观测法，还有视准线法、交会法、极坐标法、几何水准法、精密测距三角高程法等。常规的大地测量仪器主要有电子和光学水准仪、电子全站仪、GNSS接收机等。

（1）网观测法：是将基准点、工作基点、监测点用水准测量、地面边角测量或GNSS技术构成网形，通过周期观测和平差确定监测点的高程、坐标及其变化，参见本书第3章变形监测网。

（2）视准线法：即基准线法测量的光学法，参见本书2.4.1节相关内容。

（3）交会法：用前方交会原理在两个（或两个以上）基准点上观测监测点，求取监测点的平面坐标的方法。过去多为测角前方交会、测边前方交会，只能得到监测点的平面坐标，且点位精度与交会图形有关。现在大多采用边角前方交会，可得到监测点的平面坐标和高程，点位和高程精度受交会图形的影响减小，如果是多点前方交会，精度可进一步提高。

（4）其他方法：有极坐标法、几何水准法和精密测距三角高程法等，参见本书第2章。

2）特殊的大地测量方法

特殊的大地测量方法包括微距离及其变化的测量方法、液体静力水准测量、基准线法、倾斜测量、挠度测量和传感器测量等方法，见本书第2章2.4节。

3）现代高新测量方法

现代高新测量方法有三维激光扫瞄测量法、合成孔径雷达测量方法、远程微形变雷达测量方法以及摄影测量方法等，见本书第 2 章有关部分。

上述方法可监测水平位移、垂直位移、倾斜和挠度等变形值，下面对裂缝和振动观测方法作简单说明。

4）裂缝和振动观测方法

（1）裂缝观测法。工程建筑物的裂缝观测内容包括对裂缝编号，观测裂缝的位置、走向、长度、宽度等。对于重要的裂缝，要埋设如图 6-5 所示的观测标志，用游标卡尺定期测定两个标志头之间距离的变化，确定裂缝的发展情况。混凝土大坝和土坝的裂缝观测十分重要，观测次数与裂缝的部位、长度、宽度、形状和发展变化情况有关，并应与温度、水位和其他监测项目相结合。对于建筑预留缝和岩石裂缝这种更小距离的测量，一般通过预埋内部测微计和外部测微计进行。测微计通常由金属丝或因瓦丝和测表构成，其精度可优于 0. 01mm。

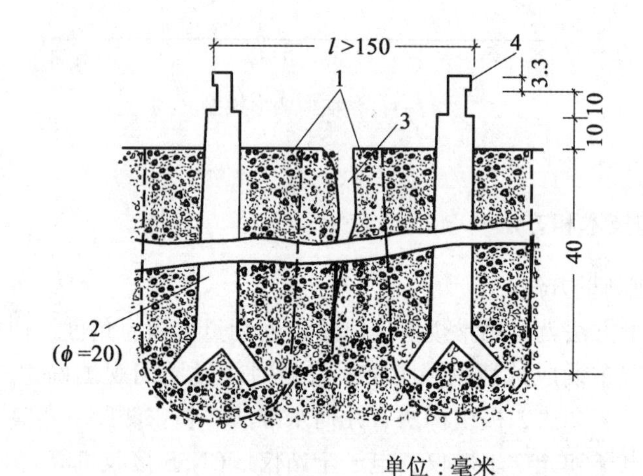

单位：毫米

1—钻孔后回填的混凝土，2—观测标志，3—裂缝，4—游标卡尺的标志头

图 6-5　裂缝观测标志

（2）振动观测法。对于塔式建筑物，在温度和风力荷载作用下，其挠曲会来回摆动，从而就需要对建筑物进行动态观测——振动（摆动）观测。有的桥梁也需进行振动观测，对于特高的房屋建筑，也存在振动现象，例如，美国的帝国大厦，高 102 层，观测结果表明，风荷载下，最大摆动达 6. 6cm。为了观测建筑物的振动，可采用专门的光电观测系统，其原理与激光铅直相似。采用全球导航卫星系统（GNSS）技术可作持续动态的振动观测。

6. 2　变形监测方案设计

变形监测方案设计的内容主要包括：监测方法选择、变形监测网和变形监测点布设，测量精度、观测周期数、周期之间的时间间隔和一周期所允许的观测时间的确定等。

变形监测网和变形监测点布设参见本书 3. 2. 3 节。关于描述变形状态所要求的精度 σ_y 的确定，对于变形监测网来说，要根据目标点坐标的要求精度来确定测量精度。下面主要讨论对于几种典型变形模型，如何确定测量精度、周期数、周期之间的时间间隔和一周期所允许的观测时间。最后讨论选择测量方法和设计测量方案时应考虑的问题。

6.2.1 典型变形的监测设计

1. 非周期变形的监测设计

为了获取非周期变形的时空变化，所需要测量精度 σ_y 与预计的最大变形量有关。一般来说，测量精度 σ_y 应满足下式：

$$\sigma_y \leqslant \frac{1}{50}\Delta y = \frac{1}{50}(y_E - y_A) \tag{6-12}$$

式中，Δy 为预计的最大变形量，其准确性较差，假设只有百分之十或更小的准确度；δ_y 表示两周期之间能以一定概率如 $p = 95\%$ 区分的最小变形量（也称变形监测分辨率），一般取 $\Delta y = 10\delta_y$，则有

$$\sigma_y \leqslant \frac{1}{5}\delta_y \tag{6-13}$$

如图 6-6 所示，对于最简单的情况，即变形体在突变荷载下（图 6-2（a））发生变形，在初始状态即 t_A 时刻施加荷载，随即在 t_0 时刻进行初始观测，得到初始变形值 y_A，在变形趋于平缓的时刻 t_E 进行末期观测，一般要求：

$$t_E > t_0 + 3T \tag{6-14}$$

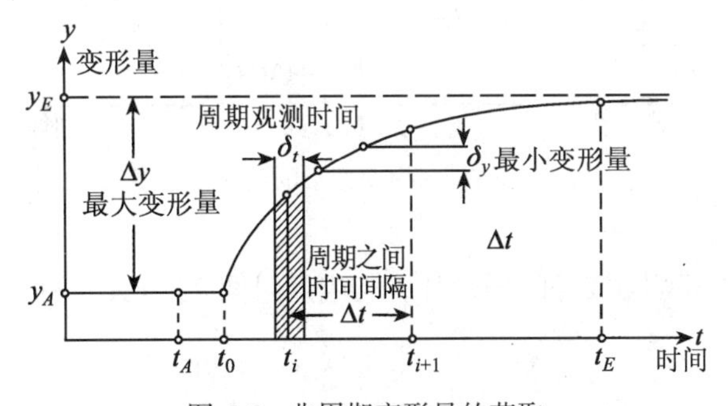

图 6-6 非周期变形量的获取

T 为与变形体有关的时间常数，可根据试验和经验数据确定。

为了获取变形随时间的变化情况，在 t_0 和 t_E 之间要进行多周期观测。设第 t_{i+1} 与 t_i 周期之间的时间间隔为 Δt，它与观测时刻的变形速率 $\dot{y}$ 和变形监测分辨率 δ_y 有关，一般按下式计算：

$$\Delta t \geqslant \frac{\delta y}{|\dot{y}|} \tag{6-15}$$

即两周期间发生的变形量（$\Delta t \cdot |\dot{y}|$）不能小于最小变形量 δ_y（变形监测分辨率）。由 δ_y 与 σ_y 的关系式（6-13），可得两周期之间时间间隔的设计值为

$$\Delta t = 5 \cdot \frac{\sigma_y}{|\dot{y}|} \tag{6-16}$$

在初期，由于 $\dot{y}$ 较大且不精确，故 Δt 较小；到后期，随着 $\dot{y}$ 值越来越精确且越来越小，两周期之间的时间间隔会越来越大。设观测周期内的最大变形速度为 $\dot{y}_{max}$，则一周期所允许的观测时间 δ_t 应满足：

$$\delta_t \leqslant \frac{\delta_y}{|\dot{y}_{\max}|} \tag{6-17}$$

显然有：

$$\delta_t \leqslant \frac{\Delta t}{5} \tag{6-18}$$

即一周期所允许的观测时间 δ_t 不能大于周期间时间间隔的五分之一。δ_t 的大小对监测方案设计中测量方法的选择很有意义。

2. 周期变形的监测设计

在周期变化的荷载作用下，变形近似呈正弦函数变化，这种假设对制定测量方案是足够的。这时，测量精度仍应满足式（6-12），其中的 Δy 称为振荡间距（见图 6-7），即

$$\Delta y = y_{\max} - y_{\min} \tag{6-19}$$

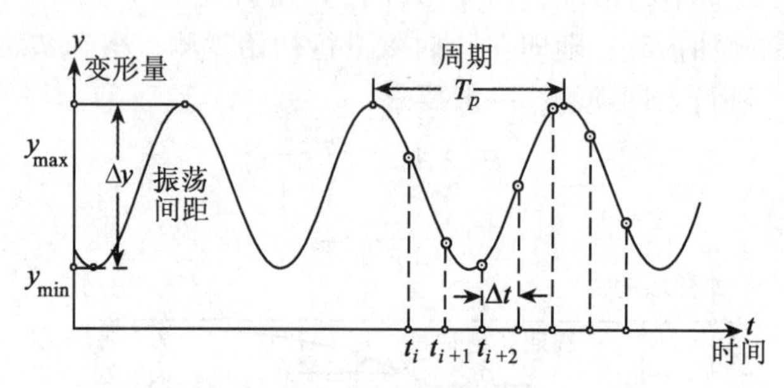

图 6-7　周期变形的监测

观测周期间的时间间隔按等间隔设计，与周期时间 T_p 有关，有

$$\Delta t = \frac{T_p}{m} \qquad 2 \leqslant m \leqslant 20 \tag{6-20}$$

m 的取值应考虑在 Δt 内所推估出的变形值应不小于变形监测分辨率 δ_y，即满足式（6-15）。当取 $m=2$，表示只对两个极值有兴趣且准确地知道其所发生的时间，如在大坝的最高水位和最低水位时观测。当 $m=20$ 时，由上式和式（6-18）不难得出一次测量的时间 δ_t 应满足：

$$\delta_t \leqslant \frac{T_p}{100} \tag{6-21}$$

对于周期变形来说，我们假设式（6-16）中的平均变形速率 $\dot{y}$ 由 Δy 和 T_p 导出。

3. 运动式变形的监测设计

测量精度应根据要求监测的最小变形量 δ_y 来确定，即要求满足式（6-13），而 δ_y 需要根据具体情况和相邻学科知识如工程地质学共同确定。两观测周期之间的时间间隔 Δt 亦应满足式（6-15），由于在监测初期 $\dot{y}$ 难以精确得到，故 Δt 也不会很精确，在监测过程中要随时估计 $\dot{y}$ 和 Δt，将其作为变量看待。每一次的观测时间 δ_t 由式（6-18）估算。

对于不同的监测对象，按动态变形模型所估计的最大变形量 Δy 和表示两周期之间能以一定概率（如 $p=95\%$）区分的最小变形量 δ_y，对同一变形体来说，不同位置、不同方向上的变形量都不相同，因此，各目标点所允许的坐标或坐标差的精度也不相同，一般目标点的平面位置精度还常采用置信椭圆描述。由于同一变形体上各目标点处的变形速率 $\dot{y}$ 不相同，观测周期间隔 Δt 和每一周期的观测时间 δ_t 将不同，在测量方案设计中都应加以考虑。例如通过在两周期之间进行一次加密观测或放弃一个周期的方法，可缩短或延长 Δt。对于 δ_t 的确定，同一周期中不同目标点上的观测时间若相同，一种方法是根据最短的 δ_t 选择最快的测量方法，另一种是根据不同的 δ_t 选择不同的测量方法，在方案设计时要权衡考虑。

6.2.2 测量方案设计须考虑的问题

1. *确定测量精度时须考虑的问题*

在制定变形监测方案时，首先要确定精度要求。变形监测的精度与变形体的性质、结构和重要性有关，与变形测量的等级、要求监测的最小变形量和预计的最大变形量等有关。如何确定精度是一个不易回答的问题，国内外学者对此作过多次讨论。在 1971 年国际测量工作者联合会（FIG）第十三届会议上工程测量组提出："如果观测的目的是为了使变形值不超过某一允许的数值而确保建筑物的安全，则其观测的中误差应小于允许变形值的 1/10~1/20；如果观测的目的是为了研究其变形的过程，则其中误差应比这个数小得多。"对于特种精密工程和重要科研项目，普遍的观点是：应采用当时所能获得的最好测量仪器和技术，达到其最高精度。变形测量的精度越高越好。表 6-1 给出了变形测量等级及精度要求。

表 6-1　**建筑物变形测量等级及精度要求**

变形测量等级	沉降观测	位移观测	适用范围
	观测点测站高差中误差（mm）	观测点坐标中误差（mm）	
特级	≤0.05	≤0.3	特高精度要求的特种精密工程和重要科研项目变形观测
一级	≤0.15	≤1.0	高精度要求的大型建筑物和科研项目变形观测
二级	≤0.50	≤3.0	中等精度要求的建筑物和科研项目变形观测，重要建筑物主体倾斜观测、场地滑坡观测
三级	≤1.50	≤10.0	低精度要求的建筑物变形观测，一般建筑物主体倾斜观测、场地滑坡观测

注：(1) 观测点测站高差中误差，系指几何水准测量测站高差中误差或静力水准测量相邻观测点相对高差中误差。

对于大坝变形观测，混凝土坝的水平位移和沉陷观测精度为 1~2mm，土坝为 3~5mm；滑坡变形的观测精度为几毫米至 50mm。不同类型的工程建筑物，其变形观测的精度要求差别较大，同一建筑物，不同部位不同时间对观测精度的要求也不相同。

变形监测网各目标点坐标或坐标差的要求精度可用准则矩阵来描述，要将坐标精度转化为观测值的精度。一般做法是：先设计网的观测方案，根据仪器的标称精度或经验值模拟观测值，按模拟优化设计方法进行设计计算，看哪种仪器精度下所计算的坐标精度符合要求，确定观测元素（如方向、距离、高差、GNSS基线边长等）的测量精度。要考虑外界影响，留有余地，确定测量精度应适当偏高一点有一定富余。直到按设计的测量方案和精度计算出各目标点坐标的精度完全满足要求为止。

2. 确定周期方面须考虑的问题

观测周期数取决于变形的大小、速度及观测的目的，且与工程的规模、监测点的数量、位置以及观测一次所需时间的长短有关。在工程建筑物建成初期，变形速度较快，观测周期应多一些，随着建筑物趋向稳定，可以减少观测次数，但仍应坚持长期观测，以便能发现异常变化。

及时进行第一周期的观测有重要的意义。因为延误初始测量就可能失去已经发生的变形，以后各周期的测量成果是与第一期相比较的，应特别重视第一次观测的质量。例如，大坝第一周期的水平位移是在建筑物承受水压力之前进行的。对于混凝土坝，还须估计温度变化对水平位移的影响，因此，在水库蓄水前要另外进行若干周期水平位移观测。对于大坝安全监测特别重要的是：是否存在向下游方向的水平位移的趋势性变化。在施工期和水库蓄水时，建筑物的变形发展较快，所以观测周期间的时间间隔不宜过大，它与预期的变形值及水库蓄水阶段有关。在施工期间，若遇特殊情况（暴雨、洪水、地震等），应进行加测，在施工结束、水库开始蓄水、库水位下降以及水库放空等代表性阶段，也要进行加测。

在大坝运行期间，观测时刻的选择也很重要，特别是为了确定是否存在水平位移有向下游方向的趋势性变化，参数 α 是否显著（见图6-8），一般需要每月进行一次相对水平位移观测。当大坝及其基础变形过程已经变得缓慢，这时观测周期数可以减少，各观测周期应尽量在每年相同的时间进行。在时效变形基本停止以后（这一过程一般需10年以上），监测工作仍不能停止。混凝土大坝变形观测的周期确定可参见表6-2。

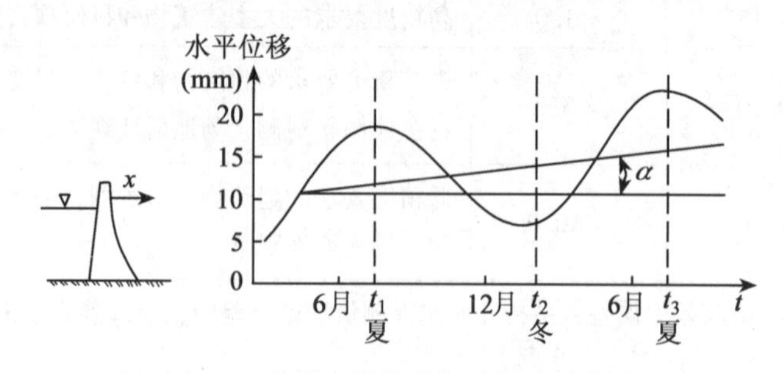

图6-8 大坝水平位移与观测时刻选择

表 6-2 **混凝土大坝变形观测周期表**

变形种类	水库蓄水前	蓄水期间	蓄水后的 3 年	正常运营期间
沉陷	1 个月	1 个月	3~6 个月	半年
相对水平位移	半个月	1 周	半个月	1 个月
绝对水平位移	0.5~1 个月	1 季度	1 季度	6~12 个月

土石坝的变形观测周期为：水库蓄水前是 1 季度；蓄水期间是 1 个月；蓄水后的 3 年是 1 季度；正常运营期间是半年。

对于周期性的变形，在一个变形周期内至少应观测两次。如果观测周期的时刻选择不当，将导致错误的结论。图 6-9 给出了四种不同的一维变形过程，如果都用三个离散的时刻来获取，则会出现完全不同的结果，有的正确，有的比较正确，有的则完全错了。

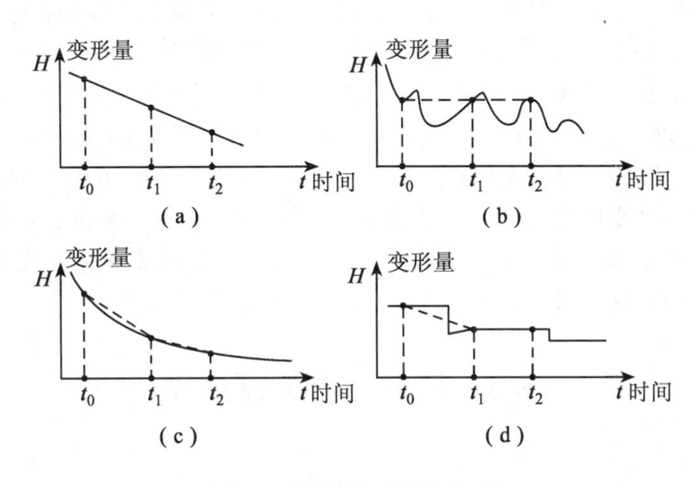

图 6-9 观测时刻选择的重要性

关于一周期内观测时间的确定方面，一周期所有的测量工作需在所允许的时间间隔 δ_t 内完成，否则观测周期内的变形将歪曲目标点的坐标值。对于长周期（如年周期）变形，δ_t 可达几天甚至数周，故可选用各种大地测量仪器和技术；对于短周期变形，δ_t 仅为数分甚至数秒，对于日周期，δ_t 为 10 多分钟。这时用大地测量仪器和大地测量方法将无能为力，需要考虑采用摄影测量方法或自动化测量方法。

3. 确定费用时须考虑的问题

监测方案设计和测量方法的选择必须要有经济的观点，总费用可分成以下几个方面：

（1）建立监测系统的一次性花费：监测网和持续性自动化测量装置所需费用。包括踏勘，埋设永久性标石、标志、观测墩的费用，仪器设备的购置费、安装费，数据处理软件、硬件费等。

（2）每一个观测周期的花费：包括人员费、仪器使用费、观测费、数据处理费、临时标志费以及交通费等。

（3）维护和管理费：主要包括标石标志的维护费、仪器设备折旧费以及管理人员费用等。

当变形监测所要求的观测周期较少时，可将上述一、三项放到每周期进行预算，这种情况采用常规大地测量方法较好；对于观测周期很多且要求周期中测量持续时间短的情况，应考虑研制特殊的测量方法和仪器，特别是要建立测量和数据处理全自动化的监测系统。

4. 其他方面须考虑的问题

（1）在监测时，变形体不能被触及，更不允许人在上面行走，否则将影响其变形形态。在这种情况下，许多测量方法都不能采用。

（2）只有在一定的时候才能到达变形体，而大多数时间在变形体上工作都有特别的危险性，这时，许多测量方法也不能采用。

（3）有的变形监测任务仅在于将变形体的原始状态保存下来，一旦该监测对象发生了变化，则通过测量来比较和证明所发生变化的情况，这时宜采用摄影测量方法，其优点是初始测量的费用少，在需要时可对丰富的摄影信息进行详细处理乃至空间分析。

（4）基于下述原因，应采用自动化监测方法：需要做持续动态监测，或变形的速度太快；监测点太多，人工观测工作量很大，或需要同一时刻获得多个监测点的变形；要求监测的时间间隔太短，变形过程需要短时间间隔的观测数据描述；监测环境太恶劣，如噪声、高压、高热、高磁场等对人体有危害，或人无法到达；要求变形监测作业不影响日常生产和运行管理；当变形量达到一定的值时，对变形体（被监测的工程建筑物或技术设备）本身或环境将造成巨大危害，但这种危害可通过事先报警而避免或减小时，宜采用自动化的持续监测系统，用计算机进行实时监控检核，需要时报警。

6.3　变形监测数据处理

6.3.1　概述

变形监测数据可分为两种：一种是监测网的周期观测数据，要进行参考点稳定性检验和监测网平差，作两周期间的叠合分析，计算目标点的位移；另一种是监测点的监测数据序列，如该点的沉降值、某一方向上的位移值以及其他与变形监测有关的量如气温、体温、水温、水位、渗流、应力、应变等，进行变形分析，如回归分析、相关分析、时序分析等，描述变形的过程及发展趋势。必要时，还应进一步做变形体的变形模型分析，进行变形模型参数，如刚体变形及相对形变参数估计和统计检验等，进行变形的几何分析、物理解释和变形预报。

6.3.2　监测网参考点的稳定性分析

变形体的位移由其上离散的目标点相对于参考点的变化来描述，参考点和目标点之间通过边角或高差观测值连接。由参考点组成的网称为参考网。对参考网进行周期观测的目的在于检查参考点是否都是稳定的。通过检验，选出真正的稳定点作为监测网的固定基准，从而可确定监测体上目标点的变形，以及其他特征监测点如正、倒垂点、引张线端点、坝内导线端点以及挠度观测基准点等的时空变形特性。下面介绍参考点稳定性分析的两种方法，即平均间隙-最大间隙法和组合后验方差检验法。

1. 平均间隙-最大间隙法

设变形监测网为平面边角网，各周期的观测方案、使用仪器、观测方法以及观测精度相同，对每一周期按全自由网平差，将参考点都当作等权的非固定点，对整个网做平移或绕网的重心旋转，都不会改变网的角度和边长观测值。对于第 i 周期观测值，由高斯-马尔可夫模型

$$\begin{cases} E\{\boldsymbol{l}\} = \boldsymbol{A}_i\boldsymbol{x}_i \\ \sum_{LL,\ i} = \sigma_0^2\boldsymbol{Q}_{LL,\ i} = \sigma_0^2\boldsymbol{P}_i^{-1} \end{cases} \tag{6-22}$$

可得参考点坐标向量估值及其协因数矩阵

$$\hat{\boldsymbol{x}}_i = (\boldsymbol{A}_i^{\mathrm{T}}\boldsymbol{P}_i\boldsymbol{A}_i)\boldsymbol{A}_i^{\mathrm{T}}\boldsymbol{P}_i\boldsymbol{l}_i \tag{6-23}$$

$$\boldsymbol{Q}_{xx,\ i} = (\boldsymbol{A}_i^{\mathrm{T}}\boldsymbol{P}_i\boldsymbol{A}_i)^{+} \tag{6-24}$$

式中，$\boldsymbol{Q}_{xx,\ i}$ 是法方程矩阵的伪逆。若对两个周期观测值都按上述模型平差，可计算出两周期坐标向量的差向量（或称位移向量）：

$$\boldsymbol{d} = \hat{\boldsymbol{x}}_{i+1} - \hat{\boldsymbol{x}}_i \tag{6-25}$$

及差向量的协因数矩阵

$$\boldsymbol{Q}_{dd} = \boldsymbol{Q}_{xx,\ i+1} + \boldsymbol{Q}_{xx,\ i} = 2\boldsymbol{Q}_{xx,\ i} \tag{6-26}$$

由 $\boldsymbol{d}$ 及 $\boldsymbol{Q}_{dd}$ 构成的二次型

$$\theta^2 = \frac{\boldsymbol{d}^{\mathrm{T}}\boldsymbol{Q}_{dd}^{+}\boldsymbol{d}}{h} \tag{6-27}$$

称为平均间隙，h 为 $\boldsymbol{Q}_{dd}$ 的秩，即独立坐标的个数。若所有参考点都是稳定的，则以下假设成立：

零假设（H_0）：
$$\begin{cases} \boldsymbol{E}(\boldsymbol{X}_{i+1}) = \boldsymbol{E}(\boldsymbol{X}_i) \\ \boldsymbol{E}(\boldsymbol{d}) = 0 \end{cases} \tag{6-28}$$

否则，备选假设 H_A 成立，即

$$\boldsymbol{E}(\boldsymbol{X}_{i+1}) \neq \boldsymbol{E}(\boldsymbol{X}_i)，\text{或}\ \boldsymbol{E}(\boldsymbol{d}) \neq 0 \tag{6-29}$$

在零假设成立的情况下，差向量纯粹由测量误差引起，平均间隙 θ^2 可以视为单位权方差 σ^2 的无偏估值。由两个周期观测的平差也可得单位权方差的验后估值 S_0^2，于是可构成下述统计量

$$T = \frac{\theta^2}{S_0^2} \sim \boldsymbol{F}_{h,\ f} \tag{6-30}$$

式中，h 为 $\boldsymbol{Q}_{dd}$ 的秩，f 是计算 S_0^2 时的自由度（多余观测数）。称 $F_{h,\ f,\ 1-\alpha}$ 为 F 分布的分位值，α 为显著水平（亦称错误概率），一般取 0.05。当 $T \leqslant F_{h,\ f,\ 1-\alpha}$ 成立时，说明不存在显著性变形的参考点，参考点所构成的网是叠合的。

上述检验称为整体检验或参考网的叠合分析。当 $T > F_{h,\ f,\ 1-\alpha}$ 时，整体检验未通过，说明两个周期间存在显著性变形的参考点，须进一步做变形点的局部定位。为此，对 $\boldsymbol{d}$ 和 $\boldsymbol{Q}_{dd}^{+}$ 做如下分解：

$$\boldsymbol{d} = \begin{pmatrix} \boldsymbol{d}_M \\ \boldsymbol{d}_F \end{pmatrix},\quad \boldsymbol{Q}_{dd}^{+} = \begin{pmatrix} \boldsymbol{p}_{MM} & \boldsymbol{p}_{MF} \\ \boldsymbol{p}_{FM} & \boldsymbol{p}_{FF} \end{pmatrix} \tag{6-31}$$

式中，下标 $\boldsymbol{M}$ 表示假设某一个参考点（如点 j）是动点的坐标差向量，下标 $\boldsymbol{F}$ 表示其它为不动的点的坐标差向量，以及相应的矩阵分解。对 $\boldsymbol{d}_M$ 和 $\boldsymbol{p}_{FF}$ 做以下变换

$$\begin{cases}\bar{\boldsymbol{d}}_M = \boldsymbol{d}_M + \boldsymbol{p}_{MM}^{-1}\boldsymbol{p}_{MF}\boldsymbol{d}_F \\ \bar{\boldsymbol{p}}_{FF} = \boldsymbol{p}_{FF} - \boldsymbol{p}_{FM}\boldsymbol{p}_{MM}^{-1}\boldsymbol{p}_{MF}\end{cases} \tag{6-32}$$

并构造二次型：

$$\begin{cases}\theta_{(j)}^2 = \dfrac{\boldsymbol{d}_F^{\mathrm{T}}\bar{\boldsymbol{P}}_{FF}\boldsymbol{d}_F}{h-2} \\ \omega_j = \dfrac{\bar{\boldsymbol{d}}_M^{\mathrm{T}}\boldsymbol{p}_{MM}\bar{\boldsymbol{d}}_M}{2}\end{cases} \tag{6-33}$$

我们称 ω_j 为动点间隙，$\theta_{(j)}^2$ 为其余点的平均间隙，对所有的参考点，均轮换做上述分解并计算 ω_j，其中最大的一个称为最大间隙，它所对应的点为显著性变形点。对剩下的平均间隙 $\theta_{(j)}^2$ 再重复上述的整体检验，直至整体检验通过。

若经过上述检验，参考网存在至少两个稳定点，则可将稳定点作为固定基准进行经典的约束平差。如果少于两个稳定点，则应进行拟稳平差，即把参考网点当做拟稳点，拟稳点的权根据其上的位移向量大小按一定的规则确定，如

$$\boldsymbol{P}_d = \mathrm{diag}\{(|\boldsymbol{d}_j| + c)^{-1}\} \tag{6-34}$$

式中，$\boldsymbol{d}_j$ 表示第 j 点的位移向量，c 是一个小的正数。在确定出固定基准或拟稳基准后，所计算出动点以及目标点的位移向量则是相对于基准的真实位移，利用所求的位移及其精度就可以进行变形体变形模型鉴别和变形参数的估计。

2. *组合后验方差检验法*

组合后验方差检验法就是通过基准点的各种组合，用后验单位权方差构成统计量，进行 χ^2 检验。当统计量大于给定的分位值时，零假设（基准点未显著变动）不成立，可得到显著变动的基准点。进行迭代计算，直到检验通过。基准点发生显著性变动可以采用以下量度指标：设基准网的最弱点中误差为 m_p，当基准点的坐标变动量大于 k 倍最弱点中误差时，可认为该点发生了显著性变动，k 根据网的精度等级可定为 2、2.5 或 3，网的精度等级越高，取值越小。m_p 的计算分两种情况：当基准网的多余观测数较多，如大于等于 10 时，用后验单位权中误差计算，否则用先验单位权中误差计算。有了上述指标，即可采用"组合后验方差检验法"判断显著变动的基准点，确定稳定的基准点，以稳定的基准点为已知点（基准），计算工作基点和变形监测点的坐标。组合后验方差检验法的计算步骤如下：根据基准点数进行基准点组合，如有 m 个基准点，则可取 m 个、$m-1$ 个、$m-2$ 个…… $m-k$ 个基准点的组合，但 $m-k$ 不能小于 2，当 $m-k$ 等于 2 时，所选的点不能相距太近。按组合计算公式：

$$C_n^r = \frac{n!}{r!\ (n-r)!} \tag{6-35}$$

得基准点为定值时的组合个数，对每一组合做后验方差检验。若零假设不成立，可得到显著变动的基准点，剔除统计量最大即变动最大的那个基准点，对余下的基准点再做与前述相同的迭代计算，直到检验通过或只有两个基准点为止。

χ^2 检验的原假设和备选假设为：

$$H_0:\ E(\hat{\sigma}_0^2)=\sigma_0^2$$
$$H_1:\ E(\hat{\sigma}_0^2)\geqslant\sigma_0^2 \tag{6-36}$$

构成统计量：

$$T=f\frac{\hat{\sigma}^2}{\sigma_0^2}\sim\chi^2_{f,\ 1-\alpha} \tag{6-37}$$

式中，$\hat{\sigma}^2$ 为后验单位权方差，σ_0^2 为先验单位权方差，f 为多余观测数（自由度），采用单尾检验，α 为显著水平，一般取 0.05，当

$$T\geqslant\chi^2_{f,\ 1-\alpha} \tag{6-38}$$

时，备选假设成立，说明有基准点发生了显著变动，$\chi^2_{f,\ 1-\alpha}$ 为分位值。

当基准点数小于 2 时，说明无足够的已知点，“组合后验方差检验法”无效。此时可采用自由网平差或拟稳平差，即以网的重心为基准。但也有缺陷，因为拟稳点或自由网点并不一定满足随机微小变动的假设。所以在网设计时，除考虑到通视、使用方便外，应将足够的基准点布设于稳定且不易被破坏的区域。当稳定的基准点小于 2 个时，建议建立新的基准，进行新基准下的首期观测和基准网平差。

组合后验方差检验法是一种简单而行之有效的方法，使用通用平差程序如“科傻”软件系列的“地面测量工程控制测量数据处理通用软件包”（COSA_ CODAPS），参见本书 3.7 节。

实例：某地铁隧道变形基准网有 XJ1、XJ2、XJ3、XJ4 4 个基准点，则有以下几种组合，即 $m=4$ 时，有一种组合：XJ1、XJ2、XJ3、XJ4；$m=3$ 时，有 $C_4^3=4$ 种组合：XJ1、XJ2、XJ3，XJ1、XJ2、XJ4，XJ2、XJ3、XJ4 和 XJ1、XJ3、XJ4；$m=2$ 时，有 $C_4^2=6$ 种组合，即 XJ1、XJ2，XJ1、XJ3，XJ1、XJ4，XJ2、XJ3，XJ2、XJ4 和 XJ3、XJ4，其中 XJ1、XJ2 和 XJ3、XJ4 相距太近，应去掉，故有 4 种组合。基准网平差时，根据仪器的标称精度和以前的经验，确定先验单位权中误差取 0.50″，对每期监测进行基准网平差，先以 4 个基准点作为已知点，若计算的后验单位权中误差大于先验单位权中误差，则构成统计量进行 χ^2 检验。各期的后验单位权中误差依次为 0.47，0.74，0.29，0.72，0.60，…，2.36，即在第 101 期时，后验单位权中误差达到 2.36，采用“组合后验方差检验法”，可检验在哪一期、哪一个基准点发生了显著变动。在第 101 期前的各期，检验都通过，第 101 期时，

$$\hat{\sigma}_0^2=2.36^2=5.5696,\quad \sigma_0^2=0.5^2,\quad f=5$$
$$T=111.392\geqslant\chi^2_{f,\ 1-\alpha}=\chi^2_{5,\ 1-0.05}=11.071$$

拒绝 H_0，说明 4 个基准点中有发生显著变动的点。再对 $m=3$ 的 4 种组合分别进行平差，XJ2，XJ3，XJ4 和 XJ1，XJ3，XJ4 和 XJ1，XJ2，XJ4 的后验单位权中误差为 3.30，3.30，3.92，统计量都大于分位值，拒绝 H_0，这三个组合都包括了 XJ4，可怀疑该点发生了显著变动，而不包括 XJ4 的组合 XJ1，XJ2，XJ3，通过了 H_0 假设，说明这三点是稳定的，XJ4 点发生了显著变动。该期应以 XJ1、XJ2、XJ3 为基准点进行平差，作为该期变形监测的结果，同时计算得 XJ4 在 X 方向有 1mm，Y 方向有 3mm 左右的变动量。

6.3.3　变形分析

变形分析包括静态、似静态点场分析（拟在划分稳定点和变形点）。对变形点的变形可用综合变形模型（计算刚体变形及相对形变参数）、运动模型（计算速度、加速度）和动力学模型描述（根据受力与变形的函数关系确定变形）。按几何学和物理学观点，变形分析又可分为变形的几何分析和物理解释，几何分析在于确定变形量的大小、方向及其变化，即变形体形态的动态变化；物理解释在于确定引起变形的原因（例如是由某种荷载为主引起的周期性变形）和确定变形的模式（属于弹性变形还是塑性变形，是自身内部形变还是整体变形等）。一般来说，几何分析是基础，主要是确定相对和绝对位移量，物理解释则是在于从本质上认识变形。变形的物理解释和变形预报可根据确定函数法，如动力学方程进行，也可根据大量的监测资料用统计分析法进行，同时还可将两种方法结合起来进行综合分析预报。

总的来说，变形监测是基础，变形分析是手段，变形预报是目的，变形监测数据处理的过程就是进行变形分析和预报的过程。

1. 回归分析法

回归分析是处理变量之间相关关系的一种数理统计方法。将变形体当作一个系统，按系统论分析方法，将各目标点上所获取的变形值（称效应量，如位移、沉陷、挠度、倾斜等）称为系统的输出，将影响变形体的各种因子（称环境量，如库水位、气温、气压、坝体混凝土温度、渗流、渗压以及时间等）称为系统的输入。在数值分析中，将输入称为自变量，输出称为因变量。若进行长期、大量的观测，则可以用回归分析方法近似地估计出因变量与自变量，即变形与变形影响因子之间的函数关系。根据这种函数关系可以解释变形产生的主要原因，即受哪些因子的影响最大；同时也可以进行预报，自变量取预计值时因变量即变形的预报值。回归分析同时也给出估计精度。因此，可以说回归分析既是一种统计计算方法，又是一种变形的物理解释方法，同时，它还可作变形预报。

1）线性回归模型及解

若只是两个变量之间的问题，即一个自变量的情况，称一元回归。时间也可作为自变量，变形值和时间之间的回归可称为自回归。若两个变量之间存在线性函数关系，则为直线回归。若两个变量是一种非线性关系，则有两种处理方法：一是根据散点图和常见的函数曲线（如双曲线、幂函数曲线、指数曲线、对数曲线）进行匹配，通过变量变换把曲线问题转化为直线问题；一是用多项式拟合任一种非线性函数，通过变量变换把这种一元非线性回归问题转化为多元线性回归问题。

直线回归方程的标准式为：

$$y = a + bx \tag{6-39}$$

常用函数曲线的方程如双曲线方程：

$$\frac{1}{y} = a + \frac{b}{x} \tag{6-40}$$

经过代换：

$$y' = \frac{1}{y},\ x' = \frac{1}{x} \tag{6-41}$$

可化为一元直线回归问题：

$$y' = a + bx' \tag{6-42}$$

对于指数函数：

$$y = de^{\frac{b}{x}} \tag{6-43}$$

做如下变换：

$$y' = \ln y, \quad x' = \frac{1}{x}, \quad a = \ln d \tag{6-44}$$

则变为标准式回归方程

$$y' = a + bx' \tag{6-45}$$

对于二次多项式（抛物线）：

$$y = a + bx + cx^2 \tag{6-46}$$

做变换：

$$x_1 = x, \quad x_2 = x^2 \tag{6-47}$$

则变为二元线性回归方程：

$$y = a + bx_1 + cx_2 \tag{6-48}$$

对于大多数情况，影响变形的因素是多方面的，而且不是线性的。一般首先应依据专业知识确定可选因子，对于多元非线性回归问题，通过变量变换为多元线性回归问题。采用逐步回归算法，获得最佳回归方程，借以预报或控制因变量的值。

一元和多元线性回归计算完全是按最小二乘原理解算线性方程组，其函数模型的矩阵表示为：

$$\boldsymbol{y} = \boldsymbol{x\beta} + \boldsymbol{\varepsilon} \quad \text{或} \boldsymbol{y} + \boldsymbol{v} = \boldsymbol{x}\hat{\boldsymbol{\beta}} \tag{6-49}$$

式中，$\boldsymbol{y}$ 为因变量（即变形观测值），向量 $\boldsymbol{y}^{\mathrm{T}} = (y_1, y_2, \cdots, y_n)$，$n$ 为观测值个数；$\boldsymbol{\varepsilon}$ 为观测值误差向量，其协方差阵 $\sum_{\varepsilon\varepsilon} = \sigma_0^2 \boldsymbol{Q}_{\varepsilon\varepsilon} = \sigma_0^2 \boldsymbol{I}$，$\boldsymbol{I}$ 为单位矩阵；

$\boldsymbol{X}$ 是一个 $n \cdot (m+1)$ 阶矩阵，其形式为

$$\boldsymbol{X} = \begin{bmatrix} 1 & x_{11} & x_{12} & \cdots & x_{1m} \\ 1 & x_{21} & x_{22} & \cdots & x_{2m} \\ \vdots & \vdots & \vdots & & \vdots \\ 1 & x_{n1} & x_{n2} & \cdots & x_{nm} \end{bmatrix} \tag{6-50}$$

表示有 m 个变形影响因子，每个变形影响因子表示一种自变量观测值或自变量观测值的函数（自变量较少时），它们构成 $\boldsymbol{X}$ 矩阵的元素，与因变量相对应，共有 n 组；

$\boldsymbol{\beta}$ 是回归系数向量，$\boldsymbol{\beta}^{\mathrm{T}} = (\beta_0, \beta_1, \cdots, \beta_m)$，即共有 $m+1$ 个回归系数（当 $m=1$ 时，为一元线性回归模型）。在 $n > m+1$ 时，按最小二乘原理可得法方程组、解向量与精度：

$$\left.\begin{aligned} &(\boldsymbol{X}^{\mathrm{T}}\boldsymbol{X})\hat{\beta} = \boldsymbol{X}^{\mathrm{T}}\boldsymbol{Y} \\ &\hat{\beta} = (\boldsymbol{X}^{\mathrm{T}}\boldsymbol{X})^{-1}\boldsymbol{X}^{\mathrm{T}}\boldsymbol{Y} \\ &\sum_{\hat{\beta}\hat{\beta}} = \sigma_0^2 \boldsymbol{Q}_{\hat{\beta}\hat{\beta}} = \sigma_0^2 (\boldsymbol{X}^{\mathrm{T}}\boldsymbol{X})^{-1} \\ &\hat{\boldsymbol{Y}} = \boldsymbol{Y} + \boldsymbol{V} = \boldsymbol{X}\hat{\beta} \end{aligned}\right\} \tag{6-51}$$

因变量估值的精度即单位权方差 σ_0^2 的验后估值为：

$$\boldsymbol{S}_0^2 = \frac{\boldsymbol{V}^{\mathrm{T}}\boldsymbol{V}}{n-(m+1)} \tag{6-52}$$

在一元线性回归中，自变量与因变量之间的相关系数 ρ 描述它们的线性相关程度，其估值为：

$$\hat{\rho} = \frac{\sum (x_i - \bar{x})(y_i - \bar{y})}{\sqrt{\sum (x_i - \bar{x})^2}\sqrt{\sum (y_i - \bar{y})^2}} = \frac{S_{xy}}{S_x S_y} \tag{6-53}$$

其值在（-1，1）之间，相关系数估值 $\hat{\rho}$ 的符号与回归系数 $\hat{\beta}_1$ 的符号是一致的，其大小是自由度和置信水平 α 的函数。相关系数的分位值可查表得到。若相关系数的估值大于相关系数 ρ 的分位值，则表示自变量与因变量之间的线性关系密切，回归直线是有效的。这就是一元线性回归直线性的相关系数检验法。

上述多元线性回归模型及解与测量中的间接观测平差模型及解的原理是一致的，但不同之处在于：多元线性回归模型中的变形影响因子个数事先是不确定的，需要采取一定的算法通过回归计算确定，使回归模型最优。在线性回归分析中，引入以下概念：残差平方和 Q、回归平方和 U 以及总离差平方和 S，由

$$\boldsymbol{Y} - \overline{\boldsymbol{Y}} = (\boldsymbol{Y} - \hat{\boldsymbol{Y}}) + (\hat{\boldsymbol{Y}} - \overline{\boldsymbol{Y}}) \tag{6-54}$$

定义

$$\boldsymbol{Q} = (\boldsymbol{Y} - \hat{\boldsymbol{Y}})^{\mathrm{T}}(\boldsymbol{Y} - \hat{\boldsymbol{Y}}) = \sum_{i=1}^{n} (y_i - \hat{y}_i)^2 = \boldsymbol{V}^{\mathrm{T}}\boldsymbol{V} \tag{6-55}$$

式中，

$$\bar{y} = \frac{1}{n}\sum_{i=1}^{n} y_i \qquad \overline{\boldsymbol{Y}} = \bar{\boldsymbol{y}}\boldsymbol{I} \tag{6-56}$$

$\bar{\boldsymbol{y}}$ 为因变量的平均值，$\boldsymbol{I}$ 为单位向量。$\hat{y}_i$ 为因变量的回归值。可以证明下式成立

$$S = Q + U \tag{6-57}$$

用文字表达，即总离差平方和 S 等于残差平方和 Q 加上回归平方和 U。它们的几何意义如图6-10所示。总离差平方和为变形观测值与变形观测值的平均值之差的平方和，残差平方和为变形观测值与变形观测值的回归值之差的平方和，回归平方和为变形观测值的回归值与变形观测值的平均值之差的平方和。

回归平方和 U 为经过回归之后使总离差平方和 S 减少的那一部分，U 越大，表示回归效果越好；残差平方和 Q 表示经过回归之后自变量对因变量的非线性影响及它们的测量误差影响部分，回归计算公式是以 Q 等于最小的原理推导的。显然，在 S 一定的情况下，Q 越小，则 U 越大。由式（6-55）和式（6-52）可见，Q 越小，S_0^2 越小，另外，变形影响因子的个数 m 越少，S_0^2 也越小。因此，在用回归模型进行预报或控制时，应选用尽可能少的变形影响因子，达到尽可能高的拟合度，即 Q、m 都尽可能地小。

对于多元线性回归，定义复相关系数为：

$$R = \sqrt{\frac{U}{S}} = \sqrt{1 - \frac{Q}{S}} \tag{6-58}$$

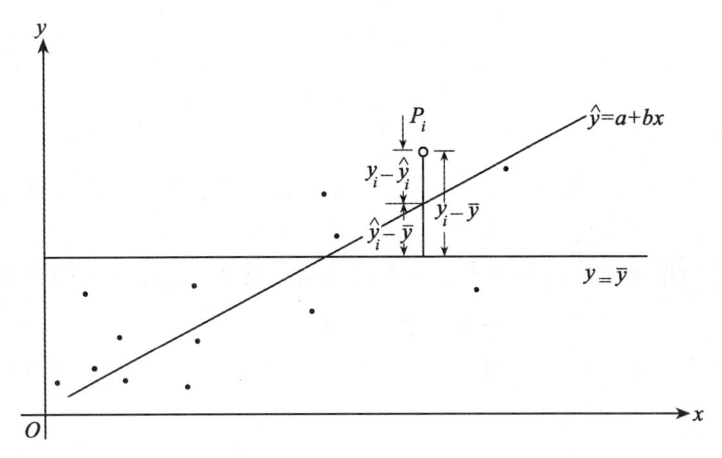

图 6-10 总离差平方和、残差平方和与回归平方和

它表示因变量与自变量的线性关系程度。

在多元线性回归中，任意两个变量之间的相关系数不能用如式（6-53）所述的方法计算，因为其他因子也在变化并产生影响。除去其他因子的影响后所计算的相关系数称为偏相关系数。偏相关系数的计算方法如下：设有三个变量 x_1、x_2、x_3，在除去 x_3 影响后 x_1、x_2 之间的相关系数 $r_{12,3}$ 称为 x_1、x_2 对 x_3 的偏相关系数，有

$$r_{12,3}=\frac{\rho_{12}-\rho_{13}\cdot\rho_{23}}{\sqrt{1-\rho_{13}{}^2}\cdot\sqrt{1-\rho_{23}{}^2}} \tag{6-59}$$

式中，ρ_{12}、ρ_{13}、ρ_{23} 为按式（6-53）计算的相关系数。在多元线性回归中，偏相关系数反映了两个变量之间的相关程度。变形影响因子和因变量之间的偏相关系数的符号与该因子对应的回归系数 $\hat{\beta}_i$ 的符号是一致的，表示在多元线性回归中，回归系数 $\hat{\beta}_i$ 表示在除去其他变形影响因子之后，x_i 对 y 的影响。

利用多元线性回归方程

$$\hat{y}_k=\boldsymbol{x}_k^{\mathrm{T}}\hat{\boldsymbol{\beta}}=\hat{\beta}_0+x_{k1}\hat{\beta}_1+\cdots+x_{km}\hat{\beta}_m \tag{6-60}$$

可进行变形预报，预报时实际值与预报值之差一般不应超过 $2S_0$（概率为 0.95）。

由上可见，多元线性回归中变形影响因子的取舍十分重要，除专业知识外，主要采用逐步回归算法得到最佳回归方程。

2）逐步回归算法

所谓逐步回归算法是根据专业知识和监测资料，先在一元线性回归模型基础上，通过对回归系数的显著性检验，逐步地接纳和舍去变形影响因子，最后得到最佳回归方程。逐步回归算法建立在 F 检验的基础上。

首先是如何对线性回归模型中的回归系数 $\hat{\beta}_i$ 进行显著性检验，即回归方程中变形影响因子对因变量是否有显著作用的检验（亦称变形影响因子的显著性检验）：

零假设 $$H_0:\ E(\hat{\beta}_i)=0 \tag{6-61}$$

备选假设 $$H_A:\ E(\hat{\beta}_i)=\hat{\beta}_i\neq 0 \tag{6-62}$$

构成以下服从 F 分布的统计量:

$$T=\frac{\hat{\beta}_i^2/q_{\hat{\beta}\hat{\beta},\,i}}{Q/[n-(m+1)]}\sim F_{1,\,n-(m+1)} \tag{6-63}$$

式中: $q_{\hat{\beta}\hat{\beta},\,i}$ 为 $\boldsymbol{Q}_{\hat{\beta}\hat{\beta}}$ 矩阵中第 i 个对角元素, Q 为残差平方和。当 $T>F_{1,\,n-(m+1),\,1-\alpha}$ (α 为显著水平, 通常取0.05), 表示 $\hat{\beta}_i$ 是显著的, 相应的变形影响因子 x_i 应接纳到回归方程, 否则, 零假设成立, 表明相应的变形影响因子 x_i 对 y 的影响甚微, 应舍去。

其次需要进行增添变形影响因子的显著性检验。设某多元线性回归方程为

$$\hat{y}=\hat{\beta}_0+\hat{\beta}_1x_1+\cdots+\hat{\beta}_mx_m \tag{6-64}$$

相应的残差平方和为 Q_m, 回归平方和为 U_m。若增添一个变形影响因子 x_{m+1} 后, 其回归方程为

$$\hat{y}'_x=\hat{\beta}'_0+\hat{\beta}'_1x_1+\cdots+\hat{\beta}'_mx_m+\hat{\beta}'_{m+1}x_{m+1} \tag{6-65}$$

相应的残差平方和及回归平方和分别为 Q_{m+1}, U_{m+1}, 有:

$$\Delta Q=Q_m-Q_{m+1} \tag{6-66}$$

$$\Delta U=U_{m+1}-U_m \tag{6-67}$$

$$\Delta Q=\Delta U \tag{6-68}$$

我们称 ΔQ 为 y 对 x_{m+1} 的偏回归平方和, 它等于增添变形影响因子 x_{m+1} 后残差平方和的减小量, 也反映 x_{m+1} 对回归效果的贡献。增添变形影响因子显著性检验的零假设和备选假设为:

零假设　$$H_0:\ E(\hat{\beta}'_{m+1})=0 \tag{6-69}$$

备选假设　$$H_A:\ E(\hat{\beta}'_{m+1})=\hat{\beta}'_{m+1}\neq 0 \tag{6-70}$$

构成统计量:

$$T=\frac{\Delta Q}{Q_{m+1}/(n-m+2)}=\frac{\Delta Q(n-m+2)}{Q_{m+1}}\sim F_{1,\,n-m+2} \tag{6-71}$$

当 $T>F_{1,\,n-m-2,\,1-\alpha}$ 时, 拒绝零假设, 说明增添变形影响因子对 y 的作用显著, 应归入回归方程, 否则不应增添该新变形影响因子。

由于回归方程中各变形影响因子之间具有相关性, 接纳或舍去某一个因子后将对其他因子产生影响, 因此需按一定步骤进行。基于上述检验的逐步回归算法步骤可归纳如下:

(1) 初选变形影响因子。初选因子应根据专业知识筛选, 应包括所有的可选因子。如大坝的某一坝段监测点上的挠度值 (因变量) 与库水位、气温以及坝内与之相关的部位的混凝土温度 (变形影响因子) 有密切关系。有些因子, 如库水位的二次幂、三次幂、观测的前 10 天平均水位、前 30 天的平均气温等为变形影响因子观测值的函数, 也应作为变形影响因子。

(2) 确定首选的一元线性回归方程。设共选了 m 个变形影响因子, 首先对每一个因子建一个一元线性回归方程, 共建 m 个, 分别计算每一个回归方程的残差平方和 Q_i, 若第 k 个变形影响因子对应的残差平方和最小, 即

$$Q_k=\min(Q_i),\quad i=1,\ 2,\ \cdots,\ m \tag{6-72}$$

则第 k 个因子可作为候选因子, 对它再做显著性检验, 若是显著的, 则接纳该因子的回归

方程。

(3) 确定最佳二元线性回归方程。基于上面的一元回归方程，对其他 $m-1$ 个候选因子依次增添一个进来，共建 $m-1$ 个二元线性回归方程，可计算 $m-1$ 个偏回归平方和 ΔQ_i，若

$$\Delta Q_j = \max(\Delta Q_i), \quad i = 1, 2, \cdots, m-1 \tag{6-73}$$

则添加第 j 个因子为候选因子，并进行显著性检验，若其回归系数是显著的，则接纳该因子，这时的二元回归方程为最佳二元线性回归方程；否则，逐步回归到一元为止。

(4) 确定最佳三元线性回归方程。对于挑选第三个因子，其过程同步骤 (3)。这时可建立 $m-2$ 个三元线性回归方程，计算 $m-2$ 个偏回归平方和。值得注意的是，当选入第三个变形影响因子后，还要对原已选进的两个因子做显著性检验。若都是显著的，则得到最佳三元线性回归方程。若因选入第三个因子后，原来的因子变得不显著时，则应将其剔除，并重复上述步骤。若第三个因子的显著性检验未通过，则逐步回归到前一步骤的二元线性回归方程为止。

(5) 若三个因子都是显著回归因子，则按前述方法继续挑选第四个变形影响因子。反复进行因子的增添和剔除，直到既不能增添新的因子也不能剔除已选入的因子为止，最后所得到的结果为最佳回归方程。

实例：某混凝土大坝进行了各种监测，其中一坝段上某一挠度监测点的挠度值有长达数年每月多次的资料，此外，还监测了库水位、气温及坝内相关部位的混凝土温度，根据专业知识，选库水位、库水位的二次幂，三次幂，观测前 10 天平均库水位，前 30 天、60 天、90 天的平均气温以及该坝段所有 33 个监测点的混凝土温度为初选变形影响因子，通过上述逐步回归计算，得到一个与观测前 10 天平均库水位、前 90 天的平均气温和 13 个监测点的混凝土温度有关的 15 元最佳线性回归方程。由该最佳线性回归方程可作挠度回归值与挠度观测值的吻合性检验（吻合很好），可作挠度与显著回归因子（库水位、气温和混凝土温度）之间的定量分析，还可作挠度的预报（根据显著回归因子的值计算挠度值）和挠度的控制（限制显著回归因子的值使挠度值不超过某一阈值）。

因为回归分析法是一种统计分析方法，需要效应量和环境量具有较长且一致性较好的观测值序列。在回归分析法中，当环境量之间相关性较大，可采用岭回归分析；如果考虑测点上有多个效应量，如三向垂线坐标仪、双向引线仪，二向、三向测缝计的观测值序列，则可采用偏回归模型，该模型具有多元线性回归分析、相关分析和主成分分析的功能，在某些情况下优于一般的逐步线性回归模型。

2. 其他方法

(1) 时间序列分析法。在变形观测中，在测点上用垂线坐标仪、引张线仪、真空激光准直系统、液体静力水准测量等技术方法获取的观测量组成了离散的时间序列，可采用时间序列分析方法如建立 p 阶自回归 q 阶滑动平均模型 ARMA（p、q）来进行变形分析。一般认为采用动态数据系统（Dynamic Data System）法或趋势函数模型加上 ARMA 模型的组合建模法较好，前者是把建模作为寻求随机动态系统表达式的过程来处理的，而后者则是将非平稳相关时序转化为平稳时序，两者的模型参数都聚集了系统输出的特征和状态，因此可以对变形进行解释和预报。若顾及粗差的影响，可引入稳健时间序列分析法建模。在时序分析中，一般是针对单测点，若顾及各测点间的相关性进行多点的关联变形分析，

则可能取得更好的效果。

（2）频谱分析法。对于具有周期性变化的变形时间序列（大坝的水平位移一般都具有周期性），可采用傅里叶（Fourier）变换将时域信息转到频域进行分析，通过计算各谐波频率的振幅，找出最大振幅所对应的主频，可揭示变形的变化周期。若将测点的变形作为输出，与测点有关的环境量作为输入，通过对相干函数、频率响应函数和响应谱函数进行估计，可以分析输入输出之间的相关性，进行变形的物理解释，确定输入的贡献和影响变形的主要因子。

（3）模糊人工神经网络法。变形与影响因子之间是一种非线性、非确定性的复杂关系，模糊人工神经网络法将生物特征用到工程中，用计算机解决大数据量情况下的学习、识别、控制和预报等问题，是一种模仿和延伸人类功能的新型的信息处理方法。在应用中，当数以影响因子为输入层，以变形量为输出层，中间为隐含层的三层反传（Back Propagation）模型（称 BP 网络模型）最为成熟，网络拓扑结构（每层特别是隐含层的节点数确定）、反传训练算法、初始权选取和权值调整、步长和动量系数选择、训练样本质量、训练收敛标准等是重要的研究内容。此外，将小波分析与人工神经网络相结合的小波神经网络组合预报方法，将人工神经网络与专家系统相结合建立工程的变形分析与预报的神经网络专家系统也极具前景。

（4）小波分析法。小波理论作为多学科交叉的结晶在科研和工程中被广为研究和应用。小波变换被誉为“数学显微镜”，它能从时频域的局部信号中有效地提取信息。利用离散小波变换对变形观测数据进行分解和重构，可有效地分离误差，能更好地反映局部变形特征和整体变形趋势。与傅里叶变换相似，小波变换能探测周期性的变形。将小波用于动态变形分析，可构造基于小波多分辨卡尔曼滤波模型。将小波的多分辨分析和人工神经网络的学习逼近能力相结合，建立小波神经网络组合预报模型，可用于线性和非线性系统的变形预报。

6.4　变形监测资料整理、成果表达和解释

6.4.1　变形监测资料整理

变形监测资料包括自动采集或人工采集的各种原始观测数据。对原始观测资料进行汇集、审核、整理、编排，使之集中、系统化、规格化和图表化，并刊印成册称为观测资料整理，其目的是便于应用分析，向需用单位提供资料和归档保存。观测资料整理，通常是在平时对资料已有计算、校核甚至分析的基础上，按规定及时对整理年份内的所有观测资料进行整理。近年来，对观测资料的整理已逐渐趋向自动化，20 世纪 70 年代以来，美国、意大利、日本等一些国家均已应用自动化技术，采集和整理观测数据，并存入数据库，供随时调用。我国在 20 世纪 80 年代已制成自动化检测装置，可以对内部观测仪器的观测值，自动采集并按整理格式显示打印，并在许多工程上得到应用。资料整理的主要内容包括：

（1）收集资料（如：工程或观测对象的资料、考证资料、观测资料及有关文件等）。

（2）审核资料（如：检查收集的资料是否齐全、审查数据是否有误或精度是否符合

要求、对间接资料进行转换计算、对各种需要修正的资料进行计算修正、审查平时分析的结论意见是否合理等)。

(3) 填表和绘图(将审核过的数据资料分类填入成果统计表;绘制各种过程线、相关线、等值线图等;按一定顺序进行编排)。

(4) 编写整理成果说明(如:工程或其他观测对象情况、观测情况、观测成果说明等)。

观测资料分析是体现观测工作效果的重要环节,分为定性分析、定量分析、定期分析、不定期分析和综合性分析。观测资料分析工作必须以准确可靠的观测资料为基础,在计算分析之前,必须对实测资料进行校核检验,对观测系统和原始资料进行考证,这样才能得到正确的分析成果,发挥其应有的作用。以水利工程为例,观测资料包括水工建筑物本身及有关河道、库区的水流、泥沙、冰情、水质等各项观测资料,都要随时分析,以便发现问题及时处理。观测资料分析是根据水工建筑物设计理论、施工经验和有关的基本理论和专业知识进行的。观测资料分析成果可指导施工和运行,同时也是进行科学研究、验证和提高水工设计理论和施工技术的基本资料。观测资料分析可分为以下阶段:

(1) 施工期的资料分析。计算分析建筑物在施工期取得的观测资料,可为施工决策提供必要的依据。

(2) 初期蓄水期的资料分析。从开始蓄水运用起,各项观测都需加强,并应及时计算分析观测资料,以查明水工建筑物承受实际水荷载作用时的工作状态,保证水工建筑物蓄水期的安全。观测资料的分析成果,除作为蓄水期安全控制依据外,还为工程验收及长期运用提供重要资料。

(3) 运行期的资料分析。应定期进行(例如5年一次),分析成果作为长期安全运行的科学依据,用以判断大坝等水工建筑物性态是否正常,评估其安全程度,制定维修加固方案,更新改造安全监测系统。运行期资料分析是定期进行大坝安全鉴定的必要资料。在有特殊需要时才专门进行的分析称为不定期分析,如遭遇洪水、地震后,大坝等建筑物发生了异常变化,甚至局部遭受破坏,就要进行不定期分析,据以判断建筑物的安全程度,并为制定修复加固方案提供科学依据。资料分析的常用方法有:

①作图分析。将观测资料绘制成各种曲线,常用的是将观测资料按时间顺序绘制成过程线。通过观测物理量的过程线,分析其变化规律,并将其与水位、温度等过程线对比,研究相互影响关系,也可以绘制不同观测物理量的相关曲线,研究其相互关系。这种方法简便、直观,特别适用于初步分析阶段。

②统计分析。用数理统计方法分析计算各种观测物理量的变化规律和变化特征,分析观测物理量的周期性、相关性和发展趋势。这种方法具有定量的概念,使分析成果更具实用性。

③对比分析。将各种观测物理量的实测值与设计计算值或模型试验值进行比较,相互验证,寻找异常原因,探讨改进运行和设计、施工方法的途径。由于水工建筑物实际工作条件的复杂性,必须用其他分析方法处理实测资料,分离各种因素的影响,才能对比分析。

④建模分析。采用系统识别方法处理观测资料,建立数学模型,用以分离影响因素,研究观测物理量变化规律,进行实测值预报和实现安全控制。

常用数学模型有三种：一是统计模型，主要以逐步回归计算方法处理实测资料建立的模型；二是确定性模型，主要以有限元计算和最小二乘法处理实测资料建立的模型；三是混合模型，一部分观测物理量（如温度）用统计模型，一部分观测物理量（如变形）用确定性模型，这种方法能够定量分析，是对长期观测资料进行系统分析的主要方法。

原始观测值绝大多数以数字形式提供，少部分是以模拟的方式输出，如持续记录仪器所绘出的曲线。对于变形监测网的周期观测数据需进行观测值的质量检查，如完整性、一致性检查，进行粗差和系统误差检验，方差分量估计，保证变形观测数据处理结果正确可靠。对于各监测点上的时间序列实测资料，通过插值方法或拟合方法整理成等间隔时间的观测序列以便供变形分析使用。观测成果计算和分析中的数字取位应符合规范规定，如取至0.1 mm或0.01mm。原始记录成果应整洁、清晰，不得涂改，严禁作伪；计算成果应完整、正确，图表应整齐、美观。

每一项变形监测工程应提交下述综合成果资料：技术设计书和测量方案；监测网和监测点布置平面图；标石、标志规格及埋设图；仪器的检校资料；原始观测记录（手簿和/或电子文件）；平差计算、成果质量评定资料；变形观测数据处理分析和预报成果资料；变形过程和变形分布图表；变形监测、分析和预报的技术报告。

为了获得很高的精度和可靠性，变形观测的数据量通常很大，这使数据处理和成果解释变得复杂。因此，需要从大量数据中提取有用信息，使提交的成果既概括直观，又能反映本质的东西。在技术设计阶段就必须明确，成果中哪些参数、哪些变形需要提交；提交成果最简单清晰的图表形式及格式；所有的成果都须附上精度说明，最好给出置信域。

6.4.2 成果表达

变形监测成果的表达形式主要包括用文字、表格和图形等形式，也可采用现代科技如多媒体技术、仿真技术、虚拟现实技术进行表达。本节讲述传统的表达方法。变形监测、分析和预报的技术总结和报告是最重要的成果。成果表达最重要的是成果的正确性和可靠性，其次才是表达的逻辑性和艺术性。在成果正确、可靠的前提下，结构严谨、文字描述流畅及图表结合恰当也是十分重要的。表格是一种最简单的表达形式，用它可以直接列出观测成果或由之导出的变形值。表格的设计编排应清楚明了，如按建筑阶段或观测周期编排，变形值与同时获取的其他影响量如温度、水位等数据可一起表达；图形表达最直观，形式也最丰富多彩。表达的形式取决于变形的种类和研究的目的，还要满足业主的要求，应结合实际情况设计具有特色的最好表达形式。下面结合一些例子予以说明。

图6-11为某建筑的荷载变化及监测点沉降过程曲线图，图中包括时间（年月）、荷载、施工情况及沉降过程曲线，并绘出了曲线的置信区间。

图6-12是某大楼的沉降变形监测示意图，在其主楼南边新修建一幢大楼和地下停车场。沉降变形监测方案为：布设了23个高程监测点，采用精密水准测量，监测点的高程精度为0.5mm；按建筑建设阶段划分成基础开挖处理、基础完成、地下水位下降、框架完成和全部建成5个阶段，共进行8期观测，其中基础开挖处理阶段观测三个周期，基础完成阶段一个周期，地下水位下降阶段两个周期，框架完成和全部建成阶段各一个周期。沉降变形监测贯穿于整个建筑过程。沉降变形监测的作用是：通过监测的沉降值与预先设计的沉降值进行比较来控制施工进程，如果偏差过大，则要缩短观测周期之间的时间间

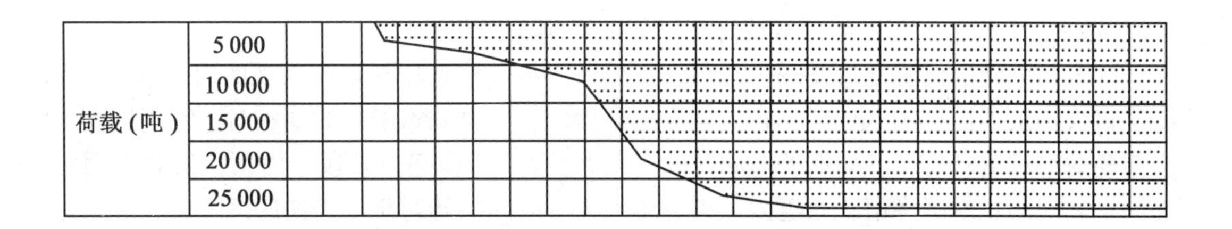

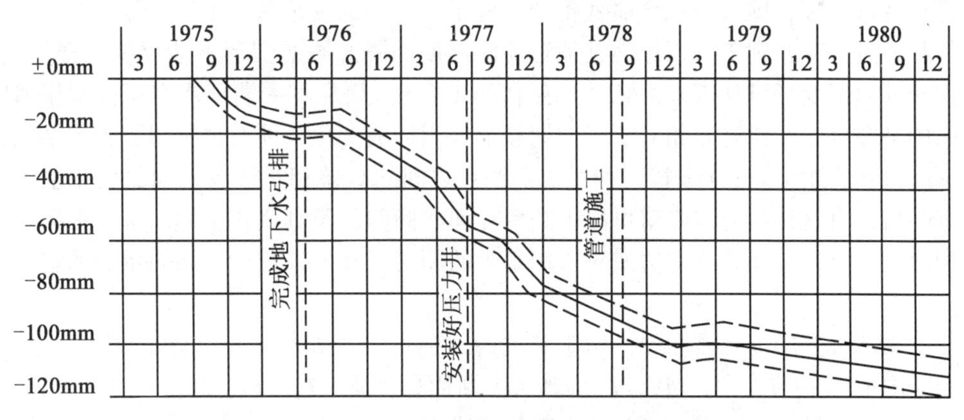

图 6-11　某建筑的荷载变化及测点沉降过程曲线（99%的置信域）

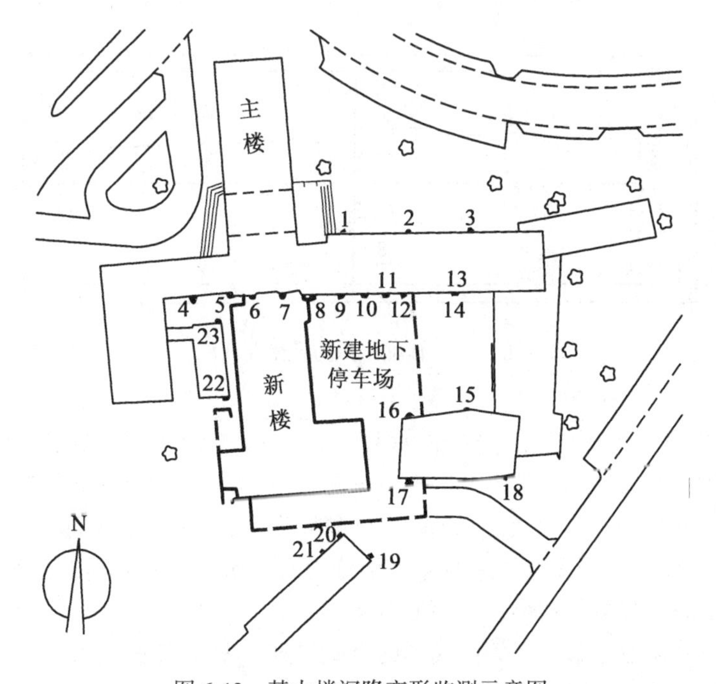

图 6-12　某大楼沉降变形监测示意图

隔，并快速提交处理成果；通过监测，还可分析沉降变形的主要原因，如本例的沉降主要与基础开挖加固方式和地下水位下降有关，但对各点的影响也大不相同，1~14 点的影响甚微，16、17、20 点的影响较大，但未超过限值。带状基础的结构有 100cm×50cm 和 50cm×30cm 两种，不同的结构对沉降有不同的影响。

配合某大楼的沉降变形监测示意图，还设计了一个信息非常丰富直观的表。表 6-3 列出了该大楼从零周期到八周期，各监测点的高程值，各监测点的各周期相对于零周期和上一周期的绝对沉降值，各周期的监测时间（年月日），所在建筑阶段。由某一监测点两相邻周期之间的相对沉降值，通过内插可以得到任一时间的相对于零周期的沉降量，称为监测点的绝对变形值，由此，可以绘出该点变形过程曲线，对变形过程曲线作曲线拟合，可进行变形预报，即根据拟合曲线得到某一未来时刻的变形值（预报值）。当实测值与预报值相差过大时，则需分析原因并缩短观测周期间隔。绝对变形不能反映大楼的内部变形，大楼的内部变形可从表 6-4 得到，表中列出了该大楼从零周期到八周期，两相邻监测点之间的高差，以及该高差相对于零周期和上一周期的变化，同时也标出了各周期的监测时间（年月日）和所在建筑阶段。两相邻监测点之间的高差相对于零周期的变化量，称为相对沉降值，由这种相对沉降值可以得到两点间的倾斜量及其变化，倾斜量是根据两点之间的相对沉降值，按建筑物侧边或对边用每米的相对沉降值来描述，倾斜量的测定是沉降监测的重要工作之一。

在基坑变形沉降监测中，对于基坑的回弹可绘制如图 6-13 所示的基坑回弹纵横断面图，图中，T_1、T_2、T_3、T_4、T_5 为基坑纵断面监测点，T_6、T_7、T_8、T_9 为基坑横断面监测点，由图可见，并不完全是基坑中部的回弹最大。

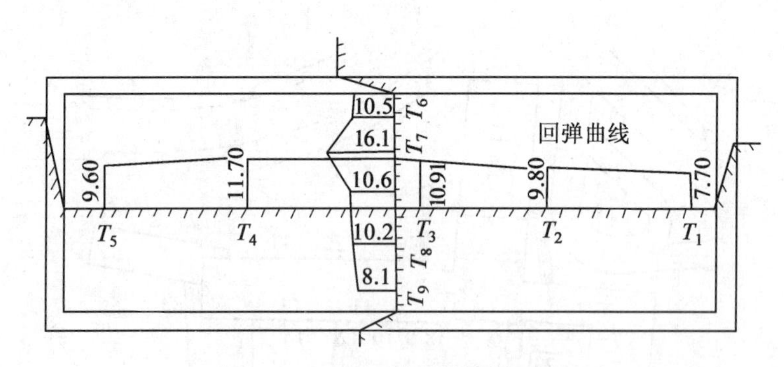

图 6-13　基坑回弹的纵横断面图

图 6-14 为荷载-土层深度-沉降量曲线图，图中分 5 种土层，标出了各土层的深度（Z），在不同深度埋设了标 1 到标 5 共 5 个监测标点，从 1979 年 10 月 30 日至 1981 年 3 月 6 日共进行了 9 期观测。土层上的荷载与测周期相对应，各周期监测标点的沉降量（S）、荷载（P）和土层深度（Z）的关系十分直观、清晰。随着荷载的增加，沉降量不断增大，土层越深，沉降量越小，地面的沉降量最大。

沉降量还经常采用绘制平面等值线图的方式描述。图 6-15 是某大楼的沉降等值线图，图中标有监测点点号，其后括弧内的值为沉降量。

图 6-16 是某一大坝断面的铅直观测布置图及在不同坝高的水平位移时间过程线图。图分为三部分，第一部分为大坝某一断面上监测点布设示意图，监测采用铅直基准线法，注出了每一监测点的高程，如从底部的 2 020. 0 到顶部的 2 153. 0，共有 9 个监测点；第

表6-3 **某大楼高程监测点的绝对沉降值**

周期	零周期			复测周期																				
	1			2			3			4			5			6			7			8		
时间	1982.2.2			1982.2.12			1982.2.25			1982.3.1~4			1982.3.23			1982.4.7			1982.6.7			1983.9.30		
建筑阶段	基础开挖处理									基础完成			地下水位下降			最低地下水位			框架完成			全部建成		
监测点	高程	沉降值		高程	沉降值		高程	沉降值		高程	沉降值		高程	沉降值		高程	沉降值		高程	沉降值		高程	沉降值	
		上周期	零周期		上周期	零周期		上周期	零周期		上周期	零周期		上周期	零周期		上周期	零周期		上周期	零周期		上周期	零周期
点号	m	mm		m	mm		m	mm		m	mm		m	mm		m	mm		m	mm		m	mm	
1	9.568									9.568						9.568			9.568			9.567	−1	−1
2	9.058									9.059		+1				9.059		+1	9.059		+1	9.058	−1	
3	8.611									8.612		+1				8.611			8.612	+1	+1	8.611	−1	
4	7.769			7.769						7.770		+1	7.770		+1	7.770		+1	7.770		+1	7.768	−2	−1
5	7.632			7.629		−3				7.629		−3	7.630	+1	−2	7.629	−1	−3	7.628	−1	−4	7.626	−2	−6
6	7.632			7.628		−4				7.628		−4	7.628		−4	7.628		−4	7.627	−1	−5	遮挡		
7	7.525			7.520		−5				7.520		−5	7.521	+1	−4	7.520	−1	−5	7.520		−5	·		
8	7.368			7.365		−3				7.364		−4	7.365	+1	−3	7.364	−1	−4	7.364		−4	7.360	−4	−8
9	7.360			7.358		−2	7.357	−1	−3	7.357		−3	7.358	+1	−2	7.357	−1	−3	7.357		−3	遮挡		
10	7.384			7.382		−2				7.382		−2	7.382		−2	7.382		−2	7.382		−2	·		
11	7.388			7.387		−1				7.387		−1	7.387		−1	7.387		−1	7.387		−1	·		
12	7.391			7.390		−1				7.390		−1	7.390		−1	7.390		−1	7.391	+1		·		
14	7.713			7.712		−1	7.713	+1		7.712	−1	−1	7.712		−1	7.713	+1		7.714	+1	+1	7.711	−3	−2
15	7.768			7.767		−1	7.767		−1	7.767		−1	7.768	+1		7.768			7.768			7.766	−2	−2
16	7.444			7.442		−2	7.432	−10	−12	7.431	−1	−13	7.432	+1	−12	3.432		−12	7.432		−12	7.429	−3	−15
17	7.909						7.901		−8	7.900	−1	−9	7.900		−9	7.900		−9	7.900		−9	7.896	−4	−13
18	7.794						7.794			7.794			7.795	+1	+1	7.794	−1		7.796	+2	+2	7.795	−1	+1
19	7.953			7.954		+1	7.950	−4	−3	7.950		−3	7.951	+1	−2	7.951		−2	7.951		−2	7.948	−3	−5
20	7.803						7.793		−10	7.793		−10	7.793		−10	7.793		−10	7.794	+1	−9	7.791	−3	−12
21	7.956						7.954		−2	7.953	−1	−3	7.953		−3	7.953		−3	7.953		−3	7.951	−2	−5
22	7.716			7.716			7.716			7.716			7.716			7.716			7.716			7.712	−4	−4
23	7.700			7.699		−1				7.699		−1	7.700	+1		7.700			7.699	−1	−1	7.695	−4	−5

表6-4 **某大楼相邻高程监测点相对沉降值**

周期	零周期			复测周期																				
	1			2			3			4			5			6			7			8		
日期	1982.2.2			1982.2.12			1982.2.25			1982.3.1~4			1982.3.23			1982.4.7			1982.6.7			1983.9.30		
建筑阶段	基础开挖处理									基础完成			地下水位下降			最低地下水位			框架完成			全部建成		
监测点	高差Δh	相对沉降		高差Δh	相对沉降		高差Δh	相对沉降		高差Δh	相对沉降		高差Δh	相对沉降		高差Δh	相对沉降		高差Δh	相对沉降		高差Δh	相对沉降	
		上周期	零周期		上周期	零周期		上周期	零周期		上周期	零周期		上周期	零周期		上周期	零周期		上周期	零周期		上周期	零周期
点号	mm	mm		mm	mm		mm	mm		mm	mm		mm	mm		mm	mm		mm	mm		mm	mm	
1																								
2	−510									−509		+1				−509		+1	−509		+1	−509		+1
3	−447									−477						−447			−447			−447		
4																								
5	−138			−140		−2				−140		−2	−140		−2	−141	−1	−3	−141		−3	142	−1	−4
6	+1			−1		−2				−1		−2	−2	−1	−3	−2		−3	−1	+1	−2			
7	−107			−108		−1				−108		−1	−107	+1		−108	−1	−1	−108		−1			
8	−157			−155		+2				−156	−1	+1	−156		+1	−156		+1	−156		+1			
9	−8			−7		+1				−7		+1	−7		+1	−8	−1		−7	+1	+1			
10	+23			+24		+1				+24		+1	+25	+1	+2	+25		+2	+25		+2			
11	+4			+5		+1				+5		+1	+5		+1	+5		+1	+6	+1	+2			
12	+3			+3						+3			+3			+4	+1	+1	+4		+1			
14	+322			+322						+323	+1	+1	+322	−1		+323	+1	+1	+323		+1			
15																								
16	−325			−325			−334	−9	−9	−336	−2	−11	−336		−11	−366		−11	−366		−11	−338	−2	−13
17																								
18	−115						−106		+9	−106		+9	−105	+1	+10	−106	−1	+9	−104	+2	+11	−101	+3	+14
19																								
20	−150						−157		−7	−157		−7	−158	−1	−8	−157	+1	−7	−157		−7	−158	−1	−8
21	+152						+160		+8	+160		+8	+160		+8	+160		+8	+159	−1	+7	+160	+1	+8
22																								
23	−17			−18		−1				−17	+1		−16	+1	+1	−17	−1		−17			−17		

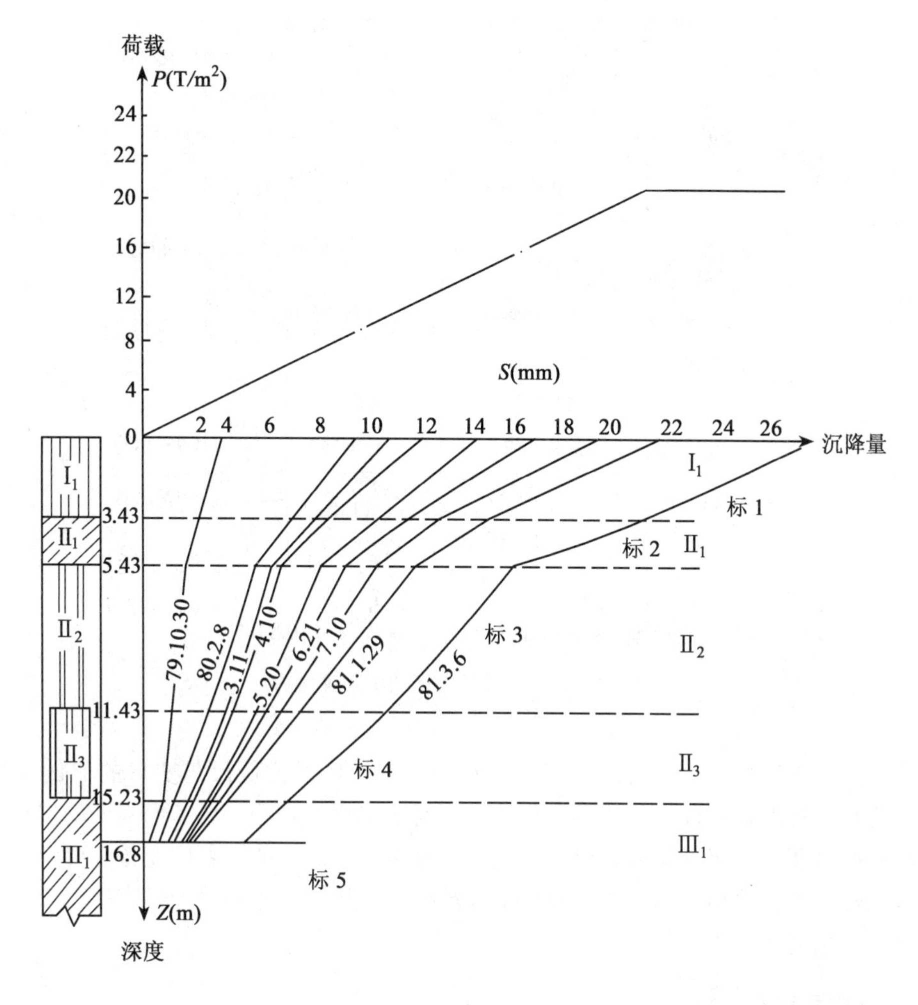

图 6-14　土层的荷载沉降量深度（*P-S-Z*）曲线图

二部分为水位和温度曲线，从 1981 年 9 月开始，观测了上、下游坝面两种温度；第三部分表示采用连续自动观测方法，9 个监测点的水平位移变形曲线，拱冠的外部观测采用大地测量方法进行周期观测。上述三个部分特别是二、三部分可以对照分析，非常直观。图 6-17 绘出了该大坝断面从 1982 年 6 月、1982 年 7 月、1982 年 8 月（两次）、1982 年 9 月、1982 年 10 月、1982 年 11 月、1982 年 12 月、1983 年 2 月、1983 年 3 月、1983 年 6 月共 11 个周期用测倾仪测得的挠度曲线图，同时绘出了水位过程曲线，说明中还给出了置信范围。

当监测点点数不多时，可将几期的位移成果绘在一张图上，并与影响量相联系。图 6-18 是某拱坝坝顶多期观测的位移矢量图，除平面图、剖面图与比例尺说明外，还列表说明了各个周期的观测时间和库水位图。图 6-19 将滑坡体上几个断面监测点的水平位移和沉降位移绘在一起，并绘出了滑坡周界。图 6-20 则是对大坝变形的立体表达，很生动直观，但没有精确的变形值信息，需与相应图表配合使用。

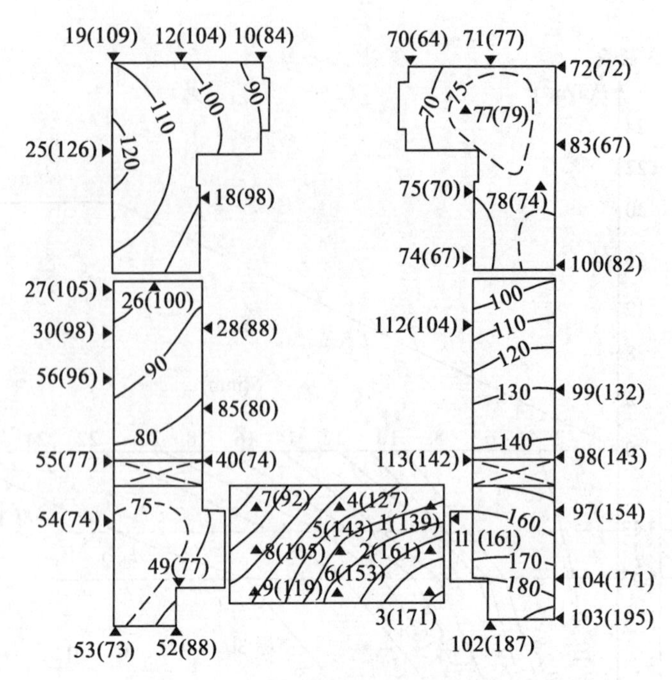

图 6-15　某大楼的沉降等值图

在图形表达中，比例尺的选择十分重要，变形体的比例尺与变形的比例尺要选配得当。若有多种图在一起，其比例尺应统一。对于多周期观测，要考虑图形的增绘。使用的颜色和符号要有助于加强表达效果，注记要吸引人，图中的信息应完备。要将测量与制图知识结合起来，绘出的图让非专业技术人员也能看懂。上述各种图形表达，应实现用计算机辅助制图完成。

6.4.3　成果解释

对由测量获得的变形的解释需要多学科专业知识，因此，在变形监测的整个过程中，测量人员与建筑设计人员、工程地质人员以及其他有关专业人员的合作是非常重要的。对变形的解释与变形体的性质和监测目的有关，需要注意以下问题：

（1）是变形体及其环境的状态安全监测，还是交通安全监测或运行安全监测；

（2）需在不同荷载情况下，对变形体的变形模型做检验验证；

（3）根据岩土力学性质建立物理力学模型；

（4）工程整治的效果怎样；

（5）对地球物理或物理假设进行验证；

（6）对工程建筑物进行监测和检验；

（7）采取建筑措施后做建筑物的安全证明。

在安全证明方面，需要快速地得到结果，例如通过获取倾斜位置及倾斜量，来说明采取加固措施后的效果。一般要选取一些监测点，将测量得到的变形值与事先给出的一个界限值进行比较，用统计检验的方法检验变形是否显著。如果出现不安全现象，如超出设计

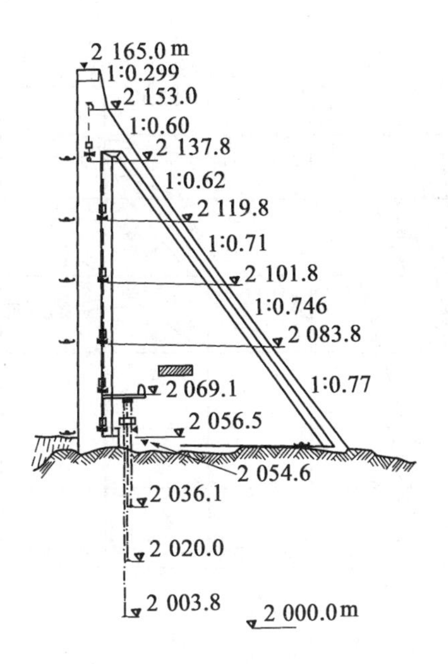

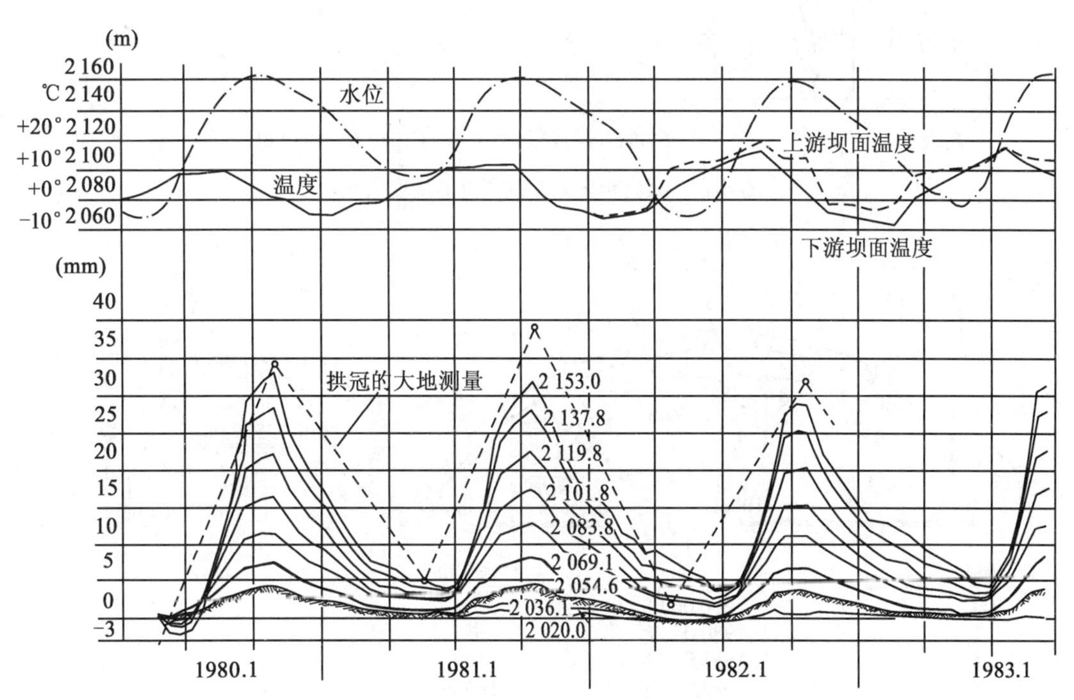

图 6-16　某大坝垂线测线上不同高程面上的水平位移曲

预估的趋势性变形，则需要做详细的变形分析。例如，对所能得到的全部资料进行处理，以便找出变形产生的原因并提出整治方案。这时，对成果仅做概括性地表达或一般的整理就不能达到目的了。

如果变形分析的目的是为了检验所建立的变形模型，则要将按模型预测的变形量与测

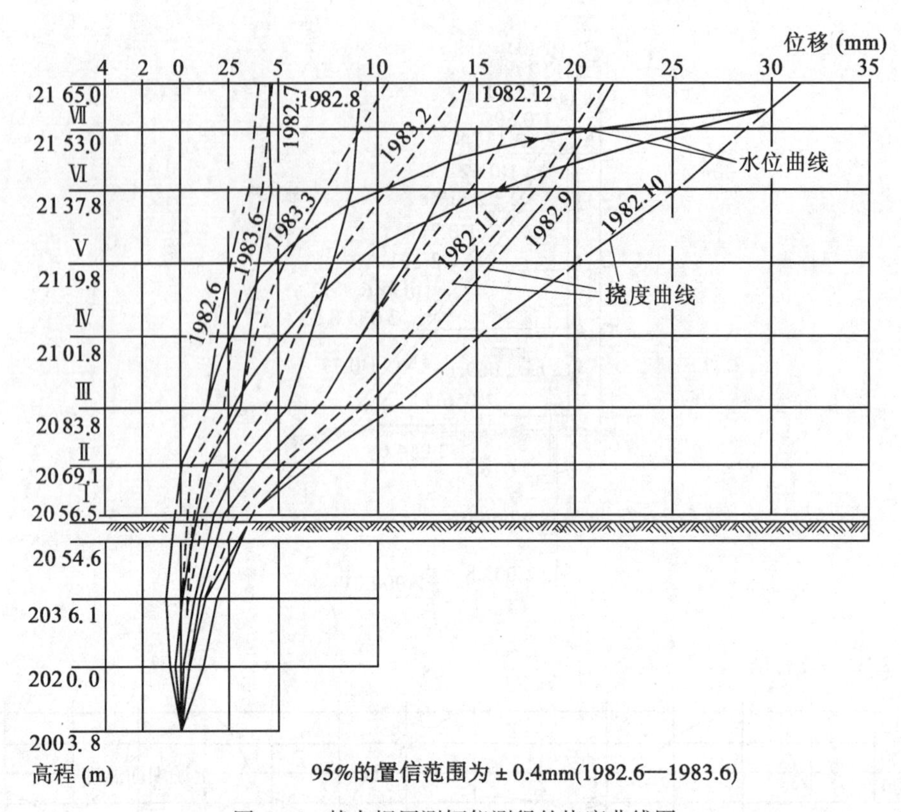

图 6-17　某大坝用测倾仪测得的挠度曲线图

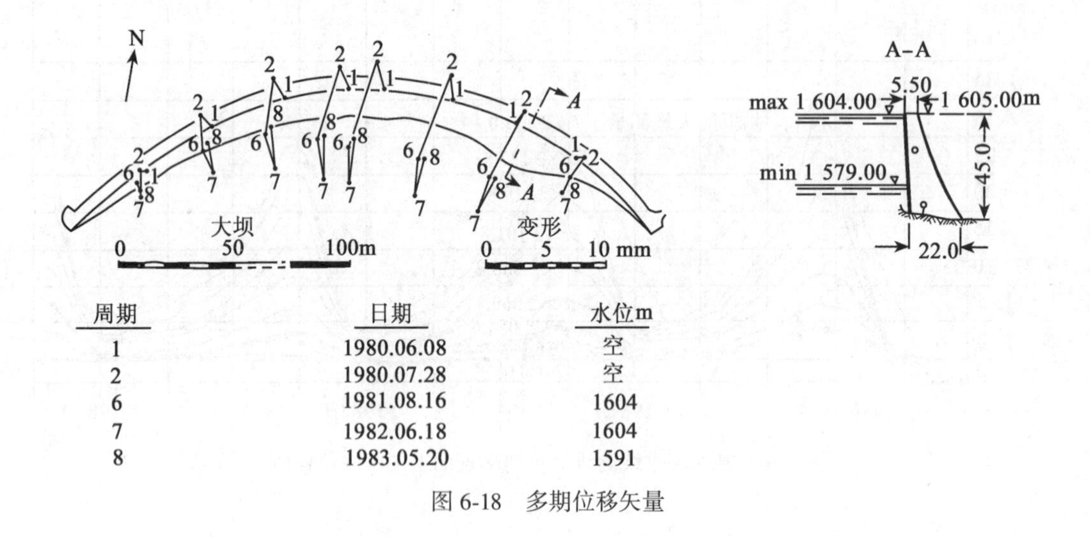

周期	日期	水位m
1	1980.06.08	空
2	1980.07.28	空
6	1981.08.16	1604
7	1982.06.18	1604
8	1983.05.20	1591

图 6-18　多期位移矢量

量获得的量进行比较，若结果相差很大，一般要对模型做修改：改变模型参数或对模型进行扩展。这种修改要在证实有附加的变形影响因子的情况下进行。对于物理力学模型也是类似的，往往偏差更大，这是因为材料的物理力学参数选取近似性很大。对于地球物理或

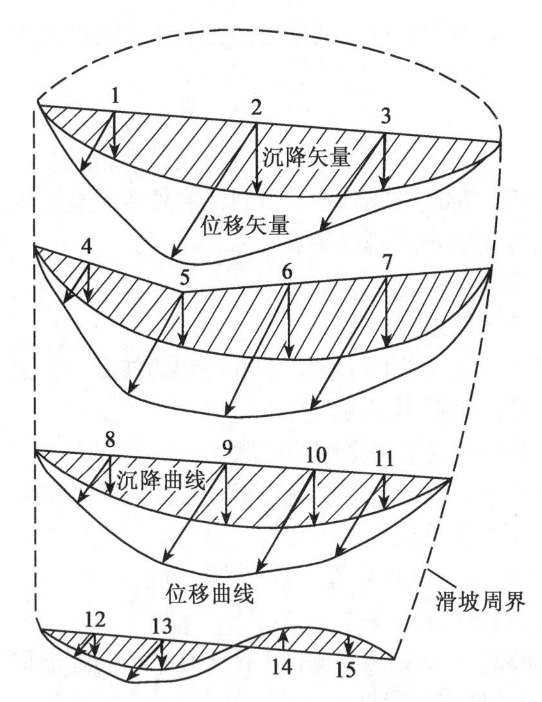

图 6-19　某滑坡体上的位移和沉降矢量图

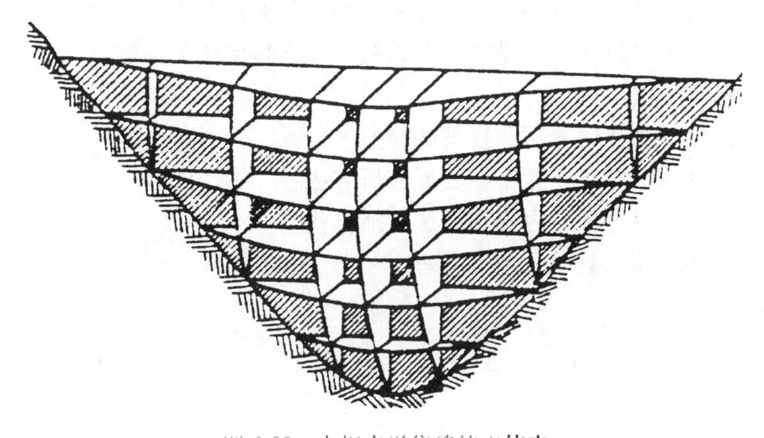

图 6-20　大坝水平位移的立体表

物理假说，更难给出一个先验值，因此，测量所获得的变形量是各种建模的基础。然而，若能找到确定性的数学公式，它既能进行有意义的解释，又能支持某种假说或能导出新的认识，这无疑是最好的解答。

◎ 本章的重点和难点

重点：工程变形监测的意义和特点，工程变形监测的技术和方法，变形监测方案设计，变形监测网设计和参考点稳定性分析，变形观测数据处理和变形的回归分析方法，变形监测资料整理。

难点：变形影响因子分析和变形模型建立，变形观测数据处理，变形的几何分析和物理解释。

◎ 思考题

(1) 工程建筑物变形监测的意义何在？其目的和作用主要表现在哪些方面？
(2) 工程建筑物的变形监测有哪些特点？
(3) 什么是变形影响因子？
(4) 什么是变形体的几何模型？
(5) 工程变形监测有哪些常规的、现代的和特殊的技术和方法？发展趋势如何？
(6) 变形监测方案设计包括哪些内容？
(7) 在确定变形监测精度时需考虑哪些问题 ？
(8) 在监测方案设计中，确定变形监测费用时需考虑哪些问题？
(9) 什么是绝对变形？什么是相对变形？
(10) 什么是参考网？参考点稳定性分析有哪些方法？
(11) 什么是组合后验方差检验法？
(12) 什么是平均间隙？什么是最大间隙？什么是平均间隙加最大间隙法？
(13) 变形观测数据处理有何特点？
(14) 什么是回归分析？
(15) 什么是回归平方和？什么是残差平方和？什么是总离差平方和？它们有何关系？
(16) 什么是相关系数？什么是复相关系数？什么是偏相关系数？
(17) 什么是逐步回归？
(18) 什么是变形的几何分析和物理解释？
(19) 除回归分析法外，还有哪些变形分析方法？
(20) 变形观测资料整理的内容和方法包括哪些？
(21) 变形监测成果表达的手段有哪些？

第 7 章　设备安装检校测量和工业测量

设备安装检校测量是许多工程建设的基础性测量工作，涉及特殊的仪器、技术和方法，工业测量已经逐渐发展成为一门课程，在工业制造、国防和科学实验领域得到应用。本章主要介绍大型设备安装检校测量的仪器、技术和方法，三维工业测量系统及大型天线安装检校测量实例。

7.1　概　　述

大型设备安装检校测量和工业测量称为微型大地测量和大型计量测量，主要还是采用大地和工程测量的原理方法，在大结构、大构件和大尺寸上达到计量级的精度，如 0.01 到 0.05mm。在工程测量中，涉及大型设备的安装检校测量工作很多，涉及的领域也很广，对精度的要求也很高，所使用的测量仪器、技术和方法也很多，常常需要研制和使用专门的测量仪器和工具，所需要的时间很长，有的要贯穿工程建设的整个过程，长达数年。如高速铁路的轨道板和轨道的精密调校、大型天线的安装检测、大型升船机的建设和机电设备安装检测以及高能粒子加速器工程中四级磁铁的安装调校测量等；在航天器、飞机、船舶和汽车制造业的产品组装检测以及大型水轮发电机组的安装中，大地和工程测量技术方法特别是工业测量系统的应用越来越多，逐渐弱化了过去的一些机电测量和计量方法。

我们知道，过去许多设备如中小型工业设备的安装检测并不是采用大地和工程测量方法，而是采用一些机电测量和计量方法，如使用较多的三坐标量测机，是将被测产品或工件搬到测量机的工作台上，采用精密丝杆、刻线尺、光栅、感应同步器、磁尺和码尺等组成的机械式、光学式和电气式测量系统，多为接触测量方式，测量精度用测量不确定度描述。在水轮发电机组的安装中，应用的测量工具是平尺、塞尺、卡尺、千分尺和千分表等，制作的专用工具有中心架、求心器、水平梁、测圆架等，但需要与精度较高的测量仪器如水准仪、全站仪配合使用，来完成安装调校测量工作。

随着航空航天工业、国防工业和科学研究实验的发展和需要，大型设备安装与检校的测量工作越来越多，要求也越来越高，大地测量和工程测量技术方法将在工业测量中占主导地位。

7.2　设备安装检校的控制测量

大型特种设备的安装、检校，要求的精度很高，甚至达到了计量级，如 0.001～0.01mm，须建立安装测量控制网。为大型设备构件的安装定位而布设的控制网主要是平面网。安装测量控制网一般在土建工程施工后期布设，多在室内，也是设备运营期间变形监测和检修调校的依据。安装测量控制网通常是一种微型边角网，边长较短，从几米至一百多米，整个网由形状相同、大小相等的规则图形组成，其特点可参见本书3.2.4。对于一般小型设备的安装，只需要建立少数参考点，通过自由设站法建立测量坐标系，不需要建立专门的安装测量控制网。设备安装的高程控制需建立高程控制点，大多采用精密水准测量，因范围小，比较简单，在此从略。下面介绍几种特殊的控制网形式。

（1）直伸三角形网：用于线状设备的安装、检校，如直线型粒子加速器，多采用边角全测的三角形网。由于激光跟踪仪的测距精度显著高于电子全站仪，若用激光跟踪仪来测量网中的边长，一般是按间接测量方法得到，网形会复杂一些。

（2）环形控制网：多用于大型正负电子对撞机或高能物理粒子加速器工程，布设在地下环形隧道内，整个网由形状相同、大小相等的基本图形（大地四边形、三角形）组成，参见本书3.8节图3-6和13.3节图13-9 。高速运动的粒子束在大型四极磁铁所形成的真空腔中飞行，要求相邻磁铁的相对径向精度达0.1~0.15mm，为满足磁铁的安装、检校和运行期间的变形监测需求，要沿环形隧道布设控制网。基本图形为三角形的网一般为测高环形三角形网，测高三角形如图7-1（a）所示。对每一狭长三角形中，除边角全测之外，还要用专用工具测量三角形长边上的高，这样可以显著提高网点的精度。如采用专用因瓦测距仪Distinvar测距，精度可达0.03~0.05mm，采用0.5″级仪器测角，尽管也可达到很高的精度，但因视线靠近隧道壁，受旁折光影响，会降低测角精度，测高是提高角度精度的一种间接测角方法。如图7-1所示，在$\triangle ABC$中，设测角中误差$m''_\beta=1.0''$，测边中误差为$m_S=40\mu m$，测三条边和三个角，平差后转角的精度为$0.99m''_\beta$，几乎没有改变。如果加测长边上的高h，三角形内角的计算公式为：

$$m''_{\alpha_B}=m''_{\alpha_C}=\rho'' m_S\cdot\tan a_B\sqrt{\frac{1}{h^2}+\frac{1}{s_1^2}} \tag{7-1}$$

$$m''_{\alpha_A}\approx 2m''_{\alpha_B} \tag{7-2}$$

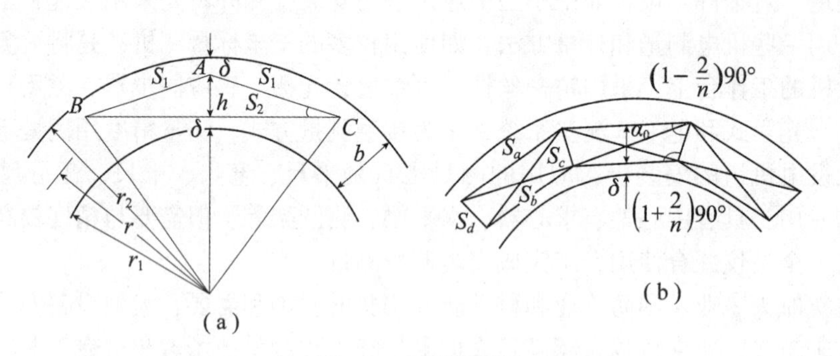

图7-1　环形控制网

某实例中，环的半径$R=233.45$m，布设60个控制点，$\alpha_B=\alpha_C=3°$，$S_1=24.4$m，$h=1.28$m，代入上面公式，可得：$m''_{\alpha_A}=0.68''$，$m''_{\alpha_B}=m''_{\alpha_C}=0.34''$。通过测高，显著地提高了角度的精度。

大地四边形环锁的图形结构比较坚强，可测全部边不测角度，但需要四种不同长度的因瓦尺，工作量较大（见图 7-1（b））。

（3）三维控制网：指采用全站仪或激光跟踪仪，获取斜距、水平角、天顶距等观测元素，进行三维平差得到网中待定点三维坐标的网。为了消除外界条件影响，垂直角也进行对向观测。三维网在理论上是完善的，可避免二次布网、观测和平差，有应用前景。

7.3 设备安装检校中的若干测量

在设备的安装检校中，常涉及精密定线、短边精密测角和短边方位传递，本节将予以详细讲述，此外对设备安装检校的传统的、现代的方法进行扼要说明。

7.3.1 精密定线

设备安装检校和调试中精密定线方法主要有外插定线法、内插定线法和归化法，与建筑物施工放样中的直线放样和归化法放样的原理相同，参见本书第 5 章 5.2 节相关内容。

（1）外插定线法。已知 A、B 两点，要在延长线上定出一系列待定点，称为外插定线法。外插定线使用全站仪或经纬仪，如图 7-2 所示，将仪器架在 B 点，盘左照准 A 点，固定照准部，然后把望远镜绕横轴旋转 180° 定出待定点 $1'$；盘右重复上述步骤，定出 $1''$；取 $1'$、$1''$ 的中点即为 1 号点的最终位置。同样仿此放样出 2 号点，当 B、2 两点相距较远时，可将经纬仪设在 1 号点上，用 A、1 两点来放样出 2 号点。若要放样一批点，可一站一站地往前搬，称逐点向前搬站外插定线。

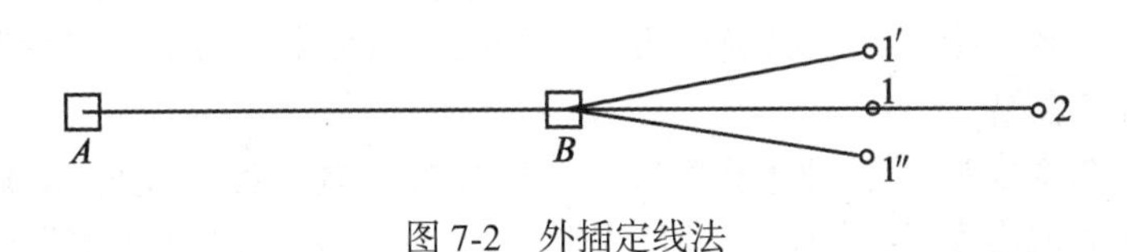

图 7-2 外插定线法

（2）内插定线法。在地面 A、B 两点构成的直线上放样出 P 点，称为内插定线法。如图 7-3 所示，在 A 或 B 点设置仪器，照准 B 或 A 点，固定经纬仪照准部，即可放样出 P 点。

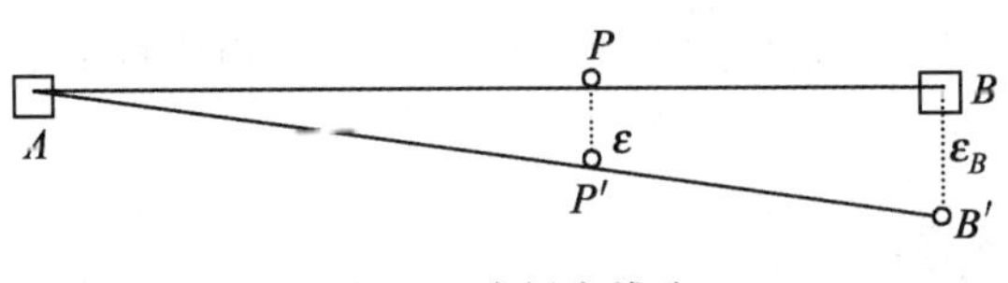

图 7-3 内插定线法

（3）归化法。若 A、B 两点不能设置经纬仪（如为设备上的两点），在概略点 P' 架设经纬仪，P' 基本位于 AB 直线上，用外插定线法在 B 点附近放出点 B'，量 BB' 的距离 ε_B，则可得 PP' 的距离为 ε：

$$\varepsilon = \frac{S_a}{S_a + S_b} \cdot \varepsilon_B \tag{7-3}$$

将 P' 点往 P 点方向改正 ε（称为归化）即可得到 P 点。实际中，不是一次就可将 P 点改正到 AB 直线上，需逐步归化。可在 P' 点上测量 $\angle AP'B = \gamma$，利用 γ 角来计算归化值

$$\varepsilon = \frac{S_a S_b \sin\gamma}{L} \tag{7-4}$$

式中，S_a、S_b、L 采用概略距离即可（参见图 7-4）。由于 γ 角接近 180°，故 $\Delta\gamma = 180° - \gamma$ 为小角度，上式可化为

$$\varepsilon = \frac{S_a S_b}{S_a + S_b} \cdot \frac{\Delta\gamma''}{\rho''} \tag{7-5}$$

根据归化值将 P' 点调整到 P 点，再测 γ，直到 $\Delta\gamma$ 满足给定的限差。

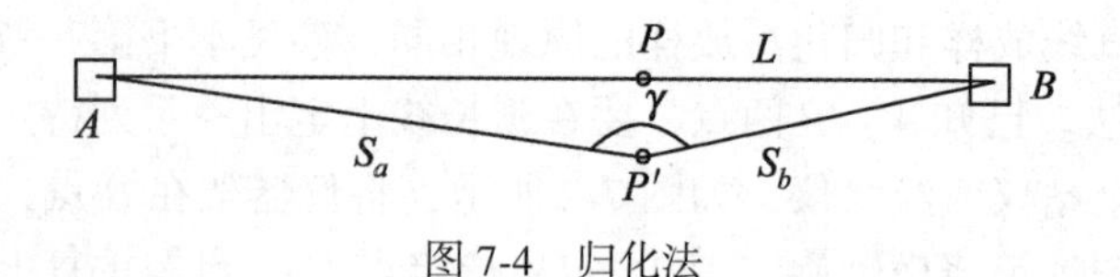

图 7-4　归化法

7.3.2　短边精密测角

一些特殊的安装项目，如将方位角传递到平面镜或立方镜上，指导设备的姿态调整，由于两点间只有几米至十几米，要确保角度和方位传递精度，需要采取特殊的测量方法进行短边角度和方位测量。

短边测角仪器主要是高精度电子全站仪（过去多是电子经纬仪），测角误差有：仪器和目标对中和照准偏心误差、望远镜调焦误差和仪器垂直轴倾斜误差等。

1. 对中误差的影响

如图 7-5 所示，设对中误差 $e_1 = e_2 = e_3 = e$，边长 $s_1 = s_2 = s$，$\beta \approx 180°$，那么由仪器对中误差（此时不考虑目标偏心误差）产生的测角中误差为

$$m_{\beta_y} = \frac{\sqrt{2}e}{s} \cdot \rho'' \tag{7-6}$$

同样，由目标偏心误差（不考虑仪器对中误差）产生的测角中误差为

$$m_{\beta_b} = \frac{e}{s} \cdot \rho'' \tag{7-7}$$

目标偏心误差和仪器对中误差可认为是相互独立的，这两项误差产生的测角误差为：

$$m_\beta = \frac{\sqrt{3}e}{s} \cdot \rho'' \tag{7-8}$$

对中方法有垂球、光学对点器、激光对点器、对中杆和强制对中等方法，垂球对中误差一般为 2~3mm；对中杆对中误差在 1mm 左右；经过严格检校的光学对点器的对中精度可达 0. 5mm；强制对中装置的对中精度一般小于 0. 1mm。表 7-1 给出了不同对中误差 e 和边长 s 时的测角精度 m_β（秒）情况。由表可见，当边长小于 10m 时，即使采用强制对中

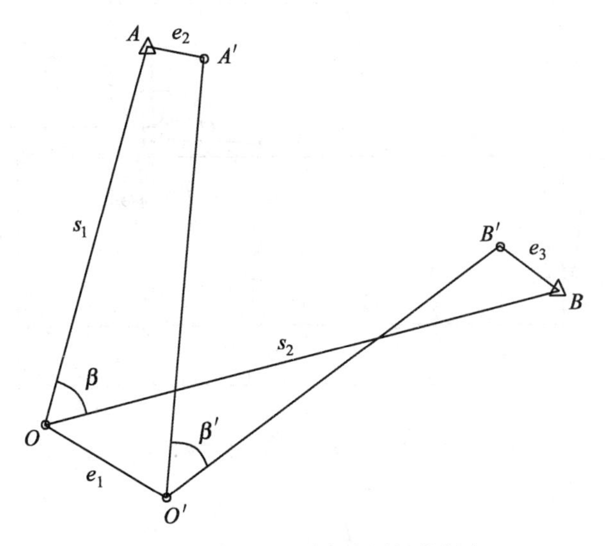

图 7-5 偏心误差对角度测量的影响

装置，对中误差所引起的测角误差都显著大于仪器的测角精度。

表 7-1 对中误差所引起的测角误差 m_β

s \ e	3mm	2mm	1mm	0.5mm	0.1mm
2m	535.9	357.3	178.6	89.3	17.9
5m	214.2	142.9	71.4	35.7	7.2
10m	107.2	71.5	35.7	17.9	3.6
20m	53.6	35.7	17.9	8.9	1.8

2. 望远镜调焦误差的影响

望远镜调焦误差，是指在观测过程中，因调节望远镜物镜焦距使望远镜照准轴变动引起的测角误差。在短边情况下观测目标，望远镜调焦透镜的变动量较大，不同方向的调焦不可避免。望远镜调焦误差的光路如图 7-6 所示，o_1 为物镜光心，c_2 为分划板十字丝中心，x 为调焦镜光心（o）偏离理论照准轴 o_1c_2 的距离。如果将 c_2 看成物点，根据凹透镜的成像原理有：c_2 点可被调焦透镜成一虚像点 c_2'，此时 o_1c_2' 就成了望远镜实际的照准轴。

设 c_2' 到 o_1c_2 的距离为 x'，到物镜光心的距离为 l_1'，那么调焦误差 α 的公式为：

$$\alpha'' = \frac{x'}{l_1'} \cdot \rho'' \tag{7-9}$$

设望远镜物镜焦距为 f_1'，调焦透镜的像方焦距为 f_2'，d 为调焦镜至物镜的距离，那么调焦误差的计算公式还可化为：

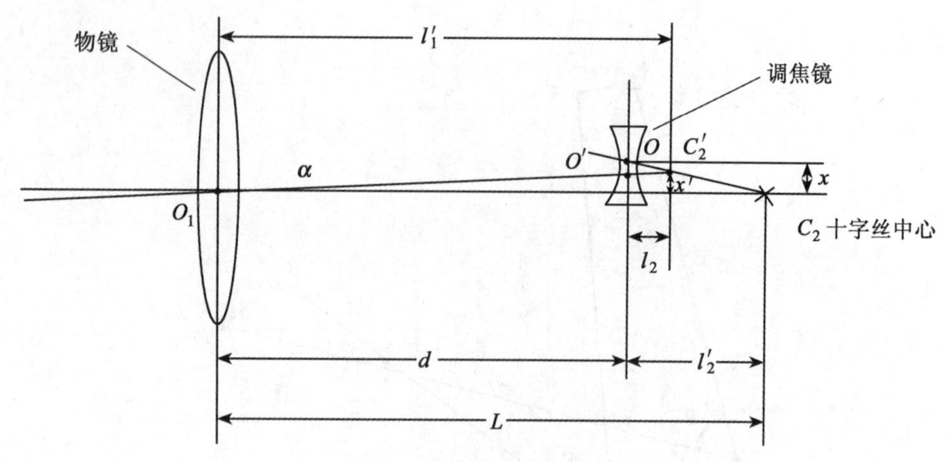

图 7-6　望远镜调焦误差示意图

$$\alpha'' = \frac{d - f_1'}{f_1' \cdot f_2'} \cdot x \cdot \rho'' \tag{7-10}$$

望远镜的调焦误差有如下性质：

（1）调焦误差（照准轴偏角）与调焦物镜光心偏离物镜光心和分划板十字丝中心连线的距离 x 成正比。

（2）望远镜对同一目标观测调焦，如果盘左、盘右调焦透镜的光心能处于同一位置，保持调焦镜至物镜的距离 d 和 x 不变，那么盘左、盘右调焦误差的绝对值相等，符号相反，取中数可消除调焦误差的影响。

（3）对远近不同距离的目标调焦观测，调焦透镜沿望远镜套筒内壁滑行，因存在隙动差，即使对同一目标两次调焦，调焦轨迹也会发生微小的变化，这种晃动属于偶然误差，不能通过盘左、盘右取中数的方法来消除，但多次观测取中数可以减弱。

由上述分析知：短边测角时，调焦一定要用力均匀，作业前应检查望远镜调焦运行的正确性，观测时，宜采用盘左、盘右对一个目标测完后再测下一个目标。

望远镜调焦误差影响垂直轴倾斜误差。由于边长较短，仪器与目标点之间的垂直角可能很大，因此，垂直轴倾斜误差的影响将不可忽略，垂直轴倾斜误差的公式有：

$$\Delta v = i_v \cdot \tan\alpha \tag{7-11}$$

式中，i_v 为垂直轴在水平轴方向（横向）上的倾斜量，α 为观测目标点的垂直角。可见 Δv 不能通过盘左、盘右取中数来消除，因此在观测中应加入垂直轴倾斜改正，或在各测回之间，重新调整仪器汽泡居中，使 i_v 呈现偶然性。

最新的电子全站仪，在仪器设计上增加了一个液面传感器以测定垂直轴在两个方向上的倾斜量（纵向和横向），可以对垂直轴倾斜误差进行自动改正，一般称为双轴补偿功能。如 LeicaT2002/T3000 的补偿范围在 $\pm 3'$ 以内，精度可达 $\pm 0.1''$，但在使用前应对补偿器性能和指标进行检测。

3. 照准标志的影响

短边下的照准标志和照明条件非常重要，好的照准目标和照明条件可缓解观测者的疲劳，可提高照准精度和加快速度。好的照准目标其形状和大小应便于精确瞄准，没有测量相位差，反差大，亮度好，目标中心应与机械轴重合。觇标分条形、楔形和圆形，如图7-7所示。当目标与十字丝同宽，同样明亮，具有相同反差时，照准精度最高。

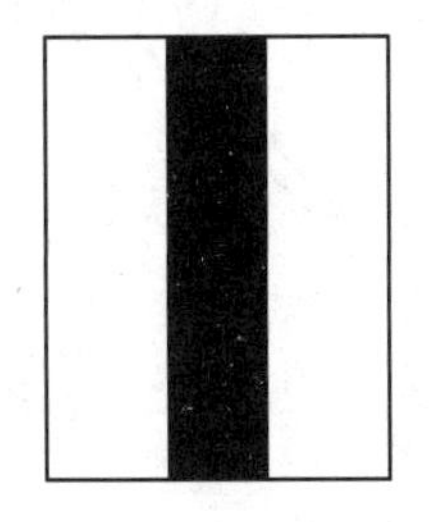
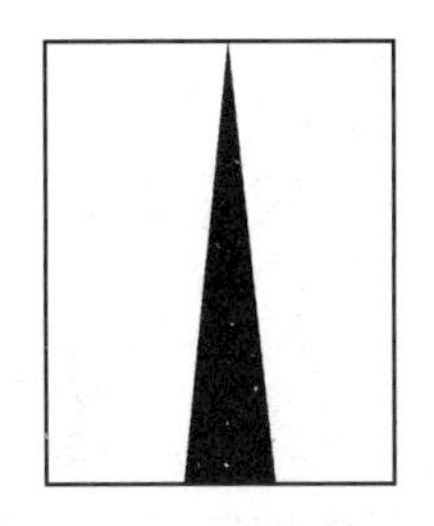
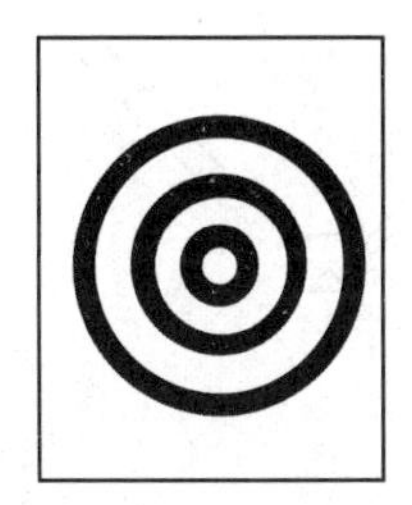

图7-7　觇标图案

双丝夹目标系用目标两侧空隙是否对称来判断是否照准目标。设十字丝双丝间隔的宽度为 t，目标像两侧空隙宽为 b，如图7-8所示，则目标宽为

$$d'' = t'' - 2b'' \tag{7-12}$$

大多数仪器，t 在30″~ 40″之间，如果取 b 为5″，则目标宽 d 在20″~30″之间。

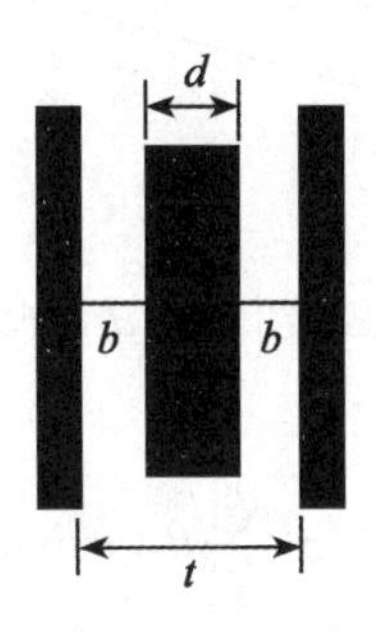

图7-8　双丝目标

7.3.3　短边方位传递

运载火箭的惯性制导系统，舰船和飞机上的定位定向惯导平台，都是以陀螺为核心的装置，这些装置在使用前均应对陀螺进行测试和方位标定，作为设备校准的基准。

由于这些设备一般都是在实验室内，不能直接测定天文方位角。通常是在室外选一天文观测点，测定某一方向的天文方位角，再将其传递到室内。传递中，由于边长很短，故称为短边方位传递。短边方位传递的方法有互瞄十字丝法和互瞄内觇标法。

（1）互瞄十字丝法。一般用三台精密电子经纬仪（以后将逐渐被电子全站仪替代）作业，旨在克服对中和调焦误差的影响，称为角导线互瞄十字丝法，如图7-9所示。先将两台经纬仪望远镜的焦距调整到“无穷远”位置，由于经纬仪的十字丝是处在物镜的焦平面上，互瞄十字丝时，望远镜实际上是一个平行光管，互瞄十字丝后，可实现二经纬仪视准轴互相平行，而不是重合，如图7-10所示。

由于望远镜的视准轴相互平行，因此不会影响方位角计算，其公式仍为

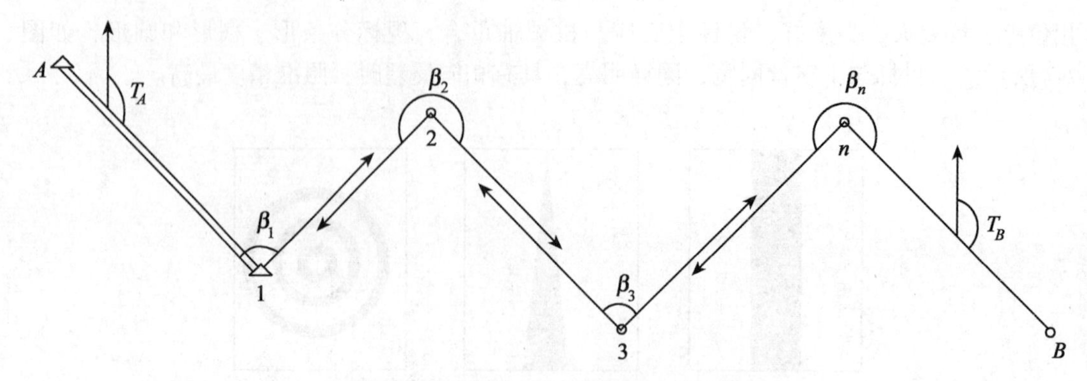

图 7-9　角导线互瞄十字丝法方位传递

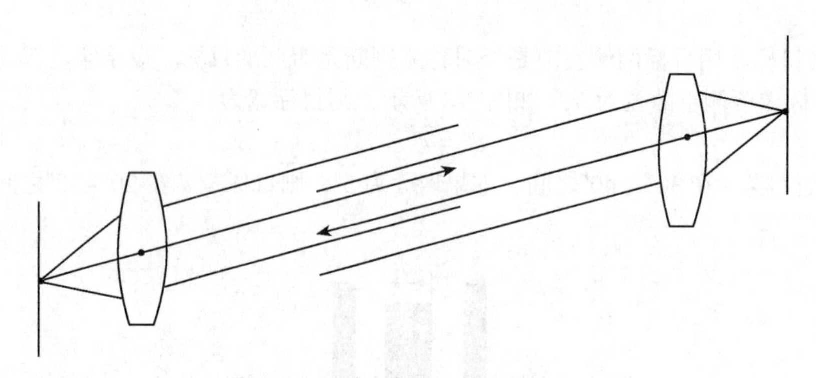

图 7-10　互瞄十字丝法的视准轴关系

$$T_B = T_A + \sum_{i=1}^{n} \beta_i + n \times 180° \tag{7-13}$$

经纬仪互瞄法需三台仪器，仅在 A、B 上设置观测目标，在 1 点到 n 各点架设仪器采用互瞄十字丝法观测。先用盘左互瞄，从 1 点测到 n 点，然后用盘右，从 n 点测到 1 点，为一个测回，一般要观测 9~12 个测回。每次互瞄的方向是变化的，因此每个角的半测回互差（2C）和测回互差都不作比较，仅检查最后一条边方位角 T_B的测回互差。用 T3000A 电子经纬仪进行互瞄十字丝法，方位角传递的精度很高，可达到优于 0.5″的精度。

（2）互瞄内觇标法。Leica 电子经纬仪 T3000 和 TM5100 的望远镜内可安装内觇标，与视准轴的偏差小于 4″，内觇标偏差可通过经纬仪的两个度盘位置观测取中数消除。互瞄内觇标法，测量的是仪器的中心，需要调焦，在测站设计时应尽量使各站间的距离相等，以减弱调焦误差影响。如果测站是稳定的，测站间的角度值则是固定的，因此互瞄内觇标法可以检查角值的测回互差。

7.4　设备安装检校测量的方法

7.4.1　传统测量方法

传统的测量方法主要是机械法和光学法。如水轮机发电机组安装中所使用的平尺、塞尺、卡尺、千分尺、千分表和专用工具中心架、求心器、水平梁和测圆架，测量三维构件尺寸的高度尺和量规属于机械法，对大型天线进行检测的样板法和数控机床法也是机械法；光学法有双五棱镜法、经纬仪交会法和经纬仪带尺法。

7.4.2 现代测量方法

（1）射电全息法。全息现象由匈牙利物理学家 D. Gabor 于 1947 年发现，1968 年在苏联用于天线测量。射电全息法是基于天线远场复方向图与天线口面上场分布间的傅里叶变换关系，通过测量远场复方向图反推天线口面上的场分布（振幅和相位分布），再根据场相位分布，获取天线实际表面与设计抛物面的偏差。该法是提高毫米、亚毫米波射电望远镜大型天线表面精度的一种精调方法和变形监测方法。大型抛物面天线受重力、温度和风荷载作用引起变形，导致抛物面天线表面偏离设计曲面，使系统的性能下降，所以天线的安装检测至关重要。传统的测量方法费时费力，要求天线指向天顶，测量结果不能全面反映天线的实际工作状况。我国紫金山天文台对 13.7 m 射电望远镜进行射电全息测量，结果推得天线实际表面与设计抛物面偏差的均方根值为 0.248 mm，与经纬仪带尺法测得的结果基本相符；美国的 GBT 天线，采用射电全息法表面测量，精度从 1.1 mm（用经纬仪）提高到 0.53 mm；日本 45 m 的 Nobeyama 天线，表面精度从 0.2 mm 提高到 0.065 mm，已接近单块面板的精度（0.051 mm）。

（2）准直测量方法。大型机器设备的轴线常常在一条直线或规则曲线上，准直测量实质是测量一点到基准线的垂直距离或到基准线所构成的垂直平面的距离（称偏距），偏距的测量称为准直测量。基准测量即基准线测量，可参见本书的 2.4.1 基准线法测量。在设备的安装检校中，有引张线准直法、尼龙丝准直法、激光准直法和波带板激光准直法等，下面简单介绍引张线准直法。

在北京正负电子对撞机中，加速器直线段的准直测量精度要求为 0.2mm，采用了一种机械准直法，在两个基准点间吊挂一条引张线，用垂直投影仪测量中间点到引张线的偏距。引张线采用直径为 0.2~0.4mm 的高强度弹性钢丝，受气流影响，钢丝有残余变形误差，需要进行修正。为减少气流影响，可把引张线布置在防风筒内，采用浮托装置可修正大跨度引张线产生的垂曲，采用电感位移传感器，也可实现引张线测量的自动化（图 7-11）。

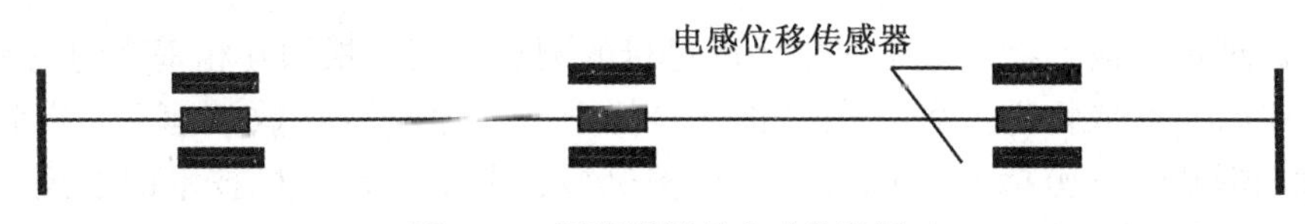

图 7-11 引张线测量自动化装置

（3）工业测量系统。大型设备的安装检校测量可采用工业测量系统，详见本章 7.3 节。

（4）三坐标测量机。三坐标测量机是工业部门特别在中小型工业设备的安装检测中应用很多，下面仅作简单介绍。三坐标测量机由主机、测头和电气系统三部分组成（图

7-12)，主机由框架结构、标尺系统、导轨、驱动装置、平衡部件、转台与附件组成（图7-13)，其中标尺系统是三坐标测量机的重要组成部分，也称测量系统，大多使用光栅、感应同步器和光学编码器测量，也有采用激光干涉仪进行高精度测量。测头的基本功能是测微和瞄准，分接触式和非接触式，多采用接触式自动测量，如以电触、电感、电容、应变片、压电晶体等为传感器来接收测量信号。电气系统由电气控制系统、计算机硬件、测量机软件和打印绘图装置等组成，起到采集、处理数据及输出等作用。

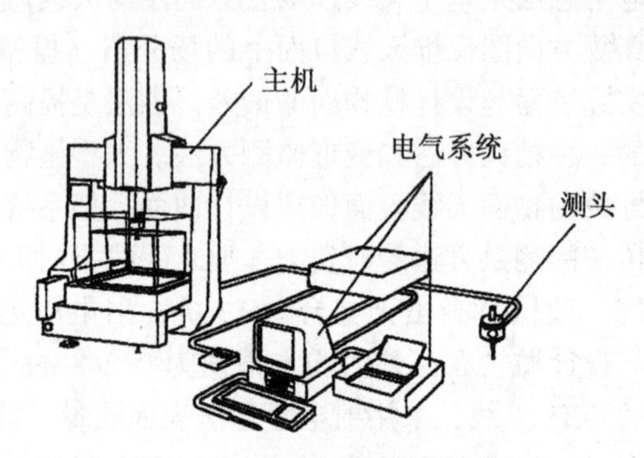

图7-12 三坐标测量机的组成

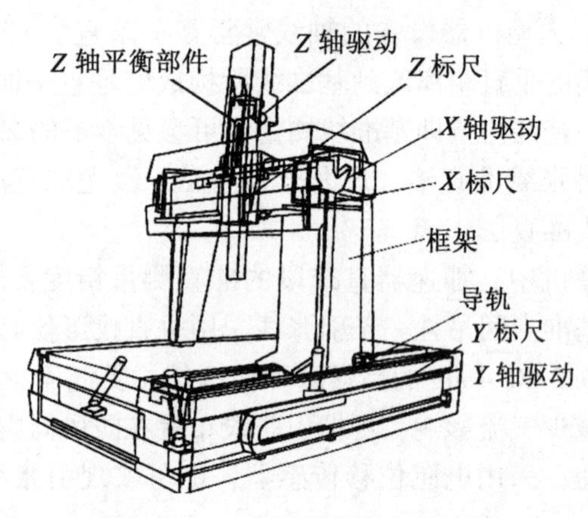

图7-13 三坐标测量机主机结构

工作原理：将被测物件置于三坐标测量机的测量空间，根据互相垂直的三个导轨和一个工作平台，获取物件上各点在“正交坐标系”的坐标，经数学运算，得到被测物件的尺寸和形状。三坐标测量机得益于精密机械、电子和计算机技术的发展，解决了精密导轨设计加工和大位移测量（采用感应同步器、光栅和激光干涉仪等）等问题，由于它通用性强、测量范围较大、精度高、性能好，能与柔性制造系统连接，有着“测量中心”的美誉。三坐标测量机的自动化程度高、操作简单，一般不需要多少测量知识，所以操作者鲜有测量人员。但随着测绘科技的进步，测量人员将会越来越多地进入工业测量领域，即使用三坐标测量机进行中小型工业设备的安装检测，测量人员比其他专业的人员在误差和数据处理知识方面要更好。

7.5 三维工业测量系统

三维工业测量系统是用于工业部门的各种测量系统的总称。对于大型机器、设备的精密定位和准直测量，大型工业设备和结构的检查、调整、装配、安装以及维护等，不可能将所有的机器设备搬到三坐标机上进行测量，只能在施工现场通过角度、距离测量相结合的方法，构建一个“非正交坐标系”测量系统即三维工业测量系统进行坐标测量。它比采用“正交坐标系”的三坐标机的测量空间开阔，并且具有可移动、测量方便灵活的优点，甚至可采用非接触测量方式，在设备安装检校和工业部门得到广泛应用。

三维工业测量系统按硬件分为：全站仪测量系统、激光跟踪测量系统、工业摄影测量系统、距离交会测量和室内 GNSS 系统。下面只作简单的介绍。

7.5.1 全站仪测量系统

全站仪测量系统就是电子全站仪构成的测量系统，也包括由电子经纬仪构成的测量系统，由于电子经纬仪将逐渐被电子全站仪所替代，可以认为经纬仪测量系统只是一个过渡性系统，所以这里只介绍全站仪测量系统。

全站仪测量系统由带有马达驱动和自动目标识别的全站仪（如 TCA 2003、TDA5005 等）、脚架、计算机、通信和供电装置、目标反射器以及与目标配合的附件构成。全站仪测量系统的原理为极坐标测量和前方边角交会测量。

1. 极坐标测量系统

极坐标测量系统由一台高精度全站仪构成，通过测量水平角 α、垂直角 β 和斜距 S 来计算出待测点 P 的三维坐标，如图 7-14 所示。精确整平对中全站仪后，以全站仪的三轴中心为原点，水平面为 XOY 平面，水平度盘零方向为 Y 轴，铅垂线反方向为 Z 轴，就可确定待测点在该坐标系下的三维坐标。

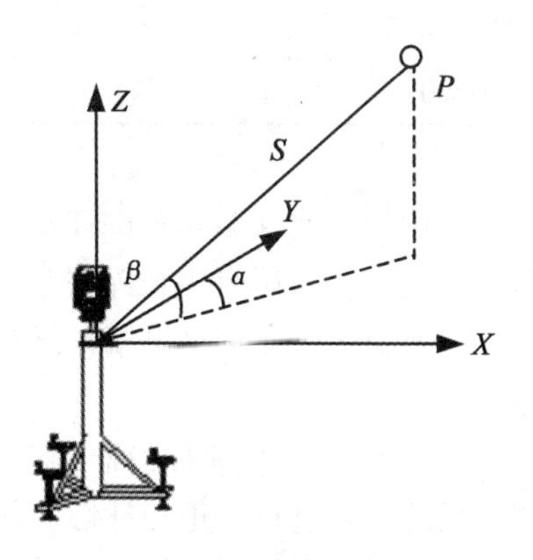

图 7-14　极坐标测量原理图

1995 年前，Leica 公司推出了 PCMSplus 系统，它采用 TC2002 全站仪，测角精度为 0.5″，测距标称精度为 1mm+1ppm，软件为 DOS 软件；1996 年推出了 Axyz-STM 系统，全站仪采用 TDM5005 、TDA5005 全站仪，测角精度为 0.5″，使用球棱镜在 120m 内的测距精度优于 0. 3mm，使用反射片，也能达到 0. 5～1mm 的精度。在几十米的范围内，点位精度可达到亚毫米级，能满足工业设备安装的精度要求。

极坐标测量系统的测距精度与目标和测程有关（见图 7-15 和表 7-2）。因圆棱镜和小棱镜无法放到待测点上，故很少使用；球棱镜中心和球心始终重合，在对被测表面测量时，不管如何放置，测量点均位于测量面的法线方向，且偏距始终等于球的半径，数据归算和处理简单；厚度已知的反射片可粘贴到被测点上，数据处理也较简单。为提高精度，可做多测回观测。

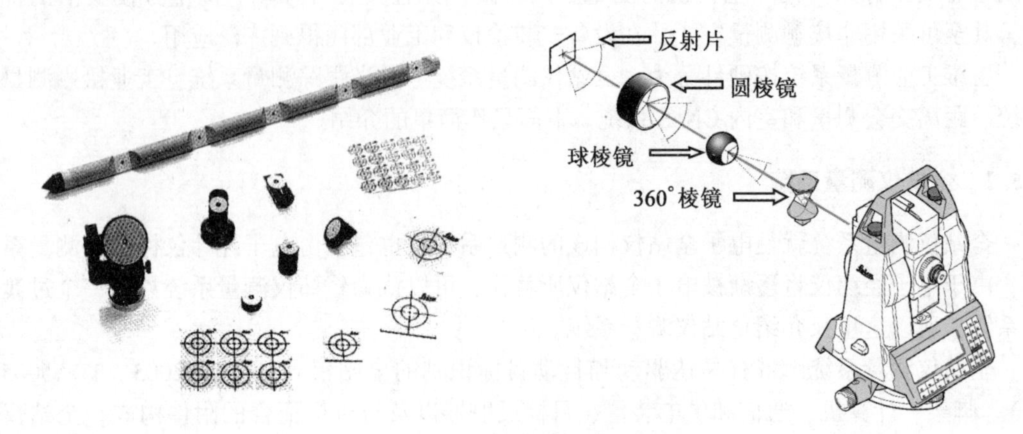

图 7-15　全站仪的各种测距目标

表 7-2　**Leica 全站仪测距目标的规格和参数**

类　型	测　程（m）	加常数（mm）	测距精度（mm）
反射片	2～40 20～100 60～180	34. 4	±0. 5～1. 0
球棱镜 CCR1. 5″	2～600	34. 9	±0. 2

电子全站仪可以增加目标自动识别功能（Automatic Target Recognization，ATR），这种智能型的全站仪称为测量机器人。同时，采用自由设站方法，可以大大提高测量的精度、速度和灵活性，在工程放样中有很多应用，参见本书第 5 章 5. 2. 2 中的相关内容，也适合设备的安装检校测量和工业测量。

全站仪的系统误差主要有：轴系误差、双轴补偿器误差、ATR 误差、调焦误差及测距误差等。需要对全站仪的测距系统误差进行改正和补偿，其中又以加常数和乘常数的测定和改正最重要。加常数是由于测距零点与仪器三轴交点不重合及棱镜中心和目标中心不重合造成的，需对所用仪器和棱镜精确测定；乘常数主要由测距频率、大气条件和投影改正所引起。对于球棱镜和反射片而言，不宜直接用三段法测定加常数。对于球棱镜，可参照激光跟踪仪基距测量方法进行，如图 7-16 所示，将全站仪分别设在测站 1、2，对两固定目标 A、B（其间距离未知）测量水平角、垂直角及斜距，从而计算出加常数 C。为提高测定精度，全站仪与目标应尽量同高，α_1 角应接近 180 °，α_2 应接近 0 °。若 A、B 两点的距离为已知（可用双频激光干涉仪测出），则全站仪仅需在测站 1 设站即可测出加常数 C。

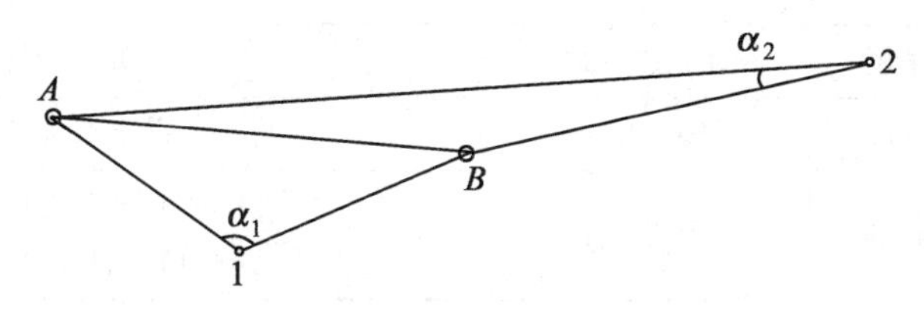

图 7-16 球棱镜加常数测定方法

在双频激光干涉仪上也可测定全站仪和球棱镜的加常数，在此从略。

全站仪的乘常数改正有两种，一种是大气温度 t、气压 P 和相对湿度 H 引起的折射率改正所带来的；另一种是距离的投影改正所引起的。在设备安装检校和工业测量中，由于距离很短，第二种改正可以忽略。对于第一种改正，温度 t 变化 1℃，或气压 P 变化 4mbr，距离将引起 1ppm 的变化。当 t = 22 ℃, P = 997.6mbr, H = 60%时，上述变化引起的乘常数改正为 14.2ppm；对于 10m 的测量距离，也有 0.14ppm 的改正，精密测距中，是不能忽略的。

工业测量所用全站仪的近距离测距精度的检测尚无规程可循，实践中主要是与双频激光干涉仪测量结果进行比对，或通过内符合精度采用统计方法获取全站仪的近距离测距精度。例如，对于 TCA2003 在精密测距模式下与双频激光干涉仪每隔 1m 进行比较，得到的测距精度列于表 7-3。从表 7-3 可以看出 TCA2003 全站仪对 CCR1.5″球棱镜及反射片的测距精度都比较高，而且 10 m 以上的测距精度明显优于 10 m 以内的测距精度。上述试验中，全站仪设在双频激光干涉仪导轨的延长线上，因此棱镜常数及测角精度对测距精度几乎无影响，坐标差精度即测距精度。

表 7-3 **测距精度检测结果**

反射器类型	测距精度（mm）		备 注
	3~26m 范围内	10~26m 范围内	
CCR1.5″	±0.141	±0.078	ATR 单面测量
反射片	±0.229	±0.142	手工单面测量，加 GDV3 近距镜，测距光轴与反射片垂直

为考察全站仪的综合坐标测量精度，将全站仪设在与双频激光导轨相垂直的位置上，距离导轨 2.3 m，角度 α 达到 95 °，小车从 A 点到 B 点每隔 30 cm 停下，使用双频干涉仪和全站仪同时测量，AB 距离为 5 m，对全站仪用坐标计算得到的两点间距离和双频激光干涉仪结果进行比较，结果见表 7-4。从表 7-4 可见，全站仪测量系统所测得的空间坐标精度和测距精度相当，主要是因为近距离的测角误差所引起的点位误差较小，全站仪系统

得到的直线度与双频激光导轨的实际直线度是一致的，说明全站仪测量系统的坐标精度也较高。

表 7-4　　　　坐标测量精度检测结果　　　　（单位：mm）

反射器类型	测距精度	导轨直线度	备　注
CCR1. 5″	±0. 11mm	±0. 12mm	手工双面测量
反射片	±0. 14mm	±0. 08mm	手工双面测量，加 GDV3 近距镜，测距光轴与反射片垂直

与全站仪测量系统配套的软件分为数据管理/处理模块和全站仪控制/测量模块。商业化的软件有 Leica 公司的 Axyz CDM/STM 及 SOKKIA 公司的 MONMOS 软件。数据管理/处理模块包括数据分析和处理软件，如点、线、面拟合计算、形位误差计算和坐标转换等；全站仪控制/测量模块一般要针对不同全站仪进行设计，主要包括仪器的初始化参数设置、现场检校、联机数据采集和数据改正等。

2. 边角交会测量系统

边角交会测量系统由两台以上高精度电子经纬仪（或全站仪）构成空间角度前方交会的测量系统。电子经纬仪前方交会测量系统在工业测量领域应用得最早，从 20 世纪 80 年代开始，有 Leica 的 RMS2 000、ManCAT、ECDS3 和 Axyz-MTM 等，采用 T2000/T3000/TM5000 系列的工业测量电子经纬仪，测角精度高，一测回的标称精度可达 0. 5″，室内可达 0. 3″，装有内觇标，有自准直功能，有精密的轴系改正系统和倾斜补偿系统，望远镜的焦距较长。今后，电子经纬仪将逐渐被电子全站仪所取代，电子全站仪可具有电子经纬仪的一切功能，同时，还具备精密测距功能，还可发展为智能型图像全站仪，可同时得到多点的坐标。由于电子全站仪通过精确对中、整平，测量结果可以和水平面、铅垂线相联系，适宜用于大型设备安装的指导、检测和调整。

以两台仪器为例，其测量原理如图 7-17 所示。首先，对 A、B 两台仪器进行系统定向，即确定其在空间的相对位置和姿态。A、B 仪器同时观测待定点 P，可获得 4 个角度观测量（电子经纬仪系统）和两个距离观测量，经数据处理可得 P 点的三维坐标。系统定向有基于大地测量控制网平差的互瞄法和基于摄影测量的光束法、平差法。互瞄法可以是互瞄内觇标或外觇标，光束法则是模拟相机的姿态，故不需整平仪器。对于电子经纬仪测量系统，尺度可通过已知长度尺子（约 1m 的碳纤维标准尺）测量来获得。

坐标精度与系统定向、待定点位置和角度距离的测量精度有关，与仪器的稳定性、观测标志及外界环境有关。在室外，外界环境的影响较大，需要选择最佳观测时间，采用多测回自动化观测，有条件时应设置高稳定性的观测墩。对于电子经纬仪系统，目标一般选择同心圆纸质标志或空间对称的球形标志（图 7-18）；对于全站仪系统，宜采用球棱镜，或者测距只作为辅助观测。

7. 5. 2　激光跟踪测量系统

激光跟踪测量系统（Laser Tracker System）是由单台激光跟踪仪构成的球坐标系测量

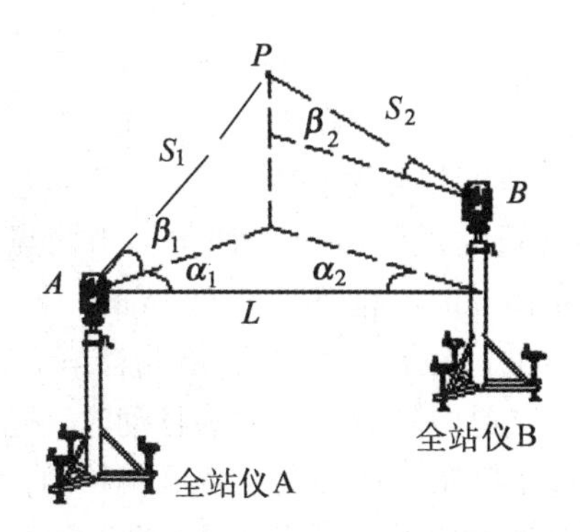

图 7-17 经纬仪坐标测量原理图

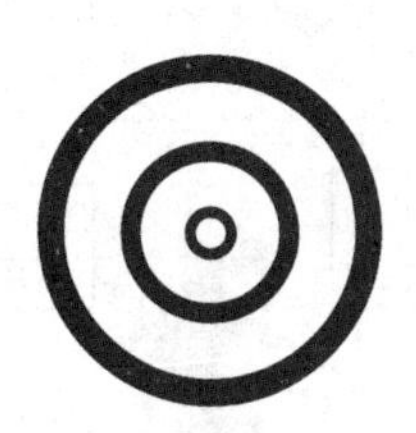

图 7-18 电子经纬仪测量系统所用标志

系统，是一种大范围、大尺寸设备的、实时动态跟踪的高精度新型测量仪器。它集成了激光干涉测距、光电探测术、精密机械、计算机和现代控制技术以及数值计算理论等，能对空间运动目标跟踪并实时测量目标的三维坐标。激光跟踪仪是一种精密的三维坐标测量仪器，它具有精度高、速度快、便于移动等优点。图 7-19 为徕卡公司生产的激光跟踪仪 LTD500，该跟踪仪主要由角度测量、距离测量、跟踪和控制四大部分组成（图 7-20）。和全站仪一样，激光跟踪仪采用极坐标测量原理，采用和全站仪类似的测角测距仪器，在被测目标点上安置反射器，仪器的跟踪头发出激光，射到反射器又返回跟踪头，当目标移动时，跟踪头调整光束方向，对准目标，返回光束被检测系统所接收，可通过测角测距装置确定目标的空间位置。

激光跟踪仪的结构设计、测距和跟踪方式与全站仪不同，测程仅达 35m，重达 30 多千克，只适合作室内工业测量。激光跟踪测量系统在大型工件测量、定位、校准、安装及在线加工等方面，都是最有效、性价比最高的测量设备。

（1）角度测量部分：有类似智能型全站仪的水平度盘、垂直度盘、步进马达及读数系统，测角精度优于±2.5″，动态性能好，采样速度可达 1 000 次/秒。测量静态目标时，取多次测量均值可减弱许多误差影响。

（2）距离测量部分：包括干涉法距离测量装置（IFM）、鸟巢（Birdbath）、绝对距离测量装置（ADM）和反射器。激光干涉测量装置由 He-Ne 激光器、分光镜、固定反射镜、移动棱镜、干涉条纹检测和记数器组成。激光干涉法距离测量是利用光干涉原理，通过测量干涉条纹变化来测量距离的变化，但只能测量相对距离，若要测量跟踪头中心到被测点的绝对距离，须根据跟踪头中心到鸟巢基点（Home Point）的已知基准距离，加上反射器从鸟巢开始移动所得的相对距离，来获得被测点的绝对距离。如果激光束被打断，则须重新回到基点重新初始化。LTD500 增加了一个绝对距离测量（ADM）功能，可自动重新初始化，但只能用于静态测量，不能用于跟踪测量。激光干涉法距离测量的分辨率为 2 倍波长（1.26 μm），测距精度高、速度快，整体性能和精度要优于全站仪，测量范围一般为 25m 和 40m 两种。若选取两点间的观测距离来评价，当两点间的距离为 4m 时，精度达 0.057mm；当两点间的距离为 18m 时，精度达 0.095mm。

（3）跟踪部分：对反射器进行跟踪，由位置检测器（PSD）实现，反射器反射回的光经过分光镜，一部分光进入位置检测器，反射器移动时，这一部分光将会在位置检测器上产生一个偏移值，位置检测器控制马达转动，直到偏移值为零，达到跟踪的目的。

（4）控制部分：包括控制器和电缆，用于与计算机之间进行数据交换。此外，还有由外壳、适配器和底座组成的支撑部分。

仪器本身没有精确整平装置，可选择外接的电子气泡如 Nivel 20 整平仪器。

图 7-19　激光跟踪仪 LTD500

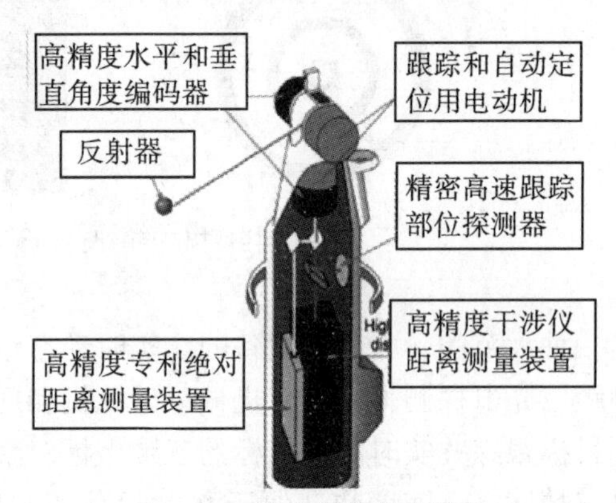

图 7-20　激光跟踪仪的结构

激光跟踪仪的仪器坐标系定义为：跟踪头中心为原点，水平度盘上的 0 读数方向为 X 轴，度盘平面法线的向上方向为 Z 轴，按右手定则确定 Y 轴。测量员从鸟巢拿出反射器 P，移动到被测点，仪器自动跟踪反射器，记录干涉测距值 D 及角值 Hz、V，按极坐标原理得点在仪器坐标系下的三维坐标（x、y、z）：

$$\begin{cases} x = D \cdot \sin V \cdot \cos Hz \\ y = D \cdot \sin V \cdot \sin Hz \\ z = D \cdot \cos V \end{cases} \tag{7-14}$$

坐标重复测量精度可达 5 ppm（5 μm/m），坐标精度可达 10 ppm（10 μm/m）。但动态测角精度比全站仪的静态测角精度低。激光跟踪仪的测量精度主要取决于角度、距离测量精度及环境的影响，如大气条件均匀性，温度和气压变化及测量精度；干涉法距离测量精度受基准距离校准精度的影响，基准距离校准的剩余量对干涉法测距的影响具有系统性。

激光跟踪仪跟踪头的激光束、旋转镜和旋转轴构成激光跟踪仪的三个轴，三轴中心是测量坐标系的原点。轴的结构关系非常复杂，在理想状态下，应保持相互正交，但由于加工、安装、调整误差和电子零点误差等影响，轴系间不完全满足理想的设计要求，存在着系统误差。根据其物理意义，可将激光跟踪仪角度测量的系统误差分为 15 类，有 15 个校准参数，加上测距系统误差（基距误差 C，测距零点误差），共计 16 个误差，这 16 个误差均有准确的数学模型，可对其进行改正。类似于电子经纬仪和全站仪的检验，可通过双面测量、球形杆测量和基距测量程序计算这16个系统误差参数。

在现场大空间工业测量中可用激光跟踪仪建立三维测量控制网，如图7-21所示，控制网由P_1~P_8组成，这8个控制点上放置以跟踪仪移动鸟巢为依托的目标反射镜，在8个控制点之间设置激光跟踪仪测站，每个测站至少能对3个以上控制点进行测量。图中设置了8个测站，每个控制点都有6个以上的测站观测。以激光跟踪仪第一个测站位为坐标系，建立控制点和测站点组成的三维控制网，通过一定的算法（在此从略），可以得到控制网点在定义坐标系下的精确坐标，两点间的空间距离精度可达到0.02mm，为许多工业测量提供了精确的全局控制。

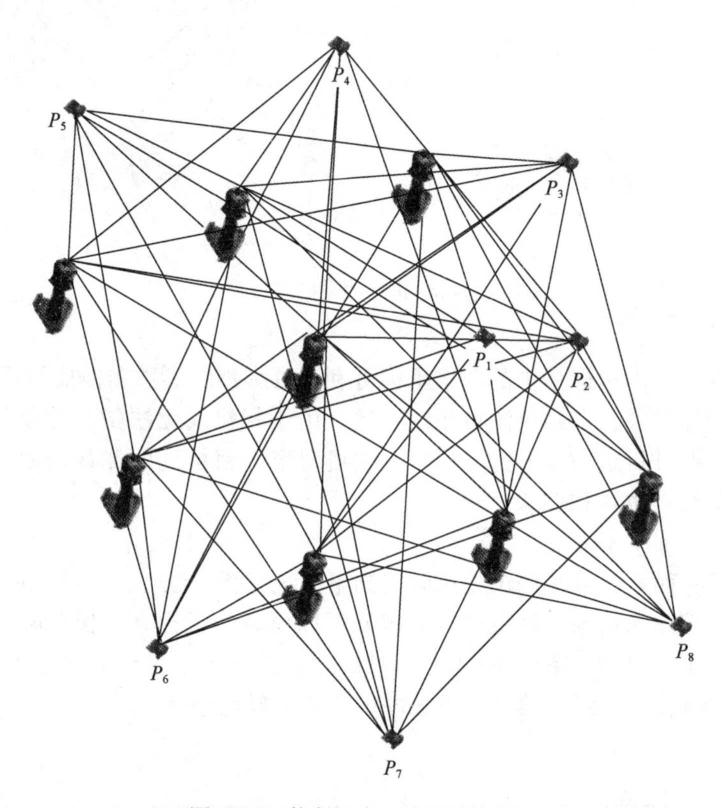

图7-21 激光跟踪三维测量控制网

激光跟踪仪测量系统的软件有数据管理/处理模块及控制/测量模块，商业化软件有Leica公司的Axyz CDM/LTM。控制/测量模块可作静态的单点平均测量、球面拟合测量，还可对动态目标进行连续跟踪测量，进行连续采样、格网采样和表面测量等，还具有搬站功能。

7.5.3 工业摄影测量系统

工业摄影测量系统是指采用近景摄影测量和非地形摄影测量技术的工业测量系统。摄影测量经历了从模拟、解析摄影测量到数字摄影测量的变革，从胶片/干板相机发展到数字相机，工业摄影测量系统的生产厂家和产品较多，有美国的GSI公司、挪威的Metronor

公司、德国的 Aicon 和 Gom 公司等，产品分为单相机的脱机摄影测量系统、多相机的联机摄影测量系统以及固定基线摄影测量系统。

1. 原理

近景摄影测量的原理如图 7-22 所示，两台高分辨率相机同时对被测物进行拍摄，得到物体的二维影像，经计算机图像匹配处理可得精确的三维坐标。

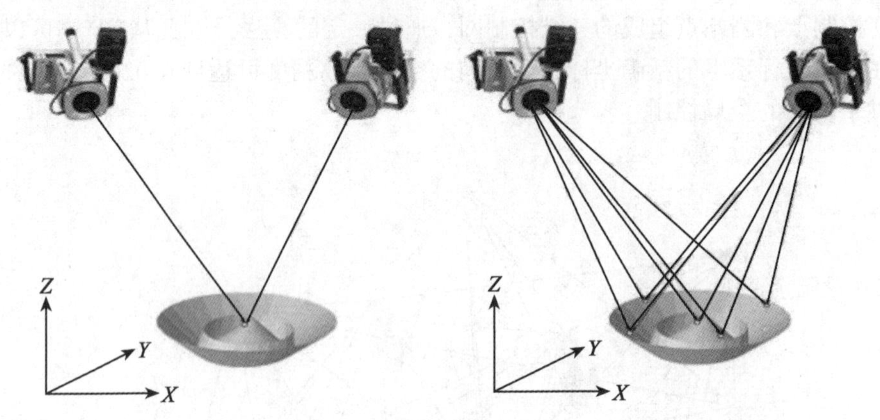

图 7-22　摄影测量的坐标系

二维影像在像平面坐标系中的二维坐标可利用摄影焦距参数转换成目标点的两个角度观测值，与电子经纬仪、全站仪测量系统一致。由于相机间无法像经纬仪一样精确互瞄，系采用光束法平差进行定向，通过不同位置相机对多个目标同时测量产生的多余观测量，可以解算出各相机的位置和姿态。

2. 构成

对于静态目标而言，可采用单相机脱机测量系统（图 7-23），在两个或多个位置对被测物进行拍摄，将图像输入计算机进行图像处理即可。为了提高图像匹配的精度和速度，可在物体上贴如图 7-24 所示的特制回光反射标志，以便于标志点的自动识别和提取；也可采用投点器进行投点，投点器的投点无厚度，是很好的辅助工具。

图 7-23　单相机脱机测量系统

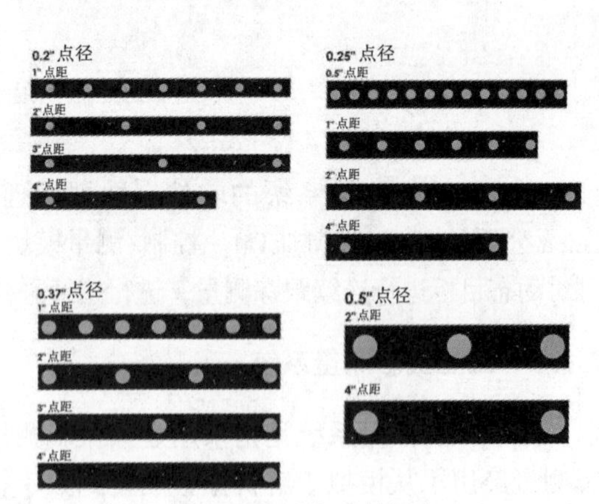

图 7-24　回光反射标志

多相机联机摄影测量系统可实时得到待测点的三维坐标，如图 7-25 所示，可以采用投点器投点，也可以采用特制的探棒（也称光笔，见图 7-26）作为测量标志，探棒的探头和三坐标机的测头类似，探棒上有发光的标志，发光标志点到探头的几何关系是确定的，通过对发光点的测量即可求得探头点的坐标。探棒上有测量按钮，可启动标志点发光和数码相机拍摄，实现测量的自动化。

图 7-25　多相机联机测量系统

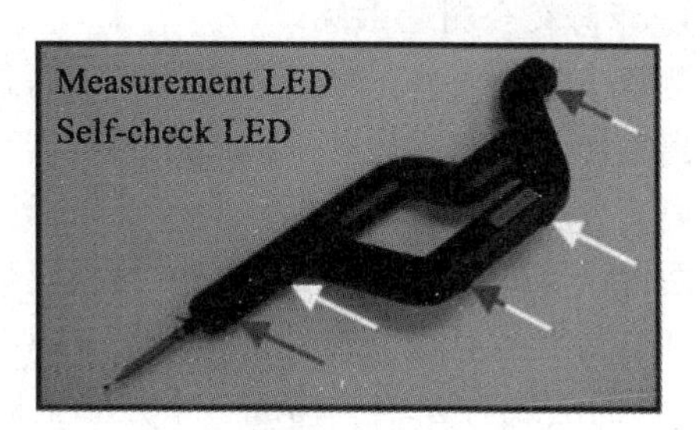

图 7-26　探棒

为了保证定向的精度，可使用固定基线摄影测量系统，如图 7-27 所示，将相机固定在一个水平或垂直装置上，保证它们的相对位置关系不发生变化，这种系统就相当于一台摄影坐标测量机，可省去定向时间，但测量范围会受到固定基线的限制。

3. 精度

工业摄影测量系统的精度主要取决于相机的精度。相机一般分为格网量测相机、量测相机、半量测相机和非量测相机四类，其精度依次递减。要想获得高精度，可以选择价格昂贵的高分辨率、高精度的专业型量测相机，如 CRC2 相机（图 7-28）和 INCA 相机（图 7-29）；对于非测量相机，可以通过误差补偿来减弱或消除相机的系统误差，以及优化相机的设站位置，增加基准尺个数等措施来提高系统的测量精度。

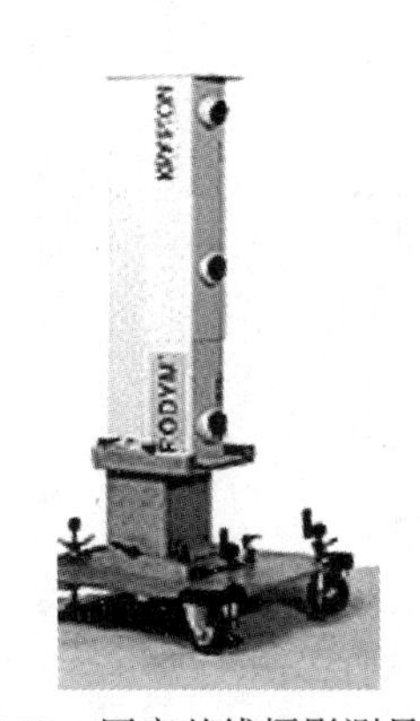

图 7-27　固定基线摄影测量系统

图 7-28　CRC2 相机

图 7-29　INCA 相机

4. 精度应用

工业摄影测量系统的相对精度一般在 1/10 万左右，适合动态物体的快速测量，它不需要建造观测墩，操作方便，节省时间，对现场环境要求较少。

美国 GSI 公司从 20 世纪 60 年代开始将工业摄影测量系统用于天线测量，迄今已完成几百套天线的测量。如口径为 300m 的 Arecibo 望远镜，其工作频率由 600 MHz 提高到 10 GHz，全站仪测量系统的精度不能满足要求，GSI 公司采用了 CRC1 相机构成的摄影测量系统，坐标分量精度达 ±0. 25 mm，天线调整后的表面精度优于 ±2 mm。

7.5.4　距离交会测量系统和室内 GNSS 系统

1. 距离交会测量系统

测量中测角误差影响随距离的增大而急剧增大，但随着测距精度的提高，其误差影响随距离增加变化并不显著。纯测距的仪器结构简单，对于中长距离（如 20 至 200m），通过距离交会可得到被测点的精确三维坐标，称距离交会测量系统。

两台仪器的距离前方交会，可得到交会点的平面坐标。多台仪器的空间距离交会，则可得到交会点的空间三维坐标。如图 7-30 所示，设 1 点为坐标原点，1、2 连线为 X 轴，123 平面的法线为 Z 轴，构成一个独立坐标系。4 号点（X_4，Y_4，Z_4）不在 1、2、3 点构成的平面上，i 为观测点，j（$j=1\sim4$）为测站点，坐标系的标定问题即为求 X_3，Y_3，Z_3，X_4，Y_4，Z_4 6 个参数。在 1、2、3、4 这四个已知点上进行空间距离前方交会，每观测一个点可以得到如下的 4 个观测方程（每个已知点一个）：

$$(x_i - X_j)^2 + (y_i - Y_j)^2 + (z_i - Z_j)^2 = S_{ij}^2 \tag{7-15}$$

观测 n 个点，可得 $4n$ 个观测方程数，未知数个数为 $3n+6$。因此，测点数超过 6 个，就可以按最小二乘法求解。距离交会测量系统的精度取决于测距精度和测点的图形因子系数（GDOP 值），在定位时对 GDOP 值有一定的要求。

距离交会测量系统分为整体式和组合式两种。整体式有多杆式或超声式坐标测量机，多杆式是通过杆的伸长或缩短来测量距离，超声式则是通过发射和接收超声波来测量距离。这两种整体式结构测量系统的测量范围都有限。组合式系统是用三台以上距离传感器（测距仪、全站仪或激光干涉仪）组成距离交会测量系统，通过系统定向方法确定每台仪器的三维坐标。图 7-30 是 4 台全站仪组成的距离交会测量系统。

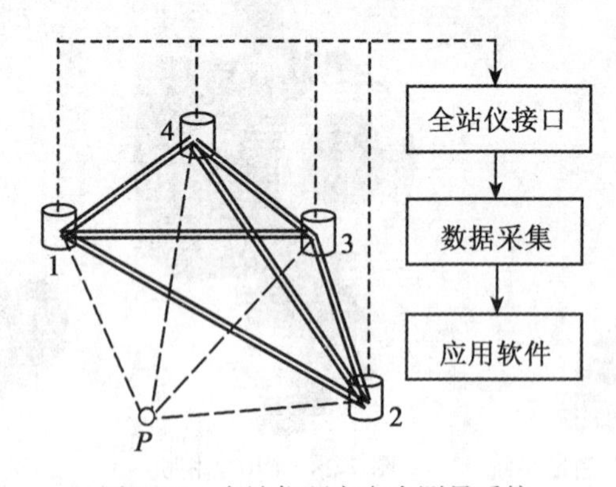

图 7-30　全站仪距离交会测量系统

美国的 GBT 天线主面安装采用了距离交会测量系统（见图 7-31），三台测距仪（2 台

TC2002 和 1 台 TDM5005）安置在馈源支撑结构上，馈源支撑结构与天线主面是独立的，仪器站点位置通过地面上已知点用距离后方交会获得。三台测距仪器对主面上的目标进行距离交会测量，可得到待测点的三维坐标，测量距离在 100 m 左右，点位精度优于±1 mm。

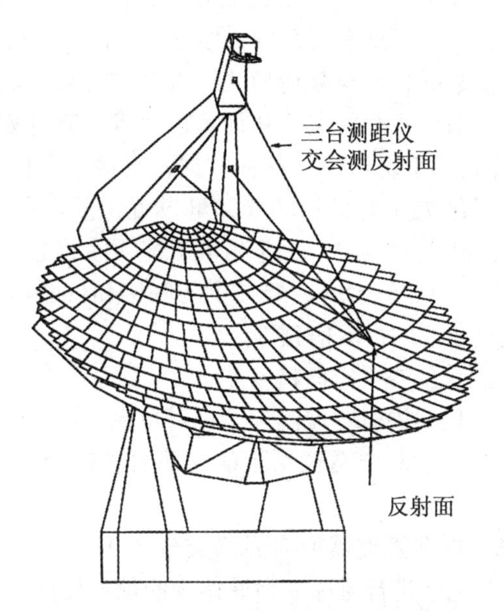

图 7-31　GBT 天线距离交会测量系统

天线运营期间，天线主面变形观测也通过距离交会系统进行，在天线基础地面上设置 12 个观测墩，用 12 台特制的测距仪对天线背架上的测距标志进行距离交会，测距精度为 ±0. 05 mm，测点精度可达 ±0. 24 mm。对大范围长距离的工业测量而言，其所达到的精度，是其他方法不能相比的。

2. 室内 GNSS 系统

室内 GNSS 系统就是利用红外激光发射器代替 GNSS 卫星，光电接收器接受其信号，在工业厂房内应用时，称室内 GNSS 系统（Indoor GNSS）。美国 Arcsecond 公司推出的室内 GNSS 系统采用的传感器如图 7-32 所示，该传感器发射沿水平旋转和垂直扫描的激光束，可测量目标点的水平角和垂直角，即通过空间角度交会的方法来确定目标点的坐标。目标点采用手持式测头传感器，如图 7-33 所示，只要将测头放置到被测点上就可以得到测点的三维坐标。

图 7-32　室内 GNSS 传感器

图 7-33　手持式测头

7.5.5 工业测量系统软件

工业测量系统软件是工业测量系统的重要组成部分，是系统应用的关键，国际上已有多个商业化系统软件，如 Leica Axyz、SMX Insight 等，国内也开发了一些类似的系统软件。虽然各系统软件不同，应用领域有所区别，但基本功能大部分是相同的。

工业测量系统软件包括数据管理与分析模块、全站仪/经纬仪模块、图形模块、测量应用模块、摄影测量模块、激光跟踪仪模块和计算模块等。软件多基于 Win95/98/2 000/XP 等平台开发，用数据库技术组织与管理各种数据，直接对数据库操作，简单方便。具有多窗口、数据采集与测量结果实时显示功能，可设置误差提示，对数据可进行各种计算、各种规则图形拟合和形状误差检测。工业测量系统软件的主要功能有：

（1）设备联机与控制。包括与全站仪/经纬仪的联接和仪器初始化。计算机控制仪器完成参数设置，测量时提供相应的提示信息等。

（2）系统定向。定向测量，查看定向精度。

（3）坐标测量。可多台仪器同时开展测量，也可单台全站仪独立采集数据。

（4）近距加常数修正。通过对全站仪测距值与两台仪器交会值进行比较，求出近距加常数，自动加以改正。

（5）数据管理及编辑。数据管理器窗口界面类似于 Windows 系统的资源管理器，可编辑、添加、删除记录，对记录进行排序。但原始观测值只可读，不可更改。

（6）坐标系的生成与转换。可通过平移、旋转、缩放等生成新的坐标系。

（7）测量数据计算与分析。可进行各种点、线、面的计算与分析，拟合的各种几何形状以坐标的形式存入坐标库中。

（8）数据的输入输出。可输入外部数据，观测值及坐标可输出到相应格式文件中。

（9）测量数据的可视化。可将测量数据及计算数据进行三维显示。

7.6 大型天线安装检校测量实例

随着现代天文学的发展需要，射电天文望远镜天线面的口径波长比越来越大，大型天线的精密测量已是天线设计、制造和安装的技术支撑。本节以某大型多波束抛物环面天线的安装检校测量为例进行说明。

7.6.1 概述

抛物环面天线的基本设计参数包括抛物母线及其焦点、旋转半径、偏转角、天线的有效口径和净空高等。为描述天线的工作姿态，需要确定焦轴的大地方位角、焦轴与水平面的夹角和姿态倾斜角，还有根据抛物母线的方程描述的曲面方程。

天线在测量中涉及的坐标系较多，关系较复杂，有天线设计坐标系和结构坐标系。天线设计坐标系是抛物母线所在的坐标系，描述天线的辐射特性；天线结构坐标系是天线结构设计的坐标系，其数学模型和几何特征比较简单，与设计坐标系的关系仅是一个旋转变换。此外，还有服务于天线施工的天线施工坐标系和测量坐标系，测量坐标系是建立天线施工控制网而采用的坐标系。需定义各坐标系及相互转换关系，如测量坐标系与施工坐标系的关系为：

$$\begin{bmatrix} X_C \\ Y_C \\ Z_C \end{bmatrix} = \begin{bmatrix} \cos A & \sin A & 0 \\ \sin A & -\cos A & 0 \\ 0 & 0 & 1 \end{bmatrix} \begin{bmatrix} X_S \\ Y_S \\ Z_S \end{bmatrix} + \begin{bmatrix} X_0 \\ Y_0 \\ Z_0 \end{bmatrix} \tag{7-16}$$

式中，X_0、Y_0 为施工坐标系原点 O_S 在测量坐标系中的平面坐标，Z_0 为土建施工零点的高程值，A 为天线的天文方位角。

7.6.2 控制网测量

控制网是天线安装的基础，其作用主要有三个：提供天线原点的大地坐标和天线的方位基准；保障天线工程及配套工程的土建施工；保证天线的表面精度和指向最优，保证天线各部件按设计要求统一起来。控制网分大地基准控制网、施工测量控制网和安装测量控制网，三者之间的关系是测量基准的传递而不是精度约束，这也是天线测量控制网的一个特色。

大地基准控制网主要为精确获取天线原点的大地坐标和天线方位基准，用于计算到卫星的方位和俯仰角。首先需在现场确定天线原点和控制网。整个网由 6 个设有强制对中观测墩的点组成，0 为天线原点，如图 7-34 所示，采用 GNSS 技术建立，该网提供了天线原点的大地坐标和方位边的大地方位角，方位角的精度达到 5″。

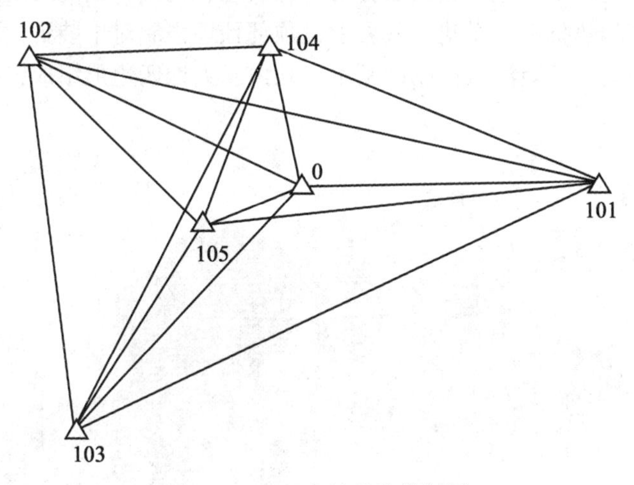

图 7-34　GPS 大地基准控制网

大地基准控制网点位相对坐标精度尚不能满足天线安装的要求，须建立亚毫米级高精度施工控制网。施工测量控制网主要用于座架地脚螺栓的放样、馈源楼放样及天线安装测量控制网的建立服务，分平面网和高程网。施工平面控制网为边角全测网（图 7-35），采用 TC2003 观测，按固定一点一方位（0 点和 0−101 的方位）进行严密平差，最大点位误差为 0.4mm（103 点）。

高程控制网由 4 个水准点组成，与国家大地水准网点联测，按二等水准施测，用自由网平差确定 4 个点间的高差，以 BM1 为起算点，各点高程中误差为 0.1 mm 左右。

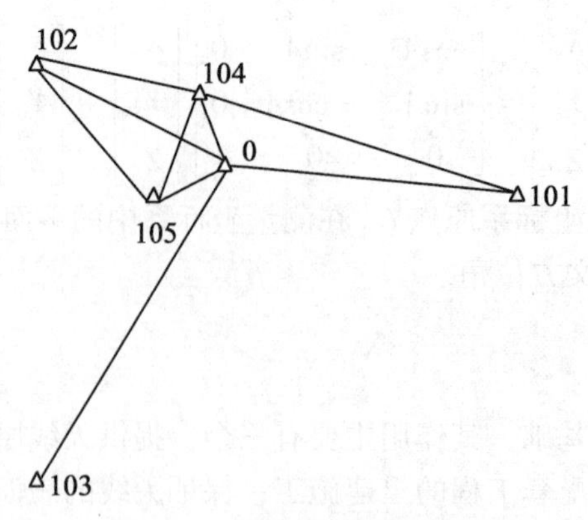

图 7-35　施工测量控制网

安装测量控制网是为天线安装工作服务的，包括背架组装、面板水平拼装、座架定位、天线工作姿态测量以及馈源轨道安装等。

根据安装测量方案，确定用 3 台仪器交会，建造 6 个测量墩组成的安装测量控制网，如图 7-36 所示。墩的高度不同，为天线水平拼装服务的三个墩高度约为 8 m；用于天线工作姿态测量的三个墩，高度为 9 ~16 m，主要考虑天线的实际姿态对垂直角的要求。由于墩很高，对其稳定性的要求也很高。墩分为内外两层，内层为钢筋混凝土结构，外层为砖砌结构，中间填充隔热材料，墩建于基岩上，顶部预埋强制对中装置，墩建成后经过半年以上的固定后才施测。安装测量控制网基本上是由双大地四边形组成，边长和方向观测都是近似垂直交会。

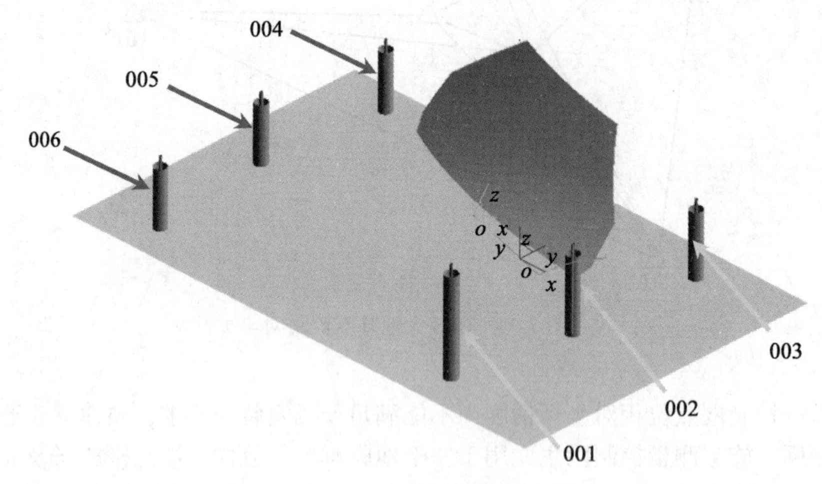

图 7-36　安装测量控制网

7.6.3　天线面板水平拼装

水平拼装是将天线面板在背架大致水平的状态下铺装成理论曲面，减少面板在工作姿态下的调整工作量，将单块面板按其理论曲面在平面和法方向上都铺装到位，即面板在 Y、Z 方向的偏差小，在法方向上的偏差也小，并同时获取背架上四个连接点在结构坐标系下的坐标，补偿背架连接点的制造误差。

为了尽可能提高坐标系的精度，须要精确获得背架上四个连接点在结构坐标系下的坐标，指导座架调整，水平拼装的面型精度要求达到 1 mm，接近天线的工作精度。

面板调整有三维直接放样法和调整法向偏差法两种，后者顾及了天线调整点的制造误差，较前者效率更高，在此从略。

水平拼装分为两步骤：首先保证面板平面到位，其次是调法向偏差。安装时采用“中间定位、四向发展”的办法。先利用背架的制造信息，将中间两列面板和第五排的面板先定位，铺成“十”字形，然后精测其位置并与理论值比较，将其精确调整到位，在后续的面板铺装中，以已有的面板数据和背架检测数据作为参考，逐渐增加面板，待全部面板安装完后，对整个天线进行测量，主要调整法向偏差，平面位置仅作微调。仅经过一次调整，表面精度从 5.7 mm 提高到 1.2 mm，达到了设计要求，为高精度恢复结构坐标系创造了条件。

7.6.4 工作姿态下的测量及调整

与水平拼装基本一致，首先调整姿态，其次是优化主面精度。将天线从水平姿态吊装到垂直姿态（工作状态）后，由于姿态变化，受自重影响，会导致表面精度变差，在天线的结构设计时已对该变化做了理论估计，实际变形值可通过测量得到，对二者进行比较，可验证理论估计的正确性，并提供反馈信息。

天线安置在工作姿态下后，需要做工作姿态下的调整测量，首先调整天线指向，其次是进行面型精度优化。采用如下调整方案：对获取的天线施工坐标用六参数法进行坐标转换，看天线的姿态参数是否超出允许值。固定天线的姿态参数，放开平移参数，作三参数公共点转换，求取坐标转换参数，在设计坐标系下计算调整量并进行调整，如此反复进行，直到姿态参数满足要求，然后进行 CAD 面型转换，求出最优调整量和面型。调整过程中，表面精度统计、天线位置和姿态变化以及天线表面精度的等值线图如图 7-37 所示，详见表 7-5。由表 7-6 可见，随着调整的进行，CAD 面型转换所得的姿态逐渐好转，经过几次的调整，表面精度优于 0.5 mm，天线姿态满足设计提出的整体精度要求。

表 7-5 **表面精度统计** （单位：mm）

测量序号	测点精度	表面精度	正向最大偏差	负向最大偏差	偏差范围
第 1 次	0.25	2.31	12.6	-4.1	16.7
第 2 次	0.21	1.37	10.1	-6.6	16.7
第 3 次	0.20	0.77	4.0	-5.8	9.8
第 4 次	0.23	0.66	3.9	-1.8	5.7
第 5 次	0.24	0.44	2.4	-1.3	3.7

图7-37　天线表面精度等值线图

表7-6　　　天线位置和姿态变化趋势

测量序号	坐标转换方法	平移参数（mm）			旋转参数（°）		
		X_0	Y_0	Z_0	R_x	R_y	R_z
1	三参数转换	11.199	−1.363	−17.655	0	0	0
	六参数转换	−10.612	−8.734	−16.301	359.9663	0.0824	359.9047
	CAD面型转换	−16.614	9.978	3.159	0.0359	0.0925	359.9178
2	三参数转换	10.903	−0.056	−20.45	0	0	0
	六参数转换	4.091	−16.13	−21.233	359.9436	0.0251	359.9753
	CAD面型转换	−3.292	1.317	1.419	0.0085	0.0367	359.9921
3	三参数转换	9.775	0.031	−22.157	0	0	0
	六参数转换	6.54	−17.081	−23.316	359.9411	0.0119	359.9891
	CAD面型转换	−1.303	0.118	1.179	0.0035	0.0253	0.0060
4	六参数转换	6.477	−17.008	−23.795	359.9432	0.0137	359.9901
	CAD面型转换	−1.567	0.759	1.304	0.0060	0.0275	0.0067
5	六参数转换	6.505	−16.557	−23.594	359.9417	0.0133	359.9878
	CAD面型转换	−1.709	0.269	1.184	0.0039	0.0270	0.0053

◎ 本章的重点和难点

重点：设备安装检校的控制测量，设备安装检校的传统和现代测量方法，三维工业测量系统，距离交会测量系统和室内GNSS系统，大型天线的安装检校测量。

难点：短边精密测角的误差分析、激光跟踪测量系统、距离交会测量系统。

◎ 思考题

(1) 什么是工业测量？与工程测量有何异同之处？

(2) 安装测量控制网有哪些布网形式？

(3) 安装测量控制网有什么特点？为什么要测直伸三角形底边的高？

(4) 在设备的安装检校中，常有哪些典型测量涉及精密定线、短边测角和短边方位传递？

(5) 什么是互瞄内觇标法？要注意哪些方面？

(6) 望远镜的调焦误差有哪些性质？

(7) 什么是射电全息法？有哪些方面的应用？

(8) 什么是三坐标测量机？由哪些部分组成？

(9) 三维工业测量系统包括哪些？

(10) 三维工业测量系统中的全站仪测量系统由哪些部件组成？采用什么测量原理？

(11) 什么是激光跟踪测量系统？有何特点和优点，由哪些部件组成？

(12) 激光跟踪仪的测距原理和特点分别是什么？

(13) 什么是距离交会测量系统？什么是室内 GNSS 系统？

(14) 工业测量系统软件包括哪些模块？有什么功能？

(15) 控制网在大型天线安装检校中的作用是什么？

(16) 天线工作姿态下的调整测量包括哪些内容？

第 8 章　工业与民用建筑测量

8.1 概　　述

工业与民用建筑包括工业厂区建筑、城市公共建筑和居民住宅建筑等，以高层建筑、高耸建筑和异构建筑为主要特点。测量的目的是把图纸上设计好的各种工业与民用建（构）筑物，按一定精度，测设到地面上。测量工作贯穿各个阶段：在规划设计阶段，需做测图控制和测绘大比例尺地形图；在施工建设阶段，须布设施工控制网，进行场地平整测量，建筑主轴线和细部放样，施工期间的变形监测等，建筑完工时，应做竣工测量；在运营管理期间，要进行建筑物的变形和安全监测。

本章重点讲述大型工业厂区测量、高层及高耸建筑物测量、异构建筑物测量，以及古建筑的测量等。

8.2 大型工业厂区测量

许多工业建设的规模很大，如大型钢铁联合企业和石化企业，建筑占地面积可达几十平方千米，且建（构）筑物种类繁多。规划设计阶段要布设勘测控制网，主要应考虑与国家或城市坐标系的联系问题，在布点和测量精度方面满足测绘大比例尺地形图的需要。工业建筑的主要特点是建筑物比较规则，设计坐标系与建筑物的轴线平行，设计坐标通常都是整数。施工之前，需要在原有勘测控制网的基础上建立施工控制网，以方便施工测量。

对于大型工业建设来说，建筑场地上的工程建筑物种类繁多，施工的精度要求也各不相同，有的要求很低，有的则很高。例如，连续生产设备中心线的横向偏差要求不超过1mm；钢结构工业厂房立柱中心线间的距离偏差要求不超过 2mm；管线、道路的施工精度要求则较低。施工控制网的精度究竟应该如何确定呢？如果按照工程建筑物的局部精度来确定施工控制网的精度，势必将整个施工控制网的精度提得很高，这就会给测量工作带来很大困难，需要花费大量的人力和物力。施工控制网的主要任务是用来放样各系统工程的主轴线，以及各系统工程之间的连接建筑物。例如放样厂房的中心线，高炉和烟囱的中心线、皮带通廊、道路和管道等。通过对主轴线的放样，就将这些工程进行整体布局和定位。施工控制网的精度应能保证这些工程之间相对位置误差不超过连接建筑物的允许限差，至于各系统工程内部精度要求较高的大量中心线的放样工作，需要建立各系统工程的内部控制网，如厂房控制网、高炉控制网和烟囱控制网、设备安装专用控制网等，以挂靠的方式与施工控制网联系。内部控制网是根据其主轴线或主要特征点而设计的局部网。为了提高精度、方便测量，内部控制网通常要经过精密测量，将主轴线或主要特征点改化到设计位置。

施工控制网的精度主要取决于各系统工程及其间连接建筑物施工的精度要求，施工控制网和内部控制网之间，不存在一般测量控制网的精度梯度关系。在布设工业厂区施工控制网时，采用分级布网的方案是比较合适的，也即首先建立布满整个工业厂区的厂区控制网，目的是放样各个建筑物的主要轴线，然后再在厂区控制网所定出的各主轴线的基础上，建立厂房矩形控制网或设备安装控制网，以进行厂房或主要生产设备的细部放样。

8.2.1 大型工业厂区施工控制测量

在大型工业厂区建筑工程中，通常采用的厂区控制网的形式有：建筑方格网、导线网、三角形边角网和 GNSS 网等。建筑方格网、导线网和三角形网都是地面边角网。建筑方格网是以矩形为基本图形，导线网是以多边形为基本图形，三角形网是以三角形为基本图形的地面边角网。对于大型工业厂区，由于建筑物比较规则，轴线相互平行和正交，而建筑方格网的轴线与建筑物轴线平行或垂直，图形规则，可采用直角坐标法进行测量和放样，简单方便，精度较高，且不易出错，故被人们广为采用。下面分别予以介绍。

1. 建筑方格网

建筑方格网是在 20 世纪 50 年代，作为先进经验从苏联引进我国的。首先应根据总平面图上已建和待建的建筑物、道路及各种管线的布置情况，结合现场地形条件来布设，坐标系统应与工程设计所采用的坐标系统一致，方格为正方形或矩形，坐标轴与生产系统主轴线、厂区主干道、主要建筑物主轴线平行（或垂直），方格网边长多为 100～300m，格网坐标宜为 10m 的整倍数，避免小于 1m 的零数。常分为两级布设：首级网有“十”字形、“口”字形或“田”字形；在首级网基础上加密次级网，相对精度较高。网点数与生产流程有关，且分布不均匀；网点使用频繁，易受施工干扰。图 8-1 为某工业厂区建筑方格网布置图，图中建筑方格网的坐标系与设计坐标系一致，其主轴 B1–B2 沿厂区主干道中心线布置，纵向主轴 A1-A2 与之垂直，首级格网点坐标均为 100m 的整倍数。

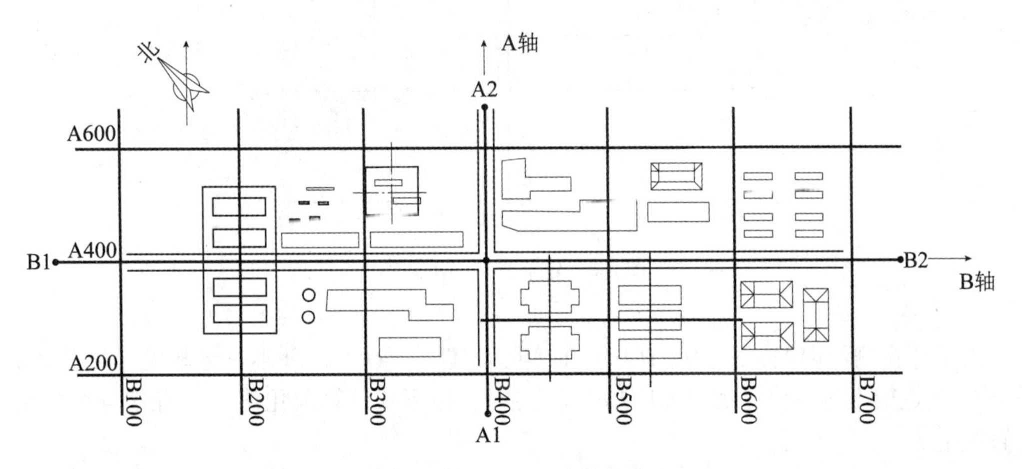

图 8-1　某工业厂区建筑方格网

建筑方格网所用控制桩的桩顶宜埋设金属平板，便于在其上调整点位，在桩顶钢板一角多设置半球形高程标志。

一般来说，勘测控制网坐标系与厂区设计坐标系往往不一致，须进行坐标换算。如图 8-2 所示，设点 i 的设计坐标为（x_i，y_i），勘测坐标为（X_i，Y_i），则其转换关系如下：

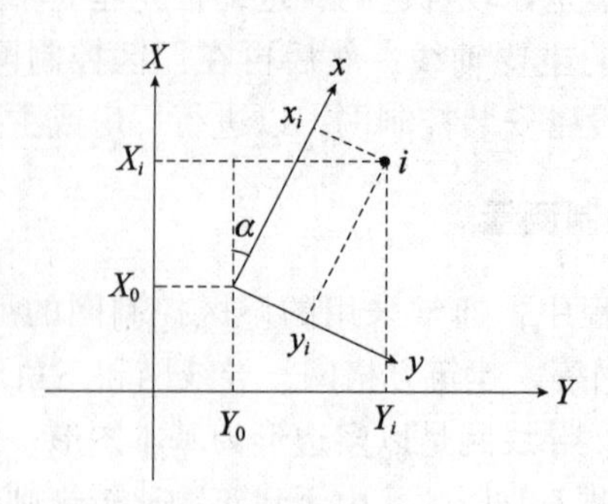

图 8-2　设计坐标与勘测坐标的转换关系

$$\begin{pmatrix} X_i \\ Y_i \end{pmatrix} = \begin{pmatrix} X_0 \\ Y_0 \end{pmatrix} + \begin{pmatrix} \cos\alpha & -\sin\alpha \\ \sin\alpha & \cos\alpha \end{pmatrix} \begin{pmatrix} x_i \\ y_i \end{pmatrix} \tag{8-1}$$

或

$$\begin{pmatrix} y_i \\ x_i \end{pmatrix} = \begin{pmatrix} \cos\alpha & \sin\alpha \\ -\sin\alpha & \cos\alpha \end{pmatrix} \begin{pmatrix} X_i - X_0 \\ Y_i - Y_0 \end{pmatrix} \tag{8-2}$$

其中，(X_0，Y_0) 和 α 可根据设计图求得。建筑方格网通常采用中心轴线法测设，如图 8-3 所示，首先利用勘测坐标放样出主轴线点 A、O、B；然后在 A 点架设仪器，照准 B 点，将 O 点调整到 A、B 的连线上。

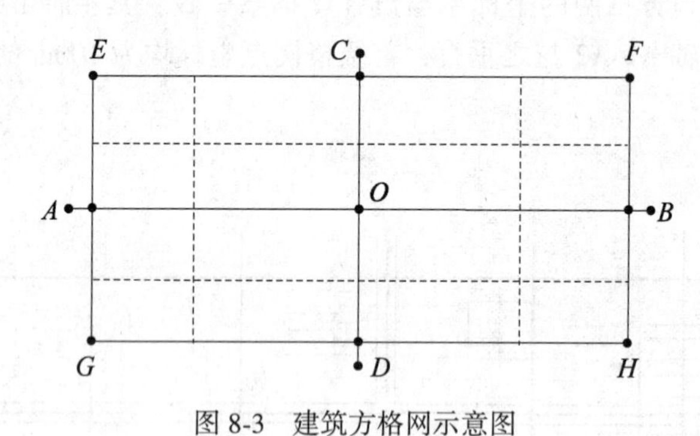

图 8-3　建筑方格网示意图

由于存在测量误差，A、O、B 三点的实际位置 A'、O'、B' 并不一定共线（见图 8-4），需要在 O' 点架设全站仪，测出 $\angle A'O'B'$（为 β），按下式计算改化值 ε，将三点调整到一条直线上。

$$\varepsilon = \frac{s_1 s_2}{2(s_1 + s_2)} \cdot \frac{(180^\circ - \beta)}{\rho} \tag{8-3}$$

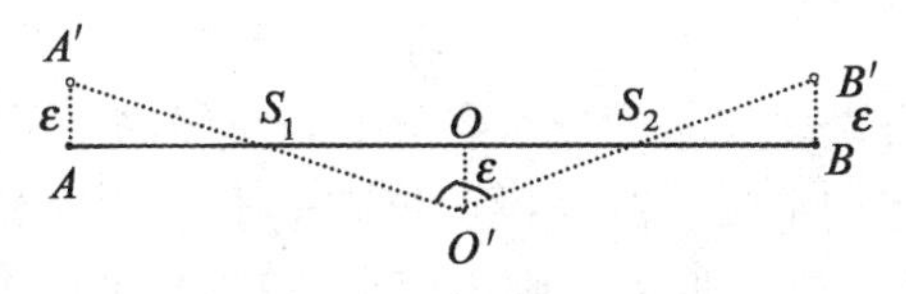

图 8-4　主轴线改化

主轴线 AOB 确定后，将全站仪架设于 O 点，拨角 90°，即可定出 C、D 两点。其他网点可根据主轴线点，通过拨角和量距确定。

如果建筑方格网的精度要求较高，则必须用归化法来建立方格网。具体做法是：首先按中心轴线法初步确定方格点的位置，然后用 GNSS 技术和地面边角测量技术，对初步确定的建筑方格网进行精确测量和严密的网平差，求得各个网点的精确坐标，并利用实测坐标和设计坐标求得各方格点的归化改正量，把各方格点归化改正到设计位置。

用归化法建立方格网的步骤：第一步，对格网点进行初步放样，并埋桩；第二步，精确测量网点的坐标；第三步，根据实测坐标与设计坐标计算改化量；第四步，将网点精确改化到设计位置；第五步，将网点固定在测量桩上。

随着 GNSS 技术和地面边角测量技术的发展和应用，建筑方格网已较少被应用，几乎被 GNSS 网和地面三角形网所代替，钢尺量距也被电磁波测距所代替。

2. GNSS 网

用 GNSS 技术建立施工控制网最为灵活方便，主要应考虑网点的位置、顶空障碍情况，根据精度要求，确定 GNSS 网的等级，按相应规范进行测量设计和施测即可。

3. 地面三角形网

采用电子全站仪边角测量技术布设的地面三角形网，宜边角全测，或全测边而部分测角；可以不考虑网中三角形的图形条件；网点不需要精确地布设在建筑物主轴线上，主要应考虑网点间的地面通视情况和位置。根据精度要求确定网的等级，按相应规范进行测量设计和施测即可。

GNSS 网和地面三角形网宜与勘测控制网的坐标系一致，如挂靠在勘测控制网下，按前述方法与厂区设计坐标进行坐标换算，根据厂区设计坐标进行施工放样。

4. 高程控制网

大型工业厂区高程控制网一般分两级布设：首级水准网应整体建立，按三等水准施测，与国家二等水准点联测；次级网为加密的四等水准网。四等水准点可与 GNSS 网点、地面三角形网点或建筑方格网点共点，并根据施工需要分区加密。

为监测结构物基础沉降，工业厂区内，还应根据监测目的，依据相应的沉降监测规范，建立沉降监测基准网，其点数不应少于 3 个，点间距和测量精度应满足相应规范要求，并定期进行复测和稳定性检验。

工业厂房施工中，由于待放样的高程点很多，为方便使用，通常在工业厂房内建立专用水准零点。水准零点的高程就是厂房地坪的设计高度，规划上称±0。由于厂房内设备高程和厂房建筑高程都是以±0 为起始基准，故应用水准零点进行高程放样十分方便。

8.2.2　大型工业厂区施工测量

大型工业厂区测量项目繁多，精度要求各异。若首级网采用建筑方格网，则可使用钢尺、经纬仪、水准仪、激光扫平仪、激光投点仪和电子全站仪等仪器进行各种施工测量；若首级网采用 GNSS 网或地面三角形网，则主要采用 GNSS RTK 和电子全站仪进行施工测量和放样。这些都属于普通测量，在本书有关章节已经讲述。在此着重介绍两种精密内部控制网的建立技术和施测方法。

大型工业厂区的设备安装多为栓基础和预制构件的安装，一般要根据工程实际和精度要求，在施工控制网的基础上建立精密安装控制网，作为设备定位和安装测量的控制基准。

1. 正交型安装控制网

控制点应按照测设对象的几何特性设计，控制点和放样点间存在明确的几何关系，可以在正交的位置上进行放样定位。

下面以某大型地震模拟振动台基础预埋件的放样为例，介绍建立正交型安装控制网的方法。如图 8-5 所示，振动台的基础中有 7 个主要预埋部件：1#~4#位于基础坑底，与垂直方向的加震器固连，控制上下振动；5#~7#位于基坑内的侧面，与水平方向上的 3 个加震器固连，用来控制侧向振动。这 7 个预埋部件的定位精度要求很高，要求面板轴线及面板中心在 *X*、*Y*、*Z* 三个轴向上的误差小于 1mm，设备将固定在上述预埋件上。由于预埋件是由底板、面板和螺杆组成，在空间有 6 个自由度，因此，还必须控制预埋件在空间的三个旋转自由度。

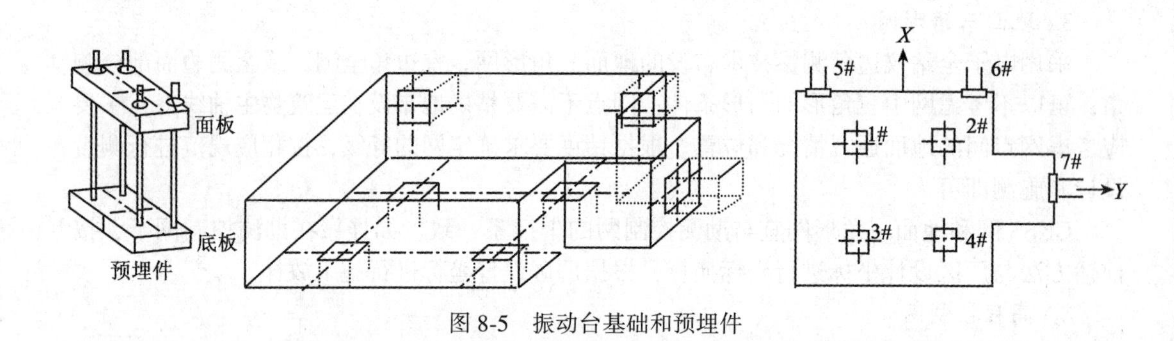

图 8-5　振动台基础和预埋件

考虑到分期施工，振动台基础混凝土浇筑与控制点的建立互相干扰，加之预埋件位于基坑的不同层面，安装控制网的建立和预埋件定位工作需分两期进行。

（1）第一期安装控制网布设及 1#~4#预埋件安装测量。

为放样 1#~4#预埋件，要以厂房轴线为准，建立如图 8-6 所示的第一期安装控制网。

控制点的设计平面坐标为：$x_0 = y_0 = 0$，$x_1 = x_3 = 0$，$y_2 = y_4 = 0$，$x_2 = y_3 = 1\ 750$mm，$x_4 = y_1 = -1\ 750$mm。控制点布设为带可微调的强制对中装置，采用归化法，用高精度全站仪测设。先初步放样控制点，然后在每一站上进行方向观测，S1 和 S2 用精度很高的方法测量，并作为起算边（可以是固定长度的杆尺）进行严密平差，再由平差坐标和设计坐标求得改化值，将控制点调整到设计位置。经检测，精度优于 0.2mm。

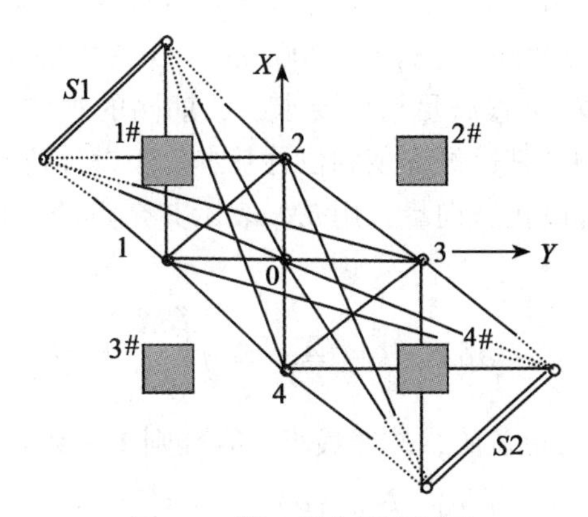

图 8-6 第一期内部控制网

安装控制网建立后，即可在控制点上架设仪器，放样 1#~4#预埋件。预埋件的放样是分步进行的：先粗放框架并焊固，然后再将预埋件相对其框架进行微调精放。精放时要确定预埋件的 6 个自由度：高程方向的自由度用 Ni002 精密水准仪放样，该水准仪盲区小，i 角小，调焦误差极小；其他 5 个自由度，利用架设在控制点上的两台仪器交会确定。以放样 1#预埋件为例，首先将仪器分别架设在控制点 1、2 上，后视控制点 0，照准部旋转 90°，即可交会出 1#预埋件上表面的中心点和上板轴线，使用方框水准器将预埋件调平；预埋件在其框架里可以微调，通过高程和平面位置的逐步趋近，直至 6 个自由度均满足要求。4 个预埋件调整到位后，即可拆除第一期内部控制网，并将第一期混凝土浇筑至 1#~4#预埋件的上表面。

（2）第二期安装控制网布设及 5#~7#预埋件安装测量。

为安装三个侧向预埋件（5#~7#），建立了如图 8-7 所示的二期网。

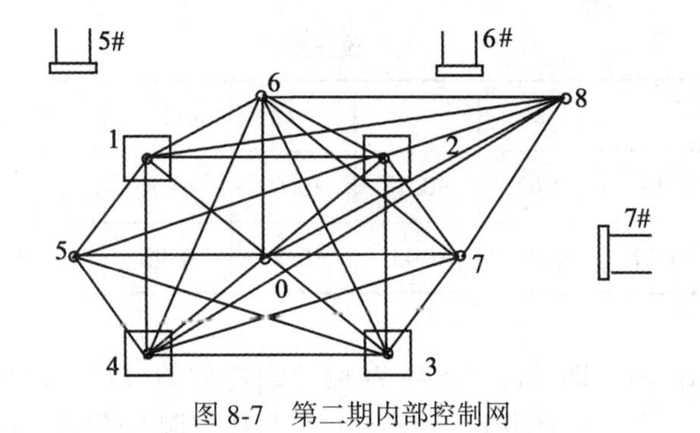

图 8-7 第二期内部控制网

为实现两期控制网的最佳匹配，将已埋设到位的 4 个预埋件（1#~4#）上表面的几何中心纳入二期网中。做法是：将 4 个可微调的强制对中装置固定在已安装好的预埋件上，在正交方向用两台仪器将已埋设预埋件的上表面几何中心投影到强制对中装置上。二期网中的控制点 5~8 是为方便测设 5#~7#预埋件而设置的。二期网也采用方向观测，各点设计坐标为：

$x_0=y_0=x_5=y_6=x_7=0$，$x_1=x_2=y_2=y_3=1\ 750\text{mm}$，$x_3=x_4=y_1=y_4=-1\ 750\text{mm}$，$x_6=x_8=2\ 200\text{mm}$，$y_5=-2\ 800\text{mm}$，$y_7=2\ 800\text{mm}$，$y_8=5\ 000\text{mm}$。

为确保预埋件之间相对位置满足精度要求，二期网的观测数据采用拟稳平差进行处理。在图 8-7 中，1#~4#预埋件已经安装到位且基本位于设计位置，可认为 1~4 点为“拟稳点”，用 $\delta\boldsymbol{X}_0$ 表示其坐标改正数向量，用 $\delta\boldsymbol{X}_1$ 表示其余点的坐标改正数向量。列出误差方程

$$V=\boldsymbol{A}\delta\boldsymbol{X}-\boldsymbol{l}=(\boldsymbol{A}_1\quad\boldsymbol{A}_0)\begin{pmatrix}\delta\boldsymbol{X}_1\\\delta\boldsymbol{X}_0\end{pmatrix}-\boldsymbol{l}\tag{8-4}$$

对于方向观测网，权阵 $\boldsymbol{P}$ 为单位阵，按照最小二乘准则 $\boldsymbol{V}^{\mathrm{T}}\boldsymbol{P}\boldsymbol{V}=\min$，构造法方程

$$\begin{pmatrix}\boldsymbol{N}_{11}&\boldsymbol{N}_{10}\\\boldsymbol{N}_{01}&\boldsymbol{N}_{00}\end{pmatrix}\begin{pmatrix}\delta\boldsymbol{X}_1\\\delta\boldsymbol{X}_0\end{pmatrix}=\begin{pmatrix}\boldsymbol{A}_1^{\mathrm{T}}\boldsymbol{l}\\\boldsymbol{A}_0^{\mathrm{T}}l\end{pmatrix}\tag{8-5}$$

式中，$\boldsymbol{N}_{11}=\boldsymbol{A}_1^{\mathrm{T}}\boldsymbol{A}_1$，$\boldsymbol{N}_{10}=\boldsymbol{N}_{01}^{\mathrm{T}}=\boldsymbol{A}_1^{\mathrm{T}}\boldsymbol{A}_0$，$\boldsymbol{N}_{00}=\boldsymbol{A}_0^{\mathrm{T}}\boldsymbol{A}_0$，且 $\boldsymbol{N}_{11}$ 为非奇异阵。消去式（8-5）中的未知数 $\delta\boldsymbol{X}_1$，得仅含“拟稳点”未知数的约化法方程

$$(N_{00}-N_{01}N_{11}^{-1}N_{10})\,\delta\boldsymbol{X}_0=(\boldsymbol{A}_0^{\mathrm{T}}-N_{01}N_{11}^{-1}\boldsymbol{A}_1^{\mathrm{T}})\,\boldsymbol{l}\tag{8-6}$$

令 $\boldsymbol{N}=\boldsymbol{N}_{00}-\boldsymbol{N}_{01}\boldsymbol{N}_{11}^{-1}\boldsymbol{N}_{10}$，$\boldsymbol{a}=\boldsymbol{A}_0^{\mathrm{T}}-\boldsymbol{N}_{01}\boldsymbol{N}_{11}^{-1}\boldsymbol{A}_1^{\mathrm{T}}$，则有

$$\boldsymbol{N}\delta\boldsymbol{X}_0=\boldsymbol{a}\boldsymbol{l}\tag{8-7}$$

但 $\boldsymbol{N}$ 依然是奇异阵，为了求得 $\delta\boldsymbol{X}_0$ 的唯一解，增加最小范数条件 $\delta\boldsymbol{X}_0^{\mathrm{T}}\delta\boldsymbol{X}_0=\min$，于是有

$$\delta\boldsymbol{X}_0=\boldsymbol{N}_m^{-}\boldsymbol{a}\boldsymbol{l}\tag{8-8}$$

$\boldsymbol{N}_m^{-}$ 为 $\boldsymbol{N}$ 的最小范数的“减逆”，且 $\boldsymbol{N}_m^{-}=\boldsymbol{N}(\boldsymbol{N}\boldsymbol{N})^{-}$，将式（8-8）代入式（8-5），可得

$$\delta X_1=N_{11}^{-1}(\boldsymbol{A}_1^{\mathrm{T}}\boldsymbol{l}-N_{10}\delta X_0)\tag{8-9}$$

将控制点的设计坐标作为近似坐标代入式（8-8）、式（8-9），可得平差后的坐标改正数(见表 8-1)。

表 8-1　　　　**坐标改正数**

点号	0	1	2	3	4	5	6	7	8
δX（mm）	0.10	0.19	0.02	−0.18	−0.03	−0.83	2.42	1.32	1.31
δY（mm）	−0.30	−0.17	0.01	0.45	−0.29	0.92	1.12	1.01	1.67

将控制点改化到位后，即可进行 5#~7#侧向预埋件的放样。以放样 5#预埋件为例，将仪器架设在控制点 5 上，后视点 0，逆转 90°，指挥控制 5#预埋件侧面中心左右移动和进行 Z 轴线定向；另一台仪器架设在控制点 6 上，后视点 0，顺转 90°，此时仪器的视准轴位于预埋件前方 10cm 处的铅垂面内，利用三角尺控制 5#预埋件的前后移动。所有预埋件精调到位后，即可浇筑第二期混凝土。

2. 非设站型安装控制网

非设站型安装控制网是指在网点上不设测站观测，仅用于照准，测站位置可以自由设置，而不需在地面上标定，采用自由设站法建立和进行放样的网。

如图 8-8 所示，在工业厂房内稳固的立柱、墙面或专用观测墩上，埋设 1~2 层螺母套筒，安装精密棱镜，在厂房内合适位置架设测量机器人（如 Leica TCA2003、TM30、Trimble S8 等），对棱镜进行边角观测，构成相对位置非常精确的非设站型三维安装控制网。采用严密平差，可得棱镜点的精确坐标和高程。

建网时，将建筑方格网点（如图 8-8 中的 *H*1 和 *H*2）纳入网中同步观测，通过对公共点 *H*1 和 *H*2 的坐标转换，可将安装控制网纳入施工坐标系统中。在不测量仪器高和目标高的情况下，采用超短视线（30m 以内）精密测距三角高程测量，可达到 0.05~0.1mm 的高程精度，将安装控制网纳入厂房高程系统。

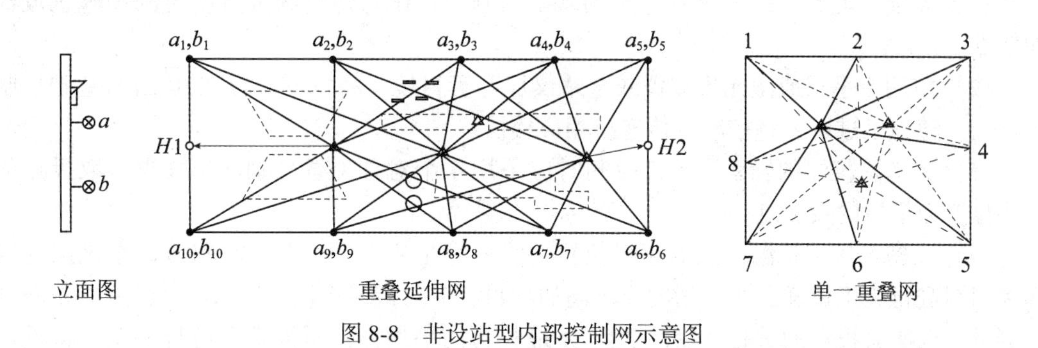

图 8-8　非设站型内部控制网示意图

通过上述方法建立的安装控制网精度很高，当控制范围在几百米时，最弱点精度可优于 0.5mm，相邻点精度可优于 0.3mm。当控制范围较小时，网点的精度更高。

利用非设站型安装控制网进行施工放样时，可以在方便测量和设站的位置架设测量机器人，利用 6~10 个棱镜点作边角交会自由设站，即可进行各种放样。

8.3　高层建筑物测量

建筑物一般是这样划分的：4 层以下为一般建筑；5~9 层为多层建筑；10~16 层为小高层；17~40 层为高层建筑；40 层以上为超高层建筑。工程测量中称层数为 17 层以上的建筑为高层建筑。高层建筑施工的空间有限，工种交叉，作业难度大，测量须与施工同步，且要与施工协调安排。高层建筑施工重点是控制竖向偏差，要将基础控制网逐层向上传递，高层建筑混凝土结构技术规程中对高层竖向轴线传递和高程传递的允许偏差规定见表 8-2。此外，还包括楼层细部放样和垂直度计算、深基坑变形监测等问题。本节将一一讲述。

表 8-2　**高层竖向轴线传递和高程传递的允许偏差**

	竖向轴线传递和高程传递允许偏差						
高度 *H*	每层	$H\leqslant30$m	30m$<H\leqslant$60m	60m$<H\leqslant$90m	90m$<H\leqslant$120m	120m$<H\leqslant$150m	$H>$150m
允许偏差	3mm	5mm	10mm	15mm	20mm	25mm	30mm

8.3.1　内部控制网的建立和传递

为保证高层建筑的几何形状和垂直度达到设计要求，须建立施工测量控制网，常用的控制形式是内部控制网。所谓内部控制网，就是在建筑物的±0 高程面上建立基础控制网，各层楼板在基础控制网点竖向相应位置预留传递孔（尺寸约为 30cm ×30cm），使用测量仪器将±0 面的控制点，通过传递孔层层向上传递的网。根据传递至各楼层的内部控制网，放样楼层的轴线，指导立模和施工。用内部控制网进行施工测量的步骤为：

（1）建筑物基础部分完工后，根据建筑物的形状和特点，在建筑物的±0 高程面上建立基本形状为"矩形"或"十"字形的基础控制网，作为建筑物垂直度控制和施工放样的依据。

（2）使用铅垂仪或激光投点仪或全站仪加弯管目镜，将仪器架设在±0 面的基础控制网点上，随施工进度，将控制点传递至相应楼层。

（3）为消除仪器的轴系误差，投测时应采用 4 个对称位置分别向上投点，取投点的平均位置为最后的投测点。

（4）在施工楼层检测投点的相对位置关系，满足要求后，即可利用传递至该层的内部控制网进行施工放样。对于精度要求高的项目，应对传递至该楼层的内部控制网重新进行测量，以所有投点的重心，以及 3~4 条最长边的平均方位角为基准进行平差，将投点改化至设计位置。

投点时，接收靶采用刻有"十"字线的透明有机玻璃板。这种接收靶对激光铅垂仪和全站仪都适用。在接收位置，可以直接看到激光铅垂仪投射的激光点，可使激光铅垂仪或全站仪的操作人员方便地观测到接收靶上的"十"字线。

8.3.2　垂直度计算

为计算层高 h 处的楼层垂直度 k，应选 n 个位于纵、横向轴线上的特征点，测量特征点的实际坐标，计算与设计坐标之差（Δx_i，Δy_i），楼层垂直度用下式计算：

$$k = \frac{f}{h} \tag{8-10}$$

式中，$f = \sqrt{\Delta x^2 + \Delta y^2}$，$\Delta x = \frac{1}{n}\sum_{i=1}^{n}\Delta x_i$，$\Delta y = \frac{1}{n}\sum_{i=1}^{n}\Delta y_i$。

计算楼层垂直度 k，应在楼顶建筑外墙选取特征点，利用建筑物外部控制网，测量并计算特征点的坐标差，用式（8-10）计算，层高 h 用特征点相对于±0 面的全高 H 来代替即可。楼层垂直度和楼顶垂直度是评价高层建筑工程质量的重要指标。

8.3.3　高程传递

高层建筑的高程传递通常采用钢尺垂直量距法和全站仪天顶测距法。

钢尺垂直量距法：如图 8-9（a）所示，将钢尺零端朝下悬挂于建筑物侧面，将水准仪架设在底层，后视底层 1m 线上的水准尺读数，前视钢尺并读数；然后将水准仪搬至上一楼层，后视钢尺读数，前视水准尺，根据设计标高放样该楼层的 1m 线。

全站仪天顶测距法：如图 8-9（b）所示，将全站仪架设于底层轴线控制点上，首先在水平盘位（竖直角为0），利用水准尺配合，测量底层1m线的高度，然后在垂直度盘竖直角为90°的盘位，通过各楼层的轴线传递孔向上测距，并利用水准仪测量施工层的1m线。

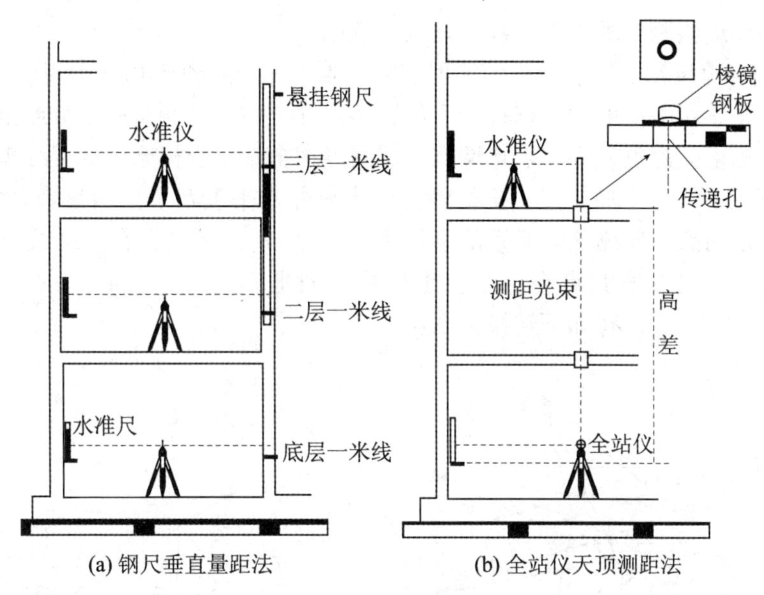

(a) 钢尺垂直量距法　　(b) 全站仪天顶测距法

图 8-9　高层建筑高程传递示意图

8.3.4　深基坑变形监测

在高层建筑物设计施工中，一般需要开挖深基坑，深基坑不仅可提高土地的空间利用率，同时也为高层建筑物的抗震、抗风等提供稳固的基础。随着建筑高度的增加和规模的扩大，基坑深度和防护边坡的高度也不断加大。目前，国内高层建筑的地下深度通常为2~6层，基坑深度通常是8~30m，如国家大剧院工程的基坑深达32.5m，而城市地铁车站的基坑深度甚至超过40m。随着基坑开挖宽度和深度的不断增加，深基坑的变形监测也越来越重要。

深基坑的变形监测内容很多，如监测基坑周围土体沉降、坑底隆起、支护结构水平位移、基坑周边收敛、坑壁倾斜和外鼓、深层土体差异沉降和水平位移等，对这些变形直观而有效的监测方法是测量几何量。

通常情况下，基坑周围土体沉降和坑底隆起的变形量较大，一般采用普通几何水准进行测量。监测精度要求不高时，也可同步采用全站仪测距三角高程法与水平位移监测。

深基坑边坡水平位移，按传统方法通常是先布设变形监测网，然后基于该网，采用交会法、视准线法和全站仪三维极坐标法等监测。下面重点介绍利用全站仪建立非设站型变形监测网及其监测技术（又称非接触测量技术），来监测基坑三维变形和坑壁收敛。

基坑开挖前，在基坑外围稳固的构筑物上粘贴聚酯反射片（距离较远时可用微型棱镜代替），全站仪在几个适当位置自由设站对反射片进行三维观测，并作三维严密平差，建立如图8-10（a）所示的非设站型变形监测网。所谓非设站型变形监测网是指监测网点

(反射片)上不设站，自由设站点不埋设标石标志，也不属于监测网点，采用自由设站法建立和进行变形监测的网。三维监测网采用独立基准，其坐标轴宜与基坑主轴线平行。进行变形测量时，可以用监测点相邻周期的坐标差计算当期变形量，与零周期的坐标差计算累计变形量。

非设站型变形监测技术主要有以下三方面应用：

(1) 采用自由设站法测量三维监测网点的三维坐标。如图 8-10 (b) 所示，在需要监测变形的位置粘贴聚酯反射片，选择合适位置架设好全站仪，测量一部分或全部三维监测网点，并同步测量监测点，则可求得网点和监测点在全站仪坐标系中的三维坐标。全站仪坐标系的原点位于仪器三轴交点，坐标轴方向为仪器水平度盘和竖直度盘的“0”方向，是随机的。假定网点在监测网坐标系的坐标为 (X_g, Y_g, Z_g)，在全站仪坐标系中的坐标为 (x_g, y_g, z_g)，监测点在全站仪坐标系中的坐标为 (x_j, y_j, z_j)。(X_g, Y_g, Z_g) 与 (x_g, y_g, z_g) 有如下转换关系：

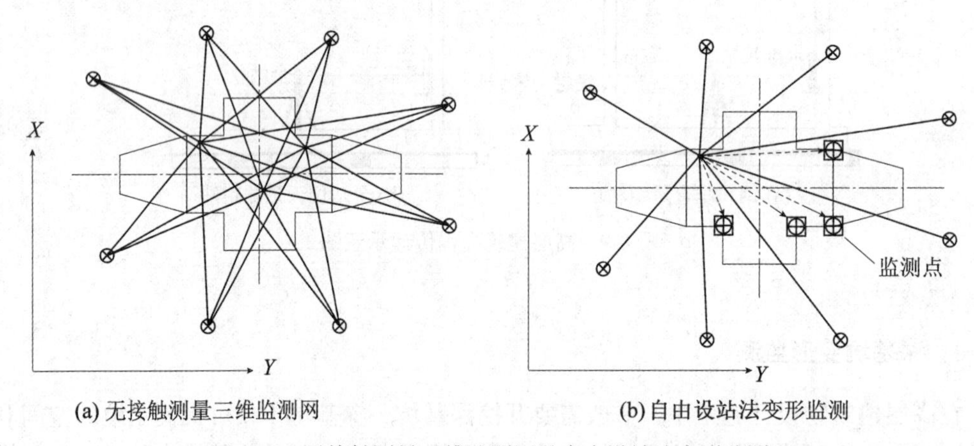

图 8-10　无接触测量三维监测网及自由设站法变形监测

$$\begin{bmatrix} X_g \\ Y_g \\ Z_g \end{bmatrix} = \begin{bmatrix} X_0 \\ Y_0 \\ Z_0 \end{bmatrix} + \lambda \boldsymbol{R} \begin{bmatrix} x_g \\ y_g \\ z_g \end{bmatrix} \tag{8-11}$$

式中，X_0、Y_0、Z_0 为坐标系平移参数，λ 为尺度因子，R 为含三个独立因子的旋转矩阵。因此，求取 (8-11) 式中的平移参数、尺度因子和旋转矩阵因子，需要同步观测三个或三个以上三维监测网点。监测点在监测网中的三维坐标按下式计算

$$\begin{bmatrix} X_j \\ Y_j \\ Z_j \end{bmatrix} = \begin{bmatrix} X_0 \\ Y_0 \\ Z_0 \end{bmatrix} + \lambda \boldsymbol{R} \begin{bmatrix} x_j \\ y_j \\ z_j \end{bmatrix} \tag{8-12}$$

上述三个平移参数 X_0, Y_0, Z_0 就是全站仪三轴交点在三维监测网中的坐标分量。对不同周期的监测点坐标求差，即可求得监测点的变形量。

该方法的优点是可以自由设站，不存在仪器对中、量高误差，用测量机器人可进行全自动测量；无需顾及气温、气压等因素的影响，因为测量结果总是转化到固定的三维网，

无论变形监测期间的尺度因子如何变化，其最终结果的尺度总是和建网时的尺度一致。另外，进行变形监测时，仪器位置固定不变，观测点的变动范围也很小，根据差分原理，对两次测量结果求差，仪器的一些系统误差可以抵消。标称精度为±2″和 1+2ppm 的全站仪，在短距离（20~50m）变形监测中，精度可达 0.2~0.4mm，在几百米范围内，精度也能达到毫米级。

（2）监测基坑周边和坑壁水平位移。对于基坑坑壁等受施工干扰严重，不便直接观测的位置，可配合使用全站仪、铅直仪和小钢尺，监测其变形，原理如图 8-11 所示。

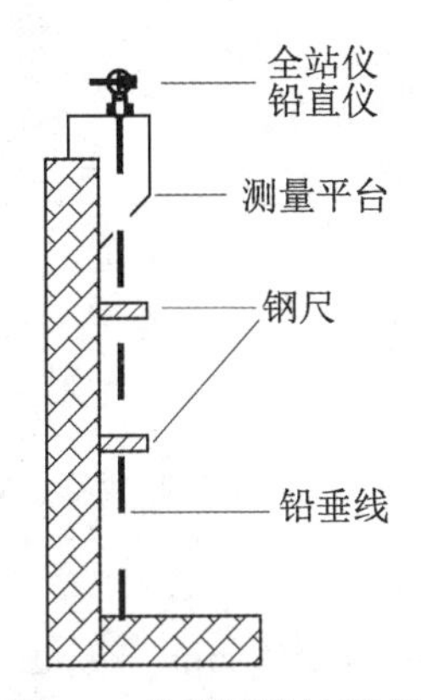

图 8-11　监测基坑坑壁变形

将全站仪安装在基坑周边的测量平台上，观测 4~6 个三维监测网点，利用边角后方交会原理，或三维坐标转换法，求得全站仪三轴交点的坐标；全站仪基座位置保持不动，卸下全站仪，并在全站仪基座上安置光学铅直仪（大部分仪器的基座是通用的），则铅直仪轴线通过全站仪的三轴交点。在需要监测变形的位置平放小钢尺，光学铅直仪调焦后，即可直接在小钢尺上读数，依此可间接求得待测点的水平位移。

（3）进行坑壁收敛监测。如图 8-12 所示，当基坑宽度不大时，可以利用收敛计（一种特制的精密线尺）直接测量基坑两边同一高度处 A、D 两点的相对收敛情况。尽管收敛计本身的读数精度很高，但受设备安置等因素影响，重复测量精度只能达到 0.3~0.5㎜。当基坑较宽时，收敛计无法测量。全站仪无接触测量可以弥补这一缺陷。

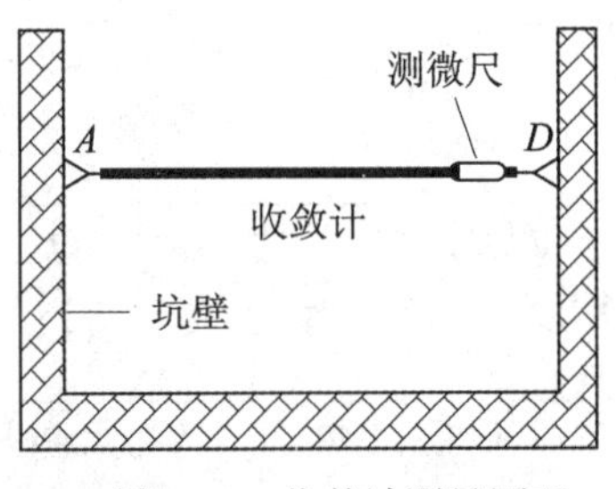

图 8-12　收敛计测量原理

在图 8-12 中 A、D 点处粘贴聚酯反射片，并用自由设站法进行三维测量，测定 A、D 两点的水平方向 α_A、α_D，天顶距 v_A、v_D 及斜距 s_A、s_D，建立如图 8-13 所示的坐标系，原点 O 为全站仪三轴交点，X 轴平行于 AD 连线的水平投影。则 A、D 点在此坐标系中的坐标为

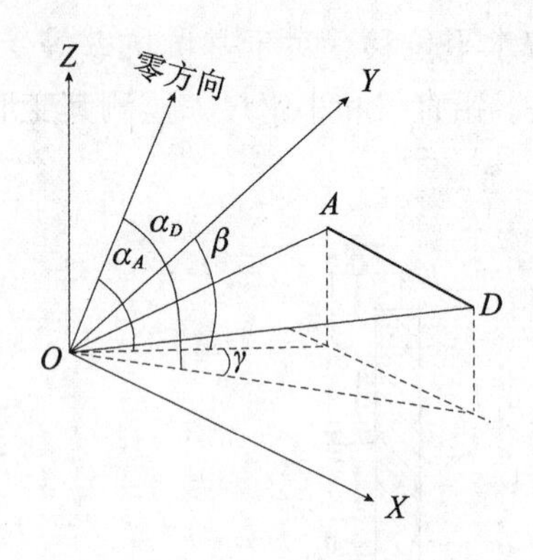

图 8-13　无接触法收敛测量原理

$$\begin{cases} x_A = s_A \cdot \sin v_A \cdot \sin\beta \\ y_A = s_A \cdot \sin v_A \cdot \cos\beta \\ z_A = s_A \cdot \cos v_A \end{cases} \tag{8-13}$$

和

$$\begin{cases} x_D = s_D \cdot \sin v_D \cdot \sin(\beta + r) \\ y_D = s_D \cdot \sin v_D \cdot \cos(\beta + r) \\ z_D = s_D \cdot \cos v_D \end{cases} \tag{8-14}$$

式中，$r = \alpha_D - \alpha_A$，β 为 OA 与 Y 轴的夹角。

顾及 $y_A = y_D$，则有

$$s_A \cdot \sin v_A \cdot \cos\beta = s_D \cdot \sin v_D \cdot \cos(\beta + \gamma)$$

于是可得

$$\tan\beta = \cot\gamma - \frac{s_A \cdot \sin v_A}{s_D \cdot \sin v_D \cdot \sin\gamma} \tag{8-15}$$

AD 长度为

$$s_{AD} = \sqrt{(x_D - x_A)^2 + (z_D - z_A)^2} \tag{8-16}$$

对上式全微分，可得 AD 的精度

$$m_{AD} = \frac{1}{S_{AD}}\sqrt{(x_D - x_A)^2(m_{xD}^2 + m_{xA}^2) + (z_D - z_A)^2(m_{zD}^2 + m_{zA}^2)} \tag{8-17}$$

由式（8-17）知，适当选择测站位置，可使 A、D 点的 X、Z 坐标达到较高的精度。在距监测断面 50m 内，AD 边的精度可达到 0.4~0.7mm。

8.4 高耸建筑物测量

高耸建筑物是指建筑高度与其底面尺寸相差很大的建筑物，如摩天大楼、高烟囱、电视塔、高桥墩等。这类建筑的显著特点是基础底面积小、重心高、柔度大，其竖向轴线的精度要求很高。高耸建筑多为圆柱或椭圆柱形的钢筋混凝土结构，一般采用爬模、滑模或翻板模施工，受大气作用、机械振动、偏载以及日照引起的温差等影响，其竖向轴线会发生弯曲，施工平台会发生摆动。电视发射塔或摩天大楼多为异型钢筋混凝土或钢结构，一般采用拼装工艺施工，除控制竖向轴线外，还要控制不同层面的纵、横向轴线，测量的难度极大。在现代城市建设中，摩天大楼的高度不断被刷新。我国第一高楼上海环球金融中心，高度为492m，很快被高达632m的上海中心大厦替代。世界第一高楼为迪拜楼（图8-14），共有160层，高度达828m。近20年来，钢筋混凝土高楼拔地而起，高耸建筑物测量是其建造基础。本节重点介绍电视塔和摩天大楼施工测量。

图8-14　世界第一高楼——迪拜楼

8.4.1 高耸建筑物竖向轴线控制——分层投点法

竖向轴线测量的复杂性在于：施工时，建筑物受日照引起的温差作用，大风、机械振动及施工偏载等因素的影响，施工平台处于缓慢而无序的变动中。

日照引起的温差对高耸建筑物的影响很大，会导致建筑物的竖向轴线向背阴面弯曲成一条弧线，且随太阳方位变化而改变。对同一个建筑，这种变形有一定的规律；对不同的建筑，因形状、结构、材料及周围环境各异，日照引起的变形有很大差异。如湖北的一座高 183m 的电视塔，一昼夜之间的变形值可达 130mm；四川某饭店只有 18m 高的现浇混凝土柱，其顶面因日照而引起的位移可达 50mm；而广州的一座 100m 高的高层建筑，在日照作用下，其顶部位移只有 20mm。我国冶金系统曾就该问题对百米以上的高烟囱进行了测试，其结果也说明了日照变形的复杂性，见表 8-3。

表 8-3　**日照引起的温差对高烟囱的影响情况**

高烟囱	建筑高度（m）	测试高度（m）	实测温差（℃）	实测轴线与铅垂线的偏离值（mm）
常德烟厂	100	100	20	60
龙口电厂	210	100	10	28. 6
某电厂	210	98. 82	6. 2	25

风荷载和施工偏载对高耸建筑物的影响也很大。如美国纽约 102 层的帝国大厦，在风荷载作用下，最大摆幅为 76mm；上海环球金融中心，尽管安装了摆动阻尼装置，但在遭遇 6 级以上强风时，建筑物内的人仍会有轻微摇晃感。施工期间没有阻尼装置，在无风的天气，仅由塔吊偏载引起的摆幅就达 100mm；苏联高度为 536m 的奥斯坦金电视塔，在风荷载作用下，位于 385. 5m 处的设备控制室，最大摆动幅度达 1 500mm。

由上可见，外界条件引起高耸建筑物的弯曲和摆动很大，如果仍用传统的轴线测量定位法，不仅周期长，定位点将落在一个较大的范围内，精度低，不能保证建筑物相邻节段的共轴性。

在高耸建筑物施工中，应从两个方面考虑：一是保证建筑物竖向轴线的铅直性；二是保证相邻层面的共轴性。下面详细介绍一种分层投点技术。

1. 分层投点原理

把高层建筑物或高耸建筑物按高度分为若干段，段长一般为 10～100m，在建筑物内部，间隔一定高度搭建测量平台，将埋设于±0 面的控制点采用垂准仪逐层向上投递，以提高竖向轴线精度。施工过程中，从最靠近施工层面的测量平台向施工层面投点，这种方法称为分层投点法。这样，即使在建筑物弯曲和摆动较大的情况下，由于测量平台和施工层面随建筑物同步运动，二者相对位置变化很小，投点将落在一个较小的范围内，可以加快投点速度，并大大消除因建筑物弯曲和摆动而引起的竖向轴线偏位，确保相邻建筑层面的共轴性。

2. 分层方法

分层投点一般在阴天或夜间，风速不大、塔吊不作业的条件下，可采用垂准仪进行。置平范围大的自动安平垂准仪配置激光目镜后即为激光垂准仪。表 8-4 列出了常用垂准仪的型号和性能。

表 8-4　**常用垂准仪的型号和性能**

厂　商	徕　卡			索 佳	拓扑康	用全站仪改制
型 号	ZNL	ZL	NL	PD3	VS-A1	
放大倍率	7×	24×	24×	20×	26×	
垂线相对精度	1/3 万	1/20 万	1/20 万	1/4 万	1/20 万	1/5 千~4 万
自动安平范围		±10′	±10′		±1.5′	
水准器格值	30″/2mm	4′/2mm	4′/2mm	20″/2mm	10′/2mm	

3. 单次投点精度

单次投点（从一层测量平台向另一层测量平台投点）精度与垂准仪相对精度 m_y 和设点精度 m_s 有关，设点精度 m_s 可控制在 1mm 以内。设分层投点距离为 d，则单次投点的精度为

$$m_1 = \sqrt{m_s^2 + (d \times m_y)^2} \tag{8-18}$$

4. 最上层投点精度

设最上层测量平台距地面的高度为 H，高耸建筑摆幅为 A，地面到最上层测量平台的投点次数为：$n = H/d$，建筑物竖向轴线相对铅垂线的最大偏角为

$$\alpha = \arcsin \frac{A}{H} \tag{8-19}$$

则最上层测量平台处的投点精度为

$$m_2 = \sqrt{\sum_{i=1}^{n} \left[d \times \sin\left(\frac{i}{n}\alpha\right) \right]^2 + n \times m_1^2} \tag{8-20}$$

表 8-5 列出了 $H = 100$m，$A = 15$mm，$m_s = \pm 1.5$mm 时，m_2 与 d 和 m_y 的关系。

表 8-5　**分层投点精度分析**

d \ m_y	$\frac{1}{5\,000}$	$\frac{1}{10\,000}$	$\frac{1}{30\,000}$	$\frac{1}{40\,000}$	$\frac{1}{100\,000}$	$\frac{1}{200\,000}$	备注
100m	25.0mm	18.1mm	15.4mm	15.3mm	15.1mm	15.0mm	1 次投点
50m	16.6mm	11.2mm	9.0mm	8.8mm	8.7mm	8.6mm	2 次投点
25m	11.6mm	7.8mm	6.2mm	6.1mm	6.0mm	6.0mm	4 次投点
10m	8.4mm	6.4mm	5.7mm	5.6mm	5.6mm	5.6mm	10 次投点

由表 8-5 可见，采用分层投点，即便是垂准仪的相对精度不高，也能明显提高投点精度。选择垂准仪时应同时考虑仪器的适应性、自动置平范围和其相对精度。

实际作业时，投点距离可由底层向高层逐渐减小。这样既可以保证投点精度，又能减少投点次数。当测量条件很好时，建筑物摆幅很小，可以跨过中间测量平台，直接将地面

控制点投射到较高的测量平台或最上层测量平台。当直接投点至最上层测量平台时，其最不利投点精度为

$$m'_2 = \sqrt{(d \times \sin\alpha)^2 + m_s^2 + (d \times m_y)^2} \tag{8-21}$$

这时 α 很小，而 $d = H$，投点距离较大，m_y 将成为影响投点精度的主要因素。投点距离大，投点仪的光斑也会变大，投点较困难。

5. 从最上层测量平台向施工平台投点的精度

如图 8-15 所示，在日照、刮风和施工偏载等影响都存在的最不利情况下，投设在最上层测量平台上的控制点，会随高耸建筑物摆动而偏离竖向轴线，因测量平台和施工平台同步摆动，利用测量平台向上投点时，点位会落在较小的范围，可以明显提高精度和可操控性。

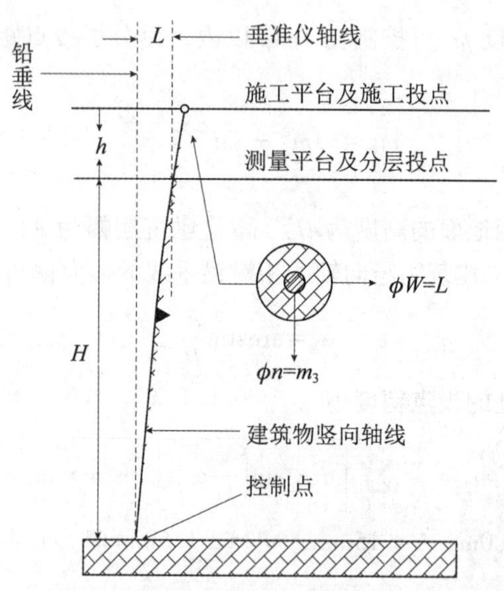

图 8-15　利用测量平台投点控制建筑物竖向轴线

假定最上层测量平台上的控制点因高耸建筑物摆动而偏离竖向轴线的最大距离为 L，最上层测量平台到施工平台的高度为 h，则向上的投点精度为

$$m_3 = \sqrt{\left(h \times \frac{L}{H}\right)^2 + m_s^2 + (h \times m_y)^2} \tag{8-22}$$

由图 8-15 和式（8-22）可知，即使在最不利的情况下，利用最上层测量平台也能有效保证投点精度，确保相邻建筑节段的共轴性。如果利用常规方法自地面向施工平台投点，不仅精度低，有时甚至无法工作。

8.4.2　烟囱的施工测量

烟囱和水塔是工业场地上的一种特殊建筑物，特点是主体高、柔度大、基础面积小、地基负荷大。施工难点是节段之间的共轴性控制。主体结构为圆筒形，多采用滑模施工，《烟囱工程施工及验收规范》要求，当烟囱高 H<100m 时，筒身中心线的垂直偏差不得大

于 0.001 5H；当 $H>100$m 时，中心线的垂直偏差不得大于 0.001H。

烟囱施工测量包括以下方面，主要是控制筒身中心和节段的共轴性，确保主体的垂直度。

(1) 基础定位和施工。施工前，先放样出烟囱中心点 O，过中心点 O，选择两条相互垂直的定位轴线 AB 和 CD。控制桩至 O 的最近距离，视烟囱的高度而定，一般至少为烟囱高度的 1.5 倍，如图 8-16 所示。

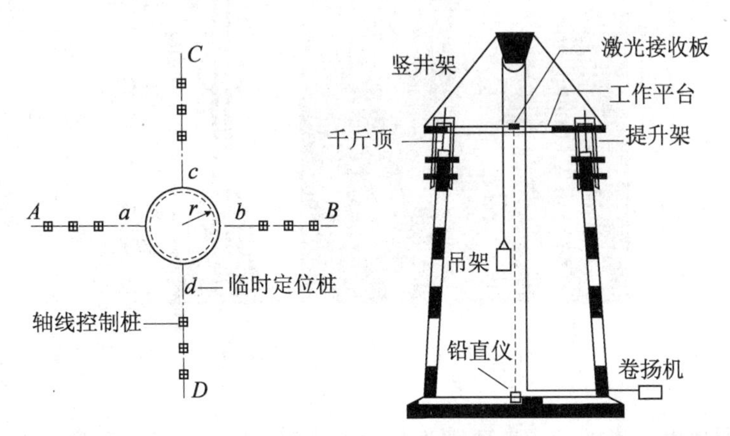

图 8-16 烟囱施工测量示意图

基坑开挖通常为以烟囱中心点为圆心，底部半径 r 加上基坑放坡宽度为半径，浇灌混凝土基础时，应在基础面上埋设金属板，用控制桩恢复中心点 O 并刻制在金属板上，用以指导施工、控制烟囱的半径和垂直度以及沉降和倾斜观测。

(2) 筒身施工测量。可采用轴线外控法或轴线内控法。轴线外控法是将全站仪分别安置在轴线桩 A、B、C、D 点上，瞄准基础面上的轴线点，将轴线向上投测到筒身施工面的边缘并做标记，按标记拉两根弦线，弦线交点即为烟囱中心点。轴线内控法是采用激光铅垂仪，当烟囱采用滑升模板工艺进行施工时，将激光铅垂仪安置在烟囱底部的中心点上，在工作平台中央安置接收靶，烟囱每滑升 25~30cm，就浇筑一层混凝土，在每次滑升前后各进行一次垂直度观测，参见图 8-16。操作时，打开激光电源，使激光光束向上射出，调节望远镜调焦螺旋，在工作平台接收靶上可得到明显的红色光斑，整平仪器，使竖轴垂直。施工人员借此调整滑模位置，施工中，要经常检验和校正垂直度，以保证施工质量。

8.4.3 电视塔的施工测量

以上海东方明珠电视塔（图 8-17）为例进行说明。上海东方明珠电视塔高 468m，是亚洲第一高、世界第三高的广播电视塔，犹如从天而降的明珠，落在上海浦东这块玉盘上，也是上海的标志性建筑。它由地下室、塔座、塔身、下球体、上球体、太空舱及天线七部分组成。从地面至 286m 处是三个直径为 9m 的直筒体组合而成，构成三筒框架主塔体；直径为 50m、45m 和 16m 的三个钢结构球体，分别设置在塔体的 68~118m、250~295m 和 334~350m 之间；全长 118m 的钢桅杆天线嵌固在单筒顶面的空洞中。主塔三个直筒体呈正三角形布置，上、下球体中各有一个高为 40m 和 50m 的中心筒体。

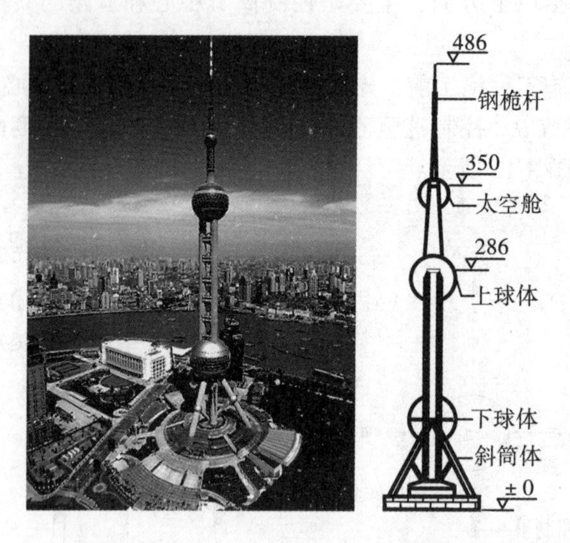

图 8-17　上海东方明珠电视塔

上海东方明珠电视塔的垂直度要求为：偏差小于 50mm，施工测量难度不仅在于其造型特殊及高度超高，还在于在三个直筒体间不能互相通视的情况下，各期施工平面控制网须精确耦合，并进行垂直度控制。东方明珠电视塔的施工平面控制网分地面外控制网、塔体内控制网和地面内控制网。

（1）地面外控制网。布设如图 8-18 所示的“米”字形地面外控制网，网的三条轴线交于塔心，轴线⑤—⑪与正北方向夹角为 96°36′15″，以点⑤及轴线⑤—⑪为起算数据，以挂靠方式纳入上海市统一坐标系中。建网时，选取 2~3 个与塔心可通视的远方目标作定向点，测出定向点与轴线⑤—⑪的平面夹角。施工地下室时，需在基坑周边加密控制点，以控制地下室施工。

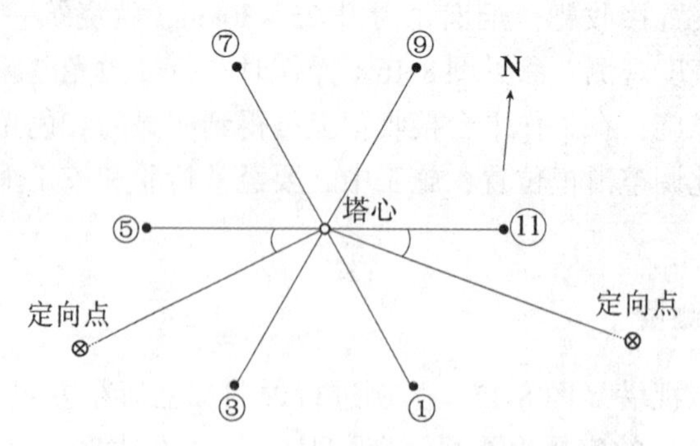

图 8-18　上海东方明珠电视塔地面外控制网

（2）塔体内控制网。塔体基础完工后，在其顶面 -6.05m 平台上建立如图 8-19 所示的塔体内控制网，控制点为塔心、直筒心及斜筒心的设计位置。

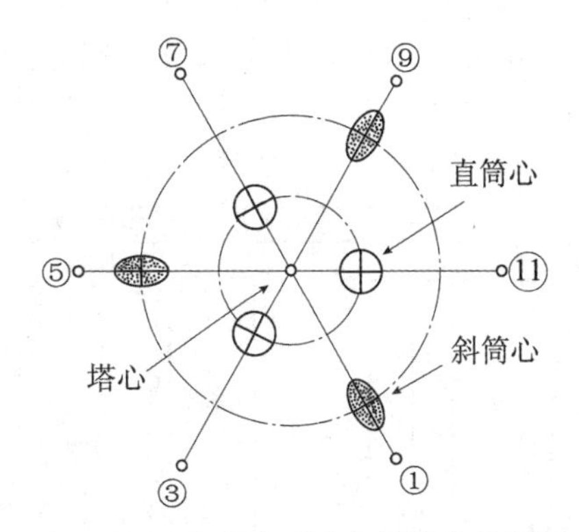

图 8-19　上海东方明珠电视塔内控制网

塔体内控制网要控制三个斜筒体施工，三个斜筒体中心、直筒体中心和塔心的相对位置必须精确测设。其过程是：利用外控制网先放样出塔体中心和⑤—⑪轴线，并以此为基准，放样三个直筒中心和三个斜筒中心，用全站仪精确测量由 7 个点组成的塔体内部控制网，并进行严密平差，用归化法将直筒和斜筒中心精确改化至设计位置。

（3）地面内控制网。在 3 个直筒体出土后，要按以下过程建立如图 8-20 所示的地面内控制网，主要用于塔体施工控制，测设塔筒周边线、裙房 7.5°轴线，以及监测筒体的偏扭。将塔体内控制网的塔体中心和三个直筒体中心投测至-1.450m 和-0.050m 平台，记为 *O* 和 *T*1、*T*2、*T*3，以这 4 点为基础，建立地面内部控制网。

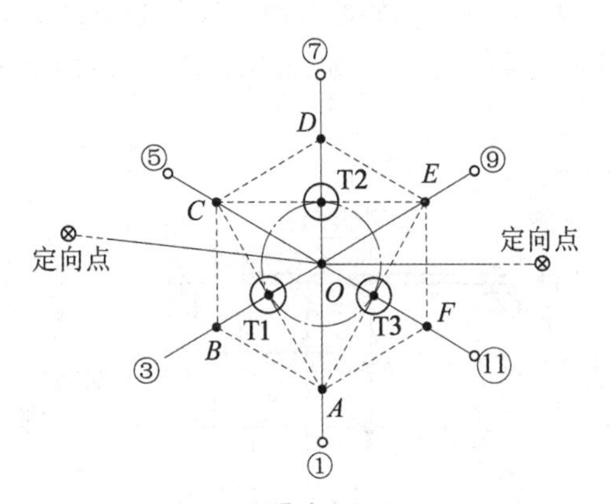

图 8-20　上海东方明珠电视塔地面内控制网

在-0.050m 结构的平台上，利用⑤—⑪、①—⑦和③—⑨三条轴线，布设一个相邻点可通视的正六边形 *A-B-C-D-E-F*，轴线上的网点可通过直筒体门洞互相通视，其直线交点即为塔体中心点，解决了塔筒四个中心点互不通视的问题。精确测量地面内部控制网，并以 *O*、*T*1、*T*2 和 *T*3 4 个点为“拟稳点”进行平差，并将各网点精确改化至设计位置。施测地面内控制网时，在 *O* 点需精确测量远处定向点的角度，以确定控制网点的方位。

（4）内控制网点分层投点。塔体中心和直筒体中心点分别向上投点，其中，塔体中心分 4 层投点，测量平台的高度分别为+98m、+118m、+263m、+285m。直筒体中心分 3

层投点，测量平台的高度分别为+98m、+161m、+285m。采用 Leica 天顶仪（见表 8-4）。对于较低的施工节段，4 点可分别投测；施工节段较高时，为克服施工震动等因素的影响，4 点宜同步投点，如图 8-21 所示。

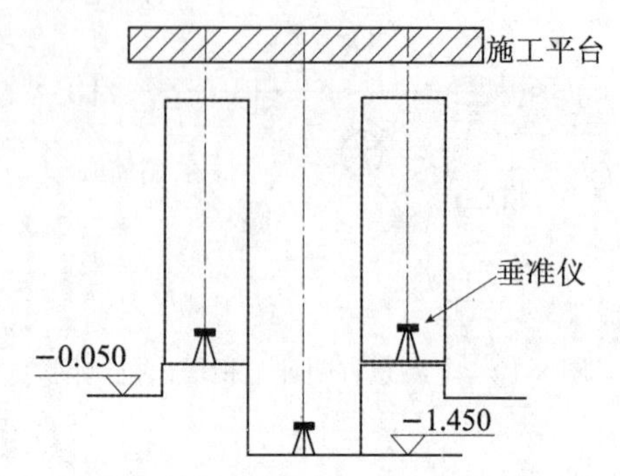

图 8-21　东方明珠电视塔 0~98m 段垂直投点示意图

投点采用两种方法检核：一是在塔心投点安置全站仪，测量其他 3 点的距离和 3 点间的夹角；二是利用远处定向点测量 3 个直筒投点与设计方位的偏差，满足要求后即可固定投点位置。

（5）单筒体测量。三筒主塔施工至+286m 后，原来的钢平台将停留在+285. 081m 处，并用混凝土与筒体浇在一起，不再提升。电视塔自+286m 至+350m 变为单筒塔体结构。投测至+285m 的塔体中心点，即为单筒体竖向轴线控制的唯一投点。

单筒体测量的重点是控制筒体竖向轴线和防止筒体偏扭。施工时，在+285m 至+310m 段不设施工平台，需搭建临时测量平台，如图 8-22 所示。自+310m 以上，可以利用施工平台投点。

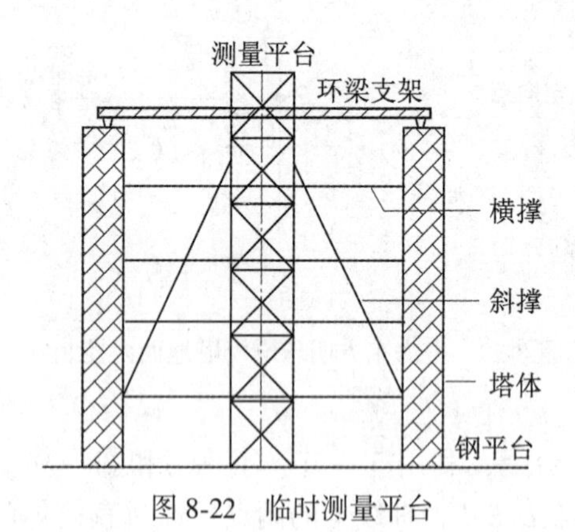

图 8-22　临时测量平台

塔体中心点投测完成后，利用投点和远处定向点恢复塔体的三条轴线，以控制塔体偏扭。对于 118m 高，450t 重的钢桅杆天线，采用“液压提升”技术施工。位于+350m 的锚固段完成后，通过单塔筒，在传感器和计算机的控制下，利用液压同步提升技术，将天线从单塔筒中整体提升至 486m。因此，塔体中心投测至+350m 高度后，不再继续向上投点。

(6) 上、下球体和太空舱安装测量。上、下球体工程钢构件安装之前，以塔心和远处定向点为基准，建立含三个直筒中心投点的球体内部控制网。太空舱安装也是以塔心投点和远处定向点为基准，在此不再赘述。

(7) 斜筒体测量。斜筒采用劲性骨架形式，测量重点是控制骨架中心即测设斜筒体的中心轴线。下面以大斜筒测量为例加以说明。

大斜筒中心点即塔体内控制网点，位于地下室-6.050m层面，且在⑤—⑪、①—⑦和③—⑨三条轴线上，距塔心56.234m。大斜筒轴线测量方法如图8-23所示，在塔心和大斜筒中心连线上，距离大斜筒中心1.65m处，建1.29m高的观测墩，埋设强制对中装置，并要考虑利用基座的调平螺丝能将仪器的三轴交点精确调整到1.65m高处。在观测墩上安置全站仪，用精密水准尺配合，将仪器三轴交点精确设置到-4.40m（仪器高1.65m）处，则仪器的三轴交点刚好位于大斜筒的轴线上。测量时，用全站仪照准塔心控制点，然后将竖直角设置为60°，则视准轴即为大斜筒的轴线，用以指导劲性骨架安装，完毕后，即可立模施工钢筋混凝土大斜筒体。

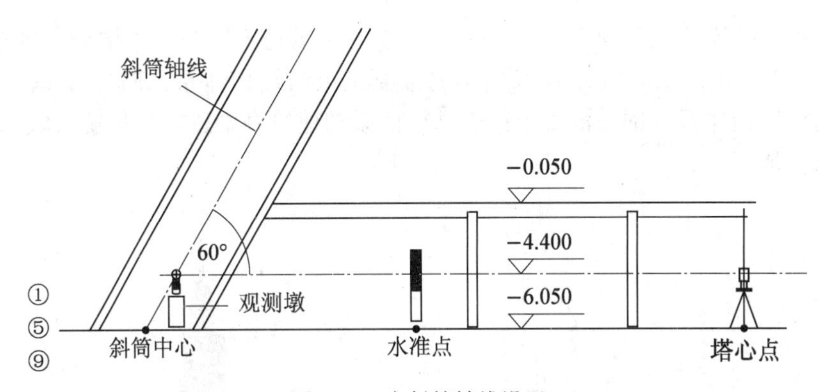

图8-23 大斜筒轴线设置

小斜筒测量方法与大斜筒类似，如图8-24所示。小斜筒底端起始于三个直筒体的第一道连系梁K-①上，其底端中心点位于三条轴线中的一条轴线上，标高为+21.000m，距塔中心长度为5.419m，需在连系梁外建立测量平台，并设置观测墩。具体测量过程是：在⑤—⑪、①—⑦和③—⑨三条轴线上，利用地面内部控制网，精确测设小斜筒底端中心外侧1.65m处的轴线点A；利用铅锤仪将轴线点A投测至测量平台；受大斜筒和主塔体影响，在测量平台上无法恢复⑤—⑪、①—⑦和③—⑨三条轴线，因此，需要在大斜筒靠近主塔一侧，精确设置后视照准点B；在测量平台上，利用可升降支架，根据短视线三角高程测量原理，将全站仪三轴交点设置在小斜筒轴线上；全站仪照准轴线点B，将竖直角设置为45°，则视准轴即为小斜筒的中轴线。

8.4.4 摩天大楼的施工测量

摩天大楼的施工测量以阿联酋迪拜楼（Burj Dubai Tower）（图8-25）为例说明。迪拜楼高828m，总建筑面积48万m^2，是当今世界第一高楼，建筑设计采用一种具有挑战性的单式结构，由连为一体的管状多塔组成，外形具有太空时代风格，基座周围采用具有伊

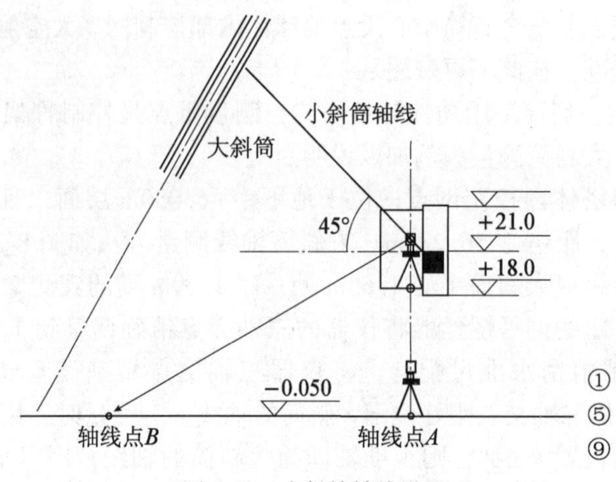

图 8-24　小斜筒轴线设置

斯兰建筑风格的沙漠之花几何图形。为提高各楼层的观光效果和结构抗侧向荷载的能力，建筑平面呈“Y”形。B2~F156 层采用钢筋混凝土束筒结构体系，F157 层以上则采用钢结构桁架筒体结构体系。钢筋混凝土束筒结构体系随建筑高度逐步呈螺旋式收缩，以提高建筑的抗风性能。

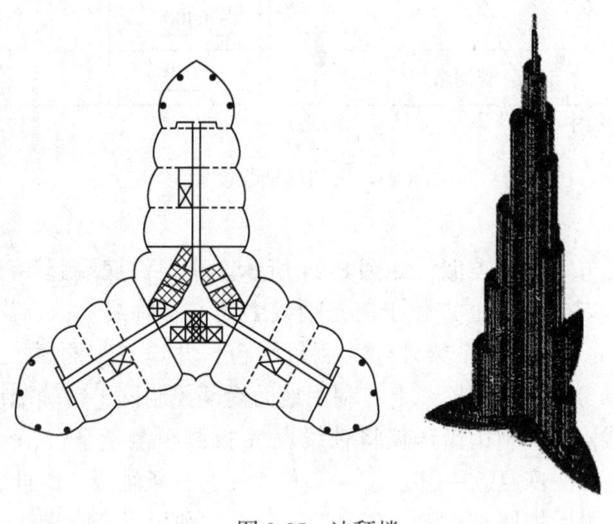

图 8-25　迪拜楼

1. 测量上的难点

因主楼很高，施工中变形显著，温度每变化 10℃，塔楼混凝土顶部将偏移 150mm；塔吊、风和日照等引起的结构变形大，产生严重的倾斜和晃动，测量控制网的稳定性差；施工测量工作量巨大。为加快施工速度，楼的结构分为核心筒和三个翼缘，采用液压自动爬升模板系统施工，需设置 240 多个参照点，无法采用内控法等传统测量方法，还需考虑施工中的楼层压缩和底板沉降等变形及对策。

2. 迪拜楼的测量方案

周边场地开阔，通视良好，在20层以下，采用外控法进行平面控制网的垂直传递。20层以上，采用GNSS技术、高精度倾斜仪配合测量机器人组成实时自动测量系统，进行爬升模板的三维精密定位。系统由空间定位、倾斜测量和施工测量三个子系统组成，其原理如图8-26所示。

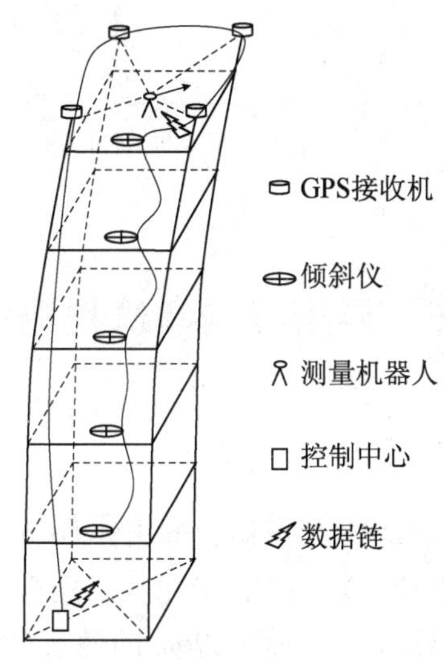

图8-26 迪拜楼施工控制测量示意图

利用GNSS技术确定空间点位的三维坐标，由于楼体是变动的，楼体在竖向上不共轴，用倾斜仪测定楼的倾斜，对GNSS结果实施修正，确保楼体在竖向上的共轴性，故可作为施工楼层的控制基准，通过数据链传递给测量机器人，控制测量机器人的测量。

空间定位子系统由基准站、流动站及360度棱镜系统组成。系统至少由3个GNSS接收机组成，流动站一般安置在模板顶层的固定支架上，流动站天线的下面安置用于全站仪照准的360度棱镜。流动站接收基准站发射的差分改正信号，可实时确定360度棱镜中心的三维坐标，实现控制点的空间定位。

倾斜测量子系统由NIVEL200双轴倾斜仪、电脑网络和GeoMoS软件组成，用于精确测定楼体在垂直轴方向的偏差。设置强制归心装置，每20层安置一台倾斜仪，共计8台连成网络，通过连续测量，测出楼体在不同高度处垂直轴的倾斜，获取结构倾斜的非线性改正，对GNSS测量结果进行改正。

施工测量子系统中的全站仪可自由架设在施工平台的合适位置，能看到两个或两个以上的GNSS流动站棱镜，如图8-27所示。采用多点后方边、角交会，根据控制中心发来的棱镜中心坐标，可得测量机器人设站坐标，并测量设置在新浇混凝土上的用于控制模板安装定位的参照点。实际施工中，有多台测量机器人同时作业，可在短时间内测量大量参照点，各台测量机器人间还可以相互检核，从而克服施工环境不稳定影响，提高模板的安装精度。所有测量数据均实时反馈到控制中心进行统一处理，以判定施工情况和测量精度。

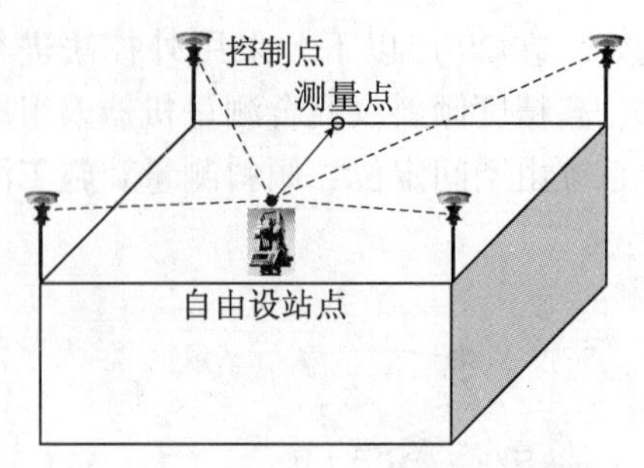

图 8-27　施工测量子系统测量原理图

8.5　异型异构建筑物测量

8.5.1　国家体育场——“鸟巢”的测量

国家体育场“鸟巢”是北京 2008 年奥运会的主体育场，为特级体育建筑，由钢结构（外壳）和混凝土结构（看台、基座）两大部分组成，建筑顶面呈马鞍形，外观清晰、纯粹、完整。主体建筑为南北长 333m、东西宽 296m 的椭圆形，高 69m，可容纳观众 9 万余人。由于“鸟巢”的外壳由多种空间箱体组成，施工和安装测量非常复杂。下面主要介绍“鸟巢”型钢结构的安装测量。

1. “鸟巢”的结构

“鸟巢”的主体建筑平面布局呈椭圆形，“鸟巢”钢结构由 24 榀门式桁架围绕体育场内部碗状看台旋转而成，包括主桁架、桁架柱、顶面次结构、立面次结构、楼梯和马道等部分，如图 8-28 所示。主桁架围绕屋盖中间的开口呈放射型布置，与屋面及立面的次结构一起形成了“鸟巢”建筑造型。大跨度屋盖支撑在周边的 24 根桁架柱上，主桁架直通或接近直通，并在中部形成由分段直线构成的内环洞口。

腹杆倾斜角度控制在 60°左右，网格大小均匀，上下弦节点对齐，具对称性。桁架柱、弦杆与腹杆形成完整的桁架，屋盖上弦采用膜结构作为屋面围护，屋盖下弦采用声学吊顶。主场看台部分采用钢筋混凝土框架，与大跨度钢结构完全脱开。

屋盖主结构的杆件均为箱型构件，主桁架断面高度为 12m，含上弦杆、下弦杆和腹杆，主桁架沿洞口斜角交叉布置。桁架柱为三角形格构柱，桁架柱上端大、下端小，上端与主桁架相连，下端埋入钢筋混凝土承台内，将屋盖荷载传至基础。

2. “鸟巢”的测量难点

“鸟巢”钢构件的定位点均为三维坐标，主结构构件均为巨型构件，且形状怪异，节点密集，曲线、曲面造型多，定位精度要求高，测量难度大。

对于如此庞大的异型结构，施工中主要采用模块化拼装。主要测量工作是模块制造时的精密测量，以及模块拼装时的定位测量。拼装的关键是桁架柱柱脚的精密定位和菱形柱的垂直度控制。

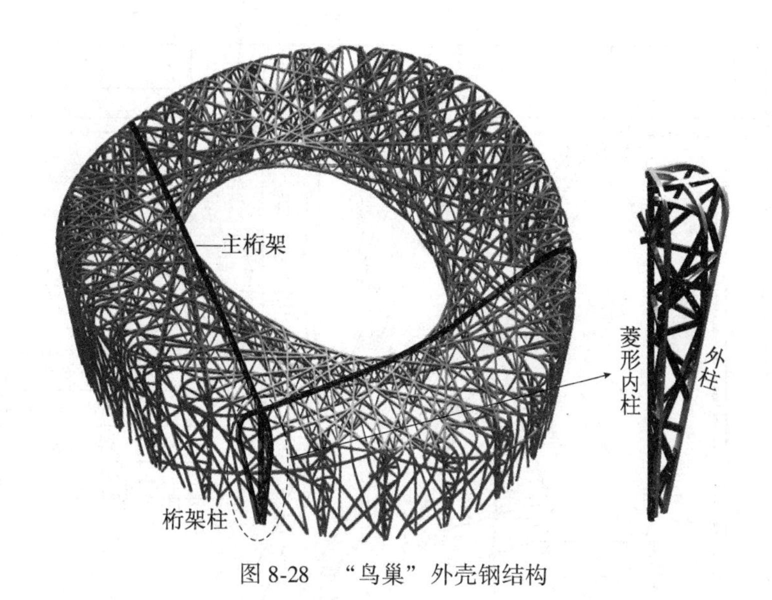

图 8-28 “鸟巢”外壳钢结构

3. 整体控制网布设

如图 8-29 所示，平面控制网和高程控制网为两级，第一级由场馆的主轴线控制点 KO、KN、KS、KW 和 KE 组成，平面和高程共点，埋设永久性控制桩。

第二级控制网分别加密于场馆的内部和四周，按三维网布置。场馆外围布设为规则的建筑方格网，内部控制点为 80 个临时支撑柱的中心。

4. 钢构件拼装测量

“鸟巢”的钢结构施工采用的方法为：在工厂加工成较小的钢构件，在施工现场拼装单元构件，然后再进行吊装。分为桁架柱、桁架梁、次结构和楼梯的拼装测量等。

（1）拼装测量坐标系的转换：如果按设计坐标系进行拼装，则需要建立复杂的胎架，故先在地面坐标系上建立胎架和进行拼装，需要作坐标转换，再依据转换后的坐标建立胎架和进行拼装。这项工作在电脑上用转换构件模型的方法来实现。

（2）建立安装胎架：每个安装构件需要在不同的胎架上进行拼装，首先要根据不同构件的大小、形状和结构做胎架测量，建立起不同形状的胎架，然后才能在胎架上用高空定位测量的方法进行安装单元构件拼装。

（3）拼装测量：传统的施工测量都是根据结构的轴线来进行加工、拼装、放样和安装定位的，“鸟巢”钢结构构件的表面都是扭曲面，无法根据轴线进行对接拼装，需要根据图纸上给出的构件端口 4 个角点的坐标来进行拼装。拼装时依据端口角点坐标在胎架上进行三维定位，反复调整，直至所有端口角点实测三维坐标符合设计要求。

拼装前先要依据安装构件的设计坐标建立拼装控制网。选择 3~4 个相距较远且分布均匀的角点，按其设计坐标或转换后的坐标精确地测设在地面上，建立胎架和拼装控制网。建立胎架时，应先根据安装构件的大小、形状，选取在胎架上的支撑点，在三维模型图上捕捉各支撑点的三维坐标，用全站仪三维定位方法将支撑点测设到胎架的框架上，建成适合于拼装某个安装构件的胎架。

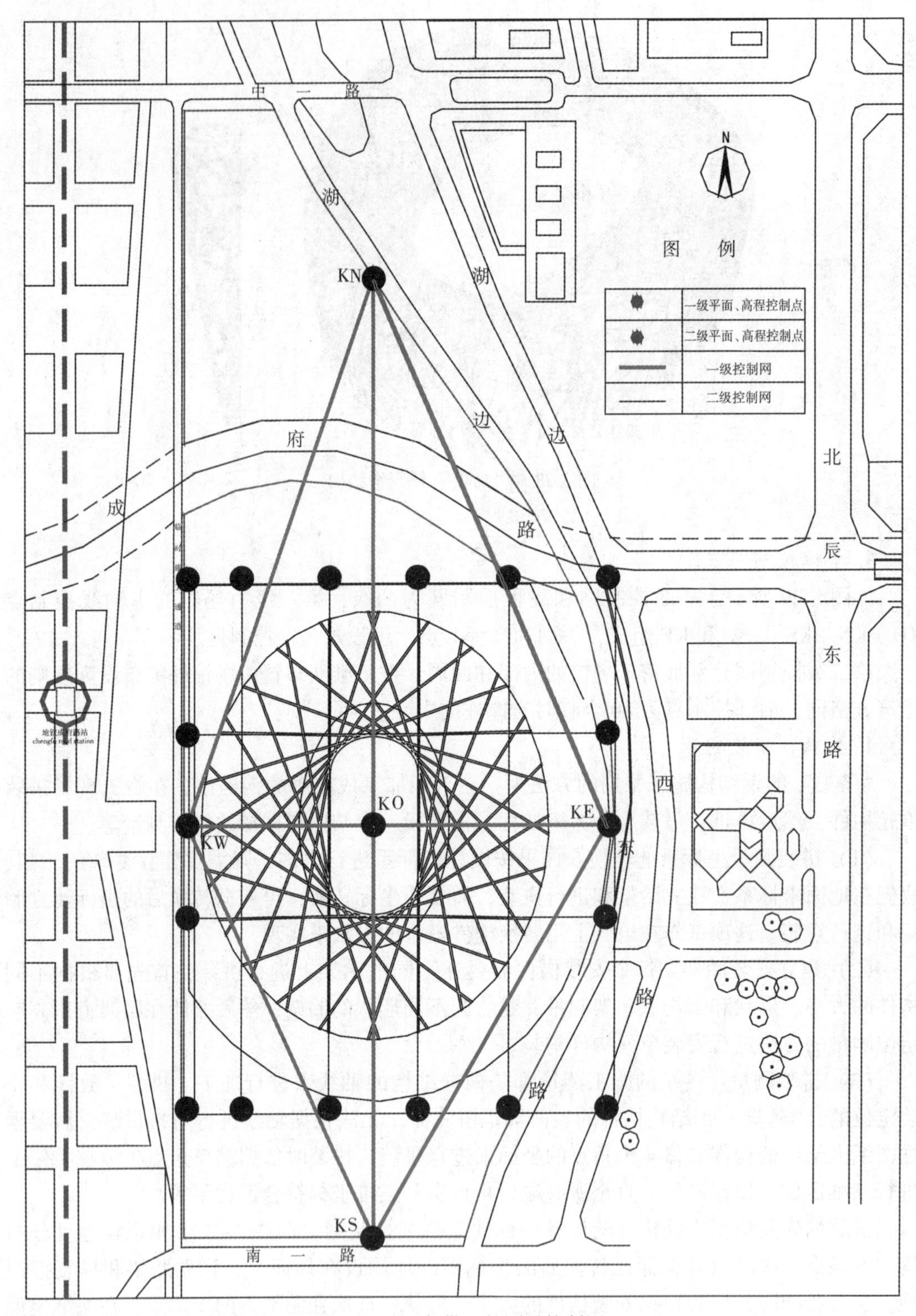

图 8-29　“鸟巢”的测量控制网

(4) 柱脚定位测量：柱脚是整个钢结构的基础部位，定位精度影响到后续安装工作的顺利进行和后续构件的安装精度，定位前须在整体控制网下布设柱脚控制网，如图8-30所示，以菱形柱外角点为基准，先测设出桁架柱的主轴线A1-A2、B1-B2，再测设两个外柱和菱形柱的控制轴线。4个主轴线点相对于场馆整体控制网的精度要求在2mm以内。根据用墨线将定位线弹在混凝土表面上的定位点，吊装柱脚时，将构件上的定位点对准定位轴线即可。

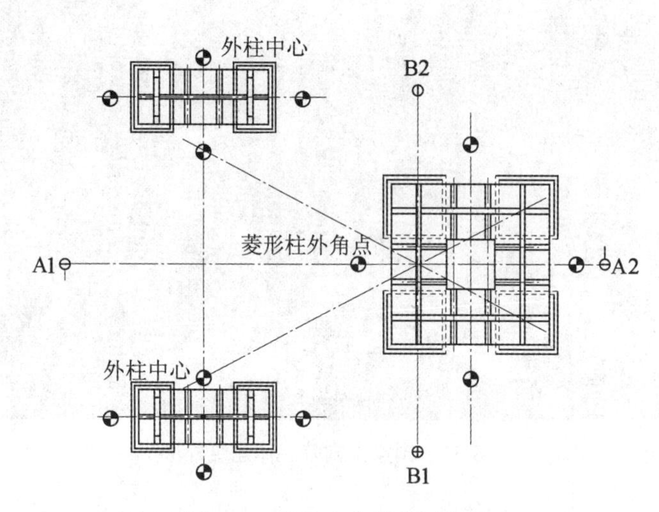

图8-30　柱脚定位轴线示意图

(5) 桁架柱的垂直度控制：桁架柱为组合柱，且内柱垂直于地面，桁架柱的垂直度控制以内柱（菱形柱）控制为准，采用两台全站仪在正交位置按铅垂面法进行控制。

24个桁架柱的高度在40m到67m之间，分两段起吊安装的，最重的安装构件重达360多吨。其特点是高度高，上大下小，牛腿和端口多。由于桁架柱是分两段安装的，定位测量也相应分两次进行，采用检查棱形内柱两相邻棱线的垂直度的方法对内柱进行调整。在内柱两对角线方向上架设仪器，瞄准棱线上、下端，调整到其偏差小于千分之一柱高，并小于35mm。同时转动柱体，调整牛腿的方向与设计方向一致，测量牛腿角点的三维坐标，并调整到符合设计要求的位置。

(6) 屋面主桁架梁定位测量：屋面主桁架梁是在支撑塔架上拼装的。首先拼装交叉段安装单元，然后拼装直节段。布设控制网时，支撑塔架的每个支撑柱中心点已纳入整体控制网，安装主桁架梁的交叉单元时，将地面点垂直投射到支撑塔架的顶面，进行支撑柱垂直度控制，并确定出交叉单元的平面位置。主桁架的标高用千斤顶逐步调整到位。只要交叉单元和桁架柱安装准确，屋面其他部分的安装就相对简单了。

8.5.2　国家大剧院的测量

国家大剧院由法国建筑师保罗主持设计，其造型新颖、前卫，构思独特，是传统与现代、浪漫与现实相结合的典型的异型异构建筑物，如图8-31所示，是亚洲最大的剧院综合体。国家大剧院外部为钢结构壳体，呈半椭球形，平面投影东西方向长轴长度为

212.20m，南北方向短轴长度为 143.64m，建筑物高度为 46.285m，基础最深部分达到 −32.5m。壳体由 18 000 多块形状不完全一样的钛金属板拼接而成，面积超过 30 000m^2。建筑设计约 70%为曲线，且曲线形式多样，有圆曲线、椭圆曲线和 2.2 次方的超级椭圆曲线等。圆曲线半径跨度大，从 0.2m 到 201.35m 不等；竖直面内也有曲面变化，戏剧院、歌剧院和音乐厅看台都为双曲面设计，空间为变参数的圆锥面连接。

图 8-31　国家大剧院主体建筑外形

1. 施工测量特点

国家大剧院施工测量的主要特点是：精度要求高，放样难度大，对测量管理工作要求严。如轴线放线的平面精度为 3mm，高程传递的允许误差为 5mm/层；各种曲线、曲面约占 70%，内业计算和现场放样工作量都特别大，工程的复杂程度也为施工测量工作带来了新的挑战。工期紧，要求测量迅速、方便、高效、准确，不能因测量影响工程进度。

2. 控制测量

采用整体控制、分期布网原则，先建立首级控制网，在不同施工阶段根据工程进度、施工需要和精度要求分期布设加密网。平面控制网按两级布设为建筑方格网，首级网布置成“田”字形，共 6 条轴线，如图 8-32 所示，主轴线 AB 穿越戏剧院、音乐厅的椭圆中心及歌剧院椭圆的一个焦点。高程控制网与平面控制网共点。

次级网约束于首级网上，如图 8-33 所示。其他控制测量包括土建施工控制测量和钢结构安装的加密控制测量，后者需在首级网下建立专用的安装测量控制网，进行精密施测和严密平差，在此不作详述。

3. 曲线放样计算

该工程最显著的特点是建筑设计曲线众多。曲线放样时，放样点密度应根据设计要求确定，曲线墙段以直代曲，即把曲线分成若干个直线段，各段矢高不大于 3mm，根据各曲线的曲率大小和弧长计算曲线放样点。曲线和曲面点三维坐标的准确计算是空间放样的关键。曲线计算采用平行轴线取值代入法、弧度平分法和微积分法三种方法，下面予以简单介绍。

（1）平行轴线取值代入法。用于 2.2 次方超级椭圆曲线，该方法是采用沿 x 或 y 方向

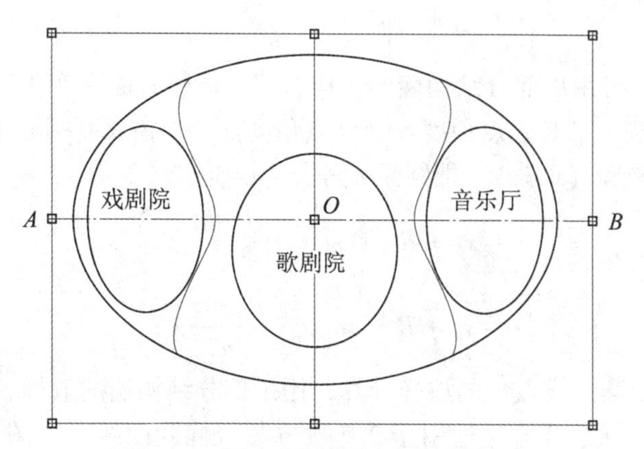

图 8-32 国家大剧院首级平面控制网

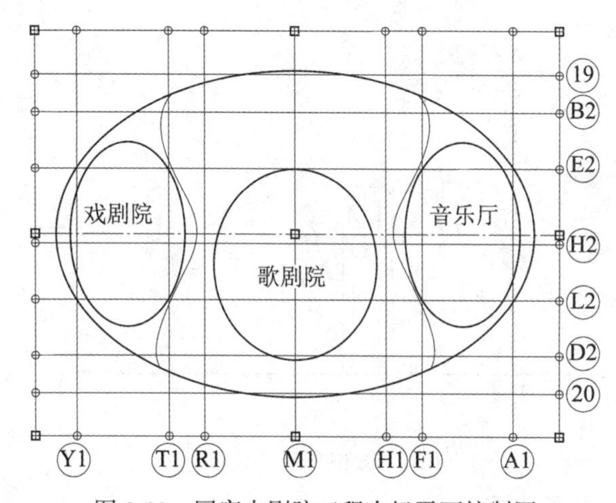

图 8-33 国家大剧院工程次级平面控制网

平分弧段的办法来计算放样数据的，已知超级椭圆曲线方程为

$$\left(\frac{x-x_0}{a}\right)^{2.2}+\left(\frac{y-y_0}{b}\right)^{2.2}=1 \tag{8-23}$$

式中，(x_0，y_0) 为椭圆中心 O 的坐标。假设 (x_1，y_1) 为弧段起始点 1 的坐标，(x_n，y_n) 为弧段终点 n 的坐标，求任意点 P 的坐标 (x，y)。

沿 y 方向把弧 n 等分，可得

$$y=y_1+\frac{y_n-y_1}{n}\cdot i,\quad i=1,2,3,\cdots,n \tag{8-24}$$

$$x=x_0+a\left[1-\left(\frac{y-y_0}{b}\right)^{2.2}\right]^{-2.2} \tag{8-25}$$

沿 x 方向把弧 n 等分，可得

$$x=x_1+\frac{x_n-x_1}{n}\cdot i,\quad i=1,2,3,\cdots,n \tag{8-26}$$

$$y = y_0 + a\left[1 - \left(\frac{x - x_0}{b}\right)^{2.2}\right]^{-2.2} \tag{8-27}$$

该法计算简便，可用于部分结构墙的放样，但不能随着曲率变化控制点位的均匀度。

（2）弧度平分法。已知起点角度 α，终点角度 β，半径 R，圆心坐标（x_0，y_0），求圆弧上任意点 P 的坐标（x，y）。把圆弧 n 等分，$i=1$，2，3，…，n，可得

$$x = x_0 + R \cdot \cos\left(\alpha + \frac{\beta - \alpha}{n} \cdot i\right) \tag{8-28}$$

$$y = y_0 + R \cdot \sin\left(\alpha + \frac{\beta - \alpha}{n} \cdot i\right) \tag{8-29}$$

该方法只适用于圆曲线点位的放样计算，用于部分结构墙的放样，可均分弧段。

（3）微积分法。该放样方法适用于 2.2 次方超级椭圆曲线，如图 8-34 所示，可求出弧长等于 l 时弧段上点的坐标。已知起算点和待定点的弧长 l，计算步骤如下：

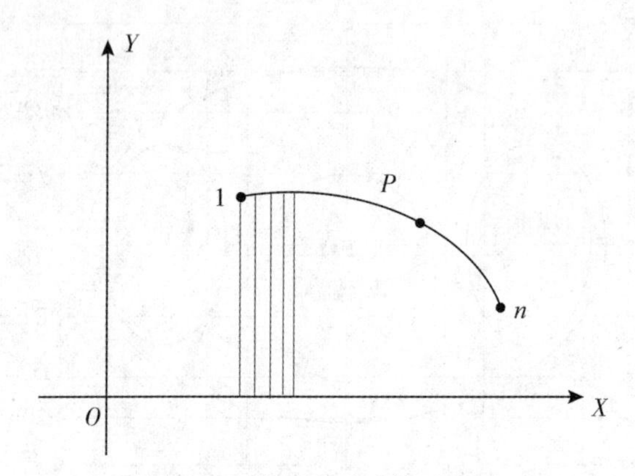

图 8-34　微积分法计算示意图

第一步，确定已知起算点的坐标（x_0，y_0）。

第二步，根据设计和计算出的弧长，确定放样点的坐标增量 Δx（要求弧长与 Δx 的差值小于 3mm）。

第三步，计算放样点的坐标：$y_i = b \cdot \sqrt[2.2]{1 - \left(\frac{x_i}{a}\right)^{2.2}}$ 和 $x_i = x_{i-1} + \Delta x$。

第四步，计算放样的边长：$s = s_1 + s_i$。

其中，$s_i = \sqrt{(x_i - x_{i-1})^2 + (y_i - y_{i-1})^2}$，$s_1 = \sqrt{(x_1 - x_0)^2 + (y_1 - y_0)^2}$。

如果 $|s - l|$ 大于取值精度要求，则取 $\Delta x/2$，并重新计算，直到满足要求为止。

同理，以此坐标为起算坐标，可计算下一点的坐标。该法可用于任何曲线放样。

上述三种放样方法各有其适用性，易于编程实现。一般采用弧度平分法和微积分法计算，用平行轴线取值代入法进行校验。

（4）曲面放样计算。国家大剧院的戏剧院、歌剧院和音乐厅看台都为双曲面，其数学模型为

$$z = \pm\sqrt{x^2 + y^2} \cdot \cot\alpha \tag{8-30}$$

为了简化曲面的放样计算，把曲面分解成平面内的圆和竖直面内的多个重叠三角形。曲面的施测利用微积分的原理，从圆心向外作同心圆，再沿着圆心向外作圆弧的法线，由此组成多个平面。同样，平面和设计曲面的矢高应满足设计要求。实际施工时，以平面代曲面，算出各交点的坐标和高程，也可直接用曲面方程进行计算。

（5）钢结构壳体安装测量。关键在于保证各构件相对位置准确无误，主要包括安装控制网的建立和复测，控制轴线的放线测量和钢构件安装测量，在此不作赘述。

8.5.3 大型古建筑和文物的测量

我国是文明古国，现存有大量文物古建筑遗址，文物和古建筑受国家保护，文物、古建筑的保存、修复和重建等都离不开测量，属于工程测量学的领域。

文物和古建筑测量的主要作用在于为重要的文物和古建筑提供测量信息和资料，并为其管理、修复、重建和研究等提供服务。

大型古建筑和文物测量的主要方法和技术是近景摄影测量和三维激光扫描。近景摄影测量的主要产品是立面图、平面图、等值线图和透视图等。宜采用量测摄影机进行正直摄影，制作立面图时，要使摄影基线平行于所测建筑物的立面。对于平面型建筑物可按像片纠正法绘制正射影像图，当建筑物立面“起伏”较大，通常在立体测图仪上以线划的形式绘制建筑物立面图。

摄影测量在文物和古建筑保护方面的应用极其广泛，例如爪哇岛婆罗浮屠佛塔的立面图，法国国家地理院测制的埃及阿布-西姆拜石窟中一个石刻的等值线图，我国的秦始皇兵马俑、敦煌莫高窟、四川乐山大佛和苏州虎丘塔都进行过摄影测量。三维激光扫描技术的优势在于快速扫描被测物体，高效进行三维建模和虚拟重现。对空间信息进行可视化表达即三维建模，有基于图像和基于几何的两种方法。摄影测量是基于影像建模，而三维激光扫描则是基于几何的方法。

◎ 本章的重点和难点

重点：大型工业厂区控制和施工测量，高层及高耸建筑物的投点和高程传递测量，深基坑变形监测，异型和异构建筑物测量。

难点：高层建筑物内控制网的建立和传递，异型和异构建筑物测量。

◎ 思考题

（1）什么是工业与民用建筑？它们的主要建筑特点分别是什么？

（2）大型工业厂区建设主要有哪些测量？

（3）什么是建筑方格网，它有何特点？为什么现已较少采用？

（4）大型工业厂区地面三角形边角网布设的要点是什么？

（5）什么是高层建筑？其施工测量的重点是什么？

（6）高层建筑物为什么要开挖深基坑？

（7）什么是楼层垂直度？什么是全高垂直度？

（8）高层建筑的高程传递通常采用哪些方法？

（9）什么是非接触型安装控制网？

(10) 什么是内控制网?

(11) 深基坑变形监测的内容有哪些?可采用什么方法进行深基坑变形监测?

(12) 什么是高耸建筑物?

(13) 什么是分层投点法?

(14) 烟囱施工测量包括哪些内容方面?主要要求是什么?

(15) 东方明珠电视塔的施工平面控制网的布设有何特点?

(16) 用 GB-RAR 技术监测摩天大楼的变形有何优点?监测精度如何?

(17) 什么是异型异构建筑物?试举例说明。

(18) 大型古建筑和文物测量主要采用什么方法?

第9章 水利和港口工程测量

9.1 水利工程测量概述

对自然界的地表水和地下水进行控制、治理、调配、保护，开发利用，以达到除害兴利的目的而修建的工程称水利工程，它是防洪、除涝、灌溉、发电、航运、供水、调水、养殖、旅游、水资源保护、围垦、水土保持工程（包括新建、扩建、改建、加固、修复）及其配套和附属工程的统称。水利工程需要修建坝、堤、溢洪道、水闸、进水口、渠道、渡槽、筏道、鱼道等不同类型的水工建筑物。在大江及主要支流上修建的具有防洪、灌溉、发电和航运这四种主要功能中两种以上功能的水利工程称为水利枢纽工程。

修建大型水利工程需要综合考虑多方面的因素，要求河流的流量大、落差大、地质条件好。从长度排名，世界第二河流南美洲的亚马孙河和世界第四河流美国的密西西比河就不具备这些条件。我国是世界上水力资源最丰富的国家，其中长江、黄河水系最具代表性。

长江全长6 387km，其长度位居世界第三，在干流和主要支流上就建成有20多个大型水电站，如二滩水电站、龚嘴水电站、乌江渡水电站、隔河岩水电站、水布垭水电站、丹江口水电站、五强溪水电站、葛洲坝水电站等大型电站，以及装机容量在800万千瓦以上的向家坝水电站、溪洛渡水电站、白鹤滩水电站、乌东德水电站和锦屏水电站等巨型水电站。长江三峡水利枢纽是世界上规模最大的水利工程，在防洪、发电、航运和南水北调四大方面有巨大经济效益，在水产养鱼、旅游方面也极具潜力。在防洪上，对中下游9 000多万亩农田和重庆、武汉、南京、上海、宜昌、九江等大中城市起重要保护作用，防洪标准从十年一遇提高到了百年一遇；三峡电厂的装机为32台每台70万千瓦共计2 240万千瓦，年发电量达99亿千瓦时；在航运方面，从四川宜宾到入海口2 800km的水道可通行千吨到万吨级船队，货运量可占全国内河货运总量的80%，航运成本可降低37%；南水北调可将三峡水库调节的水先调到丹江口水库，再从太行山东侧调到北京、天津等城市，解决北方缺水问题。三峡工程的主体建筑物主要有挡水大坝及泄水建筑物、水力发电厂、永久船闸、升船机、茅坪溪防护大坝、排水工程和冲沙孔等。

黄河干流全长5 464km，水面落差4 480m，流域总面积$79.5\times10^4km^2$，是世界上第五大河流，流经的大中城市有兰州、银川、郑州、郑州、开封和济南等，干流上的大型水电站和水利枢纽工程有：三门峡、三盛公、磴口、青铜峡、刘家峡、盐锅峡、天桥、八盘峡、龙羊峡、大峡、李峡、万家寨以及小浪底等。

国外的大型水利工程如世界第一长河尼罗河上埃及的阿斯旺水利枢纽工程，于1961年开工，1970年竣工，具有灌溉、水力发电和防洪等作用。主体为黏土心墙堆石坝，坝高 111m，在黏土心墙内布置有灌浆和宽 3.5m、高 5m 钢筋混凝土廊道。电站装机容量为 210×10^4kW，与葛洲坝电站差不多。

在世界级的特大特长河流上修建水利枢纽工程是一件关系重大的事，从自然环境和生态保护的角度来看，更要十分注意，如三门峡水库和三峡水利枢纽工程都曾引发争议。从测量的角度来讲，虽然水利工程测量的面宽量大，也涉及一些精密测量要求，但用现代的测量技术和方法完全能满足工程设计施工和运营管理的各种要求。

修建水利工程都离不开测量。在规划设计阶段，除了需要在 1∶10 000 到 1∶50 000 地形图上作规划设计外，还需要进行流域基本控制测量、建设征地和移民工程测量、堤防工程测量、岸线利用规划测量、水域测量、地质勘察测量，在水库淹没影响区、枢纽工程建设区和移民安置区，还需要为可行性研究和初步设计提供 1∶2 000 到 1∶5 000 的地形图和土地利用现状图；在技术施工设计阶段要做的测量更多，主要包括地形图测绘和工程建设所进行的平面和高程控制测量，建立和维护高精度的施工测量控制网，为设计测绘陆地和水下各种大比例尺地形图，进行输水线路测量、输电线路测量、道路测量、各种施工测量、设备安装测量以及变形监测；在运营管理阶段，要建立和维护高精度的变形监测网，进行大坝内部和外部变形监测、边坡和库岸稳定性监测和区域地表沉降监测等。本章主要针对大型水利工程中独具特色的典型测量工作和技术进行简要介绍。

9.2　大型水利工程的施工测量

9.2.1　施工控制测量

1. 平面控制测量

大型水利工程的施工平面控制网一般按两级布设，称首级施工平面控制网或施工控制基本网（简称基本网）和二级施工控制网（或称定线网）。基本网的精度要求较高，控制范围较大，要在大坝工程的上下游沿河两岸布设，顶空障碍较大，同一岸两相邻地面点之间的通视条件较差，所以网的选点、布设相当困难，常常要进行大量的砍伐。在我国，已有的大型水利工程的施工平面控制网很少采用 GNSS 网，传统上都布设成边角全测的三角形网，是由三角形、大地四边形构成的图形非常强的网型，施工控制点一般要建造混凝土观测墩，并在墩顶埋设强制对中设备。从理论上讲，基本网也可单独采用 GNSS 技术布设，如果受顶空障碍的影响，最好采用地面边角网和 GNSS 联合布设的方案。首级施工平面控制网的一些网点也可以作为变形监测网的点。

图 9-1 为某大型水利枢纽工程的施工控制网网图，全网共有 26 个点，为地面三角形全边角网，采用高精度智能型全站仪 TCA2003 观测，最长边 760m，最短边仅十多米，多余观测值总数达 131 个，平均多余观测值数为 0.70，可靠性极高。该网的设计也较复杂，考虑到施工期间的通视经常受干扰，尽可能多地利用施工控制网点来进行检查和放样，以保证放样的精度和可靠性。

本书第 3 章的图 3-5 为某大型水利枢纽工程的实测施工控制网图，也极具特色。

定线网根据工程细部放样的要求建立，定线网有矩形网、三角网和导线网等形式，但一般仍以边角全测的三角形网为主，或挂靠在基本网的一点一方向上，或在两个（或以

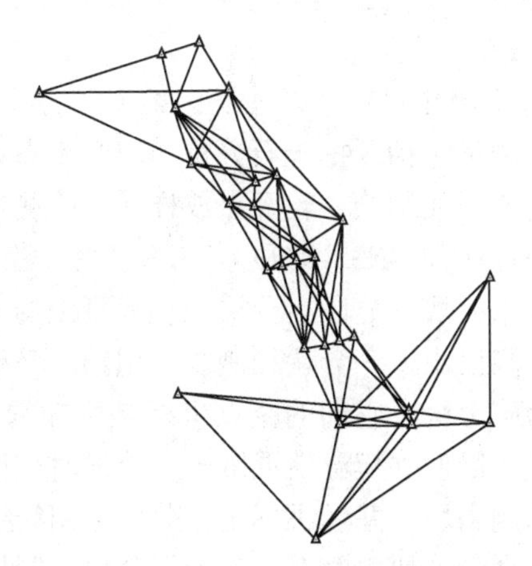

图 9-1 某水利工程首级平面施工控制网

上）基本网点上发展，有时定线网的精度比基本网还高。基本网点要布设在便于长期保存、不受施工影响的地方；定线网点则应距建筑物较近，便于放样和保存。

2. 高程控制测量

高程控制网采用水准测量方法布设，一般也分两级，首级水准网要与最近的国家水准点联测，布设成闭合或附合网，按一、二等水准要求建立；二级水准网可按三、四等精度布设。首级水准网点要求永久性保存，应埋设在基岩上或埋设钢管标志，也是今后变形监测的高程基准；二级水准网点的布设应便于高程放样作业，或施工水准点的布设，也要布设成闭合或附合水准路线。

3. 专用控制网

在大型水利工程的施工和运行阶段，还有按专用控制网建立的控制测量，等级和精度从高到低，边长从短到长，分专一级、专二级、专三级和专四级控制网。专一级、专二级多为变形监测网，平均边长分别为 500m 和 1 000m 左右；专三级、专四级多为施工控制网，平均边长分别为 1 200m 和 1 500m 左右，主要采用地面精密边角测量技术和卫星定位测量技术建立。在大型抽水蓄能电站中，由于高差大，需要采用特殊方法来化算平距，或者直接建立高精度三维网。为解决在同一个重力位水准面上两点的正高和正常高不相符的矛盾，对于大型水利工程，通常要合理选用力高或区域力高，作为工程的高程系统。

9.2.2 施工测量和放样

1. 大坝轴线测设

大坝轴线指大坝坝顶纵向的中心线，对于直线型大坝，是一条直线，对于拱坝，则是一条规则的曲线。大坝轴线是水利工程设计和施工的依据，也是大坝变形监测的基准。坝轴线的位置由地形、地质、水文以及其他许多因素确定。坝轴线位置确定的精度并不要求很高，一般先在图上定出大坝的两端端点，用图解的方法量算其坐标，再根据附近的控制网点坐标反算出放样数据，将两端点在实地放样（标定）出来，并要埋设永久性的固定标石标志。与施工控制网、变形监测网联测，得到坝轴线端点的精确坐标。坝轴线一经确定，就不能再轻易更改。为了防止施工破坏，须在坝轴线延长线上，两端各埋设1~2个固定点。

2. 工程方量和浇筑混凝土测量

工程方量和浇筑混凝土测量包括开挖土石方量、填筑土石方量及混凝土浇灌方量的测量和计算。采用地形图测绘、断面测绘、轮廓点放样、验收测量等方法进行。轮廓点放样主要采用自由设站法、极坐标法和GNSS-RTK（GNSS实时动态定位）等方法。

混凝土大坝的施工常采用分块、分段、分层浇筑混凝土的方法。大坝施工前，应把坝体分块控制线和分段控制线测设出来。分块控制线与坝轴线平行，一般是温度缝，分段控制线垂直于坝轴线，一般为施工缝，它们的交点坐标是已知的。在基坑开挖竣工验收后，应放样出分段、分块控制线，以便立模浇筑混凝土。放样时应以坝轴线端点为基准安置仪器，分块控制线要延长到两侧山坡，并埋桩标定；分段控制线要延长到上、下游围堰，并在其上埋桩标定。坝体中间部分分块立模时，是根据分块控制桩和分段控制桩，直接在基础面或已浇筑好的坝块面上放样弹线。由于模板是架在分块线上的，立模后分块线将被覆盖，所以分块线弹好以后，还要在分块线内侧弹出平行线（称为立模线），用以检查、校正模板的位置，立模线与分块线距离一般为0.2~0.5m。对于直立模板，还应检查垂直度。检查的方法是在模板顶部的两头，各垂直量取一段0.2m的长度，挂上垂球，待垂球稳定后，看下端是否通过立模线，通过校正模板，直至两端垂球尖端通过立模线为止。为了控制浇筑混凝土的标高，要将高程传递到坝块面上，在模板两端内侧放样出混凝土层的高度，弹出水平线，即为浇筑的标高线。四周模板都画好标高线之后，就可以浇筑这一块混凝土了。

3. 水工隧洞施工测量

水工隧洞按其作用可分为：引水发电隧洞、输水隧洞、泄洪隧洞、导流隧洞等，又分为有压隧洞和无压隧洞。其中，精度要求较高的是发电隧洞，其次是输水隧洞。有压隧洞的测量精度一般比无压隧洞的精度要求高。

水工隧洞施工测量主要包括：洞外控制测量、洞内控制测量、联系测量、隧洞中心线放样、开挖断面和衬砌断面放样等，与铁路隧道、公路隧道、地铁隧道和矿山巷道测量相似，在此略去。

4. 水电站厂房施工测量

厂房施工测量主要包括：厂房基础开挖测量、厂房施工控制测量和厂房放样等。厂房基础开挖测量的精度要求不高，放样较简单，通常采用全站仪极坐标法直接放样出开挖边界；厂房放样是利用厂房中心线设置平行轴线放样厂房两侧边墙，高程放样一般采用悬吊钢尺法。厂房内吊车梁及轨道安装，其精度要求较高，一般用激光全站仪设置平行轴线，用精密量距法对轨道中心间距进行调整和检核；厂房施工控制网一般根据实际情况布设成矩形方格网，主轴线根据首级施工控制网测设、调整。在建立厂房施工控制网时，其点位精度和点位分布应考虑水轮发电机组的安装测量。图9-2为三峡工程地下发电厂房布置图。

9.2.3　设备安装测量

在水电工程中，闸门、压力管道、水轮发电机组和升船机都是金属构件设备，有吊

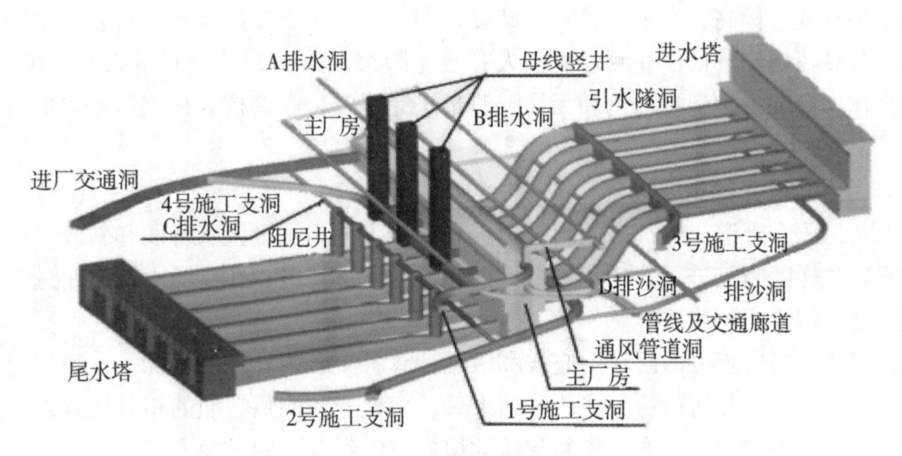

图 9-2 三峡工程地下发电厂房布置图

装、现场组装和部件安装等工序，水电工程中的金属结构安装测量是施工测量的重要内容。安装测量的精度要求较高，需建立独立的安装控制网，与施工测量控制网须保持联系，如坐标系和轴线关系应保持一致。

1. 闸门安装测量

不同类型的闸门，其安装测量的内容和方法略有差异，但一般都是以建筑物轴线为依据进行，主要步骤如下：

(1) 测定底枢中心点。为确保中心点与一期混凝土的相对关系，根据底枢中心点的设计坐标用土建施工控制点放样，检查两点连线是否与中心线垂直平分，根据实际情况调整。

(2) 顶枢中心点的投影。采用经纬仪交会或精密投点仪进行投影，采用吊垂球的方法检核。

(3) 高程放样。应保证两个蘑菇头的相对高差，绝对高程需与一期混凝土保持一致。在安装过程中，两蘑菇头的高程放样必须用同一个基准点。

2. 水轮发电机组安装测量

由于各水轮发电机组均处于发电系统中，为了保证系统正常运转，它们之间的相对位置精度要求较高，应建立高精度的放样基准。

我国水电站主要采用混流式水轮发电机，且多为立式布置，按施工顺序分，安装放样主要有：吸出管安装放样、座环安装放样、蜗壳安装放样等。

吸出管安装放样一般利用机组纵轴线和机组中心线建立轴线坐标系进行，即在蜗壳底版混凝土上，根据机组中心线和机组轴线建立直角坐标控制点；座环安装放样，需将上述控制点抬高，因为座环的上水平面高出吸出管口，一般是在原控制点上搭建测量台架，将控制点投影到台架顶面；蜗壳安装放样也是直接利用纵横轴线控制点。吸出管、座环和蜗壳的高程一般用水准测量放样。每项安装完成后，都应进行检查验收测量。

在水轮发电机安装中，应用的测量仪器工具有：全站仪、水准仪、平尺、卡尺、千分表等。大型水轮发电机组的安装需要制作求心器、中心架、测圆架等专用工具，测量内容主要包括平直度、标高、水平、半径、圆度、同心度、垂直度以及发电机转子空间姿态测量等，并与高精度测量仪器如测量机器人、激光跟踪仪及三维工业测量系统等配合使用，从人工操作、接触测量到自动化和无接触测量，完成安装、调校和检测所要求的各项测量工作。

3. 压力管道安装测量

水电站的压力管道一般都是倾斜管道，在结构上分为水平段、弯段和斜段。压力管道钢管的安装放样随施工进程分两步进行，即先放样承重支墩，在支墩上铺设输送钢管的导轨，然后进行钢管的安装放样。

支墩放样要根据管道的设计中心线和墩距计算各支墩中心点的坐标，一般用全站仪放样。为保证中心线的几何形状，在放样结束后，应检查和调整它们的相对位置关系。由于压力管道的总高差较大，各项放样和测量数据应投影到合适的平面上。

压力管道钢管的放样点一般以3个测点为一组，即钢管底板中心点和左右腰线高程点。每节钢管由导轨输入管道，根据测点安装就位，然后节节拼焊成整体。钢管就位时，以中腰线为转轴，按设计倾角旋转，致使管口平面倾斜，所以，3个测点不在同一竖直面内，而是在一倾斜面内。腰线高程点的放样一般根据管道里程和倾斜角，采用水准测量的方法进行。

9.3　大坝安全监测

大型水利枢纽工程的大坝安全监测非常重要，关系到工程效益的发挥和下游千百万人民的生命财产安全。大坝是水利枢纽工程中的主要水工建筑物，世界上大坝失事的例子很多，如法国的马尔巴塞大坝（Malpasset）、美国的提堂大坝（Teton）、意大利的瓦依昂拱坝（Vaiont）以及我国的板桥大坝、石漫滩大坝和沟后大坝等的失事都造成了严重灾难。因此，大坝的安全监测是重中之重。

大坝可分为混凝土坝和土石坝两大类。混凝土坝又分为重力坝、拱坝和支墩坝三种。重力坝依靠坝体自重及其与基础间的摩擦力来承受水的推力和维持稳定，它结构简单，施工容易，耐久性好，适宜于在岩基上建造高坝，便于布设泄水建筑物。重力坝体积大，水泥用量多，材料强度未能充分利用；拱坝为空间壳体结构，平面上呈拱形，凸向上游，利用拱的作用将所承受的水平载荷变为轴向压力传至两岸基岩，两岸拱座支撑坝体，保持坝体稳定，具有较高的超载能力。拱坝对地基和两岸岩石要求较高，施工难度较大；支墩坝由倾斜的盖面和支墩组成。支墩支撑着盖面，水压力由盖面传给支墩，再由支墩传给地基，是较经济的坝型之一，与重力坝相比，具有体积小、造价低、适应地基的能力较强等优点。土石坝包括土坝、堆石坝、土石混合坝等，统称为当地材料坝。具有就地取材、节约水泥、对坝址地基条件要求较低等优点，一般由坝体、防渗体、排水体、护坡等部分组成。

对于不同类型的大坝，其监测内容和方法都不尽相同，但总体上可分为内部变形监测和外部变形监测两个方面。下面予以介绍，这部分内容应结合本书第6章即工程建筑物的变形监测进行学习。

9.3.1 大坝外部变形监测

用大地测量方法对大坝外部及周边所进行的监测工作称为大坝外部变形监测，包括大坝水平位移、沉降、倾斜、裂缝和两岸高边坡稳定性监测等。监测分为经常性的现场巡视检查和周期性的仪器监测，有特殊需要时须做持续动态监测。巡视检查应根据工程的等级、施工进度、荷载情况等决定。如施工期，可每周 2 次，正常运营期，可减少到每月 1 次。在工程进度加快或荷载变化很大时，应加强巡视检查；在暴雨、巨风、洪水和地震等特殊情况下，应及时进行巡视检查。

仪器监测的要点如下：大坝水平位移可根据变形监测网的周期观测资料获得；也可采用基准线法（视准线法、引张线法、激光准直法）获取在垂直于坝轴线方向的位移量；土坝、堆石坝、土石混合坝等坝的坝顶和外坡的水平位移，以及高边坡稳定性监测，可以采用 GNSS 技术作持续动态监测，或用测量机器人进行周期性的自动化监测。变形监测网的设计、观测方案制定，监测点的布设、精度确定和数据处理等，可参见本书第 6 章。大坝沉降观测主要采用精密水准测量方法进行周期观测，也可采用精密测距三角高程测量方法。大坝的倾斜观测和挠度观测可采用正倒锤法。

9.3.2 大坝内部变形监测

在大坝内部所进行的各种变形监测，以及与变形有关的环境量监测称为大坝内部变形监测。大坝内部变形监测是许多大坝日常性的监测工作，由专人进行。大坝内部变形监测分为人工观测和自动化观测两大部分，大多数大型水利工程，大坝内部都分层分段设计有监测廊道和井孔，埋设有各种变形监测设备，依靠传感器技术、通信技术和计算机技术等，大多实现了变形监测自动化。大坝内部变形监测项目主要包括：水平位移监测，沉降监测，挠度监测，渗流、渗压监测，地下水位监测，应力、应变监测和温度监测等。

位移监测包括分层水平位移、分层沉降监测和界面位移监测。分层水平位移监测和分层沉降监测一般以监测断面形式布置，监测断面布置在最大横断面和特征断面上，每个监测断面上布设 1~3 条监测垂线，其中一条布设在坝轴线附近。监测垂线上测点的间距，根据大坝高度、结构、材料及施工等确定。一条监测垂线上的分层沉降测点有 3~15 个，最下面的一个测点在基础表面上，以监测基础的沉降量。分层水平位移监测仪器有测斜仪、引张线位移计和正倒锤等。分层沉降监测仪器有电磁式、干簧管式、水管式和横臂式沉降仪以及液体静力水准仪等；界面位移可采用振弦式位移计、电位器式位移计进行监测。

大坝在水压力的作用下，横截面形心在坝轴线垂直方向的位移称为挠度。挠度监测本质上也是一种位移监测，在不同坝高监测的挠度所连成的曲线称为挠度曲线。挠度的观测方法是测定大坝在铅垂面内各不同高程点相对于底部横截面形心的水平位移。大坝内部设计有竖直通道，挠度观测多采用垂线观测，即在顶部附近悬挂一根不锈钢丝，下挂重锤，直到大坝底部，形成铅垂线（称为正锤法）；在大坝底部下的基岩上固定一根不锈钢丝，上用浮箱和重锤拉紧，直到大坝顶部，形成铅垂基准线（称为倒锤法）。沿着铅垂基准线在不同高程的坝体上设置监测点，用坐标仪或传感器可测出各监测点相对于垂线底部监测点的位移，对于正锤法，因铅垂线在变动，需设夹线装置，对于倒锤法，铅垂基准线可视为不变，可直接得到挠度曲线。比较不同周期的观测成果，可得到大坝的挠度变化，如图9-3所示。

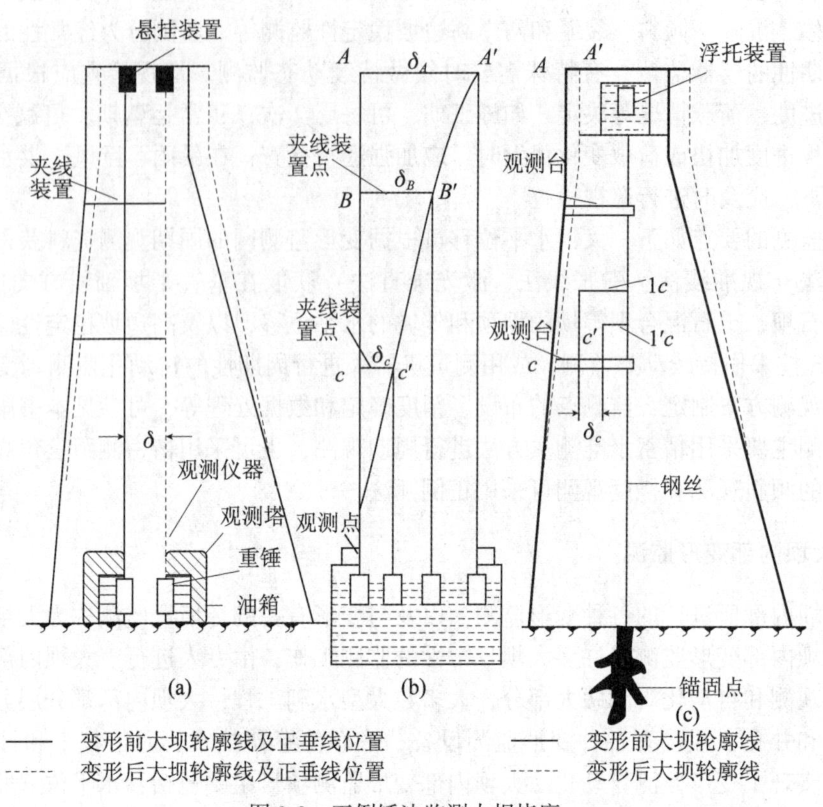

图9-3　正倒锤法监测大坝挠度

渗透压力一般采用专门的渗压计进行观测。渗流、渗压监测主要包括渗流量监测、渗透压力监测、扬压力监测和水质监测等。渗流量监测可采用人工量杯观测和量水堰观测法，量水堰有三角堰和矩形堰两种形式，前者适用于小渗流量，矩形堰适用于渗流量较大的情况。

地下水位监测通常采用水位观测井或水位观测孔进行。在需要观测的位置打井或埋设专门的水位监测管，测量井口或孔口到水面的距离，然后换算成水面的高程，通过水面高程的变化分析地下水位的变化情况。

应力、应变监测包括混凝土应力应变监测、锚杆（锚索）应力监测、钢筋应力监测和钢板应力监测等。一般采用专门的应力计和应变计进行，为了使应力应变监测成果不受环境变化的影响，在测量应力应变时，应同时测量监测点的温度。

温度监测在于了解坝体内部的温度状况，以达到监控温度荷载的目的。一般采用预埋温度传感器的方式，即在设计的监测断面上，按一定的间距埋设温度传感器，常用的温度传感器有电阻式温度计和光纤温度传感器。

环境量监测包括气温、气压、降水量、风力、风向、库水位、地下水位、库水温度、冰压力、坝前淤积和下游冲刷等。气温、气压、降水量、风力、风向等通常采用自动气象站来实现，即在大坝附近设立专门的气象观测站；水位、水温由专门设立的水文站得到，需要时还需设立地震监测站。

大坝内部变形监测自动化分三种形式：一种是数据采集自动化，称“前自动化”；一种是数据处理自动化，称“后自动化”；一种是在线数据自动采集和离线数据自动处理，称“全自动化”。

大坝内部变形自动化监测系统也分三种：集中式监测系统、分布式监测系统和混合式监测系统。集中式监测系统是将各种传感器通过集线箱连接到采集器端进行集中观测，不同类型的传感器用不同的采集器控制，由一条总线连接，形成一个独立的子系统。系统有几种传感器，就有几个子系统，所有采集器都集中在主机附近，由主机存储和管理各个采集器数据，采集器通过集线箱选点。这种监测系统的高技术部件均集中在机房，工作环境好，便于管理，系统重复部件少，相对投资也较少。但系统传输的是模拟量，电缆用量大，易受外界干扰，风险集中，可靠性不高，维护不便。分布式监测系统由计算机、测控单元和传感器组成，各种传感器通过通信介质（屏蔽电缆）接入测控单元，测控单元按采集程序将监测数据转换、存储发送到计算机处理。测控单元也接收计算机的指令，将本身和传感器的工作状况发送给计算机，系统操作员据以分析判断，及时排除系统中的故障。因系统中的数据传输多为数字信号，在精度、速度、可靠性和可扩展性方面较集中式系统有显著提高。混合式监测系统是介于集中式和分布式之间的一种采集方式，它具有分布式的外形，而采用集中方式进行采集，设置在传感器附近的遥控转换箱可将模拟信号汇集于一条总线之中，传到监控室进行集中测量和 A/D 转换，然后将数字信号送入计算机。

9.4 港口工程测量

9.4.1 概述

具有水陆联运条件和设备，并能供船舶安全进出和停泊的运输枢纽称为港口。组织实施港口建设的过程叫港口工程。港口是水陆交通的集结点，产品物资的集散地，船舶停泊、装卸货物、上下旅客、补充给养的场所，是联系内陆腹地和海洋运输的界面。按所处位置分，有河口港、海港和河港；按用途分，有商港、军港、渔港和避风港等。河口港位于河流入海口或受潮汐影响的河口段内，可兼为海船和河船服务，一般有大城市作依托；海港位于海岸、海湾或潟湖内，也有离开海岸建在深水海面上的；河港位于天然河流或人工运河上，包括湖泊港和水库港。

港口由水域和陆域组成。港口水域主要包括码头前水域（港池）、进出港航道、船舶转头水域、锚泊地以及助航标志等几部分。码头前水域是码头前供船舶靠离和进行装卸作业的水域，要求风浪小，水流稳定，具有一定的水深和宽度，能满足船舶靠离装卸作业的要求，分开敞式、封闭式和挖入式三种港池；进出港航道是船舶进出港区水域并与主航道连接的通道；转头水域又称回旋水域，是船舶在靠离码头和进出港口需要转头或改换航向时而专设的水域，其大小与船舶尺度、转头方式、水流和风速风向有关；锚泊地是专供船舶在水上停泊及进行各种作业的水域，有停泊锚地、避风锚地、装卸锚地、引水锚地和检疫锚地等。陆域是指供货物装卸、堆存、转运和旅客集散之用的陆地面积。陆域上有进港陆上通道（铁路、道路、运输管道等）、码头前方装卸作业区和港口后方区。

港口工程是指兴建、扩建或改建港口所需的各项工程设施和技术，包括港址选择、工程规划设计及各项设施的修建。港口工程水工建筑物主要包括：防波堤、码头、装卸设备、系船浮筒、修船和造船水工建筑物、进出港船舶的导航设施（航标、灯塔等）和港区护岸等。港口工程测量是为港口规划、建设和运营所进行的测量。下面摘要予以介绍。

9.4.2　港口地形和控制测量

在规划阶段要为港址选择和港口总平面布置服务。港址选择是港口规划的重要步骤，与港口密切相关的经济腹地范围、交通、矿产、货运量等因素是确定港址的重要依据，对有条件建港的位置，需要在港口进行勘测，对滨海水文、地质、地貌和气象等方面进行深入调查和比选。港口勘测需要提供港口水域、陆域的 1∶500 到 1∶5 000 的数字地形图和平面、高程控制点资料，因此，水下地形测绘是港口工程测量的一个重要内容。在规划阶段，港口总平面布置也是以测绘资料为基础完成的，它是将港口水域、陆域的各部分和工程设施进行合理的平面布置，使各装卸作业和运输作业系统、生产建筑和辅助建筑系统等相互配合和协调，以提高港口的综合通过能力，降低运输成本。在施工和运营阶段，也要对港口地区的水下地形进行定期测绘。水下地形测绘一般采用多波束测深系统进行，可实现定位、测深和成图的一体化，可参见本书第 4 章。

内河港口工程一般呈狭长条带形状布置，所占面积较小，港口工程的平面控制网（测图控制网、施工控制网和变形监测网）可在同一坐标系和基准下采用地面边角测量或 GNSS 技术建立，测图控制网最先建立，施工控制网和变形监测网可挂靠在测图控制网上。网的精度应根据工程规模、网的用途、设计需要、施工方法等因素决定。高程控制网一般采用几何水准、三角高程测距的方法建立。

在首级施工控制网的基础上，可能会建立二级施工控制网，有时二级网精度要比首级网的精度还要高。考虑港口工程施工的特殊性，常以施工基线的形式作为施工放样的依据。施工基线常见的布置形式有：两条互相垂直的基线、倾斜的基线和两条任意夹角的基线，如图 9-4 所示。

9.4.3　桩基定位与施工测量

1. 桩基定位测量

由设置于岩土中的桩和与桩顶连接的承台共同组成的基础称为桩基。组织实施桩基施工的过程叫桩基工程。它具有承载力高、沉降量小而较均匀的特点，在港口工程中得到普遍应用。按基础的受力原理可分为摩擦桩和承载桩；按施工方法可分为预制桩和灌注桩；按桩的打入方式可分为直桩和斜桩。深水桩基础施工是港口工程建造的重要环节，须先搭建水上施工平台，保证水上施工平台在建造过程中以及建成后营运的安全。

桩基定位是港口工程施工测量中的重要内容。桩的定位精度直接影响着工程的质量。直桩的计算和放样较简单，直桩中心线的平面位置不变，因此，竖直角的改变不会影响平

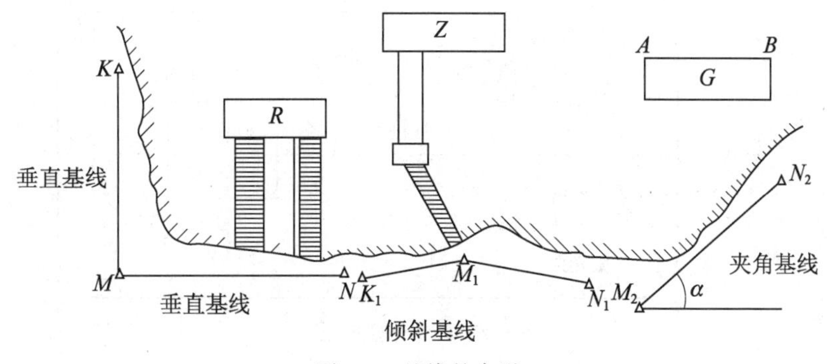

图 9-4 基线的布设

面定位结果，桩的定位精度主要受交会角度和交会距离的影响。过去主要采用交会法定位，可将一台全站仪的竖直角按设计标高位置固定，以控制桩的标高，另一台仪器随时检查桩的垂直度情况。

对于斜桩的定位，传统方法是在控制平面处按照直桩进行放样数据计算，该法忽略了桩倾斜和船尾扭动后控制截面变成椭圆的影响，会给放样数据带来一定的计算误差。

为了防止高潮位时桩顶淹没在水下，要加一个提高量。提高量为设计标高平面到控制平面的垂直距离，设为 h，设待放样斜桩中心在设计标高平面的坐标为（x_0，y_0），测站坐标为（x_p，y_p），仰俯比例为 n∶1，船轴线的方位角为 α，桩顶的标高为 H，加提高量后控制截面处的桩心坐标（x'_0，y'_0）则可按下述公式计算，仰桩为：

$$\begin{cases} x'_0 = x_0 + \dfrac{h}{n}\cos\alpha \\ y'_0 = y_0 + \dfrac{h}{n}\sin\alpha \end{cases} \tag{9-1}$$

俯桩的计算公式：

$$\begin{cases} x'_0 = x_0 - \dfrac{h}{n}\cos\alpha \\ y'_0 = y_0 - \dfrac{h}{n}\sin\alpha \end{cases} \tag{9-2}$$

求出新的桩心坐标后，按照直桩的计算方法（即将控制截面近似为圆形）计算左、右切点的方位角。上述的斜桩定位数据计算还是近似的，人们还提出了改进算法。

由于桩基远离陆地，常规的经纬仪交会法等方法一般不能满足其施工测量的要求，目前大多采用 GNSS 打桩系统。如图 9-5 所示，GNSS 打桩系统由打桩船、三台 GNSS 接收机、测斜仪、测距仪、无线及电缆通信、监控中心以及数据处理软件组成。系统由 GNSS 接收机和测斜仪观测，可实时得到打桩船的姿态，利用免棱镜测距仪测量到桩的距离，再利用姿态数据可得到桩心的准确坐标。整个定位过程可实现实时数据采集、处理、传输和监控，达到精度要求，解决了水上打桩定位的关键技术难题。

2. 桩基施工管理信息系统

桩基施工管理信息系统属于专题地理信息系统，用于管理桩基工程的文档资料、测量

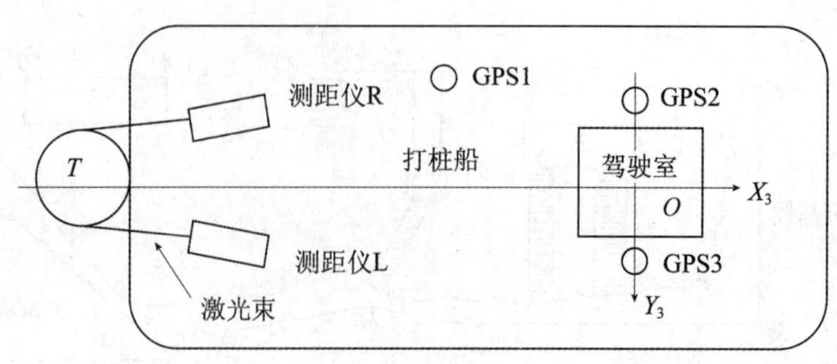

图 9-5　GNSS 打桩系统

数据和桩基设计数据等，提供数据录入、放样数据计算、报表生成等功能，系统的结构如图 9-6 所示。系统有项目管理、定位计算、沉桩记录、统计分析、数据报表、辅助工具及系统帮助等 7 个功能模块，其功能如下：

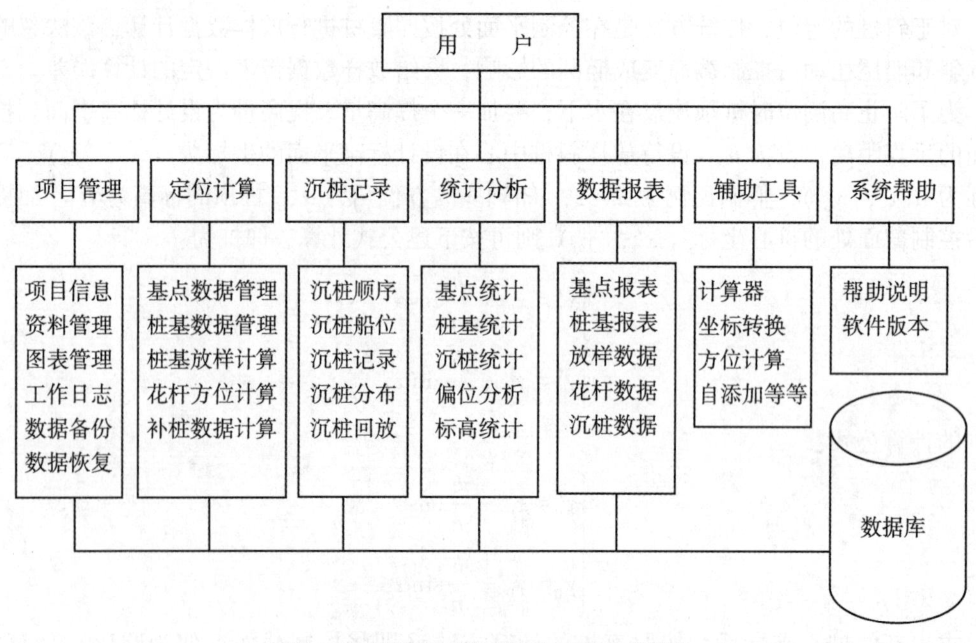

图 9-6　桩基施工管理信息系统总体结构

（1）项目管理。系统以项目为管理单元，每个项目有自己的工作目录、数据库及配置文件，下设项目信息、资料管理、图表管理、工作日志、数据备份、数据恢复几个子模块。

（2）定位计算。主要是原始数据录入、编辑，桩基放样数据生成。下设基点数据管理、桩基数据管理、桩基放样计算、花杆方位计算以及补桩数据计算等子模块。

（3）沉桩记录。是对桩基下桩过程的真实反映，可用于沉桩后各种信息的统计分析，如沉桩进度、偏位统计等，也可为施工方、监理方和设计方提供反馈信息，在沉桩出现异常时，沉桩记录是最有价值的参考资料。

(4) 统计分析。用于统计基点、桩基的各种数据，如给定桩型、倾斜、长度等参数的桩基数量；更多的是统计沉桩进度、桩基偏位、桩基标高等，并支持进度与偏位的图形化表达。生成的统计图表可作为管理人员的参考资料。

(5) 数据报表。前面几项功能模块中，大多需要报表打印，故设计数据报表模块，把前面所有的报表都集中到这里，方便用户查询打印各种数据资料。用户可自定义报表的样式，方便各种需求。

(6) 辅助工具。将科学计算器、坐标转换等常用小软件挂接到一起，方便使用。

(7) 系统帮助。对重要功能及使用注意事项作详细说明。

9.4.4 港口施工测量和安全监测

港口施工测量主要包括码头施工测量、防波堤施工测量和干船坞施工测量等。安全监测主要包括位移监测、应力监测和环境监测等。

1. 码头施工测量

供船舶停靠、装卸货物或上下旅客的水工建筑物称码头，它是港口的主要组成部分。按平面布置可分为顺岸式、突堤式和墩式码头；按结构形式可分为重力式、板桩式、高桩式、斜坡式、墩柱式和浮码头式等；按用途可分为杂货码头、专用码头、客运码头和修船码头等。直立重力式码头最为广泛，又分为方块码头、沉箱码头和扶壁式码头等，主要由墙身、基床、墙后抛石棱体和上部结构这四部分组成，依靠码头的本身结构及其上部的填料重量来维持其稳定，与重力式码头有关的测量如下：

(1) 基槽开挖及基床填抛测量。基槽开挖测量的主要任务是设置挖泥导标，测设横断面桩，进行挖泥前后的断面测量。基床开挖后要抛石、填砂，又要按设计尺寸为抛石设置导标，抛填前、后也要进行断面测量，并绘制断面图，抛填后要进行基床的整平测量。

(2) 预制方块和沉箱的定位。基床开挖整平后，要进行混凝土方块预制和沉箱安置，为了精确定位这些水下预制构件，要利用控制点和码头特征点的设计坐标，将预制构件的平面位置确定下来，并投影到基床面上，将水底投影点用线连接起来，构成安装基准线，使底层和各层预制方块按安装基准线设放。沉箱一般由预制厂预制，然后浮运到码头施工区域，再沉入整平后的基床设计位置上。沉箱安装时必须定出下沉的平面位置和下沉的深度，当沉箱离岸较近时，可根据施工基线交会法定位，若离岸较远，一般先用前方交会法精确指导第一个沉箱就位，然后在此沉箱上架仪器，根据预先计算好的放样数据，采用极坐标法放样其余沉箱下沉的位置。现在多采用 GNSS-RTK 或网络 RTK 进行定位和放样。

2. 防波堤施工测量

防波堤是保护港口、港池、航运或沿岸区的水中堤坝，一般建在港口水域或某部分外围，其作用是阻挡波浪直接侵入港内，使港内水面相对平静，船舶能安全靠泊和装卸。要根据设计部门提供的防波堤起点、终点坐标及堤轴线方位，根据测量控制网点将其放样到实地上。由于防波堤的终点一般位于深水区，难以设点，需在岸上设置堤轴线的延长线。在施工过程中，在轴线上设立导标，以便施工和定位。

防波堤施工时，要进行基槽开挖。基槽开挖的方法与重力式码头基本相同，要进行开挖定位和水下断面测量，在基槽开挖完成后，要进行水下地形测量，基槽开挖验收合格后，进行防波堤抛石施工，抛石可先在某些选定的点位处进行，待抛石露出水面，再以岸上控制点或基线进行前方交会，或用 GNSS-RTK 或网络 RTK 技术测出抛石处轴线点的精确位置，再根据这些轴线点进行防波堤施工。防波堤抛石前、后均要进行横断面测量，绘制横断面图，计算抛石量。横断面的间距一般为 10m 左右，测点间距为 2m，横断面总宽度按抛石底边边长各加宽 10~20m。

3. 干船坞施工测量

干船坞是位于地面以下，有开口通向水域以进出船舶，并设有闸门，闸门关闭后将水排干以从事修造船的水工建筑物。干船坞由翼墙、坞门、坞墙、坞室、输水系统等组成，船坞临水的一面为坞门，坞门前端为翼墙，与坞门接触的是门框，其两侧分别为船坞的灌水及排水系统。干船坞的施工控制一般采用矩形控制网，在建立时，根据港口施工控制网点和船坞中心线的设计坐标，放样出船坞中心线，再以此为基准布设矩形控制网，进行船坞的细部放样。简述如下：

（1）基坑、底板和坞墙的放样。施工开挖前，先根据施工平面图和控制点坐标放出开挖边线，由于船坞深度较大，基坑开挖时一般分成几级平台进行，当船坞开挖到一定深度后，原先设置在四周的施工基线已不能满足进一步施工的要求，需在新开挖出的平台上设置新的基线。底板尺寸、厚度和分段线由设计数据给定，可根据分段设计数据，在施工基线上确定出相应的分段点位，再进行施工。

（2）灌水、排水系统的放样。主要是根据施工控制网点，精确测放闸阀井和水泵房的中心位置。灌水、排水系统的精度要求较高，适合以主轴线为基准进行放样。

（3）坞门框和门槛的放样。坞门有卧倒式和浮箱式等形式。卧倒式坞门的坞首底板上有若干与坞门连接的铰座，使坞门起闭。铰座放样是闸首施工测量的关键，要求间距准确，与中心线对称，高程的测设精度也较高。通常以设在坞首的基线放样钢板底座，用水准仪测高程，利用预埋螺栓调整钢板高度，使其与设计高程之差小于 5mm。与坞门接触的门枢和门槛，由焊接在混凝土坞体上的钢板组成，要求钢板面与门轴中心线严格平行，误差不大于 3mm。

4. 安全监测

港口工程的安全监测内容主要包括位移监测、应力监测和环境监测等。位移监测与其他工程相似，在此从略；大型码头工程的应力监测主要通过在结构体内布设应力监测、温度监测传感器；环境监测项目主要包括气温、气压、降雨量、风力、风向、流速、流向、水位和波浪等，对于高桩码头还应进行码头区域的淤积和冲刷监测。

◎ 本章的重点和难点

重点：大型水利工程的施工平面控制网布设和施测方法，大型水利枢纽工程的大坝安全监测；港口工程的桩基定位、施工测量和安全监测。

难点：大型水利工程的大坝外部和内部变形监测，港口工程的桩基定位和打桩系统。

◎ 思考题

（1）大型水利工程的施工平面控制网的特点是什么？什么叫定线网？

（2）为什么大型水利工程的施工平面控制网很少采用 GNSS 网，传统上都布设成地面三角形网？

(3) 大型水轮发电机组的安装、调校和检测需要进行哪些测量？

(4) 什么是大坝外部变形监测，包括哪些项目，有何特点？

(5) 什么是大坝内部变形监测，包括哪些内容，有何特点？

(6) 什么是港口？港口工程包括哪些组成部分？

(7) 我国有哪些重要港口，试举一二例进行说明。

(8) 什么是桩基？桩基定位有哪些方法？

(9) 什么是 GNSS 打桩系统？简述其软硬件构成及其功能。

(10) 港口的施工测量包括哪些内容？

第10章　高速铁路工程测量

本章结合近年国内高速铁路建设飞速发展的实际，较详细地讲述了高速铁路工程的控制网布网方法和基准问题，轨道系统的精密测量技术和方法，轨枕和轨道板的精调技术，最后介绍了高铁工程的各种强制对中装置和变形监测内容。

10.1　概　　述

国际上将旅客列车速度大于200km/h的铁路称为高速铁路。根据2004年《中长期铁路网规划》，到2020年，我国将建成12 000km高速铁路。由于近年国内高速铁路建设飞速发展，上述目标早已实现，截至2019年底，我国高铁运营里程已经突破35 000km。已投入运营的京广、京沪等长大高铁干线，列车运营速度已达350km/h。2010年12月3日，京沪高铁在铁路运营试验中还创下了486.1km/h的世界最高速度记录。2016年7月15日，两辆动车以420km/h在郑徐高铁完成交汇试验，相对速度达840km/h的动车交汇速度世界新纪录就此诞生。

高速铁路可分为线下工程和轨道系统两部分，线下工程测量和轨道系统测量有本质区别。线下工程是指高速铁路的路基、桥梁、隧道和涵洞等。线下工程的施工精度不高，通常为厘米级，施工测量方法与传统铁路并无本质区别。轨道系统是在线下工程完工，且各种变形趋于稳定后，以线下工程为依托，通过特殊精调装置和专用测量设备，将轨道构件如轨道板、轨枕、钢轨等精确测设到设计位置，形成高平顺的轨道系统。

高速铁路实现列车高速行驶的前提条件是轨道系统的高稳定性和高平顺性。与传统铁路的主要区别是要一次性建成稳固、可靠的线下工程和高平顺性的轨道系统。线下工程的高稳定性需依靠对变形和沉降的严格控制来实现，轨道系统的高平顺性则要依靠精密测量技术。因此，变形监测和精密测量技术是高速铁路建设中与测量相关的两大关键技术。

在高速铁路工程测量中，属于精密工程测量范畴的测量工作是轨道系统的施工测量。其实质是精密的安装、定位测量，控制基准是轨道控制网。轨道控制网的精度要求是点位绝对精度2mm，相邻点间的相对精度1mm。轨道铺设精度（指两根轨枕间的轨道相对精度）为0.3mm。

高速铁路与传统铁路的测量有很大不同，主要体现在如下几个方面：

（1）高速铁路线下工程测量和轨道系统施工测量在不同的坐标基准下进行。在高速铁路勘测和线下工程施工阶段，应采用统一的国家基准。根据轨道结构和施工方法的差异，高速铁路的轨道系统又分为图10-1所示的多种类型，不同类型的轨道结构，其测量方法和精度要求也各不相同。在高速铁路轨道系统施工时，需要建立独立的工程坐标基准，如采用任意中央子午线和抵偿高程面的独立坐标系，用高斯分带投影方法建立，长度在轨道面的投影变形不大于 10mm/km，并在此基准下建立具有最佳相对精度网形的精密控制网。

（2）高速铁路控制测量分线下工程控制网和轨道控制网。线下工程控制网主要用于高速铁路的初测、定测以及线下工程施工测量。轨道控制网则用于轨道系统的安装、调试、检查和运营维护，且采用三网合一技术。

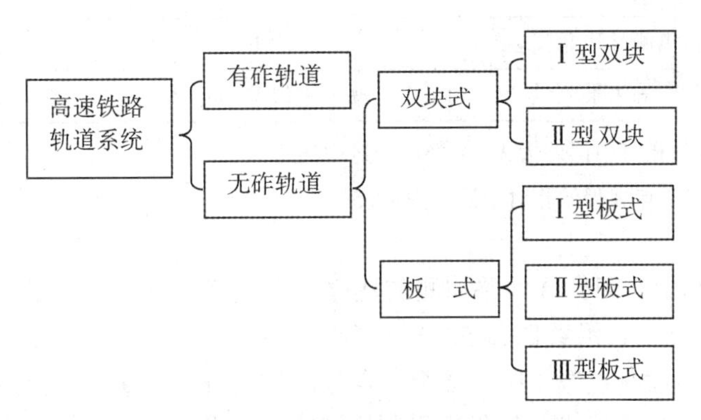

图 10-1　高速铁路轨道系统分类

（3）要求的精度高。承轨系统的施工精度要达到毫米至亚毫米级，轨道铺设精度要达到 0.3mm。需要用专用轨道测量设备（如精调标架、轨检仪等）对轨道系统构件进行测设定位，对轨道几何状态进行测量和平顺性评估等。

（4）高精度 GNSS 接收机、智能型全站仪、数字水准仪和轨道检测仪等精密测量仪器在高速铁路建设中得到普遍使用。

本章重点介绍高速铁路控制网的特点、布网方法、精度要求和标志埋设要求，以及精密测量基准的建立方法、三维平差技术、轨道系统精密测设、定位和校准等内容。

10.2　高铁控制网的布设和测量基准

10.2.1　控制网布设

1. 平面控制网

高速铁路平面控制网分四级布设，第一级为框架控制网，简称为 CP 0 网；第二级为基础控制网，简称 CPⅠ网；第三级为线路控制网，简称 CPⅡ网；第四级为轨道控制网，简称 CPⅢ网。上一级网是下一级网的起算基准。CP 0、CPⅠ、CPⅡ网采用卫星定位技术建立（在隧道洞内的 CPⅡ网采用导线法建立），CPⅢ网采用自由设站边角交会法建立。各级网的精度要求见表 10-1，本节简要介绍 CP 0、CPⅠ、CPⅡ和 CPⅢ网的测量及其数据处理。

表10-1 **高速铁路各级控制网的精度要求**

控制网	测量方法	相邻点的相对中误差（mm）	点 间 距
CP 0网	GNSS	20	约50km
CP Ⅰ网	GNSS	10	约4 000m
CP Ⅱ网	GNSS	8	600~800m
	附合导线	8	400~800m
CP Ⅲ网	自由测站边角交会	1	点对间距50~70m
二等水准	二等水准测量	高差中误差2mm/km	约2 000m

说明：1. 相邻点的相对中误差指X、Y坐标分量中误差；

2. 相邻CP Ⅲ点高程的相对中误差为±0. 5mm。

框架控制网（CP 0网）在线路初测前建立，在线路起点、终点以及与其他线路衔接处，应各布设1个点，且沿线路每50km左右布设一个点，并应与IGS参考站或国家A、B级GNSS点联测，联测点数不少于2个。点位应均匀分布，每个点上的独立基线不小于3条，须采用精密星历和要求的软件进行基线解算，要求全线一次性布设、测量和整体平差。

基础控制网（CP Ⅰ网）在线路初测阶段建立，每4km左右布设一个点，点位应设在距线路中线50~500m，不会被施工破坏、稳定可靠和利于测量的地方。隧道段应在洞口处布设一对CP Ⅰ网点，两点间距800~1 000m。CP Ⅰ网应由三角形、大地四边形组成的带状网构成，并附合在CP 0网上。按《高速铁路工程测量规范》（TB10601—2009）规定施测，全线应一次布网、测量和整体平差。网的三维约束和无约束平差应在2 000国家大地坐标系中进行，并应将其空间直角坐标分别投影到相应的投影带，得控制点在各投影带中的工程独立坐标。

线路控制网（CP Ⅱ网）在线路定测阶段建立，沿线路每600~800m布设一个点，点位应距线路中线50~200m，且利于保护、稳定可靠和方便使用，应构成由三角形、大地四边形组成的带状网，并附合在CP Ⅰ网上。隧道洞内每300~600m布设一对点，采用四至六条边的导线环网，并附合在洞口的CP Ⅰ网控制点上。应按《高速铁路工程测量规范》规定施测，全线应一次布网、测量和整体平差。CP Ⅱ网的三维约束和无约束平差在2000国家大地坐标系中进行，三维约束平差起算点是所联测CP Ⅰ点。CP Ⅱ控制网的二维平面坐标是高速铁路线路工程独立坐标系中的坐标，即将CP Ⅱ控制网在2000国家大地坐标系中的空间直角坐标分别投影到相应的平面坐标投影带中。

隧道洞内CP Ⅱ控制网是在隧道贯通后采用导线测量按《高速铁路工程测量规范》规定施测的，采用严密平差方法进行平差计算。

轨道控制网（CP Ⅲ网）在线下工程施工结束和沉降变形趋于稳定以后建立，是平面和高程共点的三维控制网，平面上是以CP Ⅰ网或CP Ⅱ网点为已知点的一种全新的自由设站地面边角交会控制网，其主要作用是为轨枕或轨道板铺设、钢轨铺设和运营维护提供基准。CP Ⅲ网的布设和数据处理方法将在后面详细讨论。

2. 高程控制网

高速铁路的高程控制采用二等水准网，沿设计线路每2km左右埋设一点，并联测沿线的国家一、二等水准点；部分二等水准点与CPⅠ网点共用标石；单独埋设的二等水准测量标石到线路中心线的距离不能大于500m；在平原地区，一般采用精密水准仪施测二等水准。在复杂水域和山区，可采用精密三角高程施测。CPⅢ网是平面和高程共点的三维控制网。

由于高速铁路对线下工程的稳定性要求很高，并需兼顾线下工程沉降监测的需要，沿线二等水准点常作为沉降监测的基准点。因此，在软土和区域沉降地区，要求每隔10km左右设置一个深埋水准点，每隔100km左右设置一个基岩水准点。

10.2.2　测量基准及建立方法

高速铁路轨道系统测量精度要求高，应在精密的工程独立基准下进行测量。建立一个精密的测量基准，包括确定最佳区域椭球和选择最佳投影两个方面。由于高速铁路的基础控制网是采用GNSS测量，因此，可通过对WGS-84椭球的改造来确定最佳区域椭球。

1. 同时改变椭球长半轴和偏心率

设工程投影面（平均高程面）的高程为Δh。选取测区中心附近的P点为基准位置，假定WGS-84椭球长半轴为a，第一偏心率为e，基准位置大地经度和纬度分别为L_P和B_P，大地高为H_P，如图10-2所示。

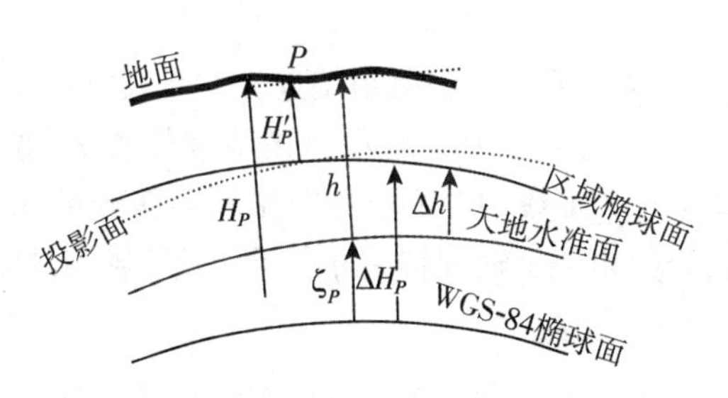

图10-2　投影面与椭球面的关系

保持椭球定位和定向不变，P点的三维空间直角坐标、大地经度和纬度都不变，同时改变椭球的长半轴和偏心率，使新建区域椭球面通过P点法线在测区平均高程面（即投影面）上的投影，则新建区域椭球面最大限度地接近测区平均高程面，如图10-3所示。

假设新椭球要素为a_1和e_1。在新椭球坐标系中，P点大地高由H_P变为H'_P。由图10-2可知，P点大地高的变化量为

$$\delta H_P = H'_P - H_P = -\Delta H_P = -(\zeta_P + \Delta h) \tag{10-1}$$

式（10-1）的几何意义是：基准点P的高程变化，等于工程区域平均高程Δh与P点的高程异常ζ_P之和，但符号相反。

由三维直角坐标与大地坐标的转换关系，可求得

$$N_{1P} = N_P + \Delta H_P \tag{10-2}$$

和

$$N_{1P}(1 - e_1^2) = N_P(1 - e^2) + \Delta H_P \tag{10-3}$$

其中，N_P和N_{1P}分别为WGS-84椭球和新建区域椭球在P点处的卯酉圈曲率半径。

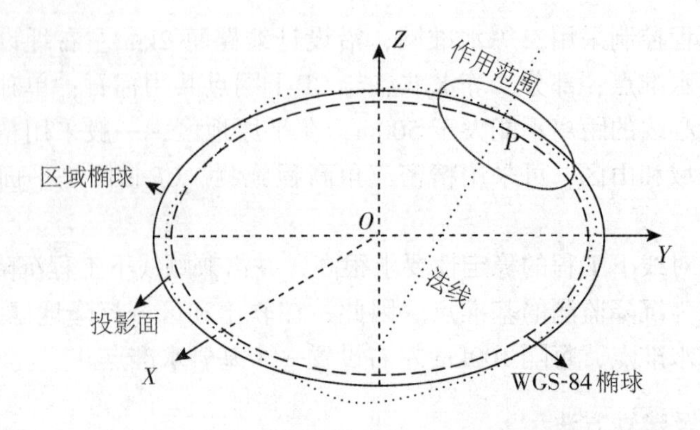

图 10-3　同时改变长半轴和偏心率后的椭球

由式（10-2）、式（10-3），可得

$$e_1^2 = \frac{N_P}{N_P + \Delta H_P} e^2 \tag{10-4}$$

将式（10-2）和式（10-4）代入卯酉圈曲率半径表达式，可得

$$a_1 = (N_P + \Delta H_P) \sqrt{1 - \frac{N_P e^2 \sin^2 B_P}{N_P + \Delta H_P}} \tag{10-5}$$

2. 垂线偏差改正

上述新建区域椭球面与测区平均高程面很接近，并且在基准位置，区域椭球的法线与 WGS-84 的椭球法线是一致的。如图 10-4 所示，在基准位置 P 建立站心大地坐标系 $P - xyz$。设 P 点的垂线偏差为 u，垂线偏差的子午分量和卯酉分量分别为 ξ 和 η，则以 P 为旋转中心，先绕 y 轴旋转 ξ，再绕 x 轴旋转 $-\eta$，即可将 z 轴由法线方向旋转到垂线方向。

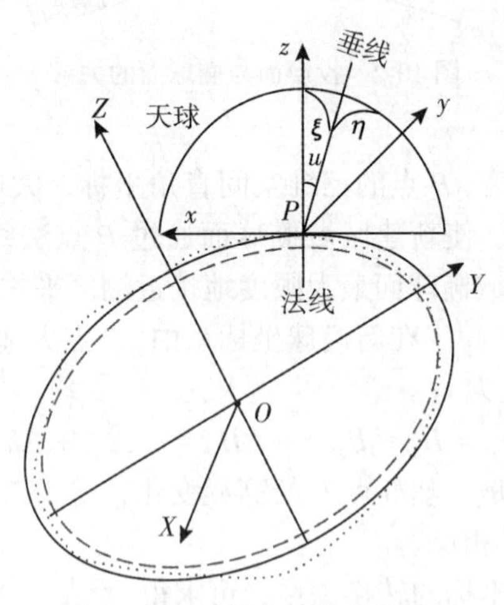

图 10-4　垂线与法线的关系

如图 10-5 所示，设 $P - \overline{XYZ}$ 为 P 点的站心赤道坐标系，则其轴系与地心坐标系 O -

XYZ 的轴系平行。假定坐标系 $P-xyz$ 在旋转时，与之在 P 点固联的站心赤道坐标系 $P-\overline{XYZ}$ 也同步旋转，并假定它的三轴旋转角为 ε_X、ε_Y 和 ε_Z。两类旋转角有如下关系：

$$\begin{bmatrix}\omega_X\\ \omega_Y\\ \omega_Z\end{bmatrix}=\begin{bmatrix}\cos L_P\sin B_P & \sin L_P\\ \sin L_P\sin B_P & -\cos L_P\\ -\cos B_P & 0\end{bmatrix}\begin{bmatrix}-\eta\\ \xi\end{bmatrix}\tag{10-6}$$

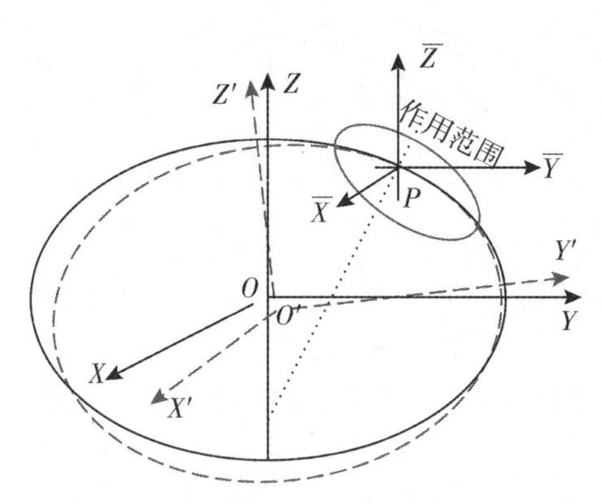

图 10-5 椭球中心平移后的区域椭球

在图 10-5 中，假定 P 点站心赤道坐标系在旋转的同时，地心空间直角坐标系 $O-XYZ$ 也同步旋转，且旋转后的坐标系为 $O'-X'Y'Z'$。假设 O' 在旋转前的地心坐标系中的坐标为 $(\delta_X,\ \delta_Y,\ \delta_Z)$，对任意一点 P_i，有如下转换关系：

$$\begin{bmatrix}X_i'\\ Y_i'\\ Z_i'\end{bmatrix}=\begin{bmatrix}X_i+\delta_X\\ Y_i+\delta_Y\\ Z_i+\delta_Z\end{bmatrix}+\begin{bmatrix}0 & -Z_i & Y_i\\ Z_i & 0 & -X_i\\ -Y_i & X_i & 0\end{bmatrix}\begin{bmatrix}\varepsilon_X\\ \varepsilon_Y\\ \varepsilon_Z\end{bmatrix}\tag{10-7}$$

对于旋转中心 P，转换前后三维坐标应保持不变，由此可得

$$\begin{bmatrix}\delta_X\\ \delta_Y\\ \delta_Z\end{bmatrix}=-\begin{bmatrix}0 & -Z_P & Y_P\\ Z_P & 0 & -X_P\\ -Y_P & X_P & 0\end{bmatrix}\begin{bmatrix}\varepsilon_X\\ \varepsilon_Y\\ \varepsilon_Z\end{bmatrix}\tag{10-8}$$

即

$$\begin{bmatrix}X_i'\\ Y_i'\\ Z_i'\end{bmatrix}=\begin{bmatrix}X_i\\ Y_i\\ Z_i\end{bmatrix}+\begin{bmatrix}0 & -(Z_i-Z_P) & (Y_i-Y_P)\\ (Z_i-Z_P) & 0 & -(X_i-X_P)\\ -(Y_i-Y_P) & (X_i-X_P) & 0\end{bmatrix}\begin{bmatrix}\varepsilon_X\\ \varepsilon_Y\\ \varepsilon_Z\end{bmatrix}\tag{10-9}$$

至此，通过式（10-4）、式（10-5）、式（10-6）和式（10-9），可将 WGS-84 椭球变换成地方区域椭球。该区域性椭球与 WGS-84 椭球的区别是：椭球元素由 a 和 e 变成 a_1 和 e_1，椭球中心由 O 平移到 O'。由图 10-5 可知，在局部区域内，新建区域椭球面与测区平均高程的大地水准面实现了最佳拟合。

3. 垂线偏差的确定

式（10-6）中的垂线偏差可以通过以下两种方法求得：

方法一：高速铁路所经地区相对垂线偏差不大，可以直接在高程异常图上量取东西向高程异常 ξ_{WE} 和南北向高程异常 ξ_{NS}，以及量取点到基准位置 P 的水平距离 D_{WE} 和 D_{NS}。ξ_{WE} 和 ξ_{NS}，与 D_{WE} 和 D_{NS} 的关系如图 10-6 所示，由此，可近似求得

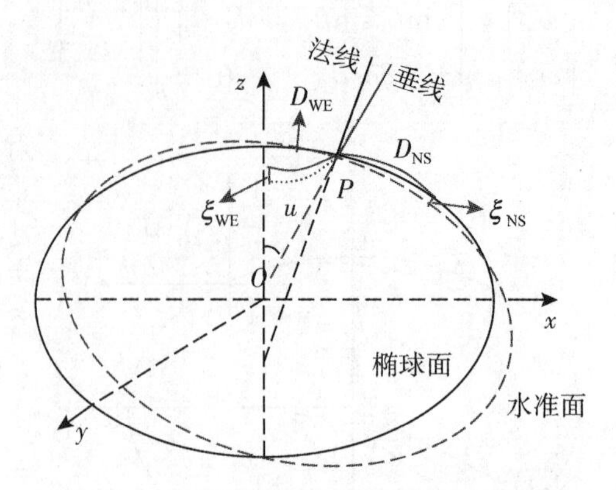

图 10-6　由高程异常计算垂线偏差示意图

$$\xi \approx \frac{\xi_{NS}}{D_{NS}}\rho = 206265\,\frac{\xi_{NS}}{D_{NS}} \tag{10-10}$$

$$和\ \eta \approx \frac{\xi_{WE}}{D_{WE}}\rho = 206265\,\frac{\xi_{WE}}{D_{WE}} \tag{10-11}$$

为提高精度，可取多点计算值的平均值。

方法二：高速铁路是狭长的带状区域，沿线每两千米左右就有一个二等水准点，其中，大约有 50%的水准点与 CPⅠ网点重合。利用 GNSS 测量的大地高，很容易求得沿线路走向上的高程异常。对于高速铁路精密工程测量控制网，直接利用线路走向上垂线偏差的子午分量 ξ_1 和卯酉分量 η_1 来代替 ξ 和 η，并且这样做更符合实际。

4. 选择最佳投影

在我国，传统的投影方法是高斯投影。对于地形起伏不大的南北走向工程，建立一个坐标系就可以控制较大区域，甚至是整条铁路。而对于非南北走向工程，就需要划分许多投影带才能满足精度要求。但是，多个投影带不利于成果使用和线路顺接。

高速铁路精密测量控制网是狭长的带状网，可根据以下原则灵活选择投影方式：南北走向的线路，可选择横轴墨卡托投影；非南北走向的线路，可选择斜轴墨卡托投影；东西走向的线路，可选择兰勃特投影。

需要注意的是：无论选择何种投影，都必须注意一个原则，那就是投影变形引起的误差，应不影响精密工程的施工精度。如果做不到这一点，就需要将测区分割成多个区域分别投影，建立多个独立坐标系。

10.3　轨道控制网（CPⅢ网）的布设和处理

CPⅢ网是在工程独立坐标系下的精密三维控制网，在路基、桥梁、隧道等线下工程施工完成，并且各种变形趋于稳定，具备轨道工程施工条件后，在线下工程的结构物上布

设。在轨道系统施工前，还需要建立CPⅠ、CPⅡ、CPⅢ三网合一的精密控制网。工程独立坐标系应确保轨面上的长度投影变形不大于10mm/km。这一要求的依据是：高速铁路轨道系统是狭长结构，净宽很小（通常小于10m），施工测量时，现场实测距离因长度投影变形而引起的横向误差（通常小于0.1mm，轨道平顺性要求是0.3mm）可以小到忽略不计的程度。

10.3.1 测量基准和精度匹配问题

需要注意的是，对线下工程施工来说，表10-1的精度是可行的，而对于轨道系统精密测量而言，表10-1所列出的各级控制网的精度并不满足要求。现说明如下：

若在两个高级控制点之间加密 n 个次级控制点，假定次级控制网相邻点的相对精度要求为 m_c，则相距最远的两个次级控制点的相对精度 m_{c-c} 可近似表示为

$$m_{c-c} = m_c\sqrt{n} \tag{10-12}$$

为保证高级网对低级网的约束不造成低级网的精度损失，相邻的两个高级控制点之间的相对精度应优于 m_{c-c}。

在高速铁路控制网中，通常在两个CPⅠ网点之间加密5~7个CPⅡ网点，在两个CPⅡ网点之间加密10~13个CPⅢ网点。由式（10-12）可知，相邻CPⅡ网点的相对精度应优于3mm，相邻CPⅠ网点的相对精度应优于7mm（高于表10-1中的精度）。只有这样，才能保证高级控制网对次级控制网实施约束控制时，次级网的精度不受损失，且网形不发生扭曲和畸变。

CPⅠ和CPⅡ网主要使用静态GNSS技术施测。目前，高精度的双频GNSS接收机的静态基线精度可达3+0.5ppm。GNSS基线解算时，起算点误差对基线的影响可达

$$\delta s = 0.6 \times 10^{-4} \times D \times \delta x \tag{10-13}$$

式中，δx 为起算点误差（单位为mm）；δs 为起算点误差引起的基线解算误差（单位为mm）；D 为基线长度（单位为km）。

CPⅠ网GNSS基线解算时，将引入CP 0或国家A、B级GNSS点作为固定测站，其基线精度会很高，要达到CPⅠ网的精度指标并不难。CPⅠ网的精度要求满足后，约束于CPⅠ网的CPⅡ网也能满足要求。

为了建立轨道系统的精密测量基准，最好的做法是：轨道工程施工阶段，CPⅠ网应在WGS-84坐标系中进行整网三维无约束平差，然后以CPⅠ网点为约束点，对CPⅡ网进行整网三维约束平差，平差成果转换到2000国家大地坐标系中，再根据实际需要，分段投影到相应的投影带中。这样建立的CPⅠ和CPⅡ平面网的相对精度很高，属最佳精度相对网形。

10.3.2 CPⅢ网布设

CPⅢ网采用自由设站后方边角交会方式布设，用高精度智能型全站仪（测量机器人，如Leica的TCA2003、TS30、TS60等）进行自动化测量。网形如图10-7所示。

CPⅢ网控制点成对且对称布置，一对点之间的间距约9~15m，点对之间的间距约60m，网形非常规则。CPⅢ网点要永久保存，或需建专用观测墩（路基段，见图10-8），或埋设在桥梁防护墙上（桥梁段，见图10-9），或埋设在隧道边墙上（隧道段，见图10-10）。

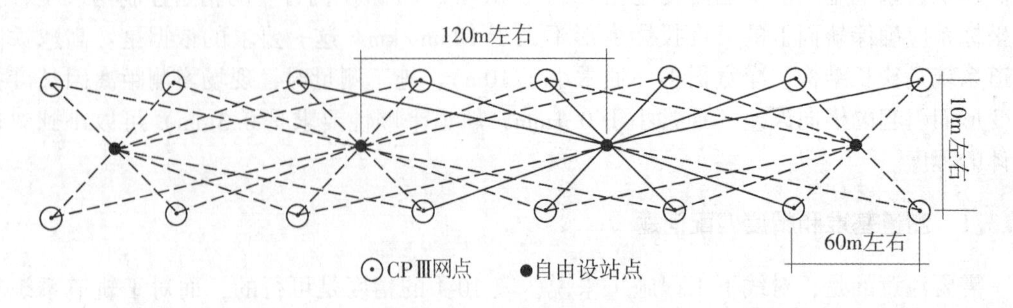

图 10-7　CPⅢ控制网示意图

图 10-8　路基段 CPⅢ观测墩

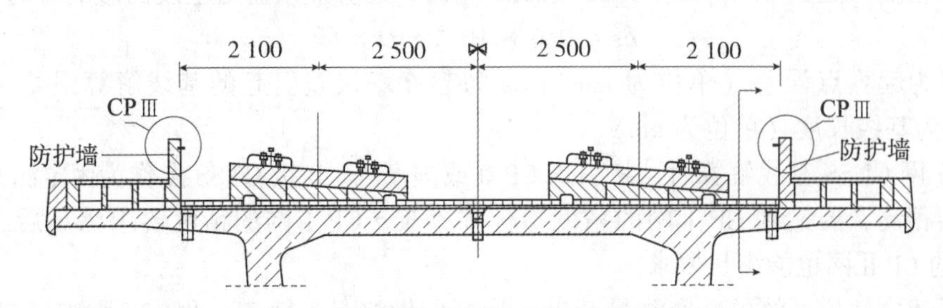

图 10-9　桥梁段 CPⅢ网点位布置示意图

CPⅢ网点采用如图 10-11 所示的强制对中装置和配套的精密棱镜为测量标志，棱镜的反射中心就是三维 CPⅢ网控制点。图 10-11（a）为引进的德国 Sinning 棱镜系统，其特点是支架具备三个自由度，可将棱镜竖轴调整到铅直状态，预埋件外露端稍微上倾，可将水准测量的高程精确传递至棱镜中心；图 10-11（b）为国内仿制的两种 CPⅢ棱镜组，其特点是预埋件精确埋设后，可确保棱镜铅直。CPⅢ棱镜组的强制对中误差不能大于 0. 3mm。

CPⅢ网为高速铁路轨道系统施工和线路运营维护带来了极大方便：测量时只需整平仪器，就可通过 4~8 个 CPⅢ网点，根据边角后方交会原理，精确设置测站（利用 8 个 CPⅢ点设站，设站点三维坐标分量的精度通常优于 0. 7mm，定向精度优于 2″），随时进行精密三维测量。

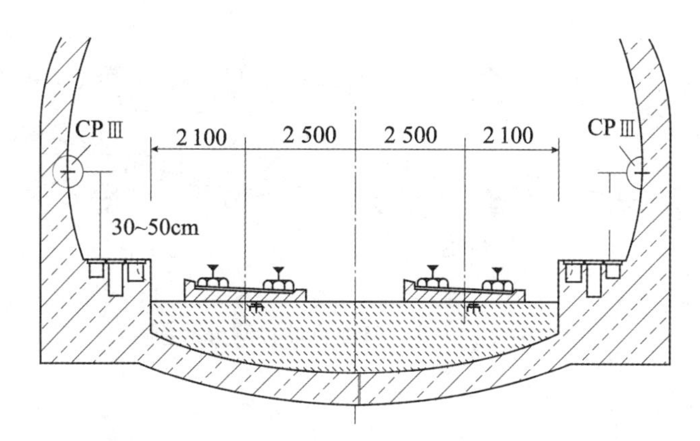

图 10-10　隧道段 CPⅢ网点位布置示意图

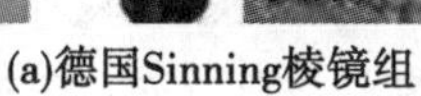

(b)国产CPⅢ棱镜组

图 10-11　CPⅢ测量标志和专用棱镜

10.3.3　CPⅢ网平面测量

如图 10-7 所示，CPⅢ网是一种狭长而规则的控制网，观测条件苛刻，一般要求在夜间或阴天，用边角交会自由设站模式，向前后各 3 对 CPⅢ网点上的棱镜进行全圆法方向和距离的全自动化观测。每测站至少测量 3 个测回，测站之间重叠 4 对点。测量时，遇到 CPⅡ网点应联测，且联测点到测站的距离应小于 200m，联测方法如图 10-12 所示。

全站仪的测量成果要在工程独立坐标系中，利用联测的 CPⅡ网点作为强制约束点，分段进行约束平差，求得 CPⅢ网点的平面坐标。分段长度不能小于 4km，平差方法为常规平面网平差，要求平差后点位绝对精度优于 2mm，相邻点的相对精度优于 1mm。

10.3.4　CPⅢ网高程测量

CPⅢ网点高程利用二等几何水准施测，要求相邻 CPⅢ网点高程的相对精度为 0.5mm。就几何水准而言，这一精度要求并不很高，实现起来也比较容易。由于网点密度高，网形规则，CPⅢ网点水准测量有如下特点：

（1）每个 CPⅢ点都是水准点，水准测量时没有转点；

（2）仪器很容易架设在前后两对 CPⅢ网点的中间，测量中无需量距，每站观测 4

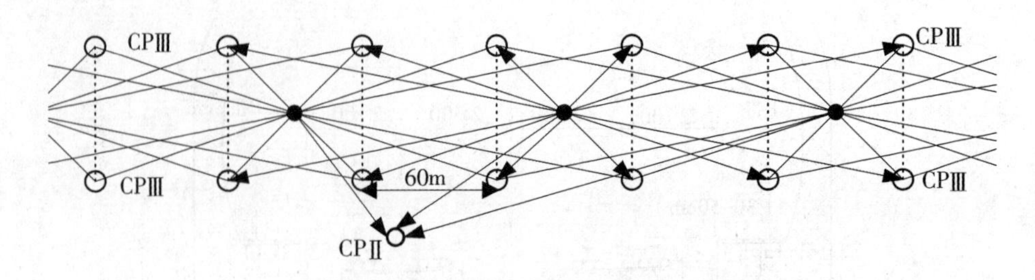

图 10-12　CPⅡ、CPⅢ网联接测量示意图

个点；

（3）水准尺立在与 CPⅢ标志配套的转接杆上，确保测量结果准确转换到 CPⅢ棱镜中心；

（4）用精密数字水准仪施测，以减小劳动强度，且方便 CPⅢ网点名的自动录入；

（5）测点高于地面 1m 左右且大致等高，测量中宜选用 1m 或 1.5m 长的特制水准尺。

CPⅢ高程测量分为德国的中视法和中国矩形法两种。德国的中视法源于 Leica 和 Trimble 电子水准仪的自动记录程序，测量原理如图 10-13 所示。

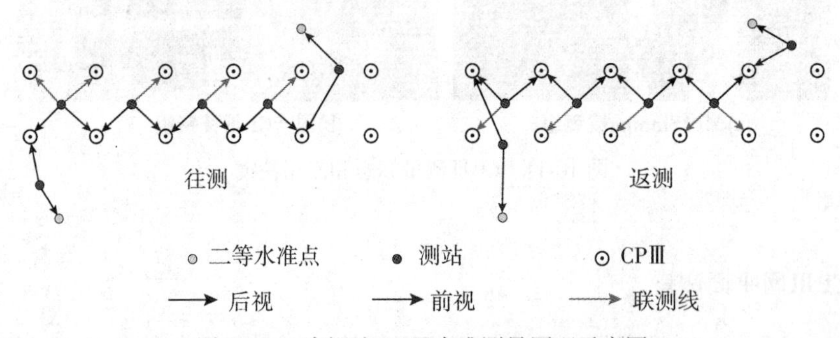

图 10-13　中视法 CPⅢ水准测量原理示意图

往测时，自一个水准基点沿线路右侧 CPⅢ网点测至另一个水准基点，形成附合水准线路，左侧 CPⅢ网点作为支点同步观测。返测时测量左侧 CPⅢ网点形成附合线路，右侧 CPⅢ点作为支点。

这里所说的水准基点是指勘测阶段沿线每隔 2km 布设的水准点，或利用精密水准、精密三角高程引测了高程的 CPⅢ网点。

在我国，中视法观测没有相应的规范支持，因此提出了矩形法，其原理如图 10-14 所示。矩形法的实质是沿前后两对 CPⅢ网点按顺时针施测水准，形成规则的水准环。各个小的水准环环环相连，形成规则的水准环网。

10.3.5　三网合一技术

CPⅠ网在高速铁路的勘测和建设期间起重要作用，并得到较好的保护，但很难在高速铁路的寿命期内完好保存。CPⅡ网点到线下工程完工时，一部分将因施工而被破坏，

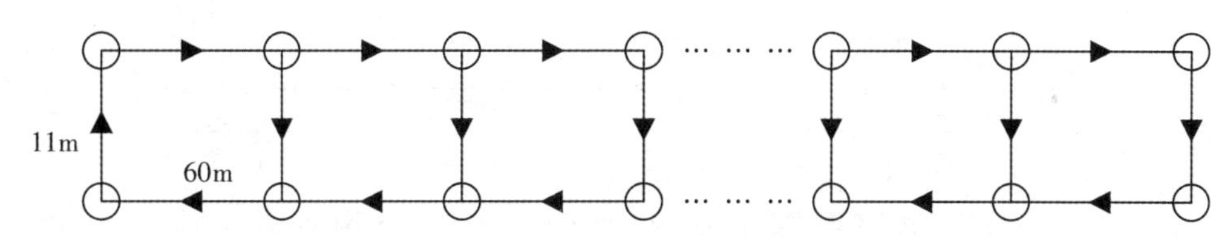

图 10-14　矩形法 CPⅢ水准测量原理示意图

幸存的大部分 CPⅡ网点，也将因通视或不满足联测要求（CPⅡ和 CPⅢ网联测时，联测距离不能超过 200m）等原因而失去作用。鉴于以上原因，在轨道工程施工前，应在高速铁路建筑红线以内，布设一个全新的 CPⅡ网。新布设的 CPⅡ网点要求埋设在高速铁路线下工程的结构物上，采用不锈钢标志，以便长期保存。

新布设的 CPⅡ网宜将全部 CPⅠ网点纳入网中，形成了整体网，并将 CPⅠ网的无约束平差坐标作为约束条件，在 WGS-84 坐标系中进行整网三维约束平差。平差成果先转换至 2 000 国家大地坐标系中，再根据实际需要，分段转换至工程独立坐标系中，为 CPⅢ网提供平面控制基准。这样，CPⅠ、CPⅡ、CPⅢ就形成了一个三网合一的整体网。通过 CPⅠ网的联系作用，整体网具有两套坐标：一套是国家测绘基准下的坐标，另一套是工程独立基准下的精密坐标，为高速铁路轨道系统精密测量和运营维护期间的测量提供测绘保障。

布设新的 CPⅡ网，以及 CPⅡ和 CPⅢ网联测时，必须考虑仪器的对中精度。CPⅢ网测量采用强制对中模式，对中误差可忽略不计，而 CPⅠ网和 CPⅡ网用 GNSS 测量，通常采用常规测量对中模式。顾及设备制造误差、对中误差等因素，常规模式的对中误差达 1～2mm。如果再考虑棱镜误差，CPⅡ和 CPⅢ网联测时，棱镜中心的设置误差甚至能达到 3mm。很显然，对中误差对精密测量的影响极大。根据误差传播中的“忽略不计”原则，施测新布设的 CPⅡ网时，需要利用具备精密光学对中器的精密支架来架设 GNSS，确保点位对中精度优于 1mm。而在 CPⅡ和 CPⅢ网联测时，应该采用精密棱镜、支架和基座，以及配套的优质木脚架，才能使棱镜中心的重复设置精度勉强达到 0.5mm。

为解决仪器对中问题，在京沪高速铁路施工期间，中铁十五局设计了一套可以架设多种精密测量设备的通用型强制对中装置（详见本章 10.7 节），实现了 CPⅡ和 CPⅢ网的无缝连接。具体做法是：CPⅢ标志全部采用通用型强制对中装置，使 CPⅢ标志既能安装 GNSS 天线和精密棱镜，也能架设全站仪和立放水准尺。另外，每隔 600 至 800m，选取一个 CPⅢ网点作为 CPⅡ网点，构成如图 10-15 所示的整体网。CPⅢ网在测量之前，先用几何水准或精密三角高程，将沿线的二等水准高程引测到所有的 CPⅡ点上，使 CPⅡ点具备三维坐标。

我国高速铁路主要采用桥梁结构，CPⅢ网点大多位于桥上，直接由地面水准点向桥上传递高程困难，可采用如图 10-16 所示的方法来传递高程。首先，在欲传递高程的CPⅢ网点对应的桥墩下部埋设通用型强制对中装置（图 10-16 中 2 所指位置），先用精密水准仪将高程传递到桥下对中装置上，再用 CPⅢ棱镜，根据三角高程原理传递高程。这种方法无需考虑仪器高和棱镜高，传递高程的精度很高。

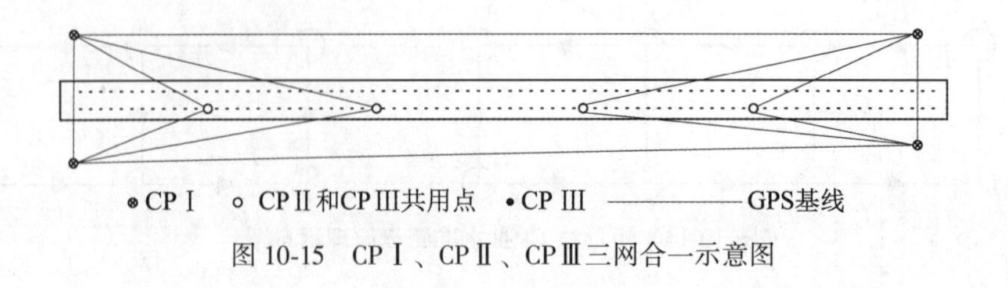

图 10-15　CPⅠ、CPⅡ、CPⅢ三网合一示意图

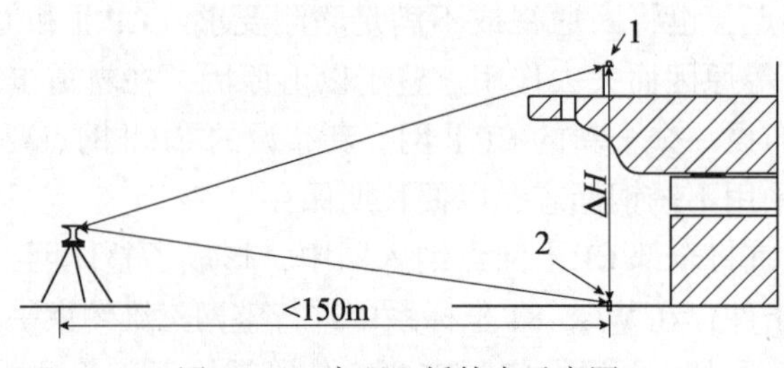

图 10-16　高程上桥技术示意图

10.3.6　CPⅢ网三维严密平差技术

高速铁路的 CPⅢ网是三维网，理应按照三维数据处理技术来处理观测成果，但引进技术是平面和高程分别测量和处理的，本质上并不是三维平差。为充分发挥全站仪三维观测成果的作用，本节介绍中铁十五局在京沪高铁建设期间提出的三维严密平差技术。

1. 三维平差函数模型

以全站仪三轴交点（简称测站）为原点，建立如图 10-17 所示的站心天文坐标系 $P-N'E'U'$。在该坐标系中列立观测方程，全站仪的三维观测值与测点坐标直接相关。

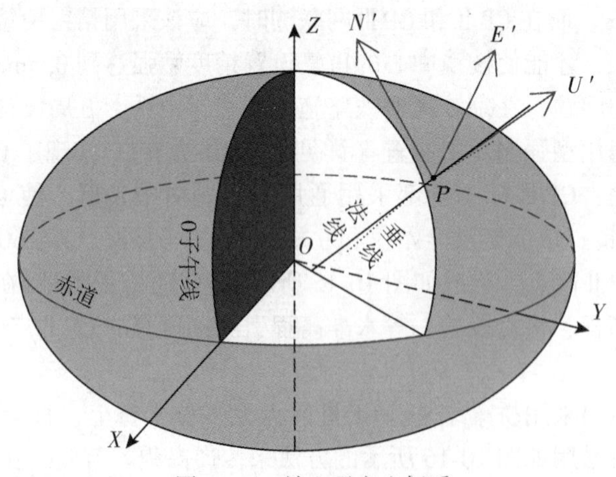

图 10-17　站心天文坐标系

如图 10-18 所示，在测站 P 测量任意一点 j 的距离为 S_{Pj}，水平方向为 γ_{Pj}，天顶距为

α_{Pj}，设 j 点三维站心天文坐标为（N'_{Pj}，E'_{Pj}，U'_{Pj}）。对空间斜距 S_{Pj}，可列立如下观测方程：

$$S_{Pj} = a + \left(1 + \frac{b}{10^3}\right)\sqrt{N'^2_{Pj} + E'^2_{Pj} + U'^2_{Pj}} \tag{10-14}$$

式中，a 是测距加常数（m）；b 是测距乘常数（m/km）。

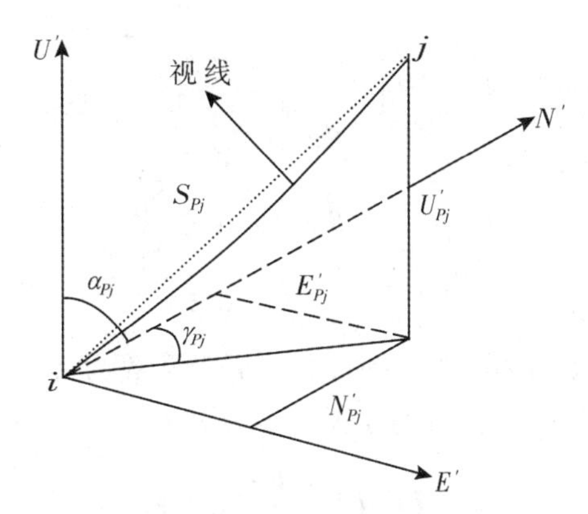

图 10-18　站心天文坐标系中的观测量

将式（10-14）线性化，可得空间斜距的误差方程

$$vs_{Pj} = \begin{bmatrix} a_{Pj} & b_{Pj} & c_{Pj} \end{bmatrix}\begin{bmatrix} \delta N'_{Pj} \\ \delta E'_{Pj} \\ \delta U'_{Pj} \end{bmatrix} + \begin{bmatrix} 1 & \dfrac{S^0_{Pj}}{10^3} \end{bmatrix}\begin{bmatrix} \delta a \\ \delta b \end{bmatrix} - l_{S_{Pj}} \tag{10-15}$$

式中，

$$\begin{bmatrix} a_{Pj} \\ b_{Pj} \\ c_{Pj} \end{bmatrix} = \frac{1}{S^0_{Pj}}\left(1 + \frac{b^0}{10^3}\right)\begin{bmatrix} N'^0_{Pj} \\ E'^0_{Pj} \\ U'^0_{Pj} \end{bmatrix} \approx \frac{1}{S^0_{Pj}}\begin{bmatrix} N'^0_{Pj} \\ E'^0_{Pj} \\ U'^0_{Pj} \end{bmatrix}$$

$$l_{S_{Pj}} = S_{Pj} - S^0_{Pj}$$

$$S^0_{Pj} = a^0 + \left(1 + \frac{b^0}{10^3}\right)\sqrt{N'^{02}_{Pj} + E'^{02}_{Pj} + U'^{02}_{Pj}} \approx \sqrt{N'^{02}_{Pj} + E'^{02}_{Pj} + U'^{02}_{Pj}}$$

其中，（N'^0_{Pj}，E'^0_{Pj}，U'^0_{Pj}）为测点近似坐标，（$\delta N'_{Pj}$，$\delta E'_{Pj}$，$\delta U'_{Pj}$）为近似坐标的改正数，a^0 和 δa 为加常数的近似值和改正数，b^0 和 δb 为乘常数的近似值和改正数。

CP Ⅲ网边长很短，测距比例误差可不予考虑，于是，式（10-15）可简化为

$$vs_{Pj} = \begin{bmatrix} a_{Pj} & b_{Pj} & c_{Pj} \end{bmatrix}\begin{bmatrix} \delta N'_{Pj} \\ \delta E'_{Pj} \\ \delta U'_{Pj} \end{bmatrix} + \delta a - l_{S_{Pj}} \tag{10-16}$$

对于方向观测值 r_{Pj}，假定测站 P 的定向角为 θ_P，则有如下观测方程

$$r_{Pj} + \theta_P = \arctan\frac{E'_{Pj}}{N'_{Pj}} \tag{10-17}$$

假设定向角的近似值和改正数分别为 θ_P^0 和 $\delta\theta_P$，将式（10-17）线性化，可得方向观测值的误差方程

$$vr_{Pj} = -\delta\theta_P + \begin{bmatrix} d_{Pj} & e_{Pj} & 0 \end{bmatrix} \begin{bmatrix} \delta N'_{Pj} \\ \delta E'_{Pj} \\ \delta U'_{Pj} \end{bmatrix} - l_{r_{Pj}} \tag{10-18}$$

式（10-18）中

$$\begin{bmatrix} d_{Pj} \\ e_{Pj} \end{bmatrix} = \frac{\rho}{d_{Pj}^{0\,2}} \begin{bmatrix} -E_{Pj}^{'0} \\ N_{Pj}^{'0} \end{bmatrix}$$

$$l_{r_{Pj}} = r_{Pj} + \theta_P^0 - \arctan \frac{E_{Pj}^{'0}}{N_{Pj}^{'0}}$$

$$d_{Pj}^0 = \sqrt{E_{Pj}^{'0\,2} + N_{Pj}^{'0\,2}}$$

对于天顶距观测值 α_{Pj}，假设测站 P 的大气折光系数为 K_P，测区地球椭球平均曲率半径为 R，考虑大气折光影响后，可列立天顶距观测方程

$$\alpha_{Pj} = \operatorname{arccot} \frac{U'_{Pj} + \dfrac{K_P}{2R}(E_{Pj}^{'2} + N_{Pj}^{'2})}{\sqrt{E_{Pj}^{'2} + N_{Pj}^{'2}}} \tag{10-19}$$

设 K_P 的近似值和改正数分别为 K_P^0 和 δK_P，将式（10-19）线性化，可得天顶距观测值的误差方程

$$v\alpha_{Pj} = \begin{bmatrix} f_{Pj} & g_{Pj} & h_{Pj} \end{bmatrix} \begin{bmatrix} \delta N'_{Pj} \\ \delta E'_{Pj} \\ \delta U'_{Pj} \end{bmatrix} + p_{Pj}\delta K_P - l_{\alpha_{Pj}} \tag{10-20}$$

式（10-20）中

$$\begin{cases} f_{Pj} = \dfrac{\rho N_{Pj}^{'0}}{(1 + \cot^2\alpha_{Pj}^0) d_{Pj}^{0\,2}} \left(\cot\alpha_{Pj}^0 - \dfrac{d_{Pj}^0}{R} K_P^0 \right) \\ g_{Pj} = \dfrac{\rho E_{Pj}^{'0}}{(1 + \cot^2\alpha_{Pj}^0) d_{Pj}^{0\,2}} \left(\cot\alpha_{Pj}^0 - \dfrac{d_{Pj}^0}{R} K_P^0 \right) \\ h_{Pj} = -\dfrac{\rho}{d_{Pj}^0 (1 + \cot^2\alpha_{Pj}^0)} \\ p_{Pj} = -\dfrac{\rho d_{Pj}^0}{2R(1 + \cot^2\alpha_{Pj}^0)} \end{cases} \tag{10-21}$$

$$l\alpha_{Pj} = \alpha_{Pj} - \alpha_{Pj}^0 \tag{10-22}$$

式（10-21）、式（10-22）中

$$\alpha_{Pj}^0 = \operatorname{arccot} \frac{U_{Pj}^{'0} + \dfrac{K_P^0}{2R} d_{Pj}^{0\,2}}{d_{Pj}^0} \tag{10-23}$$

CPⅢ测量时，视线很短（小于 150m），且大致水平，α_{Pj}^0 接近 90°，大气折光对竖直

角测量结果的影响微乎其微，可以忽略不计。因此，式（10-21）和式（10-23）可简化为

$$\begin{cases} f_{Pj} = \dfrac{N'^0_{Pj} U'^0_{Pj}}{d^{0\ 3}_{Pj}} \rho \\ g_{Pj} = \dfrac{E'^0_{Pj} U'^0_{Pj}}{d^{0\ 3}_{Pj}} \rho \\ h_{Pj} = -\dfrac{1}{d^0_{Pj}} \rho \\ p_{Pj} = -\dfrac{d^0_{Pj}}{2R} \rho \end{cases} \tag{10-24}$$

$$\alpha^0_{Pj} = \operatorname{arccot} \frac{U^0_{Pj}}{s^0_{Pj}} \tag{10-25}$$

CP Ⅲ网一般利用夜间或阴天测量，气象条件稳定，全网只解算一个折光参数或不考虑折光影响，都能得到较好的平差结果。

当全网只解算一个折光参数时，式（10-20）可简化为

$$v\alpha_{Pj} = [f_{Pj} \quad g_{Pj} \quad h_{Pj}] \begin{bmatrix} \delta N'_{Pj} \\ \delta E'_{Pj} \\ \delta U'_{Pj} \end{bmatrix} + p_{Pj} \delta K - l_{\alpha_{Pj}} \tag{10-26}$$

不考虑折光影响时，式（10-20）可进一步简化为

$$v\alpha_{Pj} = [f_{Pj} \quad g_{Pj} \quad h_{Pj}] \begin{bmatrix} \delta N'_{Pj} \\ \delta E'_{Pj} \\ \delta U'_{Pj} \end{bmatrix} - l_{\alpha_{Pj}} \tag{10-27}$$

2. 确定观测量的权

定权时，水平方向按等权处理；距离存在比例误差，不能按等权处理；天顶距受大气折光影响，也不能按等权处理。

设方向 γ、斜距 S、天顶距 α 观测值的精度分别为 m_γ、m_S、和 m_α，并假设

$$m_0 = m_\gamma \tag{10-28}$$

由定权公式

$$p_i = \frac{m_0^2}{m_i^2} \tag{10-29}$$

可得 $p_r = 1$，距离测量精度通常表示为

$$m_S = a + \frac{S}{10^3} b \tag{10-30}$$

因此有，

$$p_S = \frac{m_\gamma^2}{m_S^2} = \frac{m_\gamma^2}{\left(a + \dfrac{S}{10^3} b\right)^2} \tag{10-31}$$

距离权的单位为：s^2/m^2。

如果不考虑垂直折光影响，全站仪水平角和天顶距的精度相同。考虑垂直折光时，天顶距的精度可表示为：

$$m_{\alpha} = m_{\gamma} + \frac{S\sin\alpha}{2R}\rho K \tag{10-32}$$

因此有：

$$p_{\alpha} = \frac{m_{\gamma}^{2}}{\left(m_{\gamma} + \dfrac{S\sin\alpha}{2R}\rho K\right)^{2}} \tag{10-33}$$

3. 不同基准下函数模型的转换

由式（10-15）、式（10-18）、式（10-20）所确定的函数模型是基于站心水准面的，而水准面无法用精确的数学模型来描述，因此，需要将函数模型进行必要的转换。

在图 10-17 中，假设存在以法线为基准的站心大地坐标系 $P-NEU$，则 $P-N'E'U'$ 和 $P-NEU$ 的关系如图 10-19 所示，图中 ξ_P 和 $\boldsymbol{\eta}_P$ 为测站垂线偏差 $\boldsymbol{\mu}_P$ 的分量。

$P-N'E'U'$ 和 $P-NEU$ 存在如下转换关系：

$$\begin{bmatrix} N'_{Pj} \\ E'_{Pj} \\ U'_{Pj} \end{bmatrix} = \boldsymbol{A}_1(\boldsymbol{\eta}_P)\cdot\boldsymbol{A}_2(\xi_P)\begin{bmatrix} N_{Pj} \\ E_{Pj} \\ U_{Pj} \end{bmatrix} \tag{10-34}$$

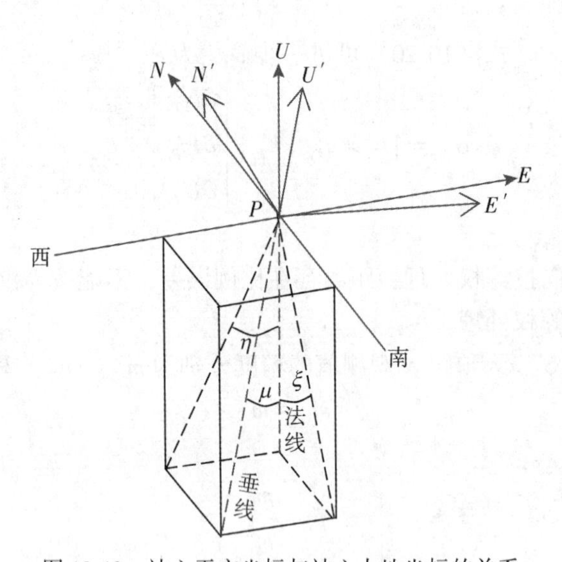

图 10-19　站心天文坐标与站心大地坐标的关系

式（10-34）中，$\boldsymbol{A}_1$ 和 $\boldsymbol{A}_2$ 为旋转矩阵，且有

$$\boldsymbol{A}_1(\boldsymbol{\eta}_P) = \begin{bmatrix} 1 & 0 & 0 \\ 0 & \cos\boldsymbol{\eta}_P & -\sin\boldsymbol{\eta}_P \\ 0 & \sin\boldsymbol{\eta}_P & \cos\boldsymbol{\eta}_P \end{bmatrix} \tag{10-35}$$

和

$$A_2(\xi_P)=\begin{bmatrix}\cos\xi_P & 0 & \sin\xi_P\\ 0 & 1 & 0\\ -\sin\xi_P & 0 & \cos\xi_P\end{bmatrix}\tag{10-36}$$

设坐标（N_{Pj}，E_{Pj}，U_{Pj}）的近似值和改正数为（N_{Pj}^0，E_{Pj}^0，U_{Pj}^0）和（δN_{Pj}，δE_{Pj}，δU_{Pj}），垂线偏差的近似值为 η_P^0 和 ξ_P^0，改正数为 $\delta\eta_P$ 和 $\delta\xi_P$。将式（10-34）两边取微分，可得

$$\begin{aligned}\begin{bmatrix}\delta N'_{Pj}\\ \delta E'_{Pj}\\ \delta U'_{Pj}\end{bmatrix}&=\boldsymbol{A}_1(\eta_P^0)\boldsymbol{A}_2(\xi_P^0)\begin{bmatrix}\delta N_{Pj}\\ \delta E_{Pj}\\ \delta U_{Pj}\end{bmatrix}\\ &+\frac{\partial \boldsymbol{A}_1(\eta_P)}{\partial\eta_P}A_2(\xi_P^0)\begin{bmatrix}N_{Pj}^0\\ E_{Pj}^0\\ U_{Pj}^0\end{bmatrix}\delta\eta_P+\boldsymbol{A}_1(\eta_P^0)\frac{\partial \boldsymbol{A}_2(\xi_P)}{\partial\xi_P}\begin{bmatrix}N_{Pj}^0\\ E_{Pj}^0\\ U_{Pj}^0\end{bmatrix}\delta\xi_P\end{aligned}\tag{10-37}$$

式中，

$$\frac{\partial \boldsymbol{A}_1(\eta_P)}{\partial\eta_P}=\begin{bmatrix}0 & 0 & 0\\ 0 & -\sin\eta_P^0 & -\cos\eta_P^0\\ 0 & \cos\eta_P^0 & -\sin\eta_P^0\end{bmatrix}\tag{10-38}$$

$$\frac{\partial \boldsymbol{A}_2(\xi_P)}{\partial\xi_P}=\begin{bmatrix}-\sin\xi_P^0 & 0 & \cos\xi_P^0\\ 0 & 0 & 0\\ -\cos\xi_P^0 & 0 & -\sin\xi_P^0\end{bmatrix}\tag{10-39}$$

由于垂线偏差非常小，式（10-37）可简化为

$$\begin{bmatrix}\delta N'_{Pj}\\ \delta E'_{Pj}\\ \delta U'_{Pj}\end{bmatrix}=\begin{bmatrix}\delta N_{Pj}\\ \delta E_{Pj}\\ \delta U_{Pj}\end{bmatrix}+\frac{1}{\rho}\begin{bmatrix}0 & U_{Pj}^0\\ -U_{Pj}^0 & 0\\ E_{Pj}^0 & -N_{Pj}^0\end{bmatrix}\begin{bmatrix}\delta\eta_P\\ \delta\xi_P\end{bmatrix}\tag{10-40}$$

CP Ⅲ网边长很短，数据处理时可以不考虑垂线偏差的影响，上式可近似地表达为

$$\begin{bmatrix}\delta N'_{Pj}\\ \delta E'_{Pj}\\ \delta U'_{Pj}\end{bmatrix}=\begin{bmatrix}\delta N_{Pj}\\ \delta E_{Pj}\\ \delta U_{Pj}\end{bmatrix}\tag{10-41}$$

通过上述转换，误差方程已经转换至站心大地坐标系。但是，各测站的站心大地坐标系各自独立，无法统一处理测量数据。为此，在测站 P 建立如图 10-20 所示的站心赤道坐标系 $P-X'Y'Z'$，图中，点 P' 为测站 P 沿法线在椭球面上的投影，测站 P 的大地坐标为（B_P，L_P，h_P）。

对任意测站 P，站心大地坐标与站心赤道坐标有如下转换关系：

$$\begin{bmatrix}N\\ E\\ U\end{bmatrix}=\boldsymbol{R}_P\begin{bmatrix}X'\\ Y'\\ Z'\end{bmatrix}\tag{10-42}$$

式（10-42）中，$\boldsymbol{R}_P$ 为正交阵，且有

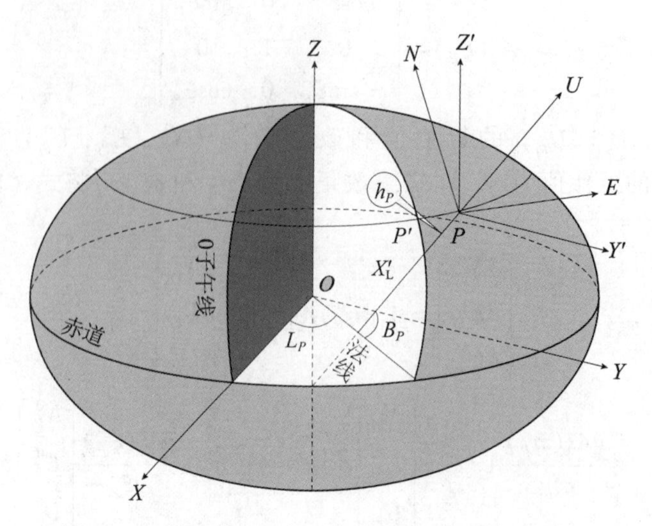

图 10-20　站心大地坐标系与站心赤道坐标系的关系

$$\boldsymbol{R}_P = \begin{bmatrix} -\sin B_P \cos L_P & -\sin B_P \sin L_P & \cos B_P \\ -\sin L_P & \cos L_P & 0 \\ \cos B_P \cos L_P & \cos B_P \sin L_P & \sin B_P \end{bmatrix} \tag{10-43}$$

假设测站 P 和 P 站上任意一点 J 在地心坐标系中的坐标分别为（X_P，Y_P，Z_P）和（X_{Pj}，Y_{Pj}，Z_{Pj}），可得

$$\begin{bmatrix} N_{Pj} \\ E_{Pj} \\ U_{Pj} \end{bmatrix} = \boldsymbol{R}_P \left(\begin{bmatrix} X_{Pj} \\ Y_{Pj} \\ Z_{Pj} \end{bmatrix} - \begin{bmatrix} X_P \\ Y_P \\ Z_P \end{bmatrix} \right) \tag{10-44}$$

考虑到（X_P，Y_P，Z_P）和 $\boldsymbol{R}_P$ 为非变量，对上式两边微分

$$\begin{bmatrix} \delta N_{Pj} \\ \delta E_{Pj} \\ \delta U_{Pj} \end{bmatrix} = \boldsymbol{R}_P \begin{bmatrix} \delta X_{Pj} \\ \delta Y_{Pj} \\ \delta Z_{Pj} \end{bmatrix} \tag{10-45}$$

由上面公式，可将各测站的误差方程统一到地心坐标系进行三维整体平差。

由于计算 $\boldsymbol{R}_P$ 需要测站大地坐标，式（10-45）使用不便，误差方程可进一步转换至大地坐标系。地心坐标与大地坐标之间有如下转换关系：

$$\begin{bmatrix} X \\ Y \\ Z \end{bmatrix} = \begin{bmatrix} (N+h)\cos B \cos L \\ (N+h)\cos B \sin L \\ [N(1-e^2)+h]\sin B \end{bmatrix} \tag{10-46}$$

其中，N 为卯酉圈曲率半径，a 为椭球长半轴，e 为第一偏心率，且有

$$N = \frac{a}{W} = \frac{a}{\sqrt{1-e^2\sin^2 B}} \tag{10-47}$$

顾及 N 也是 B 的函数，对式（10-46）两边求微分，可得

$$\begin{bmatrix} \delta X \\ \delta Y \\ \delta Z \end{bmatrix} = \boldsymbol{R}^{\mathrm{T}} \boldsymbol{D} \begin{bmatrix} \delta B \\ \delta L \\ \delta h \end{bmatrix} \tag{10-48}$$

式中，$\boldsymbol{D}$ 为对角阵，且有

$$\boldsymbol{D} = \begin{bmatrix} M + h & 0 & 0 \\ 0 & (N + h)\cos B & 0 \\ 0 & 0 & 1 \end{bmatrix} \tag{10-49}$$

M 为子午圈曲率半径，即

$$M = \frac{a(1 - e^2)}{W^3} \tag{10-50}$$

故可得，

$$\begin{bmatrix} \delta N_{Pj} \\ \delta E_{Pj} \\ \delta U_{Pj} \end{bmatrix} = \boldsymbol{R}_P \boldsymbol{R}_{Pj}^{\mathrm{T}} \boldsymbol{D}_{Pj} \begin{bmatrix} \delta B_{Pj} \\ \delta L_{Pj} \\ \delta h_{Pj} \end{bmatrix} \tag{10-51}$$

测站 P 与 P 站上任一测点 j 的大地坐标有如下近似关系：

$$B_P \approx B_{Pj} - \mathrm{d}B_{Pj} = B_{Pj} - \frac{N_{Pj}^0}{R} \tag{10-52}$$

和

$$L_P \approx L_{Pj} - \mathrm{d}L_{Pj} = L_{Pj} - \frac{E_{Pj}^0}{R} \tag{10-53}$$

由于 $\mathrm{d}B_{Pj}$ 和 $\mathrm{d}L_{Pj}$ 都很微小，式（10-51）可简化为

$$\begin{bmatrix} \delta N_{Pj} \\ \delta E_{Pj} \\ \delta U_{Pj} \end{bmatrix} = \begin{bmatrix} 1 & \mathrm{d}L_{Pj}\sin B_{Pj} & \mathrm{d}B_{Pj} \\ -\mathrm{d}L_{Pj}\sin B_{Pj} & 1 & \mathrm{d}L_{Pj}\cos B_{Pj} \\ -\mathrm{d}B_{Pj} & -\mathrm{d}L_{Pj}\cos B_{Pj} & 1 \end{bmatrix} \boldsymbol{D}_{Pj} \begin{bmatrix} \delta B_{Pj} \\ \delta L_{Pj} \\ \delta h_{Pj} \end{bmatrix} \tag{10-54}$$

对于 CP Ⅲ控制网，测站和测点相距不超过 150m，$(B_{Pj},\ L_{Pj})$ 与 $(B_P,\ L_P)$ 几乎相等，因此有

$$\boldsymbol{R}_P \approx \boldsymbol{R}_{Pj} \tag{10-55}$$

由于 $\boldsymbol{R}$ 是正交阵，于是又有

$$\boldsymbol{R}_P \boldsymbol{R}_{Pj}^{\mathrm{T}} \approx \boldsymbol{R}_{Pj} \boldsymbol{R}_{Pj}^{\mathrm{T}} = \boldsymbol{E} \tag{10-56}$$

因此，式（10-51）可简化为

$$\begin{bmatrix} \delta N_{Pj} \\ \delta E_{Pj} \\ \delta U_{Pj} \end{bmatrix} = \boldsymbol{D}_{Pj} \begin{bmatrix} \delta B_{Pj} \\ \delta L_{Pj} \\ \delta h_{Pj} \end{bmatrix} \tag{10-57}$$

即

$$\begin{bmatrix} \delta N_{Pj} \\ \delta E_{Pj} \\ \delta U_{Pj} \end{bmatrix} = \begin{bmatrix} M_{Pj} + h_{Pj} & 0 & 0 \\ 0 & (N_{Pj} + h_{Pj})\cos B_{Pj} & 0 \\ 0 & 0 & 1 \end{bmatrix} \begin{bmatrix} \delta B_{Pj} \\ \delta L_{Pj} \\ \delta h_{Pj} \end{bmatrix} \tag{10-58}$$

至此，误差方程全部统一到了椭球系统中。式（10-45）和式（10-57）就是 CP Ⅲ三

维平差的实用函数模型。利用该模型，可以在椭球系统中对CPⅢ网的原始观测成果进行三维整体平差。平差完成后，通过地图投影，成果仍能表达为平面坐标和高程的形式。

将测量成果放在椭球系统中进行整体平差处理有明显的优势：一是，椭球系统是一个数学上精确定义的曲面坐标系统，优点是其表面与地球表面大致吻合，这样就使椭球坐标的地理解释更为直观；二是，椭球模型提供了一个可以把GNSS观测值和全站仪观测值统一起来的平台。

采用椭球模型的第三个优点，就是在经度和纬度作为坐标未知数的前提下，平差就与地图投影无关。这一优点非常重要。如果按照常规平差技术在高斯投影面上处理观测成果，就必须考虑投影变形问题，而这些变形通常都很复杂，很难用线性数学模型来表达，因此，常规平差技术只适用于局部的、有限大小的控制网。而在椭球基准下，数学模型对控制网的大小根本没有限制。

另外，对于椭球基准下的三维平差，观测值可以以其原始形式带入数学模型。这样做对统计检验尤为重要，因为只有对原始观测值进行统计检验才是最合理的。

需要说明的是，虽然式（10-57）是近似式，但它同样适用于大边长三维控制网。

4. 近似坐标计算

近似坐标计算问题是测量平差软件设计的难点之一。现有平差软件大多是从已知点出发，利用各种各样的交会算法，根据控制网的拓扑关系来求算未知点的近似坐标。由于CPⅢ网属于很特殊的网，现有平差软件难以自动解算网点的近似坐标。在此，介绍一种近似坐标计算方法如下：

（1）假设各个测站的三维坐标为(0，0，0)，各测站观测的方向值即为方位角，由此，可利用全站仪原始三维观测值，直接计算各测站所有观测点的三维坐标。

（2）第（1）步求得的三维坐标是各个测站相互独立的。因为相邻测站之间会重复观测8个点，利用这些重复观测点，可以将第二测站的坐标转换到第一测站的坐标系下。依次类推，顺次将所有测站的坐标都转换到第一测站的坐标系下。

（3）利用网中CPⅡ点的已知坐标，将第（2）步求得的基于第一测站坐标系中的坐标，转换至工程独立坐标系中。通过地图投影，上述工程独立坐标还可转换成大地坐标或地心坐标等各种形式。

10.4　轨道系统精密测量

轨道系统的测量工作是高速铁路建设的关键环节，涵盖内容较多，精度要求各异。轨道系统现浇混凝土施工（如路基支承层、桥上底座板等）的测量工作量很大，与常规测量虽有差别，但精度通常为3~5mm，本节不做介绍。本节主要介绍轨道系统精调的基本方法，其中CRTSⅡ型和CRTSⅢ型板式无砟轨道精调的精度要求最高，但方法类似，因此本节将重点介绍CRTSⅡ型板式无砟轨道精调。

10.4.1　轨道工程测量方法及专用仪器

1. 自由设站极坐标法三维测量

轨道系统施工测量都是以轨道控制网CPⅢ网为基准，采用全站仪自由设站三维坐标法测量，设站时，相邻测站重叠观测的 CPⅢ网控制点不宜少于 2 对。高程精度要求特别高时，采用几何水准施测高程。用全站仪进行测量的三维坐标计算公式为

$$\begin{cases} x = x_0 + s \cdot \sin v \cdot \cos\beta \\ y = y_0 + s \cdot \sin v \cdot \sin\beta \\ z = z_0 + s \cdot \cos v \end{cases} \tag{10-59}$$

式中，(x_0, y_0, z_0) 为测站坐标，s 为斜距，v 为天顶距，β 为方位角（即设站后仪器显示的水平方向）。自由设站点（仪器三轴交点）的精度通常可优于 0.7mm，对于控制点与点之间的相对精度而言，设站误差可以忽略不计。对上式全微分，并转化成误差表达形式，可得

$$\begin{cases} m_x^2 = (\sin v \cdot \cos\beta)^2 m_s^2 + \left(\dfrac{s \cdot \cos v \cdot \cos\beta}{\rho}\right)^2 m_v^2 + \left(-\dfrac{s \cdot \sin v \cdot \sin\beta}{\rho}\right)^2 m_\beta^2 \\ m_y^2 = (\sin v \cdot \sin\beta)^2 m_s^2 + \left(\dfrac{s \cdot \cos v \cdot \sin\beta}{\rho}\right)^2 m_v^2 + \left(\dfrac{s \cdot \sin v \cdot \cos\beta}{\rho}\right)^2 m_\beta^2 \\ m_z^2 = \cos^2 v \cdot m_s^2 + \left(-\dfrac{s \cdot \sin v}{\rho}\right)^2 m_v^2 \end{cases} \tag{10-60}$$

式中，m_s、m_v 和 m_β 分别是斜距、天顶距和水平角的测量精度。上式是用全站仪观测时测点坐标误差的估算公式，在轨道系统精密测量中，通常依据该式编制观测纲要，如设计测距范围、角度测量限制条件等。

2. 搭接测量

在轨道系统精密测量中，由不同测站进行有重复测量点的测量称为搭接测量，重复测量的点称为搭接点。搭接又分单点搭接和多点搭接，通过搭接测量来平滑不同测站之间出现的测量偏差。单点搭接测量原理如图 10-21 所示。

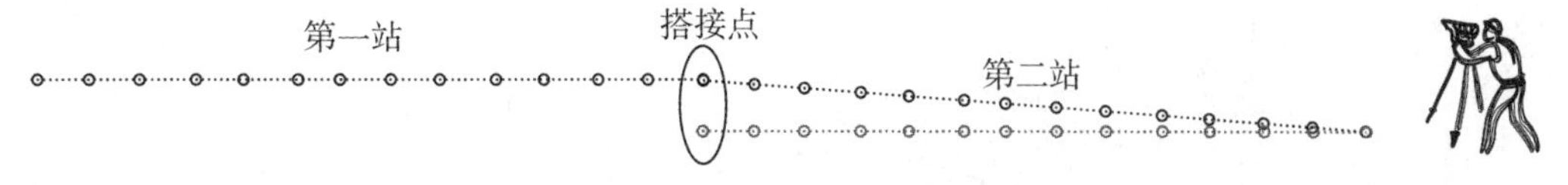

图 10-21　单点搭接测量仪示意图

假设在第一、第二测站各测设了一列点，由于设站和测量误差，两列放样点并不平顺连接，中间会出现“错台”。为实现两列点的平顺连接，第二站自由设站后，要求再用第一站测量的最后一个点（搭接点）的坐标，重新对第二站的仪器进行定向，然后再进行后续点的测设，确保两站的测设点平顺连接。

多点搭接原理如图 10-22 所示，根据平顺性要求的高低，一般是 5 点或 3 点搭接。

以 5 点搭接为例，设 P_{11}、P_{21}、P_{31}、P_{41}、P_{51} 为第一测站最后测量的 5 个点，P_{12}、P_{22}、P_{32}、P_{42}、P_{52} 为第二测站重复测量第一测站的最后 5 个点。由于受误差影响，搭接点通常是分开的。通常采用余弦函数对重复测量的搭接点进行平滑处理，重复点的坐标取两次测量的加权平均值，定权方法如下：

第一站测量的重合点的权为：

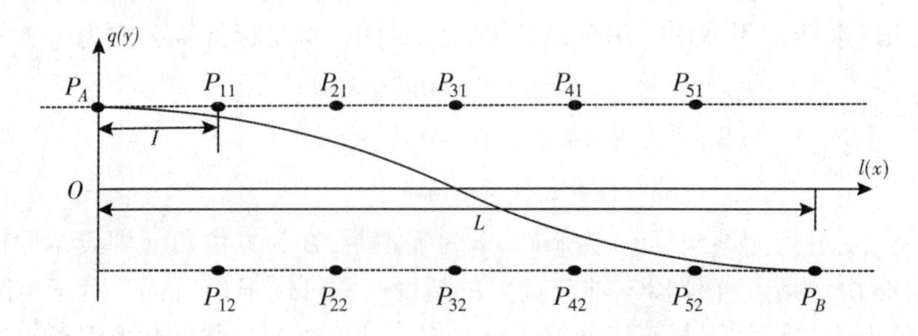

图 10-22 多点搭接测量示意图

$$q_{1-i} = 0.5\cos\frac{i}{n+1}\pi + 0.5 \tag{10-61}$$

其中，n 为重合点数，$i = 1, 2, \cdots, n$。

第二站测量的对应重合点的权为：

$$q_{2-i} = 1 - q_{1-i} \tag{10-62}$$

对于 5 个重合点，第一站测量的 5 个点的权分别为 0.93、0.75、0.5、0.25、0.07，与之对应的第二站测量点的权为 0.07、0.25、0.5、0.75、0.93。采用 3 点搭接时，搭接点的权分别为 0.85、0.5、0.15 和 0.15、0.5、0.85。

3. 地球曲率的影响

在轨道系统精密测量中，还需要考虑地球曲率的影响。因为大地水准面是曲面，由图 10-23 可知，式（10-59）求得的 z 坐标并非测点的真实高程，它比真实高程大约低

$$\mathrm{d}h = \frac{d^2}{2R} \tag{10-63}$$

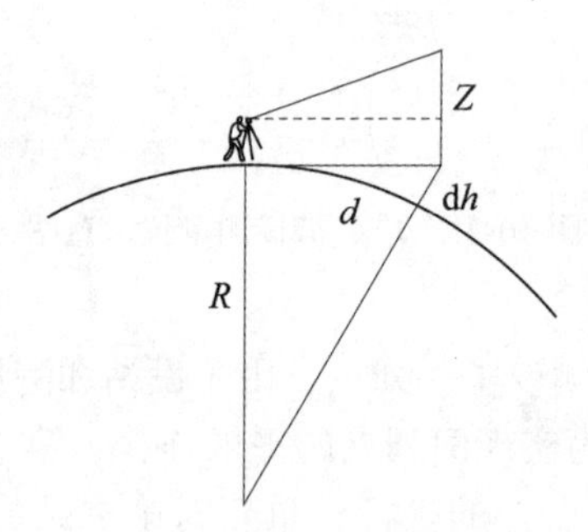

图 10-23 全站仪测量的 Z 坐标与高程的关系

式中，d 为水平距离；R 为地球平均曲率半径。

为了使高程的精度优于 1mm，全站仪测量范围应限制在 100m 以内。

4. 轨检小车

轨检小车是一种可在轨道上推行，能测量轨道几何参数的专用测量设备，对高速铁路施工及运营期的轨道测量有重要作用。根据功能，轨检小车可分为轨道几何状态测量仪和轨检仪两种。如图 10-24 所示，轨检仪仅能测量轨道的里程、轨距（左右轨间距）和水平

（轨道同一横断面内左右轨轨顶的高差）等少量轨道几何参数。

图 10-24　轨检仪

轨道几何状态测量仪集成了高精度距离和倾斜传感器。用全站仪测得其上固定棱镜三维坐标的同时，可精确求得左右钢轨和线路中心的三维坐标，并据此计算线路里程，以及轨距、水平、轨向（轨道方向）、高低（同一钢轨的纵向高差）、扭曲（三角坑）、轨距变化率、短波不平顺和长波不平顺等全部轨道参数，对轨道系统的测量、调校和维护具有重要意义。图 10-25 是瑞士安伯格技术公司生产的 GRP1000 型轨道几何状态测量仪示意图。

图 10-25　轨道几何状态测量仪示意图

GRP1000 可用于轨道几何尺寸测定、精密调整和轨道质量复核，主要用于双块式无砟轨道施工、长枕埋入式无砟道岔施工和无砟轨道长轨精调。2009 年，安伯格公司推出 GRP3000 VMS 型轨道快速测量系统，将绝对测量和相对测量相结合，轨道精密测量效率可达 1km/h，除用于无砟轨道沉降段的快速检测，主要用于有砟轨道大机作业前的线路测量，可配合捣固车作业，测量结果直接导入捣固车 WinAlc 控制系统，实现自动作业。

2014 年该公司推出惯导式轨道快速测量系统 GRP1000 IMS，将全站仪与 IMU 惯导系统结合，精度与 GRP1000 相当，效率提高到 2km/h。在高铁运营阶段的轨道线形检测方面将逐渐取代 GRP1000，如图 10-26 所示。

图 10-26　惯导式轨道快速测量系统 GRP1000 IMS

GRP1000 IMS 的原理如图 10-27 所示：

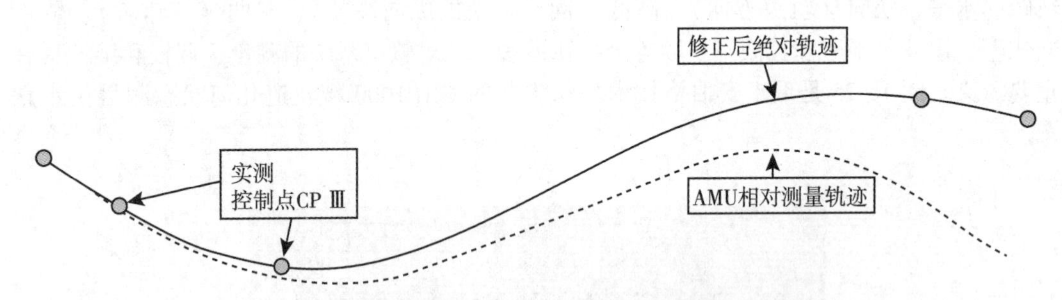

图 10-27　集成惯导技术的轨道快速测量系统测量原理示意图

第一步，利用惯导系统连续、快速测得轨道线形（称轨迹相对测量）。

第二步，利用测量机器人或动态 GNSS 测量单元，按时序或长度，间隔测量线路的绝对坐标，对惯导系统测得的轨道线形实施绝对位置修正。

5. 其他专用设备

在图 10-28 中，强制对中测钉用于地面点强制对中；磁性尺垫可吸附于水准尺底端，用于测量地面强制对中点的高程；球棱镜用于多种场合的强制对中测量。

图 10-29 是三种强制对中型小三脚支架，用于精确测设地面点的三维坐标。

图 10-30 是一种不等高强制对中三脚支架，用于特殊场合架设仪器或棱镜。

10. 4. 2　轨道精调

轨道精调是利用全站仪自由设站法测量，配合轨道几何状态测量仪，将钢轨（或工具轨）精确调整到设计位置，分粗调和精调，主要应用于有砟轨道的轨排精调、无砟轨

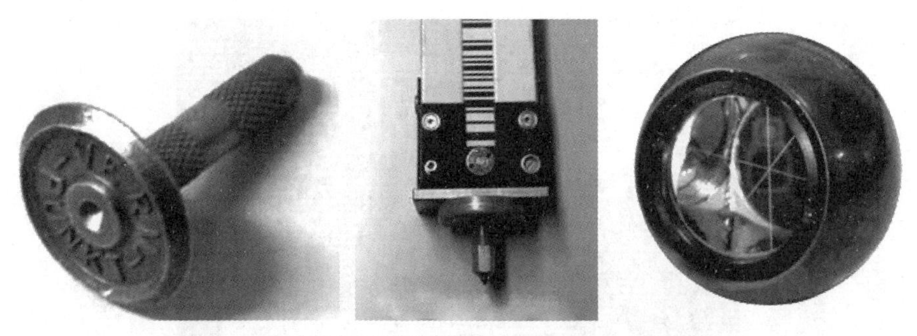

图 10-28　强制对中测钉、磁性尺垫、球棱镜

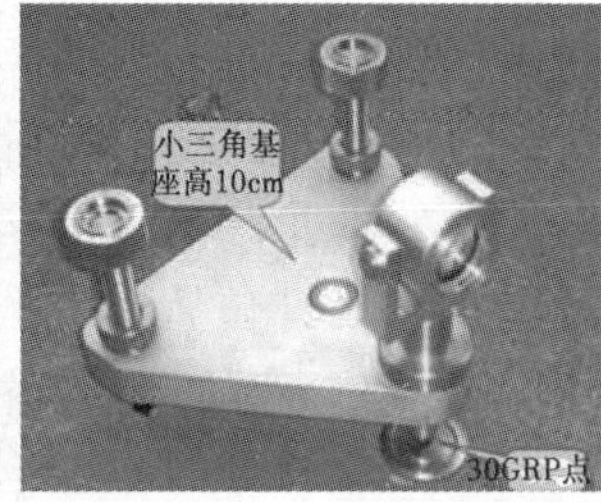

图 10-29　精密小三脚支架

图 10-30　不等高强制对中三脚架

道的长轨精调、CRTS Ⅰ型双块式轨枕精调，以及长枕埋入式道岔精调。

精调时，首先按照图 10-31 所示方法，利用前后各两对 CPⅢ点自由设站，然后测量轨道几何状态测量仪上的棱镜，小车的电脑系统可以实时显示左右钢轨的调整量，如图 10-32 所示。

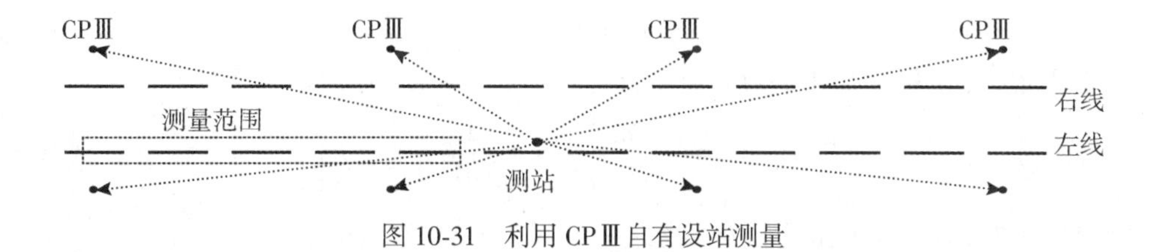

图 10-31　利用 CPⅢ自有设站测量

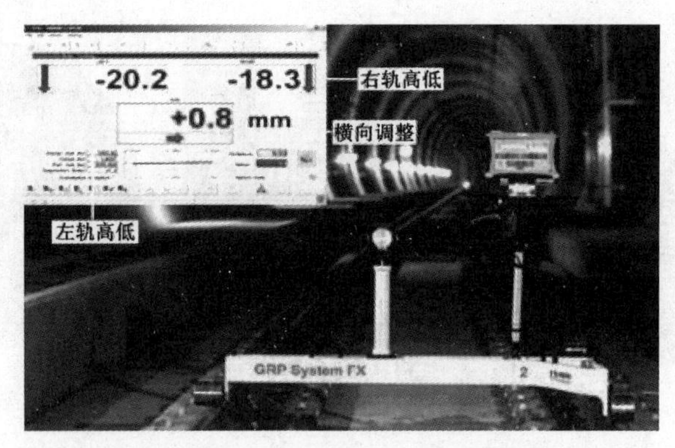

图 10-32　轨检小车测量过程

设站时仪器尽量架设在所测轨道的中间，且测站前后的 CPⅢ点大致对称，左右线分别设站和测量。粗调时，单站测距范围不超过 100m，每隔 3~5 根轨枕（承轨台）测量一个点，通过多遍调整，将轨道大致调整到设计位置（与设计值偏差控制在 1~2mm）。精调时，单站测距范围不超过 70m，逐枕测量，不同测站搭接 5 个点。通过多次反复调整，将轨道精确调整到设计位置。

有砟轨道可以对轨排进行整体调整，而无砟轨道需要通过更换不同尺寸的扣件来调整钢轨。实际作业时，是先将一根钢轨（称基本轨）调整到位，然后利用轨道尺（一种可以精确测量两根钢轨的间距和高差的轨道测量专用仪器，见图 10-33），以基本轨为基准，将另一根钢轨调整到位。

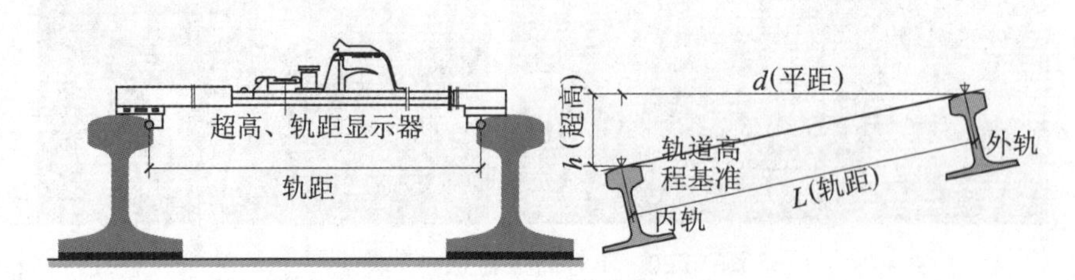

图 10-33　轨道尺及外轨超高示意图

直线地段基本轨可以自由选择。曲线地段，轨道高程以内轨为准，外轨存在超高（见图 10-33），平面和高程的基本轨要分开，且平面选外轨，高程选内轨。

曲线外轨超高 h 通常小于 150mm，轨距计算基长 L 为 1 500mm，由图 10-33 可知，平距 d 和 h、L 有如下关系：

$$L = \sqrt{d^2 + h^2} \tag{10-64}$$

当 L 固定时，d 和 h 有如下微分关系：

$$\delta d = \frac{h}{\sqrt{L^2 - h^2}} \delta h \leqslant \frac{1}{10} \delta h \tag{10-65}$$

当 d 固定时，L 和 h 有如下微分关系：

$$\delta L = \frac{h}{L}\delta h \leqslant \frac{1}{10}\delta h \tag{10-66}$$

根据式（10-65）和式（10-66），曲线地段无砟轨道应按如下过程进行精调：

（1）将外轨高程大致调整到位，平面位置精确调整到位。

（2）以外轨为平面基准，利用轨道尺固定轨距，通过高程测量，将内轨精确调整到设计位置。由式（10-65）可知，精调内轨高程时，线路平面位置几乎不受影响。

（3）以内轨为基准，利用轨道尺控制超高，将外轨精确调整到设计位置。由式（10-66）可知，外轨高程变化时，轨距几乎不受影响。

10.5 双块式无砟轨道精调

我国高速铁路现已形成具有自主知识产权的双块式和板式无砟轨道系统。双块式无砟轨道是将双块式轨枕精确埋设到设计位置，铺轨后形成的无砟轨道系统。其精调工作分为轨枕测设和长轨精调两部分。按施工方法划分，双块式无砟轨道系统又分为 CRTS Ⅰ型双块和 CRTS Ⅱ型双块（CRTS 是“中国铁路轨道系统”的英文缩写），CRTS Ⅰ型双块源于德国雷达 2000 技术，采用轨排法施工，轨枕测设精度低，长轨精调工作量大；CRTS Ⅱ型双块源于德国旭普林技术，采用机械压入法施工，轨枕测设精度高，长轨精调工作量小。板式无砟轨道精调技术将在下一节介绍。

10.5.1 CRTS Ⅰ型双块式无砟轨道精调（轨排法）

轨排法施工和精调原理如下：先用工具轨将双块式轨枕组装成 80~150m 长的轨排，间隔 2~3 根轨枕，利用横梁和螺杆调节器将轨排提升到地面以上 50~70mm，然后立模、绑扎钢筋，最后精调轨排、浇筑混凝土，将轨枕精确灌注在混凝土底座上，如图 10-34 所示。

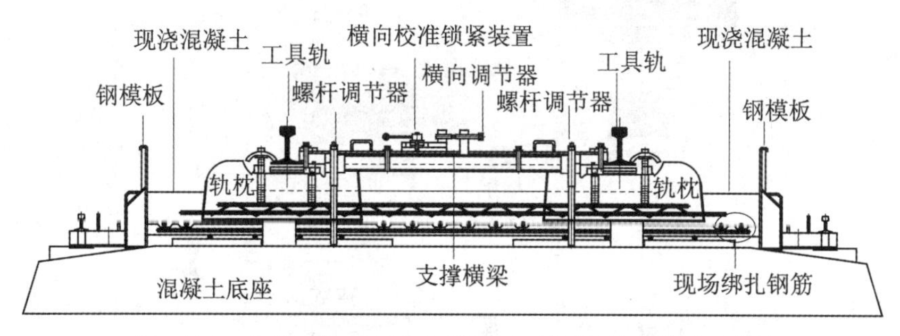

图 10-34 Ⅰ型双块式无砟轨道施工（轨排法）原理示意图

浇筑混凝土前，按照上节介绍的轨道精调方法，通过螺杆调节器和横向调节器，将轨排调整到设计位置。分粗调和精调两个过程：粗调时，轨道几何状态测量仪每隔 1~2 个横梁测量一点，同时对多个横梁进行调整，将轨排调整到距设计位置 5mm 以内；精调时，在每个横梁处逐一测量和精调，将轨排调整到距设计位置 2mm 以内。精调好的轨排如图 10-35 所示。

图 10-35　CRTS Ⅰ型双块式无砟轨道的轨排安装

根据轨排法施工特点，精调轨排时不必过分提高精度，原因是该方法的调整点稀疏，加之现场浇筑混凝土对轨排扰动很大，轨枕铺设精度并不高。铺轨后，精确的轨道位置要通过长轨精调和更换扣件来实现。

10.5.2　CRTS Ⅱ型双块式无砟轨道精调（机械压入法）

机械压入法施工原理如图 10-36 所示，在钢模板内浇筑混凝土后，用机械将装有 5 根双块式轨枕的轨枕框架和横梁，准确放置在三维可调支脚上，然后通过轨枕压入机械的高频震动，将轨枕压入刚浇筑的混凝土中。图 10-36 中的三维可调支脚事先被锚固，且通过精密测量技术，将其顶端的支撑球窝精确测设到设计位置。横梁的左端耦合点也是球窝，通过嵌合球使横梁左端与左侧支脚精确对位并三维固定，横梁右端耦合点是“V”形槽，通过嵌合球与右侧支脚精确对位（横向可滑动）。轨枕框架安放到前、后两根横梁上以后，轨枕的设计位置可以通过支脚、横梁、轨枕框架精确确定。

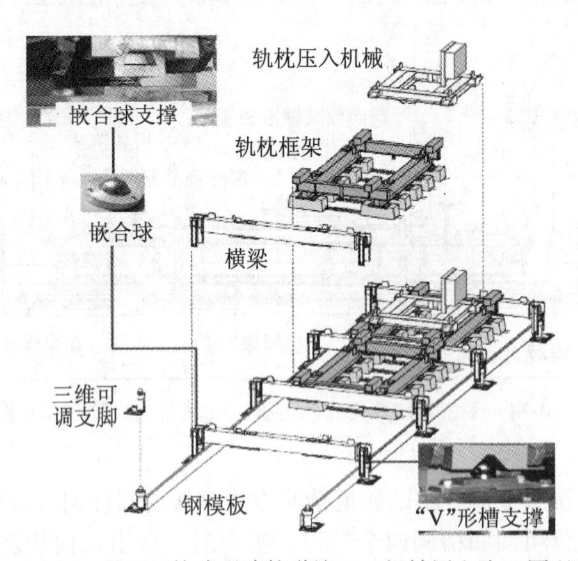

图 10-36　CRTS Ⅱ型双块式无砟轨道施工（机械压入法）原理示意图

机械压入法施工时，轨枕位置实际上是由线路左侧的三维可调支脚决定的。因此，精密测量的关键是线路左侧支脚的测设和精调，其步骤为：

（1）支脚粗调。在轨道中间架设仪器，利用球棱镜，配合测量机器人，沿线路左、右两侧逐点测量，将各个支脚顶端的支撑球窝大致调整到设计位置（与设计位置的偏差控制在 2mm 以内）。

（2）支脚精调。支脚精调以左侧支脚为主，用连接装置将测量机器人架设在线路左侧的一个支脚上，利用前、后各 4 个 CPⅢ点自由设站，站间距不超过 70m，按照单向后退法（即第一站精调完成，仪器后退一站）逐点测量，将左侧支脚上的支撑球窝精确测设到设计位置（偏差控制在 0.5mm 以内），前、后两站要搭接一点。左侧支脚精调到位后，利用精密水平尺，将右侧支脚的高程精确测设到设计位置。

10.6　板式无砟轨道精调

板式无砟轨道是将轨道板精确铺设到设计位置，铺轨后形成的无砟轨道系统。其精调工作分为轨道板精调和长轨精调两部分。轨道板分 CRTS Ⅰ型、CRTS Ⅱ型和 CRTS Ⅲ型（以下简称Ⅰ型、Ⅱ型和Ⅲ型）。Ⅰ型板没有承轨台，扣件活动量大，铺设精度要求低。Ⅱ型和Ⅲ型板形状类似，精调和铺设方法相近，但Ⅲ型板的铺设精度要求稍低。本节介绍Ⅱ型板精调技术和轨道板出厂前的检测方法。

10.6.1　博格精调技术

CRTS Ⅱ型轨道板的设计理念是：轨道板经过数控磨床精确打磨，精度很高，假定钢轨和扣件没有误差，将轨道板精确铺设到设计位置，铺轨后，不用对长轨进行精调，就能形成高平顺的轨道系统。

CRTS Ⅱ型板式无砟轨道施工过程如图 10-37 所示，首先对下部基础进行施工；然后利用 6 个精调器，配合测量机器人，将轨道板逐块精确测设到设计位置；最后，通过灌注孔灌注 CA 砂浆（一种易流、速凝的建筑材料），填充轨道板和下部基础之间的空隙。灌浆对轨道板几乎没有扰动。

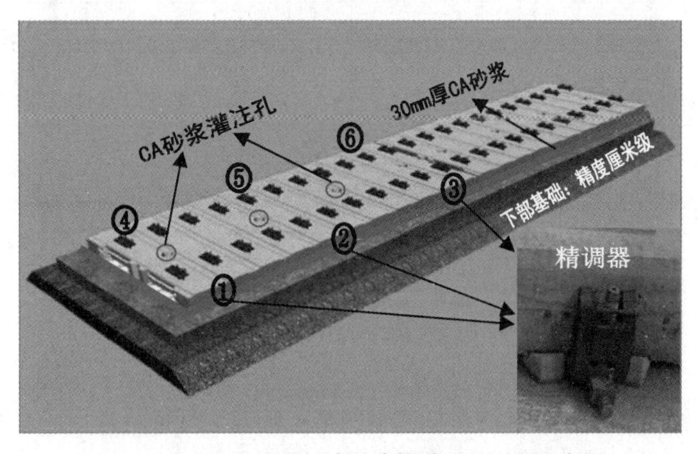

图 10-37　CRTS Ⅱ型板式无砟轨道施工原理示意图

CRTSⅡ型轨道板的铺设精度要求很高，绝对精度为 1mm，板间相对精度为 0.3mm，引进技术是利用测量机器人，配合图 10-38 所示的德国博格精调标架，按照博格技术进行精调。

图 10-38　CRTSⅡ型板专用精调标架

博格精调标架的原理：如图 10-39 所示，将标架放置到轨道板的一对承轨台上，标架上安装触舌 A 及 1、2 号棱镜，使标架的触舌 A 触及大钳口的一侧外斜面（如图中的 M 点），轨道板大钳口的尺寸、触舌和棱镜间位置是精确固定的，1、2 号棱镜中心就是铺设钢轨的轨顶中心，也是承轨台的轨道特征点。每块轨道板有 20 个承轨台，轨道特征点的三维坐标由设计得到。精调时，将三个标架分别放置在轨道板的前、中、后三对承轨台上，通过精密测量，将三个标架的 6 个轨道特征点测设到设计位置，则以大钳口为基准的轨道板就被铺设到了设计位置。

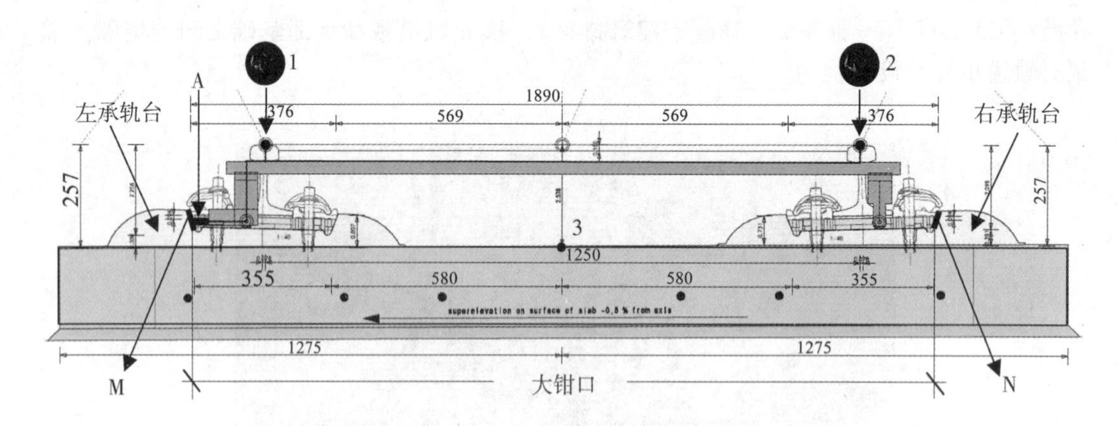

图 10-39　精调标架原理示意图

博格技术的测量原理：精确测量标架上的某一棱镜，可得轨道特征点的三维坐标，与理论坐标求差，可得到该点的纵向、横向和竖向调整量 dX、dY、dH。

由于轨道板重达 9 吨，吊装到位后，受定位锥的控制，其横向偏差 dY 可控制在 10mm 以内，但纵向偏差 dX 达 10~20mm，精调器只能对横向和竖向调整（见图 10-37），位于轨道板中间的精调器只能进行竖向调整，故轨道板在纵向无法调整到设计位置。如果按常规方法架设仪器，由式（10-60）可知，受 dX 的影响，轨道板的横向和竖向很难调整到位。为此，精调时需用到特制不等高三脚架（见图 10-30），将测量机器人架设在线路中线上，仪器与轨面等高（高出地面约 560mm），以减小 dX 的影响。为方便仪器的设站和定向，精调前基于 CPⅢ网点沿轨道中线布设相对精度优于 0.3mm 的 GRP 网。GRP 点需埋设具有强制对中功能的 GRP 测钉，且与定位锥一一对应，位于线路中线两侧，距线路中线 100mm。铺板时，轨道板铺放在两个 GRP 点之间。精调时，仪器架设在 GRP 点上并通过两点定向，如图 10-40 所示。

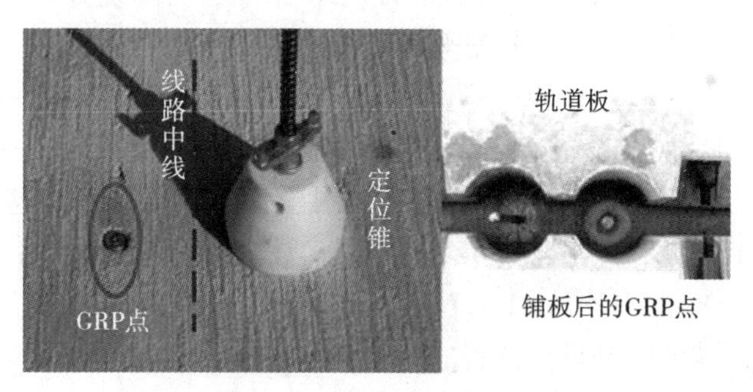

图 10-40　GRP 点与定位锥、轨道板的关系

GRP 网按左、右线分别布设，如图 10-41 所示，全站仪自由设站，测站尽量靠近轨道中线，距离控制在 100m 以内，GRP 点的平面坐标利用图 10-29 所示的 100mm 高小三脚支架测量。站间搭接 3 至 5 个点，用一个盘位按顺时针方向测量。先测量前后各 4 个 CPⅢ点，再由远及近，逐点测量 10~15 个 GRP 点，然后再测量 CPⅢ点。以上为一个测回，测 3 至 4 个测回并取均值。利用 CPⅢ点，将 GRP 点的坐标转换至工程独立坐标系下。

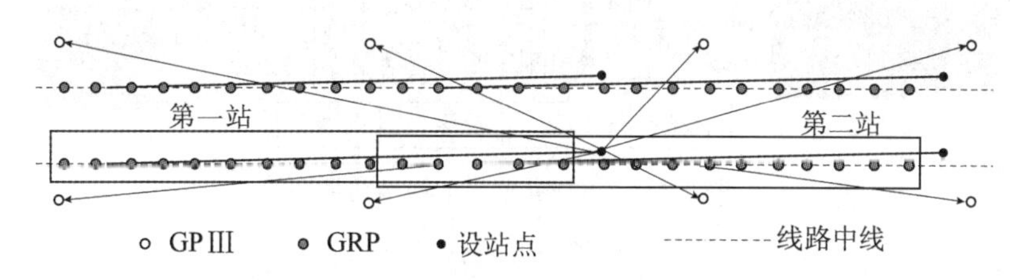

图 10-41　GRP 平面测量网形及测量原理示意图

GRP 点的高程利用图 10-28 所示的磁性尺垫配合精密水准仪，按如下方法测量（见图 10-42）。使用一把水准尺，用电子水准仪自带程序沿线路逐点测量，水准路线每隔 300m 左右，起、闭于 CPⅢ点，线路上的其他 CPⅢ点为转点。GRP 点按支点（也称中视点）测量，每站前后各测量 4~6 个 GRP 点，各附合测段间搭接三个点。

博格精调工作宜在夜间或阴天进行，过程如下（参见图 10-43）：

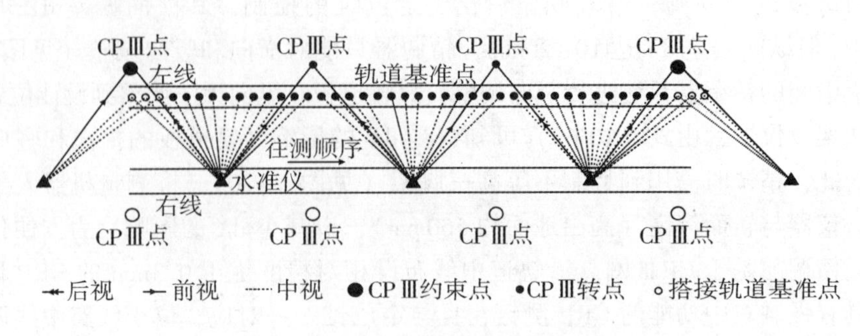

图10-42　GRP高程测量网形及测量原理示意图

（1）用两个强制对中型不等高三脚架将全站仪和后视棱镜分别架设在两个GRP点上，中间间隔三块板；将1、2、3号精调标架放置到1号轨道板的前、中、后三对承轨台上。

（2）利用站点和后视点设站、定向，然后实测各个测量标架上的棱镜，求得调整量。例如测量1号标架上的1、2号棱镜，得到实测坐标与理论坐标的差值（δX_1，δY_1，δZ_1）和（δX_2，δY_2，δZ_2）。其中，δZ_1和δZ_2就是轨道板末端（即1号标架对应端）的竖向调整量，δY_1和δY_2的平均值δY_{1-2}，就是该端的中线偏移调整量。首先测量1号和3号标架，将轨道板两端调整到设计位置，然后测量2号标架，将轨道板中间的高程也调整到设计位置。通过逐步趋近，当调整量都小于0.3mm时，测量并保存所有棱镜的坐标。

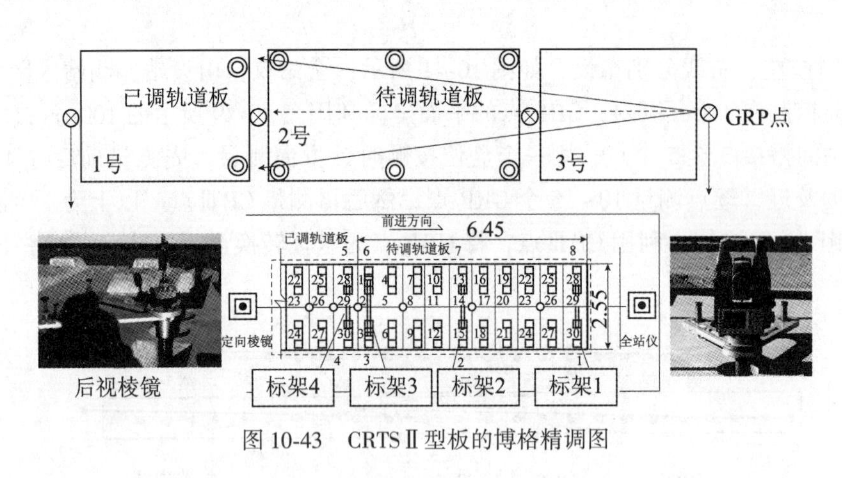

图10-43　CRTSⅡ型板的博格精调图

（3）搭接测量。1号轨道板调整到位后，将3个测量标架放置到2号板的对应位置，4号标架（也称定向标架）放置到1号板末端（该板精调时1号标架的位置），后视棱镜向测站方向移动一个GRP点，重新对仪器进行定向。重新定向时，要利用后视棱镜上的GRP坐标和定向标架上两个棱镜的坐标（精调前一块板时最后保存的数据），利用三点坐标的加权平均值作为虚拟定向点，对设站方位进行改化。定权时，GRP的权为1，定向标架的权为2，以确保前后两块板的对接精度。

（4）精调第二块轨道板。

(5) 仪器后退两块轨道板，重复第 (3)、(4) 步，精调 3 号及其他后续轨道板。

博格精调技术的精度分析：设测点在平面上投影位置的精度为 m_P，横向调整量精度为 m_L，竖向调整量精度为 m_H，根据式 (10-60)，可得

$$\begin{cases} m_p^2 = m_x^2 + m_y^2 \\ m_H^2 = m_z^2 \end{cases} \tag{10-67}$$

短距离测量无需考虑折光影响，全站仪水平角和竖直角精度相当。设测角精度为

$$m_v = m_\beta = m \tag{10-68}$$

则将式 (10-60) 代入式 (10-67)，并简化，可得

$$\begin{cases} m_p^2 = \sin^2 v m_s^2 + \left(\dfrac{s}{\rho}\right)^2 m^2 \\ m_H^2 = \cos^2 v m_s^2 + \left(\dfrac{s\sin v}{\rho}\right)^2 m^2 \end{cases} \tag{10-69}$$

上式中，m_P 有两个分量：第一分量由测距误差引起，方向与视线的平面投影方向一致；第二分量由测角误差引起，方向与视线的平面投影垂直。

假定视线的平面投影与线路平面投影的夹角为 α，则由平面点位精度 m_P，可以求得横向调整精度 m_L，即

$$m_L^2 = \sin^2\alpha \sin^2 v m_s^2 + \cos^2\alpha \left(\frac{s}{\rho}\right)^2 m^2 \tag{10-70}$$

采用博格技术，每测站可以精调 1~2 块轨道板 (距离长了会出现多棱镜效应，无法测量)，测距范围小于 20m；视线与轨道中线近似平行，天顶距接近 90°，α 接近 0°；测角精度优于 1″；由式 (10-69) 和式 (10-70)，可得

$$\begin{cases} m_L \approx \dfrac{s}{\rho} m < 0.1\text{mm} \\ m_H \approx \dfrac{s}{\rho} m < 0.1\text{mm} \end{cases} \tag{10-71}$$

即单纯由测量引起的横向和竖向误差很小，对绝对精度而言，可以忽略不计，对相对精度而言，满足轨道系统的相对精度要求。

考虑到 GRP 点的精度约为 0.8mm (GRP 测量时，用 8 个 CPⅢ点后方交会自由设站的精度优于 0.7mm，测量误差小于 0.4mm)，不等高三脚架传递坐标的精度约为 0.5mm (可推算出由两个 GRP 点定向的精度约为 6″)，由此可得

$$\sqrt{0.8^2 + \left(\frac{20\,000 \times 6}{206\,265}\right)^2 + 0.1^2} \approx 1\text{mm}$$

即在 CPⅢ基准下，不考虑扣件、钢轨等误差时，按照博格技术精调的轨道板，其横向和竖向绝对精度约为 1mm，满足高速铁路高平顺轨道系统的精度要求。

10.6.2 基于轨道的轨道板精调技术

博格精调技术的主要问题有三：一是效率低，GRP 测量严重制约铺板进度；二是贴

近板面测量，操作困难且观测条件苛刻；三是精调基准为板轴线，尽管轨道板的铺设精度很高，但轨道精度并不高。为克服上述缺点，中铁十五局研发了基于轨道的轨道板精调技术并用于京沪高速铁路。具体操作是通过研制一个自定心钢轨模拟装置来获取轨道特征点，将钢轨模拟装置放置到承轨槽中，在顶销的顶推作用下，底座中心自动移到承轨槽中轴线上，使模拟装置上的棱镜中心刚好位于钢轨顶的设计位置，即轨道特征点。

精调原理：用全站仪测量钢轨模拟装置上轨道特征点的三维坐标，根据实测坐标与设计线路的位置关系，确定轨道特征点的偏移量，从而将三维精调转化为点与线之间的两维调整。该技术的特点是：利用了 CPⅢ网，采用全站仪自由设站测量，操作方便、精度高、速度快。

假设线路的数学模型为 $f(X, Y, H)$，现场实测轨道特征点 P 的坐标为 (X_P, Y_P, H_P)，则点 P 到设计线路的垂直距离可唯一确定。这一垂直距离可以表示为垂直分量 $\mathrm{d}H$ 和水平分量 $\mathrm{d}S$，则 $\mathrm{d}H$ 和 $\mathrm{d}S$ 即为测点的垂向和横向调整量。精调步骤如下：

（1）在合适位置架设全站仪，利用测站前后各 4 个 CPⅢ点，按照边角后方交会法设站，获得测站三维坐标和方位。

（2）在仪器前面第四块轨道板的首端、中间、末端三对承轨台上各放置一个钢轨模拟装置，首先测量并精调轨道板首尾两端，通过逐步趋近，将其调整到设计位置（精度控制在 0.3mm 以内）。

（3）测量中间承轨台的三维坐标，将该轨道板中部的高程调整到位。

（4）重复第（2）、（3）步，将仪器前面的第 3 和第 2 块轨道板调整到位。

（5）全站仪后退 3 块轨道板，设站并精调后续轨道板。

重新设站后，首先要进行搭接测量，如图 10-44 所示，在新的测站上先测量上一站精调的最后一块轨道板的末端承轨台，计算新的调整量 δD 和 δH。从理论上讲，δD 和 δH 都应小于 0.3mm，但是受设站和测量误差的影响，δD 和 δH 通常会大于 0.3mm，这就是搭接误差，可通过距离线性内插来消除。具体做法是：

假设测站与搭接点的距离为 L，测站到测点的距离为 S，则在计算测点的横向和高程调整量时，需要减去改正数 δd 或 δh，其值为

$$\delta d = \frac{S}{L}\delta D \tag{10-72}$$

和

$$\delta h = \frac{S}{L}\delta H \tag{10-73}$$

通过这种方式进行搭接处理，既保证了设站位置和定向点的绝对精度，又顾及了不同设站位置之间的相对精度，消除了轨道板之间的微量错动。实际工作中，单纯由测量引起的横向和竖向误差很小，可以忽略不计。对于在同一个测站精调的轨道板，其实是不需要进行搭接测量的，只有在重新设站后，才需要进行一次搭接测量。即每精调三块轨道板，才需要进行一次搭接测量。

新技术的精度分析：按常规方法自由设站，仪器高 1.5m，测点高 0.36m（轨面与轨道板面的高差），仪器偏离轨道中线的最大距离不超过 1m，由此求得天顶距为 93°～100°，视线与线路的夹角为－8°～8°；每站精调 3 块轨道板（仪器高于轨面，多棱镜

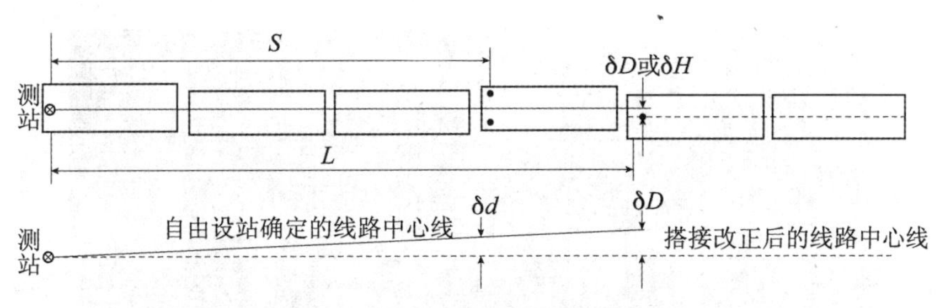

图 10-44 消除搭接误差的线性内插原理

效应小)，测距范围小于 26m；测角精度优于 1″，测距精度优于 1mm；由式（10-69）和式（10-70）可得

$$\begin{cases} m_L < \sqrt{(\sin^2 8 \times 1^2 + \left(\dfrac{26\ 000}{206\ 265}\right)^2 \times 1^2} \approx 0.2\text{mm} \\ m_H < \sqrt{\cos^2 100 \times 1^2 + \left(\dfrac{26\ 000}{206\ 265}\right)^2 \times 1^2} \approx 0.2\text{mm} \end{cases}$$

即单纯由测量引起的横向和竖向误差很小，对绝对精度而言，也可以忽略不计，对相对精度而言，满足轨道系统的相对精度要求。

考虑到 0.7mm 的设站精度，以及 2″的方位精度，可得

$$\sqrt{0.7^2 + \left(\frac{20\ 000 \times 2}{206\ 265}\right)^2 + 0.2^2} \approx 0.75\text{mm}$$

因为该精调技术以轨道为基准，扣件误差不影响轨道，轨道扣件更换量可大大减少(减少约 50%)，即便是每站精调 3 块轨道板，在 CPⅢ基准下，其横向和竖向精度也优于高速铁路高平顺轨道系统的精度要求。

10.6.3 轨道板几何尺寸自动检测技术

要保证轨道板的铺设精度，首先要确保轨道板的几何尺寸准确。无论何种类型的轨道板，其几何尺寸的出场检测，都是必不可少的工序。对轨道板几何尺寸的检测，常规做法是依据 CRTSⅠ、CRTSⅡ或 CRTSⅢ型轨道板的特点，设计制作专用检测工装，利用全站仪、棱镜、水准仪、游标卡尺等测量工具配合检测。检测效率低，劳动强度大。

为提高工效，中铁二十二局集团和西南交通大学，联合开发了“集成智能机器人和三维激光扫描技术的高铁轨道板偏差检测系统”，实现了各型轨道板几何尺寸的自动化、智能化检测。检测过程和系统构成如图 10-45 所示。

技术原理：智能机器人相当于三坐标测量机，将三维激光扫描仪与其固连，可以实时确定三维激光扫描仪的三维坐标和姿态，进而可将三维激光扫描仪扫描轨道板所得到的点云数据的坐标，转换至一个独立基准之下。有了统一基准下的点云数据，就可以拟合轨道板的特征线和面，自动获取轨道板的各类几何尺寸数据，检测效率大大提高。

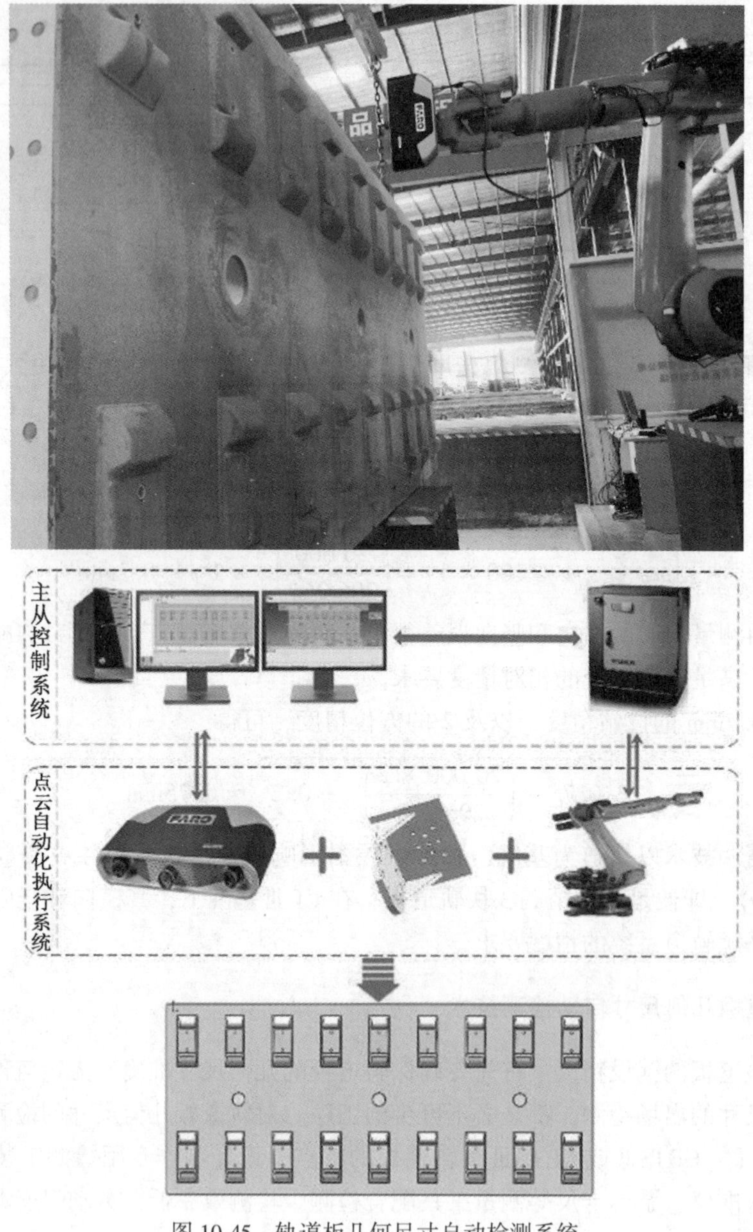

图 10-45　轨道板几何尺寸自动检测系统

10.7　通用型强制对中装置

高速铁路精密测量中，CPⅡ和 CPⅢ点数量很大，这些控制点都应埋设强制对中装置。常规对中装置是这样使用的：首先将对中装置的下支腿埋入混凝土中，待混凝土凝固后，通过调平螺丝，将仪器台调平，然后将调平后的仪器台，连同上支腿及调平螺丝一起浇筑在混凝土观测墩中，只露出仪器台面板供精确安装测量设备。常规强制对中装置已经过长期实践检验，对中精度较高，但体积较大且安装复杂，难以大规模采用。高速铁路精密测量中，不仅控制点数量多，而且安装位置有限，采用常规强制对中装置很不现实。而专门为 CPⅢ特别设计的强制对中装置（见图 10-11）只能用来安装 CPⅢ棱镜，无法架设测量仪器。本节介绍中铁十五局研发的通用型强制对中装置，其特点是通用、廉价、易安装，且不额外占用空间。

这种通用型强制对中装置由预埋件、转接头、转接盘和转接杆组成，如图 10-46 所示。其中，预埋件是埋设部分，每个控制点需要埋设一个。转接头、转接盘和转接杆是配套附件，仅随测量仪器配备。该对中装置相当于将常规强制对中装置拆分为预埋件和可以自由拆装的仪器台两部分。其中，预埋件相当于前者的对中螺丝孔，转接盘相当于前者的仪器台。

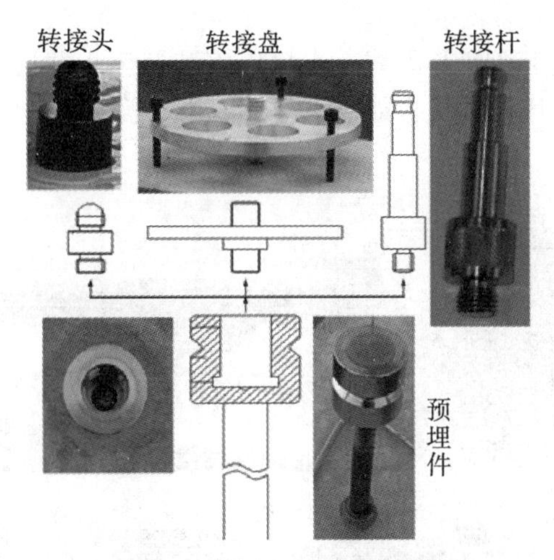

图 10-46 通用型强制对中装置

这种强制对中装置的关键技术是预埋件的垂直埋设技术，即埋设好的预埋件轴线必须垂直（顶面水平）。利用图 10-47 所示方法，可以确保预埋件垂直埋设。

埋设过程如下：在埋设测量标志的地方（如高速铁路桥梁防护墙的顶面）钻孔，利用细线将所要埋设的预埋件悬吊在钻孔内，并使其顶面比孔口高 1~2cm；将桥梁支座砂浆缓缓注入钻孔内，使浆液顶面比钻孔的孔口低 1~2cm；缓缓下放细线至预埋件顶面和孔口平齐，且浆液被稍稍挤出时，固定细线；30min 后浆液凝固，可拆除支架。

与吊垂球原理类似，通过细线对预埋件的悬吊作用，可使预埋件顶面自动置平。桥梁支座砂浆是一种特殊的灌浆材料，1.6kg 干料加入 0.1kg 水并充分搅拌后，在 10~15min 内属于液态，20min 后开始凝固，30min 左右初凝，1~2h 后，强度可达 20MPa。通过京沪高速铁路实际应用，该方法可使预埋件顶面的置平精度达到 2′~3′，完全满足强制对中的精度要求。

通用型强制对中装置的使用过程如下：

（1）如图 10-48 所示，将圆头且顶端刻有“十”字丝的转接头旋入预埋件后，转接

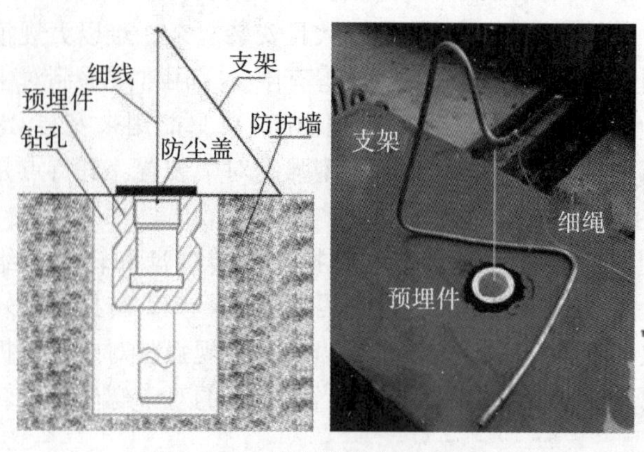

图 10-47　预埋件垂直埋设技术

头是垂直的，可以直接安装 GNSS 天线；也可以安装基座，并通过基座安装 GNSS 天线、棱镜或全站仪等；直接利用转接头也能立水准尺或用于普通方式对中。

图 10-48　转接头的使用方法

（2）稳定性要求高时，可以通过转接盘架设仪器。将转接盘旋入预埋件中，使预埋件顶面与转接盘密贴，调整转接盘上的三颗加固螺丝，使其牢固支撑于被测点上，这时的转接盘是水平的（与常规强制对中装置的仪器台一样）。通过转接盘，可以连接 GNSS 卫星定位系统天线、全站仪、经纬仪、测距仪、反射棱镜、测量觇标等测量设备。用这种强制对中方式，可以满足 CPⅠ、CPⅡ、CPⅢ网点的各种测量需要，也能满足其他精密工程测量的对中需要。

（3）直接作为高速铁路的 CPⅢ网点标志。将转接杆旋入预埋件的螺孔内，使预埋件的顶面与杆体的下表面密贴，这时的转接杆是垂直的；将反射棱镜或测量觇标装到转接杆上，无需对中和整平，就能直接进行精密测量。

10.8 高速铁路的变形监测

高速铁路轨道系统对变形有严格要求，必须等线下工程变形趋于稳定后，方能施工无砟轨道。线下工程中，隧道建在基岩中，一般不会发生大的变形，路基和桥涵是变形监测的主要对象。变形主要包括沉降和水平位移，高速铁路对路基和桥涵的沉降，以及桥墩倾斜（横向倾斜影响轨道平顺）特别敏感，而倾斜量可以通过差异沉降求得，因此，高速铁路变形控制的重点是沉降监测。线下工程施工期间，要对采用摩擦桩基的桥墩、涵管和路基的沉降进行全程监测，并据此预测线下工程沉降变形趋势，为确定无砟轨道铺设时间提供依据。目前，线下工程沉降监测主要以精密水准测量为主。本节结合高速铁路的特点，重点介绍线下工程沉降监测网的布设原则和路基、桥梁的沉降监测方法。

10.8.1 沉降监测网布设

高速铁路的沉降监测网分基准网和监测网。基准网由基准点和工作基点组成，利用水准环线，将两个相邻的 CPⅠ网点之间的 CPⅡ网点和工作基点联结成独立的基准网，如图 10-49 所示。开工时，CPⅠ、CPⅡ网点通常都已埋设一年以上，处于稳定状态。工作基点于施工准备阶段提前埋设，通常沿施工便道的水沟外侧 3~5m，间隔约 200m 埋设一点，埋深大于 1m，采用顶端刻“十”字的圆头标志，便于平面和高程共点。等桥梁承台、路基开工时，工作基点已埋设两个多月，基本稳定。

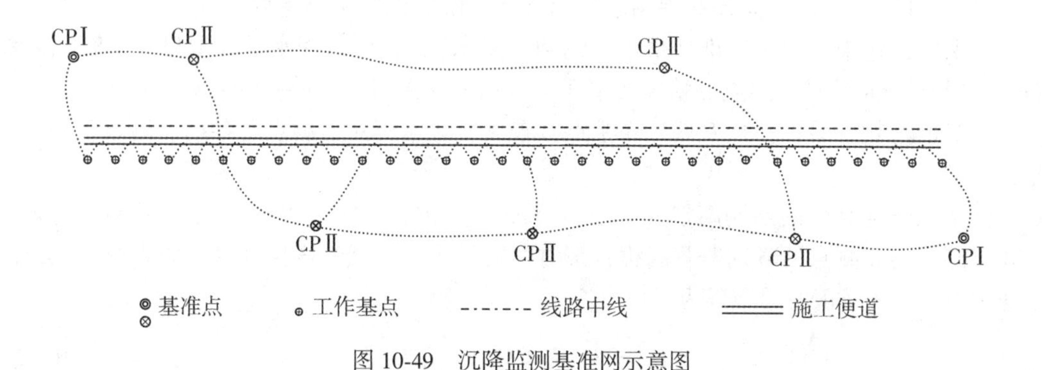

图 10-49 沉降监测基准网示意图

基准网施测之前，通常是先测量导线，求得所有工作基点的平面坐标，以弥补沿线 CPⅠ和 CPⅡ网点间距较大的不足，确保施工中有足够的控制点可用。待工作基点基本稳定后，利用二等水准施测基准网。基准网的初始高程以网中所有基准点为拟稳点，通过拟稳平差求得。根据沿线地面稳定情况，每隔 3~6 个月，要对基准网进行复测。复测过后，首先判定基准点的稳定情况，选取较为稳定的基准点为拟稳点，重新对整网进行平差，以评定工作基点的稳定性。对于不稳定的工作基点，复测后应及时修正其高程。

监测网如图 10-50 所示，在相邻的两个工作基点之间（如图 10-50 中的 A 和 B）布设 AB 和 BA 两条附合水准路线，将沉降监测点纳入其中，形成单一水准环 $A-B-A$。

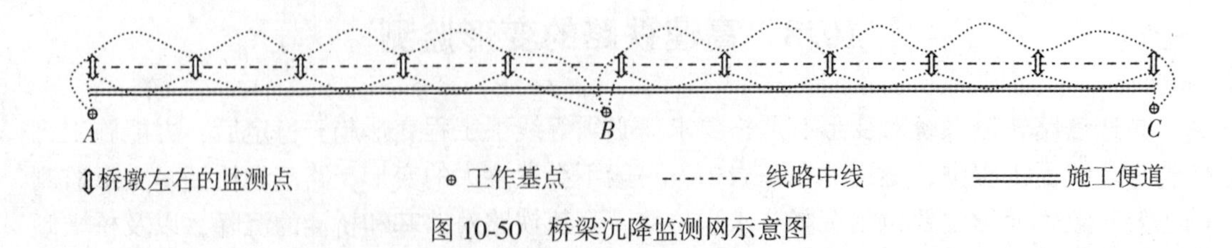

图 10-50　桥梁沉降监测网示意图

10.8.2　精度要求和数据处理原则

变形监测的精度通常为监测点变形量的 1/10~1/20。路基工程的变形较大，最大可达几厘米至十几厘米；采用摩擦桩基础的桥墩，要求预测的理论沉降量通常是 10~20mm。因此，高速铁路对沉降监测点的观测精度要求为 1mm。

高速铁路施工期间，沉降监测的频率较高，通常是每天或每隔几天就要监测一个周期。处理监测数据时，*AB* 和 *BA* 两条附合路线主要用于判定工作基点的变化情况，一旦工作基点变化较大，就要适时地对基准网进行复测。

由于工作基点离线路较近，其稳定性难以保证。确定监测点的监测高程时，不能按照附合水准，利用两个工作基点来计算，而要利用某一工作基点（如 *A* 点）的高程 H_A，加上 *A* 点与监测点间的高差 δH_{Ai} 来求得，即

$$H_{Ai} = H_A + \delta H_{Ai} \tag{10-74}$$

式中，*A* 点与监测点间的高差由环线闭合差分配后的实测高差确定。

在实际工作中，由于水准环很短（约 400 多米），利用精密水准仪测量，实测高差的精度优于 0.3mm，对监测点的精度要求而言，这一误差可以忽略不计。

对基准网复测后，一旦发现工作基点有较大变化，应对监测点的各期监测高程进行修正，方法如下：

假定工作基点 *A* 的初测高程为 H_A，*T* 天后对其进行复测，高程变化量为 ΔH_A，则通过 *A* 点测量的监测点的各期监测高程，按时间的长短进行线性内插处理。假设由 *A* 点监测的任意点 *i*，其修正后的高程为

$$H_{Ai} = H_A + \delta H_{Ai} + \frac{t}{T}\Delta H_A \tag{10-75}$$

式中，*t* 为自监测网初测至对监测点实施监测时所经过的天数。

10.8.3　桥梁沉降监测

随着桥梁承台、墩柱的施工，变形监测工作陆续展开。对桥墩实施变形监测时，以工作基点为基准，按照如图 10-50 所示网形分段进行观测。

桥梁沉降监测点有两种：一种是承台监测标（见图 10-51），另一种是墩身监测标。在承台的一个对角位置各埋设一个承台监测标，其作用有二：一是作为墩身监测标启用前的过渡点，当墩身监测标正常使用后，承台监测标随基坑回填将不再使用；二是一旦墩身监测标被破坏，可以利用承台标恢复墩身监测标，确保监测数据的连续性。墩身监测标采用墙上水准标志，一般埋设在墩底高出地面或水面 1.0m 左右处，左右两侧各埋设 1 个，

以便监测桥墩沉降和横向倾斜。

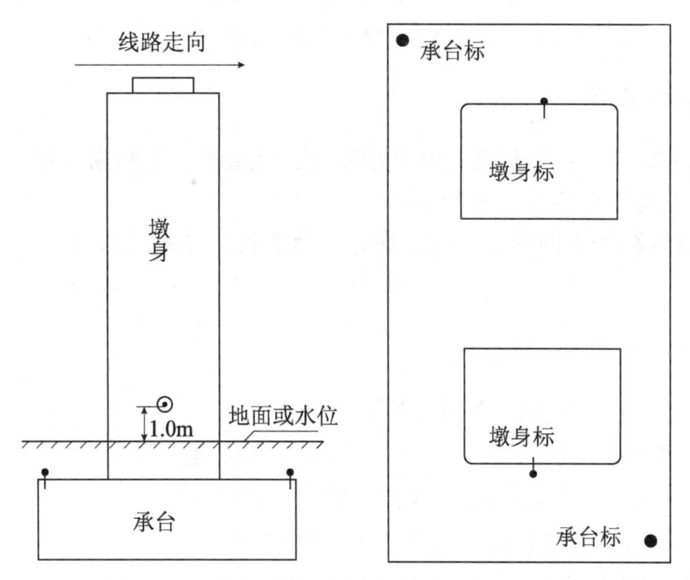

图 10-51　桥梁承台、墩身沉降监测标埋设方式

墩身监测标启用时，要同时对墩身和承台监测标进行测量，并利用两种标志间的高差传递高程，确保各周期监测数据连续。

10.8.4　路基沉降监测

路基沉降主要包括地基基础沉降和路基本体沉降。路基基础沉降应在施工过程中进行动态连续监测，即边施工边监测，其专用监测设备是沉降板。沉降板的布置和结构如图 10-52 所示。

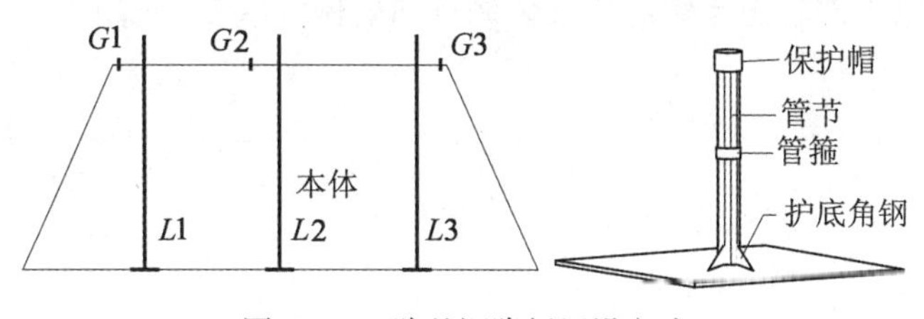

图 10-52　路基沉降板埋设方式

沉降板是方形或圆形钢板，中间垂直焊接一种可以不断接长的钢管，钢管里面可以放入水准尺，在路基填筑期间不间断地对路基基底进行沉降测量。路基填筑到一定高度后，需要对沉降板观测标进行接高，并记录接高长度，以保证沉降观测数据的连续性。实际工作中，每隔 50～100m 设置一个监测断面，每个断面埋设三个监测标，如图 10-52 中的 *L*1、*L*2 和 *L*3。路基本体填筑完成后，应在轨道板支撑层埋设永久性沉降监测桩，以测量路基本体沉降。监测桩与沉降板对应，如图 10-52 所示的 *G*1、*G*2 和 *G*3。在路基填筑完

毕至无砟轨道铺设期间，需对沉降板和沉降监测桩进行定期监测，以判定地基基础和路基本体的沉降变形情况。无砟轨道开始施工时，沉降板将失去作用，待铺轨完成后，沉降监测桩移交工务部门，以便运营期间继续对路基实施监测。

◎ 本章的重点和难点

重点：高速铁路平面控制网布设和基准建立，轨道系统的精密测量，轨枕和轨道板精调技术，高速铁路施工期线下工程的变形监测。

难点：高速铁路 CPⅢ网的平差数据处理，轨道板的博格精调技术，基于轨道的轨道板精调技术。

◎ 思考题

(1) 高速铁路与传统铁路的测量有何不同之处？
(2) 高速铁路平面控制网有何特点？采用什么方法建立？
(3) 高速铁路的轨道控制网有何特点？起何作用？
(4) CPⅢ网的网形、点位以及点的埋设有何特点？
(5) 什么叫三网合一？
(6) 高速铁路的高程控制网有何特点？
(7) 什么是轨检小车？在高速铁路建设中有何作用？
(8) 什么是搭接测量？
(9) 什么是博格技术？
(10) CRTSⅡ型板式的设计理念是什么？
(11) 什么是 GRP 网？什么是 GRP 点？
(12) 博格精调技术存在哪些问题？
(13) 什么是基于轨道的轨道板精调技术？特点何在？
(14) 简述轨道板几何尺寸自动化检测的原理和效益。
(15) 高速铁路无砟轨道系统施工安装调校前要做哪些变形监测？

第 11 章　桥梁工程测量

本章讲述桥梁工程测量，包括桥梁勘测设计阶段的测量、施工阶段的控制测量和变形测量，针对斜拉桥、悬索桥和连续刚构桥的若干典型测量项目进行讨论，如悬索桥基准索股的垂度测量，索塔的变形监测，大跨度连续刚构桥挠度变形监测等。最后，对港珠澳大桥的若干典型测量技术和采用地基雷达干涉技术监测某大桥的动态变形作简要介绍。

11.1　概　　述

为道路跨越天然或人工障碍物而修建的建筑物即为桥梁。按受力体系可分梁式桥、拱式桥、刚构桥、斜拉桥和悬索桥。梁式桥又可分为钢筋混凝土梁、钢板梁、连续梁和简支钢桁梁。按长度可分为特大桥、大桥和中小桥。随着交通事业的迅速发展，大跨度或复杂的桥型在不断涌现，现代桥梁正朝着造型新颖、结构复杂、桥梁长、跨度大、桥塔高、施工难的方向发展，主要分斜拉桥、悬索桥、拱桥和连续刚构桥四大类。

斜拉桥是将桥面用许多拉索直接拉在桥塔上的一种大跨度桥梁，由承压的塔，受拉的索和承弯的梁组成，形成一种结构体系，用拉索代替支墩，可看作为多跨弹性支承的连续梁桥。斜拉桥的外形美观，可降低桥的高度，减轻桥的重量，节省建桥材料，是大跨度桥梁的最主要桥型。

悬索桥指通过索塔悬挂并锚固于桥两岸（或桥两端）的缆索（或钢链）作为上部结构主要承重构件的桥梁，主要由锚碇、索塔、主缆和主梁组成。悬索桥是桥梁中单跨跨度最大的桥型。

连续刚构桥是墩梁固结的连续梁桥，分主跨为连续梁的多跨刚构桥和多跨连续刚构桥，均采用预应力混凝土结构，有两个以上主墩采用墩梁固结，具有“T”形刚构桥的优点。

在桥梁结构设计方面，采用空间理论来分析桥梁整体受力已成为可能，以概率统计理论为基础的极限状态设计理论，使桥梁设计的安全度得到保证。桥梁美学作为时代和民族文化的反映，也愈来愈受到重视，桥梁景观越来越壮丽华美。

桥梁工程已成为工程测量的重要组成部分。美国的庞恰特雷恩湖大桥，全长 38.4km，1969—2008 年间被誉为“世界上最长的桥”；我国的杭州湾大桥、胶州湾大桥和东海大桥等跨海大桥都在 30km 以上，长江上的桥梁就达上百座；港珠澳大桥是一座连接香港、珠海和澳门的世界第一长的巨型桥梁，全长达 50 多千米；高铁中的桥梁段高达百分之五十，城市中的高架桥更是比比皆是。

桥梁工程的测量工作包括桥址陆地与水下地形测绘、水文测量、桥梁施工控制网测量、施工放样、竣工测量以及施工与运行期间的变形监测或健康检查。

11.2　桥梁工程在勘测和施工阶段的测量

11.2.1　桥梁勘测设计阶段的主要测量

桥梁勘测设计阶段的主要测量有桥址地形测绘、桥址断面及辅助断面测量。

（1）勘测阶段的桥址控制测量。该阶段的控制测量主要是为了测图，且要与线路坐标系一致，常采用以大地水准面为基准面的高斯平面直角坐标系统。平面控制网多采用 GNSS 网，高程网须与邻近的国家水准点联测。

（2）桥址地形测绘。系根据设计人员考虑诸多因素在中小比例尺图上定出的桥址位置，在桥址选线位置进行大比例尺地形图测绘，测绘范围应满足设计桥梁孔径、桥头路堤、导流建筑物和施工场地的需要。测绘内容包括地形、地物、地貌、线路导线、中线、既有线中线、桥梁和导流建筑物平面、桥头控制桩、水准基点、农田分类及边界、历史最高洪水泛滥线、水流方向等，还需进行地质测绘。应采用数字测图方法，绘制 1∶500~1∶5 000的桥址平面地形图。

（3）桥址纵断面及辅助断面测绘。桥址纵断面兼作水文断面，并用以进行流量计算，应测至岸边高出最高水位或设计水位至少 1m，特大桥两岸应埋设桥址控制桩作为桥址定测和施工复测的依据，其位置应不受洪水淹没影响。纵断面图测绘比例尺一般为 1∶200~1∶500，特大桥可采用 1∶1 000。可根据实际需要加测上游和下游平行于桥址线路纵断面的辅助断面，间距一般为 3~5 m。

（4）其他测量工作。主要包括桥址线路纵断面的地质测量、钻孔测量、水文测量，还包括航线测量、水的流速和流向测量、流量测量、泥沙测量、最高洪水位和最低枯水位测量等。

11.2.2　桥梁施工控制测量

1. 平面控制网布设和测量

在桥梁施工阶段，在独立坐标系下建立的服务于桥梁施工放样的平面控制网称桥梁施工平面控制网。为保持桥梁与两侧线路的联系，一般以一个稳定的桥位点或勘测控制点作为起始点，以该点的原坐标值和里程作为独立坐标系统的起算坐标和起算里程，以桥轴线的方位角作为起算方位角，最好使桥轴线与 X 轴平行或重合，以桥梁墩台顶面的平均高程面作为高程基准面。这样建立的桥梁独立坐标系，无长度变形，桥梁墩台的施工放样可直接采用设计坐标。

桥梁施工平面控制网网点必须能控制全桥及与之相关的重要附属工程，在桥轴线上和两侧应布设控制点，应首选 GNSS 网，特别是特大型和大型桥梁，应布设 GNSS 网。桥梁施工平面控制网的主要网点宜建立带强制对中装置的混凝土观测墩，并作定期复测。

桥梁施工平面控制网的精度与桥梁的长度、类型和结构有关。需要指出的是，按照目前的测量技术，桥梁施工平面控制网的布设都比较简单容易，且精度也易于达到要求。

（1）对于简支梁桥和预制梁桥，一般是估算桥轴线的中误差，进而确定桥梁施工控制网的精度。设全桥共 N 跨，桥梁全长为 S，每跨的梁长制造误差分别为 Δd_1，Δd_2，…，

Δd_N，固定支座安装误差为 δ，取两倍中误差作为允许误差，根据误差传播定律，可得桥轴线长度的中误差为：

$$m_L = \sqrt{\left(\frac{1}{2}\Delta d_1\right)^2 + \left(\frac{1}{2}\Delta d_2\right)^2 + \cdots + \left(\frac{1}{2}\Delta d_N\right)^2 + \left(\frac{1}{2}\delta\right)^2} \tag{11-1}$$

若全桥为等跨桥梁时，则上式可简化成：

$$m_L = \frac{1}{2}\sqrt{N(\Delta d)^2 + \delta^2} \tag{11-2}$$

为了使控制测量误差不影响工程质量，可取桥梁架设误差为控制测量误差的 $\sqrt{2}$ 倍，则桥梁平面控制网桥轴线的必要精度 m_s 为：

$$m_s = \frac{1}{\sqrt{2}} m_L \tag{11-3}$$

（2）对于特大型悬索桥，精度要求最高的是散束鞍和主鞍座中心；对于斜拉桥，精度要求最高的是塔上和梁上斜拉索套管的后锚点。因此，应从这些要求最高的放样点精度（即设计点位的中误差）来确定桥梁控制网的精度。对于梁式桥，可按墩台定位精度来确定桥梁施工控制网的精度。在精度确定中应遵循以下两个原则：一是忽略不计原则，即桥梁施工控制网误差与放样点精度相比较可忽略不计；二是等影响原则，即控制网边长误差与放样点精度相等。设放样点的要求精度为 m，桥梁施工控制网最弱点坐标中误差为 m_x、m_y，最弱边中误差为 m_s。按忽略不计原则，有：

$$m_x = m_y \leqslant 0.4m \tag{11-4}$$

按等影响原则，有

$$m_s = m \tag{11-5}$$

可根据上面公式确定控制网最弱点和最弱边的精度，为桥梁施工控制网设计提供依据。例如，斜拉桥的斜拉索套管后锚点的容许偏差为5mm，最弱点的坐标中误差不应大于2mm。

（3）按桥长确定桥梁施工控制网的必要精度。根据《公路勘测规范》（JTGC10—2007）规定，可按照桥梁总长或桥中单跨的最大长度确定桥梁施工平面控制网的必要精度。

2. 高程控制网布设

高精度的高程控制网是桥梁施工中高程放样的基础，特别是大跨度悬索桥基准索股的垂度测量，需要在高精度水准点上进行大气折光系数的试验测量。高程控制点的选点布网应遵循如下原则：要按规范要求的精度与国家水准点联测；控制点应稳定可靠，须埋设永久性标石和标志；尽可能利用平面控制网点；视线应尽可能高于水面；两相邻站点间的距离不宜太远，以减小测距三角高程测量的误差。

11.2.3　大型桥梁的施工放样

大型斜拉桥如苏通大桥的施工放样，主要包括主塔施工放样、钢箱梁安装测量、边跨、中跨合龙施工测量等，参见本书的5.5.2。对于特大特长桥梁的大跨度墩台施工，需要采用特殊的施工放样方法，如采用网络RTK法放样施工平台，参见本书的5.3.1。

11.2.4　悬索桥基准索股的垂度测量

1. 基准索股垂度测量

悬索桥的主缆索股分基准索股和一般索股，主缆索线形控制就是基准索股的线形控制。主缆索的几何形状接近抛物线，从主缆索垂下许多吊杆，把桥面吊住，在桥面上设置加劲梁，与主缆索形成组合体系，以减小荷载所引起的挠度变形。线形控制是悬索桥上部构造施工中的重要测量工作。基准索股的线形由两端锚碇索股出口点标高、索塔上主鞍座顶标高，以及中跨、边跨的跨中基准索股的垂度决定。标高可用常规水准测量方法确定，而中跨和边跨跨中基准索股的垂度测量较为困难。因为基准索股的断面面积较小，若跨度超过 500m，则中跨和边跨跨中的高度达 100m 以上，晃动得比较厉害。

悬索桥主缆架设过程中的垂度测量包括基准索股的绝对垂度与一般索股的相对垂度测量，前者是最重要的环节，一般索股的架设是通过一般索股与基准索股的高差进行垂度调整。

高差测量可采用几何水准、悬挂钢尺测量和测距三角高程测量等方法。在宽阔的水面上进行长距离、大高差测量非常困难，若基准索股两边跨和中跨跨中与水面的高差大于 100m，在大桥猫道等附属设施上架设水准仪，施工中常有遮挡，风的影响大，水准测量和悬挂钢尺法都不适合，只能采用全站仪单向测距三角高程测量法进行垂度测量，必须进行大气折光改正，大气折光系数应在桥位区通过实验观测得到。例如，在一天不同时段测定 A 到 B 和 B 到 A 的大气折光系数，设测站为 A、镜站为 B，则 AB 间进行大气折光改正的高差公式为

$$h_{AB} = S_0 \tan\alpha_{AB} + \frac{1-K}{2R}S_0^2 + i - v \tag{11-6}$$

式中，S_0 为 A 到 B 的平距；α_{AB} 为 A 到 B 的竖直角；R 为地球曲率半径；K 为单向大气折光系数；i 为仪器高；v 为棱镜高。若 AB 间高差已知，则可求出 K 值。分析同一时段、不同时段大气折光系数的变化，确定应采用的大气折光系数。

2. 垂度测量和调整举例

下面以舟山西堠门大桥为例，介绍悬索桥基准索股垂度测量的实施过程。

西堠门大桥是特大型悬索桥，其走向由北到南，北连册子岛，南连金塘岛，跨径布置为 578m+1 650m+485m，主桥在北锚碇和南塔之间设计为总长度为 2 228m 的连续钢箱梁，主缆长达 2 880m，是悬索桥的主要承力结构，也是钢箱梁桥面线形控制的基础（图 11-1）。主缆中的基准索股垂度是其他索股垂度的调整基准。设计要求：基准索股南、北边跨的垂度限差为 [−20mm，20mm]，中跨的垂度限差为 [−10mm，20mm]，上下游基准索股相对高差的误差应小于 10mm，一般索股相对于基准索股的高差误差应小于 5mm。

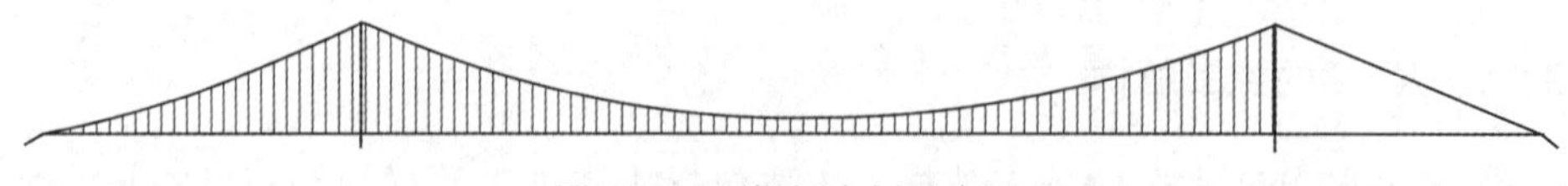

图 11-1　西堠门大桥示意图

西堠门大桥垂度测量如图 11-2 所示，在 ZLS-12、ZLS-15、ZLS-17、ZLS-18、JMA-4、JMB-2、JMB-10 上进行基准索股的垂度测量。如在 JMA-4 设站，后视 ZLS-17，测量北边跨中垂度；在 ZLS-17 设站，后视 JMB-2，在 ZLS-12 设站，后视 ZLS-18，测量中跨跨中垂度并取均值；在 JMB-10 设站，后视 ZLS-15，测量南边跨中垂度。

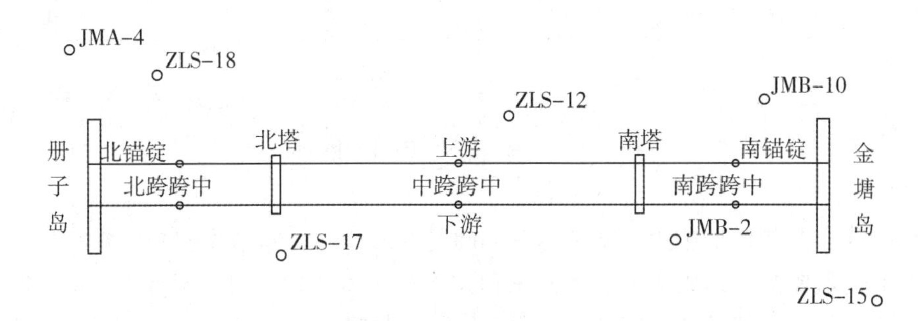

图 11-2 西堠门大桥垂度测量控制网示意图

基准索股的绝对垂度调整方法：根据实际垂度测量结果和监控单位提供的设计垂度值进行调整。根据全站仪测量的基准索股跨中位置棱镜高程，计算索股中心垂度，与设计垂度比较求差，可得到调整量，同时应测量索塔塔顶偏移及索股表面温度，对索股垂度进行修正。垂度调整测量应选在气温稳定且风速较小且无雨无雾的天气进行。

在基准索股绝对垂度满足设计要求后，还需进行上下游两根基准索股相对垂度调整。

方法如下：根据水位连通器原理，在中、边跨的跨中各铺设一条 ϕ25mm 透明塑料软管，连接上下游的基准索股，在管内注入一定量带颜色的水（水管里不能有空气），两端竖管顶面在索股同一位置上，用钢板尺量测水管液面距索股跨中点顶面的高度，以此为依据调整两根基准索股间的相对高差，使其符合设计要求。

2. 精度分析

西堠门大桥基准索股的绝对和相对垂度测量结果及其与设计值的对比情况见表 11-1。由表 11-1 可见，基准索股的绝对垂度与设计值的偏差以及上、下游基准索股间的相对垂度，均在限差之内，说明基准索股的实际线形达到了设计要求。经连续监测，大桥基准索股垂度测量结果完全在设计允许限差之内，说明基于单向折光系数改正的基准索股垂度法，不仅简单便于实施，精度能达到悬索桥基准索股绝对垂度测量的要求，是大跨度悬索桥基准索股垂度测量首选方法。大气折光实验表明，该区域的大气折光具有显著的方向性，若单向大气折光系数与平均大气折光系数相差明显，应采用单向大气折光系数进行大气折光改正。

表 11-1 **基准索股绝对和相对垂度测量结果及其与设计值的对比情况**

位置	北跨上游	北跨下游	中跨上游	中跨下游	南跨上游	南跨下游
理论值（m）	119.635 5	119.657 1	84.828 3	84.925 7	128.367 1	128.367 0
实际值（m）	119.647 4	119.666 7	84.820 7	84.922 7	128.386 9	128.376 8

续表

位置	北跨上游	北跨下游	中跨上游	中跨下游	南跨上游	南跨下游
较差（mm）	11.9	9.6	-7.6	-3	19.8	9.8
限差（mm）	[-20, 20]	[-20, 20]	[-10, 20]	[-10, 20]	[-20, 20]	[-20, 20]
上下游互差（mm）	2.3		4.6		10	

11.3　桥梁的变形监测

桥梁的变形监测包括施工期间和运营期间的变形监测，本节主要介绍在桥梁施工期间两种典型的变形监测，即索塔的变形监测和大跨度连续刚构桥的挠度监测。运营期间的变形监测主要是为桥梁的健康和安全运营服务，可参见本书第 6 章。

11.3.1　索塔的变形监测

索塔是指悬索桥或斜拉桥支承主索的塔形结构物，其高度与桥梁主跨有关，主梁的最大跨度与索塔高度之比一般为 5.0 左右。悬索桥的索塔用来承担主缆，斜拉桥的索塔用来锚固拉索，皆受压弯组合作用，只是悬索桥多为钢塔，一般跨径更大，塔的受力更大，斜拉桥多为混凝土塔。索塔结构有多种，与拉索布置、桥面宽度以及主梁跨度等有关，沿桥纵向布置的有单柱形、A 形和倒 Y 形，沿桥横向布置的有单柱形、双柱形、门式、斜腿门式、倒 V 形、倒 Y 形和 A 形等。索塔横截面可采用实心界面、工形或箱形截面，大跨度斜拉桥多采用箱形截面。

1. 悬索桥各施工阶段的索塔变形监测及特点

索塔变形监测与施工阶段有关，可简述如下：

(1) 上部构造施工前的索塔变形监测。索塔封顶之后和上部构造施工之前，索塔变形受日照和温差影响较大，应对索塔塔顶在日照温差作用下的变形进行监测。高度大于 150m 的混凝土塔，由于阳面和阴面混凝土的膨胀、收缩，使塔顶产生扭转变形，在一日内呈周期性变化。此时索塔变形监测的目的是获取索塔一日之中变形最小的时间段，以便在此时段放样索塔的几何轴线，测量两锚跨和中跨的跨径，确定索塔监测点的坐标，为主鞍座安装定位和主缆施工线形计算服务，并作为其后索塔变形量计算的依据。应注意此阶段的索塔变形具有弹性变形的特征，变形幅度随高度的增加而增大，在南方地区夏季，塔高为 150m，最大变形量约为±4cm，同时有滞后变形特性，如在 20：00 点~2：00 点，环境温度基本没有变化，但索塔变形仍在持续。

(2) 猫道施工阶段的索塔变形监测。索塔挂上猫道索后，塔顶受猫道索锚跨和中跨方向的水平力，当两侧水平力不相等时，索塔会发生顺桥向方向的变形。此阶段要监测索塔变形的大小和方向，为猫道索垂度调整和拉力控制提供依据。猫道的垂度控制非常严格，若主塔产生顺桥向方向的变形，则跨径必然随之而变，猫道的垂度会发生变化。猫道的高度也很重要，过高会影响索股牵引，过低又会导致施工不便。此阶段的索塔变形监测，直接为施工控制服务。

(3) 索股牵引阶段的索塔变形监测。索股牵引过程中，索塔在卷扬机牵引力和索股荷载的作用下，会产生顺桥方向的动态水平位移变形。若把某一根索股从西锚牵引到东锚，当锚头还在西边跨时，西塔和东塔均会产生向西的位移；当锚头牵引到中跨时，西塔逐渐开始向东侧位移，东塔仍为向西位移；当锚头到东边跨时，西塔继续向东侧位移，东塔则开始向东发生位移。当索股牵引到位后，通过调整索力和垂度以及鞍座的预偏，使索股作用在索塔两侧的水平力相等，从而达到在主缆施工阶段索塔尽可能不偏位的要求。索塔的水平位移有设计限值要求，如虎门大桥索塔允许变形值为300mm，超过此值会危及索塔的安全。在主缆施工阶段，难以保证索股作用在索塔两侧的水平力相等，故在索股牵引过程中，以及索股垂度调整阶段，都要加强对索塔的变形监测，须将结果及时反馈给监控部门，以指导施工，如决定卷扬机牵引力、牵引速度和索股拉力大小。此阶段索塔变形监测既有索股牵引过程中的索塔动态变形监测，又有索股垂度调整时的静态变形监测，变形值是水平位移，变形方向是顺桥方向。

(4) 钢箱梁吊装阶段的索塔变形监测。主缆竣工及索夹、吊索安装后，进入悬索桥上部构造施工的钢箱梁吊装阶段。由于一块钢箱梁重达250t左右，其荷载通过吊索和主缆作用在索塔上，会使索塔产生变形；此外，由于悬索桥的中跨钢箱梁荷载与边跨钢箱梁荷载不对称，在钢箱梁吊装阶段，必然使索塔产生中跨方向的位移变形，而且这种变形一般很大，若在吊装过程中这种变形增大，将危及索塔安全。为此，在施工中采用“预偏主鞍座后逐步顶推主鞍座”的方法，以减小钢箱梁吊装时索塔的累计变形，确保施工质量和安全。该方法的原理如下，如图11-3(a)所示，在吊装前主鞍座向两岸侧方向预偏，使索塔的几何中心与主鞍座的几何中心不一致，在吊装中跨某一梁段后，东、西索塔将向跨中方向位移变形。在图11-3(b)中，东、西索塔同时向中跨方向顶推主鞍座，使两塔上的主鞍座中心相对塔中心移动，产生的反作用力使两塔向岸侧移动，从而削减由吊装钢箱梁引起的索塔向中跨方向的变形量。

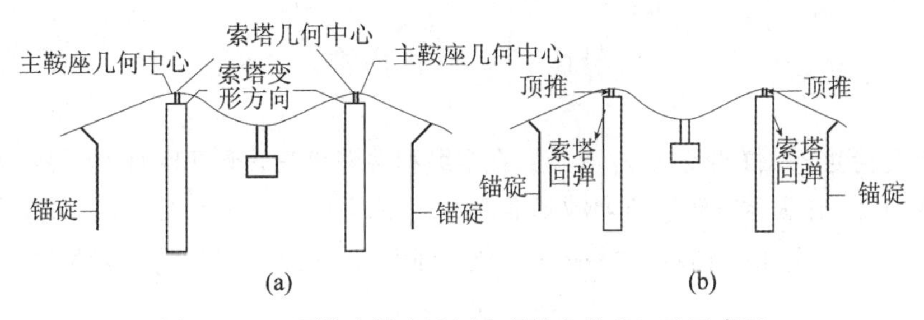

图11-3 “预偏主鞍座后逐步顶推主鞍座”法示意图

主鞍座顶推一般分多次完成，通常是在吊装几块钢箱梁后，就测量索塔的变形值，据此确定是否需要顶推主鞍座及顶推值。由此可见，该阶段索塔变形监测的目的：一是监测钢箱梁吊装过程中的索塔动态变形量，以确定吊装时吊车的起吊速度；二是监测索塔的累计变形量，以确定顶推主鞍座的时间及顶推量的大小。

表11-2列出了某悬索桥各施工阶段的跨径变化和塔柱变形数据，由表11-2可见，钢箱梁吊装和主鞍座顶推所引起的跨径变化和塔柱变形，明显比猫道架设和索股牵引阶段要

大得多，说明预偏主鞍座后逐步顶推主鞍座的方法是一种有效的方法。

表 11-2　　　　**某悬索桥上部构造各个施工阶段跨径变化和塔柱变形**

工　况	跨径值（m）	跨径变化（mm）	东塔变形（mm）	西塔变形（mm）
裸塔	648.009	（基准值）	无	无
猫道架设后	647.990	19	19（向西）	1（向西）
索股牵引后	648.025	35	16（向东）	3（向西）
吊第一片梁后	647.794	231	97（向西）	115（向东）
主鞍顶推后	648.046	252	26（向东）	11（向西）

2. 索塔变形监测的距离差法

日照温差引起的索塔扭转为二维变形，猫道施工、索股牵引和钢箱梁吊装所引起的索塔水平位移变形量实质为变形方向预知的一维变形。索塔变形监测需要进行静态和实时动态监测。在悬索桥施工测量实践中，总结出的一种变形监测“距离差法”，取得了较好的效果，现说明如下。

如图 11-4 所示，在东、西锚碇顶面的适当位置布置基准点 A、D，在索塔顶面横桥向方向上布设监测点 B、C，这样，S_{BC}即为两索塔间的跨径。

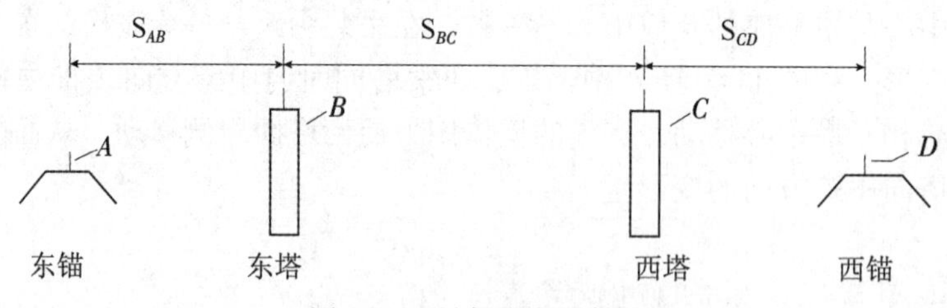

图 11-4　距离差法示意图

将两台高精度全站仪架设在 A、C 点；在空缆和裸塔状态下重复观测 AB、BC 和 CD 的水平距离并取均值，作为索塔变形监测的基准值 S_{AB}^{0}、S_{BC}^{0}和 S_{CD}^{0}，在施工状态下进行同样观测，得 S_{AB}^{i}、S_{BC}^{i}和 S_{CD}^{i}，则 AB、CD 的水平距离变化量即为东塔顶和西塔顶的位移值，按下式计算：

$$\Delta S_i = S_{AB}^{i} - S_{AB}^{o} \tag{11-7}$$

$$\Delta S_i = S_{CD}^{i} - S_{CD}^{o} \tag{11-8}$$

索塔的位移值为同一测段水平距离两次观测值之差，故称“距离差法”。在观测中，由于可消除大部分系统误差，所以精度较高，可监测 2mm 的索塔变形。由于基准点 A、D 间的距离为固定值，所以满足下述关系式，用于外业观测数据的检核：

$$S = S_{AB}^{o} + S_{BC}^{o} + S_{CD}^{o} = S_{AB}^{i} + S_{BC}^{i} + S_{CD}^{i} \tag{11-9}$$

11.3.2　大跨度连续刚构桥的挠度监测

现代大跨度连续刚构桥常采用悬臂浇筑法（或称挂篮法）施工，就是将主梁分节段施工，后一节段梁体是靠已浇注节段梁体的刚度和挂篮支撑进行施工。挂篮是悬臂施工中的主要设备，分桁架式、斜拉式、型钢式及混合式4种，具有自重轻、结构简单、坚固稳定、装拆方便、受力后变形小和可重复利用等优点，挂篮下空间充足，有较大作业面，利于钢筋模板施工操作，通过挂篮前移，对称地从两侧向跨中进行逐段浇筑。施工分三个阶段：浇筑混凝土阶段，张拉预应力阶段，前移挂篮阶段。即浇筑一块混凝土箱梁，该块箱梁达到强度后进行钢绞线穿束和预应力张拉，然后前移挂篮，浇筑下一块箱梁，直至合龙。施工中，由于跨度大、悬臂长，悬臂箱梁的挠度变形较大，既有重力引起的向下挠度，又有张拉力引起的向上挠度，还有温度变化引起的挠度（温度升高悬臂向下、温度降低悬臂向上的挠度）。所以，在大跨度连续刚构桥上部构造施工中，必须监测挠度变化，以便在计算箱梁放样标高时进行改正，保证对向施工悬臂的竖向合龙精度，确保成桥线型和施工质量。挠度监测的意义：在一般情况下，悬臂箱梁施工标高等于设计成桥标高+弹性总挠度+预拱度+挂篮挠度，其中设计成桥标高、弹性总挠度和预拱度，是设计人员可根据悬臂长度、钢筋混凝土的力学性质、张拉力大小等，采用经验参数和数学模型计算，存在较大误差，不宜按计算的数据指导施工。所以，实时精确测定悬臂箱梁挠度变形，是十分重要的。若实测值与计算挠度相差较大，应以实测值指导施工。

表11-3为某刚构桥浇筑主梁时，边跨悬臂前端10个块件在浇筑混凝土阶段、张拉预应力阶段和前移挂篮阶段的挠度变形值，不难看出大跨连续刚构桥施工中主梁在不同工况下的挠度变形规律。

表11-3　**某刚构桥主梁在不同工况下挠度变形量统计表**　（单位：mm）

工况	块　号	21	22	23	24	25	26	27	28	29	30
	悬臂长	84m	89m	94m	99m	104m	109m	114m	119m	124m	129m
1	挠度变形	-44.2	-50.9	-58.4	-66.6	-75.6	-84.7	-94.7	-103.7	-112.8	
2		10.7	12.0	13.5	15.9	18.6	21.6	25.1	28.3	32.4	36.5
3		-5.7	-7.0	-8.8	-9.8	-11.2	-12.5	-13.3	-14.7	-15.5	-19.1

注：①工况1为浇筑混凝土阶段，工况2为张拉预应力阶段，工况3为前移挂篮阶段；
②表中“-”表示下挠变形，表中“+”（已省略）表示上挠变形。

表11-4列出了实测挠度与计算挠度，由表可见：张拉后实测的挠度比计算挠度小，且这种差异随悬臂长度的增加而增大。

表11-4　**某刚构桥张拉阶段实测挠度与计算挠度比较表**　（挠度单位：mm）

块　号	17	18	19	20	21	22	23	24	25	26
悬臂长度	64m	69m	74m	79m	84m	89m	94m	99m	104m	109m
计算挠度	8.3	9.9	11.9	14.1	16.6	19.3	22.4	25.8	29.6	33.7
实测挠度	5.0	6.0	7.3	8.7	10.4	12.3	14.4	16.9	19.5	23.0
差　值	3.3	3.9	4.6	5.4	6.2	7.0	8.0	8.9	10.1	10.7

挠度监测的内容和实施：悬臂箱梁的挠度变形监测包括基准网点布设、监测点埋设、观测周期确定、水准路线设计、外业观测和精度分析等内容。基准点应不少于 3 个，工作基点一般布设在承台面上和零号块顶面上。根据岸上的基准点，通过跨河测量，得承台面上工作基点的高程，再通过悬挂钢尺法，得零号块顶面上工作基点的高程，采用精密水准对预埋在悬臂中每一块箱梁上的监测点进行周期性监测，不同工况下同一监测点标高的变化即为该块箱梁相应的挠度变形。考虑挂篮的结构特点，在不妨碍挂篮前移的前提下，在每一块箱梁前端顶面上、下水方向腹板顶部外侧约 1m 处各埋设一个观测点，采用直径为 15~20mm，长度为 80~100mm 的顶部磨圆的钢棒标志。通过同一个断面上两个点的挠度比较，可观察该块箱梁有无出现横向扭转，进行比较和相互验证，以确保各块箱梁挠度观测结果正确无误。

应以施工阶段作为挠度观测的周期，即每施工一块混凝土箱梁，应在挂篮前移后、浇筑混凝土后和张拉后，对已施工箱梁上布设的监测点观测一次，这样随着箱梁块数的增加，越靠近零号块的箱梁，箱梁上的点被观测的次数越多，而工作基点的稳定性监测通常与承台沉降监测同期进行，每 2~3 个月观测一次。

主梁挠度变形监测的水准路线，以各自墩零号块上的工作基点为起闭点构成闭合水准路线，可进行单程观测。大跨度连续刚构桥一般为双幅桥，若只有一个主跨，则共有 8 个大跨悬臂同时施工，挠度变形观测工作量相当大，因此，缩短观测时间、削弱温度变化影响、不漏测、保证观测精度和配合施工十分重要。

挠度变形观测采用国家二等水准测量的精度等级和观测方法进行施测。每测站高差中误差为 M_k（0.30 mm），对跨度为 300m 左右的连续刚构桥，当悬臂箱梁施工到最后一块时，水准路线的长度约为 300m，按每测站水准路线的长度为 50m 计，则最弱点的高程中误差为 $\pm\sqrt{6}\times M_k$，即±0.73mm，两期高程值之差的中误差为 $\sqrt{2}$ 倍，即±1.03mm，能满足大跨度连续刚构桥的挠度变形监测要求。

大跨度连续刚构桥的挠度监测也可以看成是一种施工控制测量，实质上是通过水准测量获取的高程，保证对向施工悬臂的竖向合拢精度，确保成桥线形的质量。

11.4　桥梁工程测量实例

11.4.1　港珠澳大桥工程及其控制和施工测量

港珠澳大桥是一座连接香港、珠海和澳门的世界第一长巨型桥梁，全长约 55km，其中，粤港澳三地共同建设的主体工程长约 29.6km，由港珠澳大桥管理局负责建设和运营管理。主体工程采用桥岛隧结合方案，穿越伶仃西航道和铜鼓航道段约 6.7km 采用隧道方案，其余路段约 22.9km 采用桥梁方案。如图 11-5 所示，它除了具有工程规模最大、跨海距离最长、沉管隧道最长、桥梁设计寿命最长、钢结构最大、技术含量最高、科学专利及投资金额最多等世界之最外，同时还具有地理位置特殊、政治意义重大、建设条件复杂、结构形式多样和施工放样难、建设周期长等特点。在工程测量方面，主要表现在海底采用非开挖沉管隧道，沉管法施工中的管节沉放及水下对接难度极大，精度要求极高。本节简要介绍港珠澳大桥高精度的控制测量、GNSS 参考站和测绘信息管理三大系统，以及港珠澳大桥工程的若干关键测量技术。

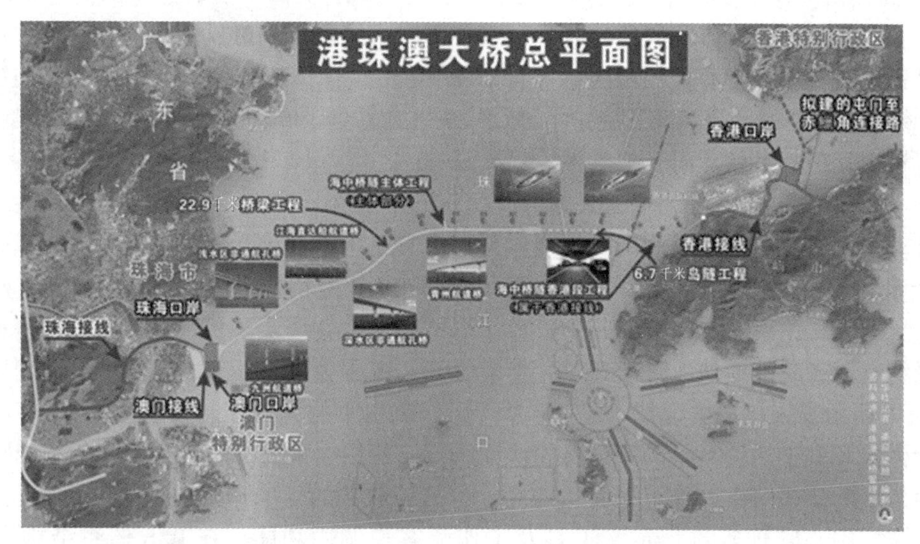

图 11-5　港珠澳大桥位置图

1. 港珠澳大桥工程的三大测量管理系统

港珠澳大桥工程的三大测量管理系统是：大桥的高精度控制测量系统、GNSS 连续运行参考站系统和大桥测绘信息管理系统。

1）高精度控制测量系统

大桥控制测量系统主要由首级控制网、加密网及一、二级施工控制网组成。首级网建立包括 GNSS、精密水准测量、跨海精密测距三角高程测量、重力场、精化大地水准面等先进技术方法，首级平面控制网由 14 个 GNSS 控制点和 3 个连续运行参考站构成；首级高程控制网由 59 个一等水准点和 52 个二等水准点构成，多处采用跨海高程传递测量。大桥控制测量系统获得了高精度成果，统一了港珠澳三地的坐标及高程基准，建立了满足主体工程建设要求的港珠澳大桥工程坐标系，确立了该工程坐标系与 WGS-84 坐标系、1954 北京坐标系、1983 珠海坐标系、香港 1980 方格网及澳门坐标系之间的坐标转换模型。依据地球重力场理论和方法，建立了港珠澳大桥区域的局部重力似大地水准面，与 GNSS 水准联合求解，获得了高精度的似大地水准面成果。

2）港珠澳大桥 GNSS 连续运行参考站系统

港珠澳大桥 GNSS 连续运行参考站（HZMB-CORS）系统由参考站网子系统、数据中心子系统、数据通信子系统、用户服务子系统和实时监测子系统共 5 个子系统组成，建有 3 个参考站、1 个监测站和 1 个数据中心。参考站观测数据通过专线通信网传到数据中心作为原始数据存储，使用 GPSNet 软件解算，通过 GPRS/CDMA 网络向流动站用户发送差分信息，可提供厘米级的实时定位服务。同时，在珠海野狸岛和香港虎山两个参考站上架设无线电台，发送传统差分信号，作为网络 RTK 的一种辅助方式，为流动站用户提供常规 RTK 定位服务。该系统用于主体工程、岛隧工程及配套工程施工，是我国首个独立的基于 VRS 的工程 CORS，相对于国内其他 CORS 系统而言，主要关键技术如下：

采用了先进的仪器设备和软件，稳定可靠，网络 RTK 定位精度：平面精度优于±2cm、高程精度优于±3cm；应用精化大地水准面模型，提高了实时定位的高程精度；建立了系统监测站，研发了相应监测软件，实现了对系统精度和可靠性的实时监控；具有数据自动采集、传输、远程监控和报警等自动化功能，数据安全性高；建立了基于 HZMB-CORS 参考站的工程坐标基准，确定了 WGS-84 坐标系到 1954 北京坐标系、桥梁工程坐标系和隧道工程坐标系的实时转换参数。

3）港珠澳大桥测绘信息管理系统

港珠澳大桥工程建设期间的测绘资料形式多样、内容丰富、信息量大，参建单位多，施工测量协调管理的难度大。为此，建立了港珠澳大桥测绘信息管理系统（HZMB-SMIS）。

系统有五大功能模块：信息管理、查询统计、电子公务、运算分析和系统管理模块，如图 11-6 所示。采用的关键技术包括：基于工作流引擎的流程控制技术、基于 MVC 的系统设计模式和基于活动目录的用户身份认证系统。能根据系统的角色分工和业务规则等决定测绘信息的传递路由，决定报验、抽检、审批等业务的互操作解决方案，可实现施工、监理、测控中心管理等过程定义工具及工作流客户调用功能，在 B/S 体系结构中引入 MVC 设计模式，以实现前端页面显示与后台数据的分离，开发了具有伸缩性、便于扩展和流程维护平台。活动目录是一种分布式数据库，可存储、查询和管理与网络资源有关的信息。

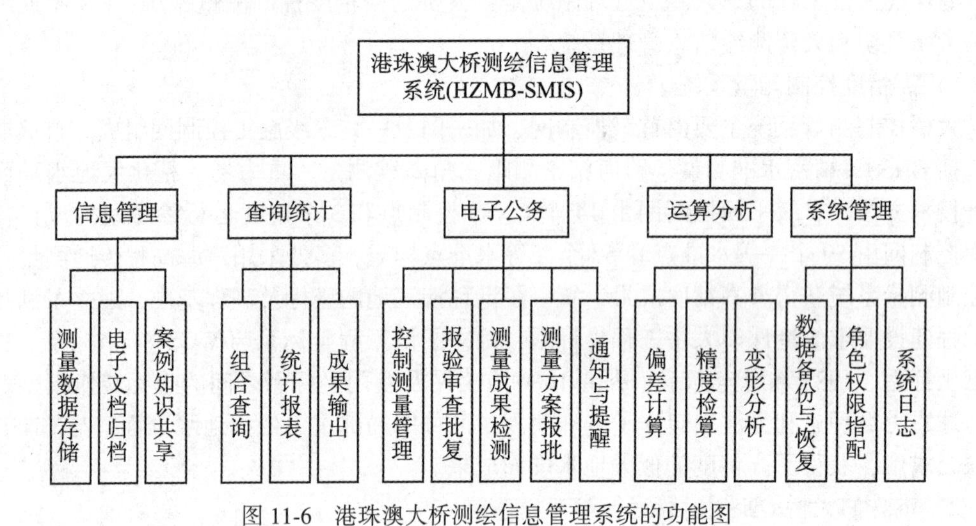

图 11-6　港珠澳大桥测绘信息管理系统的功能图

2. 港珠澳大桥工程的几项关键测量技术

港珠澳大桥工程建设还涉及多项工程测量关键技术，如沉管隧道沉放定位及水下对接，东西两个人工岛的高程测量及海中结构物沉降监测等。下面简要介绍其中几项关键技术。

1）平面和高程联测加密和施工控制网测量

为保证港珠澳大桥施工的顺利进行，在东西人工岛附近水域，建立了东、西人工岛测量平台，设 GNSS 和全站仪观测墩，作为基准坐标和高程，并纳入港珠澳大桥首级加密网，在东西人工岛间进行二等宽海域跨海高程传递，并建立平面和高程加密控制，为沉管沉放和隧道施工服务。共布设加密点11个，西岛5个，东岛6个，相邻点之间通视良好，便于施工放样使用。为沉管预制布设了沉管预制施工控制网，由7个平面和9个高程点组成，采用独立网的方式，对平面和高程网起始点进行二等联测。为进行隧道洞内测量控制，按二等精度布设了平面和高程加密控制点组成的沉管隧道一级加密网。这些控制网是港珠澳大桥沉管隧道管节预制、测控点标定和沉放对接施工的基础。

2）沉管隧道沉管管节沉放对接施工测量

港珠澳大桥沉管隧道施工测量技术包括管节预制时的管节测控点标定测量、沉放测控测量和沉管水下对接后的贯通测量三大部分。从管节预制、沉放再到管节对接精调的过程中，涉及岛隧工程独立坐标系、管节独立坐标系及其之间的转换。

沉管隧道全长5 990m，其中预制沉管长度5 664m，由33个管节组成，又分曲线段管节和直线段管节，每个管节的宽度为37.95m、高11.4m，长度在112.5m到180m不等，管节作业水深在1.64m到12.36m之间。沉管隧道纵断面为W状线形，最低点靠近主航道的下方。每个管节顶面两端要分别安置一个测量塔，在每个测量塔上要设置一个GNSS点和棱镜点，要求所设置的点须露出水面，以保证沉放对接测量顺利进行。测量塔标点是作为管节独立坐标系与工程坐标系之间进行坐标转换参数求解的公共点。一旦塔标点标定完成，在管节沉放对接全过程中测量塔相对于管节的变形量要求小于5mm。在沉放过程中，通过全站仪/GNSS-RTK对塔标点进行连续测量，联合管节内三维倾斜仪数据，实现实时坐标转换。管节预制结束后，在干坞内对管节顶面、两端面及内部测控点进行标定测量，出坞前完成对测量塔顶GNSS天线/棱镜与管节顶面4个特征点间的关系测量，结合在干坞内的标定结果，确定测量塔顶GNSS天线/棱镜与管节各测控点之间的关系，以便对塔顶点的GNSS天线/棱镜进行标定。管节浮运至现场开始沉放，架设在东西人工岛和测量平台上的全站仪同步观测测量塔顶棱镜，测量塔顶GNSS天线实时采集坐标数据，管节内倾斜仪也同步采集数据，专业软件实时处理全站仪、GNSS和倾斜仪的数据，解算出管节的实时空间位置及姿态，指导管节的沉放和对接施工。

管节测控点标定测量就是在管节预制后，在管节的顶面、前后端面和管节内部布设若干个测控点，并建立管节独立坐标系，然后测量这些管节测控点在管节独立坐标系中的三维坐标。管节测控点的标定包括管节独立坐标系原点确定，管节顶面、端面、内部测控点的标定，以及测控点平面坐标和高程测量。管节顶面测量塔GNSS点和全站仪棱镜点的设置及三维坐标标定见图11-7、图11-8，在已标定的4个顶面测控点及2个塔标点上安置接收机同步观测。由4个测控点管节独立坐标和测得的WGS-84坐标系三维坐标，可得到这两个塔标点的管节独立坐标系坐标。

在已标定的四个顶面测控点及两个塔标点上安置棱镜，在管节中部安置全站仪用自由设站法获得仪器中心的管节独立坐标系三维坐标及定向角未知数，对两个测量塔棱镜点进行极坐标测量，获得其管节独立坐标系坐标。多次重复架设仪器并测量，有3组及以上数据满足要求，取均值作为最终结果。

沉管舾装分为一次舾装和二次舾装。一次舾装为管节下水前的舾装，包括钢封门、节段接头、压载混凝土等；二次舾装为管节下水后的舾装，包括管内自动控制安装、管顶舾装件安装等。前述的顶面、端面、内部测控点标定是在一次舾装后进行的，塔标点标定及

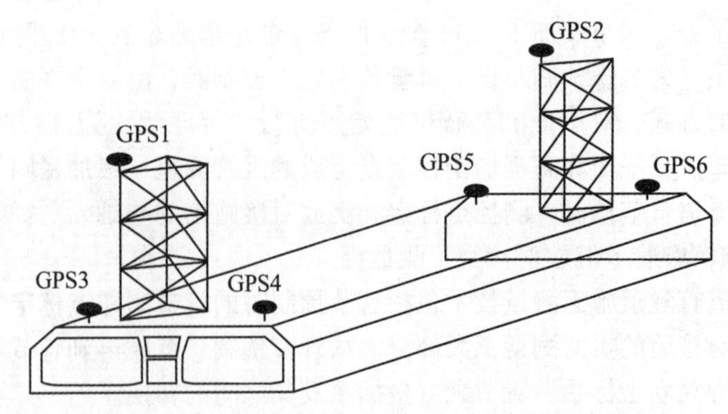

图 11-7　测量塔 GNSS 标志点布设和标定示意图

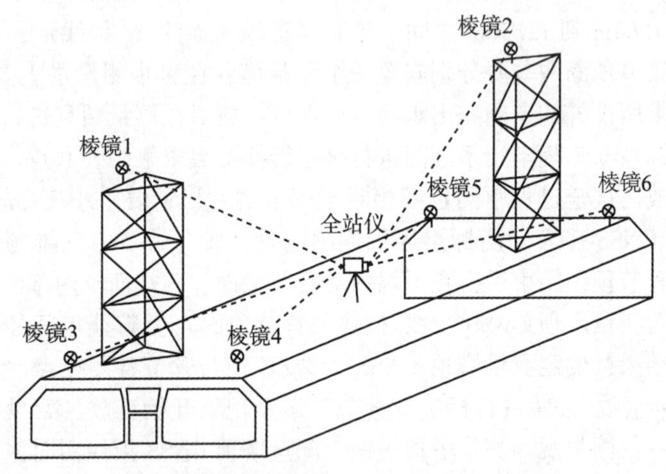

图 11-8　测量塔棱镜点布设和标定示意图

检核是在二次舾装完成时进行的。

管节二次舾装完成后，要浮运至隧址进行沉放对接。沉放对接的关键在于实时测控管节的空间位置及姿态，可分相对定位测控方法和绝对定位测控方法。相对定位指新沉管节相对于已沉管节的定位，有声呐法和机械拉线法；绝对定位指新沉管节相对于沉管隧道设计轴线的定位，测量方法有全站仪法和 GNSS-RTK 法。浅水区的管节沉放多采用绝对定位法，以全站仪为主，GNSS-RTK 为辅，包括粗定位与精定位，要不断确定管节姿态及与已沉放管节的相对位置，结合潜水员水下检查，指导沉管精确对接。管节沉放对接涉及管节独立坐标系与工程坐标系间的转换，与传统的用三个及以上的公共点三维坐标求解七参数法不同，是采用两个公共点的三维坐标与倾角传感器数据联合处理实现坐标转换，其计算原理在此从略。

3）沉管对接贯通测量

首先要在已沉管节按二等精度要求建立沉管隧道洞内控制网（沉管隧道一级加密网），并与岛隧控制网的控制点联测，取其坐标和高程为起算数据。

一级高程加密网布设方法：在每一管节侧墙 0.5m 高处布设一对不锈钢质水准点，间距不大于 500m，用电子水准仪按二等水准精度要求往返测量。

一级平面加密网采用一级精密导线，导线点用强制对中装置，如图 11-9 所示，埋设在管节内侧墙上，每 250m 左右布设一对。

图 11-9　侧墙上的精密导线点

沉管隧道洞内精密导线网采用交叉导线网形式布设，如图 11-10 所示，外业测量方法和精度要求参照有关规范制定，在此从略。

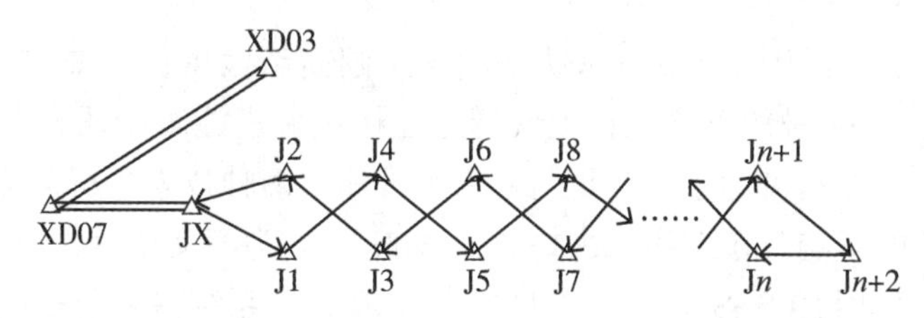

图 11-10　沉管隧道洞内精密导线网示意图

沉管对接贯通测量的主要任务是对新沉管节进行精确调节定位。新沉管节精调测量点采用平高点一体化的测量标志，埋设在待安装沉管的中廊道上，高出廊道地面 60cm 左右。每个管节布设三个精调测控点，如 M1、M2 和 M3，如图 11-11 所示。

在新沉放管节粗调到位后对三个精调测控点进行测量：在已沉管节与新沉管节之间的端封门入孔处即测站点 P1 架设全站仪，照准已沉管节至少两个控制点 A、B 进行自由设站测量，得 P1 点的三维坐标和定向角未知数，然后对三个精调测控点进行测量得到其三维坐标，与其设计坐标对比，计算出偏差，对管节进行精调，重复进行直至该管节到达预定位置。

新沉管节精调到位后，还要根据已沉管节中的高程控制点，采用二等水准测量新沉管节的 4 个测控点的高程，利用这 4 个点的高程和 M1、M2 和 M3 的三维坐标，计算新沉管节非对接端 4 个端面测控点在工程坐标系中的坐标，作为下一个管节沉放定位的对接数据。

11.4.2　地基雷达干涉测量技术监测大桥变形

地基雷达干涉测量技术作为一种非接触式测量方法，可以动态监测桥梁视线方向约

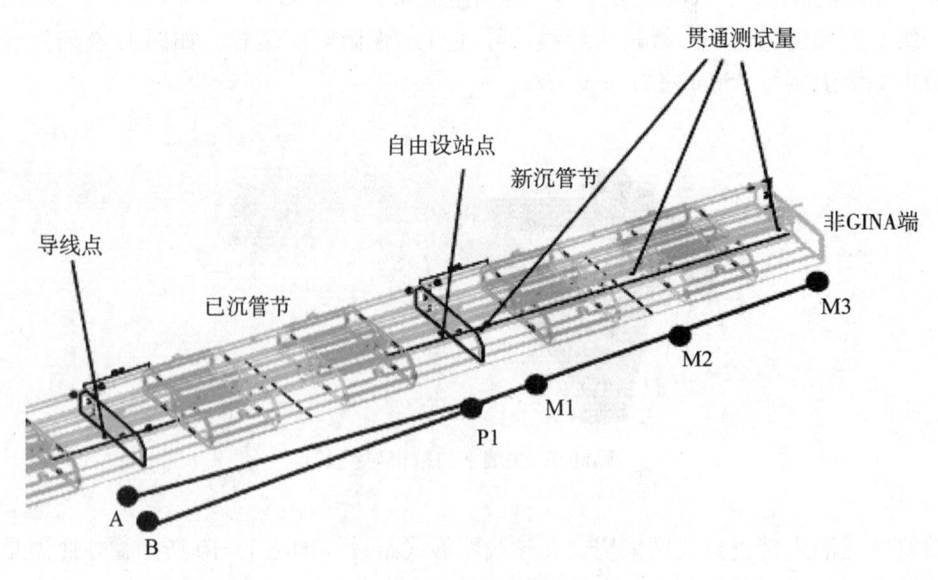

图 11-11 新沉管节精确定位图

0. 01mm 的微小变形。本节以京汉高速铁路武汉东湖高新大桥变形监测为例作简要说明。该桥梁有武汉市地铁 11 号线下穿，在地铁隧道盾构机掘进施工阶段，会引起大桥的沉降变形，为此，采用了地基雷达干涉测量与精密水准测量两种技术进行监测，以确定地铁盾构施工对高铁大桥的影响。东湖高新大桥总长 293. 4m，为简支梁桥，有 10 个桥墩。

地基干涉雷达采用 IBIS-S 系统（参见本书 2. 3. 2），系统主要包括电脑控制单元、能量供应单元和雷达控制单元。雷达控制单元可安装在配有 3-D 旋转头的三脚架上，以确保雷达能够定向在所要求的方向；电脑控制单元连接到雷达控制单元，电脑上安装有 IBIS 测量软件管理系统，可配置参数、存储数据和实时显示被监测对象的变形信息等；能量供应单元负责供电。在东湖高新大桥变形监测过程中，雷达采用动态（实时）监测模式，要设置最大监测距离（如 200m）、采样频率（20Hz）和监测时间段（如 2016 年 11 月 16 日 16：00 至 2016 年 11 月 18 日 22：00）等参数。

精密水准测量采用二等水准测量，每个桥墩上布设 4 个监测点，监测点处粘贴精密因瓦水准尺条码，监测时间间隔为 2 小时。

IBIS-S 系统可显示干涉雷达视线方向的热信噪比图（图 11-12），由图可见，在雷达监测范围内出现多处峰值，且这些峰值对应于具有良好电磁反射率的监测点（如桥墩、路灯和道路钢护栏等）的位置。监测并分析了 5 号、6 号、7 号和 8 号桥墩的沉降形变时间序列，其热信噪比分别为 75. 58dB、69. 17dB、71. 49dB 和 54. 19dB，表明所监测桥墩的相位稳定性较高。

地基雷达干涉测量技术可以获取视线方向上的变形，需要采用几何投影方法获取桥墩在垂直方向的沉降变形量。由于监测期间大约每 10 分钟就有一列高速火车通过该桥，桥墩同时受高铁列车的垂直荷载和地铁盾构机的振动作用，大气变化和其他随机噪声对雷达信号也会产生影响，所以地基雷达干涉测量技术所获取的变形时间序列受多种噪声影响。

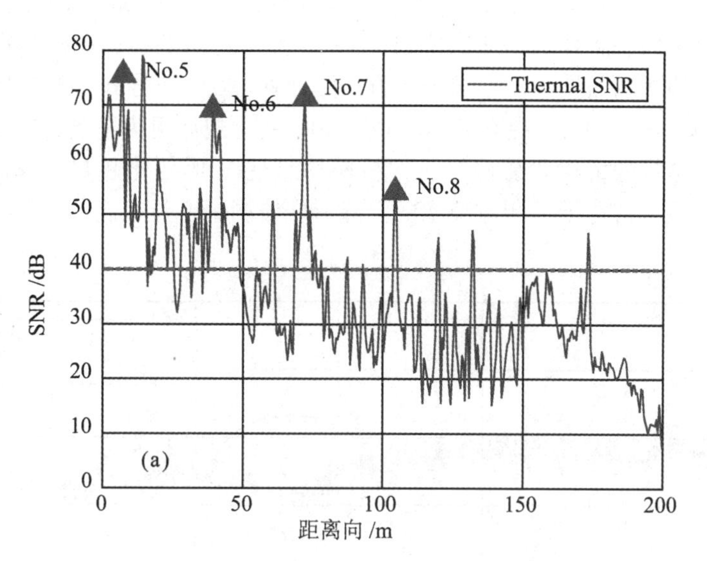

图 11-12 雷达视线方向东湖高新大桥的热信噪比图

采用小波分析方法可降低噪声的影响。图 11-13 为 5 号、6 号桥墩的沉降变形时间序列，5 号桥墩的沉降形变较小且相对稳定，在 0.1 mm 以内；6 号桥墩的沉降幅度较大，波动也大一些。小波分析方法降噪处理后大部分噪声被去除，沉降形变曲线变得较平滑。

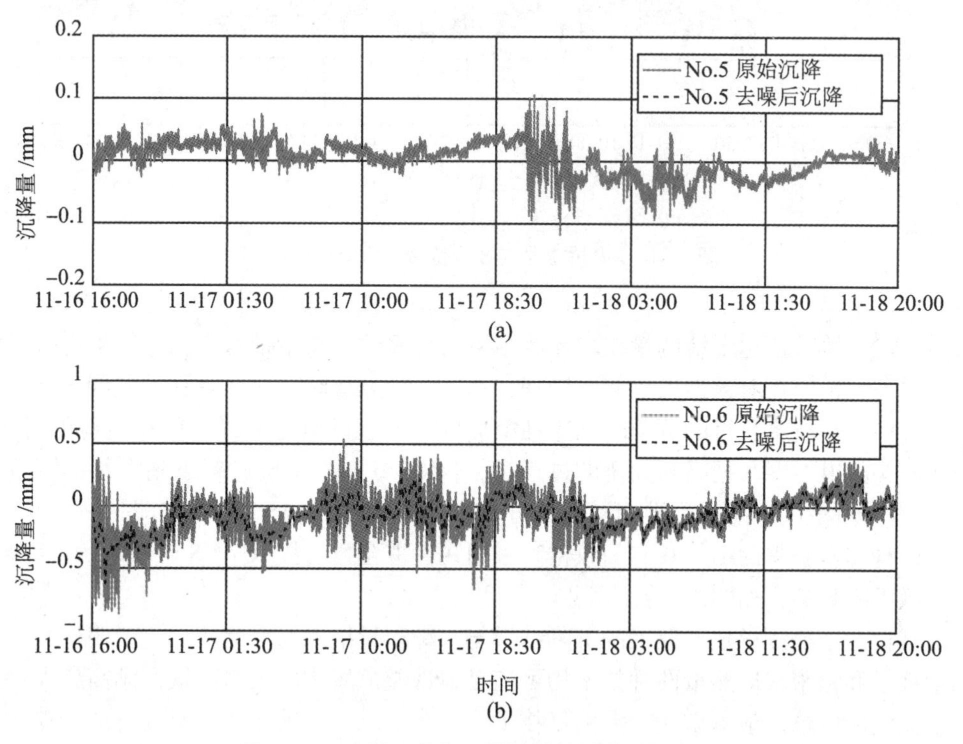

图 11-13 大桥 5 号与 6 号桥墩的沉降时间序列

图 11-14 为 7 号与 8 号桥墩的沉降形变时间序列，基本在 1mm 以内，比 5 号和 6 号桥墩的大，这是由于地铁盾构机是从大桥的 7、8 号桥墩之间下穿。此外，雷达信号的噪声随雷达监测距离的增加而增大。小波分析方法降噪处理后，7 号和 8 号桥墩沉降变形时间序列信噪比分别从 6. 16/1. 51 提高到 16. 90/9. 09，变化规律更为清晰，除呈非线性下降趋势外，在盾构机穿过的桥梁投影区域，两桥墩均呈现 V 形变化趋势，如图 11-14 椭圆所示。总的来说，地基雷达干涉测量技术的沉降形变监测精度是很高的。

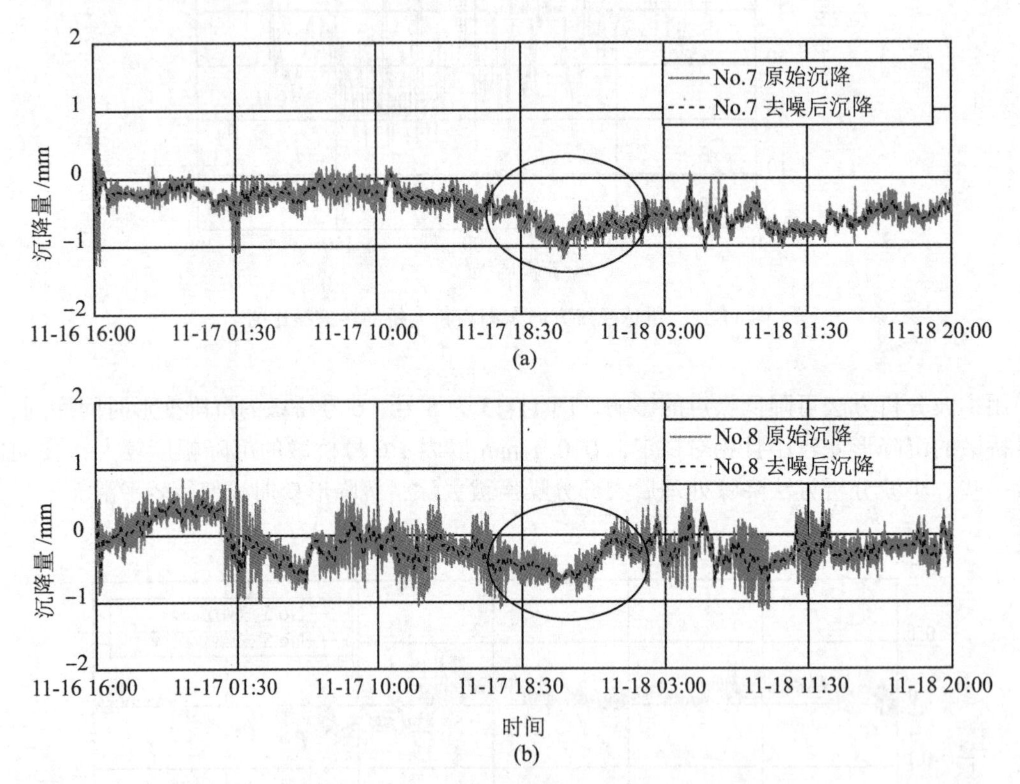

图 11-14　大桥 7 号与 8 号桥墩的沉降时间序列

为了验证地基雷达干涉测量技术监测结果的可靠性，与精密水准测量结果进行了对比分析。对比分析前需对数据进行如下处理：选择两种方法时间相互重叠的监测数据，从地基雷达干涉测量技术获得的沉降时间序列中提取出与水准测量采样时间相对应的沉降量。由于在盾构隧道下穿东湖高新大桥的过程中，仅对 7、8 号桥墩进行了精密水准测量，故只对 7、8 号桥墩的沉降变形进行了对比分析，结果如图 11-15 所示，由图中（a）、（b）可见，两种技术获得的结果具有一致性。采用线性拟合方法提取 7、8 号桥墩的沉降趋势，呈现轻微下降趋势，如图中（c）、（d）所示。

地基雷达干涉测量技术获得的沉降结果与水准测量结果吻合度较好，说明地基雷达干涉测量技术和精密水准测量两种技术均可满足地铁隧道盾构施工对高铁东湖高新大桥运营期安全监测的要求。地基雷达干涉测量技术具有非接触、自动化和实时动态的特点，但设备费用高；精密水准测量需要外业人工作业，工作量较大，但易于操作、经费较低，具有

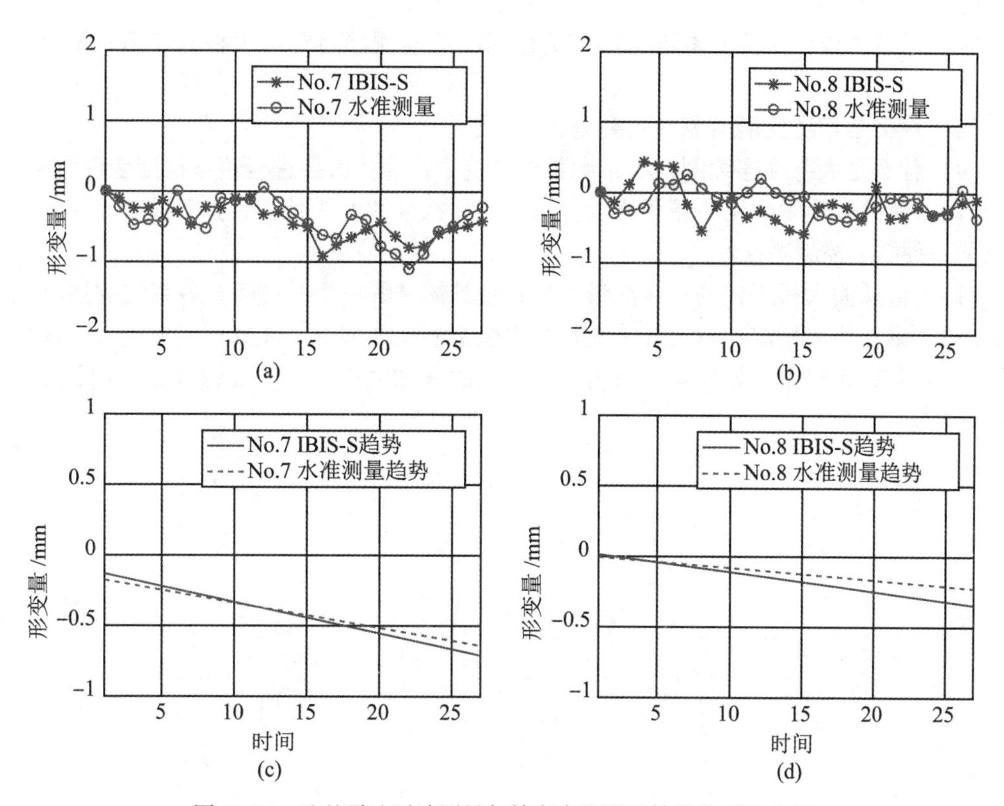

图 11-15　地基雷达干涉测量与精密水准测量结果的对比分析

经济适用和便于推广的优点。

◎ 本章的重点和难点

重点：桥梁施工控制网的精度分析；悬索桥基准索股的垂度测量，施工中索塔变形监测；连续刚构桥悬臂箱梁的挠度测量；港珠澳大桥工程的测量管理系统和沉管隧道施工测量；用地基雷达干涉测量技术进行桥梁动态监测。

难点：悬索桥索塔在施工期的变形监测，连续刚构桥悬臂箱梁的挠度测量，港珠澳大桥沉管隧道施工测量技术。

◎ 思考题

（1）什么是桥梁工程？桥梁有哪些类型？现代桥梁类型的发展方向是什么？

（2）桥梁工程包括哪些测量工作，请作简要说明。

（3）桥梁施工平面控制网一般采用什么测量技术建立，有哪些特点？

（4）确定桥梁施工控制网精度的常用方法有哪些？

（5）什么是悬索桥主缆架设过程中的垂度测量和垂度调整？包含哪些内容？主要采用什么方法？注意事项有哪些？

（6）悬索桥主缆架设过程中的垂度测量为什么采用全站仪单向测距三角高程测量？

如何进行大气折光改正？

(7) 悬索桥或斜拉桥的索塔变形监测包括哪些监测项目？与大桥施工阶段有什么关系？

(8) 什么是索塔变形监测的距离差法？

(9) 什么是大跨度连续刚构桥箱梁悬臂浇筑法？为什么要进行箱梁挠度变形监测？

(10) 大跨度连续刚构桥箱梁挠度变形具有什么规律？为什么说这种挠度监测也可以看成是一种施工控制测量？

(11) 港珠澳大桥工程的三大测量管理系统具体是哪三个？请简介各系统的构成。

(12) 港珠澳大桥沉管隧道施工测量技术包括哪几大部分？涉及哪些独立坐标系？

(13) 什么是自由设站测量？自由设站测量的未知数有哪些？如何评定自由设站测量的精度？

第12章　隧道工程测量

隧道工程是工程建设中最典型的工程之一，在铁路、公路建设中有山岭隧道、水底隧道和其他隧道，城市地铁工程也是以隧道为主，隧道工程的测量工作很多，要求也很高。本章主要讨论隧道工程的地面与地下控制测量、贯通测量、联系测量、陀螺仪的定向测量、竣工测量和施工与运营期间的变形测量等。

12.1　概　　述

隧道是一种地下条形建筑，其净空断面较大，可供人行走或车辆通行。隧道与隧洞、巷道和坑道有区别，本书所说的隧道是指铁路、公路、城市地铁建设中为车辆通行修建的地下条形建筑工程。最长的山岭隧道如瑞士阿尔卑斯山的戈特哈德铁路隧道长达57km，横穿英吉利海峡连接英法两国的欧洲隧道全长51km。我国是一个隧道大国，有著名的大瑶山隧道、秦岭隧道和世界海拔最高的关角隧道，还有港珠澳大桥的海中隧道，堪称隧道建设中的奇迹。隧洞包括水工有压隧洞和输水无压隧洞，前者较短，后者较长，有数十千米的引水隧洞和上百千米的隧洞群。矿山工程中巷道较为复杂，纵横上下交错。但隧洞和巷道对测量的要求低于隧道，所以，有了隧道工程测量方面的知识，经过学习和实践，一般都能胜任隧洞、巷道和其他地下工程的测量工作。

12.2　隧道贯通误差与估算

12.2.1　隧道贯通误差

在隧道工程中，两个相向掘进工作面在设计的位置对接连通的过程称为贯通，由于误差的影响，隧道的设计中线在贯通面上会出现偏差，该偏差称隧道的贯通误差。贯通误差通常用横向、纵向和竖向三个分量来描述，称横向贯通误差、纵向贯通误差和高程贯通误差。横向贯通误差是在水平面内垂直于隧道轴线方向上的误差，纵向贯通误差在水平面内隧道轴线方向上的误差，高程贯通误差是在竖直平面内垂直于隧道轴线方向上的误差，分别用 m_q、m_l 和 m_h 表示。一般取两倍中误差作为各项贯通误差的限差。高程贯通误差影响隧道的竖向线形即隧道的坡度，一般容易满足限差的要求。纵向贯通误差只要不大于定测中线的误差，就能够满足铺轨的要求，设隧道两开挖洞口间的长度为 L，则纵向贯通误差的限差为：

$$\Delta l = 2m_l \leqslant \frac{1}{2\,000}L \tag{12-1}$$

按现在的技术，很容易满足要求。横向贯通误差是最重要的误差，直接影响隧道的平面线形，即隧道中线的几何形状。横向贯通误差不能太大，若超出限差，会引起洞内建筑物侵入规定限界，或增加隧道在贯通面附近的竖向和横向开挖量，或使已衬砌部分拆除重建，都将影响工程质量，且造成重大工程损失。下面在讲述隧道贯通误差的分配和估算时，重点讨论横向贯通误差。

12.2.2　隧道贯通误差的分配

根据《工程测量规范》，隧道工程的贯通误差限差见表 12-1，表 12-2 为《铁路测量技术规则》中的隧道贯通误差限差，可对比参考。表 12-3 列出了隧道控制测量对贯通中误差的影响值的限值。贯通中误差影响值是指洞外、洞内平面控制测量，洞外、洞内高程控制测量和竖井联系测量误差所引起的贯通中误差称为相应的影响值。

表 12-1　**隧道工程的横向和高程贯通误差限差**

类别	两开挖洞口间长度（km）	贯通误差限差（mm）
横向	$L < 4$	100
	$4 \leqslant L < 8$	150
	$8 \leqslant L < 10$	200
高程	不限	70

表 12-2　**《铁路测量技术规则》中的隧道横向和高程贯通误差限差**

两开挖洞口间的长度（km）	<4	4~8	8~10	10~13	13~17	17~20
横向贯通误差限差（mm）	100	150	200	300	400	500
高程贯通误差限差（mm）	50					

表 12-3　**隧道控制测量、联系测量对横向和高程贯通中误差的影响值**

两开挖洞口间的长度（km）	横向贯通中误差（mm）				高程贯通中误差（mm）	
	洞外控制测量	洞内控制测量		竖井联系测量	洞外	洞内
		无竖井的	有竖井的			
$L < 4$	25	45	35	25	25	25
$4 \leqslant L < 8$	35	65	55	35		
$8 \leqslant L < 10$	50	85	70	50		

在制定方案时，可以根据误差分配三原则（即等影响原则、按比例分配原则和忽略不计原则）进行误差分配。如施工放样误差引起贯通误差可以忽略不计，洞外平面控制网的误差可以分配得小一些。

举例：设某隧道长 9.4km，中间无竖井、斜洞，即只有一个贯通面，由表 12-2 和表

12-3 可查出，横向贯通限差为 200mm，贯通中误差为 100mm。洞内控制测量误差影响值为 85mm，洞外控制测量误差影响值为 50mm，即

$$100 = \sqrt{(50^2 + 85^2)} = \sqrt{9\ 725} = 98.6 \approx 100$$

若将洞内控制测量误差按进出口端的两条导线分配，则每条洞内导线所引起的横向贯通误差为 60mm。上述的分配是洞外平面控制网的误差按 $100/\sqrt{4}$ 的比例分配，洞内按平均分配，其值为：50mm、60mm、60mm；若洞外平面控制网的误差按 $100/\sqrt{5}$ 的比例分配，洞内按平均分配，其值则为：45mm、63mm、63mm。若将洞外、进出口端的洞内导线按平均分配，则都为 57mm。一般宜减小洞外平面控制网误差影响值，放宽洞内控制测量误差影响值，第二种分配较好。

12.2.3 隧道横向贯通误差影响值估算

1. 洞外平面控制测量的横向贯通误差影响值

（1）导线法：是一种近似估算方法。过去用地面三角形网、导线网作洞外平面控制时，选择最靠近隧道中线的一条线路（如图 12-1 中的 J-1-2-3-4-C）作为导线，用下述导线公式估算对横向贯通误差的影响值：

$$m_q = \pm\sqrt{\left(\frac{m_\beta}{\rho}\right)^2 \sum R_x^2 + \left(\frac{m_l}{l}\right)^2 \sum d_y^2} \tag{12-2}$$

式中，m_β 为测角中误差，以秒计，m_l 为最弱边相对中误差，$\sum R_x^2$ 为导线点至贯通面垂直距离的平方和，$\sum d_y^2$ 为导线边在贯通面上投影长度的平方和。

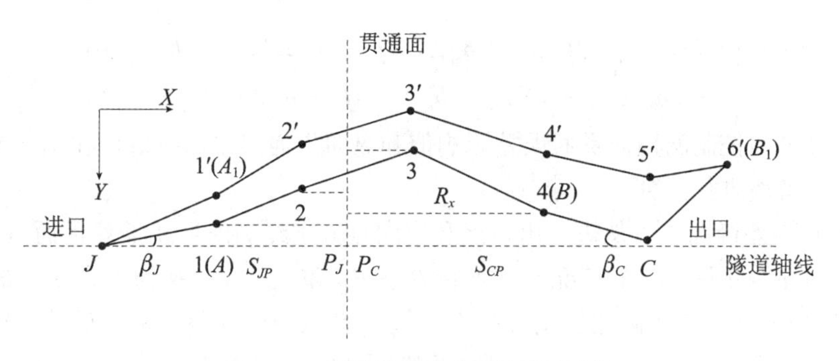

图 12-1 贯通误差影响值计算示意图

（2）权函数法：是间接平差中求未知数函数精度的一种方法，也称微分公式法。原理如下：设隧道洞外平面控制网及坐标轴、隧道轴线如图 12-1 所示，从进口点 J 和定向点 A，经洞内导线推算得贯通点 P（P_J）的坐标，从出口点 C 和定向点 B，经洞内导线推算得贯通点 P（P_C）的坐标，如果不考虑 β_j、β_c、S_{jp}、S_{cp} 的误差。由图可知，隧道洞外平面控制测量横向贯通误差影响值即贯通点 P（P_J，P_C）的横坐标差 Δy_p 的中误差。可列出 Δy_p 的下述计算公式：

$$\begin{aligned}\Delta y_p &= y_{pc} - y_{pj} = y_c + \Delta y_{cp} - (y_j + \Delta y_{jp}) \\ &= y_c - y_j + S_{cp}\sin T_{cp} - S_{jp}\sin T_{jp} \\ &= y_c - y_j + S_{cp}\sin(T_{cb} - \beta_c) - S_{jp}\sin(T_{ja} - \beta_j)\end{aligned} \tag{12-3}$$

然后进行全微分，因为 β_j、β_c、S_{jp}、S_{cp} 的误差放在洞内导线中考虑，故只对 y_j、y_c、T_{cb}、T_{ja} 微分，可得：

$$\mathrm{d}(\Delta y_p) = \mathrm{d}y_c - \mathrm{d}y_j + \Delta x_{cp}\mathrm{d}T_{cb} - \Delta x_{jp}\mathrm{d}T_{ja} \tag{12-4}$$

其中，

$$\begin{aligned}\mathrm{d}T_{cb} &= a_{cb}\mathrm{d}x_c + b_{cb}\mathrm{d}y_c - a_{cb}\mathrm{d}x_b - b_{cb}\mathrm{d}y_b \\ \mathrm{d}T_{ja} &= a_{ja}\mathrm{d}x_j + b_{ja}\mathrm{d}y_j - a_{ja}\mathrm{d}x_a - b_{ja}\mathrm{d}y_a\end{aligned} \tag{12-5}$$

整理后可得“横向贯通误差影响值”的权函数式：

$$\begin{aligned}\mathrm{d}(\Delta y_p) =& - a_{ja}\Delta x_{jp}\mathrm{d}x_j - (1 + b_{ja}\Delta x_{jp})\mathrm{d}y_j + a_{ja}\Delta x_{jp}\mathrm{d}x_a + b_{ja}\Delta x_{jp}\mathrm{d}y_a + a_{cb}\Delta x_{cp}\mathrm{d}x_c \\ &+ (1 + b_{cb}\Delta x_{cp})\mathrm{d}_{y_c} - a_{cb}\Delta x_{cp}\mathrm{d}x_b - b_{cb}\Delta x_{cp}\mathrm{d}y_b\end{aligned} \tag{12-6}$$

方向系数 a_{ja}、b_{ja} 按下式计算：

$$a_{ja} = \frac{\Delta y_{ja}}{S_{ja}^2}, \qquad b_{ja} = \frac{\Delta x_{ja}}{S_{ja}^2} \tag{12-7}$$

式（12-6）可写为：

$$\mathrm{d}(\Delta y_p) = \mathrm{d}F = f^{\mathrm{T}}\mathrm{d}X \tag{12-8}$$

根据网的近似坐标不难求得权函数式的系数阵，由广义误差传播律可得横向贯通误差影响值。

隧道洞外平面控制网测量误差的纵向贯通误差影响值计算与上述计算方法相似，权函数式为：

$$\begin{aligned}\mathrm{d}(\Delta x_p) =& (a_{ja}\Delta y_{jp} - 1)\mathrm{d}x_j + b_{ja}\Delta y_{jp}\mathrm{d}y_j - a_{ja}\Delta y_{jp}\mathrm{d}x_a - b_{ja}\Delta y_{jp}\mathrm{d}y_a \\ &- (a_{cb}\Delta y_{cp} - 1)\mathrm{d}x_c - b_{cb}\Delta y_{cp}\mathrm{d}y_c + a_{cb}\Delta y_{cp}\mathrm{d}x_b + b_{cb}\Delta y_{cp}\mathrm{d}y_b\end{aligned} \tag{12-9}$$

隧道洞外平面控制网横向贯通误差影响值和纵向贯通误差影响值可在网平差程序中编写一个子程序模块进行计算。

（3）零点误差椭圆法。从进、出口点和定向点分别经洞内导线推算贯通点 P 的坐标，在不考虑洞内导线测量误差的情况下，若将 β_j、β_C 和 S_{jp}、S_{cp} 视为不含误差的虚拟观测值，P 点的点位差在垂直于隧道轴线方向投影值（P 点横坐标差）的中误差，即为横向贯通误差影响值，可按两贯通点 P 的相对误差椭圆即零点误差椭圆计算，即椭圆在贯通面上的投影即为影响值：

$$m_q = \sqrt{E^2\cos^2\psi + F^2\sin^2\psi} \tag{12-10}$$

式中，ψ 为以椭圆长半轴为起始方向时 y 轴的方位角。在科傻系统的 CODAPS 软件中有权函数法计算横向贯通误差影响值、纵向贯通误差影响值功能，也有计算任意两点误差椭圆的功能。用两种方法所计算的影响值略有不同，这是因为权函数法的结果与定向点有关，零点误差椭圆综合了所有定向点的误差。

（4）设计尺寸法。按照隧道设计尺寸确定横向贯通误差允许值。对于圆形隧道可取设计直径的 1/7～1/10 作为横向贯通误差的允许值，对于方形隧道可取洞宽 1/7～1/10 作为横向贯通误差的允许值。出现这种误差时，可在贯通面附近进行调整，不会增加开挖量，也不会影响工程质量。

（5）误差来源分析法。在《铁路工程测量规范》和《高速铁路工程测量规范》中，洞外 GNSS 平面网测量误差对隧道横向贯通的影响采用下式估算：

$$M^2 = m_J^2 + m_C^2 + \left(\frac{L_J\cos\theta \times m_{\alpha_J}}{\rho}\right)^2 + \left(\frac{L_C\cos\varphi \times m_{\alpha_C}}{\rho}\right)^2 \tag{12-11}$$

式中，m_J、m_C 为进口和出口 GNSS 控制点的 Y 坐标误差；L_J、L_C 为进口和出口 GNSS 控制点至贯通点的长度；m_{α_J}、m_{α_C} 为进口和出口 GNSS 联系边的方位中误差；θ、φ 为进口和出口控制点至贯通点连线与贯通点线路切线的夹角。该法为一种近似方法。

2. 洞内平面控制测量的横向贯通误差影响值

（1）导线公式法。洞内导线横向贯通误差影响值按导线公式（12-2）估算，导线公式是按支导线推导的，实际工作中多布设为环形或网形，平差后的角度、边长精度都会提高，故估算的值偏于安全。

（2）简化公式法。对于直线隧道，设洞内布设等边直伸导线，洞内导线测角误差引起横向贯通误差可近似表示为以下简化公式：

$$m_q = \sqrt{\frac{n^2 s^2 m_\beta^2}{\rho^2} \cdot \left(\frac{n + 1.5}{3}\right)} \tag{12-12}$$

式中，s 为导线的平均边长（单位为米），n 为导线的边数，m_q 的单位为米。简化公式的实质是：洞内导线测量误差所引起的隧道横向贯通误差完全由测角误差引起，测角误差与边长成正比，且与平均边长有关，平均边长越长，导线边数越少则导线测量误差所引起的隧道横向贯通误差越小。

（3）坐标差统计法。对于只有一个贯通面的直线隧道，按等边（如 300～500m）模拟从进、出口到贯通面的洞内导线网，取隧道轴线为 X 坐标轴，贯通面与 X 坐标轴垂直，与 Y 轴平行。根据按一定精度模拟观测值，并对进、出口洞内导线网分别进行平差，计算位于贯通面上同一点的 X、Y 坐标，Y 坐标差即为洞内导线测量误差所引起的隧道横向贯通误差。模拟计算 20 组（大子样），对 Y 坐标差作统计计算，即计算 Y 坐标差的均值和均值的中误差。最后，可将均值作为洞内导线网测量误差所引起的横向贯通误差。若对 X 坐标差值作统计计算，则可得洞内导线网测量误差所引起的纵向贯通误差。该方法的特点是使用简便，易于程序实现，子样越大，所得的结果越可靠。而且可将进口和出口洞内导线网作为一个独立的影响因子一起估算。

（4）坐标中误差法。与坐标差统计法完全一样，对直线隧道按前述坐标系和设计的进口和出口洞内导线网分别进行平差，计算出的位于贯通面上同一点的 X、Y 坐标及其中误差，我们可以把 X、Y 坐标的中误差视为洞内导线测量误差所引起的隧道纵横向贯通误差，因为进出口端各有一个网，坐标的中误差乘以 $\sqrt{2}$，即为洞内导线测量误差所引起的隧道横向贯通误差，又因为平差是一次性的结果，在实际作业中，要对洞内导线网作经常性的重复测量，可以乘以一个小于 1 的系数，如除以 $\sqrt{2}$，则刚好抵消。因此，可直接把进口端洞内导线网不同隧道长贯通面上点的 Y 坐标中误差视为洞内导线测量误差所引起的隧道横向贯通误差。

3. 洞外 GNSS 网的横向贯通误差影响值

GNSS 网测量误差所引起隧道贯通误差，可以采用两种方法估算。

（1）最弱点误差法。对 GNSS 网作一点一方向的最小约束平差，一般以洞口点为已知点，垂直于贯通面的轴线方向为 X 轴方向，由此可推求得洞口点到另一洞口点的方位角，将其作为已知方位角。GNSS 网平差后，可将最弱点 Y 坐标中误差作为 GNSS 网测量误差的横向贯通误差影响值。

（2）权函数法。与洞外地面边角网相似，可将 GNSS 网视为边角全测的网或全测边和方位角的网。按前面地面边角网间接平差求未知数函数精度的方法，可估算横向贯通误差影响值。只要给出进口和出口点及其定向点的近似坐标、贯通点的设计坐标以及贯通面的方位角等信息，即可通过模拟 GNSS 网的观测值和平差计算，得到横向贯通误差影响值。CODAPS 软件实现了 GNSS 网的横向贯通误差影响值估算功能。

12.2.4　高程测量误差对高程贯通误差的影响

高程测量误差对高程贯通误差的影响，可按下式计算：

$$m_h = \pm m_\Delta \sqrt{L} \tag{12-13}$$

式中，L 为洞外（或洞内）水准线路总长，以公里计，m_Δ 为每公里高差中数偶然中误差，对于一、二、三等水准测量，分别为 1mm/km，2mm/km 和 3mm/km。

洞外若采用精密测距三角高程方法时，L 为测距三角高程线路的长度。应分别计算洞内和洞外高程测量误差对高程贯通误差的影响。

12.3　隧道工程的控制测量

12.3.1　隧道工程的地面控制测量

1. 地面平面控制测量

隧道工程的地面平面控制测量主要采用现场标定法、地面边角网法和 GNSS 网法，随着测绘技术的快速发展，前两种方法基本不用了，下面只讲述 GNSS 网法。选点布网应满足下述要求：点位稳定，交通方便，便于保存和使用，顶空障碍较少，远离高压电线或强电磁波辐射源，远离大面积水面或平坦光滑地面。应在隧道各开挖洞口附近布设不少于三个点的洞口点群。对于直线隧道，应在进出口的定测中线上布设两个控制点，另外至少再布设两个定向点，洞口点应便于用地面测量方法检测、加密或恢复；洞口投点与定向点间应相互通视，大多数隧道可作为直线隧道处理。洞外平面控制网取独立的直角坐标系，以进口点到出口点的方向为 X 轴方向，与之相垂直的方向为 Y 轴方向。例如：在进口和出口线路中线上布设进口和出口点（J，C），进口和出口各布设 3 个定向点（J_1、J_2、J_3 和 C_1、C_2、C_3），点之间的高差不宜相差太大。因受隧道地形条件影响，洞口处的 GNSS 基线不可能很长，一般要求 300 到 500 m，若小于该值，宜设强制对中装置。贯通面位于隧道中央且与 Y 轴平行（参见图 12-2）。长洞短打时会有多个贯通面，在中间的竖井、平硐或斜井处，应像进口和出口一样布设洞口点和定向点，全部网点作统一观测和平差，分别估算两相邻洞口点间的贯通误差。

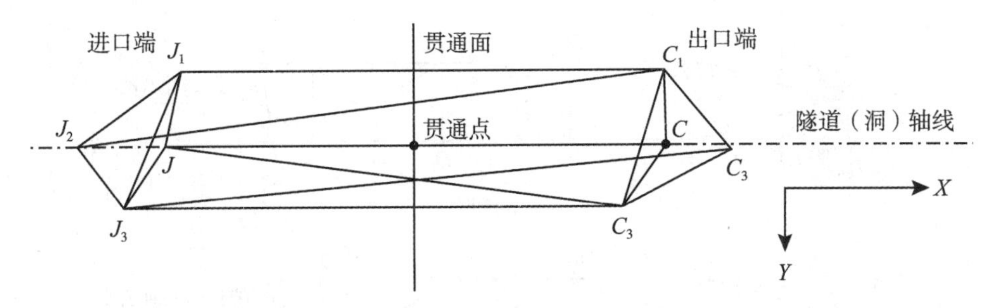

图 12-2 隧道洞外 GNSS 平面控制网布设示意图

2. 地面高程控制测量

地面高程控制测量的任务是在各洞口附近设立 2~3 个水准基点，作为向洞内或井下传递高程的依据。一般在平坦地区用等级水准测量，在丘陵及山区可考虑采用测距三角高程测量。

应以线路定测水准点的高程作为起始高程，水准线路应形成闭合环线，或敷设两条相互独立的水准线路。对于大型隧道工程，水准测量等级应根据两洞口间水准线路长度确定。

12.3.2 隧道工程的地下控制测量

1. 地下导线测量

洞内平面控制网宜采用导线形式，根据地下导线点的坐标可以放样隧道（或巷道）的中线及衬砌位置。地下导线的起始点通常位于平硐口、斜井口以及竖井的井底车场，这些点的坐标系是由地面控制测量得到的。地下导线的等级取决于地下工程的用途、类型、范围大小及设计所需的精度等，可参见有关规范。地下导线应以洞口投点为起始点沿隧道中线或隧道两侧布设成直伸导线或多环导线。对于特长隧道，洞内导线可布设为由大地四边形构成的全导线网和由重叠四边形构成的交叉双导线网两种形式（参见图 12-3），大地四边形的两条短边可用钢尺量取，不需作方向观测。大地四边形全导线网的观测量较大，靠近洞壁的侧边易受旁折光影响，所以采用交叉双导线网较好。为增加检核，应每隔一条侧边闭合一次。

与地面导线测量相比，地下导线的主要特点是：不能一次布设，而是随隧道的开挖分级布设，并逐渐向前延伸。一般先敷设边长较短、精度较低的施工导线，指示隧道的掘进；再布设高等级长边导线，进行检核，提高精度和可靠性，保证隧道的正确贯通。

地下导线的分级布设通常分施工导线、基本导线和主要导线（参见图 12-4）。施工导线的边长为 25~50m，基本导线边长为 50~100m，主要导线的边长为 150~800m。当隧道开始掘进时，首先布设施工导线给出坑道的中线，指示掘进方向。当掘进 300~500m 时，布设基本导线，检查已敷设的施工导线是否正确，高等级导线的起点、部分中间点和终点应与低等级导线点重合。隧道继续向前掘进时，应以高等级导线为基准，向前敷设低等级导线和放样中线。

地下导线布设的一些注意事项：边长要近似相等，应避免长短边相接；导线点应尽量

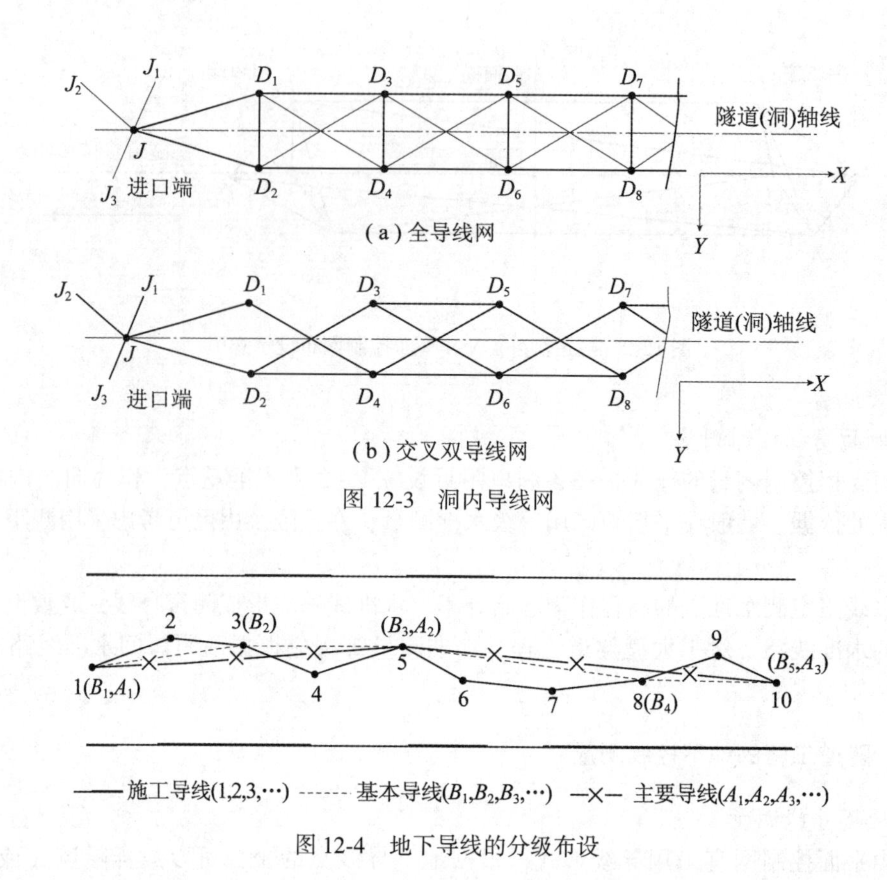

图 12-3　洞内导线网

图 12-4　地下导线的分级布设

布设在施工干扰小、通视好且稳固的地方；视线与坑道边的距离应大于 0. 2m；有平行导坑时，平行导坑的单导线应与正洞导线联测；在进行导线延伸测量时，应对以前的导线点作检核测量，在直线地段，只作角度检测，在曲线地段，要同时作边长检核；在短边进行角度测量时，应尽可能减小仪器和目标的对中误差影响；在测距时，应注意镜头和棱镜不要有水雾，当洞内水汽、粉尘浓度较大时，应停止测距；洞内有瓦斯时，应采用防爆全站仪；对于不能形成长边导线的隧道，每次向前延伸时，都应从洞外复测，在导线点无明显位移时，取点位的均值。

2. 加测陀螺方位角的地下导线测量

在地下导线中加测一定数量导线边的陀螺方位角，可以限制测角误差的积累，提高导线点位的横向精度。下面简介加测陀螺方位角的导线边位置、数量以及加测后对地下导线点位横向精度的增益。

如图 12-5 所示，地下导线有 n 条边，平均边长为 S，在不加测陀螺方位角时，导线终点 n 的横向误差估计公式为：

$$m_q^2 = \frac{m_\alpha^2}{\rho}(ns)^2 + \frac{m_\beta^2}{\rho^2}s^2\frac{n(n+1)(2n+1)}{6} \tag{12-14}$$

式中，m_α 为地下导线起始边方位角中误差，m_β 为地下导线测角中误差。

当在导线上均匀地加测了 i 个陀螺方位角时，则产生 i 条方位角附合导线。导线终点

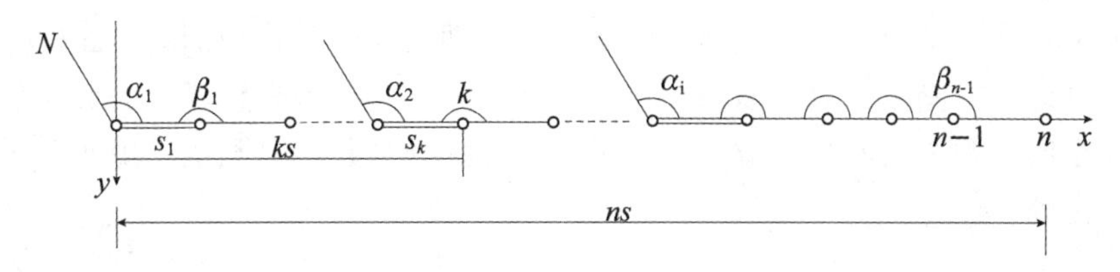

图 12-5 地下导线加测陀螺方位角示意图

的横向误差估算公式（推导从略）如下：

$$m_q^2 = \frac{m_\beta^2}{\rho^2}s^2 \cdot i\left[\frac{k(k-1)(2k-1)}{6} + k^2w^2 - \frac{k^2(k-1+2w^2)}{4}\right] + \frac{m_{\alpha\ i}^2}{\rho^2}s^2(n-ik)^2 + \frac{m_\beta^2}{\rho^2}s^2\frac{(n-ik)(n-ik+1)[2(n-ik)+1]}{6} \tag{12-15}$$

式中，$w = \frac{m_\alpha}{m_\beta}$，$k$ 为每条附合路线的导线边数。对于上式，求 m_q^2 对于 k 的极小值，在 m_q^2 等于极小的条件下，计算 k 与 n 的比值，可得到加测陀螺方位角的最优位置。

对不同的布设方案（导线总长、平均边长和边数），按上面公式可计算加测 1 个，2 个和多个陀螺方位角时，与不加测陀螺方位角的导线比较其横向精度的增益。计算表明，在 $m_\alpha = m_\beta$ 即 $w = 1$ 的情况下，加测 1~2 个陀螺方位角，其横向精度增益的幅度较大。加测一个陀螺方位角时，应加测导线全长的 2/3 处的边，加测两个以上陀螺方位角时，以按导线总长均匀分布最好。

3. 洞内高程控制测量

洞内高程控制测量的任务是测定洞内各水准点与永久导线点的高程，以建立地下高程基本控制。其特点为：

高程测量线路一般与地下导线测量线路相同。在坑道贯通之前，高程测量线路均为支线，因此需要往返观测及多次观测进行检核。

通常利用地下导线点作为高程点。高程点可埋设在顶板、底板或边墙上。

在施工过程中，为满足施工放样的需要，一般是用低等级高程测量给出坑道在竖直面内的掘进方向，然后再通过高等级的高程测量进行检测。每组永久高程点应设置 3 个，永久高程点的间距一般以 300~500m 为宜。

洞内高程控制测量采用洞内水准测量，应以洞口水准点的高程作为起始依据，通过水平坑道、斜井或竖井等将高程传递到地下，然后测定洞内各水准点的高程，作为施工放样的依据。

12.4 竖井联系测量

有多个开挖面的情况，为了保证隧道工程按设计方向掘进，保证各相向掘进的工作面在预定地点能正确贯通，应通过平硐、斜井或竖井将地面的平面坐标系统和高程系统传递到地下，使地下和地面测量有一个统一的平面坐标系统和高程系统。该项测量工作称为联系测量。平硐、斜井的联系测量可通过导线测量、水准测量、三角高程测量由地面洞口直接联测到地下完成。本节主要讲述竖井联系测量，即通过竖井将地面的平面坐标系统和高程系统传递到地下的测量。竖井联系测量分为平面联系测量和高程联系测量，平面联系测量包括一井定向、两井定向和陀螺经纬仪定向，亦称为竖井定向测量；传递高程的联系测量也称导入标高。

12.4.1 竖井平面联系测量

1. 一井定向

通过在一个竖井内悬挂两根吊锤线（图 12-6），将地面点的坐标和地面边的坐标方位角传递到井下的测量工作叫一井定向。在地面由井口投点（近井点）和控制点测定两吊锤线的坐标 x 和 y 以及其连线的坐标方位角；在井下根据吊锤线投影点的坐标及其连线的方位角确定地下导线起算点的坐标和起算边的坐标方位角。

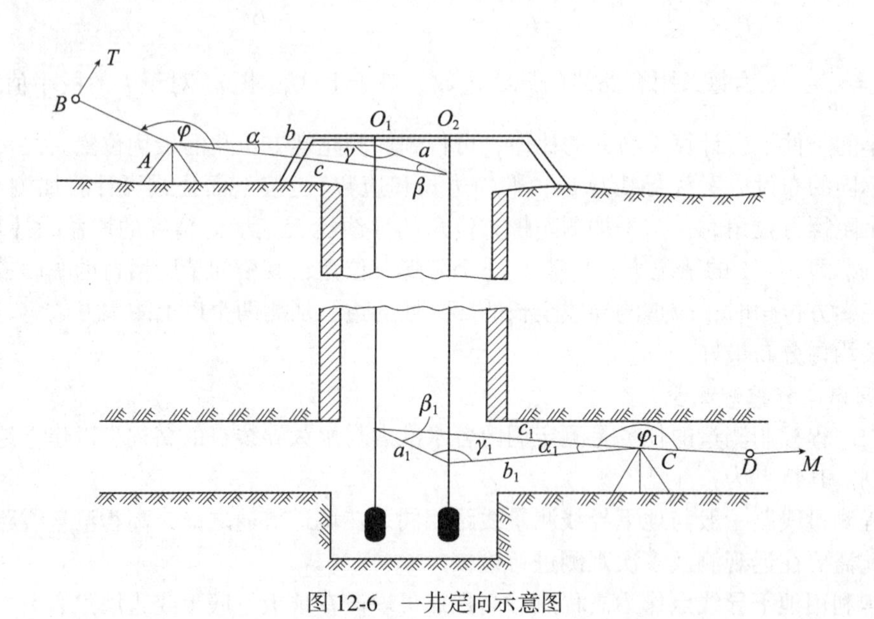

图 12-6 一井定向示意图

(1) 一井定向的原理与作业 。一井定向测量的原理与作业分为投点和连接测量两部分。通过竖井用吊锤线投点，吊锤线选用细直径抗拉强度高的优质炭质弹性钢丝，吊锤的重量与钢丝的直径随井深而不同（例如当井深为 100m 时，锤重为 60kg，钢丝直径为 0.7mm）。投点时，首先在钢丝上挂上小重锤（如 2kg），用绞车将钢丝放入井中，然后在井底换上作业重锤，并将其放入盛有油类液体的桶中，重锤线不得与竖井中任何物体和桶壁（底）接触，并要检查重锤线是否自由悬挂。

由地面向地下投点时，由于井筒内气流、滴水等影响，致使井下垂球线偏离地面上的位置，该线量偏差 e 称为投点误差，由此而引起的垂球线连线的方向误差 θ，叫做投向误差，用下式计算：

$$\theta = \pm \frac{e}{a}\rho'' \tag{12-16}$$

当两钢丝间距 $a=4.5\text{m}$、$e=1\text{mm}$ 时，$\theta=\pm45.8''$。可见，投点误差对定向精度的影响是非常大的。因此，在投点时必须采取有效措施以减小投点误差。

连接测量常采用连接三角形法（见图 12-7）。A 与 C 称为井上下的连接点（近井点），O_1、O_2 点为两垂球线点，从而在井上下形成了以 O_1O_2 为公共边的三角形 O_1O_2A 和 O_1O_2C。

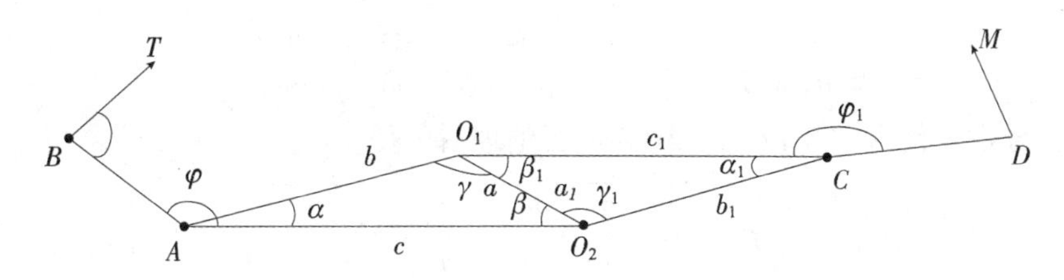

图 12-7 用连接三角形法进行井上下连接测量示意图

连接测量时，在连接点 A 与 C 点处用测回法测量角度 α、α_1、φ、φ_1。同时丈量井上下连接三角形的 6 个边长 a、b、c、a_1、b_1、c_1。量边应用检验过的钢尺并施加比长时的拉力，测记温度。在垂线稳定的情况下，应用钢尺的不同起点丈量 6 次，读数估读到 0.1mm。同一边各次观测值的互差不得大于 2mm，取平均值作为丈量的结果。在垂球摆动的情况下，应将钢尺沿所量三角形的各边方向固定，用摆动观测的方法至少连续读取 6 个读数，确定钢丝在钢尺上的稳定位置，以求得边长。每边均需用上述方法丈量 2 次，互差不得大于 3mm，取其平均值作为丈量结果。井上、井下量得两垂球线间距离 a、a_1 的互差，一般应不超过 2mm。内业计算时，首先应对全部记录进行检查。然后按下式解算连接三角形各未知要素：

$$\sin\beta=\frac{b}{a}\sin\alpha,\quad \sin\gamma=\frac{c}{a}\sin\alpha \tag{12-17}$$

连接三角形三内角和 $\alpha+\beta+\gamma=180°$，若尚有微小的残差时，则可将其平均分配给 β 和 γ。计算时还应对两垂球线间距进行检查。设 $a_{丈}$ 为两垂线间距离的实际丈量值，$a_{计}$ 为其计算值，则：

$$a_{计}^2=b^2+c^2-2bc\cos\alpha$$

$$d=a_{丈}-a_{计} \tag{12-18}$$

当地面连接三角形中 $d<2\text{mm}$、地下连接二角形中 $d<4\text{mm}$，可在丈量的边长中分别加入下列改正数，以消除其差值：

$$v_a=-\frac{d}{3};\ v_b=-\frac{d}{3};\quad v_c=+\frac{d}{3} \tag{12-19}$$

然后按 $B\rightarrow A\rightarrow O_2\rightarrow O_1\rightarrow C\rightarrow D$ 的顺序，用一般导线计算方法计算各点的坐标。

(2) 一井定向误差分析。由图 12-7 可知：

$$\alpha_{CD}=\alpha_{AB}+\varphi+\beta-\beta_1+\varphi_1\ \pm n\times180°$$

由此可得：

$$m_{\alpha_{CD}}^2=m_{\alpha_{AB}}^2+m_\varphi^2+m_\beta^2+m_{\beta_1}^2+m_{\varphi_1}^2+\theta^2 \tag{12-20}$$

因为角度 β 是用正弦公式计算得到的，即 $\sin\beta = \frac{b}{a}\sin\alpha$。

角度 β 为测量值 b、a 和 α 的函数，故其误差公式为：

$$m_\beta^2 = \left(\frac{\partial\beta}{\partial b}\right)^2 m_b^2\rho^2 + \left(\frac{\partial\beta}{\partial a}\right)^2 m_a^2\rho^2 + \left(\frac{\partial\beta}{\partial\alpha}\right)^2 m_\alpha^2 \tag{12-21}$$

式中各偏导数分别为：

$$\frac{\partial\beta}{\partial b} = \frac{\sin\alpha}{a\cos\beta},\quad \frac{\partial\beta}{\partial a} = \frac{b\sin\alpha}{a^2\cos\beta},\quad \frac{\partial\beta}{\partial\alpha} = \frac{b\cos\alpha}{a\cos\beta}$$

将各偏导数值代入式（12-21）中并进行整理后可得：

$$m''_\beta = \pm\sqrt{\rho^2\tan^2\beta\left(\frac{m_b^2}{b^2} + \frac{m_a^2}{a^2} - \frac{m_\alpha^2}{\rho^2}\right) + \frac{b^2}{a^2\cos^2\beta}m_\alpha^2} \tag{12-22}$$

同理可得：

$$m''_\gamma = \pm\sqrt{\rho^2\tan^2\gamma\left(\frac{m_c^2}{c^2} + \frac{m_a^2}{a^2} - \frac{m_\alpha^2}{\rho^2}\right) + \frac{c^2}{a^2\cos^2\gamma}m_\alpha^2} \tag{12-23}$$

对井下定向水平的连接三角形，也可得到同样的公式。

在式（12-22）和式（12-23）中，如果 $\beta \approx 0°$，$\gamma \approx 180°$（或 $\beta \approx 180°$，$\gamma \approx 0°$）时，则 $\tan\beta = 0$，$\tan\gamma = 0$，$\cos\beta = 1$，$\cos\gamma = -1$。此时各测量元素的误差对于垂球线 O_1、O_2 处计算角度的精度影响最小。式（12-22）和式（12-23）可简写为：

$$\left.\begin{aligned} m''_\beta &= \pm\frac{b}{a}m''_\alpha \\ m''_\gamma &= \pm\frac{c}{a}m''_\alpha \end{aligned}\right\} \tag{12-24}$$

分析上述误差公式可得出如下结论：

连接三角形最有利的形状为锐角不大于 2° 的延伸三角形。计算角 β（或 γ）的误差，随测量角 α 的误差增大而增大，随比值 b/a（和 c/a）的减小而减小。故在连接测量时，应尽量使连接点 A 和 C 靠近最近的垂球线，并精确地测量角 α。两垂球线间的距离 a 越大，则计算角的误差越小。在连接三角形中，量边误差对定向精度的影响较小。

在点 A 处的连接角 φ 的误差，对连接精度的影响 m_φ 可按下式计算：

$$m_\varphi = \pm\sqrt{m_i^2 + \rho^2\left(\frac{e_A}{\sqrt{2}d}\right)^2 + \rho^2\left(\frac{e_B}{\sqrt{2}d}\right)^2} \tag{12-25}$$

式中，m_i 为测量方法误差；d 为连接边 AB 的边长；e_A、e_B 为仪器在连接点 A、B 上对中的线量误差。

由此可知，欲减少测量连接角的误差影响，主要应使连接边 d 尽可能长些，并提高仪器的对中精度。上述公式对估算井下连接测量时 φ_1 的误差也同样适用。

2. 两井定向

通过在已贯通的两相邻竖井各悬挂一根吊锤线和地面测量方法，把吊锤线的坐标传递到井下的测量工作叫两井定向。当两相邻竖井间开挖的隧道已贯通，或在矿山建设中，两竖井间已有地下巷道连通，此时就具备采用两井定向的条件。在隧道工程中，两井定向的情况极少，本书只作简单介绍。在两竖井中各悬挂一根吊锤线A和B，由地面控制点测定两吊锤线A、B的坐标，在地面和地下用导线测量将A、B两吊锤线连接起来，从而把地面坐标系统中的平面坐标传递到地下，如图12-8所示。布设连接导线时，在条件允许的情况下，应尽量使其长度最短并尽可能沿两吊锤线连线方向延伸导线。

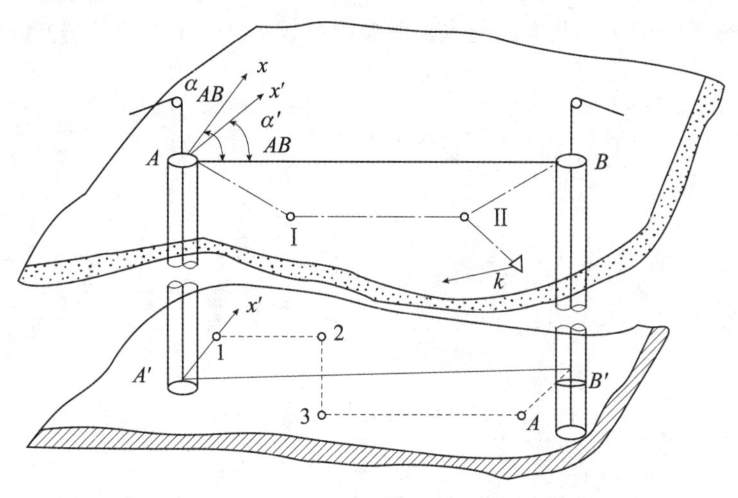

图12-8　两井定向示意图

两井定向与一井定向相比，由于两吊锤线间的距离大大增加了，因而减少了投点误差引起的定向误差，有利于提高地下导线定向的精度；其次是外业测量简单，占用竖井的时间较短，有条件时可把吊锤线挂在竖井中的设备管道之间，以便使竖井能照常进行生产。

内业计算时，首先由地面测量结果求出两垂球线的坐标（x_A，y_A），（x_B，x_B），并计算出A、B连线的坐标方位角α_{AB}和长度D_{AB}：

$$\alpha_{AB} = \arctan\frac{y_B - y_A}{x_B - x_A}$$

$$D_{AB} = \sqrt{\Delta x_{AB}^2 + \Delta y_{AB}^2} \tag{12-26}$$

两井定向的地下导线采用无定向导线计算，可解算出地下各点的坐标。两井定向的实质是通过无定向导线测量和计算，提高地下导线的方位角精度和可靠性。由于测量误差的影响，地下求出的B点坐标与地面测出的B点坐标存有差值。如果其相对闭合差符合测量所要求的精度，可将坐标增量闭合差按边长成比例反号分配给地下导线各坐标增量上。最后计算出地下各导线点的坐标。

上述方法是在竖井中挂锤线，如果竖井深或重锤线不稳定，垂准误差对地下定向边的方位角精度影响较大，且有时在竖井中挂锤线也不方便，甚至影响到施工。因此，可用激光铅垂仪代替挂锤线进行两井定向，称为铅垂仪与全站仪联合定向法，这种方法不仅方便，而且可提高垂准精度。该方法的基本原理与计算方法同在竖井中挂锤线的方法相同，在此不再赘述。

3. 陀螺经纬仪定向

陀螺经纬仪是专门用于测定方向的仪器，用陀螺经纬仪可以把方位角直接从地面传递

到地下去，用陀螺仪进行定向的过程如下：（陀螺经纬仪定向原理及应用详见本章第 5 节）

（1）在地面已知方位角的边上测定仪器常数；

（2）在地下待定边上测定陀螺方位角；

如图 12-9 所示，在 A 点安置好陀螺经纬仪，照准 B 点读取水平度盘的读数 M，然后设法测取陀螺转子轴指向真北方向的水平度盘读数 N，则 AB 边的陀螺方位角 m 为：

$$m = M - N \tag{12-27}$$

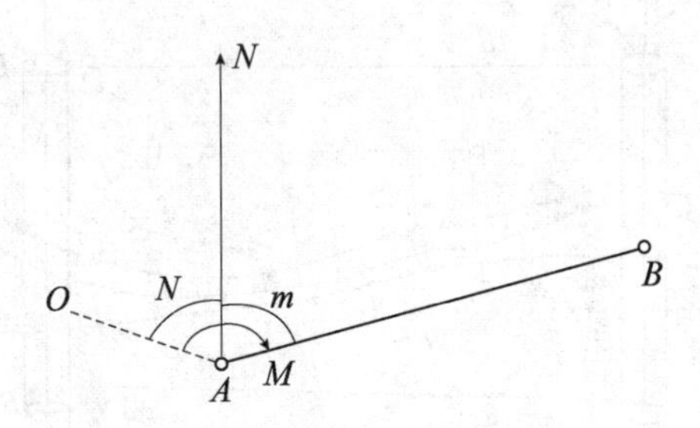

图 12-9　陀螺经纬仪测角原理图

（3）在地面已知边上重新测定仪器常数；

（4）计算测线 AB 的坐标方位角。

12.4.2　高程联系测量

为使地面与地下建立统一的高程系统，应通过斜井、平硐或竖井将地面高程传递到地下隧道中，该测量工作称为高程联系测量（亦称为导入高程）。通过斜井、平硐的高程联系测量，可从地面采用水准测量和三角高程测量方法直接导入，这里不再赘述。下面仅讨论通过竖井导入高程的方法。通过竖井导入高程的常用方法有长钢尺法、长钢丝法、光电测距仪铅直测距法等。本书主要介绍前两种导入高程的方法。

1. 长钢尺法导入高程

如图 12-10 所示，将经过检定的钢尺挂上重锤（其重量应等于钢尺检定时的拉力），自由悬垂在井中。分别在地面与井下安置水准仪，首先在 A、B 点水准尺上读取读数 a、b。然后在钢尺上读取读数 m、n（注意，为防止钢尺上下弹动产生读数误差，地面与地下应同时在钢尺上读数）。同时应测定地面、地下的温度 $t_{上}$ 和 $t_{下}$。由此，可求得 B 点高程：

$$H_B = H_A - [(m - n) + (b - a) + \sum \Delta l] \tag{12-28}$$

式中，$\sum \Delta l$ 为钢尺改正数总和（包括尺长改正、温度改正、拉力改正、自重伸长改正）。其中钢尺温度改正计算时应采用井上、井下实测温度的平均值。钢尺自重伸长改正计算公式为：

$$\Delta l = \frac{\gamma}{E} l \left(L - \frac{l}{2} \right) \tag{12-29}$$

式中，$l = m - n$；L 为钢尺悬挂点至重锤端点间长度，即自由悬挂部分的长度；γ 为钢尺的

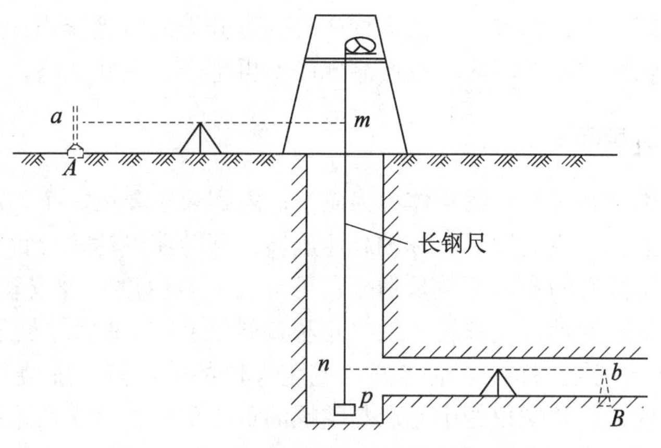

图 12-10 用长钢尺导入高程示意图

比重（$\gamma = 7.8\text{g/cm}^3$）；$E$ 为钢尺的弹性模量（一般取为 $2 \times 10^6\text{kg}$）。

2. 钢丝法导入高程

用长钢丝导入高程，一般随几何定向一起进行。长钢丝导入高程的过程基本同于长钢尺法，但因长钢丝无尺寸标记，因此在地面以下观测钢丝时，需要在钢丝上作出记号，然后在地面选一平坦区域，加悬挂时的重量将钢丝拉开，量测两记号间的长度（应注意加入各项改正）。

3. 光电测距仪导入高程

采用光电测距仪导入高程时，在井口附近的地面上安置光电测距仪，在井口和井底分别安置反射镜，井上的反射镜与水平面呈 45°夹角，井下的反射镜处于水平状态，用光电测距仪分别测量出仪器中心至井上和井下反射镜距离 L、S，同时测定井上和井下的温度及气压。则井上和井下反射镜间高差可按下式计算：

$$h = S - L + \Delta l \tag{12-30}$$

式中，Δl 为光电测距仪的总改正数。然后用水准仪测量出井上和井下反射镜中心与地面、地下水准点间的高差，可计算出水准点的高程。

12.5 陀螺仪定向原理及应用

12.5.1 概述

陀螺仪定向是利用其物理特性及地球自转影响，自动寻找真北方向，与经纬仪或全站仪结合，测定测站到目标点的大地方位角，即测站到目标点方向与真北方向间的角度（真北定向），在地下工程如在隧道中也可对任一方向进行快速真北定向。在地理南北纬度不大于 75°的范围内，它可以不受时间和环境等条件限制，实现快速真北定向。

陀螺特性的发现与应用始于中国西汉末年。法国人 L. Foucault 于 1852 年制造了第一台陀螺罗经，命名为 gyroscope。德国人 M. Schuler 在 1908 年首次制成单转子液浮陀螺罗经，用于军事和航海。1949 年德国 Clausthal 矿业学院的 O. Rellensmann 研制了 MW1 型子午线指示仪，并于 1958 年研制出 KT-1 陀螺经纬仪。此后几十年间，世界各国先后开展了陀螺经纬仪的研制工作，相继生产出多种产品，可分为液体漂浮式、下架悬挂式、上架悬挂式和磁悬浮式四种类型。因前三种产品现已不再生产，在此从略。

12.5.2　陀螺仪的基本特性

能绕其质量对称轴高速旋转的物体称为陀螺。陀螺仪主要由一个匀质转子构成，转子的质量集中在边缘上，可绕其质量对称轴高速旋转，其转速可达每分钟 20 000 转左右。

按陀螺仪转子所具有的自由度数目划分，可分为三自由度陀螺仪和二自由度陀螺仪。陀螺仪有三个相互垂直的轴：陀螺转子轴（也称旋转轴）X，垂直于转子轴的水平轴 Y 和垂直轴 Z，三轴交于一点，称转子的支架点或陀螺仪的中心点，能绕三个轴旋转的陀螺仪称三自由度陀螺仪，若陀螺仪的中心点与陀螺的重心重合，称平衡陀螺仪，不受任何外力矩作用的三自由度陀螺仪称自由陀螺仪。转子轴只能绕转子轴 X 和水平轴 Y 旋转的陀螺仪称二自由度陀螺仪。

自由陀螺仪的转子在高速旋转时具有以下两个基本特性：

（1）在无外力矩作用时，陀螺仪的旋转轴始终指向其初始恒定方向，称为定轴性。

（2）受外力矩作用时，陀螺仪的旋转轴将按一定的规律产生进动，称为进动性。

陀螺仪的两个基本特性可以利用动量矩定理来解释：根据动力学中的动量矩定理，即外力矩等于动量矩对时间的导数

$$\overline{M} = \frac{\mathrm{d}\boldsymbol{H}}{\mathrm{d}t} \tag{12-31}$$

式中，$\boldsymbol{H}$ 为陀螺转子动量矩矢量。由上式可知，当 $\boldsymbol{M}=0$，即没有外力矩作用时，陀螺转子动量矩 $\boldsymbol{H}$ 为一常量，其大小以及在空间所指方向不变，这就是陀螺仪的定轴性。当 $\boldsymbol{M} \neq 0$，即有外力矩作用在陀螺仪上时，由于外力矩不会改变陀螺转子的转速，其动量矩的大小保持不变，而动量矩的变化使方向发生改变，这就是陀螺仪的进动性。

12.5.3　陀螺经纬仪定向原理

1. 地球自转及对悬挂式陀螺仪的作用

从地球的北极看，地球是绕其旋转轴逆时针方向旋转，旋转角速度矢量 $\boldsymbol{\omega}_E$ 沿旋转轴指向北端，如图 12-11 所示。地球上的物体也随着地球转动，对纬度为 φ 的地面点 A，$\boldsymbol{\omega}_E$ 和当地的水平面成 φ 角，且位于当地的子午面内。为便于说明问题，可将 $\boldsymbol{\omega}_E$ 分解为沿子午线方向的水平分量 $\boldsymbol{\omega}_1$ 和沿铅垂方向的垂直分量 $\boldsymbol{\omega}_2$。$\boldsymbol{\omega}_1$ 表示地平面在空间绕子午线旋转的角速度，该旋转造成地平面东降西升，使地球上的观测者感到太阳和其他星体的高度发生变化。$\boldsymbol{\omega}_2$ 表示子午面在空间绕铅垂线旋转的角速度，该运动使子午线的北端向西移动，使地球上的观测者感到太阳和其他星体的方位发生变化。由图 12-11 可得：

$$\left.\begin{aligned} \boldsymbol{\omega}_1 &= \boldsymbol{\omega}_E \cos\varphi \\ \boldsymbol{\omega}_2 &= \boldsymbol{\omega}_E \sin\varphi \end{aligned}\right\} \tag{12-32}$$

为了进一步说明地球旋转角速度对悬挂式陀螺仪的影响，把 $\boldsymbol{\omega}_1$ 再分解成为两个互相垂直分量 $\boldsymbol{\omega}_3$（沿 Y 轴）和 $\boldsymbol{\omega}_4$（沿 X 轴）。$\boldsymbol{\omega}_3$ 表示地平面绕 Y 轴旋转的角速度，$\boldsymbol{\omega}_4$ 表示地平面绕陀螺仪转子轴 X 旋转的角速度，其大小为：

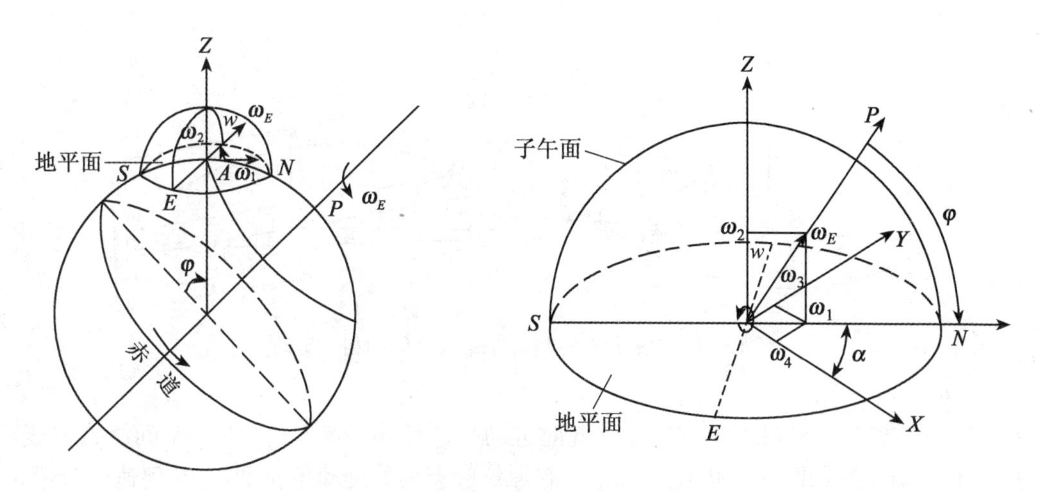

图 12-11 地球自转角速度分量示意图

$$\left.\begin{aligned}\boldsymbol{\omega}_3 &= \boldsymbol{\omega}_E\cos\varphi\sin\alpha \\ \boldsymbol{\omega}_4 &= \boldsymbol{\omega}_E\cos\varphi\cos\alpha\end{aligned}\right\} \tag{12-33}$$

式中，$\boldsymbol{\omega}_4$ 对陀螺仪旋转轴在空间的方位没有影响，不需考虑，$\boldsymbol{\omega}_3$ 对陀螺仪 X 轴的进动有影响，称地球自转有效分量，它使陀螺仪旋转轴对于地平面高度发生变化，当陀螺仪旋转轴在子午线以东时，其向东的一端相对于地平面上升，向西的一端下降。

假设陀螺仪 X 轴在某一时刻其正端位于子午线以东，与地平面平行，陀螺仪的转子高速旋转并处于自由悬挂状态。此时陀螺仪上的悬重 Q 对 X 轴不产生重力矩，所以对陀螺仪旋转轴的方位没有影响。但在下一时刻，由于地平面以角速度 $\boldsymbol{\omega}_3$ 绕 Y 轴旋转，而高速旋转的陀螺具有定轴性，从而使 X 轴与地平面不再平行。因此悬重 Q 对 X 轴正端产生重力矩，该重力矩的矢量方向指向 Y 轴正端，使 X 轴正端产生进动，依据右手定则，X 轴的进动方向朝向子午面。其进动角速度为：

$$\boldsymbol{\omega}_p = \frac{M}{H}\sin\theta = \frac{Ql}{H}\sin\theta \tag{12-34}$$

当陀螺仪 X 轴正端位于子午线以西时，X 轴的进动方向也朝向子午面。因此悬挂式陀螺仪在地球自转有效分量 $\boldsymbol{\omega}_3$ 的影响下，其主轴 X 总是向子午面方向进动。

2. 陀螺仪旋转轴对子午面的相对运动

由于地球自转垂直分量 $\boldsymbol{\omega}_2$ 的影响，子午面在不断地变换位置，造成陀螺仪旋转轴与子午面之间产生相对运动。下面结合图 12-12 说明陀螺仪旋转轴与子午面之间的相对运动过程。

图中 SZN 面为子午面，$ESWN$ 面表示地平面，竖直投影面 H 垂直于子午面。H 面内的纵轴为子午面的投影，表示陀螺仪旋转轴正端对地面倾角 θ 的变化量。横轴为地平面的投影，表示陀螺仪旋转轴正端偏离子午面角度 α 的变化量。假设初始状态时陀螺仪旋转轴正端位于子午面以东，方位角为 α_1 且 $\theta = 0$（图中的 I 点），此时 $\boldsymbol{\omega}_P = 0$（见式（12-34））。随后，由于地球自转有效分量 $\boldsymbol{\omega}_3$ 的作用，陀螺仪旋转轴正端相对于地平面仰起

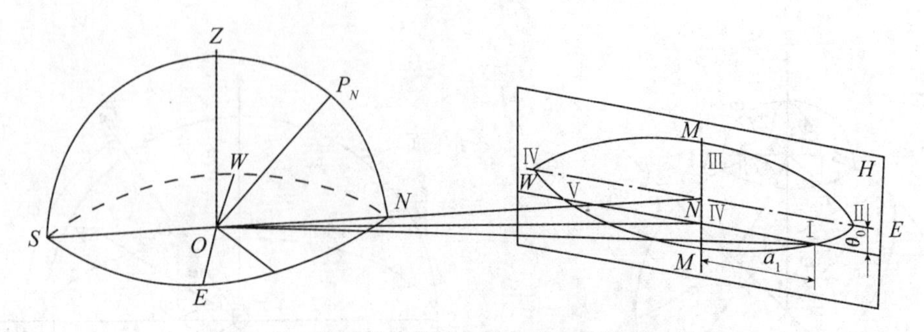

图 12-12　陀螺仪旋转轴与子午面之间的相对运动

($\theta > 0$)，陀螺仪旋转轴开始进动。但此时进动角速度 $\boldsymbol{\omega}_p$ 小于子午面在空间绕铅垂线旋转的角速度 $\boldsymbol{\omega}_2$，因此，α 角仍在增大。当陀螺仪旋转轴的进动角速度 $\boldsymbol{\omega}_p$ 与角速度分量 $\boldsymbol{\omega}_2$ 相等时，$\theta = \theta_0$（补偿角），此时 $|\alpha|$ 角达到最大值（图中的Ⅱ点），该点称为东逆转点。此后，随着 θ 角的增大，使 $\boldsymbol{\omega}_p > \boldsymbol{\omega}_2$，$\alpha$ 角在逐渐减小。当 $\alpha = 0$ 即陀螺仪旋转轴回到子午面内（图中的Ⅲ点）时，θ 角达到最大值，$\boldsymbol{\omega}_p$ 也达到最大值，陀螺仪旋转轴将超过子午面向西进动。由于地球自转有效分量 $\boldsymbol{\omega}_3$ 的作用，西边地平面相对于陀螺仪旋转轴正端抬高，使 θ 角在逐渐减小。当到达图中的Ⅳ点时（$\theta = \theta_0$，$\boldsymbol{\omega}_p = \boldsymbol{\omega}_2$），$|\alpha|$ 达到最大值，称该点为西逆转点，随后 θ 开始小于 θ_0，$\boldsymbol{\omega}_p < \boldsymbol{\omega}_2$，$\alpha$ 角逐渐减小，直到图中的Ⅴ点，该点 $\theta = 0$，$\boldsymbol{\omega}_p = 0$。随着地平面西半部的继续上升，陀螺仪旋转轴正端低于水平面，重力矩出现负值，陀螺仪旋转轴正端开始向东进动。由于负端 θ 角的绝对值越来越大，陀螺仪旋转轴正端向东进动的速度越来越快，重新回到子午面内（图中的Ⅵ点），并继续向东进动，形成以子午面为中心的简谐摆动，其轨迹为一很扁的椭圆。

3. 陀螺经纬仪的基本结构

陀螺经纬仪是由陀螺仪、经纬仪、陀螺电源三部分组成，如图 12-13 所示。

悬挂式陀螺仪由以下几部分组成：

(1) 灵敏部：包括导流丝、悬挂带、陀螺马达、陀螺房和反光镜等。

(2) 光学观测系统（用来观测和跟踪灵敏部的摆动）。

(3) 锁紧限幅机构（用于陀螺灵敏部的锁紧和限幅）。

(4) 陀螺仪外壳（用于防止外部磁场的干扰）。

陀螺经纬仪则比普通经纬仪增加了一个定位连接装置。陀螺电源由蓄电池组、充电器、逆变器等组成。若经纬仪将不再生产，陀螺经纬仪将被陀螺全站仪代替。

4. 陀螺经纬仪的定向测量作业过程

(1) 在地面已知边上测定仪器常数。

由于陀螺仪旋转轴与望远镜光轴及观测目镜分划板零刻划线所代表的光轴因安装或调整不完善，使上述三轴不在同一竖直面中，所以陀螺仪旋转轴的稳定位置通常不与地理子午线重合。二者的夹角称为仪器常数（用 Δ 表示）。如果陀螺仪稳定位置位于地理子午线的东边，Δ 为正；反之，则为负，如图 12-14 所示。

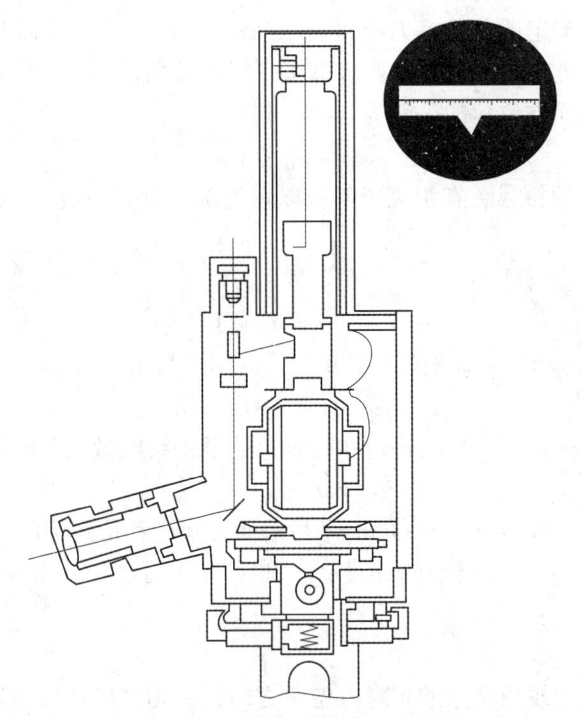

图 12-13　陀螺经纬仪基本结构图

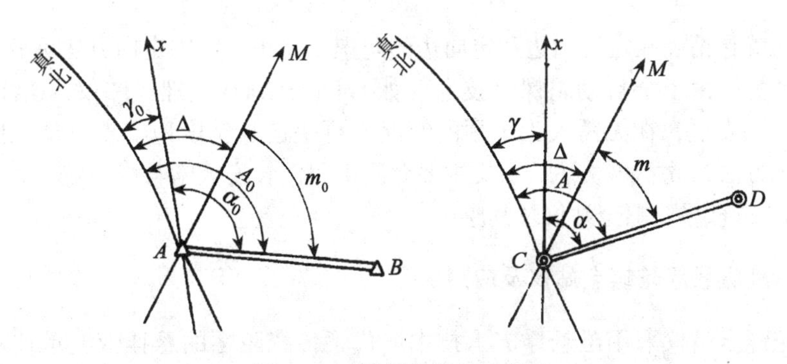

图 12-14　陀螺仪定向示意图

进行陀螺定向时，首先在地面已知边上测定仪器常数，即在已知边上测定陀螺方位角 m_0，然后与已知的地理方位角 A_0 比较，按式（12-35）求出仪器常数 Δ：

$$\Delta = A_0 - m_0 \tag{12-35}$$

（2）在待定边上测定陀螺方位角 m，则定向边的地理方位角 A 为：

$$A = m + \Delta \tag{12-36}$$

测定待定边陀螺方位角应独立进行两次，并进行检核。

（3）在地面上重新测定仪器常数。

在定边陀螺方位角测完之后，应在地面已知边上重新测定仪器常数。前后两次测定的仪器常数应符合要求，然后求出仪器常数的最或是值。

（4）求算待定边的坐标方位角。

一般地面已知边测定的是坐标方位角 α_0，而井下定向边需要求算的也是坐标方位角 α，而不是地理方位角 A，因此还需要求算子午线收敛角 γ。

地理方位角和坐标方位角的关系为：

$$A_0 = \alpha_0 + \gamma_0 \tag{12-37}$$

子午线收敛角 γ 的符号，在中央子午线以东为正，以西为负。

$$\Delta = A_0 - m_0 = \alpha_0 + \gamma_0 - m_0 \tag{12-38}$$

待定边的坐标方位角则为：

$$\alpha = A - \gamma = m + \Delta - \gamma \tag{12-39}$$

若将式（12-38）的仪器常数值 Δ 代入上式，则可写出：

$$\alpha = \alpha_0 - (m_0 - m) + \delta_\gamma \tag{12-40}$$

式中，$\delta_\gamma = \gamma_0 - \gamma$ 表示地面已知边和待定边的子午线收敛角的差数，可按下式求得：

$$\delta_\gamma = \mu(y_0 - y) \tag{12-41}$$

式中，δ_γ 的单位为秒，$\mu = 32.23\tan\varphi$（当地面已知边和待定边的距离不超过5~10km，纬度小于60°时采用）；φ 为当地的纬度；y_0 和 y 为地面已知边和待定边端点的横坐标（km）。

5. 精密定向

在精密测定已知边或待定边的陀螺方位角之前，必须把经纬仪望远镜视准轴置于近似北方，即进行粗略定向。粗略定向的方法有罗盘法、已知方位角法、两逆转点法、1/4周期法等。

精密定向就是精确测定已知边和定向边的陀螺方位角。精密定向方法可分为逆转点法及中天法两大类。由于全自动陀螺仪技术（如Gyromat2000陀螺经纬仪，GAT-08磁悬浮陀螺全站仪）的发展，在无需人工干预的情况下可快速高精度地实现自动定向观测，故上述精密定向方法在此不再赘述。下文主要介绍由我国长安大学与中国航天时代电子公司所研制的GAT磁悬浮陀螺全站仪及其应用。

12.5.4　高精度磁悬浮陀螺全站仪及应用

磁悬浮陀螺全站仪采用磁悬浮支承技术取代了传统陀螺的悬挂带支承技术，可全天候、全天时独立测定任意测线真北方位角，同时具有测角测距的功能，可实现数据采集、记录、处理、显示与传输的自动化。

1. GAT陀螺全站仪的工作原理

当陀螺需要进行寻北定向时，电感线圈首先通电，在电磁场的作用下磁浮球被向上拉起，在连接杆的传动作用下，陀螺马达也被拉起，陀螺灵敏部处于悬浮状态；在指向力矩的作用下，陀螺旋转轴开始向子午线方向逼近，但是在底部力矩器施加的反向力矩作用下使陀螺旋转轴达到平衡状态，固定在某一静止位置，此时力矩器施加的反向力矩与指向力矩大小相等、方向相反。通过反复观测力矩器测量的力矩值，得到海量力矩观测数据，根据指向力矩公式：

$$M = H \times \omega_E \cos\varphi \sin\alpha \tag{12-42}$$

其中，M 为指向力矩；H 为陀螺角动量；ω_E 为地球自转角速度；φ 为测站点纬度；α 为陀螺

旋转轴的北向偏角；据此即可推算陀螺旋转轴的北向偏角

$$\alpha = \arcsin \frac{M}{H \times \omega_E \cos\varphi} \tag{12-43}$$

同时，为了消除系统性干扰力矩和水平测角系统偏心的误差影响，系统在进行完一个位置的寻北过程后，将陀螺旋转轴回转 180°，从倒镜位置再次进行寻北测量，最后根据两个位置的寻北力矩计算陀螺旋转轴的北向偏角，计算式如下：

$$\alpha = \arcsin \frac{M_1 - M_2}{H \times \omega_E \cos\varphi} \tag{12-44}$$

陀螺寻北测量结束后，水平测角系统即可给出真北方向与陀螺内部固定轴线方向的夹角。如图 12-15 所示，OT 为陀螺确定的真北方向；OM 为陀螺内部固定轴线方向；OL 为全站仪水平度盘零位方向；OC 为全站仪望远镜照准目标的测线方向。

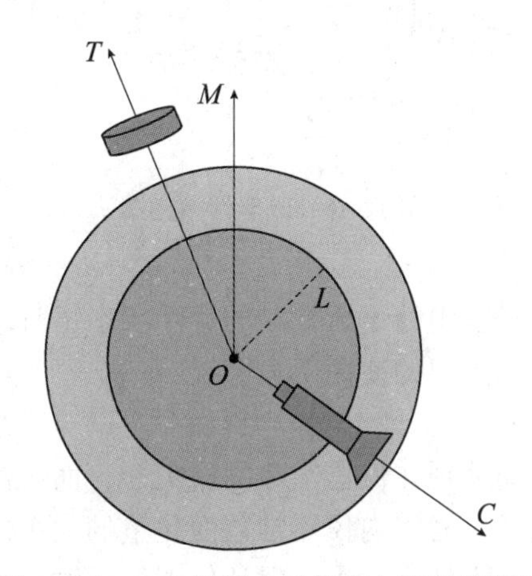

图 12-15　GAT 陀螺全站仪定向原理示意图

陀螺寻北测量结束后即可确定出 $\angle TOM$，并通过串口输出角度测量值；再利用全站仪照准目标方向，依据方向法测量要求，测量目标方向与全站仪水平度盘零位的夹角 $\angle LOC$，于是，

$$\angle TOM + \angle MOL + \angle LOC + \Delta_{仪} = A_{真} = \alpha + \gamma \tag{12-45}$$

这样，我们可以通过在已知测线上与 $\alpha + \gamma$ 比对，从而确定

$$\angle MOL + \Delta_{仪} = \alpha + \gamma - \angle TOM - \angle LOC \tag{12-46}$$

其中 $\angle MOL$ 在仪器出厂时通过仪器常数的标定，可以将其限定为一个很小的值，即通过度盘配置的方法使全站仪的水平度盘零位与陀螺内部的固定轴线方向重合，从而使 $\angle TOM + \angle LOC$ 即为陀螺方位角。

2. GAT 磁悬浮陀螺全站仪的技术特点

1）磁悬浮支承技术

目前，国内外绝大多数陀螺经纬仪（全站仪）采用悬挂带支承技术，而悬挂带的性能（弹性极限、抗拉强度、弹性后效、耐腐蚀性、弹性模量的温度系数以及磁性等）将直接影响到陀螺的寻北精度。此外，悬挂带的零位稳定性、使用寿命以及运输后立即测量的精度保证也是目前国内此类陀螺仪的瓶颈问题。

磁悬浮技术具有较高的系统设计难度，但其技术特点更适合为整机提供优良的输出环境，可以为陀螺寻北过程实现自动化提供保证。如图 12-16 所示为 GAT 陀螺全站仪寻北本体部分的磁悬浮系统设计原理图。当磁悬浮线圈通电后，产生的磁力便会使陀螺灵敏部整体上浮，并处于悬浮状态。

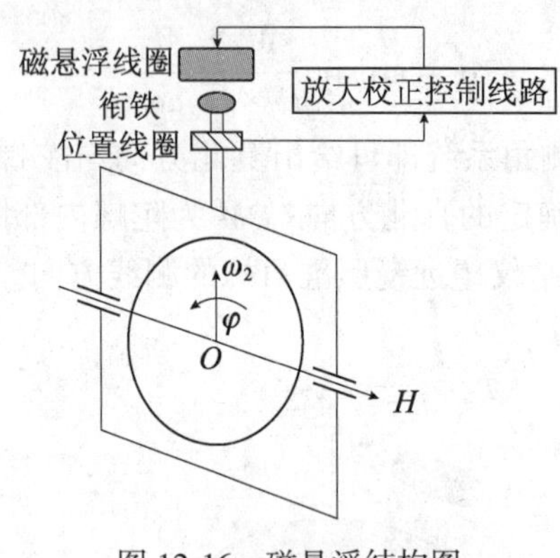

图 12-16　磁悬浮结构图

由于陀螺灵敏部在寻北过程中处于无接触的悬浮状态，解决了传统机械轴承所带来的摩擦干扰问题，并且也延长了陀螺的使用寿命。

2）测量稳定性技术

陀螺全站仪的稳定性主要体现在仪器常数的稳定性，而仪器常数的稳定性包括两个方面，一是长期稳定性，即较长的时间内仪器常数变化量的大小；二是短期稳定性，主要是仪器的运输适应性以及随机架设精度。为了保证仪器的运输适应性，当陀螺本体处于非工作状态时，采用 50N 的力将陀螺转子部分固定，以保证其中的结构原件不会因为运输过程中的颠簸而受到损害。

陀螺电机转速的稳定性也是影响陀螺寻北精度的因素之一，为控制陀螺电机转速的稳定性，在设计中对其供电系统采用电流反馈、电压反馈和转速反馈的方法实现了陀螺电机高速稳定转动的目的。

在仪器的结构稳定性设计方面，采用高精度配对轴承，减少摩擦力矩波动性；敏感组件及随动壳体之间采用导电游丝完成电信号的连接，导电游丝采用较稳定的青铜丝合金并经过稳定性处理，从而保证了其微力矩的稳定性。此外，在陀螺本体中充入氮气，外部采用硅胶密封；陀螺房内充入氦气，以此提高系统整体的稳定性，也可以保护内部元器件，延长整机使用寿命。

对于民用领域，例如矿山、隧道系统中应用的一些磁性材料和元件以及电子器件如果不加抗电磁干扰处理很难保证其在受到电磁干扰时工作的可靠性。为此对整机的抗电磁干扰能力进行了分析，并做出相应措施，以消除外界电磁场对其精度造成的影响，如对接插件及电源板采取屏蔽措施、采用软磁材料构造成内部屏蔽罩等。

3）快速定向与测量自动化

为满足地下工程建设的要求，在保证定向测量精度的同时必须提高陀螺寻北的速度，提高工作效率。GAT陀螺全站仪主要采用光电力矩式寻北法，在8分钟的时间里快速采集4万组力矩观测数据，并以此计算出陀螺马达轴线方向与地理子午线北方向的夹角，整个寻北过程方便、快捷，无需人工干预，完全避免了传统陀螺定向过程中零位观测、陀螺下放和人工跟踪读数的繁琐过程。GAT陀螺全站仪借助全站仪的WindowsCE操作系统，实现了陀螺本体与全站仪之间的数据通讯，将陀螺定向成果传输到全站仪，并直接参与定向计算，整个定向过程完全实现了可视化、自动化。

GAT高精度磁悬浮陀螺全站仪将磁悬浮技术、回转技术、无接触式光电力矩反馈技术和精密测角、测距技术集于一体，具有精度高、速度快、寿命长、自动化程度高和操作简便等优点。

3. GAT陀螺全站仪的应用

2010年5月23日，用GAT高精度磁悬浮陀螺全站仪（标称定向精度为5″）对某煤矿主巷道内测线2NF7→2NF8进行了陀螺定向测量。寻北过程8分钟完成，实现了寻北过程的快速、自动化。寻北过程中采集的4万组数据实时传输到外接数据存储设备中，可做后期数据处理分析，用来判断数据的质量、提高成果的可靠性；也可以通过滤波等方法对粗差数据进行剔除，提高成果精度。

陀螺全站仪定向测量过程如下：

（1）在地面已知边上测定陀螺方位角，求得仪器常数；

根据该测区的地理位置，在实测过程中输入的纬度值为：39.0°。仪器常数的测定，选取地面控制网中NF02→NF03已知边进行仪器常数标定。已知边坐标方位角为：202°37′39″，计算的子午线收敛角 $\gamma_0=-0°29'51''$，$\gamma=-0°29'39''$。实测数据如下：

表12-4 **地面已知边测定的陀螺方位角**

<table>
<tr><th rowspan="2">测线</th><th rowspan="2">N
(° ′ ″)</th><th colspan="2">Z</th><th rowspan="2">陀螺方位角 m_0
(° ′ ″)</th></tr>
<tr><th>盘左
(° ′ ″)</th><th>盘右
(° ′ ″)</th></tr>
<tr><td rowspan="4">NF02→NF03</td><td rowspan="2">358 29 18</td><td>203 38 18</td><td>23 38 09</td><td rowspan="2">202 07 31</td></tr>
<tr><td>203 38 14</td><td>23 38 11</td></tr>
<tr><td rowspan="2">358 29 18</td><td>203 38 18</td><td>23 38 11</td><td rowspan="2">202 07 32</td></tr>
<tr><td>203 38 13</td><td>23 38 12</td></tr>
</table>

根据 $A_0=\alpha_0+\gamma_0$，可得地面测线“NF02→NF03”的真北方位角为：

$$A_{\mathrm{NF02\to NF03}}=202°37'39''-0°29'51''=202°07'48''$$

由 $\Delta=A_0-m_0$，结合陀螺的地面定向成果，可计算陀螺仪器常数如下：

$$\Delta=A_0-m_0=202°07'48''-202°07'31.5''=0°00'16.5''$$

（2）井下导线边定向测量。

根据现场采集数据，井下定向边2NF7→2NF8各测回陀螺精寻北采样数据的散点图，如图12-17所示。

从上述数据散点图可以看出，在井下2NF7→2NF8这条陀螺定向边采集的数据分布较

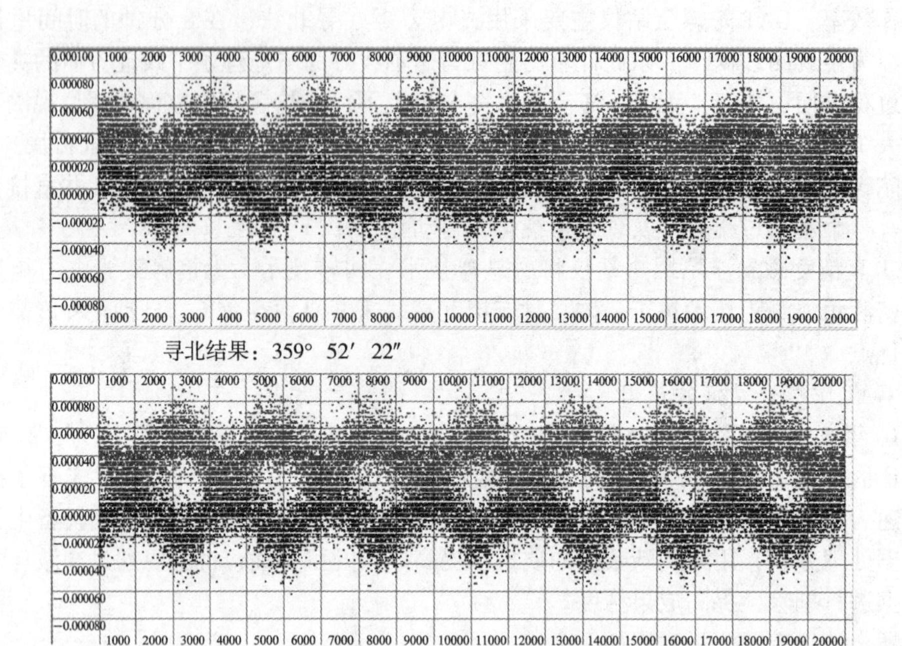

寻北结果：359°　52′　22″

寻北结果：359°　52′　25″

图 12-17　采样数据的散点图

为均匀，无明显的外界振动干扰，数据质量及成果可靠，再通过全站仪测量，可得井下定向边各测回的陀螺定向方位角见表 12-5。

表 12-5　　**井下定向边各测回的陀螺方位角**

测线	N (°　′　″)	Z 盘左 (°　′　″)	Z 盘右 (°　′　″)	陀螺方位角 m_0 (°　′　″)
2NF7→2NF8	359 52 22	183 08 50	3 08 42	183 01 08
		183 08 48	3 08 45	
	359 52 25	183 08 50	3 08 42	183 01 11
		183 08 48	3 08 45	

（3）计算井下定向边上的坐标方位角。

将上述计算得到的仪器常数，配合井下定向边的陀螺定向成果，可得井下定向边的真北方位角：

$$A = m + \Delta = 183°01'09.5'' + 0°00'16.5'' = 183°01'26''$$

由公式 $\alpha = A - \gamma$ 可以计算井下定向边的坐标方位角：

$$\alpha = A - \gamma = 183°01'26'' + 0°29'39'' = 183°31'05''$$

12.6 隧道施工测量与竣工测量

隧道施工测量的主要任务是：在隧道施工过程中标定掘进方向（包括中线法、串线法、激光指向仪法和腰线法），检查工程进度，计算土石方量，进行贯通误差测量和调整，竣工测量和施工期的变形监测等。

12.6.1 隧道施工测量

隧道施工有全断面开挖法和导坑开挖法，在开挖过程中，除了要随时检查工程进度，计算土石方量外，最重要的是标定隧道的掘进方向，对于直线隧道，平面上掘进方向的标定有中线法、串线法和激光指向仪法，全断面开挖法施工通常采用中线法，导坑开挖法施工时，精度要求较低，一般采用串线法，但将被激光指向仪法所取代。对于曲线隧道，主要用导线测量加全站仪极坐标法。竖面上掘进方向的标定则采用水准仪加腰线法。这些方法都离不开洞内导线测量和高程控制测量。

1. 平面上掘进方向的标定

（1）中线法。在图 12-18 中，P_1、P_2 为导线点，C 为隧道中线点，已知 P_1、P_2 的实测坐标、C 的设计坐标和隧道中线的设计方位角，可按下式计算放样中线点 C 所需要的 β_2、β_C 和 L。

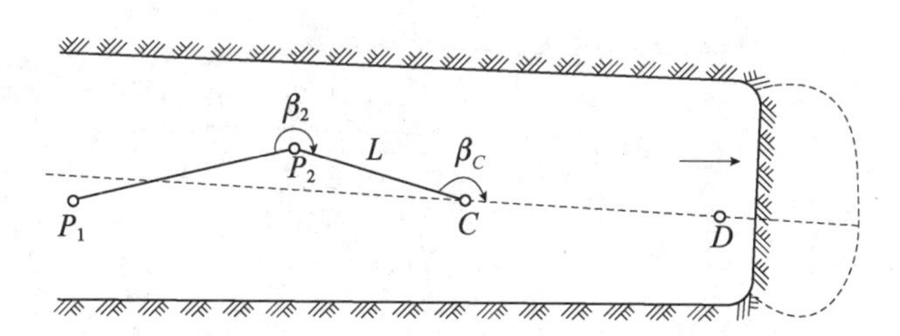

图 12-18 导线法标定隧道中线示意图

$$
\begin{aligned}
\alpha_{P_2C} &= \arctan\frac{Y_C - Y_{P_2}}{X_C - X_{P_2}} \\
\beta_2 &= \alpha_{P_2C} - \alpha_{P_2P_1} \\
\beta_C &= \alpha_{CD} - \alpha_{CP_2} \\
L &= \frac{Y_C - Y_{P_2}}{\sin\alpha_{P_2C}} = \frac{X_C - X_{P_2}}{\cos\alpha_{P_2C}}
\end{aligned}
\tag{12-47}
$$

随着开挖面推进，C 点距开挖面越来越远，这时需要将中线点向前延伸，埋设新的中线点，其标设方法同前。

（2）串线法。串线法是利用悬挂在两临时中线点上的垂球线，直接用肉眼来标定开挖方向。首先需用类似前述设置中线点的方法，在导坑顶板或底板上设置三个临时中线点 B、C、D，两临时中线点的间距不宜小于 5m，标定开挖方向时，在三点上悬挂垂球线，

一人在 B 点指挥，另一人在工作面持手电筒，使其灯光位于中线点 B、C、D 的延长线上，然后用红油漆标出灯光位置，即得隧道中线。这种方法误差较大，现很少采用。

（3）激光指向仪法。激光束的方向性好，发射角小，能以大致恒定的光束直线传播相当长的距离，我国生产的激光指向仪，一般都将指向部分和电源部分装在一起，指向部分包括气体激光器（氦氖激光器）、聚焦系统、支架、整平和旋转指向仪用的调整装置。由激光器发射的激光束经聚焦系统后发出一束大致恒定的红光，测量人员将指向仪配置到所需的开挖方向后，施工人员即可自己随时根据指向需要，开启激光电源，找到掘进开挖方向。

对于曲线隧道，隧道中线点是在导线测量时一起测设，供衬砌时使用的临时中线点根据中线点加密，一般采用全站仪极坐标法测设。

2. 竖面上掘进方向的标定

在隧道开挖过程中，除标定隧道在水平面内的掘进方向外，还应定出坡度，以保证隧道在竖直面内正确贯通。隧道竖直面掘进方向标定通常采用腰线法。所谓腰线是用来指示隧道在竖直面内掘进方向的一条基准线，通常标设在离开隧道底板一定距离的帮上。

如图 12-19 所示，A 为已知的水准点，C、D 为待标定的腰线点，标定腰线点时，应在适当位置安置水准仪，后视水准点 A，可得到视线的高程，根据隧道的坡度以及 C、D 的里程，可计算出两点的高程，并求出 C、D 点与仪器视线间的高差 Δh_1 和 Δh_2，由仪器视线向上或向下量取 Δh_1、Δh_2，即可标出腰线点 C、D 的位置。

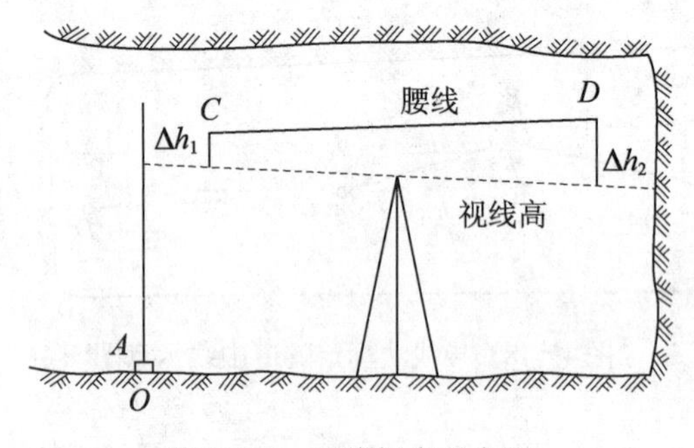

图 12-19　腰线标定示意图

12.6.2　隧道盾构/TBM 掘进导向智能化测量系统

盾构（Shield Machine）是一种隧道掘进的专用施工机械，“盾”为保护的金属外壳，“构”为构筑的拼装管片。TBM 是指全断面岩石掘进机，分为敞开式和护盾式隧道掘进机，用于以岩石地层为对象的山岭隧道开挖。盾构与岩石掘进机的区别在于敞开式岩石掘进机不具备泥水压、土压等维护掌子稳定的功能，盾构具有金属外壳、壳内装有整机和辅助设备，可进行土体开挖、土渣排运、整机推进和管片安装等作业，在隧洞洞线较长、埋深较大的情况下，用盾构机施工更为经济合理，据统计，采用盾构法施工的掘进量占城市地铁施工总量的70%以上，也广泛用于铁路、公路和水电隧洞的施工，是地下隧道最先进的施工方法之一。除敞开式全断面岩石掘进机外，护盾式隧道掘进机和盾构机属于广义上的盾构掘进机。目前，除了可用于硬岩地层的盾构机，还有各种中小型和微型盾构机。在盾构法施工中，是通过掘进排渣衬砌连续进行的，盾构/TBM 隧道掘进机掘进时若导向偏差超限将引起隧道偏离设计线路，造成重大工程事故；而盾构/TBM 隧道掘进机的机身长而大，通视条件极差，掘进机的振动和洞内粉尘对导向测量带来严重影响，所以，隧道盾构/TBM 掘进导向智能化测量系统的研制和应用显得特别重要。

生产盾构/TBM 的国家主要有德国、日本、美国、加拿大和中国，主要制造商有海瑞克、日立、三菱、罗宾斯、罗瓦特和中铁集团等，各厂家都有国内相应的盾构/TBM 掘进导向系统。在此，主要介绍国内上海力信测量技术有限公司（简称力信）近十多年来研发和投入使用的力信 RMS-D 盾构/TBM 自动导向系统、力信 TBM-T 双护盾自动导向系统和力信盾构/TBM 导向及管理智能化系统。

（1）力信 RMS-D 盾构/TBM 自动导向系统：采用全站仪和带测倾传感器的激光靶，通过联测洞内导线点，获取隧道施工坐标系和盾构机坐标系之间的 6 个转换参数，从而获取盾构机的实时姿态，进行盾构机掘进自动导向。该系统替代了之前的盾构导向系统，于 2014 年投入市场使用。

（2）力信 TBM-T 双护盾自动导向系统：双护盾的前盾与支撑盾为球形铰接式连接，称为柔性双护盾掘进机，该系统针对双护盾的特点，采用全站仪+激光靶+拉线行程仪+抗震倾斜仪的技术方案，基于全站仪测量，可进行支撑盾前部拉线行程仪伸长量计算和姿态计算，前盾和支撑盾姿态计算，从而实现双护盾掘进的自动导向。该方案的优点在于前盾与支撑盾之间无任何光学设备，不受振动、粉尘和测量视场小的影响，主要部件为坚固耐用的军工级产品，多传感器获取不同的观测量，提高了系统的精度（精确性）和可靠性，因此有效解决了测量通道狭窄的问题（前盾体只有直径约 60cm 的椭圆形通道，全站仪对洞内导线点的测量通道也较小），以及掘进中前盾体及管片振动大，盾内粉尘浓度高，在地铁隧道存在小转弯曲线，拼装管片存在遮挡测量通道等问题。

（3）力信盾构/TBM 导向及管理智能化系统。该系统在前两个系统自动导向功能的基础上，集成掘进管理系统、管片管理系统、洞内无线网络系统、地面监控系统及大数据平台技术等手段，实现隧道掘进导向管理的自动化、数字化和智能化。系统功能包括：盾构机掘进管理、姿态控制与显示、管片拼装管理、硬件运行状态监视、测量基准检核、超限自动报警、测量与导向数据查询、用户管理以及盾尾间隙测量、排土（渣）量测量等，同时还可纳入电瓶车引导及防溜车系统、龙门吊称重系统、地面管片库存管理系统、地下地面摄像头系统及大数据平台。

力信的上述系统基本占了国内 1/3 的市场，系统的硬件主要有：力信的激光靶、控制盒、抗震倾斜仪、拉线式行程仪、电台、电池（即充电器）、工控机，配精密全站仪，其中的力信激光靶是具有自主知识产权的关键创新产品，既是全站仪的照准目标，也具有姿态和倾角测量的传感器和相机（参见图 12-20）。力信盾构/TBM 导向及管理智能化系统如图 12-21 所示。

此外，力信公司还研究开发了矿用导向系统和曲线顶管自动导向系统等产品，这些软硬件组成的系统产品已成功应用于城市地铁、隧道隧洞工程、矿山巷道、输油管道、城市地下综合廊道等领域。

图 12-20　力信激光靶

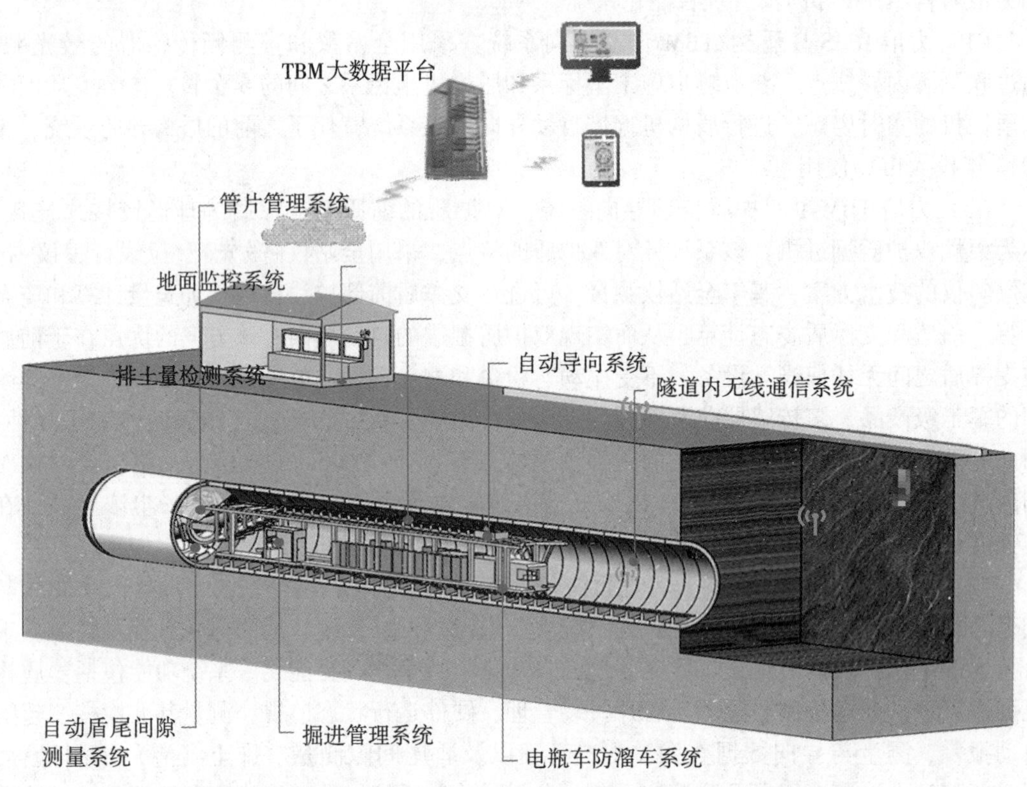

图 12-21　力信盾构/TBM 导向及管理智能化系统示意图

12.6.3　隧道贯通误差测定与调整

隧道贯通误差测定是一项很重要的工作。隧道贯通后要及时测定贯通的实际偏差，对贯通作出评定，验证估算的贯通误差的正确程度，总结隧道开挖指导测量的成功方法和经验。若贯通偏差在设计允许范围之内，则认为隧道贯通成功，达到了预期目的。若贯通误差大于设计允许偏差，将会引起隧道断面的扩大，会影响隧道衬砌和轨道铺设，原设计要做适当调整。

1. 实际贯通偏差测定方法

(1) 采用中线法指向开挖的隧道，贯通之后，应从相向开挖的两个方向各自向贯通面延伸中线，并各钉一临时桩 A、B，如图 12-22 所示，A、B 间的距离即为隧道的实际横向贯通误差，A、B 的里程差即为隧道的实际纵向贯通误差。

（2）采用地下导线作洞内控制的隧道，在贯通面附近钉一个临时桩，如图 12-23 所示，由相向两个方向的导线点对该点进行测量，计算出临时桩点的两组坐标，Y 坐标差值即为实际的横向贯通误差，X 坐标之差为实际的纵向贯通误差。在临时桩上测出角度 α，可求得导线的角度闭合差（称方位角贯通误差）。

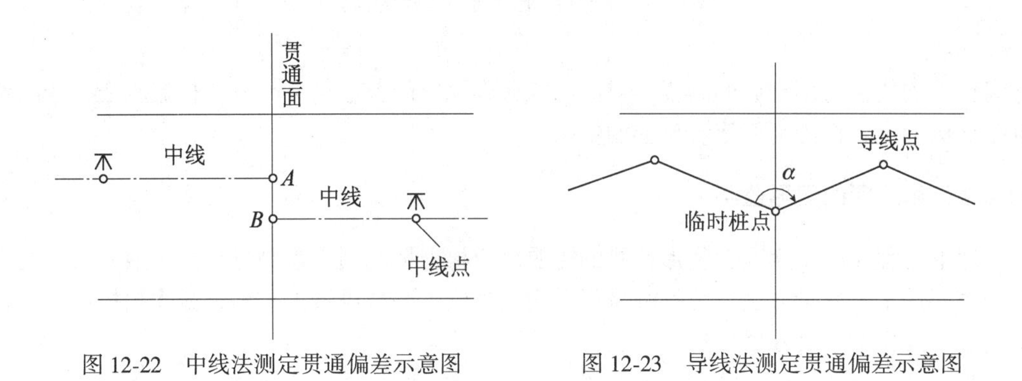

图 12-22　中线法测定贯通偏差示意图　　图 12-23　导线法测定贯通偏差示意图

（3）由隧道贯通面两端附近的洞内高程控制点进行水准测量，测出贯通面上的同一点的高程，其高程差即为实际的高程贯通误差。

（4）上述方法是在隧道贯通后，从贯通面附近的平面和高程施工测量控制点测定隧道的实际贯通误差。若从隧道两端的控制点开始，分别精密地测量贯通面上同一点的坐标和高程，由两组数据计算的横向、纵向和高程贯通误差，从严格意义上说，这才是该隧道实际的贯通误差。

2. 贯通误差的调整

测定出隧道的实际贯通误差之后，需对贯通误差进行调整，调整贯通误差的工作，原则上应在隧道未衬砌地段上进行，不牵动已衬砌地段的中线，以防减小限界而影响行车。未衬砌地段以调整后的中线指导施工。

（1）直线隧道贯通误差的调整。可在未衬砌地段上采用折线法调整，如图 12-24 所示，若因调整贯通误差而产生的转折角小于 5′，可作为直线线路考虑。当转折角在 5′ ~ 25′ 时，可不加设曲线，以顶点 a、C 的内移量考虑衬砌和线路的位置。当转折角大于 25′ 时，用半径为 4 000m 的圆曲线加设反向曲线进行调整。

采用前述第 4 种精密测量方法测定实际贯通误差的情况，若实际贯通误差在规定的限差范围之内，可将精测的洞内导线角度闭合差平均分配到导线各转角，计算各导线点的坐标，求出坐标闭合差，按边长成比例地分配得到各点，以调整后的坐标值作为洞内未衬砌地段隧道中线点放样的依据。

（2）曲线隧道贯通误差的调整。当贯通面位于曲线上时，可精密联测贯通面两端中线点和曲线起点、终点，得两端中线点的坐标，用联测后的中线点坐标计算交点和转角 α，重新放样曲线。

（3）高程贯通误差的调整。贯通点附近的水准点高程，采用由贯通面两端分别引测

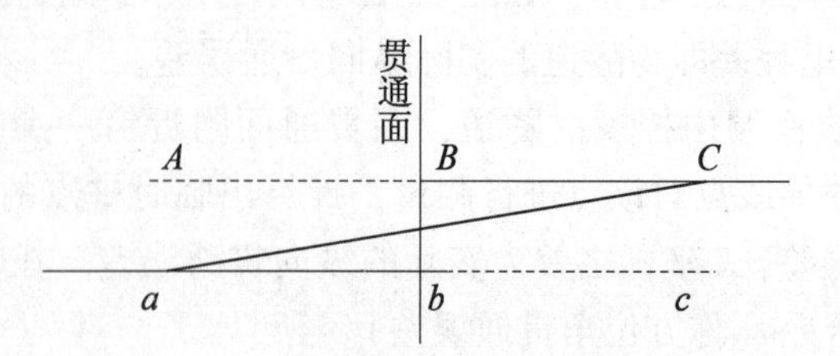

图 12-24　直线隧道贯通误差调整示意图

的高程平均值作为调整后的高程。对洞内未衬砌地段的各水准点高程，根据水准路线的长度按比例分配，作为高程施工放样的依据。

12.6.4　施工期的变形监测

地下工程在施工期间有变形监测的需要，应根据情况制定监测方案。一般来说，沉降观测主要用水准测量方法，位移测量可采用全站仪、测量机器人和三维激光扫描仪等，具体内容可参见本书第 6 章。

12.6.5　隧道竣工测量

隧道竣工后应及时进行竣工测量，包括隧道净空断面测量，测设永久中线点和水准点。

隧道净空断面测量，直线段每 50m、曲线段每 20m 和需要加测断面处，需要测量隧道的实际净空断面。应以线路中线为准，测量隧道的拱顶高程、起拱线宽度、轨顶水平宽度、铺底或抑拱高程（图 12-25）。宜采用激光扫描仪或便携式断面仪测量，前者有速度快、精度高的优点，还可用于施工期隧道的变形测量。

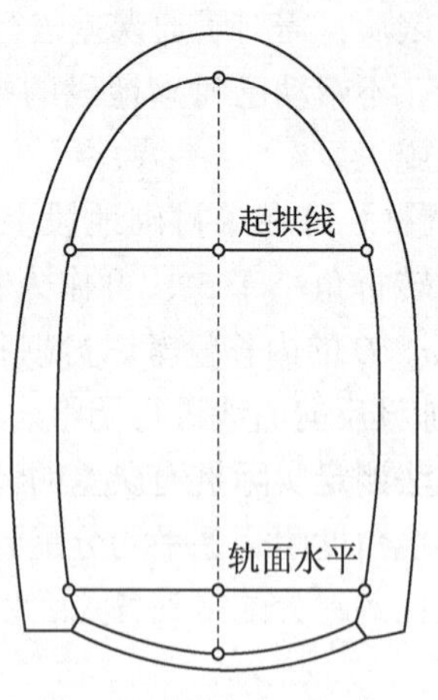

图 12-25　隧道净空断面图

隧道竣工测量后，隧道的永久性中线点要埋设金属标志。采用地下导线测量的隧道，可利用原有中线点或调整后的中心点。直线上每 200m 至 250m 埋设一个，曲线上应在缓和曲线的起终点各埋设一个，在曲线中部，可根据通视条件适当增加。洞内水准点应每公里埋设一个，在隧道边墙上要画出永久性中线点和水准点的标志。

◎ 本章的重点和难点

重点：隧道横向贯通误差影响值的估算方法，隧道地面平面控制网和洞内控制网的布设，竖井联系测量，一井定向，陀螺仪定向原理，高精度磁悬浮陀螺全站仪及应用，隧道施工测量与竣工测量，盾构法隧道施工自动导向系统，隧道贯通误差测量和调整。

难点：隧道横向贯通误差影响值估算的微分公式法，陀螺仪定向原理，一井定向，高精度磁悬浮陀螺全站仪定向原理。

◎ 思考题

(1) 什么是隧道工程？有哪些类型？

(2) 什么是隧道贯通误差？什么是隧道贯通误差影响值？

(3) 估算洞内和洞外平面控制测量的横向贯通误差影响值的方法有哪些？

(4) 隧道地面平面控制网的布设有什么发展变化？

(5) 为什么隧道地面平面控制网基本上不再采用地面三角形网和导线网？

(6) 与地面导线测量相比，隧道地下导线的主要特点是什么？

(7) 什么是一井定向？其原理是什么？

(8) 通过一井定向的误差分析，可得到什么结论？

(9) 自由陀螺的转子在高速旋转时具有什么基本特性？

(10) 悬挂式陀螺仪由哪几部分组成？

(11) 简述陀螺全站仪定向的测量步骤。

(12) 隧道平面上掘进方向的标定有哪些方法？

(13) 什么是盾构法隧道施工？

(14) 简述盾构法隧道施工自动导向系统的功能。

(15) 如何测量隧道的贯通误差？

(16) 如何调整隧道的贯通误差？

第13章　矿山测量和其他工程测量

矿山包括一个或多个采矿车间和辅助车间，大部分矿山还包括选矿场。矿山按年生产量分为大型、中型、小型三种；按开采方式分为地下矿山和露天矿山；按开采资源种类又分为煤矿、金属矿、非金属矿、建材矿和化学矿等；开拓方式分为斜井、立井和平硐。大型矿山主要以煤矿、铁矿为代表。矿山的开采时间较长，一般为数十年，有的可达百年以上。石油和天然气不属于采掘矿石，油田和天然气建设不属于本章的内容。

地下矿山属于地下工程。地下工程是指为了开发利用地下空间资源，深入到地面以下建造的各类工程。按照国际分类，主要分为地下交通工程、地下管线工程、地下建筑工程和地下采矿工程。地下交通工程以隧道为主，见本书第12章；地下建筑工程包括地下厂房、地下仓库、地下商场、地下人防工程、地下科学实验和军事设施等；地下采矿工程以大型矿山为主。本章主要对矿山测量、大型粒子加速器测量和城市地下管线探测作简要讲述，对本书未涉及的其他工程的测量，应用本书所讲述的理论方法和技术都能胜任，只列出其个别工程名称，不再逐一详细讲述。

13.1　矿 山 测 量

13.1.1　矿山和矿山测量基本知识

矿山建设过程分为勘探、设计、建设、生产和报废阶段。矿山测量就是在矿山勘探、设计、建设、生产以及报废各阶段所进行的各种测绘工作，主要研究矿山建设各阶段地面、井下矿体、围岩、井巷工程、建筑设施等各种空间几何的测量问题。其测量理论和方法技术与工程测量基本相同，但又有其自身的特点。有关矿山的基础知识和专业术语如下：

（1）井巷工程。井巷工程是为了采矿目的在地下开掘的矿井、巷道和硐室等工程的总称。主要是按设计在地下建设稳定的空间结构，它贯穿于地下采矿的始终。

地下开采离不开井巷工程，就如人的生命离不开身体的各个肢体一样，巷道就是地下采矿各个循环的通路，而硐室就是主要的运转枢纽所在地。矿山的生产、运输、排水、通风等都离不开地下井巷的支持，井巷工程是地下矿山正常有序生产的前提和保障。

（2）矿井。矿山地下开拓中的竖井（又称立井）、斜井、平硐等统称为矿井。矿井对矿山生产建设具有重大意义，不仅关系到矿井的基建工程量、初期投资和建井速度，更重要的是长期决定着矿井的生产条件和技术经济指标。平硐是直接与地面相通的水平巷道，它的作用类似立井，有主平硐、副平硐、阶段平硐和通风平硐等。矿山地下开拓是从地面向地下开掘一系列通至采区的井巷，这需要选择合理的开拓方式，正确划分井田，按标高划分开采水平面，选择恰当的通风方式，确定矿井的生产能力，进行采区布置以及决定采区开采的顺序等。矿井开拓通常以井筒的形式分为平硐开拓、斜井开拓和立井开拓。采用合理的采矿方法是做好矿井生产的关键，在矿山地下开拓的设计、实施和矿山生产管理中，都需要测量。

（3）矿山巷道。对埋藏较深或露天矿开采到一定深度时，需要采用地下开采方法，在地表与矿体之间钻凿出各种通路，用来运矿、通风、排水、行人以及进行各种必要的工作等，这些通路，统称为矿山巷道。矿山巷道分为探矿巷道、生产巷道、采准巷道和回采巷道四类。探矿巷道（或称开拓巷道）是为探明矿体，了解地质构造、矿床埋藏条件或为储量计算而开掘的各种巷道，分浅井、勘探竖井、勘探斜井、勘探石门、勘探天井、勘探沿脉与勘探穿脉巷道等；生产巷道是为开拓矿床进行运输、通风、排水和行人用的巷道，有平硐、竖井、斜井、石门、井底车场及运输平巷等；采准巷道是生产巷道和回采巷道两类之间的巷道，是为准备采矿而开掘的巷道，包括沿脉巷道、穿脉巷道、采准天井和采矿人行道等；回采巷道是直接为一个或者多个回采单元服务的巷道。

（4）矿山测量术语。包括矿区控制测量、近井控制测量、矿井联系测量、一井定向、两井定向、陀螺仪定向、地下导线测量、立井十字中线标定、立井施工测量、井筒延伸测量、地下导线测量、巷道中/腰线测量、回采工作面测量、贯通测量、矿图编绘、井架变形观测、立井罐道测量、矿区沉陷观测、露天矿边坡测量和矿区复垦测量等。

13.1.2 矿山测量的内容特点和发展历史

1. *矿山测量的内容和特点*

矿山测量的主要内容如下：①建立矿区地面和井下测量控制系统；②测绘矿区地形图；③矿区建设期间的各种工业与民用建筑施工测量、道路与管线测量；④与生产矿井有关的各种测量，包括矿井施工测量、联系测量、井底车场与硐室测量、巷道施工测量、采掘工程进度测量、验收测量、矿图绘制（编制各种采掘工程图、矿山专用图及矿体几何图）、矿体形态和储量测量、岩层移动和地表沉陷监测等；⑤露天矿测量，包括露天矿剥离与开采测量、日常矿量生产测量和边坡变形监测等；⑥矿山报废阶段的各种测量，与矿山报废后的复垦、治理有关的测量。

工程测量的理论方法和技术完全适用于矿山测量。简单归纳如下：GNSS 技术可广泛地应用于矿山的平面控制测量；全站仪可用于矿山的地面加密控制测量、大比例尺数字化地形图测量、竖井（立井）联系测量、地下导线测量、巷道与工作面施工测量、各种变形监测和测距三角高程测量；航空摄影测量方法也可用于进行大比例尺数字化地形图测绘。对于矿山地下测量，GNSS 技术则无能为力，应采用防爆型仪器如防爆全站仪、陀螺经纬仪等专用测量仪器。

矿山测量不仅涉及地面，更多的是涉及井下，具有环境狭窄、光线差、作业困难、危险性高等特点，这就要求矿山测量人员不仅具有丰富的测绘工程专业理论知识，还需要对地质、采矿等专业知识有所了解和掌握，具有不怕吃苦、不怕困难的职业奉献精神和团队合作精神，不断学习积累经验，才能解决矿山测量中可能遇到的各种问题，为矿山生产建设服务，也为安全生产和领导决策服务，防止任何由于疏忽而可能导致的事故的发生。矿山测量在矿山生产建设中的责任大于泰山。

2. *矿山测量的发展历史*

矿山测量的历史比较悠久。我国是世界上采矿业发展最早的国家，早在周朝就已建立专门的采矿部门，并使用矿产地质图来辨别矿产的分布。指南针从司南、指南鱼算起，已有两千多年的历史，对矿山测量具有很大的贡献。在国外，意大利都灵博物馆保存有公元前 15 世纪的金矿巷道图，埃及在公元前 13 世纪也已有按比例缩小的巷道图，希腊学者格罗·亚里山德里斯基在公元前 1 世纪就对地下测量和定向进行了描述。德国在矿山测量方面居世界领先地位，格·阿格里柯拉于 1556 年出版的《采矿与冶金》一书，专门论述了矿山开采中用罗盘测量井下巷道的一些问题。

目前，矿山测绘技术已非常发达，包括对地观测技术和航空摄影测量技术的应用，电子全站仪、电子水准仪、陀螺全站仪的应用，使矿山测量的速度、精度和效率大大提高。罗盘已成历史，光学经纬仪甚至陀螺经纬仪也将逐渐被淘汰，数字矿山、矿山信息系统、三维地学模拟和矿山虚拟现实等技术将逐渐被引进，矿山测量已进入数字信息时代。

13.1.3　矿山控制测量

矿山控制测量主要采用 GNSS 技术建立矿区平面控制网或矿山近井控制网。在矿山勘探设计阶段，建立矿山的平面控制网主要用于测图；在矿山建设生产阶段，则需要建立矿山施工平面控制网。根据设计的矿井位置，在每个矿井（或矿井对）附近，不受施工影响且易于保存的地方，布设 3 个以上近井点作为矿山测量的基准点，相邻近井点之间应保证通视。GNSS 施工平面控制网的建立应遵循本书第 3.4 节关于 GNSS 网布设的有关规定，在此从略。

矿山井下的平面控制测量采用导线测量方法建立各种导线或导线网，可加测陀螺方位角，使用的仪器有经纬仪、防爆全站仪、陀螺经纬仪、陀螺全站仪等。井下平面控制测量分为基本控制导线和采区控制导线两级：基本控制导线是井下的首级平面控制，精度要求较高，一般敷设在斜井、暗斜井、平硐、水平运输大巷、总回风大巷、主要的采区上下山、石门等主要巷道中，根据井田范围（井田一翼长度），分为 7″和 15″两种；采区控制导线的精度较低，是井下的加密控制，一般沿采区内的次要巷道敷设，根据采区一翼长度，分为 30″和 45″两种。

矿山高程测量一般采用几何水准测量技术建立水准网，根据设计的矿井位置，在每个矿井（或矿井对）附近应布设 3 个以上水准点，一般与近井点一致，作为矿山测量的高程基准。应与国家水准点联测，统一到国家高程系，遵照相应的规范执行，采用二、三、四等水准相应的等级进行布设和施测，在此不作叙述。

当矿山位于高山或丘陵地区，施测水准测量特别困难时，也可采用测距三角高程测量技术建立高程控制网，但必须进行专门的设计论证。

矿山井下的高程控制测量，在平巷中采用水准测量，在坡度较大的斜巷中采用测距三角高程测量。

13.1.4　矿井联系测量

矿井联系测量是指将井地面测量系统导入井下所进行的测量工作，包括竖井、斜井和平硐的平面联系测量和高程联系测量。平面联系测量简称定向，分为一井定向、两井定向；高程联系测量简称导入高程。

1. 一井定向

一井定向有两种方法。一是在竖井内悬挂一根吊锤线（钢丝），地面在近井点（或连接点）上安置全站仪，按导线测量方法测定钢丝的平面坐标，井下在测量基点上安置全站仪，联测钢丝，将其平面坐标传到井下测量基点上，再在井下测量基点上安置陀螺全站仪（或陀螺经纬仪），测定两个基点间的坐标方位角，作为井下导线测量的起始方位。其定向过程如下：在地面已知方位角的近井控制网边上测定仪器常数；在井下待定边 AB 上测定陀螺方位角，在 A 点安置好陀螺全站仪，照准 B 点读取水平度盘读数 M，然后读取陀螺转子轴指向真北方向的水平度盘读数 N，则 AB 边的陀螺方位角 m 为 $m=M-N$；在地面已知边上重新测定仪器常数，进行比较，若符合限差，取均值，否则应分析原因，再次测量比较；计算测线 AB 的坐标方位角。

另一种方法是在竖井内悬挂两根吊锤线，采用地面、井下同时观测，构成联系三角形，求出两吊锤线的平面坐标及其连线的坐标方位角，将地面测量系统传递到井下。在建井阶段，这一方法用得较多，有关内容在隧道工程测量已有说明，在此从略。

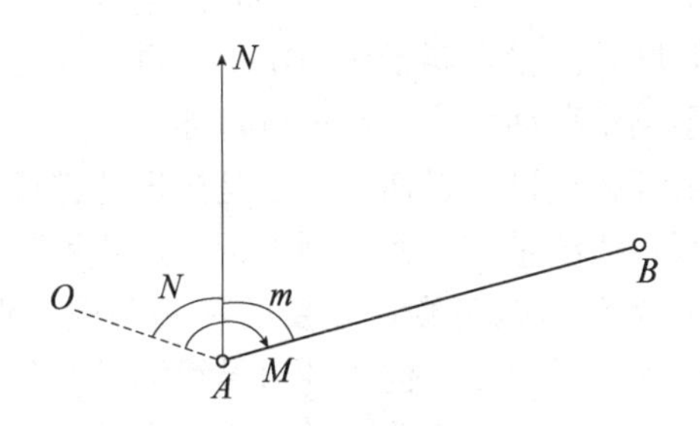

图 13-1 陀螺仪定向测量示意图

2. 两井定向

矿山测量中，两井定向比较普遍。两井定向的原理如下，如图 12-8 所示：在已贯通的两相邻竖井，各悬挂一根吊锤线 A 和 B，由地面控制点（近井点）测定两吊锤线 A、B 的坐标，在井下贯通巷道用导线将 A、B 两吊锤线连接起来，即构成无定向导线，对井下无定向导线进行平差，可得到井下导线各边的坐标方位角，从而将地面坐标和方位传递到井下，这就称为两井定向。可能有人会问，两相邻竖井间开挖的巷道已贯通，还需要定向吗？对于矿山来说，两井定向往往在主、副井之间进行，主、副井均位于工业广场内，两井相距较近，其间的贯通也需要定向，容易实现。主、副井建成之后，不能形成矿井生产系统，还需要在矿井边界开凿风井并与主（副）井贯通。由于贯通距离较远（一般超过 2km），为保证贯通精度，往往需要重新进行定向。此时，主、副井已经贯通，就具备了两井定向的条件，与一井定向相比，由于两吊锤线间的距离大大增加，因而减少了投点误差引起的定向误差，有利于提高地下导线定向的精度，其次是外业测量简单，占用竖井的时间较短。两井定向的实质是通过无定向导线的测量和平差计算，提高地下导线的方位角精度和可靠性。竖井投点既可挂锤线，也可用激光铅垂仪，其原理相同，应根据矿井的深度、定向误差要求和仪器设备情况而定。

3. 高程联系测量

为使地面与地下建立统一的高程系统，应通过斜井、平硐或竖井将地面高程传递到地下巷道中，该测量工作称为高程联系测量（亦称为导入高程）。通过斜井、平硐的高程联系测量，可从地面用水准测量和三角高程测量方法直接导入，通过竖井导入高程，有长钢尺法、长钢丝法、光电测距仪铅直测距法等，可参见本书 12.4 节内容，在此从略。

13.1.5　矿山施工测量的内容

1. 施工测量的内容

施工测量主要有巷道掘进放样、回采工作面测量、巷道贯通测量、矿产储量和开采量测量以及生产期间的各种变形监测如岩层和地表移动观测等。

巷道放样是指按设计开拓（掘进）巷道，包括开拓方向、开拓进尺、断面尺寸和巷道顶（底）板高程的确定等；回采工作面测量与矿量生产密切相关；巷道贯通测量、矿产储量和开采量测量以及生产期间的各种变形监测都是经常性的测量工作。上述测量多在井下进行，由于巷道狭长、复杂，必须布设井下导线作平面控制，用水准（或三角高程）作高程控制，其他的测量都是在井下控制测量的基础上进行的。严格地说，地面施工控制网的建立和维护，以及矿井联系测量也属于矿山施工测量。只是为了便于学习理解，我们把地面施工控制和矿井联系测量单独作为一节进行讲述。

在巷道测量中，巷道的开拓掘进、贯通实质上是按设计进行放样的。无论是采用什么测量仪器和方法，都离不开导线测量和高程控制测量，这两种测量是放样的依据，一般分开进行为宜。巷道导线测量是矿山施工测量重要的和基础性工作，与铁路、公路隧道相比，矿山的巷道测量精度要求要低得多，但是巷道导线测量的条件要差得多，井下巷道较狭窄，边长也要短得多，通视条件差，且巷道并不都是直线，分多层，并构成网状，比隧道要复杂得多。如图 13-2 所示，无论是闭合导线还是附合导线，边长都较短，不能像铁路、公路隧道那样布设洞内交叉导线，所以导线的精度不可能很高。图 13-2 中，石门是连接两巷道的水平巷道，其长轴线与矿体或煤层走向斜交或直交。无论是导线还是导线网，如附合导线、闭合导线、支导线和导线网，其本质不会改变，总是测角量边，具有多余观测少、图形条件差等特点。

在井下巷道导线测量中，需要注意以下问题：

（1）应选用合适的仪器和方法。尽可能采用防爆型的电子全站仪进行巷道导线测量，为了减少仪器对中和照准误差，可采用三联脚架法。由于井下条件差，导线点一般设在巷道顶板上，且巷道内风流较大，应尽量避免使用垂球对中，而使用点下光学对中器进行对中。

（2）要根据广义可靠性原理进行测量。包括：先测短边导线，当巷道开拓到一定长度时，再布设成长边导线；通过必要的测回观测和重复观测减少粗差；构成闭合环以增加多余观测；加测陀螺方位角提高导线精度；对于支导线要采用重复测量避免粗差等。

（3）要注意各种误差源的影响。如旁折光对角度测量的影响，对中和照准误差的影响在短边时更大，要注意背景反差影响和测量时间选择等。

（4）在一些大型煤矿的开采建设中，往往将主要生产矿井设计在矿区中央，在矿区边缘，设一通风用的矿井，需要先将两矿井在一定深度的高程上贯通，以满足生产中通风

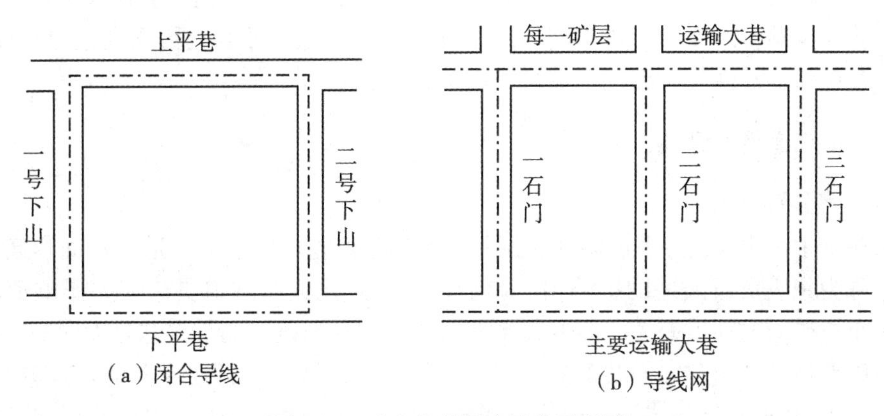

图 13-2 矿山巷道洞内导线示意图

的需要。这时，贯通的巷道较长，可能达数千米到十多千米，对于联系测量和巷道定向测量的要求较高。另外，对于机械化采煤的需要，要求两相邻巷道要相互平行，在地下导线测量和掘进定向中，需要应用相应的测量理论和方法，特别是广义可靠性原理，确保测量的精度和可靠性。如在仪器的选用、测量方案制定、重复测量和检核测量等方面要进行周密的考虑。

需要指出的是：不可能对井下导线和高程控制测量的精度进行定量分析，所谓的一些精度分析并没有太大意义。对井下导线网、高程网进行严密平差是非常重要的，可根据严密平差结果评价导线和高程测量的精度。若用闭合差评价精度，则需要建立在大子样的基础上。然而，无论是什么导线，其布设、测量和平差都是一样的，在工程测量中，这些都是非常成熟和简单的，没有必要复杂化。同理，对于竖井联系测量，也无法进行定量的精度分析。

2. 巷道和回采工作面测量

巷道是矿山中重要的运输、通风、排水、行人通道，在一个采区，从巷道掘进到回采结束，所进行的测量统称采区测量。在巷道开拓掘进过程中，除了要随时检查工程进度，计算开拓掘进工程量外，最重要的是标定巷道的掘进方向，即巷道中/腰线的标定。对于直线巷道，平面上掘进方向的标定有中线法、串线法和激光指向仪法；对于曲线巷道，主要用导线测量加全站仪极坐标法。竖面上掘进方向的标定则采用水准仪加腰线法。

中线标定的实质是按设计进行放样，标定前要进行数据准备，标定要随巷道掘进反复进行，多用全站仪按有关施工放样方法进行，可参见本书 5.2 节相关内容。

在矿床的开采过程中，一般把直接进行矿物采掘的工作空间称为回采工作面或采场 。赋存在矿床（如煤层）之上的岩层称为顶板或称为上覆岩层，位于矿床下方的岩层称为底板或下伏岩层。回采工作面测量主要包括巷道导线的延伸测量、工作面工作线测量、充填线测量、矿柱（如煤柱）大小和位置测量、厚度和采高测量等，回采工作面测量对于矿产开采量和储量计算都很重要，根据测量资料在采掘工程平面图上进行填图，一般 5~7 天测量一次，月底测量一次，停采时也必须进行测量。

巷道和回采工作面测量比较简单，要求精度也不高，常使用的仪器工具有经纬仪、激光指向仪、罗盘仪、钢尺、卷尺等。随着测量技术的发展，经纬仪、罗盘仪和半圆规等仪器已经或将被全站仪所取代，矿山测量工作将实现数字化和计算机数据处理自动化流程，在精度、速度和可靠性等方面完全满足了矿山建设发展的要求。

13.1.6　矿山巷道贯通测量

1. 巷道贯通误差预计

矿山测量中，井上、井下或洞内、洞外控制测量误差所引起的巷道在平面、高程上的贯通误差称为相应贯通误差的影响值，影响值的限差比铁路隧道贯通误差影响值限差要大，其大小与矿山的性质有关，需要依据有关矿山测量规范。测量误差分为同一矿井内的巷道贯通误差预计、两井之间巷道贯通误差预计，与铁路隧道贯通误差的预计方法相同，可参考本书第12章，如导线法、简化公式法、坐标差统计法、坐标中误差法、平均相对误差估计法、误差来源分析法和严密的微分公式法等。高程测量误差对高程贯通误差的影响可根据水准线路总长和每公里高差中数偶然中误差按公式计算，在此从略。

2. 巷道贯通测量

巷道贯通测量比较简单。测定贯通巷道在水平面内的偏差，分两种情况：一是采用中线法掘进的巷道，贯通之后，从贯通面的两端各自向贯通面延伸中线，并各钉一临时桩，两临时桩之间的横向距离即为巷道的实际横向贯通误差，两临时桩间的纵向距离为实际的纵向贯通误差；二是采用洞内导线测量掘进的巷道，在贯通面附近钉设一临时桩点，然后由贯通面两端的导线，对该点进行测量，各自计算出临时桩点的坐标，两组坐标的差值即为实际的贯通误差。

测定贯通巷道在竖直面内的偏差，可从贯通面两端的水准点开始，测定贯通面上同一点的高程，其高程差即为实际的高程贯通误差。

13.1.7　矿山的其他测量

矿山的其他测量主要有竖井井筒施工测量、露天矿测量、矿区变形观测、矿区复垦测量和矿图绘制等。竖井井筒施工测量主要有井筒中心和十字线标定，井筒衬壁预留梁窝标定和施工测量，提升设备的施工测量等；露天矿测量有采剥场、排土场测量、边坡稳定性监测等，这些测量与一般工程测量没有什么区别。例如，矿区变形观测，一般是用水准测量方法做沉降观测，用方向线法做位移观测。现在，更多的是采用全站仪或自动化测量机器人，以及用GNSS法进行。矿区复垦测量的测量技术方法更是与一般工程测量完全相同，矿图是在测量资料的基础上采用机助成图软件自动绘制加人工编绘生成。在此不一一细述。

13.2　城市地下管线探测

城市地下管线探测包括探查和测量，是要确定地下管线的平面位置和埋设深度，平面位置为管线中心点在地面上的投影，埋深为管线点到地面的垂直距离。探测时要先进行管线探查，在地面上标出地下管线点的位置，然后通过测量获得其平面坐标和高程。

城市中已有和新建的位于地下的各种管道、缆线称城市地下管线。城市地下管线是一个庞大的系统，可分为供水、排水、燃气、热力、电力、电信和工业等管线，也可分为供水系统、中水系统、排水系统、热力系统、燃气系统、电力系统、电信系统和物料系统等。地下管线结构包括：管线上的建（构）筑物和附属设施，可抽象为管线点和管线段组成的复杂网络。地下管线的材质分为金属管线和非金属管线。城市地下管线探测包括：收集整理资料、现场踏勘、编写技术设计书、现况管线调绘、实地调查、地下管线探查、管线测量、探测检查、地下管线图编绘和成果表编制、建立地下管网信息系统等。

按地下管线探测任务可分为城市地下管线普查、厂区或住宅小区管线探测、施工场地管线探测和专用管线探测四类，都应依据有关规范和规定进行，确定普查或探测的范围或区域。

城市地下管线普查采用的平面坐标和高程系统必须与当地城市平面坐标和高程系统相一致，当采用非当地城市统一坐标系统时，应与当地城市坐标系统建立换算关系。

城市地下管线探测的取舍应根据各城市情况、管线密集程度和委托方的要求确定，如给水管线的管径大于等于50或100mm、排水管线的管径大于等于200mm、燃气管线的管径大于等于50或75mm时才需探测，工业、热力、电力和电信管线需全测等要求。探测的精度应符合《城市地下管线探测技术规程》（CJJ61—2017）的规定。

13.2.1 城市地下管线探查

1. 地下管线探查方法

地下管线探查方法有两种：一是开井调查、开挖样洞和进行触探的方法；另一种是用地下管线探测仪进行物探的方法。两种方法要结合起来，以物探方法为主。

地下管线物探中使用的仪器称管线探测仪，其品牌、型号较多，其结构设计、性能、操作和外形虽各不相同，但都是以电磁场理论和电磁感应定律为基础设计的，由发射机与接收机两大部分组成，工作原理相同，可用图13-3来说明。管线探测仪的发射机在地下管线上施加一个交变电流信号，该信号在管线传输中，会在管线周围产生一个交变磁场，将磁场分解为水平和垂直方向的磁场分量，通过矢量分解可知，在管线正上方时水平分量最大，垂直分量最小，而且它们的大小与管线的位置和深度呈一定的比例关系。用管线探测仪接收机的水平和垂直天线分别测量其水平和垂直分量的大小，就能测出地下管线的平面位置和深度。

地下管线物探方法分电探测法、磁探测法和弹性波法等，下面予以简单介绍。

（1）电探测法。又包括直流电探测法和交流电探测法，简述如下：

①直流电探测法：用两个供电电极向地下提供直流电，电流从正极传入地下再回到负极，在地下形成一个电场。若地下存在金属管线时，金属管线对电流有“吸引”作用，使电流密度的分布产生异常；若地下存在水泥或塑料管道，由于它们的导电性极差，对电流有“排斥”作用，同样也使电流密度的分布产生异常。在地面布置两个测量电极，可观测到这种异常，从而判断地下是否存在金属管线或非金属管线，并能确定管线的位置。

②交流电探测法：利用交变电磁场对导电性、导磁性或介电性物体具有感应作用的特性，通过对发射产生的二次电磁场的测量来发现被感应的物体，分为电磁法和电磁波法（或称探地雷达法）：

a. 电磁法分为频率域电磁法和时间域电磁法，频率域电磁法主要用于金属管线的探查，先使导电的地下金属管线带电，在地面上测量由此电流产生的电磁异常，从而探查出地下管线的位置。其前提条件是地下管线与周围介质之间有明显的电性差异，且管线的长度远远大于管线的埋深。此法又分为主动源法和被动源法两种方法，主动源法是采用人工方法把电磁信号加到地下金属管线上，包括直接法、夹钳法、电偶极感应法、磁偶极感应法和示踪法等；被动源法是直接利用金属管线本身所带有的电磁场进行探查，分工频法和甚低频法。频率域电磁法因具有探测精度高、抗干扰能力强、应用范围广、工作方式灵活、成本低等优点，而应用范围最广。时间域电磁法应用较少，在此从略。

b. 电磁波法：是利用高频电磁波以宽频带、短脉冲的形式由地面通过发射天线传送入地下，由于周围介质与管线存在明显的物性差异，例如电导率和介电常数差异，脉冲在界面上将产生反射和绕射回波，接收天线收到这种回波后，将信号传到控制台，经计算机处理后，可将雷达图像显示出来，通过对雷达波形的分析，可确定出地下管线的位置，所以电磁波法又称为探地雷达法。探地雷达法除了能准确探查金属管线，对非金属管线同样具有快速、高效、无损及实时等特点，应用得较多。

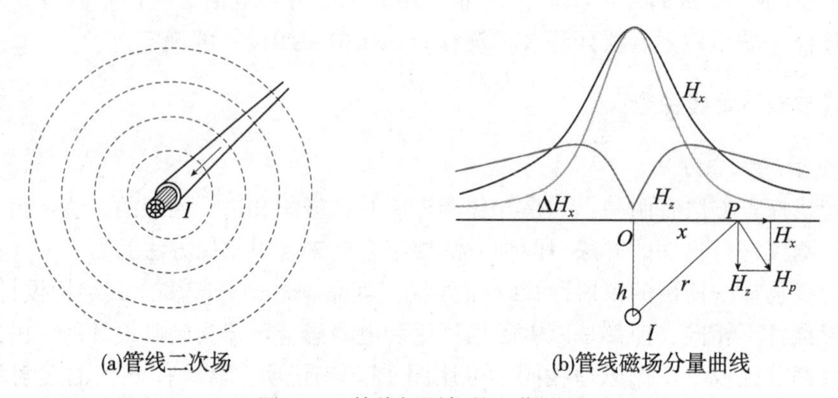

图 13-3　管线探测仪的工作原理

（2）磁探测法。该法只适于地下铁质管道探查。由于铁质管道在地球磁场的作用下会被磁化，磁化后的磁性强度与管道的铁磁性材料有关。铁质管的磁性较强，非铁质管则无磁性。磁化的铁质管道可形成自身的磁场，与周围物质的磁性有明显差异，通过在地面观测铁质管道的磁场分布，可以发现地下的铁质管道并确定出管道的位置。

（3）弹性波法。分为反射波法、面波法以及弹性波 CT 法等。反射波法又分为共偏移距法（COD 法）和地震映像法，COD 法主要用于非金属地下管线的探查，由于非金属管线与周围介质存在显著物性差异，激发的弹性波在地下传播时遇到这种物性差异界面时会发生反射，反射波被仪器接收记录，可根据发射信号的同相轴连续性及频率变化来确定非金属地下管线的位置；地震映像法是近几年才出现的新方法，弹性波在地下介质传播过程中，遇到地下管线后会产生反射、折射和绕射波，使弹性波的相位、振幅及频率发生变化，在反射波时间剖面上出现畸变，从而确定地下管线的位置。

因为地下管线的探查方法不属于工程测量学的内容，对于其他管线探查方法，本书不再详述。

2. 地下管线物探仪器

采用物探方法能确定地下管线平面位置和埋深的仪器称为地下管线探测仪（又称管

线仪或探管仪）。其发展经历了从高频到低频，从单频到多频，从 1 瓦到几十瓦的历程。1915 年至 1920 年，美国、英国和德国先后生产了探测地下地雷和未引爆的炸弹等金属的探测仪。第二次世界大战后，出现了应用电磁感应原理的地下金属管线探测仪。20 世纪 80 年代后，仪器的信噪比、精度和分辨率大大提高，而且更加轻便和易于操作。探地雷达的开发应用，进一步拓宽了地下管线的探测范围。

英国雷迪公司早先推出的 RD4000 系列地下管线探测仪采用了先进的技术和工艺，在功能、性能和应用范围等方面要优于其他地下管线探测仪；2005 年该公司又推出了 LD 500 数字管线仪，由于采用差分技术、相位识别技术和超强的发射机，精度比 RD4000 提高了一倍，是探测煤气、电力、电信和给排水等各类地下管线的有效仪器，如图 13-4 所示；后来推出的 RD8000 PDL/PXL 系列（见图 13-5）采用最新的专利数字固件设计，取代了原来的作为行业标准的 RD4000 PDL/ PXL 系列管线探测仪产品，该系列产品的响应速度更快、准确性更高、可靠性更强，为全球用户提供了一种可控性强、可靠性高、高性价比的地下管线探测解决方案。

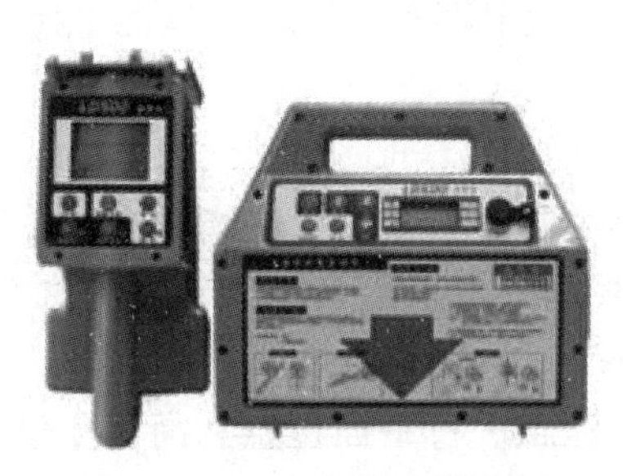

图 13-4　LD 500 数字管线仪

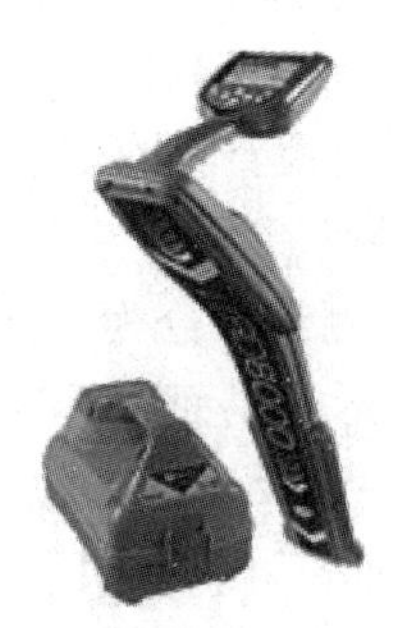

图 13-5　RD8000 PDL/PXL 地下管线探测仪

MALA 公司的管线探测雷达 Easy Locator（易捷）既可以探测金属管线，也可以探测各种材质的非金属管线，与 RD8000 结合使用是地下管线探测的有效方法。

美国 RYCOM 公司的 8850/8875/8878/8831 地下管线探测仪，采用多频率工作模式，可以准确探测地下电缆、管线的位置。德国的竖威管线探测雷达 Pulse EKKO1000 型和探管仪 EI_ /GI，适合城市燃气、供水及市政管网的普查。加拿大 Sensors&Software 公司生产的 EKKO100、EKKO1000 及 Noggin250 型数字探地雷达，可用于各种地下管线及其他埋设物的探测。

国产的 GXY 系列、SL 系列地下管线探测仪，适用于各种复杂的地下管线探测、定位及故障查找，并能对破损点进行定位。

3. 地下管线探查程序和检验

地下管线探查程序和检验包括：仪器检验、方法试验、实地调查、仪器探查和质量检验等，简要说明如下：

（1）仪器检验。管线探测作业前，应对所有准备投入使用的仪器设备按照有关技术指标要求和仪器检验有关规定进行检验。

（2）方法试验。选择有代表性的路段进行不同类型的管线和不同的地球物理条件下的方法试验。试验结果写入地下管线探测技术设计书。

(3) 实地调查。应邀请管线权属单位或熟悉管线敷设情况的人员参加，根据地下管线现况调绘资料在实地对管线的位置、走向和连接关系进行核查，对明显管线点如消防栓、接线箱、窨井等作详细调查、记录和量测，确定需要用仪器探查的管线段。

(4) 仪器探查。针对工作区内不同地球物理条件，选用不同的物探方法和仪器进行仪器探查，确定地下管线的平面位置和埋深。对管线分布复杂、地球物理条件较差和干扰较强的路段应综合采用多种物探方法。

(5) 质量检验。针对明显管线点、隐蔽管线点执行作业台组自检、作业项目部抽检和探测施工单位验收的二级检查一级验收制度。针对隐蔽管线点的质检方法是仪器重复探查或探测点开挖验证，开挖验证是评价地下管线探测工作质量最直接而有效的方法，应遵循“均匀分布、随机抽取”的原则。

13.2.2　城市地下管线测量

1. 一般规定

地下管线外业测量是指对工作区已有和新建的地下管线以及相关的地形、地物进行测量，其主要工作包括：管线控制测量、已有管线测量、新建管线的定线与竣工测量、管线图测绘和测量成果的检查验收等。

2. 已有地下管线测量

(1) 管线控制测量。分为平面控制测量和高程控制测量，主要是指为进行管线点联测及相关地物、地形测量而建立的等级控制和图根控制。可采用 GNSS 技术、地面边角测量技术，也可直接利用城市 CORS 系统获取测站坐标。

(2) 管线点测量。内容包括：对管线点的地面标志进行平面位置和高程测量，测定地下管线相关的地面附属设施和地下管线的带状地形图，编制成果表。

(3) 管线横断面和带状地形测绘。为满足地下管线改扩建施工设计的需要，需要做横断面测量，提供一些路段的管线横断面图；带状地形图测量主要是为了保证地下管线与邻近地物有准确的参照关系，应采用数字测图技术测制比例尺为 1∶500 或 1∶1 000 的带状地形图。

3. 新建地下管线测量

新建地下管线测量主要包括定线测量和竣工测量。定线测量是把图上的设计管线放样到实地，竣工测量是对新敷设的管线进行测绘。

4. 质量控制

对城市地下管线测量成果必须进行质量检验。质量检验应遵循均匀分布、随机抽样两大原则，一般采用同精度重复测量管线点坐标和高程的自检方式，统计管线点的点位中误差和高程中误差。质量检查内容应包括：工程概况、工作组织与实施、精度统计、质量评价、发现问题及处理建议。

13.2.3　管线数据处理与图形编绘

1. 管线数据处理

管线数据处理包括：城市管线属性数据的输入和编辑，元数据和管线图形文件的自动生成等。处理后的成果应准确、一致和通用，利用野外采集数据生成的管线图形数据和属性数据应能联动修改编辑，管线成图软件应具有录入管线数据，生成管线图形、管线成果表和管线统计表，绘制地下管线带状图和分幅图等功能。

2. 城市地下管线图编绘

地下管线数据处理完成并检查合格后，可采用计算机或人工方法编绘城市地下管线图，计算机编绘包括：比例尺选定、数字化地形图导入和管线图自动生成、注记编辑、成果输出等；人工编绘在此从略。地下管线图编绘所采用的软件应能进行数据输入或导入，对入库数据进行检查，根据数据库自动生成管线图及其注记，编辑更新管线点、线属性数据和元数据，并可对管线图进行按任意区域裁剪、拼接等操作，还应能将数据转换到相应的城市地下管网信息系统中。

城市地下管线图主要包括综合管线图和专业管线图两种，有时还要求编绘管线断面图。各种图件的要求和内容等在此不一一叙述。

13.2.4 城市地下管网信息系统及应用

城市地下管网信息系统可实现管线信息的管理、维护、更新和应用，更好地为规划、建设、管理和决策服务，保障城市生命线工程的安全有序运行。

1. 系统结构和基本功能

城市地下管网信息系统包括基本地形图数据库、地下管线空间信息数据库、地下管线属性信息数据库、数据库管理子系统和管线信息分析处理子系统等，应具备图形和数据库的有效管理功能，数据输入、编辑、检查功能，信息查询统计分析功能和各种图形、图表、报表的输出功能等，在此不作细述。

2. 数据标准制定和数据库设计

制定数据标准的目的是为了维护数据的一致性和便于数据共享。对于管线数据来说，数据标准不仅使不同的管网信息系统之间的数据共享成为可能，也可避免不同类型管网之间的数据冲突，从而使建立一个综合的城市地下管网信息系统成为可能。系统的各类信息，应具有统一性、精确性和时效性，编码应标准化、规范化，如管线信息要素的标识编码由定位分区代码和各要素实体的顺序代码两个码段构成，编码须保持统一性和唯一性，以便对管线信息进行定位、查询和交换。

数据库设计分为概念设计、逻辑结构设计和物理结构设计三个阶段。概念设计的目的是建立面向问题的概念数据模型，绘制 E-R 图是建立概念数据模型的常用方法；逻辑结构设计是将 E-R 图转换为关系数据模型，并根据范式对关系表进行优化；物理结构设计的主要任务是确定存储结构、数据存取方式和分配存储空间等。

3. 应用实例

实例为某一城市供水管网信息系统。总体结构如图 13-6 所示，数据库中包括了基础地形图数据、供水管线空间和属性数据、管网运行数据以及用于水力计算模型和 SCADA 系统的接口数据等。整个系统选用大型关系型数据库 SQL Server 2000 作为底层数据库，桌面地图软件 MapInfo 作为 GIS 软件平台，以 MapX 为底层开发平台，用 Visual Basic、Visual C++等作为开发语言，通过构件技术（ActiveX）、对象链接和嵌入技术（OLE）和空间数据引擎技术（SDE）等实现 GIS 系统集成。系统功能包括：数据输入、输出，统计查询，专题图制作，空间分析，供水管网工程综合，管网辅助设计，对外服务，与已有系统的衔接以及系统维护等。

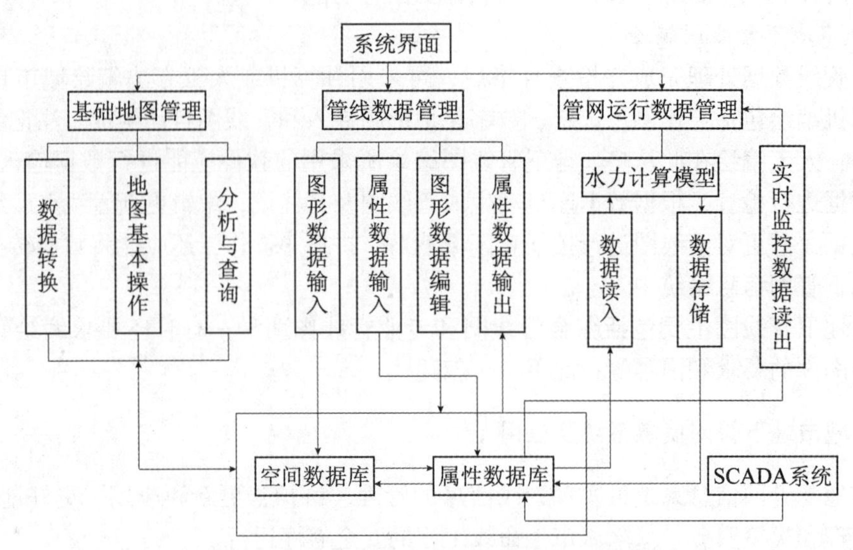

图 13-6　供水管网信息系统的总体架构框图

13.3　精密工程和大型粒子加速器测量

13.3.1　精密工程概述

精密工程可以定义为对测量精度要求极高的工程，必须根据具体需求提出精度要求。大型特种工程建设中，常有一些精度要求极高之处，即都包含精密工程；还有一些工程，本身就是一个精密工程。所以，工程测量学涉及许多大型特种工程和精密工程测量。学习好这门课程后，应能解决各种工程测量问题，特别地方则还需要进一步学习研究，在实践中有所创新。本书中，工业设备的安装检核、特长隧道贯通、特长大桥的合龙、高速铁路建设和维护、大型核电站建设，摩天大楼和异型异构建筑物施工放样和安全监测、大型科学实验设备（如大型粒子加速器、大型射电天文望远镜）建设，还有多种变形监测等，都属于精密工程测量的范畴。本节仅对大型粒子加速器建设中的一些精密测量作简要介绍。

13.3.2　大型粒子加速器中的精密测量

1. 加速器工程和精度

许多国家和国际组织投入巨资来建设粒子加速器实验中心，如欧洲原子能研究中心（CERN）、德国加速器研究中心（DESY）、美国斯坦福加速器中心（SLAC）和国家加速器实验室（FNAL）、日本高能加速器研究机构（KEK）等，印度和韩国也有同样的研究中心，我国的加速器实验中心设在中科院高能物理研究所。加速器的种类有多种：直线加速器、粒子积累加速器、初级加速器、超级加速器和大型加速器，粒子束在直线部分得到一次性加速，在环形加速器内得到回旋加速，达到预定的能量后，在指定的位置进行撞击或对撞，由探测器记录撞击的有关状态，为粒子物理学家提供实验数据。利用高速飞行的粒子束在改变运动方向时产生的高强度同步辐射光作为各种实验的光源，这种超强光可以照亮极其微小的微观世界，实现对粒子级微观结构的观察和研究，同时利用高速飞行的粒子束来撞击物质微粒，可能发现新的粒子。随着科学研究的不断深入，实验设施越来越复杂，规模越来越大，例如，欧洲原子核研究中心 1990 年建成了世界上最大的环形正负电子对撞机（LEP），整个工程位于百米深的地下环形隧道中，周长达 27km。整个加速器的环形轨道上布设了 5 000 块四极聚焦磁铁和两极弯转磁铁，要求磁铁间的相对定位精度为 0.1mm，绝对精度越高越好。美国斯坦福 200 亿电子伏特直线加速器，长 3 050m，要求各构件（漂移管）相对直线偏差为 0.5mm，即直线度达 10^{-7}。如此大规模的科学实验工程，对于测量工作者是巨大的挑战，既要保证直径只有几十微米的粒子束沿设计轨道运行，又要保证粒子束在设计的对撞位置上实现对撞。

从坐标系统、测量仪器、方法到数据处理分析，测量工作都要涉及跨学科如计量学和大地测量学的知识，有时将这种精密工程测量称为“微型大地测量学”或“大型工业计量学”。

2. 加速器工程的精密测量

1）计算基准的确定

计算基准的确定需要研究是否采用参考椭球体作为计算基准，如果需要，应该怎样确定其参数和进行椭球体的定位。以欧洲原子核研究中心为例，在确定要修建 LEP 工程后，因为整个加速器的规模为 10km×10km，原来的球形参考椭球体已不能满足要求，需要重新建立参考椭球体，给出新参考椭球体的有关参数和定位。为了椭球系统与三维坐标系统的精确转换，需要确定采用哪一参考椭球体，确定密切圆的计算参数，确定坐标原点的位置，解决大地水准面与参考椭球面相切、椭球法线和垂线统一的问题；要进行大地水准面设计，通过精密的平面测量和水准测量建立平面控制网（X，Y）和高程控制网（Z），在高程坐标向 Z 坐标进行精确换算时，需要精确知道大地水准面与参考椭球体在任意一点的相对位置，还要精确确定垂线与法线偏差。这些工作都需要建立相应的数学模型，例如，在欧洲原子核研究中心的 LEP 工程中，专门进行了一次天文、重力测量，1983 年 8 月由苏黎世大地测量学院用汉诺威大学研制的焦距为 1m 的天顶摄影仪，在 LEP 区域的 8 个点上进行了天文观测和重力测量，每个测站上进行了 6 次摄影，最后结果表明地理坐标的中误差为 0.3″，测定的垂线偏差与模型的估值之差小于 1″。采用瑞士模型为 LEP 区域的质量模型，利用 LEP 区域中的 121 个模型计算值和 8 个点的天文测量值，对 CERN 区域中地面和 LEP 水平的垂线偏差分量进行了拟合。经计算得知：参考椭球面与大地水准面在距原点 10.5km 处偏差达到 200mm；为了使 LEP 位于一个真空间平面，其高程改正数从−40mm 到+100mm。

2）施工阶段的精密测量工作

施工阶段的精密测量工作主要是施工测量控制网的建立、维护和使用。以欧洲原子核研究中心为例，测量控制网是根据加速器的建设发展而发展的，服务目的一是为加速器基础设施的土木工程服务，二是满足加速器精密工程和设备的放样、安装和营运期的测量需求。该加速器的发展经历了几个时期，第一时期从 1954 年到 1959 年，建设 280 亿电子伏特的环形质子加速器 PS，要求最高的是磁铁的精密准直测量，加速器是环形的，有极为精密的准直误差限制，测量人员需要根据当时的仪器和方法设计测量方案，测量计算靠手摇计算机完成，要在满足精度要求的情况下尽量使布设的控制网简单，以减少计算工作量，选择了环形的中心点和 8 个在圆周上的等分点构成第一阶段加速器的大地测量控制网，控制网坐标原点就选在环形的中心点。当时所采用的测量方案只能是精密角度测量加铟钢线尺丈量基线，高程测量采用威特光学水准仪 N_3（0.3 mm/ km）。为了提高精度，测量工作人员研制了强制归心装置，对水准尺的底座进行球形改造，以减小不同方向测量引起的误差；第二时期从 1966 年到 1971 年，主要是直径为 300m 的粒子储备环 ISR 建设，因通视条件限制，采用了由微大地四边形连接而成的环形网，控制网点安装有强制归心基座，设在与基岩相连的水泥桩柱上；第三时期从 1971 年到 1976 年，建设直径为 2.2km 的超质子环形加速器 SPS，设施建在地下隧道中，要安装上千块磁铁，整个环分为 6 个工作区，分别进行施工，设计对测量的要求极其艰巨：在隧道掘进阶段必须按设计精度要求给出掘进机掘进方向，要求巷道施工与设备的精密定位并行作业，即在隧道未贯通的情况下，要保证达到设备精密定位精度。这包含了要建立精确的地面控制网、地下控制网与地面控制网的联测，以及地下测量控制网的建立。地下隧道直径小于 4m，原微大地四边形方案无法满足要求，采用了在微大地四边形中加测偏距的方法，以提高图形强度，地下控制点安装在巷道两壁的归心基座支架上；第四时期从 1985 年到 1990 年，建设世界上最大的 27km 环形正负电子对撞机（LEP），位于法国和瑞士的边境上，面积为 10km ×10km，大部分在法国，属日内瓦盆地，东临日内瓦湖，西接汝拉山。整个环的十分之九位于坡度为 1.42%的地下，平均深度为 100m，设备位于设计真平面上。整个施工测量控制网分为地面控制网、地面与隧道联测网和地下控制网三部分：地面控制网是基础，联测网将地面控制网与隧道中的地下控制网联系起来形成统一的坐标系统，地下控制网为地下工程施工和设备定位提供服务。LEP 地面控制网有如下特点：最优的图形结构，极高的稳定性，具有为土木施工和设备定位服务的双重性，采用最高精度的仪器施测，采用三维坐标平差，粒子束需要位于一个真平面内，且这个平面具有 1.42% 的坡度。因此，地面控制网采用了测边三维坐标平差，为了将坐标传递到 LEP 平面上，必须为井上、井下联测设置近井点，并将这些近井点组织成为控制网。为了获得精确的平面坐标，必须重新选定椭球体，为了获得精确的 Z 坐标值，须考虑附近汝拉山引起的重力异常，需通过实地测量来模拟大地水准面，以便精确地求得参考椭球体与大地水准面之间的高差，用于 Z 坐标的换算。LEP 地面测量控制网于 1983 年建立，如图 13-7 所示，采用了测边网，由 10 个点组成，图中的空心三角形点和圆黑点属于隧道内的控制点和放样点，在此从略。地面网的每条边分别于一天中的不同时间进行 100 次测量，各边的对向观测之差为 1.3mm，置信椭圆轴长小于 1.5mm；为了检验控制网的稳定性，1985 年对该网进行了复测；地面高程控制网采用传统的精密水准测量建立；地面与隧道的联测网包括近井点至连接点的测量、井筒联系测量、用陀螺经纬仪测定井下起始边的方位角等，在此从略。地下测量控制网称为井下大地控制网，陀螺经纬仪定向导线是唯一可以用于井下控制网的方案，为了提高图形强度，布设为复杂的交叉偏距导线，在此从略。

3）设备安装阶段的精密测量

设备安装阶段的精密测量主要是安装测量控制网的建立和设备的安装定位和调校测

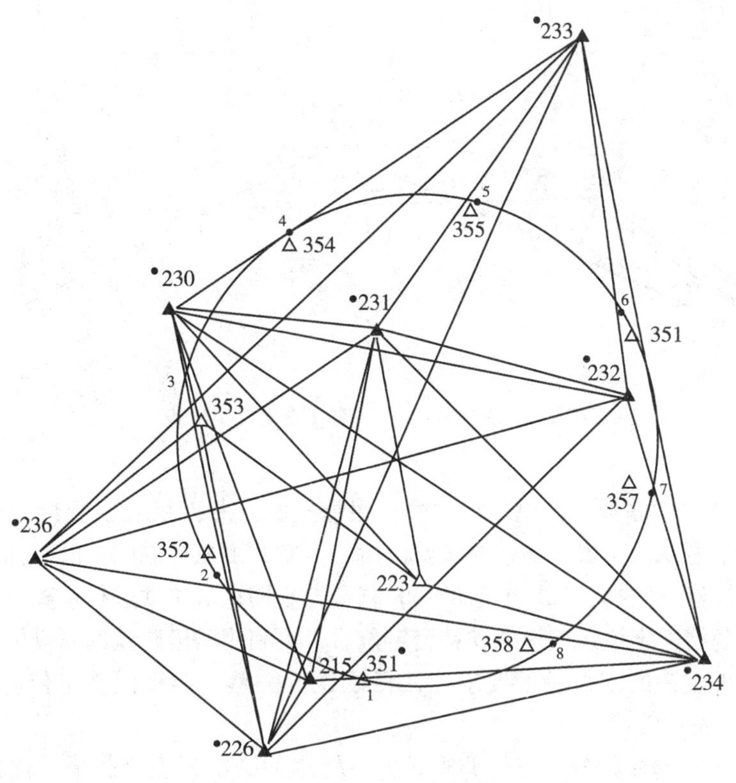

图 13-7 LEP 地面测量控制网

量。加速器由 5 000 块磁铁沿环线分布组成，每一块四极磁铁必须高精度地安装在设计位置上，包括平面位置、高程位置和姿态，四极磁铁的进端和出端都拥有一个测量标志（带有测量归心基座），它们与磁铁中轴的相对位置是通过高精度的工业计量方法在制造时精确测定出来的。所谓设备的安装测量就是将这些四极磁铁准确地安放在设计位置。隧道工程施工阶段的测量控制网无论是从精度上还是从结构上都不能满足设备安装时的要求，所以必须建立设备安装用的控制网。

（1）安装测量控制网的建立。方法如下：在井下两井间的隧道中，等间隔安置三脚架，三脚架被牢固地固定在巷道的底板上，三脚架头是一个强制归心的基座，利用隧道中原有的控制点对三脚架上的基座进行初定位，由此构成了以偏距导线为基础的设备定位控制网（即安装测量控制网），如图 13-8 所示。网的施测方案与传统的不同，用偏距测量代替传统的角度测量，即测量一个点与其他相邻点连线的垂直距离（偏距），而不是测量导线的转角，从而提高导线的结构强度以满足高精度的要求，因此，实测内容是偏距测量、距离测量和高差测量。为了进行高精度的偏距测量，研制了手动机械偏距仪和自动激光偏距仪，最大测量偏距为 500mm，精度为 0.01mm。其测量方法是在每一点的前后各两个相邻点间进行两点组合，在两点间拉一根直径为 0.2mm 的尼龙细线，在中间点安置偏距仪，测量该点离尼龙线的距离，从而产生大量的多余观测。两控制点间的距离采用自动铟钢线尺测量，每隔 9 条边用激光干涉仪加测一条基线边，精度为 0.01mm。这种建立安装测量控制网的方法称为交叉偏距导线法。高差测量采用自动激光水准仪，每站高差中误差为 0. 01mm。

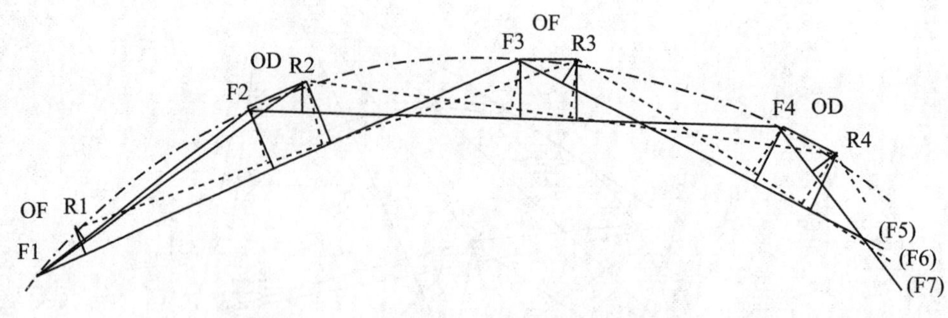

图 13-8　安装测量控制网（交叉偏距导线）

（2）磁铁的定位测量。首先作粗定位，根据控制点和四极磁铁测量标志点的标定数据在底板上标出磁铁的位置，磁铁初步就位后，由安装测量控制网点的坐标和测量标志点的理论坐标计算标定数据，利用前后的安装测量控制网点对磁铁进行距离、倾斜、偏距和高度调整，实现精密定位。四极磁铁精密定位后，再利用四极磁铁的测量标志对两极磁铁进行定位，两极磁铁的定位精度要求比四极磁铁低一些，四极磁铁定位限差为 0. 1mm，两极磁铁为 0. 3mm。

（3）磁铁位置的回归分析与再调整。要对轨道的圆滑程度进行平滑优化，对个别磁铁的位置进行再调整。其方法是以四极磁铁上的测量标志点为导线点重新进行交叉导线的测量，并在改正数最小和偏差最小两个最小二乘条件下进行整体平差，求得平均轨道位置及其偏差 dR，据此对个别磁铁位置进行调整，以保证加速器轨道的圆滑程度和定位质量。

（4）探测器的组装测量。LEP 加速器实验区域内有 4 个大型设备：L3、DELPHI、ALEPH 和 OPAL，每个设备重达 10 000 到 12 000t，均由几千个部件组成，由各种极为复杂的传感元件构成探测器系统，用来探测粒子碰撞后新粒子的衰变过程，记录运行的轨道，测量各种物理参数。探测器定位的正确性直接影响到实验的结果，所以，对设备的组装定位精度有很高的要求。测量误差会导致探测设备不能正常工作，影响整个物理实验，而且部分部件位于内部，部件一旦就位之后就难以进行再调整。为此，CERN 的精密测量处进行了大量的测量方案设计和实验研究，其中包括：安装测量控制网和定位网的优化设计、测量方案和测量方法设计、参考系设计、工作点结构设计和特种仪器研制等，建立了一整套行之有效的测量方法，保证了探测器的精确组装。

13. 4　其他工程测量

本书从工程测量学的角度讲述了以大型特种精密工程为代表的各类建筑工程中所遇到的理论方法和技术问题，列举了国内外许多大型特种精密工程范例，从地形图测绘、各时期的控制测量、施工放样、设备的安装检校测量到变形监测，对于工业与民用建筑、水利工程、港口工程、桥梁工程、高速铁路、矿山工程、城市地下管线、大型粒子加速器等都作了分章分节讲述，包括工程建设中基本测量和精密测量的各种方法技术和仪器，也涉及地籍测绘、矿山测量的城市测量的一些内容，但是仍有一些工程未涉及，例如，在线路工程中，除高速铁路外，还有高速公路、高压输电线路、输油管道、引水调水工程、海底管道工程，其他还有军事工程、海道河道工程、核电站工程、大型机场、太空工程、海上工程等，若把上述工程一一讲述，恐怕还要写几本书才行。但是，我们确信，只要掌握了本书的基本知识，再加上自学和丰富的工作经验，以及在实践中学习和创新，一定能掌握上述其他工程的测量知识。

◎ 本章的重点和难点

重点：矿山测量的内容和特点、矿井联系测量、巷道内导线测量、回采工作面测量、巷道贯通误差影响值估计和贯通测量。

难点：两井定向、巷道内导线测量和计算、矿山测量与隧道工程测量的异同性比较分析。

◎ 思考题

(1) 什么是矿山？什么是矿山测量？

(2) 什么是井巷工程？什么是矿井？什么是矿山巷道？什么是石门？

(3) 矿山测量包括哪些内容？

(4) 矿山测量有什么特点？

(5) 矿山控制测量主要采用什么技术方法？

(6) 为什么说两井定向主要用于矿山测量？

(7) 为什么说两井定向的实质是一种无定向导线的测量问题？

(8) 在矿山井下导线测量中，须注意哪些问题？

(9) 为什么说不可能对井下导线测量的精度作定量分析？

(10) 矿山测量中哪些测量与隧道工程测量相同，只是精度要求较低？

(11) 地下管线探查方法有哪两种？各有什么作用？

(12) 城市地下管线物探方法有哪些，请举一二例子予以说明。

(13) 城市地下管线外业测量主要包括哪些工作？

(14) 城市地下管网信息系统应包括哪些主要功能？

(15) 什么是精密工程，试举一二例子说明。

(16) 大型粒子加速器计算基准确定包括哪些工作？

(17) 本书未涉及的其他工程测量有哪些工程？

附录一　工程测量学习题

第1章　绪　　论

1.1　名词解释

工程建设；总图运输设计；线路；初测；定测；广义工程测量学；FIG；准绳；规矩

1.2　填空题

1. 工程测量学是研究各种工程建设在________、________和________阶段所进行的各种测量工作的学科。

2. 工程测量学是研究________中（包括地面、空中、地下和水下）具体几何实体________和抽象几何实体的________的理论、方法和技术的一门应用性学科。

3. 测绘学又称为________ ________，国内测绘教育将测绘学划分为________、________________和________三个二级学科。

4. 工程测量在工程建设中起________和________的作用，其主要作用是为工程建设提供________，满足工程建设各阶段的不同需求。

5. 我国铁路勘测设计的程序，设计包括________、________和________三个阶段，勘测主要分________和________两个阶段。

6. 定测包括________、________、________________、局部的________和专项调查测量，为施工设计收集资料。

7. 工程监理测量在工程施工阶段特别重要，测量监理起________、________和________作用，以保证工程的________和________。

8. 公元前二十五世纪建造的________，其________、________和________之精准，都令人惊讶，这说明当时就有测量的工具和方法。

9. ________在《________》中对________时的勘测情景作了如下描述："陆行乘车，水行乘船，泥行乘撬，山行乘撵（jú），左________，右________、载四时，以开九州，通九道，陂九泽，度九山。"

10. 工程测量学发展趋势的"六化"是：（1）测量内外业作业________；（2）数据获取及处理________；（3）测量过程控制和系统行为________；（4）测量成果和产品________；（5）测量信息管理________；（6）信息共享和传播的________。

11. 工程测量学发展特点的"十六字"是：________、________、________、________、________、________、________、________。

1.3　单选题

1. 总图运输设计中，在进行建（构）筑物的平面布置时，对地形图平面位置精度要求一般为图上不大于(　　)。

A. 1.5mm　　B. 1mm　　C. 0.5mm　　D. 3mm

2. 在进行工业企业厂区的高程设计时，对地形图的高程精度要求一般不低于(　　)。

A. 0.15m　　B. 0.1m　　C. 0.5m　　D. 0.6m

3. 工程施工建设阶段必不可少的测量工作是(　　)。

A. 工程监理测量　　B. 土石方测量　　C. 变形监测　　D. 施工放样

E. 竣工测量　　F. 局部地形图测绘

1.4　多选题

1. 线路工程的初测一般包含哪些测量工作？(　　)

A. 1∶5 000~1∶2 000 带状地形图测绘

B. 曲线测设

C. 高程控制测量

D. 选点、插旗

E. 横纵断面测量

2. 桥梁勘测设计阶段有以下哪些测量工作？(　　)

A. 桥址水文测量　　B. 桥梁曲线测设

C. 开挖土石方测量　　D. 桥址定线测量

F. 船筏走行线测量　　G. 桥位地形测量

3. 测绘学的二级学科有(　　)。

A. 大地测量学　　B. GPS

C. 工程测量学　　D. 物理大地测量

E. 地球物理　　F. 摄影测量学和遥感

G. 地理信息系统　　H. 不动产测绘

I. 矿山测量　　J. 地球动力学

K. 地图制图学

4. 通用仪器可以观测(　　)等几何量。

A. 方向　　B. 偏距　　C. 经纬度　　D. 角度

E. 倾斜度　　F. 垂距　　G. 高程　　H. 高差

I. 挠度　　J. 距离　　K. 频率　　L. 波长

M. 坐标　　N. 坐标差

5. 自 20 世纪 50 年代发起组织了一个每隔 3~4 年举行一次的“工程测量国际学术讨论会”，由(　　)三个国家发起召开。

A. 英国　　B. 德国　　C. 法国　　D. 荷兰

E. 瑞士　　F. 奥地利　　G. 意大利　　H. 瑞典

1.5 判断题

1. 工程测量学是测绘学的二级学科。 ( )
2. 大地测量学与测绘工程是测绘学的二级学科。 ( )
3. GPS 接收机属于专用测量仪器。 ( )
4. 设计人员可以直接在精细的数字高程模型上进行线路设计。 ( )
5. 施工放样与测量的原理不一样，但工作程序相同。 ( )
6. 铁路线路的初测和定测，其测量内容差不多，只是精度不同。 ( )
7. 测量监理主要起监督、管理作用，不需要做具体的测量工作。 ( )
8. 在工程勘测设计阶段、施工建设阶段也可能需要做变形监测。 ( )
9. 变形监测是工程测量中最精彩的部分。 ( )
10. 只有在工程运营管理阶段，才需要进行周期性的变形监测。 ( )
11. 国际测量师联合会 FIG 三个字母是英文的缩写。 ( )
12. 世界最大的水利枢纽工程是我国的三峡水利枢纽工程。 ( )

第 2 章 工程测量学的理论技术和方法

2.1 名词解释

测量误差；测量精度；相对精度；绝对精度；测量不确定度；内部可靠性；外部可靠性；广义可靠性；灵敏度；挂靠坐标系；最小约束基准；高程测量；坐标测量；GNSS；InSAR；LiDAR；基准线法；倾斜测量；挠度；投点；传感器技术

2.2 填空题

1. 工程测量学的理论主要有：________、________、________、________、________和________。

2. 测量误差包括________、________和________三种。

3. 测量中的观测值可以是________观测值，也可以是________和________。

4. 偶然误差又称________，服从________分布。

5. 限差也是一种误差，一般取________为极限误差，或称________。

6. 测量误差分配理论是________的基础，误差分配主要依据三个原则：________、________和________。

7. 在测量中，精度主要包括________的精度和________的精度。

8. 仪器的精度由________描述，与仪器的________、________和________等有关；数值的精度又分________和________。

9. 测量基准是由________和________组成。

10. 全球导航卫星系统（GNSS）包括以下 4 大系统：________________、________________、________________和________________。

11. 基准线可用________、________和________产生。基准线法又称________，测量

偏距的过程也称________。

12. 倾斜仪的种类很多，可分为两类，一类是以________________为测量基准面，如________；另一类是以________为测量基准线，如________________和________________。

13. 投点误差可通过________________、________________或采用________________等方法予以削弱。

14. 传感器技术可以把需要测量的某些________、________和________等几何量及其微小变化转化为电信号。按转换原理可分________、________、________、________、________和________等信号转换。

2.3　单选题

1. 下列说法正确的是：(　　)。
   A. 绝对精度与基准无关，相对精度与基准有关
   B. 测量误差小则精度低
   C. 中误差是在不含粗差和系统误差的假设下导出的
   D. 在测量学科中，精度最常用的是准确度的概念
2. 等精度观测是指(　　)的观测。
   A. 允许误差相同　B. 系统误差相同　C. 观测条件相同　D. 偶然误差相同
3. 钢尺的尺长误差对丈量结果的影响属于(　　)。
   A. 偶然误差　B. 系统误差　C. 粗差　D. 相对误差
4. 距离误差一般采用(　　)标准来表示。
   A. 平均误差　B. 中误差　C. 极限误差　D. 相对误差
5. 已知直线 *AB* 的坐标方向角为 185°，则直线 *BA* 的坐标方位角为(　　)。
   A. 95°　B. 275°　C. 5°　D. 185°

2.4　多选题

1. 引起测量误差的原因有：(　　)。
   A. 测量仪器构造不完善　B. 观测者感觉器官的鉴别能力有限
   C. 外界环境与气象条件不稳定　D. 平差函数模型不完善
2. 偶然误差的特点是：(　　)。
   A. 在一定的观测条件下，偶然误差的绝对值不会超过一定的限值
   B. 大小和符号有一定规律
   C. 偶然误差的简单平均值，随着观测次数的无限增加而趋向于零
   D. 绝对值小的误差比绝对值大的误差出现的概率大
   E. 偶然性很强，无规律可循
   F. 可以通过观测方法和数据处理手段加以消除或减弱
3. 以下哪几种误差是系统误差：(　　)。
   A. 测距仪的加常数误差　B. GPS 异步环闭合差
   C. 全站仪测距的固定误差　D. 水准尺的每米真长误差

E. 电离层延迟误差　　F. 仪器高的量测误差
G. 测距仪的乘常数误差　　H. 大气折光差
I. 水准测量的测段往返较差　　J. GPS 的星钟误差

4. 测量控制网的可靠性与(　　)等有关。

A. 仪器检测　B. 多余观测数　C. 网的大小　D. 重复观测
E. 已知点位置　F. 网的图形　G. 坐标系　H. 仪器精度
I. 多余观测　J. 网点数

5. 电磁波测距时需要同时测量垂直角、仪器高等，要进行仪器的(　　)改正。

A. 尺长　B. 乘常数　C. 气压　D. 频率
E. 加常数　F. 倾斜　G. 温度　H. 高差
I. 折光　J. 投影

6. 沿基准线所布设的测量点到基准线的垂直距离叫偏距，偏距测量的方法有(　　)等方法。

A. 正、倒垂法　B. 交会法　C. 测小角法　D. 正、倒镜法
E. 激光波带板法　F. 极坐标法　G. 活动觇牌法　H. 自由设站法
I. 激光扫描法　J. 引张线法　K. 断面法　L. 尼龙丝准直法

7. 下列测量方法中，可用于测定工程建筑物垂直位移的有(　　)。

A. 水准测量　B. 极坐标测量　C. 垂线法　D. 三角高程测量
E. 液体静力水准测量

2.5 判断题

1. 单个观测值所含的系统误差，如大气折光差，可视为粗差。(　　)
2. 粗差指大的偶然误差。(　　)
3. 粗差是粗心所造成的一种偶然误差。(　　)
4. 全站仪的加、乘常数误差是系统误差。(　　)
5. 全站仪的固定误差和比例误差属于系统误差。(　　)
6. 丈量了 L_1 与 L_2 两段距离，且 $L_1 > L_2$，但它们的中误差相等，故 L_1 与 L_2 两段距离的精度是相同的。(　　)
7. 观测了两个角度 β_1 和 β_2，且 $\beta_1 > \beta_2$，但它们的中误差相等，故 β_1 和 β_2 两个角度的精度是相同的。(　　)
8. 旁折光引起误差是一种系统误差。(　　)
9. 多次观测一个量取平均值可减少系统误差。(　　)
10. 最小二乘平差是建立在观测值只含偶然误差的情况。(　　)
11. 有的偶然误差可以通过测量方案、方法进行消除或减弱。(　　)
12. 有的系统误差可以通过模型进行改正。(　　)
13. 仪器检测是为了减小系统误差。(　　)
14. 仪器检测是为了减小偶然误差。(　　)
15. 设总限差 Δ 由 Δ_1、Δ_2 两种误差引起，当一种误差是另一种误差的三分之一时，这一误差对总限差的影响亦为另一种误差的三分之一。(　　)

16. 观测值相互独立时，观测值的内部可靠性与观测值的精度成反比。（　　）

17. 在相同观测条件下，对某个真值已知的量进行多次观测，由于各观测值的真误差大小各不相同，故各观测值的精度亦不相同，其中真误差小的观测值比真误差大的观测值精度高。（　　）

18. 内部可靠性和外部可靠性的大小是相反的。（　　）

19. 附合导线的多余观测分量很小，内部、外部可靠性都很差，将被淘汰。（　　）

20. 测量的不确定性原理即是测不准原理。（　　）

21. 电子经纬仪的测角精度要高于光学经纬仪的测角精度。（　　）

22. 方向测量是一种特殊的角度测量。（　　）

23. 电磁波测距三角高程测量只能代替四等及以下的几何水准测量。（　　）

24. 三维激光扫描技术只能用于测绘领域。（　　）

25. 工程测量学中的特殊测量技术和方法都是用于变形监测的。（　　）

26. 倾斜仪的种类很多，但都是以水平面为测量基准面。（　　）

27. 倾斜仪的种类很多，但都是铅垂线为测量基准线。（　　）

28. 偶然误差可以通过一些方法加以消除。（　　）

29. 系统误差可以通过一些方法加以消除或减弱。（　　）

30. 偶然误差服从于一切统计规律。（　　）

2.6　综合题

1. 根据电磁波测距三角高程的计算公式：

$$h_{AB}=D_{AB}\cdot\tan\alpha_{AB}+i_A-j_B$$

试推导高差 h_{AB} 的精度与测角、测距精度的关系式。设测距仪的精度为（2mm±2ppm），测角为±1″，i_A，j_B的精度为0.5mm，α_{AB}为5°到45°（每5°变化），试计算 D_{AB}从200m～1 000m（每100m）的高差精度，并以图表的形式配合说明。

2. 用极坐标法测量 P 点的坐标，若 P 点距起点 80m，要求 P 点的点位中误差≤±5cm，试按“等影响原则”确定测角和量距的精度 m_β、m_s。

3. 在边角网中，测角误差引起横向误差 m_u，测边误差引起纵向误差 m_i，设测角误差为1.0″，测边的固定误差为1mm，测边的比例误差为1ppm×D，试计算边长为50m、100m、500m、1 000m、1 500m、2 000m和2 500m时的纵横向误差，并绘制图表。若满足 $m_u=0.5m_i$到 $m_u=2.0m_i$，则认为边角精度是匹配的，说明边角精度匹配的边长区间。

第3章　工程测量控制网

3.1　名词解释

测量控制网；工程测量控制网；测图控制网；施工测量控制网；变形监测网；安装测量控制网；工程控制网基准；导线；工程控制网优化设计

3.2　填空题

1. 按其范围和用途，测量控制网可分为四大类：________、________、________和

________。

2. 工程测量控制网具有________、________、________和________的作用。

3. 工程测量控制网按用途可分为：________、________、________和________。

4. 测图平面控制网一般采用两级布设方案，首级采用________布网，然后用________或________作图根加密；测图高程控制网通常采用________或________的方法建立，应尽可能地与国家高程系连接。

5. 工程测量控制网的基准分三种类型：________、________、________。

6. 导线按图形可分为________、________和________。

7. 控制网的可靠性准则包括网的________、________和________。

8. 工程测量控制网数据处理应建立在________和________的基础上，实现的关键是研制合适的________。

3.3　单选题

1. 测量工作对精度的要求是(　　)。
   A. 没有误差最好　　B. 越精确越好
   C. 根据需要，精度适当　　D. 仪器能达到什么精度就尽量达到

2. 目前我国采用的统一测量高程基准和坐标系统分别是(　　)。
   A. 1956 年黄海高程基准、1980 西安坐标系
   B. 1956 年黄海高程基准、1954 年北京坐标系
   C. 1985 国家高程基准、2000 国家大地坐标系
   D. 1985 国家高程基准、WGS-84 大地坐标系

3. 以下坐标系统属于地心坐标系统的是(　　)。
   A. 1954 年北京坐标系　　B. 1980 年西安大地坐标系
   C. 2000 国家大地坐标　　D. 以上都不是

4. 衡量控制网总体精度标准中，(　　)在优化设计时采用得比较广泛。
   A. 平均精度最小　B. 体积最小准则　C. 方差最小准则　D. E 准则
   E. 均匀性和各向同性准则

5. 测图控制网的平面精度应根据(　　)来确定。
   A. 控制网测量方法　　B. 测图比例尺
   C. 测绘内容的详细程度　　D. 控制网网形

6. 建筑施工控制网坐标轴方向选择的基本要求是(　　)。
   A. 与国家统一坐标系方向一致　　B. 与所在城市地方坐标系方向一致
   C. 与设计所用的主副轴线方向一致　　D. 与正北、正东方向一致

3.4　多选题

1. 导线控制测量的观测值包括(　　)。
   A. 水平角观测值　B. 高差观测值　C. 边长观测值　D. 竖直角观测值

2. 方差最小准则、E 准则、均匀性和各向同性准则、平均精度最小准则和体积最小准则分别对应以下表达式(　　)。

A. $\sigma_x = \frac{1}{u}\mathrm{tr}(\sum_{xx})$　　B. $\lambda_{max} = \min$

C. $\det(\sum_{xx}) = \prod_{i=1}^{u} \lambda_i \Rightarrow \min$　　D. $\mathrm{tr}(\sum_{xx}) = \sum_{i=1}^{u} \lambda_{ii} \Rightarrow \min$

E. $\lambda_{max} - \lambda_{min} \Rightarrow \min$

3. 对于一个确定的网和设计方案（即网形、观测值及其精度都确定的情况下），若观测值的多余观测分量 r_i 越大，则(　　)。

A. 该观测值的精度越低　　B. 该观测值越好

C. 该观测值越重要　　D. 该观测值越可靠

E. 该观测值对网的贡献越小　　F. 该观测值的粗差对结果影响越小

4. 有关标石和标志，下列说法错误的有(　　)

A. 长期、经常性使用的工程测量控制点要埋设永久性标石和标志

B. 标石上一定有标志，标志一定要设在标石上

C. 标石和标志应尽可能避开外界的影响

D. 标石和标志无法与基岩相连时，埋设深度应在地下水位变化层和冻土层以上

E. 标石和标志应从专门的生产厂家购买，测量人员不可自行设计标石和标志

5. 双金属标的两根金属管式是(　　)。

A. 钢管　　B. 铜管　　C. 铝管　　D. 铁管

E. 锡管

6. 关于 GNSS 网，下列说法正确的有(　　)。

A. GNSS 网是目前最常用的测量控制网

B. GNSS 测量具有精度高、速度快、费用省、全天候等优点

C. GPS 所发布的星历参数基于 CGCS2000 坐标系统

D. 布设 GNSS 网时无需考虑各观测站之间通视及观测站对天通视条件

E. GNSS 网无图形的限制，长短边可以相差很大

F. 对于特高精度的 GNSS 网，只要符合工程特点，满足工程需要，宜在规范的基础上提高施测要求

3.5　判断题

1. 一般而言，在同一平差问题中，选择不同的平差基准，所得到的观测值的平差结果是不同的。(　　)

2. 一般而言，在同一平差问题中，选择不同的平差基准，所得到的未知参数的平差结果是不同的。(　　)

3. 一个网的最小约束平差在不同基准下的点位精度是不相同的。(　　)

4. 加密控制网，可以越级布设或同等级扩展。(　　)

5. 平面控制网的建立，可采用 GNSS 测量、导线测量、三角高程测量等方法。(　　)

6. 施工控制网有时分两级布设，次级网的精度一定低于首级网的精度。(　　)

7. 地面网中的角度测量方法是相同的，所以方向的精度都相等。(　　)

8. 地面网中的边长测量方法是相同的，所以边长的精度都相等。（　　）
9. 导线网是一种边角网。（　　）
10. 无定向导线的多余观测数为零。（　　）
11. 附合导线与闭合导线的多余观测数相等。（　　）
12. 要对支导线进行测量平差。（　　）
13. 边角网平差中，边、角的权是无单位的。（　　）
14. 边角网的图形强度取决于边角的观测精度。（　　）
15. 对于一个确定的工程控制网来说，观测值的可靠性与精度无关。（　　）
16. 工程控制网按施测方法来分可分为三角网、导线网、混合网和方格网。（　　）
17. 工程控制网的基准是指控制网平差时的已知起算数据。（　　）
18. 如果某平面控制网平差时有三个已知坐标点，则该网为最小约束网。（　　）
19. 观测值为边长观测的三维控制网，需要确定的基准参数为 3 个平移量、3 个旋转量和一个缩放比例参数。（　　）
20. 观测值为边长观测的三维控制网，需要确定的基准参数为 3 个平移量和 3 个旋转量。（　　）
21. 城市坐标系采用的椭球一般为参考椭球，中央子午线一般与国家 3°带的一致。（　　）
22. 工程控制网的总体精度准则中，E 准则的意义在于使网的最弱点误差最小。（　　）
23. 工程控制网的总体精度准则中，E 准则的意义在于使网点误差均匀最好。（　　）
24. 工程控制网所有观测值的多余观测分量的和等于网的多余观测数。（　　）

第 4 章　地形图测绘及应用

4.1　名词解释

地形图；水位；水位观测；深度基准面；场地平整；建筑总平面图；施工总平面图；竣工总图

4.2　填空题

1. 地形图的信息量很大，包括的地物、地貌称为________；地物用________、________和________表示；地貌主要用________表示。

2. 通常把比例尺________________的地形图称为大比例尺地形图，主要有________、________、________和________；一般把________、________、________、________的地形图称为中比例尺地形图；________________的地形图称为小比例尺地形图，如________、________、________、________。

3. 我国规定________、________、________、________、________、________、________和________ 8 种比例尺的地形图为国家基本比例尺地形图，其中，________到________的地形图是测绘的，________到________的地形图是编绘的。

4. ________________________和________是一个国家测绘水平发达的重要标志。

5. 清朝________年间，在外国传教士的帮助下，皇帝亲自领导在全国进行________和________，________年，全国测绘工作结束，按统一的比例绘制了________，成为了清代后期编制全国地图的蓝本。

6. 测绘4D产品指的是：________、________、________和________。

7. 水下地形测量包括测点的________和________。主要采用________和________得到。

8. 场地平整要遵循________________________，________________________的原则。

9. 竣工总图除________外，还有各种________、________、________以及细部点成果资料等。

10. 大型、复杂工业厂区的专业分图有：________图、________图、________图和________图等。

4.3 单选题

1. 如果要求在图上能表示出0.2m精度的距离，测图比例尺选择(　　)最合适。

A. 1∶500　　B. 1∶2 000　　C. 1∶5 000　　D. 1∶20 000

2. 1∶5 000的地形图的比例尺精度为(　　)m。

A. 0.05　　B. 0.5　　C. 0.2　　D. 0.1

3. 如果一项工程用图，按设计要求，地形图上要能反映出地面上0.2m的变化，则所用的地形图比例尺不应小于(　　)。

A. 1∶500　　B. 1∶1 000　　C. 1∶2 000　　D. 1∶5 000

4. 下列关于地形图的比例尺说法正确的是(　　)。

A. 地形图的比例尺分母越大，比例尺越大

B. 比例尺分母的第一个数字常是2、3、5

C. 地形图的比例尺分母越大，所表达的地形越粗略

D. 地形图的比例尺越大，测图所需的人力、物力及时间越少

5. 两点间的高差为3.2m，两点之间的水平距离为489.537m，则两点间地面的平均坡度为(　　)。

A. 152.98‰　　B. 152.98%　　C. 6.54‰　　D. 6.54%

6. 如按3%的限制坡度选线，地形图的比例尺为1∶2 000，等高距为2m，则相邻等高线之间最小平距为(　　)。

A. 0.033m　　B. 0.030m　　C. 0.020m　　D. 0.050m

7. 关于土地整理及土石方估算的方格网法，下列说法错误的是(　　)。

A. 在需整理的区域地形图上绘制的方格网的边长一般取实地距离的10m或20m

B. 场地平整的设计高程为整个场地的平均高程

C. 挖填高度=设计高程-地面高程

D. 挖填高度为正时表示挖方，为负时表示填方

8. 在方格网法平整场地过程中，若某一方格四个顶点高程分别为65.46m，66.09m，65.65m，65.16m，平整的设计高程经计算为66.34m，每个方格的图上面积为1cm^2，地形

图比例尺为1∶1 000，则该方格的平均填挖方量为(　　)方。

A. 75　　B. 78.5　　C. -75　　D. -78.5

4.4 多选题

1. 数字法测图的平面位置精度不包括下列哪些误差？(　　)

A. 解析图根点的展绘误差　　B. 图根点的测定误差

C. 测定地物点的视距误差　　D. 测定地物点的方向误差

E. 地形图上地物点的刺点误差

2. 下列工作中不属于水下地形测量的内业工作的有(　　)。

A. 测深断面线和断面点的设计与布设

B. 将外业测角和测深数据汇总并核对

C. 由水位观测结果和水深记录计算各测点高程

D. 展绘测点，注记相应高程

E. 在图上绘等高线或等深线

3. 下面哪些现代测绘技术方法不能用于地形图测绘？(　　)

A. 激光扫描　　B. 摄影测量

C. 激光干涉　　D. 遥感技术

E. 雷达测高　　F. 全站仪

G. 网络 RTK　　H. 全景测量

I. 合成孔径雷达测量　　J. GNSS 定位技术

K. 机载激光雷达

4. 测量水深可采用的仪器设备包括(　　)。

A. 测深杆　　B. 机载激光测深系统

C. 旁侧声呐　　D. 多波束测深系统

E. 磁力仪

4.5 判断题

1. 长沙马王堆汉墓出土的文物包括有地形图，图中用统一的图例表示居民地、道路、河流、山脉，比例尺大约为1∶170 000，不仅内容丰富，准确性高，绘制技术也非常熟练，据考证为东汉时期所绘制，是目前世界上发现最早的地形图。(　　)

2. 清朝乾隆年间，乾隆帝在外国传教士的帮助下，亲自领导在全国进行大地测量和地形图测绘，绘制了《皇舆全览图》。(　　)

3. 美国有覆盖全国的1∶5 000的基本地形地籍图，在上面能显示出个人的房屋，每3~4年更新一次。各种比例尺的地形图在市场能买到。(　　)

4. 采用全站仪进行大比例尺野外数字法测图，与常规白纸测图相比较，使用仪器相同，但其误差来源和误差影响是不同的。(　　)

5. 双波束回声测深仪采用宽窄两种波束进行水深测量，窄波束的精度高，宽波束的作业深度大。通过控制窄波束宽度可提高测深精度。(　　)

6. 双波束回声测深仪采用宽窄两种波束进行水深测量，在有泥沙淤积的河床中测深

时，窄波束的测深值代表水深，宽波束测深值为水深加上泥沙厚度，所以双波束回声测深仪还可测泥沙和淤积的厚度。（　　）

7. 竣工总图系以设计和施工资料为主进行编绘。（　　）

8. 利用方格网法平整场地时，首先要在拟平整的范围打上方格，方格长度取决于地形变化和土方估算精度。（　　）

9. 方格网法一般要求平整场地时满足挖填方平衡的条件。（　　）

4.6　计算题

对下图所示的地面，根据其自然坡降，按填方量和挖方量基本平衡的原则，平整为从北到南坡度为8%的倾斜场地。试写出计算步骤，在图的方格左上方标出挖填高度，并计算总的挖方量和填方量。

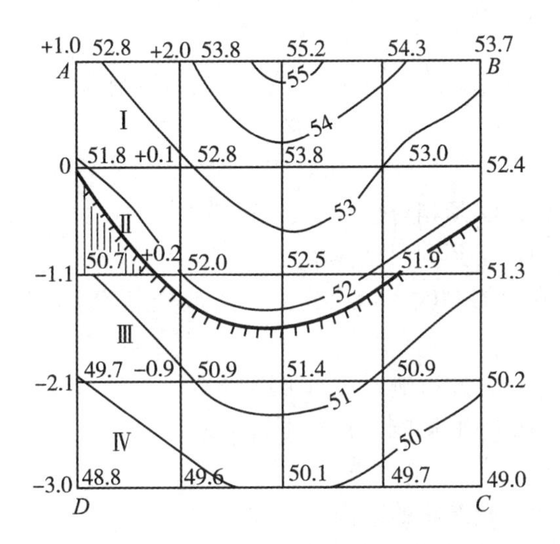

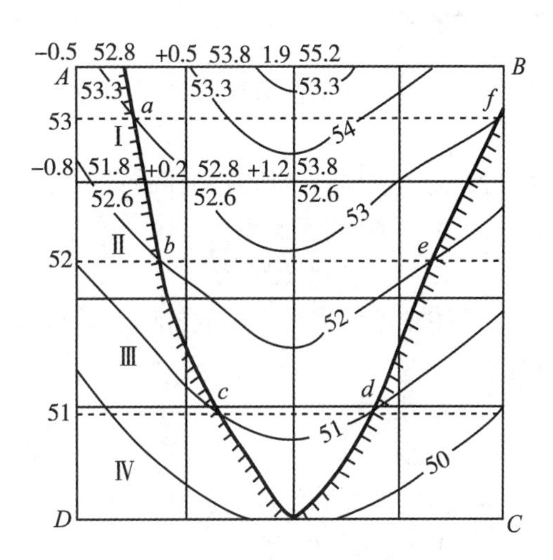

第5章　工程建（构）筑物的施工放样

5.1　名词解释

施工放样；建筑限差；归化法放样；极坐标法；自由设站法；GPS RTK；铅垂线；平曲线；竖曲线；单圆曲线；复曲线；回头曲线；缓和曲线；曲线测设；曲线元素

5.2　填空题

1. 施工放样的种类可分为________、________、________、________、________和________。

2. GNSS-RTK分为两种：一种是通过________技术接收________广播改正数的________________；一种是基于________________获取________________播发改正数的________________，又称________________。

3. 放样高程的方法有________和________。

4. 铁路和公路常用的平曲线有________、________、________和________等。

5. 圆曲线分为________和________两种。圆曲线的主点是：________、________和________；圆曲线的曲线要素有：________、________、________、________、________和________。

6. 带缓和曲线的圆曲线主点有：________、________、________、________和________；带缓和曲线的圆曲线的综合曲线要素有：________、________ 、________、________、________、________和________。

7. 缓和曲线参数为：________、________和________。

8. 对于一些特殊工程，需要采取一些特殊的放样方法，如对超长型大桥工程，须采用________放样；而对不规则建筑，如鸟巢、国家歌剧院等，常采用________放样。

5.3 单选题

1. 采用极坐标法放样点的平面位置时，至少应有(　　)个以上能通视的控制点。

A. 1　　B. 2　　C. 3　　D. 4

2. 施工放样时，所有的控制点(　　)。

A. 必须相互通视　　B. 必须相对稳定

C. 必须相对较近　　D. 必须同一坐标系

3. 用全站仪进行点位放样时，若棱镜高和仪器高输入错误，(　　)放样点的平面位置。

A. 影响　　B. 盘左影响，盘右不影响

C. 不影响　　D. 盘右影响，盘左不影响

4. 施工放样的精度与(　　)无关。

A. 建筑物的大小　　B. 建筑物的结构

C. 建筑物的材料　　D. 施工图比例尺大小

5. 曲线测设中，纵向闭合差主要由(　　)引起。

A. 量距误差引起　　B. 拨角误差

C. 主点测设误差　　D. 以上都不对

6. 缓和曲线的特性是(　　)。

A. 曲率半径与缓和曲线长成正比　　B. 曲率半径与缓和曲线长成反比

C. 曲率半径由小变大　　D. 以上都不对

7. 下列圆曲线的元素(　　)是设计时选定的。

A. 曲线长　　B. 切线长　　C. 半径　　D. 外矢距

8. 下列圆曲线的元素，(　　)是用仪器实测的。

A. 圆曲线的半径　　B. 圆曲线的切线长

C. 圆曲线的外矢距　　D. 圆曲线的转折角

9. 已知圆曲线的起点 ZY 的桩号为 3+091.048，曲线长 $L=84.474\text{m}$，曲线的中点 QZ 的桩号为(　　)。

A. 3+175.522　　B. 3+175.285　　C. 3+133.522　　D. 3+133.285

10. 某带有缓和曲线的圆曲线，其交点（JD）里程为 DK2+643.00，该曲线全长为 360.20m，主切线 T 长为 183.44m，里程从 ZH 至 HZ 为增加，则 HZ 的里程为(　　)。

A. DK2+826.44　B. DK2+819.76　C. DK2+459.56　D. DK2+639.66

5.4 多选题

1. 建筑限差与哪些因素有关？(　　)

A. 建筑结构　B. 建筑用途　C. 测量方法　D. 测量精度
E. 建筑材料　F. 施工方法

2. 放样方法的选择应顾及以下因素(　　)。

A. 建筑物的类型　B. 施工部位
C. 施工现场条件和施工方法　D. 精度要求
E. 控制点分布

3. 以下属于点位放样方法的是：(　　)。

A. 视准线法　B. 直角坐标法　C. 极坐标法　D. 测小角法
E. 偏角法　F. 正倒镜法　G. 格网法　H. 自由设站法
I. GNSS-RTK 法　J. 断面法　K. 归化法　L. 距离交会法

4. 下列方法中，可用于高层建筑物铅垂线放样的有(　　)。

A. 水准仪法　B. 激光铅垂仪法　C. 光学铅垂仪法　D. 全站仪弯管目镜法
E. 引张线法

5. 在直线和圆曲线之间布设缓和曲线的原因是：(　　)。

A. 为了使铁路曲线的形状更加美观
B. 为了保证车辆运行的安全与平顺
C. 为了克服地形障碍
D. 为了连接不同的坡度

6. 曲线测设要涉及(　　)等知识，需进行(　　)的计算。

A. 主点　B. 圆曲线　C. 曲线类型　D. 缓和曲线
E. 曲线参数　F. 曲线加宽　G. 曲线方程　H. 断面设计
I. 曲线坐标　J. 曲线里程　K. 放样数据

7. 曲线测设的方法较多，过去主要有(　　)，现在主要采用(　　)。

A. 自由设站法　B. 角度交会法
C. 偏角法　D. GNSS-RTK 法
E. 方向线法　F. 极坐标法
G. 小角法　H. 归化法
I. 切线支距法　J. 正倒镜法
K. 合成孔径雷达测量　L. GNSS 定位技术
M. 机载激光雷达

5.5 判断题

1. 曲线测设就是曲线放样。　(　　)

2. 偏角法、切线支距法是曲线测设的最好方法。（　）
3. 偏角法和切线支距法在曲线测设中将淡出。（　）
4. 铁路的线路初测和定测都包括曲线放样。（　）
5. 曲线测设是在铁路线路的初测阶段。（　）
6. 曲线测设是在铁路线路的定测阶段。（　）
7. 随着 CORS 的建立和应用，网络 RTK 将被广泛应用于控制、碎部测量和施工放样。（　）
8. 网络 RTK 即 GNSS-RTK。（　）
9. 网络 RTK 与 GNSS-RTK 的基本原理相同，但构成不同。（　）
10. GPS RTK 可用于控制测量。（　）
11. 自由设站法只能用于碎部测量和施工放样。（　）
12. 自由设站法可用于控制测量、施工放样和大比例尺测图。（　）
13. 一般的放样方法不能用于特殊的施工放样。（　）
14. 特殊的施工放样都是一般放样方法的扩展和改进。（　）

5.6　计算题

1. 已知某交点 JD 的桩号 K5+119.99，右角为 136°24′，半径 $R=300$m，试计算圆曲线元素和主点里程，并且叙述圆曲线主点的测设步骤。

2. 设 $R=500$m，转角 $\alpha=28.3620$，缓和曲线长 $l_0=60$m，ZH 点里程为 K33+424.67，试计算曲线综合要素及主点的里程。

5.7　编程题

已知铁路曲线的线路前进方向（左、右偏）、曲线转角 α、交点（JD）里程、圆曲线半径 R、缓和曲线长 l_0，试以 ZH 为坐标原点，线路中线为坐标轴，构成一放样坐标系，编写一个铁路曲线计算程序，计算曲线综合要素、缓和曲线参数、主点坐标和里程；设中桩与边桩的间距为 20m，从直缓点起，每隔 5m 计算中桩和左右边桩的设计坐标。要求：输入方便、直观；以表格形式输出计算数据，对照书上算例进行正确性检查，写一个简单的程序使用说明。

例：已知曲线交点里程为 DK8+667.36，$\alpha_{右}=26°02′$，$R=200$m，$l_0=30$m，试以 ZH 为坐标原点，线路中线为坐标轴，构成一放样坐标系，计算曲线要素、缓和曲线参数和主点坐标，以及曲线上每隔 5m 放样点的坐标。

第 6 章　工程建筑物的变形监测

6.1　名词解释

变形体；变形监测；变形影响因子；监测点；基准点；工作基点；变形体的几何模型；效应量；环境量；回归分析

6.2　填空题

1. 变形监测包括________的变形监测、________的变形监测和________的变形监测。

2. 工程建筑物的变形监测是对________、________以及其他与工程建设有关的________进行________测量，以确定其______________的变化特征。

3. 在工程变形监测中，________是基础，________是手段，________是目的。

4. 变形监测是________，变形分析是________，变形预报是________。

5. 工程建筑物的变形可分为两类：变形体的________（即________）和变形体的________（即________）。

6. 变形体自身的形变包括：________、________、________和________四种变形。

7. 变形体的刚体位移包括变形体的________、________、________和________四种变形。

8. 工程建筑物的变形监测主要分________监测和________监测两大类，还包括________、________、________、________、________、________、________、________等的监测。除此之外，在变形监测中还要对与变形有关的________进行监测。

9. 变形监测网是由________、________和________构成的。

10. 变形分析可分为变形的________和________；变形观测数据处理的过程就是进行________和________的过程。

11. 变形监测的成果表达主要包括用________、________和________等形式进行表达，也可采用现代科技如________技术、________技术、________技术进行表达。

12. 由参考点组成的网称为________。参考点稳定性分析有______________法和______________法等，目的是选出真正的稳定点作为监测网的________，从而可确定监测体上目标点的________，以及其他特征监测点的________。

13. 进行变形分析时，除了常用的________法外，还有________法、________法、________法和________法等。

14. 变形观测资料分析常用的方法有：________、________、________和建模分析。其中，建模分析中常用的数学模型有三种：________、________和________。

6.3　单选题

1. 沉降监测基准点发生沉降而未进行复测修正时，从观测成果上表现为观测点产生(　　)。

A. 下沉　　B. 隆起　　C. 无法确定　　D. 没有影响

2. 建筑物沉降观测中，确定监测点布设位置，应重点考虑的是(　　)。

A. 能反映建筑物的沉降特征　　B. 能保证相邻点间的通视

C. 能不受日照变形的影像　　D. 能同时用于测定水平位移

3. 如果变形监测的目的是为了使变形值不超过某一允许的数值而确保建筑物的安全，则其观测的中误差应小于允许变形值的(　　)。

A. 1/5～1/10　　B. 1/10～1/20　　C. 1/3～1/5　　D. 1/10～1/15

4. 沉降观测成果整理时，应绘出各沉降点的(　　)关系曲线图。

A. 时间-荷重　B. 时间-沉降　C. 荷重-沉降　D. 时间-荷重-沉降

5. 在回归分析中，总离差平方和为(　　)。

A. 变形观测值与变形观测值的回归值之差的平方和

B. 变形观测值的回归值与变形观测值的平均值之差的平方和

C. 变形观测值与变形观测值的平均值之差的平方和

6.4 多选题

1. 变形监测网点一般分为(　　)。

A. 基准点　B. 工作基点　C. 变形观测点　D. 施工中线点

2. 变形监测应遵循的原则有(　　)。

A. 在较短的时间内完成　B. 采用相同的图形(观测路线)和观测方法

C. 使用同一仪器和设备　D. 观测人员相对固定

E. 测量频次尽可能多

3. 下列哪些方法可用于水平位移监测：(　　)。

A. 极坐标法　B. 交会法　C. GNSS 测量　D. 视准线法

E. 倾斜仪法

4. 变形监测方案设计的内容主要包括：(　　)。

A. 变形监测网和检测点的布设　B. 测量精度的确定

C. 确定变形模型　D. 确定两周期之间的最小变形

E. 确定观测周期数　F. 确定最小变形量

G. 确定两周期间的时间间隔　H. 确定一周期所允许的观测时间

I. 确定预报方法　J. 监测方法的选择

5. 变形监测要求实现自动化的原因是：(　　)。

A. 变形速度太快　B. 监测点太多

C. 监测精度要求太高　D. 监测不能影响生产和运行管理

E. 可靠性要求太高　F. 监测间隔太短

G. 观测费用很高　H. 需要作持续动态监测

I. 监测环境太恶劣

6. 引起工程建筑物变形的影响因子有(　　)等。

A. 位移　B. 渗流　C. 水位　D. 沉陷

E. 倾斜　F. 气温　G. 荷载　H. 应力

I. 挠度　J. 水压　K. 裂缝　L. 渗压

M. 时间　N. 扬压

7. 变形观测的精度取决于变形的(　　)。

A. 频率　B. 目的　C. 变形值的大小　D. 周期

E. 变形速率

8. 变形监测的频率取决于变形的(　　)。

A. 荷载的变化　B. 目的　C. 变形值的大小　D. 周期

E. 变形速率

9. 工程建筑物的变形监测需要进行(　　)等监测。

A. 裂缝　B. 振动　C. 水平位移　D. 角度

E. 倾斜　F. 垂距　G. 沉降　H. 高差

I. 挠度　J. 距离　K. 频率　L. 方向

M. 摆动　N. 坐标差　O. 伸缩

10. 变形监测包括(　　)。

A. 几何量监测　B. 物理量监测　C. 平面监测　D. 高程监测

6.5 判断题

1. 工程的变形监测在工程竣工后的运营管理阶段进行。(　　)

2. 在工程建设的各阶段都必须进行变形监测。(　　)

3. 如果变形监测的目的是为了研究其变形的过程，则其观测的中误差应小于允许变形值的 1/10~1/20。(　　)

4. 如果变形监测的目的是为了研究其变形的过程，则其观测的应精度越高越好。(　　)

5. 变形监测的精度应越高越好。(　　)

6. 与人民生命和财产相关的大型特种精密工程的变形监测项目，要求以当时能达到的最高精度进行变形观测。(　　)

7. 变形监测必须确定目标点相对于参考点的绝对运动。(　　)

8. 变形监测是要确定目标点之间的相对运动以及目标点相对于参考点的绝对运动。(　　)

9. 变形监测是要确定目标点之间的相对运动。(　　)

10. 在监测时，变形体不能被触及，更不准人在上面行走，否则将影响其变形形态，这时必须采用自动化持续观测。(　　)

11. 总离差平方和为变形观测值与变形观测值的平均值之差的平方和。(　　)

12. 残差平方和为变形观测值与变形观测值的回归值之差的平方和。(　　)

13. 回归平方和为变形观测值的回归值与变形观测值的平均值之差的平方和。(　　)

14. 在回归分析中，库水位、气温、气压、坝体混凝土温度、渗流、渗压以及时间等称为因变量，为系统的输入。(　　)

15. 在回归分析中，环境量是自变量，为系统的输入，变形量是因变量，为系统的输出。(　　)

16. 在回归分析中，变形因子为系统的输入，变形称为效应量，是系统的输出。(　　)

17. 变形观测点一般应设置在不容易变形的部位，变形监测尽量采用相同的图形（观测线路）和观测方法，使用同一设备，观测人员相对固定。(　　)

18. 水平位移监测基准网宜采用国家坐标系统，并进行逐次布网。（　　）

第7章　设备安装检校测量和工业测量

7.1　名词解释

三维控制网；外插定线法；内插定线法；望远镜调焦误差；互瞄十字丝法；三维工业测量系统；测量机器人；工业摄影测量系统；距离交会测量系统；室内 GNSS 系统

7.2　填空题

1. 中小型工业设备的安装检测多采用一些________和________，如使用较多的________量测机，是将被测的产品或工件搬到测量机的工作台上，采用________、________、________、________、________和________等组成的机械式、光学式和电气式测量系统，多为________测量方式，测量精度用________描述；而大型设备安装检校和工业测量，主要还是采用________和________的技术方法，在大结构、大构件和大尺寸上达到________的精度。

2. 在水轮发电机组的安装中，应用的测量工具是________、________、________、________和________等。

3. 在设备安装检校和调试测量中，精密定线方法主要有________、________和________，与建筑物施工放样中的直线放样和归化法放样的原理相同；用于短边测角的仪器主要是________________，测角误差有：________________、________________和________________等；进行短边方位传递的常用方法有________和________。

4. 传统的设备安装检校测量方法主要是________和________，对大型天线进行检测的样板法和数控机床法是________；双五棱镜法、经纬仪交会法和经纬仪带尺法属于________。

5. 三维工业测量系统是一个“________________”测量系统，按硬件可分为：________系统、________系统、________系统、________系统和________系统。

7.3　多选题

1. 短边测角的主要误差有（　　）。

A. 仪器和目标对中误差　　B. 望远镜调焦误差
C. 大气折光影响　　D. 仪器横轴倾斜误差
E. 仪器垂直轴倾斜误差　　F. 度盘分划误差
G. 照准偏心误差　　H. 读数误差

2. 安装测量控制网的边长是采用以下方式获得（　　）。

A. 精密电子全站仪　　B. 精密角度测量间接获得
C. 专用因瓦测距仪　　D. 激光跟踪仪
E. 三角形测高　　F. 激光干涉仪

3. 短边下的照准标志非常重要，觇标分(　　)。

A. 方形　　B. 条形　　C. 圆形　　D. 十字形

E. 楔形

4. 短边方位传递的方法有(　　)。

A. 导线法　　B. 互瞄十字丝法

C. 测定天文方位角法　　D. 互瞄内觇标法

E. 平行光管法　　F. 陀螺仪法

5. 设备的安装检校中，传统的测量方法主要是(　　)。

A. 光电法　　B. 机械法　　C. 射电全息法　　D. 光学法

E. 准直法

6. 有关大型天线安装检校测量，下列说法中错误的有(　　)。

A. 大型天线安装检校测量采用统一的坐标系，不涉及坐标转换的问题

B. 控制网分大地基准、施工测量和安装测量控制网，三者之间的关系是精度约束

C. 大地基准控制网主要是为了精确获取天线原点的大地坐标和天线方位基准的

D. 大地基准控制网的点位相对坐标精度不能满足天线安装的要求

E. 施工测量控制网的精度低于大地基准控制网

7.4 判断题

1. 短边下的照准标志非常重要，当目标与十字丝同宽，照准精度最高。(　　)

2. 短边下的照准标志和照明条件很重要，当目标与十字丝同样明亮、具有不同反差时，照准精度最高。(　　)

3. 调焦误差与调焦物镜光心偏离物镜光心和分划板十字丝中心连线的距离χ成反比。(　　)

4. 望远镜对同一目标观测调焦，如果盘左、盘右调焦透镜的光心能处于同一位置，那么盘左、盘右调焦误差的绝对值相等，符号相反，取中数可消除调焦误差的影响。(　　)

5. 对远近不同距离的目标调焦观测，调焦透镜沿望远镜套筒内壁滑行，因存在隙动差，即使对同一目标两次调焦，调焦轨迹也会发生微小的变化，这种晃动属于偶然误差，不能通过盘左、盘右取中数的方法来消除，但多次观测取中数可以减弱。(　　)

6. 好的照准目标其形状和大小应便于精确瞄准，相位差较小，反差不大，亮度好，目标中心应与机械轴重合。(　　)

7. 激光跟踪仪和全站仪一样可以直接测得仪器到棱镜目标点的距离。(　　)

8. 激光跟踪仪和全站仪不一样，只能测量相对距离。(　　)

9. 激光跟踪仪和全站仪不一样，只能精确测得棱镜的相对移动距离。(　　)

10. 激光跟踪仪本身没有精确整平装置，可选择外接的电子气泡如 Nivel 20 整平仪器。(　　)

11. 激光跟踪仪有精确整平装置，与全站仪一样可架设在脚架或观测墩上。(　　)

12. 激光跟踪仪的结构设计、测距和跟踪方式与全站仪不同，测程只有几十米。(　　)

13. 激光跟踪仪的结构、测距和跟踪方式与全站仪相同，都是采用极坐标测量原理。
( )

第8章 工业与民用建筑测量

8.1 名词解释

工业与民用建筑；建筑方格网；高层建筑；高耸建筑物；内部控制网；分层投点法；非设站型安装控制网；非设站型变形监测网

8.2 填空题

1. 建筑物一般是这样划分的：4层以下为________；5~9层为________；10~16层为________；17~40层为________；40层以上为________。

2. 高层建筑施工重点是控制________，要将________逐层向上传递；高层建筑的高程传递通常采用________法和________法。

3. 在高层建筑物设计施工中，一般需要开挖深基坑，深基坑不仅可提高________，同时也为高层建筑物的________、________等提供稳固的基础。

4. ________和________是评价高层建筑工程质量的重要指标。

5. 在高耸建筑物施工中，应从两个方面考虑：一是保证建筑物竖向轴线的________；二是保证相邻层面的________。

6. 东方明珠电视塔的施工平面控制网分________________、________________和________________。

7. 大型古建筑和文物测量的主要方法和技术是________________和________________。测量的主要产品是________、________、________和________等。

8. 三维建模有基于________和基于________的两种方法。摄影测量是基于________建模，而三维激光扫描则是基于________的方法。

9. 国家大剧院的施工放样，曲线和曲面点的________计算是关键。曲线计算的方法有________、________和________。

8.3 单选题

1. 建筑方格网布网时，主轴线布设在( )。
   A. 大约场区中部，主轴线应处于南北方向
   B. 大约场区中部，主轴线应与主要建筑物的基本轴线平行
   C. 大约场区中部，主轴线应沿原有道路敷设
   D. 场区随意位置

2. 建筑基线与建筑方格网施工坐标系的坐标轴应该( )。
   A. 与大地坐标系坐标轴一致　　B. 与南北方向一致
   C. 与建筑物主轴线一致或平行　　D. 与磁北方向

3. 建筑物沉降观测的常用方法有( )。

A. 距离测量　　B. 角度测量　　C. 水准测量　　D. 坐标测量

4. 根据《烟囱工程施工及验收规范》（GB 50078—2008）要求，当烟囱高 H <100m 时，筒身中心线的垂直偏差不得大于(　　)。

A. 0.001 5H　　B. 0.001H　　C. 0. 015H　　D. 0.01H

5. 建筑物主体施工测量的主要任务是将建筑物的(　　)正确地向上引测。

A. 坐标　　B. 高程　　C. 角度　　D. 轴线和标高

6. 东方明珠电视塔的“米”字形地面外控制网，网的三条轴线交于(　　)。

A. 斜筒体中心　　B. 塔心　　C. 直筒体中心

8.4　多选题

1. 在大型工业厂区建筑工程中，通常采用的厂区控制网的形式有(　　)。

A. 测角网　　B. 建筑方格网　　C. 测边网　　D. 导线网

E. GNSS 网　　F. 三角形边角网　　G. 混合网　　H. 自由网

2. 建筑物变形观测包括(　　)。

A. 角度观测　　B. 点位观测　　C. 沉降观测　　D. 倾斜观测

E. 位移观测

3. 下列关于建筑坐标系的描述，正确的是(　　)。

A. 建筑坐标系的坐标轴通常与建筑物主轴线方向一致

B. 建筑坐标系的坐标原点应设置在总平面图的东南角上

C. 建筑坐标系的纵坐标轴通常用 A 表示，横坐标轴通常用 B 表示

D. 建筑坐标系应与工程设计所采用的坐标系统一致

E. 测设前需进行建筑坐标系统与测量坐标系统的变换

4. 建筑物产生变形的原因是(　　)。

A. 自身重量　　B. 风力地震

C. 生产过程中的荷载　　D. 日照

5. 关于分层投点法，下列说法正确的有(　　)。

A. 是用来控制建筑物竖向轴线铅直性的一种测量方法

B. 一般在晴天或白天，风速不大、塔吊不作业的条件下进行

C. 单次投点精度与垂准仪相对精度和设点精度有关

D. 采用分层投点，即便是垂准仪的相对精度不高，也能明显提高投点精度

E. 实际作业时，投点距离应由底层向高层逐渐增大。

8.5　判断题

1. 对高层建筑主要进行水平位移和倾斜观测。　(　　)

2. 对于大型厂区，建筑方格网是最适合的网形，将一直被人们采用。　(　　)

3. 对于大型厂区来说，尽管测绘技术不断发展，建筑方格网仍是优先考虑的网形。　(　　)

4. 随着测绘技术的进步，建筑方格网将逐渐被淘汰。　(　　)

5. 随着测绘技术的进步，地面边角网将逐渐被淘汰。　(　　)

6. 上海电视塔称“东方明珠”，是因为它由地下室、塔座、塔身、下球体、上球体、太空舱及天线七部分组成，其中下球体、上球体和太空舱三个像明珠的球体。（ ）

7. “鸟巢”的主体建筑平面布局呈椭圆形，建筑顶面呈马鞍形。（ ）

8. 国家大剧院的外型为钢结构壳体的半椭球形。（ ）

9. 国家大剧院的壳体由 18 000 多块形状完全一样钛金属板拼接而成。（ ）

10. 国家大剧院的建筑设计约 70%为曲线，有圆曲线、椭圆曲线和 2.2 次方的超级椭圆曲线等。（ ）

11. 国家大剧院有戏剧院、歌剧院和音乐厅。看台都为双曲面设计。（ ）

12. 国家大剧院有戏剧院、歌剧院和音乐厅。看台都为椭圆曲面设计。（ ）

第 9 章 水利和港口工程测量

9.1 名词解释

水利工程；水利枢纽工程；基本网；定线网；大坝轴线；大坝外部变形监测；大坝内部变形监测；港口工程；桩基工程

9.2 填空题

1. 修建大型水利工程需要综合考虑多方面的因素，要求河流的________、________、________。

2. 长江全长________ km，是世界上第________大河流，在干流及主要支流上就建成有________多个大型水电站。

3. 黄河干流全长________ km，水面落差________ m，是世界上第________大河流。

4. ________是世界上规模最大的水利工程，在________、________、________和________四大方面有巨大经济效益，在________、________方面也极具潜力。

5. 三峡电厂的装机为________台每台________ kW 共计________ kW，年发电量达________ kW·h。

6. 大坝可分为混凝土坝和土石坝两大类。混凝土坝又分为________、________和________三种。土石坝包括________、________和________等，统称为________。

7. 大坝内部变形自动化监测系统分三种：________监测系统、________监测系统和________监测系统。

8. 厂房施工测量主要包括：________测量、________测量和________等。

9. 水工隧洞按其作用可分为：________隧洞、________隧洞、________隧洞和________隧洞等，又分________隧洞和________隧洞。

10. 港口按所处位置分，有________、________和________；按用途分，有________、________、________和________等。

11. 港口由水域和陆域组成。港口水域主要包括________、________、船舶转头水域、锚泊地以及________等几部分。

12. 桩基按基础的受力原理可分为________和________；按施工方法可分为________

和________；按桩的打入方式可分为________和________。

9.3　单选题

1. (　　)是水利工程设计和施工的依据，也是大坝变形监测的基准。

   A. 主要厂房的主轴线　　B. 大坝轴线

   C. 水工隧洞的中心线　　D. 重要设备的中心点

2. 大型水利工程的施工控制基本网的网点(　　)。

   A. 均匀布设在大坝的上下游

   B. 布设以大坝的上游为主，兼顾下游

   C. 布设在大坝的上下游沿河两岸，便于长期保存、不受施工影响的地方

   D. 随意布设

3. 大型水利工程的施工控制网包括(　　)。

   A. 平面控制网和高程控制网

   B. 基本网和定线网

   C. 平面控制网、高程控制网和专用控制网

   D. GNSS 网、边角网和导线网

4. 大型水利工程中，厂房施工控制网的主轴线应根据(　　)测设。

   A. 首级施工控制网　　B. 二级施工控制网

   C. 专用控制网　　D. 定线网

9.4　多选题

1. 关于大型水利工程施工控制网，正确的有(　　)。

   A. 在基本网上进行施工放样　　B. 采用国家大地坐标系

   C. 点位均匀布设在大坝的上下游　　D. 要定期进行检查

   E. 投影面为大地水准面　　F. 坝轴线为施工控制网的一条边

   G. 点位易于保存、稳定　　H. 特别注意仪器纵轴的垂直性

2. 关于大型水利工程的高程控制网，正确的有(　　)。

   A. 采用水准测量方法分两级布设

   B. 首级水准网不需要与国家水准点联测

   C. 要布设成闭合或附合水准路线

   D. 首级水准网可按三、四等水准要求建立

   E. 首级水准网点也是今后变形监测的高程基准

   F. 二级水准网点应埋设在基岩上或埋设钢管标志，并便于高程放样作业

3. 大坝内部变形监测的内容包括(　　)。

   A. 水平位移　　B. 沉降　　C. 倾斜　　D. 裂缝

   E. 边坡稳定性　　F. 挠度　　G. 渗流、渗压　　H. 地下水位

   I. 应力、应变　　J. 气温、气压　　K. 降水量　　L. 风力、风向

4. 关于港口工程测量，下列说法正确的有(　　)。

   A. 港口工程的平面控制网包括测图控制网、施工控制网和变形监测网

B. 施工控制网最先建立，测图控制网和变形监测网可挂靠在施工控制网上

C. 测图控制网、施工控制网和变形监测网可采用同一坐标系和基准

D. 常以施工基线的形式作为施工放样的依据

E. 港口工程中不需要进行环境监测

9.5　判断题

1. 长江全长6 380km，是世界上第三大河流。（　　）

2. 黄河干流全长5 464km，是世界上第四大河流。（　　）

3. 我国海岸线总计达33 200km，现有沿海港口150余个。（　　）

4. 已有的大型水利工程的施工平面控制网很少采用GNSS网，传统上都布设成边角全测的地面三角形网。（　　）

5. 大型水利工程的施工平面控制网适宜采用GNSS技术布网。（　　）

6. 大型水利工程的施工平面控制网适宜布设成地面三角形网。（　　）

7. 水利枢纽工程施工控制网的投影面为重要厂房基础平面。（　　）

8. 大坝施工前，应把坝体分块控制线和分段控制线测设出来。分块控制线与坝轴线平行，一般是施工缝，分段控制线垂直于坝轴线，一般为温度缝。（　　）

9. 我国水电站主要采用混流式水轮发电机，且多为卧式布置。（　　）

10. 在大型工程中，只有大坝工程有内部变形观测和外部变形观测之分。（　　）

第10章　高速铁路工程测量

10.1　名词解释

高速铁路；线下工程；轨道系统；CP 0网；CPI网；CPII网；CPIII网；搭接测量；轨检小车；博格技术

10.2　填空题

1. 高速铁路可分为________和________两部分。

2. 线下工程的高稳定性需依靠对________和________的严格控制来实现，轨道系统的高平顺性则要依靠________技术。

3. 轨道控制网的精度要求是点位绝对精度________，相邻点间的相对精度________，轨道铺设精度（两根轨枕间的轨道相对精度）为________。

4. 高速铁路在工程独立基准下进行测量。建立一个精密基准，包括确定最佳________和选择最佳________两个方面。

5. 高速铁路根据以下原则选择投影方式：南北走向的线路，可选择________投影；非南北走向的线路，可选择________投影；东西走向的线路，可选择________投影。

6. 轨道系统施工测量都是以轨道控制网________为基准，采用______________法测量，设站时，相邻测站重叠观测的控制点不宜少于________；高程精度要求特别高时，采用________施测高程。

7. 我国高速铁路现已形成具有自主知识产权的________和________无砟轨道系统。

8. 双块式无砟轨道施工技术源于德国，分为________双块和________双块，前者采用________施工，后者采用________施工。

9. 高速铁路中的通用型强制对中装置由________、________、________和________组成。

10. 高速铁路的沉降监测网分基准网和监测网。基准网由________和________组成，利用水准环线，将两个相邻的________之间的________和________联结成独立的基准网。

11. 路基沉降主要包括________沉降和________沉降。

10.3　单选题

1. 工程独立坐标系应确保轨面上的长度投影变形不大于(　　)。

A. 1mm/km　　B. 10mm/km　　C. 3mm/km　　D. 5mm/km

2. CPⅢ高程利用二等几何水准施测，要求相邻CPⅢ点高程的相对精度为(　　)。

A. 2mm　　B. 0.1mm　　C. 0.5mm　　D. 1mm

3. 高速铁路对沉降监测点的观测精度要求为(　　)。

A. 2mm　　B. 0.1mm　　C. 0.5mm　　D. 1mm

4. 高速铁路基础控制网（CPⅠ）采用(　　)测量方法建立。

A. GNSS　　B. 附合导线　　C. 自由设站边角交会

5. 高速铁路的高程控制采用二等水准网，单独埋设的二等水准测量标石到线路中心线的距离不能大于(　　)。

A. 50m　　B. 800m　　C. 1km　　D. 500m

6. 基础控制网（CPⅠ）在线路初测阶段建立，每(　　)左右布设一个点，应设在距线路中线(　　)，不会被施工破坏，稳定可靠和利于测量的地方。

A . 4km　　B. 50km　　C. 7km　　D. 20~500 m

E. 50~500 m　　F. 100~500 m

7. 线路控制网（CPⅡ）在线路定测阶段建立，应沿线路每(　　)布设一个点，应设在距线路中线(　　)，不会被施工破坏，稳定可靠和利于测量的地方。

A. 600~800m　　B. 500~1 000m　　C. 700~1 000m　　D. 20~200m

E. 50~200m　　F. 80~200m

8. CPⅢ控制点成对且对称布置，一对点之间的间距为(　　)，点对之间的间距约(　　)，网形非常规则。

A. 7~15m　　B. 9~15m　　C. 10~15m　　D. 60m

E. 70m　　F. 80m

9. 高速铁路无砟轨道调校分粗调和精调，粗调时，单站测距范围不超过(　　)，每隔3~5根轨枕（承轨台）测量一个点，通过多遍调整，将轨道调整到与设计值相差(　　)的位置。

A. 80m　　B. 100m　　C. 120m　　D. 1~2mm

E. 2~3mm　　F. 3~4mm

10. 高速铁路无砟轨道调校分粗调和精调，精调时，单站测距范围不超过(　　)，逐枕测量，不同测站搭接(　　)个点。通过多次反复调整，将轨道精确调整到设计位置。

A. 50m　　B. 70m　　C. 80m　　D. 5

E. 6　　F. 7

10.4 多选题

1. CPⅢ控制网测量准备工作包括(　　)。

A. 区段沉降变形观测评估通过

B. 桥梁防护墙和路基接触网杆基础完成

C. 精测网复测完成，复测报告评审通过

D. CPⅢ测量技术方案报批通过

E. CPⅡ加密点和CPⅢ标志预埋完成

2. 高速铁路路基工程沉降变形观测断面及观测点的设置原则为(　　)。

A. 沿线路方向间距不大于50m

B. 一个观测单元应不少于2个观测断面

C. 对地质、地形条件变化较大地段一般间距不大于25m，在变化点附近应设置观测断面

D. 对地形横向坡度大于1∶5或地层横向厚度变化的地段应布设不少于1个横向观测断面

3. 有关高速铁路轨道系统的测量基准，下列说法正确的是(　　)。

A. 可通过对WGS-84椭球的改造来确定最佳区域椭球

B. 新建的区域椭球面应最大限度地接近测区平均高程面

C. 南北走向的线路，选择横轴墨卡托投影；非南北走向的线路，选择斜轴墨卡托投影

D. 东西走向的线路，选择高斯投影

E. 当投影变形引起的误差影响精密工程的施工精度时，应将测区分割成多个区域分别投影，建立多个独立坐标系

4. 有关CPⅢ控制网的布设和测量，下列说法正确的是(　　)。

A. 是工程独立坐标系下的精密三维控制网

B. 应构成由三角形、大地四边形组成的带状网

C. 高程控制点可单独布设，也可以与平面控制点共点

D. 要求在夜间或阴天，用边角交会自由设站的模式观测，遇到CPⅡ网点应联测

E. 在CPⅡ网和CPⅢ网联测时，应该采用精密棱镜、支架和基座，以及配套的优质木脚架

10.5 判断题

1. 轨道铺设中，有砟轨道可以对轨排进行整体调整，无砟轨道需通过更换不同尺寸的扣件调整。(　　)

2. 双块式无砟轨道施工技术源于日本。按施工方法分为Ⅰ型双块和Ⅱ型双块。(　　)

3. CRTS Ⅰ型是采用轨排法施工，CRTS Ⅱ型是采用机械压入法施工。前者施工精度低，轨道精调工作量大，后者施工精度高，精调工作量小。（　）

4. CRTS Ⅱ型轨道板安装的绝对精度是0.5mm，板与板之间的相对精度是0.3mm。（　）

5. 博格技术是无砟轨道轨道板的一种安装和精调技术，源于法国。（　）

6. 无砟轨道精调时，以一根钢轨为基本轨，将另一根钢轨调整到位。（　）

7. 无砟轨道精调时，直线地段基本轨可以自由选择。（　）

8. 无砟轨道精调时，对于曲线地段，轨道高程以外轨为基本轨，调整内轨。（　）

9. 无砟轨道精调时，对于曲线地段，平面和高程的基本轨要分开，以外轨为基本轨，调整内轨。（　）

10. 轨道系统施工测量都是以轨道控制网CP Ⅱ为基准，采用全站仪自由设站三维坐标法测量。（　）

11. 高速铁路沉降观测中，在确定监测点的监测高程时，应按照附合水准，利用两个工作基点来计算。（　）

12. 路基基础沉降应在施工过程中进行动态连续监测，即边施工边监测，其专用监测设备是沉降板。（　）

第11章　桥梁工程测量

11.1　名词解释

桥梁；斜拉桥；悬索桥；连续刚构桥；索塔；距离差法

11.2　填空题

1. 桥梁按受力体系可分________、________、________、________和________；按长度分________、________和________。

2. 悬索桥是目前所有桥梁中________最大的桥型，主要由________、________、________和________组成。

3. 港珠澳大桥是一座连接________、________和________的世界________长的巨型桥梁，全长约________ km。

4. 桥梁施工平面控制网的精度与桥梁的________、________和________有关。

5. 悬臂箱梁的挠度变形：有________引起的________挠度变形，有________引起的________的挠度变形，还有温度________悬臂________和温度________悬臂________的挠度变形。

6. 悬臂箱梁的挠度变形监测包括：______________、______________、______________、______________、______________和______________等内容。基准点应不少于________个，工作基点一般布设在________上和________上。

7. 桥梁勘测设计阶段的主要测量工作包括：桥址________、桥址________、桥址______________和桥址线路纵断面的________、________、________等其他测量工作。

8. 港珠澳大桥的控制测量系统主要由________、________及________组成。首级平面控制网由14个________控制点和3个________构成；首级高程控制网由59个________水准点和52个________水准点构成，多处采用________高程传递测量。大桥的控制测量系统统一了港珠澳三地的坐标及高程基准，建立了满足主体工程建设要求的港珠澳大桥工程坐标系，确立了各坐标系之间的________和高精度的________。

9. 港珠澳大桥GNSS连续运行参考站（HZMB-CORS）系统由________子系统、________子系统、________子系统、________子系统和________子系统组成，提供________级的实时定位服务，是我国首个独立的基于________的工程CORS。

10. 港珠澳大桥沉管隧道全长________m，由________个管节组成。在管节沉放对接时，采用相对定位和绝对定位两种测控方法实时测控管节的空间位置及姿态，相对定位有________法和________法，绝对定位有________法和________法，并将测得的两个________的三维坐标与管节内的________数据进行联合处理，实现了________坐标系与________坐标系之间的转换。

11.3 单选题

1. 在桥梁中线的两端埋设两个(　　)，这两个点之间的连线称为桥轴线。

A. 控制点　　B. 水准点　　C. 里程点　　D. 标志点

2. 桥址纵断面应测至岸边高出最高水位或设计水位至少(　　)。

A. 0.5m　　B. 1m　　C. 2m　　D. 5m

3. 为了计算和使用方便，桥梁施工控制网一般都采用(　　)。

A. 大地坐标系　　B. 高斯平面直角坐标系

C. 独立测量坐标系　　D. 切线坐标系

4. 由于跨中离两岸较远，基准索股的跨中垂度测量，应从两个不同的方向同时进行，从两岸向跨中同一点测量的垂度互差应控制在(　　)以内。

A. 5mm　　B. 10mm　　C. 20mm　　D. 30mm

5. 张拉力所引起的箱梁挠度，有一个时间上的滞后效应，亦即张拉后上挠变形不会立即发生，而是在张拉后的(　　)小时内逐渐完成。

A. 2~4　　B. 3~5　　C. 4~6　　D. 5~7

6. 建立桥梁平面控制网，首选(　　)。

A. 测角网　　B. 测边网　　C. 边角网　　D. GNSS网

7. 斜拉桥的斜拉索套管后锚点的容许偏差为(　　)，最弱点的坐标中误差不应大于(　　)，其精度要求较高。

A. 1mm　　B. 2mm　　C. 3mm　　D. 4mm

E. 5mm　　F. 6mm

8. 监测桥梁变形时采用的传感器方法，例如IBIS-S系统，具有(　　)缺点。

A. 不能长期连续的自动化观测　　B. 野外测量的工作量大

C. 只能观测有限的局部变形　　D. 获取的变形信息精度比较低

9. 索塔封顶之后和上部构造施工之前，索塔变形监测的目的是(　　)。

A. 控制猫道的垂度
B. 平衡索塔两侧的水平力
C. 获取索塔一日之中变形最小的时间段
D. 确保施工质量和安全

11.4　多选题

1. 桥梁变形监测的方法有(　　)。
A. 大地测量方法　B. 摄影测量方法
C. 测量机器人　D. 传感器方法
2. 桥梁变形监测的精度，应根据桥梁的(　　)等因素综合确定。
A. 类型　B. 结构　C. 使用年限　D. 用途
3. 桥墩、台细部放样包括(　　)。
A. 扩大基础放样　B. 桩基础钻孔定位放样
C. 承台放样　D. 桥墩身使用放样
4. 桥梁墩台放样的目的是(　　)。
A. 确定墩台中心的位置　B. 确定墩台的纵轴线
C. 确定墩台的横轴线　D. 确定墩台的高程
5. 下列关于桥梁墩、台轴线的说法错误的是(　　)。
A. 直线桥墩台的横轴线与线路的中线方向重合
B. 曲线桥墩的横轴线位于桥梁偏角的分角线上
C. 墩台的纵横轴线互相垂直
D. 桥台的横轴线是指桥台的胸墙线
6. 关于桥梁施工平面控制网，正确的有(　　)
A. 一般以一个稳定的桥位点或勘测控制点作起始点
B. 采用国家大地坐标系
C. 投影面为桥墩台顶面的平均高程面
D. 主要网点宜建立带强制对中装置的混凝土观测墩，并作定期复测
E. 最好使桥轴线与 Y 轴平行或重合
F. 在桥轴线上和两侧应布设控制点
G. 点位易于保存、稳定
H. 首选 GNSS 网

11.5　判断题

1. 勘测阶段的桥址控制测量主要是为了施工放样。(　　)

2. 索塔的位移变形值为同一距离两次观测之差，因此观测中的系统误差和部分偶然误差可大部分抵消。(　　)

3. 在大跨度连续刚构桥悬浇法主梁施工中，由于跨度大和悬臂长，悬臂箱梁的挠度变形是显著的，重力引起向下挠度变形。(　　)

4. 在大跨度连续刚构桥悬浇法主梁施工中，由于跨度大和悬臂长，悬臂箱梁的挠度

变形是显著的，张拉力引起的向下的挠度变形。（　　）

5. 在大跨度连续刚构桥悬浇法主梁施工中，由于跨度大和悬臂长，悬臂箱梁的挠度变形是显著的，温度升高悬臂向下的挠度变形。（　　）

6. 在大跨度连续刚构桥悬浇法主梁施工中，由于跨度大和悬臂长，悬臂箱梁的挠度变形是显著的，温度降低悬臂向下的挠度变形。（　　）

7. 日照温差引起的索塔扭转水平位移变形，其变形量是二维的。（　　）

8. 猫道施工、索股牵引和钢箱梁吊装所引起的索塔水平位移变形量是一维的，变形方向预先知道。（　　）

9. 悬索桥主缆架设过程中的垂度测量包括基准索股的相对垂度与一般索股的绝对垂度测量。（　　）

10. 悬索桥基准索股两边跨和中跨中心与水面的高差大于100m时，只能采用全站仪测距三角高程测量法进行垂度测量，且必须进行大气折光改正。（　　）

11. 地基雷达干涉测量技术的沉降形变监测精度比水准测量的精度差。（　　）

第12章　隧道工程测量

12.1　名词解释

隧道；贯通；隧道的贯通误差；横向贯通误差；纵向贯通误差；高程贯通误差；贯通中误差影响值；联系测量；一井定向；两井定向；投点误差；投向误差；腰线

12.2　填空题

1. 估算洞外平面控制测量的横向贯通误差影响值的方法有________、________、________、________和________。

2. 估算洞内平面控制测量的横向贯通误差影响值的方法有________、________、________和________。

3. 地下导线的分级布设通常分________、________和________。施工导线的边长为________m，基本导线边长为________m，主要导线的边长为________m。

4. 联系测量可由________测量、________测量、________测量由地面洞口直接联测到地下完成。

5. 竖井联系测量分为平面联系测量和高程联系测量，平面联系测量包括________、________和________，亦称________；传递高程的联系测量也称________。

6. 通过竖井导入高程的常用方法有________法、________法、________法等。

7. 悬挂式陀螺仪由灵敏部、________、________和________组成。灵敏部包括________、________、________、________和________等。

8. 隧道施工过程中，要标定隧道的掘进方向，对于直线隧道，平面上掘进方向的标定有________、________和________；竖面上掘进方向的标定则采用水准仪加________。无论是哪一种测量和方法，都离不开洞内________测量和________测量。

9. 隧道的实际净空断面测量应以________为准，测量隧道的________、________、

________、________或________，宜采用________仪或________仪测量。

12.3　单选题

1. 设隧道两开挖洞口间的长度为 L，则纵向贯通误差的中误差为(　　)。

A. $L/2\ 000$　B. $L/5\ 000$　C. $L/4\ 000$　D. $L/1\ 000$

2. 根据《铁路测量技术规则》，隧道两开挖洞口间长度在 $8 \leqslant L < 10$ 时，隧道横向贯通中误差为(　　)。

A. 100mm　B. 200mm　C. 150mm　D. 70mm

3. 根据《铁路测量技术规则》，隧道高程贯通误差限差为(　　)。

A. 50mm　B. 70mm　C. 100mm　D. 25mm

4. 地下铁道工程测量中，为建立统一的地面与地下坐标系统，应采取的测量方法为(　　)。

A. 联系测量　B. 贯通测量　C. 细部测量　D. 检核测量

5. 隧道施工测量洞外控制测量中，每个洞口应布设不少于(　　)个平面控制点。

A. 2　B. 3　C. 4　D. 1

6. 洞内导线应根据洞口投点向洞内作引伸测量，洞口投点应纳入(　　)内。

A. 导线点　B. 控制网　C. 精度误差范围　D. 视线范围

7. 隧道洞外 GNSS 网的洞口投点与定向点间应相互通视，距离不宜小于(　　)，高差不宜过大。采用网联式布设，每个 GNSS 网点至少有(　　)条独立基线通过。

A. 200m　B. 300m　C. 400m　D. 2

E. 3　F. 4

8. 在隧道洞内高程控制测量中，每组永久高程点应设置(　　)个。永久高程点的间距一般以(　　)m 为宜。

A. 3　B. 2　C. 4　D. 100~300

E. 200~400　F. 300~500

9. 直线隧道中线调整，可在未衬砌地段上采用折线法调整，如果由于调整贯通误差而产生的转折角在(　　)以内时，可作为直线线路考虑。

A. 3′　B. 5′　C. 7′　D. 9′

10. 直线隧道中线调整，可在未衬砌地段上采用折线法调整，当转折角大于(　　)时，则应以半径为 4 000m 的圆曲线加设反向曲线。

A. 10′　B. 20′　C. 25′　D. 30′

11. 陀螺仪测定的方位角是(　　)。

A. 坐标方位角　B. 磁北方位角

C. 施工控制网坐标系方位角　D. 真北方位角

12. 在地下导线中加测一个陀螺方位角时，应加测在导线全长(　　)处最好。

A. 1/3　B. 1/2　C. 2/3　D. 1/4

13. 在地理南北纬度不大于(　　)的范围内，陀螺仪可以不受时间和环境等条件限制，实现快速真北定向。

A. 75°　B. 70°　C. 65°　D. 80°

14. 隧道竣工后，应在直线地段每(　　)、曲线地段每(　　)及需要加测断面处，测量隧道的实际净空断面。

A. 100m，100m　　B. 100m，50m　　C. 50m，50m　　D. 50m，20m

12.4　多选题

1. 隧道贯通测量误差包括(　　)。

A. 纵向贯通误差　　B. 曲线贯通误差

C. 横向贯通误差　　D. 高程贯通误差

2. 通过竖井的平面联系测量的任务是测定地下起始点的坐标和起始边的方位角，采用的方法有(　　)。

A. 一井定向　　B. 陀螺定向　　C. 两井定向　　D. GNSS 测量

3. 通过平硐、斜井的平面联系测量可采用导线测量方法直接导入，高程联系测量可采用(　　)方法直接导入。

A. 几何定向　　B. 陀螺经纬仪定向

C. 水准测量　　D. 三角高程测量

4. 隧道工程测量中，竖井联系测量的平面控制方法有(　　)。

A. GNSS-RTK 测量法　　B. 陀螺仪定向法

C. 激光准直投点法　　D. 悬挂钢尺法

E. 联系三角形法

5. 隧道洞内控制测量的主要形式有(　　)。

A. 导线环　　B. 交会测量　　C. 水准测量　　D. GNSS 三维网

E. 主副导线环

6. 隧道洞外控制测量的主要手段有(　　)。

A. 三角测量　　B. 现场标定法　　C. 交会测量　　D. GNSS 测量

E. 地面边角网法

12.5　判断题

1. 隧道贯通误差主要是纵向贯通误差。(　　)

2. 隧道的贯通限差不应超过 100mm。(　　)

3. 铁路桥隧控制测量一般采用独立坐标系。(　　)

4. 陀螺经纬仪可直接测定方位角，主要用于联系测量和地下工程测量。(　　)

5. 一井定向中，连接三角形最有利的形状为锐角不大于 5°的延伸三角形。(　　)

6. 一井定向中，计算角 β（或 γ）的误差，随测量角 α 的误差增大而增大。(　　)

7. 一井定向中，两垂球线间的距离 a 越大，则计算角的误差越小。(　　)

8. 一井定向中，延伸三角形的量边误差对定向精度的影响较小。(　　)

9. 两井定向的实质是通过无定向导线测量和计算，提高地下导线起算点的坐标精度和可靠性。(　　)

10. 隧道洞内导线加测一个陀螺方位角时，应加测在导线全长三分之二处的边上。(　　)

11. 隧道洞内导线加测两个以上陀螺方位角时，加测在导线全长的二分之一处和四分之三处的边最好。　　（　）

12. 陀螺经纬仪在地理南北纬度不大于85°的范围内，它实现快速定向。　　（　）

13. 陀螺经纬仪可测定测站到目标点方向与磁北方向间的角度。　　（　）

14. 陀螺经纬仪可测定测站到目标点的大地方位角。　　（　）

15. 从地球的北极观察，地球是绕其旋转轴逆时针方向旋转，旋转角速度矢量沿旋转轴指向北端。　　（　）

16. 地平面在空间绕子午线旋转的角速度，造成地平面东升西降，使地球上的观测者感到太阳和其他星体的高度发生变化。　　（　）

17. 子午面在空间绕铅垂线旋转的角速度，使子午线的北端向西移动，使地球上的观测者感到太阳和其他星体的方位发生变化。　　（　）

12.6　计算题

某直线型隧道长度6.4km，拟从两端通过平硐相向开挖方式施工，贯通面在中央，问：

（1）地面控制测量、每端地下控制测量所引起的横向贯通误差各为多少？

（2）当地下控制采用导线测量，且导线的平均边长为$S=320$m时，为保证贯通，其测角精度要求应是多少？

注：对于等边直伸的地下导线，由测角引起的横向贯通公式估算误差为

$m_q = \pm\sqrt{\dfrac{n^2 s^2 m''^2_\beta}{\rho''^2}\cdot\left(\dfrac{n+1.5}{3}\right)}$，式中，$s$为导线边长，$n$为导线边数。

第13章　矿山测量和其他工程测量

13.1　名词解释

地下工程；矿山测量；井巷工程；矿井；矿山巷道；回采工作面；城市地下管线；地下管线探测仪；探地雷达法；精密工程

13.2　填空题

1. 矿山按年生产量分为________、________、________三种；按开采方式分为________和________；按开采资源种类又分为________、________、________、________和________等；开拓方式分为________、________和________。

2. 矿山建设过程分为________、________、________、________和________阶段。

3. 平硐是直接与地面相通的________，它的作用类似________，有________平硐、________平硐、________平硐和________平硐等。

4. 矿山巷道分为________巷道、________巷道、________巷道和________巷道四类。

5. 矿山施工测量主要有________、________测量、________测量、________测量以及生产期间的各种________等。

6. 巷道放样是指按设计开拓（掘进）巷道，包括________、________、________和________的确定等；

7. 标定巷道的掘进方向，即巷道________的标定。对于直线巷道，平面上掘进方向的标定有________法、________法和________法；对于曲线巷道，主要用________测量加________法；竖面上掘进方向的标定则采用________加________法。

8. 回采工作面测量主要包括________测量、________测量、________测量、________________测量、________测量等，回采工作面测量对于矿产________和________计算都很重要，根据测量资料在采掘工程平面图上进行________，一般________天测量一次，________测量一次，________时也必须进行测量。

9. 城市地下管线可分为________、________、________、________、________、________和________等管线，也可分为________、________、________、________、________、________、________以及________。

10. 按地下管线探测任务可分为________________、________________、________________和________________四类。

11. 地下管线物探方法分________法、________法和________法等。电探测法又分________探测法和________探测法两类。

12. 数据库设计分为________、________和________三个阶段。

13. 城市地下管线图主要包括________管线图和________管线图两种，有时还要求编绘________。

14. 精密工程测量有时被称为“________________”或“________________”。

13.3 单选题

1. 布设矿山施工平面控制网时，应在每个矿井（或矿井对）附近不受施工影响且易于保存的地方，布设不少于(　　)个以上的近井点。

A. 2　　B. 4　　C. 1　　D. 3

2. 一井定向与两井定向相比，下列说法正确的是(　　)。

A. 一井定向的精度比两井定向的精度低

B. 一井定向比两井定向投点要求低

C. 一井定向比两井定向的井上下测量环节多

D. 一井定向比两井定向外业测量简单，占用竖井的时间较短

3. 近井点的点位中误差应在(　　)以内。

A. ±5mm　　B. ±10mm　　C. ±15mm　　D. ±20mm

4. 腰线标定的任务是(　　)。

A. 保证巷道具有正确的坡度　　B. 保证巷道掘进方向的正确

C. 满足采区控制需要　　D. 在两井定向中应用

5. 中线标定的任务是(　　)。

A. 保证巷道具有正确的坡度　　B. 控制巷道在水平面上的方向

C. 满足采区控制需要　　D. 在两井定向中应用

6. 腰线常标定在巷道的(　　)。

A. 顶板上　　B. 底板上　　C. 两帮上　　D. A、B 和 C

7. 巷道中线常标定在掘进巷道的(　　)。

A. 顶板上　　B. 底板上　　C. 两帮上　　D. A、B 和 C

8. 激光指向仪是用来指示巷道掘进的(　　)。

A. 中线　　B. 腰线　　C. 中线和腰线

9. 矿井工业广场井筒附近布设的平面控制点称为(　　)。

A. 导线点　　B. 三角点　　C. 近井点　　D. 井口水准基点

10. 探管仪投入使用前，必须要进行(　　)。

A. 仪器检验　　B. 方法实验　　C. 检测　　D. 参数设定

11. 城市地下管线竣工测量中，管线点的平面位置中误差不得大于(　　)。

A. 3cm　　B. 4cm　　C. 5cm　　D. 6cm

12. 城市地下管线竣工测量中，管线点的高程中误差不得大于(　　)。

A. 2cm　　B. 3cm　　C. 4cm　　D. 5cm

13. 精密工程测量中相对精度一般要高于(　　)。

A. 10^{-5}　　B. 10^{-6}　　C. 10^{-7}　　D. 10^{-8}

13.4　多选题

1. 某矿通过主、副井开拓，打了一对相距 60m~800m 立井。现欲将地面坐标传递到井下，可使用(　　)。

A. 一井定向　　B. 两井定向　　C. 钢尺法　　D. 陀螺仪定向

E. 钢丝法　　F. 光电测距仪铅直测距法

2. 采用在竖井内悬挂钢尺的方法进行高程联系测量时，应注意(　　)。

A. 地面与地下应同时在钢尺上读数

B. 所测值要进行尺长改正、温度改正、拉力改正、自重伸长改正

C. 所测值要进行尺长改正、温度改正、拉力改正、自重伸长改正和气压改正

D. 钢尺温度改正计算时应采用井上、井下实测温度的平均值

E. 钢尺温度改正计算时应采用井下实测温度的平均值

3. 有关巷道导线测量，下列说法正确的有(　　)。

A. 巷道导线测量的精度比隧道的要求低得多

B. 可以像铁路、公路隧道那样布设为洞内交叉导线

C. 具有多余观测少、图形条件差等特点

D. 导线点一般设在巷道顶板上，应使用点下光学对中器进行对中

E. 对精度进行定量分析

4. 明显管线点一般设置在地面上管线附属设施的几何中心，如(　　)等。

A. 检修井　　B. 管线出入点　　C. 人孔　　D. 变径点

E. 三通点　　F. 闸门井　　G. 直线段端点　　H. 电信接线箱

I. 仪表井　　J. 消防栓栓顶　　K. 变坡点

5. 隐蔽管线点是地下管线或地下附属设施在地面上的投影位置，如(　　)等。

A. 检修井　　B. 变材点　　C. 人孔　　D. 变径点

E. 三通点　　　F. 闸门井　　　G. 直线段端点　　　H. 电信接线箱
I. 仪表井　　　J. 曲线段加点　　　K. 变坡点

6. 有关精密工程控制网，下列说法正确的有(　　)。

A. 控制网点位布设要考虑工程施工放样和监测方便

B. 投影面选择应满足“控制点坐标反算的两点间长度与实地两点间长度之差应尽可能小”

C. 同一工程中有不同观测项目，可用不同精度指标

D. 控制网的形状常受工程形状所制约，例如线形工地上宜布设直伸形网，环形工地上宜布设环形网

E. 常有较多的多余观测，提供可靠的校核并提高测定待定点坐标和高程的精度

13.5　判断题

1. 井下各控制点多选定在顶板上。(　　)

2. 罗盘仪是用来测定真北方向角的仪器。(　　)

3. 布设井下基本控制导线时，一般每隔 5km 应加测陀螺定向。(　　)

4. 一井定向时，采用吊锤的重量与钢丝的直径随井深而不同。(　　)

5. 为了校核，一般一井定向应独立进行两次，两次独立定向求得的井下起始边的方位角互差不超过 2′。当外界条件较差时，在满足采矿工程的前提下，互差可放宽到 3′。(　　)

6. 井下平面控制分为基本控制和采区控制两类，基本控制导线按照测角精度分为±7″和±15″两级，采区控制导线按照测角精度分为±15″和±30″两级。(　　)

7. 井下水准测量一般适用于倾角小于 8°的巷道，一般分为Ⅰ级水准测量和Ⅱ级水准测量。(　　)

8. 在联系测量之前，必须在井口附近埋设近井点，还应埋设 3 个以上水准点。(　　)

9. 近井点应布设在每个矿井（或矿井对）附近不受施工影响且易于保存的地方，且相邻近井点之间不用考虑保证通视。(　　)

10. 井下永久导线点应埋设在主要巷道中，一般每隔 300～600m 埋设一组三个永久点。(　　)

11. 联系测量的任务包括确定地下导线起算边的坐标方位角，确定井下导线起算点的平面坐标，确定井下水准基点的高程。(　　)

12. 在竖井联系测量工作中，方位角传递是一项关键性工作，主要有一井定向、两井定向、陀螺仪定向等方法。(　　)

13. 一井定向工作可分为两个部分内容：即由地面向定向水平投点和在地面和定向水平上与垂球线进行连接测量。(　　)

14. 支导线是井下平面控制测量常用的一种导线形式，其点位误差只取决于量边和测角的精度。(　　)

15. 一井定向具有投向误差小、外业测量简单等优点。(　　)

16. 对已有地下管线带状地形图的测绘宽度：规划道路测出两侧第一排建筑物或红线

外 20m 为宜。测绘精度与基本地形图相同。（　）

17. 电磁波法又称探地雷达法，能准确探测金属管线，但不能探测非金属管线。（　）

18. 电磁法分频率域电磁法和时间域电磁法。频率域电磁法主要用于金属管线的探测。（　）

19. 时间域电磁法的应用最广，优点是精度高、费用省、抗干扰力强、方式灵活等。（　）

20. 磁探测法能探测所有的金属管线。（　）

21. 地下管线隐蔽管线点平面位置的探测限差为 0. 15h，h 为地下管线的中心埋深。（　）

22. 地下管线隐蔽管线点埋深的探测限差为 0. 15h，h 为地下管线的中心埋深。（　）

23. 共偏移距法（COD 法）主要用于非金属地下管线探测。（　）

24. 在确定精密工程测量的精度指标时，应结合目前先进的仪器和技术能实现的程度，采用多种模拟计算和综合技术来确定精度。（　）

附录二　工程测量学课程实验

1. 基本要求

使用 COSA 系列软件的 CODAPS（测量控制网数据处理通用软件包）教学版，进行工程测量控制网的模拟仿真设计计算，以达到以下基本要求：

（1）掌握工程测量控制网模拟设计计算的基本理论和方法，对附合导线进行设计、模拟计算、统计分析和假设检验，对结果进行分析。通过与三角形边角网模拟计算结果的比较，加深对控制网的精度及可靠性的理解。

（2）掌握基于观测值可靠性理论的控制网优化设计方法，能够根据工程对测量、放样和安全监测的要求，布设测量控制网并进行内业设计与计算。

（3）掌握隧道洞外 GNSS 控制网测量误差所引起的隧道横向贯通误差（影响值）模拟计算的基本原理和方法，能独立布设隧道洞外 GNSS 控制网，根据观测值的精度计算横向贯通误差影响值。

时间：1 周。课堂辅导性讲解 4 个课时，上机计算和撰写课程实验报告。

2. 附合导线和三角形全边角网的模拟计算分析

1）网的基本信息和设计

附合导线和三角形全边角网（如桥梁控制网）的总点数都为 9 个，附合导线有 4 个已知点，全边角网按 1 个已知点和 1 个已知方向的最小约束网布设，附合导线的平均边长为 500m，测角误差为 3.5″；三角形全边角网的平均边长为 2 000m，测角误差为 2.5″。

在白纸或电脑上进行网形设计，先确定一独立平面直角坐标系，按网的基本要求和实际情况，确定已知点和已知方位，读取已知点和未知点的坐标，确定点之间的连接关系（见附图 1、附图 2）。

2）计算步骤

（1）人工生成网的方案文件：“网名 . FA2”。方案文件名为“网名 . FA2”，网名可以用汉字、字符或汉字与字符的任意组合。本课程设计规定：网名用学生的姓名加网形，如：张三+导线 . FA2，张三+三角形边角网 . FA2……

方案文件结构：

第 1 行（观测精度指标部分）：

方向中误差（″），边长固定误差（mm），比例误差（ppm）

如：2.5，2.0，2.0

第 2 行到第 K 行（控制点坐标部分）：

点名，点类型（0-已知点，1-未知点），X 坐标（m），Y 坐标（m）

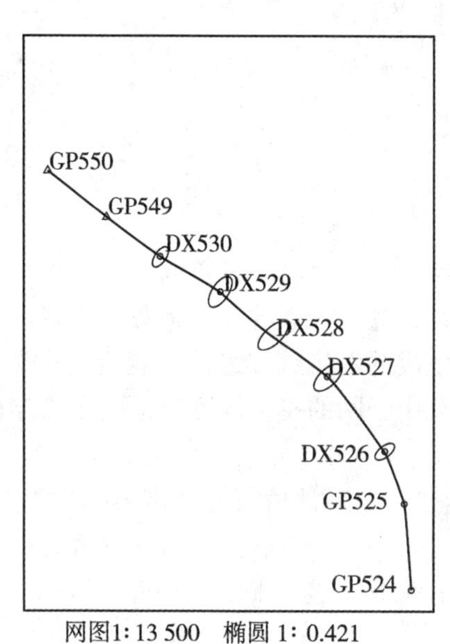

网图1: 13 500　椭圆 1: 0.421

附图 1　附合导线控制网网图

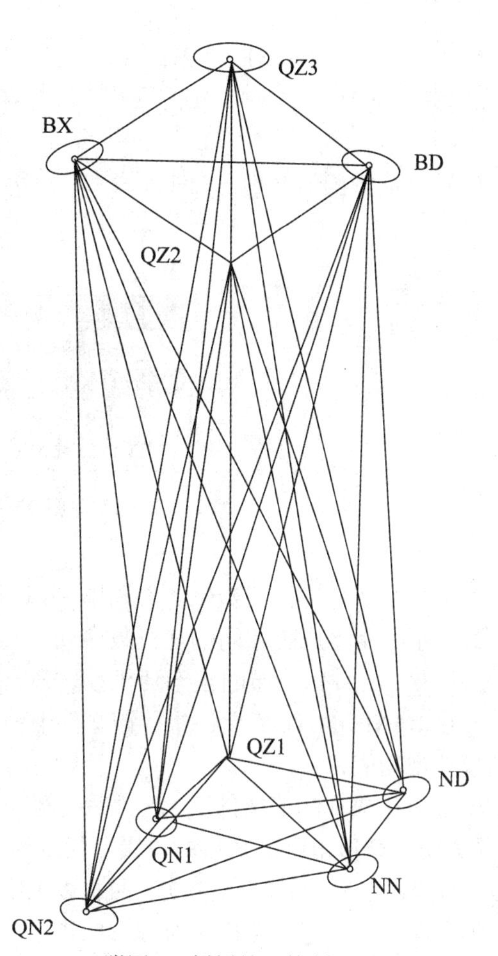

附图 2　桥梁施工控制网图

…，……，……，……

第 K+1 行（已知方位角部分，有已知方位角值时才有此行）：

测站点，照准点，A，方位角值（单位为：度．分秒）

从第 K+2 行起（观测方案部分）：

测站点点号

L（代表方向）：照准点点号 1，……，照准点点号 n（按顺时针方向排序）

S（代表边长）：照准点点号 1，……，照准点点号 n（按顺时针方向排序）

方案文件示例

1. 8，1. 0，1. 0

1，0，600，2500

2，1，1500，2500

3，1，1800，2500

……

1，2，A，0. 0

1

L：SW，NW，2，NE，ME，SE

S：SW，NW，2，NE，ME，SE

……

（2）生成观测值文件：“网名.IN2”。单击主菜单“设计”栏，得如附图3所示的下拉菜单。

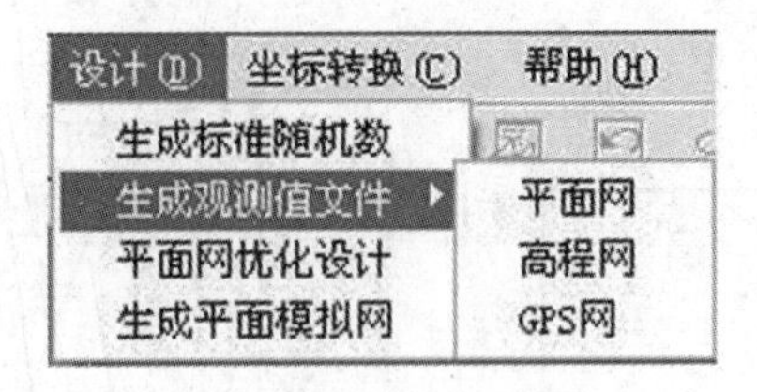

附图3　主菜单

单击“生成标准随机数”，将弹出一对话框，要求输入生成随机数的相关参数。第一个参数用于控制生成不相同的随机数序列，其取值可以是1~10的任意整数，最多可生成500个服从（0，1）分布的正态随机数。系统对所生成的随机数按组进行检验，检验通过就存放在RANDOM.DAT文件中。该文件中的随机数用于网的模拟计算时生成在给定精度下的模拟观测值。

单击“生成观测值文件”，选“平面网”，可自动生成观测值文件“网名.IN2”。

（说明：全边角网已知点的位置是任意的，若只有一个已知点，已知方位角的位置也可以是任意的；任一测站上必须有两个以上观测值；测站要选择照准条件好、边长适中的点作零方向，其余照准点按顺时针方向排序。）

也可先单击“生成初始观测方案文件”，先自动生成“网名.OB2”，再单击“生成初始观测值文件”，单击“平面网”，自动生成初始观测值文件“网名.IN2”，见附图4。对于平面网优化设计，原程序中用到“网名.OB2”文件，需要按此步骤进行。

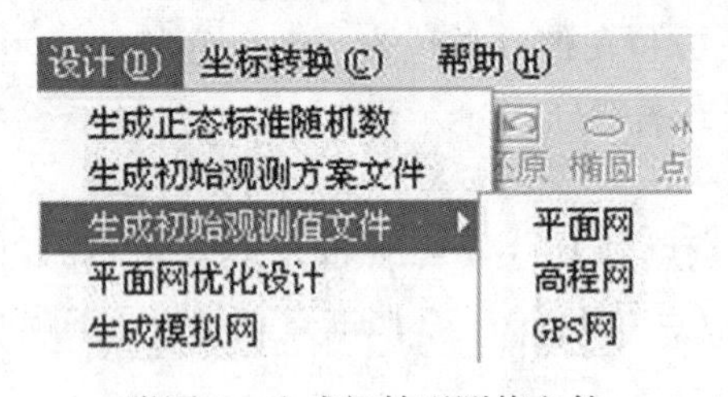

附图4　生成初始观测值文件

（3）对“网名.IN2”进行平差计算，生成平差结果文件：“网名.OU2”。

（4）进行多次模拟仿真和统计计算。通过在生成的随机数中删除前面的几行数据后再保存，可以得到不同的正态随机数组。对附合导线，用不同的正态随机数组进行20~30次模拟计算，可得到在同一精度下进行20~30次观测，形成20~30个观测文件，并进行平差计算的结果。将20~30次平差计算的结果的后验单位权中误差记下来，查看和分析它们的大小规律，进行后验单位权中误差均值、后验单位权中误差的中误差等统计计算，看它们与先验精度的关系。

对于三角形全边角网，用不同的正态随机数组进行4次模拟计算和平差，查看和分析它们的大小规律。

（5）作统计假设检验。作t检验，检验附合导线和全边角网后验单位权中误差的均值是否与先验值σ_0有显著性差别。再作f检验，取另外一个同学在同样先验精度和网形下计算的一组数据，检验两组的后验单位权中误差的中误差是否有显著性差别。对检验结果作出结论和评价。检验时显著水平取0.05，要列出检验公式，写出计算过程。

（6）进行粗差影响分析和初差定位定值。一个粗差对附合导线的影响情况，能否发现附合导线中的一个粗差？用模拟粗差文件“网名GE.INP”在附合导线的某一方向或边长观测值中加入一个粗差，进行平差，查看后验单位权中误差的变化，使用“工具”下的“叠置分析”功能，查看加入一个粗差后平差结果的变化。点击“平差”菜单下的“粗差定位定值”选项，看是否能发现所模拟的粗差。

在三角形边角网的方向或边长观测值中加入多个粗差，进行网的平差，查看后验单位权中误差的变化，用叠置分析功能，查看加入粗差后平差结果的变化；用粗差剔除功能进行粗差定位定值，看是否能发现粗差，并与模拟的粗差值进行比较。对粗差剔除后的文件重新进行平差，并作叠置分析，看平差结果会发生怎样的变化。

3. 隧道洞外GNSS平面控制网贯通误差影响值模拟计算和分析

1）设计思路

隧道洞外平面控制网都采用GNSS网，网的观测量是伪距、载波相位和时间，通过静态同步观测，可解算出基线向量及其协方差阵，GNSS网的平差是将生成的基线向量作为观测值进行的。要对GNSS网的原始观测值或生成观测值进行模拟无疑是很困难的。但将基线向量投影到某一椭球面并进一步投影到高斯平面上后，该基线向量实际上是一条长度和方向都已知的边。因此，我们可以将GNSS网看作是观测了边长和方向（角度）的平面网。在已知网点近似坐标和GNSS网设计方案的基础上，根据上述思想，可将GNSS网按边长和方向全测的全边角网（观测值为边长和角度）进行模拟，这时，采用“网名.FA2”的观测方案文件。我们也可以将GNSS网看作是观测了边长和方位角的网，这时，采用“网名.GFA”的观测方案文件，“网名.FA2”与“网名.GFA”的区别仅在于：方向代码是L，方位角代码是A。

GNSS网模拟计算步骤同三角形边角网：先进行网形设计，确定坐标系，根据生成方案文件，生成观测值文件，进行平差计算和结果分析。

2）计算步骤

网形设计如附图5所示，假设为4km的直伸型隧道，进出口洞口点位于隧道轴线上的进出口端，进出口点与相应定向点间距离为300~500m，贯通点位于隧道中央，其坐标值等于进出口点坐标的平均值；网的坐标系如附图5所示，隧道轴线为X轴，从进口点指向出口点，Y轴与贯通面平行。固定一点一方向，如进口点为已知点，进口点到出口点的坐标方位角则为零度零分零秒。将GNSS网看成全边角网时，方向观测精度可选1.8″，边长的固定误差和比例误差可取 3mm 和 2ppm；将 GNSS 网看成是观测了边长和方位角的网时，方位角精度可选 2. 5″，边长的固定误差和比例误差可取 5mm 和 1ppm。

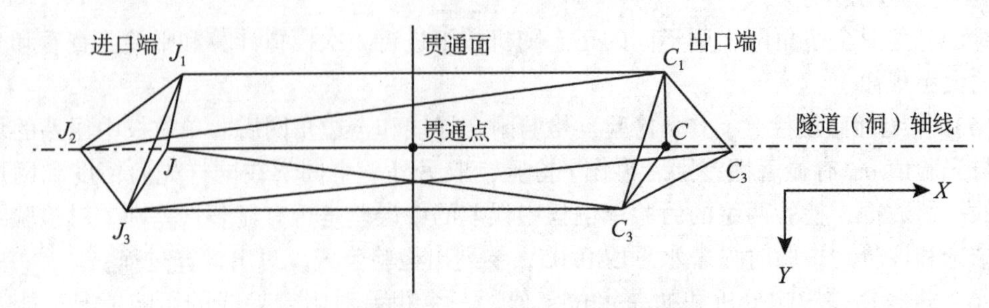

附图 5　隧道洞外 GNSS 平面控制网网图

如同附合导线和三角形边角网，先人工生成方案文件“网名 . FA2”，再自动生成观测值文件“网名 . IN2”。若人工生成方案文件为“网名 . GFA”，则选 GNSS 网，自动生成的平面 GNSS 网观测值文件为“网名_GNSS. IN2”。根据观测值文件“网名 . IN2”和“网名_GNSS. IN2”，可进行隧道洞外平面控制网的平差。

我们的主要目的是估算隧道贯通误差影响值，即隧道洞外平面控制网的误差引起的隧道贯通误差。为此，首先人工建立一个贯通误差计算的引导文件“网名_GNSS. GTI”，该文件名必须和初始观测值文件的名字完全一致。其格式为：

进口点点号，进口定向点号，出口点点号，出口定向点号，贯通点点号，X 坐标（m），Y 坐标（m），贯通面的方位角（单位为：度 . 分秒）

为了选取最优的定向点方案，在一次计算中，可准备多种不同的进出口点与定向点的组合，每一种组合占一行。

贯通误差计算的引导文件示例（网名_GNSS. GTI）：

171，8，21，12，100，69140，439260，90. 00

171，8，21，11，100，69140，439260，90. 00

171，5，21，12，100，69140，439260，90. 00

171，5，21，11，100，69140，439260，90. 00

171，9，21，12，100，69140，439260，90. 00

171，9，21，11，100，69140，439260，90. 00

贯通点点号可以任取，贯通面的方位角非常重要，不能有错，否则计算结果不对。准备好了引导文件“网名_GNSS. GTI”，在隧道洞外平面控制网的平差之后，单击工具中“贯通误差影响值计算”功能，将自动计算隧道的横向和纵向贯通误差影响值，并将结果存放在文件“网名_GNSS. GTO”中。

查看“网名_GNSS. OU2”和“网名_GNSS. GIO”两个文件，对两个文件进行分析，看点位坐标与精度、最弱点、最弱边的精度，不同的进出口点与定向点组合下的贯通误差影响值，思考不同组合的意义、横向贯通误差影响值为最小值的组合代表什么，不同组合的横向贯通误差影响值为什么不同？不同组合的纵向贯通误差影响值为什么几乎不变，而且很小？

4. 基于观测值可靠性的工程专用控制网的优化设计计算

1）基本理论和特点

工程专用控制网一般为特高精度的三角形全边角网，多为施工测量控制网、变形监测网和安装测量控制网。基于观测值可靠性的工程专用控制网的优化设计计算的基本理论如下：观测值的内部可靠性与观测值的精度有密切关系，而观测值的精度又与建网费用有关，而且，变形监测网的灵敏度实际是网点在特定方向上的精度，它也取决于网的观测方案设计和观测值的精度。此外，变形与粗差的可区分性也必然涉及观测值的精度。因此，观测值的内部可靠性与观测值的精度、建网费用、监测网的灵敏度和可区分性存在密切的关系，可以在网的通用平差软件基础上，研制能基于观测值的内部可靠性进行网的优化设计功能的软件包。

该方法的特点是：初始方案是一个观测精度和观测值个数都有富余的全边角网，如果该方案还达不到设计要求的话，则说明或者是设计要求太高，或者是所拥有的仪器设备精度不够高。整个优化设计过程的关键是删除多余观测和调整观测精度。所谓调整观测精度是指提高或降低方向观测精度，提高或降低边长观测精度，即修改观测方案文件的第一行；删除的多余观测是指从大到小删除内部可靠性过高的一些观测值，但又保证网形具有确定性，不致于引起形亏。

2）网的优化设计步骤

（1）设计一个“肥”而“密”的全边角网初始方案。其做法同前，先进行网形，取一个已知点，一个已知方位角，它们可在任意位置。实际作业中，首先在室内地形图上进行选点设计，然后到实地踏勘，凡是能够通视的边都进行观测，形成一个有许多重叠三角形组成的“肥”而“密”的全边角网，由对网的精度要求，确定方向和边长观测精度，根据点的近似坐标和连接方式，人工生成“网名+边角网.FA2”的初始方案文件，再自动生成“网名+边角网.IN2”文件并进行平差计算，得到平差结果文件“网名+边角网.OU2”，注意网的最弱点、最弱边精度以及网点精度与已知点位置的关系。一般网的最弱点、最弱边精度都会高于网的设计要求，否则，说明方向和边长观测精度偏低了，应提高观测精度，如选择更精密的仪器。在平差结果精度偏高的情况下，进行模拟优化设计计算车过程就是删去多余观测分量较大的观测值，减少工作量，且刚好满足精度要求的方案。具体做法是：单击“设计”中的“平面网优化设计”，将弹出对话框，选择需要进行优化设计的控制网对应的平面观测值文件（网名+边角网.IN2），然后自动对该网进行平差，平差完毕后，将弹出如附图6所示的平面网优化设计信息界面。

根据平均多余观测分量的初始值（0.71），给定一个较小的平均多余观测分量设计值（0.50），然后单击“确认”按钮，重新平差，将自动删去多余观测分量较大的观测值。平差后，将弹出新的平面网优化设计信息界面。在该界面下，平均多余观测分量的设计值与前面的给定值相等或十分接近。单击“取消”按钮退出，将生成“网名+边角网Y.IN2”的优化设计观测值文件，在“平差”菜单下对“网名+边角网Y.IN2”和“网名+边角网.IN2”分别进行平差，在“工具”菜单下的“叠置分析”中对“网名+边角网.OU2”和“网名+边角网Y.OU2”作比较，可得到优化前后的坐标变化量。同时还将生成含已删除观测值的结果文件“网名+边角网.SC2”，可在该文件中查看：一共删除了多

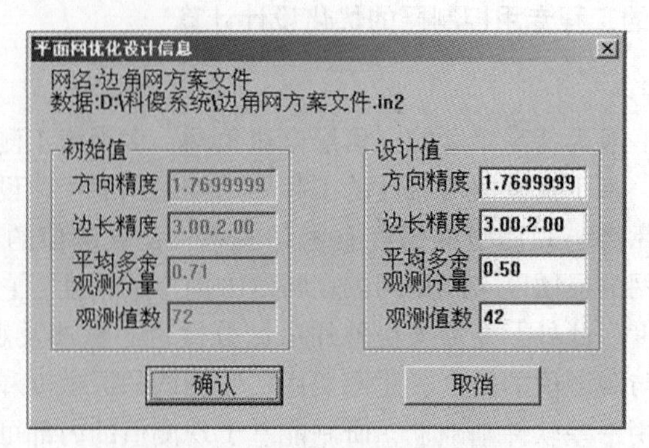

附图 6　平面网优化设计信息界面

少观测值，删除哪些观测值，这些被删除的观测值有哪些特点，为什么会被删除？这些观测值与网的图形有什么关系等。

通过上述网的优化设计，掌握优化设计的原理、方法、步骤，明白优化设计的特点，优化设计的效益的量化指标。

5. 工程测量学综合课程实验报告

主要内容：

第一章：附合导线和全边角网模拟计算分析

模拟计算的方法和步骤，后验单位权中误差统计检验和分析，观测粗差的影响分析。

第二章：隧道 GNSS 网横向贯通误差模拟计算分析

GNSS 网模拟计算的原理和方法，测量误差所引起的隧道（洞）横向贯通误差的计算与分析。

第三章：基于观测可靠性的工程控制网优化设计

优化设计的原理、方法、步骤、效益分析等。

第四章：结束语（包括结论、收获、建议和心得）

参考文献

[1] 张正禄，等．工程测量学［M］．武汉：武汉大学出版社，2005.

[2] 张正禄，等．工程测量学［M］．2 版．武汉：武汉大学出版社，2013.

[3] 张正禄，等．工程测量学习题、课程设计和实习指导书［M］．武汉：武汉大学出版社，2008.

[4] 张正禄，等．工程测量学习题集与实习课程设计指导书［M］．武汉：武汉大学出版社，2014.

[5] 张正禄．工程测量学［M］．武汉：武汉大学出版社，2002.

[6] 张正禄，等．简明工程测量学［M］．北京：测绘出版社，2014.

[7] 张正禄，吴栋材，杨仁．精密工程测量［M］．北京：测绘出版社，1992.

[8] 张正禄．现代工程测量控制网的理论和应用［M］．北京：测绘出版社，1989.

[9] 高时浏，张正禄．地籍测量概论［M］．北京：测绘出版社，1988.

[10] 张正禄，樊炳奎，董彦玲．联邦德国的地籍技术和方法［M］．译著．北京：国家测绘局，1988.

[11] 张正禄，主编．同等学力人员申请硕士学位测绘科学与技术学科综合水平全国统一考试大纲及指南［M］．北京：高等教育出版社，1999.

[12] 张项铎，张正禄．隧道工程测量［M］．北京：测绘出版社，1998.

[13] 田应中，张正禄，杨旭．地下管线网探测与信息管理［M］．北京：测绘出版社，1997.

[14] 张正禄，司少先，等．地下管线探测和管网信息系统［M］．北京：测绘出版社，2007.

[15] 张正禄，黄全义，等．工程的变形监测分析和预报［M］．北京：测绘出版社，2007.

[16] 刘祖强，张正禄，等．工程变形监测分析预报的理论与实践［M］．北京：中国水利水电出版社，2008.

[17] 李青岳．工程测量学［M］．北京：测绘出版社，1984.

[18] 李青岳，陈永奇．工程测量学［M］．北京：测绘出版社，2008.

[19] 陈永奇，等．高等应用测量［M］．武汉：武汉测绘科技大学出版社，1996.

[20] 李永树．工程测量学［M］．北京：中国铁道出版社，2011.

[21] 宁津生．测绘学概论［M］．武汉：武汉大学出版社，2004.

[22] 张正禄．数学辞海第五卷工程测量学辞条．728-736. 北京：中国科学技术出版社等，2002.

[23] 黄声享，尹晖，蒋征．变形监测数据处理［M］．2 版．武汉：武汉大学出版社，

2010.
[24] 崔希璋，於宗俦，陶本藻，等. 广义测量平差 [M]. 北京：测绘出版社，1982.
[25] 於宗俦，于正林. 测量平差原理 [M]. 武汉：武汉测绘科技大学出版社，1990.
[26] 武汉大学测绘学院测量平差学科组. 误差理论与测量平差基础 [M]. 武汉：武汉大学出版社，2009.
[27] 潘正风，等. 数字测图原理与方法 [M]. 武汉：武汉大学出版社，2004.
[28] 孔祥元，郭际明，刘宗泉. 大地测量学基础 [M]. 武汉：武汉大学出版社，2005.
[29] 许才军，申文斌，晁定波. 地球物理大地测量学原理与方法 [M]. 武汉：武汉大学出版社，2005.
[30] 周忠谟，易杰军，等. GNSS 卫星测量原理与应用 [M]. 北京：测绘出版社，1997.
[31] 赖锡安，游新兆，等. 卫星大地测量学 [M]. 北京：地震出版社，1998.
[32] 赵建虎. 现代海洋测绘（上、下册）[M]. 武汉：武汉大学出版社，2007.
[33] 张祖勋，张剑清. 数字摄影测量学 [M]. 武汉：武汉大学出版社，2012.
[34] 李德仁. 误差处理和可靠性理论 [M]. 北京：测绘出版社，1988.
[35] 陈永奇. 变形观测数据处理 [M]. 北京：测绘出版社，1988.
[36] 李广云，等. 工业测量系统 [M]. 北京：解放军出版社，1992.
[37] 李广云，等. 最新工业测量系统 [M]. 北京：解放军出版社，2000.
[38] 李广云，李宗春. 工业测量系统原理与应用 [M]. 北京：测绘出版社，2011.
[39] 于来法，杨志藻. 军事工程测量学 [M]. 北京：八一出版社，1994.
[40] 于来法，等，实时经纬仪工业测量系统 [M]. 北京：测绘出版社，1996.
[41] 张小红，著. 机载激光雷达测量技术理论与方法 [M]. 武汉：武汉大学出版社，2007.
[42] 叶德培. 测量不确定度理解评定与应用 [M]. 北京：中国计量出版社，2007.
[43] 杨志强，石震，等. 磁悬浮陀螺寻北原理与测量应用 [M]. 北京：测绘出版社，2017.
[44] 王腾军，田永瑞. 现代测量学 [M]. 北京：人民交通出版社，2017.
[45] 陈馈，等. 盾构设计与施工 [M]. 北京：人民交通出版社，2019.
[46] 陈馈，等. 中国盾构 [M]. 南京：译林出版社，2018.
[47] 中华人民共和国国家标准. 国家一、二等水准测量规范（GB/T 12897—2006）[S]. 北京：中国标准出版社，2006.
[48] 中华人民共和国国家标准. 工程测量规范（GB 50026—2007）[S]. 北京：中国计划出版社，2008.
[49] 中华人民共和国行业标准. 建筑变形测量规程（JGJ 8—2007）[S]. 北京：中国建筑工业出版社，2007.
[50] 中华人民共和国行业标准. 城市测量规范（CJJ 8—99）[S]. 北京：中国建筑工业出版社，1999.
[51] 中华人民共和国行业标准. 高速铁路工程测量规范（TB 0601—2009/J 962—2009）[S]. 北京：中国铁道出版社，2010.
[52] 中华人民共和国行业标准. 水利水电工程测量规范（SL 197—2013）[S]. 北京：

中国水利水电出版社，2013.
[53] 中华人民共和国行业标准．水电工程测量规范（NB/T 35029—2014）[S]．北京：中国电力出版社，2014.
[54] 中华人民共和国行业标准．城市地下管线探测技术规程（CJJ 61—2003）[S]．北京：中国建筑工业出版社，2003.
[55] 中华人民共和国行业标准．城市轨道交通工程测量规范（GB/T 50308—2017）[S]．北京：中国建筑工业出版社，2017.
[56] 中华人民共和国行业标准．混凝土坝安全监测技术规范（DL/T 5178—2003）[S]．北京：中国电力出版社，2003.
[57] 中华人民共和国行业标准．精密工程测量规范[S]．北京：中国标准出版社，1995.
[58] 中华人民共和国行业标准．盾构法隧道施工及验收规范（GB 50446—2017）[S]．北京：中国建筑工业出版社，2017.
[59] 张正禄．隧道施工地面导线网的合理布设[J]．武汉测绘学院学报，1982（1）：7-15.
[60] 张正禄．隧道施工三角网和边角网测量误差对横向贯通误差的影响和网的最优化设计[J]．测绘学报，1982（3）：203-213.
[61] 张正禄，A. 安东诺甫罗斯．隧道测量的设计和平差[J]．武汉测绘科技大学学报，1985（2）：1-9.
[62] 张正禄．电子速测仪系统和自动化数据流[J]．测绘通报，1986（3）：26-32.
[63] 张正禄．模拟法测量控制网优化设计[J]．工程测量，1986（5）：1-4.
[64] 张正禄．监测大区域地壳垂直形变的重复精密重力和水准测量联合平差模型[J]．测绘学报，1986（3）：208-215.
[65] 张正禄．变形监测网的灵敏度分析[J]．武汉测绘科技大学学报，1986（3）：105-113.
[66] 张正禄．重复精密重力测量对水准测量平差成果的加强和改善[J]．测绘学报，1987（1）：17-24.
[67] 张正禄．第十届“工程测量国际讨论会”看工程测量的发展趋势[J]．工程勘察，1989（1）：68-69.
[68] 张正禄，李晓东．变形监测网优化设计的一种新算法[J]．武汉测绘科技大学学报，1989（2）：1-8.
[69] 张正禄，李晓东．观测值的灵敏度影响系数及其在监测网优化设计中的应用[J]．测绘学报，1989（4）：249-257.
[70] 张正禄，李晓东．局部相对误差椭圆——测量控制网的一种相邻精度[J]．测绘通报，1989（4）：9-13.
[71] 王金岭，张正禄．平面测量控制网数据自动化处理软件包[J]．工程勘察，1990（1）：54-57.
[72] 张正禄．对“工程测量学”课教学的探讨[J]．高教研究，1991（4）：16-18.
[73] 张正禄，邓克寰．宝钢引水库大坝水平位移监测评价和变形分析[J]．武汉测绘科技大学学报，1992（4）：26-32.

[74] 张正禄．工程平面控制网模拟法优化设计策略 [J]. 武测科技，1993 (1)：1-5.

[75] 张正禄，金国胜，李清泉．矿岩界线的自动推断 [J]. 武汉测绘科技大学学报，1994 (3).

[76] 张正禄．工程测量学科发展若干问题的思考 [C]. 全国测绘行业科技发展战略研讨会论文．北京：1995. 10.

[77] 张正禄，巢佰崇．地面控制测量工程一体化自动化系统的研究与实现 [J]. 武测科技，1995 (3)：10-15.

[78] 方国柱，张正禄，章传银．工程高边坡稳定性评价的信息量法 [J]. 武汉测绘科技大学学报，1996 (4)：344-349.

[79] 张正禄．测量工程专业及其教学改革探讨 [J]. 测绘高教研究，1997 (4).

[80] 章传银，张正禄．变形体的稳定性及其定量分析方法初探 [J]. 测绘学报，1997 (4).

[81] 邓跃进，王葆元，张正禄．边坡变形分析与预报的模糊人工神经网络方法 [J]. 武汉测绘科技大学学报，1998 (1)：26-31.

[82] 邓跃进，张正禄．测量控制网优化设计专家系统研究 [J]. 武汉测绘科技大学学报，1998 (2)：105-110.

[83] 冯琰，张正禄，等．最小独立闭合环与附合导线自动生成算法 [J]. 武汉测绘科技大学学报，1998 (3)：255-259.

[84] 张正禄．工程测量学的发展现状和趋势 [J]. 武汉测绘科技大学学报 (增刊)，1999. 2.

[85] 蒋征，张正禄．变形模式的拓扑约束识别 [J]. 测绘学报，1999 (4)：330-334.

[86] 张正禄，黄全义，等．全站式地面测量工程一体化自动化系统研究 [J]. 武汉测绘科技大学学报，1999 (1)：79-82.

[87] 邓跃进，董兆伟，张正禄．大坝变形失稳的尖点突变模型 [J]. 武汉测绘科技大学学报，1999 (2)：170-173.

[88] 郭际明，梅文胜，张正禄，等．测量机器人系统构成与精度研究 [J]. 武汉测绘科技大学学报，2000 (5)：421-425.

[89] 张正禄．工程测量学的发展评述 [J]. 测绘通报，2000 (1)：11-14. 2000 (2)：9-10.

[90] 张正禄，黄全义，等．论测绘工程专业本科教育的实践性教学 [J]. 武汉测绘科技大学学报，2000 (增刊)：25-26.

[91] 罗年学，张正禄，等．工程网模拟设计与数据处理计算机辅助教学设计 [J]，武汉测绘科技大学学报，2000 (增刊)：53-55.

[92] 张正禄，郭际明，等．超站式集成测绘系统 STGPS 研究 [J]. 武汉大学学报 (信息科学版)，2001 (5)：446-450.

[93] 郭际明，张正禄，等．GPS 与 TPS 集成超站仪的数据转换研究 [J]. 武汉大学学报 (信息科学版)，2001 (1)：46-50.

[94] 张正禄，罗年学，等．一种基于可靠性的工程控制网优化设计新方法 [J]. 武汉大学学报 (信息科学版)，2001 (4)：354-360.

[95] 黄全义，张正禄，等．论测绘工程专业地面测量实习的改造［J］．测绘通报，2001（9）：41-43.
[96] 张正禄，郭际明，等．超站仪定位系统概述［J］．测绘信息与工程，2001（2）：40-42.
[97] 黄全义，张正禄．神经网络专家系统在大坝变形预测中的应用［J］．测绘信息与工程，2001（3）：13-15.
[98] 张正禄．测量机器人［J］．测绘通报，2001（5）：17.
[99] 张正禄．论工程测量学科的现状和教材建设［J］．测绘通报，2002（6）：61-63.
[100] 张正禄，张松林，等．大坝安全监测、分析与预报的发展综述［J］．大坝与安全，2002（5）：13-16.
[101] 张正禄，张松林，等．特高精度水电站施工控制网分析与研究［J］．大坝与安全，2002（5）：17-20.
[102] 张正禄，梅文胜，等．用测量机器人监测三峡库区典型滑坡研究［J］．湖北地矿湖北省三峡库区地质灾害防治论文专辑，2002（4）：56-59.
[103] 张正禄，李静年，等．超站仪 HD-STGPS 的基线向量解算［J］．测绘信息与工程，2002（3）：36-37.
[104] 张正禄．工程的变形分析与预报方法研究进展［J］．测绘信息与工程，2002（5）：37-39.
[105] 黄全义，张正禄，等．现代工程测量的发展与应用研究［J］．大坝与安全，2002（5）：7-12.
[106] 梅文胜，张正禄，等．测量机器人变形监测软件系统研究［J］．武汉大学学报（信息科学版），2002（2）：165-171.
[107] 黄全义，张正禄，等．HD-STGPS 超站仪在线路测设和工程放样中的应用研究［J］．测绘信息与工程，2002（1）：28-30.
[108] 张正禄．工程测量学的研究发展方向［J］．现代测绘，2003（3）：3-6.
[109] 张正禄，冯琰，等．多维粗差定位与定值的算法研究及实现［J］．武汉大学学报（信息科学版），2003（4）：400-404.
[110] 张正禄，张松林，等．20～50km 超长隧道（洞）横向贯通误差允许值研究［J］．测绘学报，2004（1）：83-88.
[111] 张松林，张正禄，等．GPS 平面控制网的模拟设计计算方法及其应用［J］．武汉大学学报（信息科学版），2004（8）：711-714.
[112] 张正禄．论工程测量学的发展特点和研究方向［J］．教育新发展，2004（6）：1-2.
[113] 罗长林，张正禄，等．数字水果湖水下地形和淤泥厚度测量．测绘信息与工程，2004（4）：29-30.
[114] 文鸿雁，张正禄．小波分析与傅里叶变换相结合在探测周期性变形中应用［J］．测绘通报，2004（4）：14-6.
[115] 张正禄，黎明，等．等距等高电磁波测距三角高程测量及精度分析［J］．现代测绘，2005（1）：3-4.
[116] 张正禄．工程测量学教材的体系结构研究［J］．教育研究论坛杂志，2005（3）：

61-63.
[117] 张正禄，邓勇，等．精密三角高程代替一等水准测量的研究［J］．武汉大学学报（信息科学版），2006（1）：5-8.
[118] 张正禄，邓勇，等．瑞士的测绘教育述评［J］．测绘通报，2006（3）：64-66.
[119] 张正禄，邓勇，等．利用GPS精化区域似大地水准面［J］．大地测量与地球动力学，2006（4）：14-17.
[120] 张正禄，罗长林，等．论精密工程测量及其应用［J］．测绘通报，2006（5）：17-20.
[121] 张正禄，邓勇，等．大气折光对边角测量影响及对策研究［J］．武汉大学学报（信息科学版），2006（6）：37-40.
[122] 刘旭春，张正禄，等．GPS三频数据在周跳和粗差探测与修复中的应用［J］．煤炭学报，2006（5）：585-588.
[123] 刘旭春，张正禄，等．GPS反演大气综合水汽含量的影响因素分析［J］．测绘科学，2007（2）：21-23.
[124] 张正禄，罗长林，等．大型水利枢纽工程高精度平面控制网设计研究——以向家坝为例［J］．测绘通报，2007（1）：33-35.
[125] 罗长林，张正禄，等．基于改进的高斯-牛顿法的非线性三维直角坐标转换方法研究［J］．大地测量与地球动力学，2007（1）：50-54.
[126] 张正禄，彭璇，等．论附合导线及其之改进［J］．测绘通报，2007（10）：1-3.
[127] 罗长林，张正禄，等．三维直角坐标转换的一种阻尼最小二乘稳健估计法［J］．武汉大学学报（信息科学版），2007（8）：707-710.
[128] 刘祖强，张正禄，等．三峡工程近坝库岸滑坡变形监测方法试验研究［J］．工程地球物理学报，2008（3）：351-355.
[129] 张正禄，邓勇，等．测量控制网优化设计的可靠性准则法［J］．测绘科学，2008（2）：23-24.
[130] 张正禄．论工程测量学课程的教学改革［J］．测绘通报，2009（4）：71-73.
[131] 张正禄，邓勇，等．滑坡变形分析与预报的新方法研究［J］．武汉大学学报（信息科学版），2009（12）：1387-1389.
[132] 张正禄，王小敏．模糊神经网络在变形分析与预报中的应用研究［J］．武汉大学学报（信息科学版），2010（1）：6-8.
[133] 张正禄，邓勇，等．锦屏辅助洞施工控制网布设研究［J］．武汉大学学报（信息科学版），2010（7）：794-797.
[134] 张正禄，罗年学，等．COSA_CODAPS及在精密控制测量数据处理中的应用［J］．测绘信息与工程，2010（2）：52-54.
[135] 张正禄，孔宁，等．地铁变形监测方案设计与变形分析［J］．测绘信息与工程，2010（6）：25-27.
[136] 张正禄，沈飞飞，等．地铁隧道变形监测基准网点确定的一种方法［J］．测绘科学，2011（4）：98-99.
[137] 邓勇，张正禄．工程测量中的坐标转换相关问题探讨［J］．测绘科学，2011（5）：

28-30.
[138] 张正禄. 徕卡图像全站仪 TS15 及其应用评述 [J]. 测绘通报, 2012 (1): 98-99.
[139] 张正禄, 范国庆, 等. 测量的广义可靠性研究 [J]. 武汉大学学报 (信息科学版), 2012 (5): 577-581.
[140] 张正禄, 张松林. 关于测量中可靠性理论的哲学思想 [J]. 测绘科学, 2012 (4): 28-30.
[141] 张正禄. 若干测量理论的哲学思考 [J]. 长江出版社, 水利水电测绘科技论文集, 2012 (6): 327-328.
[142] 李广云, 等. 基于 1-范解的加权最小二乘平差 [J]. 军测学报, 1993 (2).
[143] 李广云, 李宗春. 工业坐标测量系统在大型天线检测中的应用 [J]. 测绘通报, 2000 (10): 41-44.
[144] 潘国荣. 大型设备安装测量的精密定位 [J]. 测绘通报, 1993 (4).
[145] 潘国荣, 等. 上海国际会议中心球体网架的精密定位 [J]. 工程勘察, 1999 (2): 50-52.
[146] 张献州, 等. GPS 与轨道信息组合进行高速列车实时定位 [J]. 西南交通大学学报, 1996 (3).
[147] 靳奉祥. 欧洲原子核研究中心 LEP 精密工程测量 [J]. 测绘科技通讯, 1992 (2): 24-29.
[148] 黄声享, 刘星, 等. 利用 GPS 测定大型桥梁动态特性的试验及结果 [J]. 武汉大学学报 (信息科学版), 2004, 29 (3): 16-19.
[149] 黄声享, 吴文坛, 等. 大跨度斜拉桥 GPS 动态监测试验及结果分析 [J]. 武汉大学学报 (信息科学版), 2005, 30 (11): 999-1002.
[150] 黄声享, 杨保岑, 等. GPS 动态几何监测系统在桥梁施工中的应用研究 [J]. 武汉大学学报 (信息科学版), 2009, 34 (9): 1072-1075.
[151] 黄声享, 杨保岑, 等. 苏通大桥施工期几何监测系统的建立与应用研究 [J]. 测绘学报, 2009, 38 (1): 66-72.
[152] 黄声享, 张翠峰, 等. 大坝监测资料的整编分析方法 [J]. 测绘工程, 2009, 18 (6): 4-6.
[153] 黄声享, 罗力, 等. 地面微波干涉雷达与 GPS 测定桥梁挠度的对比试验分析 [J]. 武汉大学学报 (信息科学版), 2012, 37 (10): 1173-1176.
[154] 刘成龙, 张焕新, 等. 虎门大桥 270m 连续刚构桥施工测量控制与挠度监测 [J]. 广州: 中国土木工程学会桥梁及结构工程学会第十二届年会, 1996: 447-455.
[155] 刘成龙, 杨天宇. 基于 BP 神经网络的 GPS 高程拟合方法的探讨 [J]. 西南交通大学学报, 2007, 42 (2): 148-152.
[156] 刘成龙, 杨友涛, 等. 高速铁路 CPⅢ交会网必要测量精度的仿真计算 [J]. 西南交通大学学报, 2008, 43 (6): 718-723.
[157] 刘成龙, 王鹏. 基于坐标协因数阵的 GPS 网隧道横向贯通中误差严密计算方法研究 [J]. 铁道学报, 2009 (1): 74-77.
[158] 刘成龙, 杨雪峰, 等. 高速铁路 CPⅢ三角高程网构网与平差计算方法 [J]. 西南

交通大学学报，2011（3）：434-439.
[159] 刘成龙，杨雪峰．高速铁路轨道基准网平面网精度评定方法研究［J］．测绘科学技术学报，2012（6）：401-405.
[160] 刘成龙，杨雪峰，等．基于测量机器人的二等高程控制测量新方法［J］．西南交通大学学报，2013（1）：69-74.
[161] 田永瑞，东，等．隧道 GPS 网贯通误差预计方法研究［J］．地球探测科学与技术新进展，2002（10）：41-44.
[162] 初东，田永瑞，等．用带有参数的条件平差法平差无定向的附合导线［J］．长沙交通学院学报，2002，18（2）：61-67.
[163] 初东，田永瑞，等．GPS 直伸型隧道平面控制测量贯通精度可靠性标准［J］．长安大学学报，2002，22（1）：41-45.
[164] 徐万鹏．对高速铁路工程测量的几点看法［J］．铁道工程学报，1999（4）：29-32.
[165] 徐万鹏．影响高耸构筑物施工精度的主要因素及对策［J］．测绘通报，1999（6）：22-25.
[166] 徐万鹏．隧道位移监测新方法［J］．铁道工程学报，2000（2）：65-68.
[167] 徐万鹏．绝对变形量的相对位移法监测［J］．铁道工程学报，2006（8）：49-52.
[168] 徐万鹏．基于 CPⅢ网的板式无砟轨道精调系统［J］．铁道工程学报，2011（7）：53-58.
[169] 徐万鹏．基于椭球基准的高速铁路 CPⅢ网三维平差技术［J］．铁道工程学报，2012（7）：5-10.
[170] 徐万鹏．高速铁路精密测量基准的确定［J］．铁道工程学报，2012（9）：7-12.
[171] 徐万鹏．光滑三次多项式面积公式及几种面积公式的对比分析［J］．测绘通报，1999（5）：30-32.
[172] 岳建平．大坝安全监测专家系统研究［J］．测绘通报，2000（6）：7-9.
[173] 岳建平，刘军．大型桥梁施工测量信息管理系统研制［J］．测绘通报，2004（8）：44-46.
[174] 岳建平，郑德华．《工程测量学》课程教学质量保证措施［J］．测绘工程，2006（1）：73-75［219］.
[175] 岳建平，方露，等．变形监测理论与技术研究进展［J］．测绘通报，2007（7）：1-4.
[176] 岳建平，魏叶青．自由设站法形体检测数据匹配算法及精度分析［J］．测绘通报，2007（10）：7-9.
[177] 岳建平，方露．城市地面沉降监控技术研究进展［J］．测绘通报，2008（3）：1-4.
[178] 岳建平，方露．“工程测量学”课程教学方法探讨［J］．测绘通报，2011（1）：91-93.
[179] 周吕．雷达干涉测量地表沉降和建筑物变形监测及分析［J］．测绘学报，2019，48（5）：137.
[180] 周吕，郭际明，等．基于二维形变场的地基 SAR 精度验证与分析［J］．武汉大学学报（信息科学版），2019，44（2）：289-295.

[181] 周吕，郭际明，等．基于SBAS-InSAR的北京地区地表沉降监测与分析［J］. 大地测量与地球动力学，2016，36（9）：793-797.

[182] 周吕，文学霖，等．微变形雷达系统超高层建筑物变形监测［J］. 测绘通报，2018，（S1）：176-178.

[183] 周京春，张正禄，等．地下管线信息系统建设中的若干核心问题探讨［J］. 测绘通报，2008（10）：53-55.

[184] 周京春，江贻芳，王贵武．地下管线技术标准数字化实施探讨［J］. 测绘通报，2010（02）：60-63.

[185] 周京春，王贵武，白立舜．移动GIS技术应用于城市管线探测的研究与探索［J］. 测绘通报，2012（6）：81-83.

[186] 周京春，黄瑾．地下建（构）筑物普查成果数据库的建设［J］. 测绘通报，2016（04）：118-121，135.

[187] Hans Pelzer（Hrsg）. Geodatische Netze in Landes und Ingenieurvermessung Ⅰ. Konrad Wittwer，Stuttgart，1980.

[188] Hans Pelzer（Hrsg）. Geodatische Netze in Landes und Ingenieurvermessung Ⅱ. Konrad Wittwer，Stuttgart，1985.

[189] Hans Pelzer（Hrsg）. Ingenieurvermessung. Verlag Konrad Wittwer. Stuttgart，1987.

[190] Chen Y. Report of the Chairman of Commission 6. FIG XXI International Congress 7. Brighton UK，FIG Commission 6. Engineering Surveys，1998.

[191] Ingenieurvermessung 84Ⅸ Internationalen Kurs fuer Ingenieurvermessung. Graz，1984.

[192] Ingenieurvermessung 84 Ⅹ Internationalen Kurs fuer Ingenieurvermessung. Muenchen，1988.

[193] Ingenieurvermessung 96Ⅻ Internationalen Kurs fuer Ingenieurver messung. Graz，1996.

[194] Ingenieurvermessung 2004. 14th International course on Engineering Surveying［R］. ETH Zuerich，2004.

[195] Schnaedelbach K，Ebener H. Ingenieurvermessung 88［R］. Duemmler，Bonn，1988.

[196] Heribert Kahmen，Vermessungskunde. Walter de Gruyter，New York：Berlin，1997.

[197] Heribert Kahmen. Hybrid Measurement Robots in Engineering Surveys［C］. ISPRS Congress，Washington，1992.

[198] Brandstaetter（Hrsg）. Ingenieurvermessung 96. Duemmler［C］. Bonn，1996.

[199] Welsch/Heunecke/Kuhlmann. Ausgleichung geodaetischer Ueberwachungsmessungen［R］. Herbert Wichmann Verlag Heidelberg，2000.

[200] Guo Jiming，Zhou Lv，etc. Surface Subsidence Analysis by Multi-Temporal InSAR and GRACE：A Case Study in Beijing［J］. Sensors，Vol. 16 2016（9）：1495-1512.

[201] Guenter Seeber. Satellite Geodesy［M］. Walter de Gruyter，New York：Berlin，2003.

[202] Zhang Zhenglu，Li Xiaodong. A new optimization method for monitoring networks based on the sensitivity criterion［J］. ZfV，1990（6）：247-253.

[203] Zhang Zhenglu，Li Xiaodong. Optimization of monitoring networks according to the sensitivity coefficients of observations［J］. FIG Symposium. Beijing：1991. 5.

[204] Zhang Zhenglu. Zur Auswertung und Analyse der horizontalen Verschiebungen eines gebauten Damms von Bao Gang Wasserumleitungsreservoir [J]. 6th International FIG Symposium on Deformation Measurements. Hannover F. R. Germany: 1992. 2.

[205] Zhang Zhenglu, Jin Guosheng, etc. The study of graphic dataprocessing in geology and survey information management system of underground mine [J]. Das Markscheidewesen, 1995 (2).

[206] Zhang Zhenglu, etc. Research into an automatic system of terrestrial control surveying data gathering and processing [J]. Festschrift Hannover, 1996 (209): 241-248.

[207] Zhang Zhenglu, etc. Precise leveling of very long Qinling Mountain tunnel geo-spatial [J]. Information Scince, 2000, 3 (1): 57-61.

[208] Zhang Zhenglu, Huang Qianyi, etc. Research on geological landslide problems related on the Three Gorges Project [J]. IAG Workshop on Monitoring of Constructions and Local Geodynamic Process. Wuhan, China, 2001.

[209] Zhang Chuanyin, Zhang Zhenglu. Deformation data processing approach from the viewpoint of deformation reference frame [J]. IAG Workshop on Monitoring of Constructionsand Local Geodynamic Process Wuhan, China, 2001: 204-215.

[210] Jiang Zheng, Zhang ZhengLu. Stochastic process of landslide and prediction [J]. IAG Workshop on Monitoring of Constructions and Local Geodynamic Process Wuhan, China, 2001: 129-136.

[211] Wen Hongyan, Zhang ZhengLu. Detection of the periodical signal in the deformation analysis [J]. IAG Workshop on Monitoring of Constructions and Local Geodynamic Process Wuhan, China, 2001: 171-177.

[212] Guo Jiming, LUO Nianxue, Zhang Zhenglu, etc. GPS Network adjustment and coordinate transformation for deformation monitoring project [J]. IAG Workshop on Monitoring of Constructions and Local Geodynamic Process Wuhan, China, 2001: 237-242.

[213] Zhang Zhenglu, Zhang Songlin. A Method for design of GPS horizontal network with simulative calculating [J]. Festschrift Univ-Prof. Dr. -Ing. Habil. Dr. h. c. mult. Hans. Pelzer zur Emeritierung anlaesslich seines 68. Geburtstages. Hannover, 2004: 211-219.

[214] Zhang Zhenglu, Zhang Songlin. Research on the allowable value of Lateral Breakthrough Error for super long tunnel from 20 to 50 kilometers [J]. Ingenieurvermessung 2004. 14th International Course on Engineering Surveying ETH Zuerich Contributions. 51-60.

[215] Zhang Jun, Zhang Zhenglu, etc. An approach of adaptive genetic algorithm to prevent group premature convergence based on distance [J]. ISICA, 2005: 56-62.

[216] Zhang Zhenglu, Zhang Kun, etc. Research on precise triangulated height in place of First Order Leveling [J]. Geo-Spatial Information Science, 2005, 8 (4): 235-239.

[217] Zhang Zhenglu, Deng Yong, etc. Influence of atmospheric refraction to horizontal angle surveying [J]. Geo-Spatial Information Science, 2006, 9 (3): 157-161.

[218] Zhang Zhenglu, Luo Changlin, etc. Design of high precision horizontal control network for large-scale Hydropower Project [J]. Geo-SpatialInformation Science, 2006, 9 (4):

235-239.

[219] Zhou Lv, Guo Jiming, etc. Wuhan surface subsidence analysis in 2015-2016 based on sentinel-1A data by SBAS-InSAR [J]. Remote Sensing, 2017, 9 (10): 982-1002.

[220] Zhou Lv, Guo Jiming, etc. Subsidence analysis of ELH Bridge through ground-based interferometric radar during the crossing of a subway shield tunnel underneath the bridge [J]. International Journal of Remote Sensing, 2018, 39 (6): 1911-1928.